Elektrothermie

Elektrothermie

Die elektrische Erzeugung und technische Anwendung hoher Temperaturen

Bearbeitet von

Dr. G. Breil, Knapsack b. Köln · Professor Dr. W. Dawihl,
Illingen/Saar · Dr. W. Hänlein, Nürnberg · Dr.-Ing. F. Kaess,
Trostberg/Obb. · Dr.-Ing. P. Koenig, Zürich · Professor Dr.
M. Pirani, Berlin · Dr.-Ing. A. Ragoss, Meitingen/Schwaben
Dr. E. Reidt † · Professor Dr.-Ing. Th. Rummel, München
Dr.-Ing. M. Schaidhauf, München

Herausgegeben von

Professor Dr. M. Pirani

Zweite
völlig neubearbeitete und erweiterte Auflage

Mit 328 Abbildungen

Springer-Verlag
Berlin/Göttingen/Heidelberg
1960

ISBN-13: 978-3-642-92779-9   e-ISBN-13: 978-3-642-92778-2
DOI: 10.1007/978-3-642-92778-2

Alle Rechte,
insbesondere das der Übersetzung in fremde Sprachen, vorbehalten
Ohne ausdrückliche Genehmigung des Verlages ist es auch nicht gestattet,
dieses Buch oder Teile daraus auf photomechanischem Wege
(Photokopie, Mikrokopie) zu vervielfältigen
Copyright 1930 by Springer-Verlag OHG., Berlin/Göttingen/Heidelberg

© by Springer-Verlag OHG., Berlin/Göttingen/Heidelberg 1960
Softcover reprint of the hardover 2nd edition 1960

Die Wiedergabe von Gebrauchsnamen, Handelsnamen, Warenbezeichnungen usw. in diesem Buche berechtigt auch ohne besondere Kennzeichnung nicht zu der Annahme, daß solche Namen im Sinne der Warenzeichen- und Markenschutz-Gesetzgebung als frei zu betrachten wären und daher von jedermann benutzt werden dürften.

Vorwort zur zweiten Auflage

Die seit Erscheinen der ersten Auflage verflossenen 29 Jahre haben für die Elektrotechnik auf fast allen ihren Gebieten so grundlegende Fortschritte mit sich gebracht, daß die zweite Auflage der „Elektrothermie" unter Hinzuziehung neuer Mitarbeiter völlig neu abgefaßt werden mußte.

Auch die Einteilung des Stoffes mußte verändert und einige neue Abschnitte aufgenommen werden.

Das Kapitel „Elektrothermische Forschungsarbeiten" wurde aufgeteilt und seinen Hauptteilen, den elektrischen Öfen und den Sintermetallen, wurden eigene Kapitel gewidmet.

Der Rest wurde in den übrigen Kapiteln untergebracht.

Es mag auffallen, daß scheinbar nahe verwandte Gebiete, wie z. B. Siliziumkarbid und Borkarbid, nicht von den gleichen Verfassern bearbeitet worden sind. Es hat sich aber bei der Verteilung des Stoffes an die Mitarbeiter herausgestellt, daß die Verfasser es vorzogen, nur über solche Gebiete zu berichten, auf denen sie langjährige persönliche Erfahrungen besitzen.

Die Konstruktion und Betriebsweise elektrothermischer Einrichtungen muß sich dem besonderen Verwendungszweck und auch den Mengen, die hergestellt werden sollen, eng anpassen. Es sei hier nur auf die schon erwähnten Stoffe Siliziumkarbid und Borkarbid und auf die Halbleiter Silizium und Germanium hingewiesen.

Die in dem Abschnitt „Elektrische Öfen für Temperaturen über 1500° C" nur kurz gestreiften Kohlerohrwiderstandsöfen erscheinen in dem Beitrag „Borkarbid" als wichtigstes Hilfsmittel für dessen Herstellung. Ähnliches gilt von den Berichten über Kalziumkarbid und Bariumkarbid, von denen das erste als Großbetriebsverfahren, das andere an anderer Stelle als Laboratoriumsaufgabe besprochen wird. Damit ist natürlich nicht gesagt, daß die beschriebenen Einrichtungen nicht auch für andere, nicht in diesem Buch erwähnte, technische Aufgaben Verwendung finden können.

Kleine Überschneidungen, die bei dieser Art der Stoffverteilung unvermeidlich sind, erscheinen dem Herausgeber als eine Bereicherung, da die Verfasser der einzelnen Abschnitte auf Grund ihrer Erfahrungen den gleichen Gegenstand von verschiedenem Standpunkt aus betrachten.

Andererseits entschlossen sich die Verfasser und der Herausgeber im Einvernehmen mit dem Verlag große Gebiete der Elektrothermie nicht in das Buch aufzunehmen, weil über sie eine ausgedehnte zusammenfassende Literatur, auch in Buchform, vorliegt. Es seien hier die elektrischen Schweißverfahren, insbesondere die mit Schutzgas, z. B. Argon, Helium und Kohlensäure arbeitenden, erwähnt, die seit etwa 10 Jahren in zunehmendem Maße in vielen Ländern Eingang gefunden haben.

Das große Gebiet der Atomkernspaltung zwecks Gewinnung elektrischer Energie wurde ebenfalls nicht aufgenommen. Ob man es eigentlich überhaupt zur Elektrothermie rechnen kann, sei hier nicht diskutiert. Dagegen schien es vom wissenschaftlich-technischen Standpunkt aus interessant, am Ende des letzten Kapitels kurz auf ein Verfahren hinzuweisen, welches als Hilfsmittel zur Erzeugung „überirdischer" Temperaturen von bisher nie erreichter Höhe (Größenordnung von Millionen Grad Celsius) in einer elektrischen Entladung angewandt wird. Es ist dies nach Ansicht des Herausgebers eine Technik, die vielleicht der Elektrothermie ein bisher unberührtes Forschungsfeld eröffnet, auch wenn das augenblicklich gesetzte Endziel, nämlich die Vorbedingungen für die Gewinnung großer Energien durch Atomkernverschmelzung zu schaffen, nicht erreicht werden sollte.

Die Verfasser hoffen, daß die zweite Auflage der „Elektrothermie" dem Leser einen guten Überblick über den Stand der elektrothermischen Arbeitsverfahren und manche Anregung für weitere Entwicklungsaufgaben bieten möchte.

Berlin, im Juni 1960

M. Pirani

Inhaltsverzeichnis

Seite

Einleitung. Von Professor Dr. M. Pirani, Berlin 1

I. Elektrothermie des Eisens. Von Professor Dr.-Ing. Th. Rummel, München. (Mit 76 Abbildungen) 4
   A. Vorzüge der elektrothermischen Heizung für die Stahlindustrie   4
   B. Lichtbogenheizung 8
      1. Verschiedene Arten der Einwirkung des Lichtbogens auf das Gut 8
      2. Elektrische Verhältnisse 12
         a) Anpassungsfragen, S. 12. — b) Stromkreisstabilisierung, S. 13. — c) Induktivitäten der Zuleitungen, S. 17. — d) Kapazität, S. 19. — e) Wahl der Spannungen an den Transformatoren, S. 20
      3. Bau- und Materialfragen, Anwendung und Betrieb 21
         a) Abstichöfen (Reduktionsöfen), S. 22. — b) Kippöfen (Lichtbogenstahlöfen), S. 29
   C. Induktionsheizung 38
      1. Heizung mit und ohne Eisenkern 38
      2. Mechanische Kräfte in der Schmelze 44
      3. Berechnungsweg 46
      4. Anwendungsfragen, Konstruktionsfragen, elektrische Verhältnisse 55
   D. Graphitstabstrahlungsheizung 66
      1. Grundsätzliches 66
      2. Anwendungen 70
   E. Härten mit Widerstandsheizung, Salzbadheizung und Induktionsheizung 70

II. Elektrothermie der Nichteisenmetalle. Von Professor Dr.-Ing. Th. Rummel, München. (Mit 36 Abbildungen) 86
   A. Aluminium 86
      1. Bauxitaufbereitung im Elektroofen 86
      2. Elektrolytothermische Reduktion 88
      3. Umschmelzen im Elektroofen 92
         a) Widerstandsofen, S. 93. — b) Kernloser Induktionsofen, S. 95. — c) Niederfrequenzrinnenofen, S. 97
      4. Entgasungsprobleme beim Schmelzbetrieb 101
      5. Anlaß- und Glühbetrieb 105
   B. Kupfer, Kupferlegierungen und Zink 107
      1. Widerstandsheizung 107
      2. Niederfrequenz-Induktionsheizung 109
      3. Lichtbogenheizung 114

Inhaltsverzeichnis

Seite

C. Hochschmelzende Metalle 116
   1. Molybdän 116
      a) Pulvergewinnung, S. 116. — b) Pressen und Sintern, S. 118. —
      c) Erschmelzen im Hochvakuumlichtbogen, S. 118
   2. Wolfram 120
      a) Pulvergewinnung, S. 120. — b) Pressen und Sintern, Schmelzen, S. 121.
   3. Titan 122
      a) Schmelzen im Lichtbogen-Hochvakuumofen, S. 122. —
      b) Glühen und Anlassen, S. 123
D. Halbleitende Metalle 123
   1. Germanium 123
      a) Materialgewinnung und Reinigungsverfahren, S. 124. —
      b) Einkristallherstellung, S. 127
   2. Silizium 129
      a) Gewinnung, S. 129. — b) Reinigungsverfahren, S. 130. —
      c) Herstellung der Einkristalle, S. 131

III. **Elektrometallurgie der Sinterstoffe.** Von Dr.-Ing. P. KOENIG, Zürich (Schweiz). (Mit 2 Abbildungen) 132
   A. Die Herstellung der Pulver 132
   B. Das Sintern 134
   C. Das Heißpressen 138
   D. Das Tränkverfahren 138
   E. Schutzgasatmosphären 139

IV. **Die technische Herstellung von Siliziumkarbid.** Von Dr.-Ing. M. SCHAIDHAUF, München. (Mit 3 Abbildungen) . . . 140
   A. Bildungshinweise 141
   B. Physikalische Eigenschaften von SiC 141
   C. Chemische Eigenschaften 143
   D. Rohmaterialien zur Herstellung von SiC 143
   E. Der SiC-Ofen 144
   F. Ofenfüllung und Ofenbetrieb 146
   G. Verwendung von SiC 148
      1. Industrie 148
      2. Elektrotechnik 148
      3. Bauindustrie 149

V. **Die Elektrothermie des Borkarbids.** Von Professor Dr. W. DAWIHL, Illingen/Saar. (Mit 8 Abbildungen) 150
   A. Die Herstellungsbedingungen des Borkarbids und die elektrisch beheizten Öfen 150
      1. Die Kohle- und Graphitrohröfen 151
      2. Die Eigenschaften des Borkarbids und seine Anwendungsmöglichkeiten 156
   B. Die Herstellung des Borkarbids 159
      1. Durch Reaktion im Schmelzfluß 159
      2. Herstellung von Borkarbid durch Reaktion in festem Zustand 160
   C. Elektrothermische Verfahren zur Herstellung von Borkarbidformkörpern 163
      1. Gießverfahren 163
      2. Sintern von Borkarbidpulver 164
      3. Heißpressen von Borkarbidpulver 164

Inhaltsverzeichnis

VI. Die Herstellung von Elektrographit. Von Dr.-Ing. A. RAGOSS, Meitingen. (Mit 10 Abbildungen) 169
  A. Geschichtliche Entwicklung 169
  B. Der Graphitierungsvorgang 170
  C. Vorfertigung des Elektrographits 173
  D. Die Graphitierung 175
  E. Eigenschaften des Graphits 182
  F. Anwendung des Elektrographits 190

VII. Die technische Herstellung von Kalkstickstoff. Von Dr.-Ing. F. KAESS, Trostberg/Obb. (Mit 1 Abbildung) 195
  A. Geschichtliche Entwicklung der Kalkstickstoffindustrie 195
  B. Bedingungen für die Kalkstickstoffbildung, chemische und physikalische Eigenschaften des Kalziumzyanamids 196
  C. Die technische Herstellung des Kalkstickstoffs nach dem Frank-Caro-Verfahren 198
  D. Sonstige Verfahren zur Herstellung von Kalkstickstoff 199
  E. Die Nachbehandlung des Kalkstickstoffs für landwirtschaftliche Zwecke 202
  F. Analyse des Kalkstickstoffs 203
  G. Verwendung und wirtschaftliche Bedeutung von Kalkstickstoff 203

VIII. Die technische Herstellung des Ferrosiliziums. Von Dr.-Ing. F. KAESS, Trostberg/Obb. (Mit 2 Abbildungen) . . . 205
  A. Rohstoffe 208
  B. Ofenbetrieb 209
  C. Betriebsergebnisse 213
  D. Verwendung 214

IX. Die technische Herstellung des Kalziumsiliziums. Von Dr.-Ing. F. KAESS, Trostberg/Obb. (Mit 1 Abbildung) 216
  A. Herstellungsverfahren 217
  B. Ofenbetrieb 218
  C. Verwendung 222

X. Die technische Herstellung des Kalziumkarbids. Von Dr.-Ing. F. KAESS, Trostberg/Obb. (Mit 2 Abbildungen) . . . 224
  A. Geschichte der Karbidindustrie 224
  B. Bedingungen für die Karbidbildung, chemische und physikalische Eigenschaften des Kalziumkarbids 225
  C. Die Rohstoffe zur Herstellung von CaC_2 und ihre Vorbereitung 227
  D. Die Karbidöfen 228
  E. Die technische Herstellung des Karbids 230
  F. Stoff- und Energiebilanz 232
  G. Analyse des Kalziumkarbids 232
  H. Verwendung des Kalziumkarbids 233

XI. Die technische Herstellung des Phosphors. Von Dr. G. BREIL, Knapsack/Köln (Mit 2 Abbildungen) 234

XII. Die technische Herstellung von Elektrokorund. Von Dr. E. REIDT, Waldshut. (Mit 2 Abbildungen) 240

Inhaltsverzeichnis

Seite
XIII. Elektrothermische Herstellung von Quarzglas. Von Dr. W. HÄNLEIN, Nürnberg. (Mit 50 Abbildungen) 246
    Quarzglas, Quarzgutherstellung, Eigenschaften und Anwendung. . 246
    1. Historischer Überblick 246
    2. In Anwendung befindliche Herstellungsverfahren für Quarzglas und Quarzgut 248
    3. Herstellung von Quarzgut 253
    4. Chemische Eigenschaften 259
    5. Mechanische Eigenschaften 261
    6. Elektrische Eigenschaften 262
    7. Thermische Eigenschaften 264
    8. Viskosität 266
    9. Gasdurchlässigkeit 268
    10. Optische Eigenschaften 269
    11. Anwendungen 274

XIV. Elektrothermie der Dielektrika. Von Professor Dr.-Ing. TH. RUMMEL, München. (Mit 26 Abbildungen) 285
    A. Grundlage 285
    B. Hochfrequenzgeneratoren 290
    C. Anwendungsbeispiele 292
        1. Holz 292
        2. Weitere Anwendungen 300

XV. Elektrothermie der Gase. Von Professor Dr.-Ing. TH. RUMMEL, München. (Mit 8 Abbildungen) 305
    A. Historischer Rückblick auf die Stickstoffverbrennung im Flammenbogen 305
    B. Elektrothermie gasförmiger Kohlenwasserstoffe 307
        1. Elektrokracken von Kraftstoffen 307
        2. Azetylengewinnung aus Grenzkohlenwasserstoffen 308
    C. Elektrothermie anorganischer Dämpfe 311

XVI. Elektrische Öfen für Temperaturen über 1500° C und elektrische Glasschmelzöfen. Von Dr. W. HÄNLEIN, Nürnberg. (Mit 54 Abbildungen) 314
    Elektrische Öfen
    A. Erhitzung 314
        1. Widerstandserhitzung 314
        2. Induktive Erhitzung 315
        3. Lichtbogenerhitzung 316
    B. Bauelemente 316
        1. Widerstandswerkstoffe 316
        2. Wärmeisolation 318
        3. Ofengehäuse 319
        4. Regeltransformatoren 319
        5. Schutzgasanlagen 322
        6. Vakuumpumpen 323
        7. Lecksucheinrichtung 326
        8. Vakuummeßeinrichtung 327

Inhaltsverzeichnis XI

C. Beschreibung der einzelnen Ofentypen 327
   1. Schutzgasofen 327
      a) Molybdänofen, S. 327. — b) Öfen für oxydierende Atmosphäre, S. 331. — c) Wolframöfen, S. 332
   2. Hochvakuumöfen 333
      a) Molybdänofen, S. 333. — b) Wolframstaböfen, S. 336. — c) Hochvakuum-Induktionsöfen, S. 341. — d) Hochvakuum-Lichtbogenöfen, S. 346

Elektrische Glasschmelzöfen 347
   1. Geschichtlicher Überblick 347
   2. Lichtbogenöfen 348
   3. Widerstandsbeheizte Öfen 348
   4. Induktive und dielektrische Beheizung 348
   5. Direkte Beheizung durch einen elektrischen Strom 349
   6. Glasschmelzwannen 350

XVII. **Elektromeßtechnik in der Elektrothermie.** Von Professor Dr.-Ing. Th. Rummel, München. (Mit 38 Abbildungen) 359
   A. Messung elektrischer Größen in der Elektrothermie 359
      1. Drehspulmeßwerk 359
      2. Quotientenmeßwerk für Gleichstrom 361
      3. Drehmagnetmeßwerk für Gleichstrom 361
      4. Dreheisenmeßwerk für Gleich- und Wechselstrom 362
      5. Bimetallstrommesser 363
      6. Elektrodynamisches Meßwerk 363
      7. Ferraris-Meßwerk 365
      8. Zungenfrequenzmeßwerk 365
      9. Meßgeräte für Strom, Spannung und Leistung bei Hochfrequenz 365
     10. Meßwandler 368
     11. Hilfsgeräte 371
      a) Drehfeldanzeiger, S. 371. — b) Taschenohmmeter, Meßbrücken, S. 371. — c) Isolationsmessungen, S. 372. — d) Ortsbewegliche Leistungsmessungen, S. 373. — e) Frequenzmesser, S. 374
   B. Messung der Temperaturen 376
      1. Anwendungsbereiche von Temperaturmeßverfahren und Geräten 376
      2. Nichtelektrische Berührungsthermometer 377
      3. Elektrische Berührungsthermometer 377
      4. Strahlungspyrometer 380
      5. Weitere Temperaturbestimmungsverfahren 383
        a) Anlauffarben, S. 383. — b) Glühfarben, S. 384
      6. Messen und Schreiben von Temperaturwerten 384
   C. Regeltechnik 387
      1. Grundlagen 387
      2. Beispiele 388
        a) Elektrodenregelung, S. 388. — b) Ein-Aus-Regelung und Schrittregelung von Widerstandsöfen, S. 395. — c) Regelung eines Hochfrequenzofens mit extrem kleinen Temperaturschwankungen, S. 396

Inhaltsverzeichnis

XVIII. Beispiele für die Bearbeitung elektrothermischer Aufgaben im Laboratorium. Von Professor Dr. M. Pirani, Berlin. (Mit 7 Abbildungen) 400
    A. Die Herstellung von Bariumkarbid im Laboratorium 400
    B. Graphitierungsofen für das Laboratorium 403
    C. Versuche zur elektrothermischen Schnellverkokung von schwach backenden Kohlensorten 406
    D. Widerstandsheizung mittels Kohlenstoff- oder Graphitkörnern . 407
    E. Die Erzeugung bisher unerreichter Flammentemperaturen mittels elektrischer Entladungen 411
    F. Erzeugung von Temperaturen über eine Million Grad Celsius im Plasma 415

Literaturverzeichnis 417

Namenverzeichnis 434

Sachverzeichnis 441

Berichtigung

S.   1, 13. Zeile v. u. statt Bunden **lies** Bunsen

S. 401, 11. Zeile v. u. statt da **lies** daß

S. 403, 13. Zeile v. u. statt lockerem **lies** lockeren

S. 410, 2. Zeile v. o. statt Enden in etwa **lies** Enden etwa

S. 410, 14. Zeile v. o. muß es heißen: mittels eines aus Metaphosphorsäure . . .

Einleitung

Von

M. Pirani (Berlin)

Die großen Vorzüge der elektrischen Erhitzung wurden schon frühzeitig erkannt und haben die Erfinder und Konstrukteure aller Völker veranlaßt, unablässig an der Ausbildung elektrothermischer Methoden zu arbeiten. Demgemäß hat die Entwicklung der Elektrothermie sich mit gewaltiger Schnelligkeit vollzogen. Man ersieht dies am besten aus folgenden Daten:

Im Jahre 1849 prüfte DESPRETZ im Laufe seiner Versuche über die Herstellung von künstlichen Diamanten das Verhalten einer aus Zuckerkohle hergestellten kleinen Retorte von 15 mm Durchmesser bei der Temperatur eines Lichtbogens, den er im Innern dieser Retorte auf einen spitzen Kohlenstab überspringen ließ. Die Retorte selbst bildete den positiven Pol. Aus der Zuckerkohle war an den dem Lichtbogen am meisten ausgesetzten Stellen Graphit geworden. Dieser Graphit hatte tropfenähnliche Formen angenommen, so daß DESPRETZ annahm, der Kohlenstoff sei geschmolzen. Es gelang DESPRETZ auch, im Lichtbogen kleine Metallmengen, z. B. 250 g Platin, in wenigen Minuten zu schmelzen. Jedoch bewirkten diese Resultate vor allem wegen der zur damaligen Zeit vorhandenen sehr unvollkommenen technischen Mittel zur Erzeugung des elektrischen Stromes (DESPRETZ verwandte Bunden-Elemente) keine weitere Entwicklung, und es wäre eine Utopie gewesen, wenn man damals schon an die technische Verwendbarkeit eines elektrothermischen Verfahrens gedacht hätte.

Erst etwa 10 Jahre nach der Erfindung der Dynamomaschine erhielt in den Jahren 1878 und 1879 CH. W. SIEMENS in London die englischen Patente 4208 und 2110, in welchen die Schmelzung von Metallen mittels des elektrischen Lichtbogens beschrieben wurde. Es gelang SIEMENS, mit einem danach gebauten Tiegelofen in einer Stunde 10 kg Stahl, in 15 Minuten 4 kg Platin zu schmelzen. Selbst Wolframkarbid, welches, wie wir heute wissen, einen Schmelzpunkt von rund 2500° C besitzt, konnte er in kleinen Mengen herstellen und verflüssigen.

Wenn man das geschilderte Stadium der Elektrothermie im Jahre 1880 als das technisch-physikalische bezeichnen könnte, in dem zwar die Möglichkeit einer wirtschaftlichen Ausnutzung schon fern am Horizont erschien, ihre Verwirklichung aber noch nicht gelingen konnte, waren 10 Jahre später schon kräftige Ansätze wirtschaftlich-technischen Charakters zu sehen, deren Auswirkung sich darin zeigte, daß um die Jahrhundertwende die Einsatzmenge z. B. beim Elektrostahlofen schon nach Tonnen rechnete.

Von da ab kann man von einer rapiden technischen Entwicklung der Elektrothermie auch auf anderen Gebieten reden, und wenn wir heute von einem 100 t fassenden Elektroofen sprechen, so hat diese Zahl nichts Wunderbares mehr für uns.

Die Vorteile, die sich bei der Verwendung der elektrischen Energie an Stelle der Verbrennungsenergie zur Erzeugung von Wärme, und zwar besonders zur Erzeugung von Wärme hoher Temperatur ergeben, sind wärmetechnischer, konstruktiver und betriebstechnischer Natur. Sie seien einleitend kurz erörtert.

Vom wärmetechnischen Standpunkt aus ist zunächst zu betonen, daß die Wärme unmittelbar an der Stelle erzeugt wird, wo sie verbraucht wird, und zwar in den weitaus meisten Fällen in dem zu erhitzenden Gegenstand selbst. Man vermeidet daher von vornherein alle diejenigen Verluste, die sich aus der Übertragung der Wärme bei Verbrennungserhitzung ergeben und die auch in der Notwendigkeit des Vorhandenseins eines besonderen Verbrennungsraumes liegen, dessen Wände mit erhitzt werden müssen. Durch den Fortfall des Brennmaterials fallen weiterhin die mit dessen Erhitzung auf die Verbrennungstemperatur verbundenen Energieverluste und die Verluste durch die Abgase fort. Auch ist bei Verbrennungsvorgängen die Geschwindigkeit des Temperaturanstiegs schwer zu beeinflussen, zum mindesten ist ihr eine ziemlich tief liegende obere Grenze gesetzt, während bei der Erhitzung mittels elektrischen Stromes eine solche Beeinflussung nicht nur sehr leicht durchgeführt werden kann, sondern auch große Erhitzungsgeschwindigkeiten verhältnismäßig einfach und ohne besonderen Aufwand erreicht werden können. Aber nicht nur dem erreichbaren Grad der Geschwindigkeit, sondern auch der Temperatur ist bei allen mit Verbrennungsenergie arbeitenden Verfahren eine Grenze gesetzt, die bei etwa 2000° C liegen dürfte, wenn man nicht mit ganz kleinem Maßstab vorliebnehmen will, wie er für großtechnische Zwecke meist völlig unzulänglich ist. Bei Verwendung von elektrischer Wärme dagegen sind Temperaturen erreichbar, die außer durch die Eigenschaften des Materials nur durch die Möglichkeit der Beschaffung der notwendigen Energie begrenzt sind. Die Ökonomie wird dabei um so günstiger, je größer die behandelte Charge ist, weil der Anteil der Ableitungs- und Abstrahlungsverluste mit dem Verhältnis von Oberfläche zu Rauminhalt, also umgekehrt proportional dem Durchmesser, wächst.

Hand in Hand mit der Verminderung der Wärmeverluste stellt sich eine Verbilligung und Vereinfachung der ganzen Anlage durch Minderverbrauch an Baumaterial und Konstruktionsteilen ein, die sich z. B. besonders sinnfällig im Fortfall der bei der Flammenverbrennung besonders wichtigen Abführungseinrichtungen für die Verbrennungsgase äußert.

Die Erzeugung der Wärme im Heizgut selbst ergibt die Möglichkeit, die Gefäßwände derartig weit vom Heizgut anzuordnen, daß sie in bezug auf ihre mechanischen Eigenschaften oder in bezug auf die Gasdurchlässigkeit den durch das jeweils verwendete Verfahren an sie gestellten Ansprüchen genügen. Man hat es also in der Hand, Erhitzungsvorgänge auch bei den höchsten vorkommenden Temperaturen in einer bestimmten, dem chemischen Verhalten des Heizgutes angepaßten Gasatmosphäre und bei einem beliebigen Druck, auch z. B. im Vakuum oder Überdruck, auszuführen.

Für die Wahl der Einteilung und des Umfanges der einzelnen Kapitel war teils das elektrotechnische Interesse, teils seine wirtschaftliche Bedeutung maßgebend.

Es war allerdings dabei zu berücksichtigen, daß diese oft in keinem Verhältnis zu dem bei dem Endprodukt erzielten, in Geldwert ausgedrückten Umsatzzahlen steht.

Als Beispiele für diese Tatsache seien die Graphitbürsten der Dynamomaschinen genannt, ferner die Schneidmetalle zur Bearbeitung von Metallen und Nichtmetallen und das Quarzglas, welches heutzutage in der Herstellung gewisser Gasentladungslampen eine große Rolle spielt.

Im letzten Kapitel wird in kurzen Abrissen die Bearbeitung einiger elektrothermischer Aufgaben im Laboratoriumsmaßstab behandelt.

I. Elektrothermie des Eisens[1]

Von

Th. Rummel (München)

Mit 76 Abbildungen

A. Vorzüge der elektrothermischen Heizung für die Stahlindustrie

Bei der überragenden Bedeutung, die das Eisen für fast alle Bezirke der menschlichen Betätigung hat, konnte es nicht ausbleiben, daß man auch elektrothermische Verfahren und Einrichtungen entwickelt hat, die die Umformung und Veredelung des Eisens sowohl im Hinblick auf die Form als auch auf die Zusammensetzung des Materials zum Gegenstand haben.

Aus schüchternen Anfangsversuchen hat sich eine mächtige Industrie entwickelt, in der manche ältere nichtelektrische Erwärmungsverfahren in den Hintergrund gedrängt wurden. Sehr bezeichnend für diese Entwicklungstendenz ist bekanntlich die völlige Ersetzung der Tiegelstahlproduktion durch die Elektrostahlerzeugung.

Es müssen ganz besondere Vorzüge der elektrothermischen Produktion gegeben sein, die diesen grundlegenden Wandel mitbestimmt haben, und im folgenden seien diese näher erläutert. Während am Anfang der Entwicklung die Elektrothermie nur sehr langsam in die Eisenindustrie eindrang, wirkte sie sich nach und nach immer tiefer, grundlegender und fühlbarer aus, wobei wirtschaftliche Vorteile und technischer Fortschritt Vorurteile und Herkommen überwanden.

In ihrer praktischen industriellen Auswertung, also in der Entwicklung, Durchbildung, Herstellung sowie der Ausführung der Verfahren und dem Betrieb der dazugehörigen Einrichtungen und Anlagen, stellt die Elektrothermie in der Eisenindustrie große Anforderungen sowohl an den Maschinenbauer wie an den Elektrotechniker und Physiker und Chemiker. Sie greift also bereits in dieser Hinsicht in die verschiedensten Fachgebiete von Wissenschaft und Technik ein und hat mit ihren Verfahren und Anlagen entwicklungsfördernd auf viele Wirtschaftszweige eingewirkt.

---

[1] Literatur: [S 3, P 1, T 1, R 1, B 4, E 1].

Unter den typischen Vorteilen der elektrothermischen Arbeitsweise sei zunächst die *Reinheit der Heizquelle* genannt. Bei elektrischer Erwärmung gibt es keine oder nur sehr geringfügige Verbrennungsprodukte (z. B. von Kohleelektroden herrührend). Im Gegensatz dazu ist bei der Erzeugung von Wärme durch Verbrennung die Beeinflussung des Heizgutes durch Rauchgase und Rückstände kaum zu vermeiden und nimmt erhebliche Ausmaße an.

Beim Elektroofen für die Stahl- und Eisenindustrie sind Verunreinigungen durch Eindringen von Außenluft leicht vermeidbar. Die Anwendung von Schutzgasen stößt auf keine Schwierigkeiten und wird deshalb häufig beim elektrothermischen Betrieb angewandt. Auch die Durchführung der erwünschten metallurgischen Prozesse bei beliebigen Unterdrucken herab bis zum Hochvakuum ist möglich, ja für besonders hochwertige Spezialprodukte üblich geworden, z. B. Umlaufentgasung (Heraeus-Ruhrstahl)[1].

Auch Überdruck wurde und wird für Sonderfälle angewendet.

Alle elektrothermischen Verfahren brauchen Kohle nur als gewünschten und erforderlichen Zusatz, also entweder zur Reduktion oder zur Aufkohlung. Beim Verbrennungsstahlofen ist es dagegen sehr schwierig, die Kohlenstoffgabe präzise zu dosieren. Deshalb werden Stähle mit vielen Komponenten vielfach „nach Rezept" im Elektroofen erschmolzen.

Hierbei spielt neben der Freihaltung des Gutes von Verunreinigungen auch die wichtige Frage *des Abbrandes* eine bedeutende Rolle. Bei keiner Methode der Verbrennungserwärmung kann der Abbrand so extrem klein gehalten werden wie bei der elektrothermischen Behandlung, obwohl bei dieser *sehr hohe Temperaturen* angewendet werden können, woraus sich eine Reihe großer Vorteile für die Durchführung der metallurgischen Prozesse ergibt.

Bei der Elektrothermie des Eisens werden Temperaturen angestrebt, die insbesondere bei der Schlackenüberhitzung weit über 2000° C gehen und gelegentlich an 3000° C heranreichen. Nur durch die Haltbarkeit der keramischen Materialien ist ihnen im Ofenbetrieb eine Grenze gezogen.

Die Überhitzung der Schlacke ist für die Entgasung und die Desoxydation des Materials sehr bedeutungsvoll. Bei der hohen Temperatur der für solche Prozesse angewendeten Lichtbogenheizung entsteht eine karbidische Schlacke, welche sehr hohe Desoxydationskraft besitzt. Damit kann viel Mangan eingespart werden, das man sonst zur Entschwefelung des Materials beim Siemens-Martin-Verfahren

---

[1] Einen guten Überblick über Vakuum-Induktions-Schmelzöfen gibt [D 2] über Beheizungsfragen bei der großtechnischen Entgasung von Stahlschmelzen [K 3].

zusetzt. Im Lichtbogenofen kann man den Schwefelgehalt unschwer unter 10^{-5} drücken. Der Siemens-Martin-Ofen-Betrieb würde dabei infolge des dann notwendigen hohen Zusatzes von Mangan sehr unwirtschaftlich werden.

Die Transformatoren- und Elektromaschinenindustrie ist deshalb weitgehend von der Elektrothermie abhängig geworden. Die Elektromaschinen- und Transformatorenbleche dürfen nur äußerst geringen Schwefelgehalt haben, damit die geforderten magnetischen Werte, nämlich sehr kleine Koerzitivkraft bei hoher Permeabilität bis zu großen Kraftliniendichten, erreicht werden.

Auch die Reduktion der Eisenoxyde, etwa an Schrott, macht im Elektroofen keine Schwierigkeiten.

Frischarbeiten können im Elektroofen mühelos durchgeführt werden. Somit können alle Verunreinigungen, die durch Oxydation beseitigt werden, wie z. B. Kohlenstoff, Mangan und Phosphor, unter Kontrolle gehalten und genau dosiert werden.

Bei den meisten elektrothermischen Verfahren in der Eisenindustrie ist eine erhebliche *Rührwirkung* mit der infolge der elektrischen Beheizung notwendigen elektrischen Strömung im Gute verknüpft. Durch diese Badbewegung werden die metallurgischen Prozesse stark beschleunigt, wobei neben der vorerwähnten Oxydation und Desoxydation insbesondere die Legierungsbildung infolge guter Durchmischung erwähnt werden muß. Häufig ist damit noch eine *entgasende Wirkung verbunden,* die durch besondere Maßnahmen noch gesteigert werden kann.

Ein weiterer Vorteil der elektrischen Erhitzung von Stahl und Eisen ist die praktisch *kontinuierliche Temperatureinstellung und Regelung auf vorbestimmte Werte,* die bei verbrennungsthermischer Behandlung nur wesentlich gröber und ungenauer durchgeführt werden kann.

Die Meß- und Regeltechnik hat in der Elektrothermie zu sehr schönen Erfolgen geführt.

Insbesondere trifft dies für den Härtereibetrieb zu, wo für die Erzielung eines einwandfreien Härteergebnisses die genaue Einhaltung der vorgeschriebenen Temperaturen ausschlaggebend für die erzielten Resultate ist.

Die Elektrowärme läßt sich aber nicht nur bezüglich ihrer Höhe, sondern auch bezüglich der *örtlichen Verteilung im Behandlungsgut* genauestens kontrollieren. Eng damit verknüpft ist die auf das Behandlungsgut übertragbare Leistungsdichte, die z. B. bei der Induktionserhitzung zu sehr großen Werten ansteigen kann. Erst durch die elektrothermischen Verfahren wurde es möglich, so kurze Erwärmungszeiten von Stahl- und Eisenoberflächen einzuhalten, daß z. B. die Flanken eines Zahnrades gehärtet werden können, wobei der Kern ungehärtet, also weich, bleibt.

Die *Bedienung* einer elektrothermischen Anlage ist mit wesentlich geringerem Personalaufwand durchzuführen als die einer verbrennungsthermischen Anlage. *Die Belästigung* des Bedienenden sowie der näheren Umgebung der Anlage durch Hitze, Staub, Geruch und Lärm ist bei der elektrothermischen Anlage ein Minimum.

Die *maschinentechnische Durchbildung* ist bei der elektrothermischen Einrichtung wesentlich besser zu verwirklichen als bei der chemothermischen. So kann man beispielsweise den Elektrostahl-Lichtbogen- oder Induktionsofen kippbar ausführen und somit in einfachster Weise entleeren. Auch kann man diese Öfen mit gut zugänglichen Arbeitsherden ausrüsten, worin intensive Schlackenarbeit übersichtlich durchgeführt werden kann.

Die Elektrothermie des Eisens bedient sich einer *hoch veredelten Energieart*, der Elektrizität. Damit erhebt sich die Frage nach den *Kosten*. Es ist eine bekannte Tatsache, daß man mit 1 kg Kohle mittlerer Qualität (6000 kgcal/kg) etwa 1 kWh erzeugen kann. 1 kWh hat einen Wärmeinhalt von 864 kgcal. Der Wirkungsgrad der Umformung elektrische Energie in Wärmeenergie im Ofen beträgt im Mittel 90%. Also beträgt der Gesamtwirkungsgrad der Energieeinleitung von der Kohle bis zum Einsatzgut des elektrischen Ofens etwa 13%. Der thermische Nutzeffekt einer unmittelbaren Kohlenheizung beträgt unter Berücksichtigung der Betriebspausen durch Reinigungsarbeiten usw. etwa 15%. Der Wärmebilanz zufolge wäre also die unmittelbare Heizung überlegen. Unter Berücksichtigung der einfacheren Bedienung sowie der Möglichkeit, elektrische Überschußenergie zu gewissen Zeiten sehr billig zu erhalten, stellt sich jedoch auch unter der Berücksichtigung der höheren Anlagekosten die elektrische Beheizung häufig billiger als die chemische durch Kohle.

In Anbetracht der übrigen oben erwähnten Vorteile der elektrischen Erwärmung kann man die Überlegenheit der elektrothermischen Behandlung von Eisen und Stahl in vier Gründen zusammenfassen, welche ihre Einführung in einem Betrieb rechtfertigen:

1. Möglichkeit einer verbesserten Hygiene für die Bedienenden.
2. Qualitätsverbesserung des Produktes.
3. Lösung von bisher überhaupt nicht oder nicht befriedigend realisierbaren Problemen.
4. Verbilligung des Produktes durch Steigerung der Produktivität und günstigere Ausnutzung der Ausgangsstoffe.

B. Lichtbogenheizung

1. Verschiedene Arten der Einwirkung des Lichtbogens auf das Gut

Der bei weitem am meisten verwendete elektrische Schmelzofen in der Eisen- und Stahlindustrie ist der Dreiphasen-Lichtbogenofen. Er wird hauptsächlich verwendet an Stelle der Tiegelstahlmethode. Neuerdings kam noch die Erzeugung von rostfreiem Stahl, ferner von Nickel-Chrom-Stahl, Vanadiumstahl, Wolframstahl, Molybdänstahl, von Silizium enthaltendem Elektroeisen und von Schnelldrehstählen hinzu.

Auch für die Eisengießerei hat der Lichtbogenofen eine Bedeutung, wenn es sich um die Produktion von Stahlguß und hochwertigem Grauguß handelt.

Der Lichtbogenofen vereinigt alle bereits erwähnten Vorteile der elektrothermischen Erwärmung. In der Stahlindustrie sind diese: die schnelle Verfügbarkeit der entwickelten Wärme, die ungewöhnlich hohen Temperaturen, die gute Möglichkeit der Regelung, die gleichmäßig stetige Aufrechterhaltung irgendeiner gewünschten Temperatur, die Reinheit der Heizquelle und des Ofens, die Möglichkeit der Fernhaltung schädlicher Gase, die Einstellbarkeit der Ofenatmosphäre für oxydierende, reduzierende oder neutrale Bedingungen, und nicht zuletzt die einfache hygienische und ungefährliche Bedienung.

Die Übertragung der Wärme geschieht im Lichtbogenofen hauptsächlich durch Strahlung von den Lichtbögen aus, die sich innerhalb des Ofenraumes unmittelbar über dem Schmelzbade befinden. Da sowohl die Anordnung der Lichtbögen als auch die Phasenzahl des zu ihrer Speisung verwendeten elektrischen Wechselstromes variiert werden können, ergeben sich eine sehr große Zahl verschiedener Ofenanordnungen. Bei der Mehrzahl der heute verwendeten Öfen brennen die Lichtbögen zwischen Kohle- oder Graphitelektroden einerseits und dem Bade andererseits.

Diese Öfen unterscheiden sich ferner durch die Art und Weise, in welcher die Ströme in die Schmelzanordnung eingeleitet werden und wie sie sie verlassen. Sofern die Ströme über Elektroden, welche den Ofendeckel durchsetzen, eintreten und auch wieder austreten, ist die Elektrodenzahl gleich der Lichtbogenzahl, und zwar mindestens gleich zwei. Der Dreiphasen-Héroultofen mit 3 Elektroden hat sich in der Stahlindustrie bisher am besten durchgesetzt. Gekennzeichnet ist dieser Ofen durch einen feuerfesten Herd, der das Schmelzbad aufnimmt. Er ist mit einem Gewölbe überdeckt, durch das hindurch die Elektroden senkrecht zur Badoberfläche hineinragen und sich beim Betrieb bis etwa 10 bis 50 mm Abstand nähern (vgl. Abb. 1, in welcher mehrere charakteristische Ofenkonstruktionen schematisch dargestellt sind). Beim Original-Héroultofen hatten die Ofengase freien Abzug. Diese Ausführung wird nicht mehr gebaut. Bei modernen Öfen [Siemens (bis 1950), DEMAG, Fiat, Tagliaferri, Lectromelt, Swindell] ist der Deckel möglichst dicht ausgeführt, so daß die Ofengase nicht frei in die Halle

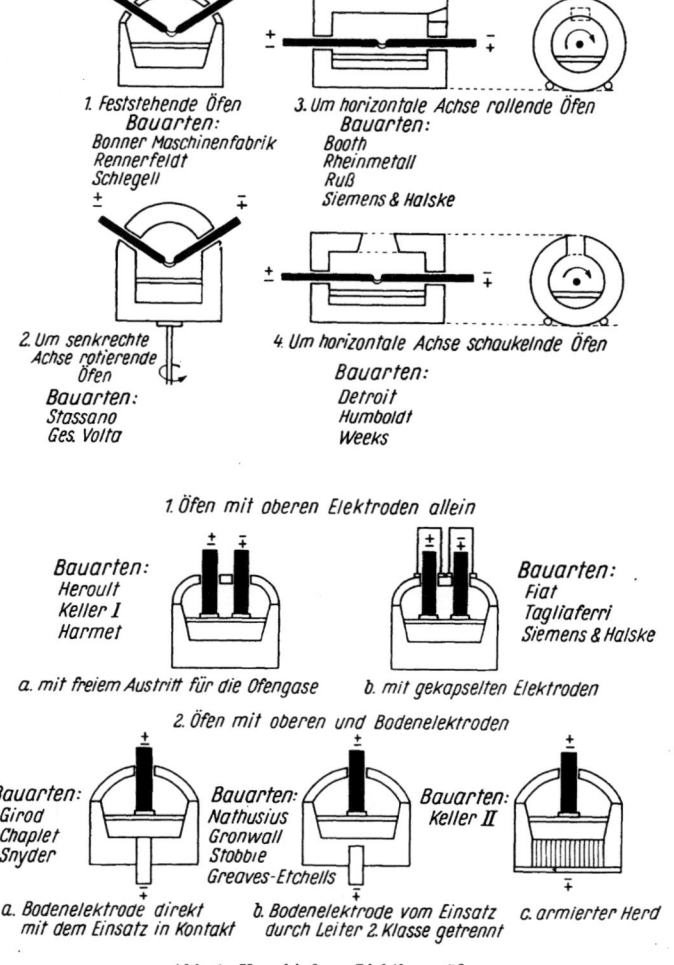

Abb. 1. Verschiedene Lichtbogenöfen

abziehen, sondern gegebenenfalls aufgefangen werden und zum Betrieb von Gaskraftmaschinen verwendet werden können.

Bei diesen „Héroult-Type"-Öfen nimmt der Strom seinen Weg von einer Elektrode über den Lichtbogen durch die Schlacke hindurch in die Schmelze und von dieser wieder zurück über die Schlacke in die nächste Elektrode. Durch seine teilweise Streuung in die Schlacke hinein wird diese noch zusätzlich etwas aufgeheizt, abgesehen davon wird sie schon infolge ihrer Eigenschaft als Lichtbogenansatzpunkt sehr heiß.

Man bezeichnet die Héroultöfen auch als direkte Lichtbogenöfen, weil der Lichtbogen wenigstens mit einem Ansatzpunkt direkt in Verbindung mit dem Schmelzgut steht. Dieses selbst ist durch die Schlackendecke in zweifacher Hinsicht abgeschirmt. Praktisch wird nämlich alle Wärme durch die Lichtbögen oberhalb der Schlacke erzeugt, und diese bildet somit einen verteilenden Schirm gegenüber der Stahl- bzw. Eisenschmelze. Außerdem schützt die Schlackendecke die Eisen- bzw. Stahlschmelze vor den aus der Unterseite der Elektroden infolge der dort herrschenden hohen Temperaturen austretenden Kohlenstoffdämpfen.

Der Boden der Héroultöfen ist im allgemeinen mit einer Mischung aus Dolomit und/oder Magnesit mit Teer aufgestampft, der in der Kälte völlig isolierend, beim Ofenbetrieb jedoch leitfähig wird. Diese Tatsache wird insofern verwertet, als man in den Boden, von der Schmelze „chemisch abgeschirmt", jedoch elektrisch mit ihr verbunden, eine Erdungselektrode aus Graphit einbaut, die eine „Erdung der Schmelze" ermöglicht und insbesondere zur Messung der einzelnen Lichtbogenspannungen dient, worauf die Regelung des Elektrodenabstandes beruhen kann.

Héroultöfen werden gebaut von einigen 100 kg Fassungsvermögen bis zu 100 t Fassungsvermögen. Bei so großen Öfen verwendet man teilweise 6 Elektroden (USA).

Zu den direkten Lichtbogenöfen gehören auch solche Typen, bei denen die im Héroultofen als Meß- oder Erdungselektrode verwendete Bodenelektrode technisch so durchgebildet ist, daß sie als Betriebselektrode zur Zu- bzw. Abführung des Lichtbogenstromes dient. Der erste Ofen dieser Art stammte von GIROD. Später kamen die Konstruktionen von CHAPLET-SCHNEIDER, NATHUSIUS, GRÖNWALL, STOBBIE, GREAVES-ETCHELLS, SNYDER und KELLER hinzu (vgl. Abb. 1). Beim Girodofen als dem Prototyp dieser Klasse geht der Strom durch eine oder mehrere Elektroden durch das obere Ofengewölbe in den Ofeninnenraum und geht als Bogen zwischen der Elektrodenunterseite und der Schlackenoberfläche schließlich auf das Stahlbad über. Während beim Héroultofen der Strom in der Hauptsache seitwärts zu den Nachbarlichtbögen geht, um über die Deckelektroden den Ofen wieder zu verlassen, wird er beim Girodofen nach Durchsetzung des Stahlbades von einer Anzahl Weicheisenelektroden, die in der Ausmauerung des Ofenbodens sitzen, abgeleitet. Während des Betriebes schmelzen diese Elektroden etwas ab und werden gelegentlich ergänzt.

Diese Öfen werden als Ein- und Dreiphasenöfen gebaut.

NATHUSIUS verwendete auch Kohleelektroden als Bodenelektroden, die nicht in die Schmelze hineinragten, sondern durch die bei den in Frage kommenden Betriebstemperaturen elektrolytisch leitenden Ofenboden mit ihr in Verbindung standen. Dadurch wurde eine zusätzliche Bodenheizung erreicht, die allerdings nicht ungefährlich war, weil bei Bodendurchbrüchen explosionsartige Aufkohlungen erfolgten. Beim System Girod konnte dies zwar nicht eintreten, jedoch war die Heizwirkung des Stromes im Bade selbst völlig unwesentlich, da dessen Querschnitt etwa 10^3 mal größer ist, als er zur Erzielung einer merklichen zusätzlichen Heizwirkung sein dürfte.

Öfen mit Bodenelektroden werden heute kaum mehr gebaut.

Ein nicht unwichtiges System für die Eisenindustrie stellen schließlich die sogenannten kombinierten Lichtbogen-Widerstandsöfen dar. Hierbei ragen die Elektroden unmittelbar in das zu erhitzende bzw. zu schmelzende Material hinein und sind also von diesem umgeben. Beim Anfahren eines solchen Ofens wird allerdings immer ein reiner freier Lichtbogen gezogen, der meist zwischen einer Koksschicht und den Elektroden gezündet wird.

Im Betrieb wird so viel Material aufgeschüttet, daß die Elektroden den Strom mindestens teilweise, häufig völlig durch Leitung an dieses weiterleiten. Hierbei bildet sich hauptsächlich unterhalb der Elektroden ein Schmelz- oder Reaktionsherd aus. Von diesem fließt der Strom zur Nachbarelektrode und verläßt über diese den Ofen. Solche Öfen werden hauptsächlich als Reduktionsöfen verwendet und dienen in der Eisenindustrie für die Herstellung von Roheisen unmittelbar aus den Erzen mit Reduktionskohle und für die Erschmelzung von Ferrolegierungen. Ebenso vielfältig wie die gewünschten Erzeugnisse müssen dann die den entsprechenden Betriebsverhältnissen angepaßten Bauformen sein. Während die Elektroden für die reinen Lichtbogenöfen meist aus Graphit bestehen (neuerdings werden allerdings auch selbstbackende Kohleelektroden, z. B. nach SÖDERBERG, verwendet), findet man in Reduktionsöfen entweder selbstbackende Kohleelektroden oder vorfabrizierte Elektroden aus amorpher Kohle (bis 3 m lang), die entweder mittels Gewinde fortlaufend zusammengeschraubt werden oder die in Betriebspausen ausgewechselt werden.

Der Betrieb der Reduktionsöfen kann fortlaufend sein oder in Chargen erfolgen. Teilweise wird abgestochen, teilweise wird im Blockbetrieb gefahren, wobei der Ofen zum Teil zerlegt werden muß, um den Block entnehmen zu können. Neuerdings werden die Abgase häufig aufgefangen, um sie zu verwerten. Diese Verschiedenheiten haben naturgemäß die Ofenausführungen stark beeinflußt. So werden beispielsweise Ferrowolframöfen meist mit ausfahrbarer Wanne, Ferrochromöfen dagegen mit kippbarer Wanne ausgeführt und Ferrosiliziumöfen mit feststehender Wanne gebaut.

2. Elektrische Verhältnisse

Der eigentliche Lichtbogenofen, bestehend aus der Ofenwanne, dem Deckel, den Elektroden mit Regelung und dem Beschickungsmechanismus, ist nur ein kleiner Teil der gesamten Ofeneinrichtung.

Zum Betriebe werden benötigt:

1. Je ein Transformator je Phase oder ein Dreiphasentransformator, möglichst feinstufig regelbar, um die Betriebsspannung zu liefern.
2. Eine Drosselspule je Elektrode, um den Bogen zu stabilisieren. (Im allgemeinen auf der Primärseite in Serie mit der Transformatorenwicklung geschaltet.)
3. Hochstromzuleitungen (verschachtelt) zwischen der Sekundärseite des Transformators und den Elektroden.
4. Beschickungseinrichtung.
5. Regeleinrichtung.

a) Anpassungsfragen. Gegeben sei die EMK des Ofentransformators bzw. der Stromquelle. Die Induktivität der Drossel samt Zuleitungen sei L. Die Kreisfrequenz $= 2\pi f$, worin f die Frequenz der Stromversorgung ist, r sei der Widerstand aller Zuleitungen und R der Bogenwiderstand. Gesucht wird derjenige Bogenwiderstand, für den die an ihn abgegebene Leistung ein Maximum wird, ferner diese maximale Leistung. Da sich der Bogenwiderstand durch die Bogenlänge beeinflussen läßt, kann man auch die maximale Leistung durch Variation der Bogenlänge einstellen. Es wird sich zeigen, daß diese maximale Leistung im allgemeinen nicht beim $\cos\varphi = 1$ liegt!

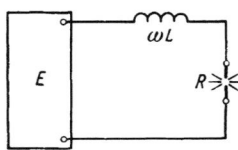

Abb. 2. Lichtbogenwiderstand R, induktiver Widerstand ωL, elektromotorische Kraft E

Wenn man den Ohmschen Widerstand, bezogen auf die Sekundärseite, und den Ohmschen Widerstand der Sekundärzuleitungen vernachlässigen kann, wird die Rechnung besonders einfach und übersichtlich. Wir wollen zunächst diesen Fall behandeln.

In Abb. 2 sind diese Verhältnisse schematisch dargestellt. E ist die EMK der Stromquelle, ωL ist der induktive Widerstand der Primärdrossel samt Induktanz der Sekundärzuleitungen (alles bezogen auf die Sekundärseite), R sei der (einstellbare) Bogenwiderstand und I der Bogenstrom.

Dann gilt:
$$I = \frac{E}{\sqrt{(\omega L)^2 + R^2}};$$

$$U_R = \text{Spannungsabfall an } R = IR = \frac{ER}{\sqrt{(\omega L)^2 + R^2}};$$

$$W_R = \text{Leistung an } R = I^2 R = \frac{E^2 R}{(\omega L)^2 + R^2};$$

$$\frac{d\,1/W}{dR} = \frac{1}{E^2} - \left(\frac{\omega L}{ER}\right)^2 = 0;$$

R für $W_{\max} = \omega L$; $\quad \cos\varphi$ dann $= \dfrac{1}{\sqrt{2}} = 0{,}707$

und

$$W_{\max} = \frac{E^2}{2\,\omega L}.$$

In Abb. 3 sind die Verhältnisse für den Fall der Berücksichtigung der Ohmschen Widerstände in den Zuleitungen dargestellt:

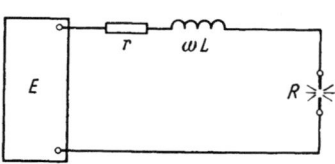

Abb. 3. Lichtbogenwiderstand R, induktiver Widerstand ωL, elektromotorische Kraft E und Zuleitungswiderstand r

Also gegeben: E, ωL, r; gesucht: R für $W_{\max}$; $W_{R\max}$;

$$I = \frac{E}{\sqrt{(r+R)^2 + (\omega L)^2}}; \qquad U_R = \frac{ER}{\sqrt{(r+R)^2 + (\omega L)^2}};$$

$$W_R = \frac{E^2 R}{(r+R)^2 + (\omega L)^2};$$

$$\frac{d\,1/W_R}{dR} = \frac{-r^2}{E^2 R^2} + \frac{1}{E^2} - \left(\frac{\omega L}{ER}\right)^2 = 0;$$

R für $W_{\max} = \sqrt{r^2 + (\omega L)^2};\qquad W_{\max} = \dfrac{E^2}{2r + 2\sqrt{r^2 + (\omega L)^2}};$

$\cos\varphi$ allgemein $= \dfrac{r+R}{\sqrt{(r+R)^2 + (\omega L)^2}}; \quad \cos\varphi_{N_{\max}} = \dfrac{1}{\sqrt{2}}\sqrt{1 + \dfrac{r}{\sqrt{r^2 + (\omega L)^2}}};$

Auch hier ergibt sich also, daß die maximale übertragbare Leistung nicht beim $\cos\varphi = 1$, sondern bei einem kleineren Wert übertragen wird.

b) Stromkreisstabilisierung. Bogenentladungen haben im allgemeinen eine fallende Charakteristik. Steigender Brennspannung sind also sinkende Stromwerte und fallender Brennspannung steigende Stromwerte zugeordnet. Sofern der innere Widerstand der Stromquelle idealisiert als null anzusehen wäre, würde der Bogenstrom also unkontrollierbar hohe Werte annehmen können. Im vorhergehenden Abschnitt wurde die Induktivität der Zuleitungen und deren Ohmscher Widerstand bereits als etwas Vorhandenes behandelt. Meistens gibt der Wirk- und Blindwiderstand der Stromquelle und der Zuleitungen noch nicht ausreichenden Widerstand, um die Stromstärken stabil zu halten. Man schaltet daher in die Zuleitungen Stabilisierungsdrosseln ein, deren Induktivität dann bei der rechnerischen Behandlung vektoriell den entsprechenden Stromquellen- und Zuleitungsscheinwiderständen addiert wird.

Ganz kurz sei im folgenden auf die Stromkreisstabilisierung eingegangen.

In Abb. 4 ist außer der Bogencharakteristik die „Widerstandsgerade" eingetragen. Diese zeigt die tatsächlich zur Verfügung stehende Brennspannung an, die sich als Differenz zwischen der elektromotorischen Kraft E der Stromquelle und dem Spannungsabfall an der Gesamtreaktanz ergibt. Wenn diese den Wert R hat, so wird die Gleichung der „Widerstandsgeraden"

$$U = E - IR.$$

Der U-Achsenabschnitt ist dann $U = E$ und der I-Achsenabschnitt $I = E/R$.

Der Winkel α der Geraden gegen die I-Achse ist:

$$\alpha = \operatorname{arc\,tg} R.$$

Wenn die „Widerstandsgerade" b die Bogencharakteristik a nicht schneiden oder berühren würde, so wäre kein — auch kein labiler — Arbeitspunkt möglich. In der Darstellung ist aber eine Gerade mit zwei Schnittpunkten gewählt. Damit sind zwei Arbeitspunkte möglich. Von diesen ist Punkt 1 nicht stabil, sondern labil. Würde nämlich I nur wenig größer, so würde der Spannungsbedarf der Entladung kleiner werden, die zur Verfügung stehende Spannung $U = E - IR$ würde dann aber zunehmen. Dementsprechend würde die einmal eingeleitete Stromvergrößerung — sei sie auch beliebig klein — im Laufe der Zeit zu einem weiteren endlichen Stromanstieg führen. Die Geschwindigkeit dieses Anstieges hinge von der gegenseitigen Lage der Bogencharakteristik und der Widerstandsgeraden ab und von der Trägheit (bedingt durch die Blindwiderstände) des Stromkreises.

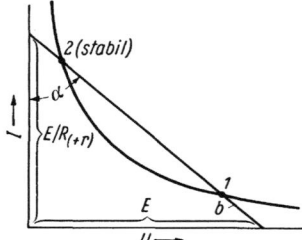

Abb. 4. Zur Stromkreisstabilisierung. Untersuchung auf Stabilität

Der außerdem mögliche Schnittpunkt (Arbeitspunkt) 2 ist stabil. Bei einem beliebig gedachten Stromanstieg stünde nur mehr eine geringere als die benötigte Spannung zur Verfügung.

Wir haben bisher nur den Arbeitspunkt bei gegebener Charakteristik, bekannter elektromotorischer Kraft, bekanntem inneren Widerstand der Stromquelle, bekannten Vorwiderständen und Induktivitäten, also bei bekanntem Gesamtscheinwiderstand, gesucht und gefunden und festgestellt, wann Labilität oder Stabilität vorliegt.

Wie findet man aber umgekehrt bei gegebener Charakteristik und vorgeschriebenem Arbeitspunkt die Werte des notwendigen Gesamtwiderstandes (Reaktanz) und der elektromotorischen Kraft E? In die Charakteristik wird der gewünschte Arbeitspunkt eingetragen (s. Abb. 5).

Die Widerstandsenergie b muß durch diesen Punkt gehen. Von den unendlich vielen Geraden, die dieser Bedingung entsprechen, ergeben aber nur diejenigen stabile Arbeitspunkte, deren Neigung gegen die I-Achse größer als der Winkel der Tangente durch den gewünschten Arbeitspunkt gegen die I-Achse ist. Ist der Winkel kleiner, so ist der Arbeitspunkt labil, ist er größer, so ist er stabil. Die Tangente ist die Grenzlinie zwischen solchen Geraden, die zu labilen bzw. stabilen Zuständen führen.

Ist der Tangentenwinkel $= \beta$, so wird der gesuchte Mindestwiderstand (Reaktanz):

$$R = \mathrm{tg}\,\beta.$$

Er ergibt sich in Ohm, wenn U in Volt und I in Ampere aufgetragen wurden. Die notwendige elektromotorische Kraft ist der Achsenabschnitt durch die Gerade b.

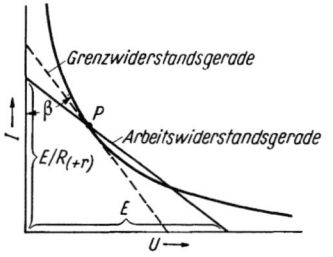

Abb. 5. Zur Stromkreisstabilisierung. Auffinden der Widerstandsgeraden bei gegebenem Arbeitspunkt

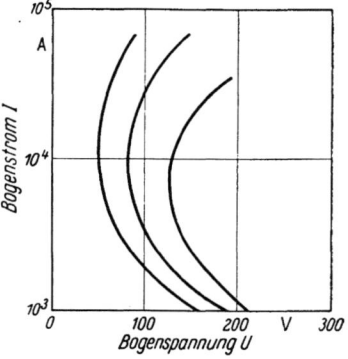

Abb. 6. Lichtbogenofen. Charakteristik des Bogens

R und E sind Mindestwerte, die nicht unterschritten werden dürfen.

Die Charakteristik der Lichtbögen in Lichtbogenöfen ist grundsätzlich eine einer Hyperbel ähnliche Kurve, deren einer Ast nach sehr großen Stromstärken hin sich wieder etwas anhebt (Abb. 6). Der Brennspannungsabfall wird also bei Wechselspannungsbögen immer kleiner, je größer die Stromstärken werden. Bei Strömen in der Entladung von etwa 7000 A bei etwa 20 mm Elektrodenabstand verläuft die Charakteristik parallel zur Stromachse und bei 10000 A und darüber ist bereits ein deutlicher Wiederanstieg der Spannung zu beobachten. Dies ist eine für die Praxis sehr wesentliche Tatsache, folgt doch aus ihr, daß die Vorschaltreaktanz um so kleiner sein kann, je höher die angewendeten Stromstärken und damit auch die Lichtbogenleistungen werden.

Die Stromstärke und die Stromrichtung ändern sich beim Wechselstromlichtbogen periodisch (Abb. 7).

Solange die Bogenentladung nicht wieder gezündet hat, verläuft die Spannungskurve wie die Leerlaufspannungskurve. Nach dem Zündpunkt fällt sie auf den Wert der Bogenbrennspannung U_{Brenn}. und steigt dann im weiteren Verlauf vor dem Verlöschen gemäß der kleiner werdenden Stromstärke wieder an. Sofern die Stromstärken sehr hoch sind, kommen noch einige die Charakteristik beeinflussenden Effekte hinzu.

Der Pincheffekt schnürt die Entladung um so mehr ein, je höher die Stromstärke wird. (Wir kommen später bei der Behandlung der Kräfte in den Schmelzen noch auf den Pincheffekt in quantitativer Weise zurück.) Durch diese Einschnürung steigt die ohnehin bei hohen Stromstärken große Ladungsträgerdichte weiter an. Diese bleibt dann fast gleich hoch über die ganze Periode. Damit wird der Stromverlauf mehr sinusförmig, also konform der Leerlaufspannung, und die Charakteristik nach hohen Stromstärken hin steigend. Unterstützt wird dies noch durch den Effekt der thermischen Hysterese. Daraus folgt, daß bei steigendem Strom die Leitfähigkeit etwas nachhinkt und bei fallendem Strom höher ist, als dem stationären Gleichstromfall entsprechen würde.

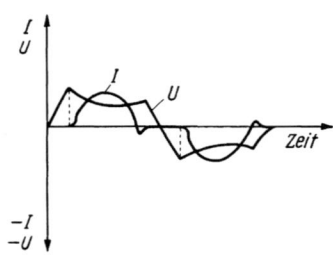

Abb. 7. Lichtbogenofen. Strom- und Spannungsverlauf (Schleifenoszillogramm)

Dieser Hystereseeffekt macht sich bei 50 Hz allerdings wohl noch nicht stark bemerkbar. Die übrigen Ursachen sind jedoch schwerwiegend genug, um bei Stromstärken über 10000 A eine steigende Charakteristik zu erzielen.

Man benötigt daher in der Praxis, wie schon kurz erwähnt, um so kleinere Induktivitäten, je größer der Ofen ist und je größer also der benötigte Lichtbogenstrom wird. Die stabilisierende Wirkung einer Drossel wird also für hohe Stromstärken nicht mehr in demselben Maße notwendig sein wie für kleine. Jedoch ist auch für höchste Stromstärken die Beibehaltung einer gewissen Mindestinduktivität vorteilhaft. Sie sichert nämlich ein schnelles Ansteigen der Leerlaufspannung, d. h. die Leerlaufspannung kann genügend über der Brennspannung liegen, so daß ein baldiges Wiederzünden nach dem Verlöschen ermöglicht wird. Je größer die Drossel ist, desto eher wird die Zündspannung nach dem Verlöschen wieder erreicht, desto niedriger wird aber die Zündspannung, weil dann die Bogensäule noch nicht stark entionisiert sein kann. Bei spätem Wiederkommen der Spannung kann inzwischen die Entionisierung so weit fortgeschritten sein, daß das Wiederzünden unsicher wird und unter Umständen überhaupt ganz ausbleiben kann. Bereits ein unregelmäßiges Zünden bewirkt einen sehr unruhigen Bogenbetrieb und hat mit Recht gefürchtete Laststöße zur Folge, die zu sehr unliebsamen Spannungsschwankungen im Betriebsnetz führen.

Da die Drosseln teuer sind und neben der Blindbelastung auch eine nicht vermeidbare Wirkleistungsverlustquelle darstellen, will der Betriebsingenieur sie einerseits möglichst klein halten. Andererseits will er ein ruhiges Anfahren erzielen und auch gelegentlich mit kleiner Leistung, z. B. während des Warmhaltens, fahren können. Da umschaltbare Drosseln wegen der riesigen zu bewältigenden Stromstärken zu größten konstruktiven Schwierigkeiten führen müßten, bleibt nur der Ausweg eines durch Betriebserfahrungen gewiesenen Kompromisses. Folgende Tabelle gibt einige Werte für den zweckmäßigen Zusammenhang zwischen Trafoleistung, Drosselleistung und Ofengröße.

Tabelle 1

Einsatz Stahl [t]	Trafoleistung [kVA]	Drosselleistung [kVA]
1	500	200
1,5	800	300
3	1 200	400
6	2 000	600
10	3 600	800
15	5 000	1 000
25	9 000	1 200
60	16 000	1 500
100	20 500	1 600

c) **Induktivitäten der Zuleitungen.** Kleine Induktivitäten führen im Ofenbetrieb zu großen Spannungsabfällen, da die Ströme sehr groß sind. Ein Ofen mit 9000 kVA Trafoleistung für eine Niederspannung von 200 V arbeitet mit Strömen in der Größenordnung von 12 000—15 000 A. Die Reaktanz der Zuleitung beträgt z. B. $10^{-3}\,\Omega$. Der induktive Spannungsabfall wird dann 12—15 V.

Bei der Abschätzung der Induktivität der Zuleitungen muß man die sogenannte Hautwirkung beachten. Diese besteht bekanntlich darin, daß Wechselströme nicht gleichmäßig verteilt im Leiterquerschnitt fließen, daß vielmehr von der Oberfläche nach dem Inneren ein etwa exponentieller Abfall der Stromdichte eintritt. Man hat zur quantitativen Beschreibung den Begriff der Eindringtiefe gebildet. In der Eindringtiefe ist der Stromwert auf den e-ten Teil des Wertes an der Leiteroberfläche abgesunken. Mit genügender Genauigkeit kann man für die Eindringtiefe δ ansetzen:

$$\delta = 1 \big/ \sqrt{\pi \mu f \sigma},$$

worin $\mu = \mu_0 \mu_r = 4\pi \cdot 10^{-9} \cdot \mu_r$ Henry/cm, σ die Leitfähigkeit in $1/\Omega$ cm und f die Frequenz ist.

Speziell für Kupfer kann man sich der Faustformel

$$\delta = \frac{6{,}7}{\sqrt{f}} \quad [\text{cm}]$$

bedienen.

Für Kupfer wird die Eindringtiefe bei 50 Hz etwa 0,95 cm. Es ist daher unzweckmäßig, die Zuleitungen mit größeren Durchmessern — in der Verbindungslinie zwischen Hin- und Herleitung gerechnet — als etwa 2 cm auszuführen.

Die folgenden Formeln für die Induktivität beziehen sich auf annähernd gleichmäßige Strombeaufschlagung des Querschnittes.

Einphasige Doppelleitung mit zylindrischen Einzelleitern (Abb. 8). Der Zylinderabstand sei d, der Zylinderradius beider Zylinder gleich und r, die Zylinder also parallel, ihre Länge sei l. Leiter 1 und Leiter 2 haben die gleiche Induktivität, nämlich

$$L_1 = L_2 = 2\,l\left(\ln\frac{d}{r} + 0{,}25\right)\cdot 10^{-9}\ \text{Henry}.$$

Einphasige Doppelleitung mit rechteckigen Einzelleitern (Abb. 9). Abstand der Rechteck-Prismen-Achsen ist d, Höhe der Prismen a und

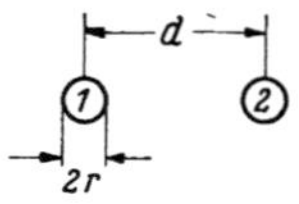

Abb. 8. Einphasige Doppelleitung mit zylindrischen Einzelleitern

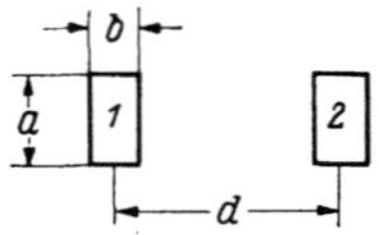

Abb. 9. Einphasige Doppelleitung mit rechteckigen Einzelleitern

Durchmesser in Richtung der Verbindungslinie (Breite) b. Die Induktivität der Hinleitung ist wieder gleich derjenigen der Rückleitung, also

$$L_1 = L_2 = 2\,l\left[\ln 2\,\frac{\pi d + a}{\pi b + 2a} + 0{,}03\right]\cdot 10^{-9}\ \text{Henry}. \qquad [W\,1]$$

Die Zuleitungen werden vielfach wassergekühlt ausgeführt. Die zulässige Strombelastung liegt dann bei etwa 5 A/mm², während sie ohne Wasserkühlung bei maximal 2 A/mm² liegt. Für sehr große Stromstärken verwendet man Mehrfachleiter, die in gewisser Weise verschachtelt werden. Dadurch kann eine gleichmäßige Strombelastung über alle Einzelleiter des Bündels erzielt werden.

Man kann die sich dann abspielenden Vorgänge bis zu einem gewissen Grade rechnerisch erfassen. Es ist jedoch noch nicht gelungen, die in den Zuleitungen sich abspielenden elektrischen Vorgänge bei großen Stromstärken und Dimensionen und Verschachtelung restlos zu erfassen, so daß man immerhin noch Überraschungsfehler von etwa 10% nach der Ausführung berechneter Stromzuführungen findet. Solange die Leitungsbündel geradlinig verlaufen, ist eine exakte Durchrechnung noch möglich. Sobald jedoch Krümmungen und Ecken sowie Abzweigungen und Wiedervereinigungen auftreten, entstehen große rechnerische Schwierigkeiten. Die mathematische Erfassung ist in neuerer Zeit besonders durch KLUSS [$K\,1$] sehr gefördert worden.

Bei geradlinigem Bündelleiter kann, sofern die Verschachtelung so durchgebildet wurde, daß gleichmäßige Beaufschlagung aller Einzelleiter erfolgt, die Induktivität der einzelnen Leiter durch konsequente Anwendung des Superpositionsgesetzes errechnet werden. Daraus folgt die bekannte Formel von FISCHER-HINNEN für die Induktivität des Einzelleiters. In Abb. 10 sind die Leiter eines Leiterbündels im Schnitt dargestellt. Die Einzelleiterlänge sei l. Dann folgt nach FISCHER-HINNEN für die Induktivität eines Leiters (z. B. des i-ten):

$$L_i = 2\,l \ln \frac{d_{iI} \cdot d_{iII} \ldots d_{iN}}{d_{i1} \cdot d_{i2} \ldots d_{in}} 10^{-9}\ \text{Henry}.$$

Die Induktivität der Hin- oder Rückleitung in einem solchen Leiterbündel, also des halben Gesamtbündels, ergibt sich, nachdem man alle einzelnen L, also $L_1, L_2, \ldots, L_i, \ldots, L_n$, ermittelt hat, zu

$$L_{\text{Hin- oder Rückleitung}} = \frac{L_1 + \cdots L_i + \cdots L_n}{n}.$$

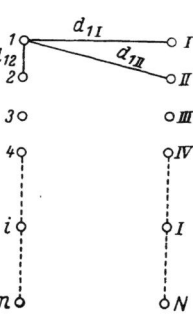

Abb. 10. Leiterbündel

Es ist bemerkenswert, daß gerade moderne größte *Drehstrom*-Ofenanlagen mit solchen gebündelten *Einphasen*zuleitungen arbeiten. Man stellt für solche Anlagen keine einzelnen großen Drehstromtransformatoren auf, sondern man zieht es vor, drei einzelne Einphasentransformatoren aufzustellen. Dies hat mehrere Vorteile. Bei eventuell auftretenden Transformatorenschäden kann ein einzelner kleinerer Einphasentransformator wesentlich einfacher und billiger ausgewechselt werden bzw. repariert werden als ein großer Dreiphasentransformator. Außerdem besteht die Möglichkeit einer völlig symmetrischen Anordnung der drei Einphasentransformatoren samt Zuleitungen, Drosseln und Elektroden zum Schmelzbad. Dadurch wird aber eine völlig gleichmäßige Phasenbelastung erzwungen, was zu gleichmäßig-symmetrischer Erwärmung, gleichmäßigem Elektrodenabbrand, also letzten Endes zu einer Vermeidung der sogenannten „toten" und „scharfen" Phase führt.

Aus diesen Gründen tritt die Dreiphasenzuleitung für größere Lichtbogenöfen neuerdings gänzlich in den Hintergrund.

Für kleinere Ofeneinheiten (bis etwa 6 t) hat die Drehstromzuleitung noch einige Bedeutung. Bei der Drehstromleitung errechnet sich die Induktivität des Einzelleiters (Abb. 11) zu:

$$L_1 = L_2 = L_3 = 2\,l\left(\ln \frac{d}{r} + 0{,}25\right) \cdot 10^{-9}\ \text{Henry}.$$

d) Kapazität. Bei genauer Betrachtung zeigt sich, daß der Stromkreis des Lichtbogenofens einen Schwingkreis darstellt, weil neben der vorerwähnten Induktivität und der Ohmschen Dämpfung noch eine nicht unwesentliche Kapazität C vorhanden ist (Abb. 12).

Diese Kapazität ist durch die Transformator- und die Leitungskapazität gegeben.

Nach dem Löschen des Lichtbogens entlädt sich die Kapazität durch einen hochfrequenten gedämpften Ausgleichsstrom.

Die damit verbundene hochfrequente Ausgleichsspannung ist für das Wiederzünden von Bedeutung, da sie sich im Zündzeitpunkt zur niederfrequenten Transformatorspannung geometrisch addiert und somit die zur Zündung tatsächlich vorhandene Spannung über die Transformatorspannung anzuheben vermag.

Erwähnt sei, daß die Zündspannung und auch der darauf folgende Bogenstrom von den Emissionsverhältnissen der jeweiligen Elektroden abhängig sind. Mehrfach findet man deshalb in der Literatur die Mei-

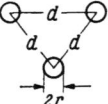

Abb. 11. Drehstromleitung

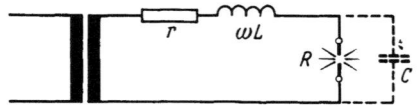

Abb. 12. Kapazität im Lichtbogenkreis

nung von einer Gleichrichterwirkung, wenn, wie z. B. beim Elektrostahl-Lichtbogenofen, die eine Elektrode aus Kohlenstoff und die andere aus Schlacke besteht. Es muß hierzu bemerkt werden, daß diese sich jedoch keinesfalls auf die Hochspannungsseite über den Transformator hinweg auswirken kann.

e) Wahl der Spannungen an den Transformatoren. Bis in die jüngste Zeit hat man zunächst die ankommende Hochspannung von etwa 110 kV oder 220 kV auf eine mittlere Spannung von z. B. 22 kV oder etwa 6—7 kV herabtransformiert (s. Abb. 13) und dann erst in einem weiteren Transformator, dem Ofentransformator, auf die Ofenspannung zwischen 80 und 240 V herabgesetzt.

Man strebt möglichst viele Spannungsstufen auf der Hochspannungsseite an, die unter Last geschaltet werden können. Häufig wird damit Stern-Dreiecks-Umschaltung kombiniert, wodurch die Niederspannung noch feinstufiger einstellbar wird.

Die Umschaltung und Abstufung unter Last ist gleichermaßen für das Stahlwerk als auch für das Hochspannungsnetz von Bedeutung. Dadurch fällt die Abschaltung der ganzen Last bei Umschaltung von einer Spannungsstufe auf die andere weg und damit unterbleiben die sonst gefürchteten Rückwirkungen auf das Netz.

Die allerneueste Entwicklung zielt auf den Wegfall des Zwischentransformators. Man versucht also, im Ofentransformator in einer Stufe von der 110-kV- oder 220-kV-Fernleitung auf die Ofenspannung heruntertransformieren. Die Schwierigkeiten liegen dabei nicht zuletzt in der Beherrschung der notwendigen Feinabstufung der Lichtbogenspannung. Niederspannungsseitig kann man die sehr hohen Ströme (zwischen 5000 und 100000 A!) nicht schalten, und auf der Hochspannungsseite sind noch manche Schwierigkeiten zu überwinden.

Abb. 13. Drehstromtransformator für Lichtbogenstahlofen 12000 kVA, 22000/260−106 V, 27000 A mit Lastschalter (Bauart SSW)

3. Bau- und Materialfragen, Anwendung und Betrieb

Die Lichtbogenöfen in der Eisen- und Stahlindustrie lassen sich in zwei Hauptgruppen einteilen. Wir unterscheiden Öfen für Abstichbetrieb und Öfen für Kippbetrieb.

Die Abstichöfen werden für Reduktionen aus Erzen, z. B. zu Roheisen oder Eisenlegierungen, wie z. B. Ferromangan, Ferrosilizium, Ferrochrom, verwendet und die Kippöfen zum Erschmelzen von Qualitätsstahl. Beiden Haupttypen sind lediglich gemeinsam der konische, sich nach oben erweiternde Ofenraum und die in diesen hineinragenden Elektroden.

a) Abstichöfen (Reduktionsöfen). Diese Haupttype sei am Beispiel des Roheisenofens näher erläutert. Die Herstellung einer Tonne Roheisen erfordert im normalen Hochofen außer den Erzen und den Schlackenbildnern eine Tonne hochwertigen Zechenkokses. Von dieser Tonne Koks dienen jedoch nur etwa 350 kg der Reduktion. Der größere Anteil, also $^2/_3$, nämlich 650 kg, werden mit Luft verbrannt, um die notwendige hohe Reaktionstemperatur zu gewährleisten. Nur etwa $^1/_3$ des zugeführten Kokses verbinden sich mit dem Sauerstoff des Erzes zu Kohlenmonoxyd. Dieses wird aufgefangen und als Treibgas für Großgaskraftmaschinen oder zum Vorheizen der Verbrennungsluft oder anderen Erwärmungszwecken verwendet.

Es ist möglich, die notwendige Reduktionstemperatur von etwa 1200° C elektrisch zu erzeugen, nicht jedoch die notwendige Reduktionskohle entsprechend 350 kg je Tonne Stahl durch Zufuhr elektrischer Energie zu ersetzen. In Ländern, deren Strompreis für 2500 kWh niedriger ist als der Preis für 650 kg Steinkohle, kann der elektrische Roheisenofen wirtschaftlich vertreten werden.

Die verwendete Reduktionskohle setzt sich mit dem Sauerstoff der Erze zu CO-Gas um, welches, da Verbrennungsluft fehlt, praktisch ohne Stickstoff ist. Der Wärmeinhalt des Gases beträgt etwa 2500—2800 kcal und kann deshalb auch für chemische Synthesen verwendet werden. Das Elektrogichtgas besteht aus mindestens 75% CO neben etwa 8% H_2 und nur maximal 16% CO_2. Der Elektroofen macht auch aus minderwertiger Kohle ein hochwertiges Gichtgas, und er stellt daher einen guten Gasgenerator dar. CO verhält sich zu CO_2 im Blashochofen wie 3:1, im Elektroofen wie 5:1. Im Blashochofen sind im Gichtgas 55% Stickstoff enthalten, die beim Elektroofen ganz wegfallen. Bei der Aufstellung eines elektrischen Roheisenofens ist also der Gasverwendung großer Nutzen abzugewinnen.

Bei Anwendung größerer Öfen von etwa 10000 kVA und mehr je Einheit erhält man etwa 222 Nm³ Gas in der Stunde für 1000 kVA. Im Gas sind etwa $^1/_3$ der dem Ofen zugeführten elektrischen und Verbrennungsenergie enthalten. Da der elektrische Ofen auch bei Verwendung minderwertiger Reduktionskohle ein reiches Gas abgibt, kann man ihn gewissermaßen als Kohleveredler bezeichnen.

Beim Elektroroheisenofen hatte man früher einfach an den Ersatz der Blasdüsen durch Elektroden im Blashochofen gedacht. Bald wurde jedoch erkannt, daß der hohe Schacht überflüssig war, weil viel weniger Gas als im Blashochofen vorhanden ist. Dadurch wurde aus dem Blashochofen zunächst der Elektrohochofen und schließlich der Elektroniederschachtofen, der dann zum Auffangen der wertvollen Gase mit einem Deckel gebaut wurde. Die Elektroden ragen durch diesen Deckel hindurch etwa 1—2 m tief in die Beschickung. Der Reaktionsherd liegt etwa in Höhe der hereinragenden Elektrodenenden. In diesem Gebiet ist die höchste Temperatur, da dort die größte Stromdichte herrscht. Die notwendigen Reduktionstemperaturen liegen bei der Gewinnung von Roheisen zwischen 1100 und 1200° C. Damit ist die Sintertemperatur der Beschickung keineswegs erreicht und die Gase werden am Austritt nicht gehindert, zumindest nicht in Umgebung der Elektroden, wo der Möller in Bewegung ist. Im Gegensatz hierzu sind z. B. beim Karbidofen die Reduktions- und Reaktionstemperaturen bei etwa 2000° C. Die Beschickung wird beim langsamen Nachsinken auf diese Temperatur erwärmt und kann dabei in der Zone des Temperaturbereiches zwischen 1500 und 1700° C sintern. Um dem Gase den freien Austritt zu gewährleisten, muß man deshalb dort entweder mittels Stangen stochern und lockern oder wo dies wegen der Bauart, z. B. bei geschlossenen Öfen, nicht möglich ist, die Öfen relativ zu den Elektroden drehbar ausbilden. Diese Komplizierung entfällt also beim Elektroroheisenofen. Die Elektroroheisenöfen werden als runde Drehstromöfen ausgeführt. Frühere rechteckige Öfen mit in Reihe liegenden Elektroden sind elektrisch und hüttenmännisch als veraltet anzusehen. Moderne Öfen haben also drei im Dreieck angeordnete Elektroden, die auf einem Teilkreis liegen, der etwas weniger als die Hälfte des Ofenwannendurchmessers aufweist.

Im Gegensatz zum Blashochofen kann der Elektroniederschacht-Roheisenofen mit gutem wirtschaftlichem Ergebnis auch in recht kleinen Einheiten von etwa 3000 kVA an aufwärts betrieben werden. Die Tagesleistung dieser kleinsten Einheiten liegt bei etwa 30 t Roheisen. Die spezifischen Anlage- und Betriebskosten der Hochöfen sind im Gebiet und der Umgebung solch kleiner Leistungen äußerst stark von der Größe der Anlage abhängig. Nichtelektrische Roheisenerzeugung in den angeführten kleinen Tagesdurchsätzen ist daher völlig unwirtschaftlich.

Der elektrische Roheisenofen wird natürlich auch in größeren Einheiten von 10000—25000 kVA ausgeführt.

Abb. 14 ist ein Schnitt durch das Ofenhaus eines 12000 kVA-Elektroroheisenofens. Die Ofenwanne a ist rund und aus starkem Eisenblech mit längs und quer angeordneten Versteifungsrippen versehen. Nach oben erweitert sie sich etwas, um bei Erwärmung besser dem Mauerwerkdruck standhalten zu können. Die Ofenwanne ist in Eisenträgern aufgehängt, die auf Betonsockeln verankert sind. Durch diese freie Aufhängung wird gute Sicht und Zugänglichkeit, z. B. bei Betriebsstörungen, erreicht. Man kann bei dieser modernen Bauart auch eventuell sich anbahnende Durchbrüche am Aufglühen bzw. Verzundern der Wanne von außen her rechtzeitig erkennen.

Die Ausmauerung besteht teils aus Schamotte und teils aus Kohleblöcken. Der Boden des muldenförmigen Schmelzherdes wird flach gehalten. Unter günstigen Umständen, wie z. B. bei kleiner Belastung, können die Kohlenstoffsteine auch durch eine Stampfmasse aus Dolomitpulver, Teer und Kohlegrieß ersetzt werden, jedoch ist sehr sorgfältige Stampfung notwendig, damit sich nicht unter der thermischen Belastung einzelne Stampflagen lösen.

Der Ofendeckel besteht meist aus zwei Hauptteilen, dem Deckelaußenring b und dem Deckelmittelteil d. Diese Teile sind aus Eisen und werden meist wassergekühlt ausgeführt. Der Deckel wird innen

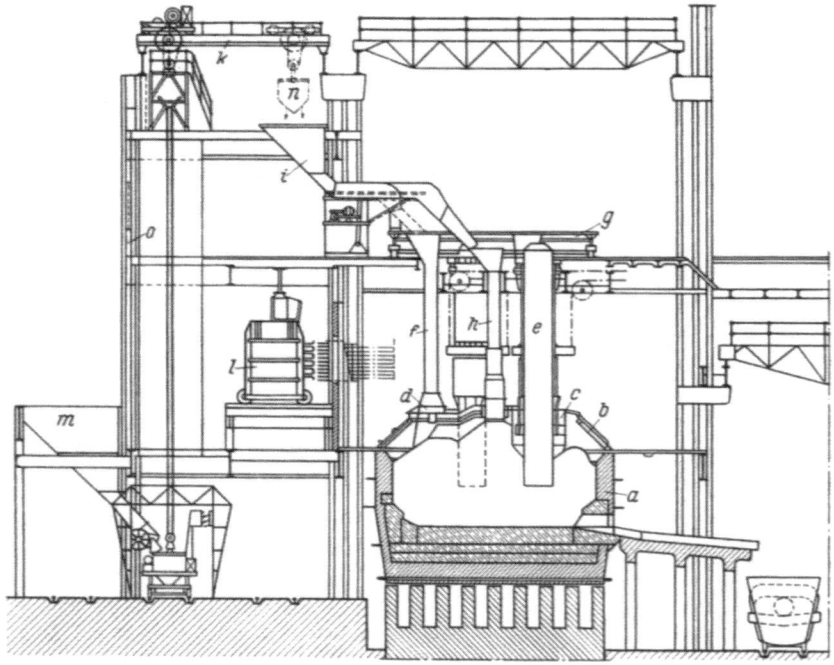

Abb. 14. Schnitt durch einen 12000-kVA-Elektroroheisenofen (nach W. WILKE).
a Ofenwanne, b Deckelaußenring, c Elektrodenfassung, d Deckelmittelteil, Beschickungstrichter, e Elektrode, f seitliche Beschickungsrohre, g Beschickungskarussell, h mittleres Beschickungsrohr, i Beschickungsspeicher, k Laufkran zur Beschickungsanlage, l Umspanner, m Bunker, n Förderkorb, o Förderaufzug

entweder mit Schamottesteinen ausgelegt oder mit einem Gemisch aus Bruchschamotte und Tonerdezement ausgestampft. Der Deckelaußenring hat größere Steigung, um einen genügend hohen Gassammelraum zu schaffen und um für die Beschickungshügel Platz zu schaffen.

Kühlwasserleitungen und Explosionssicherheitsklappen sind meist auf diesem Ring angeordnet, während Beschickungstrichter und Elektrodendurchführungen auf dem Mittelstück liegen. Es ist sehr zweckmäßig, wenn die Deckel anhebbar ausgeführt werden, weil dann auch ohne Totalzerlegung Arbeiten im Inneren des Reaktionsraumes während der Betriebspausen ausgeführt werden können. Geschlossene Öfen mit anhebbarem Deckel haben außerdem den Vorteil, daß man bei unbekannten, noch nicht erprobten Betriebsverhältnissen — wie sie stets bei neuen Betriebsmaterialien vorliegen — zunächst mit offenem Ofen fahren kann, um genügend Betriebserfahrungen für den abgeschlossenen Betrieb zu sammeln.

Die durch das Mittelstück hindurch gasdicht eingeführten Elektroden sind entweder sogenannte amorphe Kohleelektroden oder bei den neuesten Öfen meist selbstbackende Elektroden nach SÖDERBERG. Graphitelektroden werden kaum angewendet, weil sie sehr schnell in der Reaktionszone gewissermaßen als Reduktionskohle verbraucht werden. Dafür sind sie aber zu teuer.

Die sogenannten amorphen Kohleelektroden werden von Spezialfirmen in 2—3 m Länge und Durchmessern bis zu etwa 1,3 m hergestellt. Mit Widiaschneidwerkzeugen werden sie überdreht und mit einem konischen Muttergewinde an der einen und mit dazu passendem Gegenstück an der anderen Seite versehen. Die Elektroden werden über dem Ofen im Ofenhaus oberhalb der sogenannten Bühne zu Längen bis 10 m unter Verwendung von Graphitkitt verschraubt, entsprechend dem laufenden Abbrand im Ofenreaktionsraum. Man kann diese Elektroden mit Stromdichten von etwa 4,5 A/cm² beaufschlagen. Neuerdings geht man bis zu 6 A/cm².

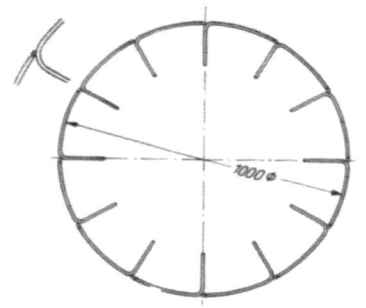

Abb. 15. Querschnitt durch den Blechmantel der Söderbergelektrode (nach W. WILKE)

Die Söderbergelektroden sind selbstbackende Elektroden. Auf der Arbeitsbühne über dem Ofen werden runde Eisenblechzylinder aus länglichen Blechwinkelstücken derart zusammengeschweißt, daß eine Anzahl radialer Rippen nach innen in die Blechröhre ragt.

Abb. 15 ist der Querschnitt durch eine Söderbergelektrodenhülle. Diese wird nach Maßgabe des Abbrandes absatzweise durch Anschweißen verlängert. Dabei ist auf gute Maßhaltigkeit zu achten, da sonst Betriebsstörungen beim Nachsetzen der Elektrode unvermeidbar erscheinen. Das Innere der Hohlröhre wird mit Elektrodenmasse vollgeschüttet. Für 1 t Elektrodenmasse rechnet man etwa 70 kg Eisenverbrauch an Elektrodenblech. Diesen Werten entsprechend wird die Blechstärke ausgewählt. Die Elektrodenmischungen werden meist geheimgehalten. Sie bestehen alle aus gemahlener Kohle, gemahlenem Koks und Pech. Auch Teerzusätze sowie Beigaben von gewissen Salzen sind gebräuchlich. Geringe Zusätze von Eisenverbindungen sollen die

Backfähigkeit erhöhen. Die Masse wird vor dem Einbringen so weit erhitzt, daß sie fließt. Durch die vom Ofenreaktionsraum längs der Elektrode hergeleitete Wärme wird der Inhalt des Hohlraumes flüssig, breiförmig und schmiegt sich innig an die Versteifungsrippen an, die dadurch die Kontaktgabe zwischen der Oberfläche und der Elektrodenmasse verbessern. Etwa in Höhe der Elektrodendurchführungen ist die Elektrodenmasse bereits fest und wird um so härter, je näher sie der Reaktionszone kommt.

Die Söderbergelektroden können bis zu einer spezifischen Stromdichte von 5,5, ja gelegentlich sogar bis zu 6 A/cm² belastet werden. Man arbeitet dabei mit Durchmessern bis zu 1,5 m, so daß bei einer mittleren Belastung von 5,5 A/cm² 85000 A je Elektrode übertragen werden können, was für Öfen bis zu 30000 kVA ausreicht, entsprechend einer Herstellung von 250 t Roheisen in 24 Stunden. Man kann, sofern sorgfältig bei der Selbstherstellung der Söderbergelektrode gearbeitet wird, mit ihr wesentlich billiger fahren als beim Betrieb mit gekauften amorphen Kohleelektroden. Ein gewisser Nachteil besteht bei der Söderbergelektrode in der Ruß-, Staub- und Qualmentwicklung, die bei ihrer Herstellung und Verwendung bis jetzt unvermeidbar erscheint.

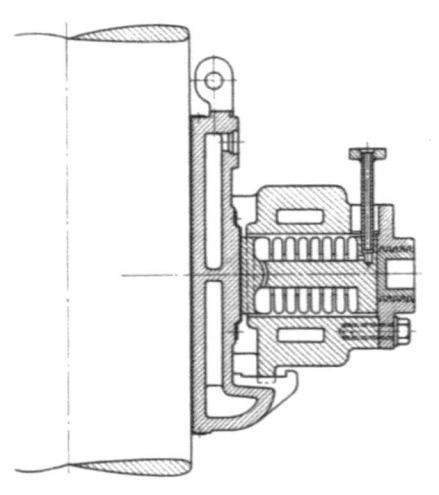

Abb. 16. Dehnungsbuchse mit Fassungsring und Elektrodenbacke (nach W. WILKE)

Alle Elektrodentypen müssen in Fassungen gehalten werden, die ein Nachrutschen der Elektroden zulassen und den Stromübergang ermöglichen. Es gibt verschiedene Konstruktionen, von denen ein bewährtes Prinzip, welches die DEMAG erfolgreich verwendet, herausgegriffen sei.

Dabei besteht die Fassung aus einem Stahlgußring, in dem die Vorrichtungen zum Anpressen der Elektrodenbacken eingebettet sind. Die Backen werden durch Dehnungsbuchsen nach *Siemens-Plania*, die nach Art eines Wellrohres gebaut sind, mittels einer Preßflüssigkeit angedrückt. Abb. 16 zeigt eine solche Dehnungsbuchse in einer Bohrung des Fassungsringes. Abb. 17 zeigt sie während der Montage. Mittels Preßöl drückt sie unter Einschaltung einer isolierenden Zwischenlage die Kontaktbacke fest gegen die Elektrode, so daß diese nicht nur sicher gehalten wird, sondern auch ebenso sicher Strom erhält.

Die Fassung hängt unter Zwischenschaltung geeigneter Maschinenelemente an Ketten, die mit Gegengewichten versehen sind, so daß die Windemotoren nur kleinere Kräfte überwinden müssen, sobald sie über die automatische Elektrodenregulierung gesteuert werden. Diese Regulierung hat den Zweck, bestimmte Arbeitswiderstände im Reaktionsraum einzustellen und gegebenenfalls konstant zu halten, so daß auch die dem Ofen zugeführte elektrische Leistung nach Wunsch eingestellt werden kann (vgl. Arbeitswiderstandberechnung S. 13). Es kann somit

Abb. 17. Fassungen mit Dehnungsbuchsen während der Montage (nach W. WILKE)

nicht nur der Ausstoß, sondern auch die Zusammensetzung reguliert werden.

Der Strom wird den Elektrodenbacken und damit auch den Elektroden über starke wassergekühlte Kupferleitungen vom Transformator her zugeführt. Hierbei muß man wegen der niedrigen Ofenspannung von nur 100—200 V und der sehr hohen Stromstärken bis 100000 A auf gute Verschachtelung der Zuleitungen achten. (Näheres wurde hierüber bereits auf den S. 17 u.ff. mitgeteilt.)

Der Abstich des Roheisens wird alle 4—6 Stunden vorgenommen. Wie beim Blashochofen läßt man das Roheisen in ein Masselbett laufen, während die Schlacke entweder durch Einlaufenlassen in fließendes Wasser granuliert oder in Kübeln aufgefangen wird.

Ein Blashochofen erzeugt je Tag 500—1000 t Roheisen. Elektroroheisenöfen mit derselben Tagesproduktion würden Leistungen bis

100000 kW benötigen. Bis heute wurden sie noch nicht gebaut. Zunächst ist dabei an die wirtschaftliche Seite, insbesondere im Hinblick auf die Stromversorgung, zu denken. Es sind zunächst meist außerdeutsche Länder und überseeische Gebiete, in denen die Stromkosten im Vergleich zu den Kokskosten genügend niedrig liegen, um eine Elektroverhüttung zu rechtfertigen. Vielleicht bringt die Erzeugung elektrischer Energie durch Atomenergie in Zukunft auch bei uns eine Verschiebung zugunsten der Elektroverhüttung. Es ist aber auch durchaus möglich, daß man in gigantischen Zukunftsverhüttungsanlagen die Atomwärme unmittelbar ausnützen wird, ohne den Umweg über die elektrische Energie zu wählen, sofern man die radioaktive Verseuchung unschädlich machen könnte.

Abgesehen von den angeschnittenen Energieversorgungsfragen bestehen zur Zeit aber auch noch ganz reale technologische Schwierigkeiten, Elektroroheisenöfen mit Leistungen über 25000—30000 kW entsprechend etwa 250 t Roheisen je Tag zu bauen.

Der nächstliegende Gedanke wäre, durch eine Multiplikation der Elektroden je Ofen die Leistungsfähigkeit je Einheit zu erhöhen. Dieser Weg ist abzulehnen, da die Aufstellung mehrerer kleinerer Öfen dasselbe leisten würde, abgesehen davon, daß man sich grundsätzlich mit mehreren Öfen besser den Erfordernissen der Marktlage und der Stromanbietung anpassen könnte.

Man könnte aber auch daran denken, bei gegebener Ofengröße eine größere Leistungsfähigkeit dadurch zu erzwingen, daß man die Elektroden stärker belastet. Dies bringt die Notwendigkeit mit sich, eine größere Gasmenge aus dem Ofen abzuleiten. Als Weg durch das Beschickungsgut, den Möller, hindurch stehen aber nur die den Elektroden unmittelbar benachbarten Ringzonen zur Verfügung, da in diesen durch das Nachrutschen des Möllers stets eine gewisse Gasdurchlässigkeit gegeben ist. Der außerhalb dieser Zonen liegende Möller ist kaum in Bewegung und setzt sich mit der Zeit zu einer gasundurchlässigen Schicht zusammen. Bei 250 t Roheisen je Tag wird bereits so viel Gas erzeugt, daß bei den Elektrodendurchmessern von etwa 1,4—1,5 m dieses noch gerade ohne Stöße entweichen kann. Grundsätzlich ist es möglich, diese Gasdurchlässigkeit zu erhöhen, z. B. durch langsame Oszillation oder Drehung der Ofenwanne gegenüber dem Ofendeckel mit Elektroden oder durch Beimengung von Schrott zum Möller. Solange es sich aber um einen Roheisenreduktionsofen handeln soll, der dem Blashochofen entsprechend vom Erz zum Eisen führen soll, ist mit 4000 Nm^3 Gas je t Eisen zu rechnen, wodurch sich die erwähnte technologisch bedingte Leistungsbegrenzung ergibt.

Schließlich seien noch einige Zahlen, die die wirtschaftliche Seite beleuchten, genannt.

Der Energieaufwand für die Erzeugung von Elektroroheisen ist in erster Linie vom Eisengehalt und von der Reinheit der verwendeten Erze abhängig. Bei aufbereiteten höchstwertigen schwedischen Erzen kann mit 2000 kWh/t Roheisen gerechnet werden. Bei Erzen mit Eisengehalten von 50% und den entsprechenden Gehalten an Gangart muß wegen der für die Verschlackung notwendigen größeren Kalkbeigabe mit etwa 2800—3000 kWh/t Roheisen gerechnet werden.

Die Anlagekosten sind für den Elektroniederschachtofen, bezogen auf den in Frage kommenden Leistungsbereich, sehr gering. Ein Ofen für eine Jahreserzeugung von 30000 t Roheisen für 12000 kVA Anschlußwert kostet einschließlich der Gebäude etwa 4 Mill. DM. Vergleicht man damit die Anlagekosten für einen großen Blashochofen, so stellt sich heraus, daß diese je t Roheisen bezogen um 10% höher liegen.

Die Stromverbrauchskurve des Elektroniederschachtofens ist im Gegensatz zum Lichtbogenstahlofen ganz gleichmäßig und ohne heftige Schwankungen. Dies ist verständlich, wenn man bedenkt, daß beim Elektrostahl-Lichtbogenofen die Elektroden frei über dem Bad hängen oder beim Einschmelzen von Schrott diesen gelegentlich sogar berühren können, wodurch insbesondere während der Einschmelzzeit starke Stöße auf das Netz kommen können. Bisweilen kommt es dadurch sogar zu Abschaltungen. Nur durch sehr feinfühlige Regeleinrichtungen können diese Verhältnisse beim Lichtbogenstahlofen gemildert werden. Demgegenüber arbeitet der Niederschachtofen mit in den Möller eingetauchten Elektroden. Es ist also kein frei brennender Lichtbogen vorhanden, und im Betrieb geht der Strom mit großer Wahrscheinlichkeit größtenteils als Leitungsstrom durch den aufgeheizten Einsatz hindurch von Elektrode zu Elektrode.

b) Kippöfen (Lichtbogenstahlöfen). Während die ersten Lichtbogenstahlöfen noch einphasig waren, also mit einer Elektrode gegen den Boden oder höchstens zwei Elektroden arbeiteten, so baute man sehr bald nur noch Dreiphasenöfen, als die Drehstromversorgung entwickelt war. Etwa bis 1930 waren diese Öfen mechanisch recht einfach aufgebaut, über dem Schmelzbad hingen drei Elektroden, die entweder von Hand oder mittels Reguliermotoren gehoben oder gesenkt werden konnten (Abb. 18, 19 u. 20).

Um die Beschickung zu vereinfachen und um insbesondere auch den sperrigen Schrott einschmelzen zu können, begann man den Ofendeckel abhebbar, abfahrbar, abkippbar oder abschwenkbar auszuführen. So hat man z. B. nach Anhebung des Deckels die Wanne ausgefahren und mittels eines Krans einen mit Schrott angefüllten Beschickungskorb in die Ofenwanne entladen. Andererseits hat man auch den Deckel an einem über den Ofen gebauten Portal angebracht und damit weggefahren. Auch schwenkbare Portale wurden ausgeführt. In

Abb. 18. 2- bis 3-t-BBC-Lichtbogenofen beim Abstich.
Kesseldurchmesser 2,2 m, Trafoleistung 1200 kVA, Einschmelzleistung 1200 kW. (BBC-Werkfoto)

Abb. 19. Stahlschmelzofen von 6 t Fassung beim Ausgießen. (BBC-Werkfoto).
Diese Konstruktion bildete während längerer Zeit eine eigentliche Normalkonstruktion und wurde
in großer Zahl ausgeführt (BBC)

Lichtbogenheizung 31

allen Fällen muß die Wanne kippbar ausgeführt werden, damit man das erschmolzene Gut ausgießen kann.

In der Praxis muß man jeden Bedarfsfall genau untersuchen, bevor man sich zu einer Bauart entschließt. Die gewünschten Arbeitsprozesse und auch die meist vorhandenen Baulichkeiten sind zu unterschiedlich, um mit einer Universalausführung auszukommen. In USA wird häufig der Schwenkdeckel angewendet. Er ist einfach und billig und ist speziell für nicht allzu große Anlagen geeignet. Bei größeren Öfen bringt die

Abb. 20. 2- bis 3-t-BBC-Lichtbogenofen (wie auf Bild 18) in Arbeitsstellung. (BBC-Werkfoto)

Schwenkdeckelkonstruktion den Nachteil mit sich, daß der Ofendeckel, der schwer ist, weil er die Elektroden trägt, auf die Ofenwanne einseitig drückt. Beim Kippen wird das besonders ausgeprägt, da dann die Verwindung noch größer wird.

Die älteren Ofenausführungen erhielten Elektroden aus amorpher Kohle, wie sie bereits beim Elektroroheisenofen besprochen wurden. Später kamen die Graphitelektroden auf, die wesentlich höhere mechanische Festigkeit aufweisen, so daß sie u. U. beim Kippen des Ofens mitgekippt werden konnten. Die praktische Verwendung der Stahllichtbogenöfen ergab, daß die Ofenkörper ihre Form im Laufe der Zeit auf Grund der enormen Beanspruchung nicht exakt beibehalten. Deshalb kamen früher häufig Elektrodenbrüche vor, da man die Elektrodendurchführung gegenüber dem Ofen festgelegt hatte. Heute läßt man durch besondere konstruktive Maßnahmen, z. B. durch Dichtung mittels einer Schneide, die in ein Sandbett eintaucht, eine gewisse Verschiebung der Elektroden gegenüber dem Ofendeckel und dem Ofenherd zu.

Während man für kleinere Leistungen die Graphitelektroden in Elektrodenfassungen ohne Wasserkühlung anwenden konnte, erfordern die größeren Leistungen unbedingt wassergekühlte Fassungen. Wo sich auch im Lichtbogenstahlofen die Söderbergsche Dauerelektrode eingeführt hatte, müssen auch für kleinere Leistungen die Durchführungen samt Klemmbacken unbedingt wassergekühlt werden.

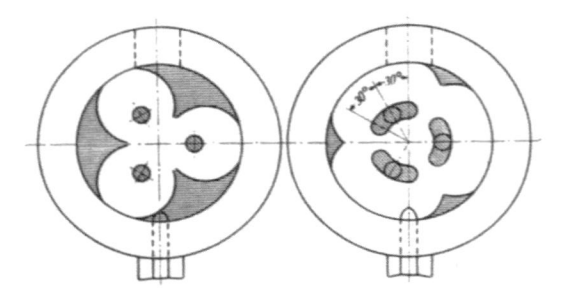

Abb. 21. Wirkungsweise einer Wannendreheinrichtung beim Lichtbogenofen.
Links: Wirkungsbereich der Lichtbögen bei feststehenden Elektroden. Rechts: Bei Elektroden, die in einem Winkel von 60° um die senkrechte Ofenachse drehbar sind (nach H. WALDE)

Der Lichtbogenstahlofen kann mit einer basischen oder sauren feuerfesten Zustellung versehen werden. Man bevorzugt, um Schlackenarbeiten ausführen zu können, die basische Zustellung. Die Ofenwanne wird mit einer Mischung aus Magnesit und Teer aufgestampft. Der Deckel wird mit Silikasteinen oder mit Karborundumsteinen ausgelegt, die im Gewölbeverband eingelegt werden. Während eine saure Zustellung z. B. aus sogenanntem Klebsand (hauptsächlich Ton und Quarzsand-Kieselsäure enthaltend) mehrere Chargen ohne Reparatur aushält, müssen die basischen Zustellungen des öfteren geflickt werden. Die Wände müssen sich deshalb nach oben erweitern, damit das Flickmaterial nicht abrutscht. Die damit verbundene Vergrößerung des über der Schmelzlinie liegenden Ofenteiles ist kaum ein Nachteil, da hiermit die Aufnahmefähigkeit für sperriges Einschmelzgut vergrößert wird. Wichtig ist, daß kalte Einsätze schnell und gleichmäßig heruntergeschmolzen werden können. Zu diesem Zweck verwendet man häufig zusätzliche Drosselspulen, die während der Raffinationsperiode, in der der Lichtbogen relativ ruhig brennt, wieder abgeschaltet werden. Die DEMAG hat noch ein Weiteres getan, um die Einschmelzzeit abzukürzen. Bei den neuesten Stahlöfen für größere Leistungen sind die Ofengefäße mit

Lichtbogenheizung 33

einem Drehwerk versehen, wodurch die sogenannten toten Ecken im Einsatz auf ein Minimum reduziert werden. Die Wirkungsweise ist aus

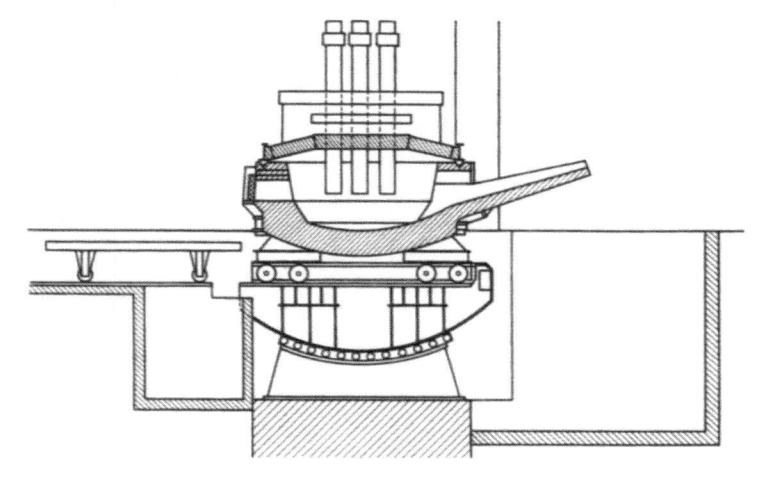

Abb. 22. Schnitt durch einen Lichtbogenofen zum Stahlschmelzen

der Prinzipskizze Abb. 21 zu ersehen. Es leuchtet ein, daß durch diese Maßnahme auch einem einseitigen Verschleiß der Ausmauerung entgegengewirkt wird.

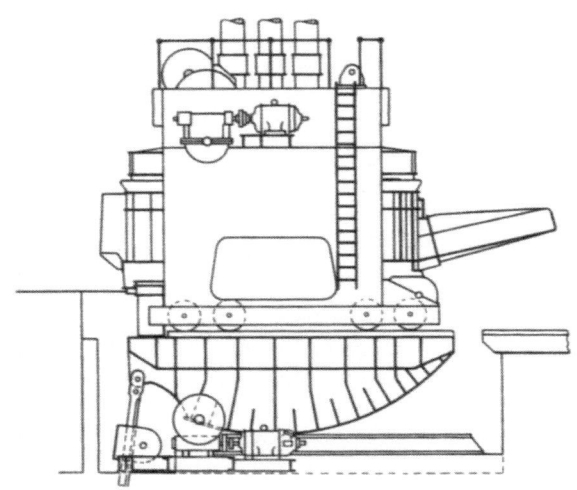

Abb. 23. Seitenansicht eines Lichtbogenofens zum Stahlschmelzen

Die Abb. 22, 23 u. 24 sind schematisch grundsätzliche Darstellungen von Elektrostahlöfen mit Lichtbogenheizung. Die Abb. 25, 26 u. 27 sind ausgeführte ältere und modernere Öfen.

In modernen Öfen geht man bis zu 15 A/cm² Stromdichte in den Elektroden (Graphit). Der Elektrodenverbrauch beträgt etwa 7—8 kg

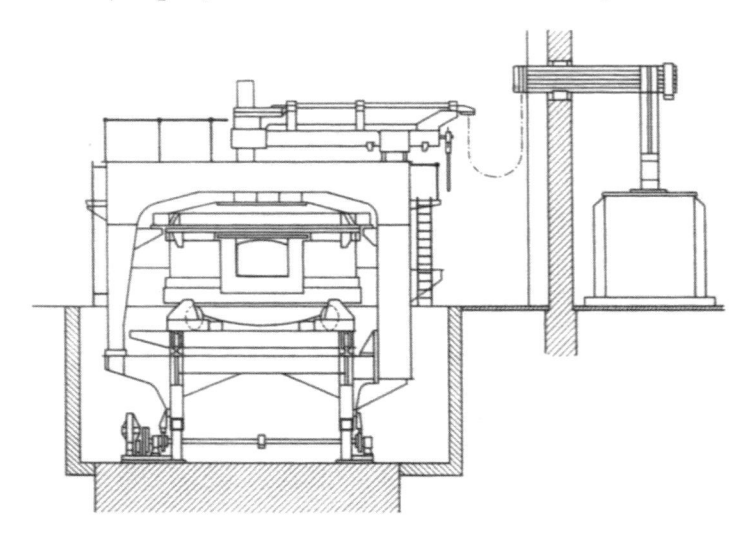

Abb. 24. Vorderansicht eines Lichtbogenofens zum Stahlschmelzen

je Tonne erzeugten Stahles und bei festem Einsatz. Etwa 600—700 kWh werden je Tonne einschließlich Raffination verbraucht. Zum Ein-

Abb. 25. Héroultofen, Bauart R. Lindenberg, 1906

schmelzen selbst kann man mit 500 kWh je Tonne auskommen. Die Chargendauer beträgt 6—8 Stunden.

Abb. 26. Lichtbogenöfen für 40—60 t Stahl mit ausfahrbarer und drehbarer Ofenwanne in der Montagehalle (Bauart Siemens & Halske)

Abb. 27. 50-t-Lichtbogenofen mit abschwenkbarem Deckel (Bild: DEMAG)

Der Lichtbogenofen bringt gegenüber dem Siemens-Martin-Ofen den großen Vorteil mit sich, daß man den Schwefel durch Schlackenarbeit gut binden kann. Dies ist wichtig für Stahl für Breitbandstraßen, wo Stahl mit einem Schwefelgehalt von unter 0,025% gefordert wird, oder für Schweißdrahtstahl, der weniger als 0,020% Schwefel aufweisen soll. Hohe Temperatur und höherer Basengrad der Schlacke können im Lichtbogenofen leicht beherrscht werden. Hier dürfte besonders der

Abb. 28. 18-t-Elektroofen für Korbbeschickung mit ausfahrbarem Gefäß und Gefäßdrehwerk. Der Ofen dient der Herstellung von hochwertigen Stählen für Walzwerk und Schmiede (Bild: DEMAG)

Ofen mit Drehwanne (Abb. 28) eine Zukunft haben (vgl. auch Abb. 21). Früher war die Entschwefelung nicht von so großer Bedeutung, einmal infolge der damaligen geringeren Ansprüche und zum anderen, weil damals noch schwefelfreier Koks zur Verfügung stand. Inzwischen ist man aber allenthalben gezwungen, auch schwefelreichere Kohle in der Verhüttung anzuwenden, wodurch dem Elektroofen als Schlackenarbeitsofen eine erhöhte Bedeutung zukommt.

Gelegentlich wird der Lichtbogenstahlofen auch in Verbindung mit einem Martinofen gefahren. Er wird von diesem aus mit vorgefrischtem flüssigen Stahl beschickt, so daß im Ofen nur noch Entschwefelung, Entgasung und Abstehen und Abgaren durchgeführt wird.

Wenn die Ausmauerung eines Lichtbogenofens regelmäßig ausgebessert wird, kann sie etwa 600 Chargen ausdauern, während das Gewölbe nur 120 Chargen aushält. Starke Entschwefelung setzt die Zahl für die Wanne herab, da dann mit hohen Temperaturen gefahren werden muß.

Die Haltbarkeit des Gewölbes wird eigenartigerweise in gleichem Maße durch die höhere Badtemperatur beeinflußt, obwohl dieses seine Temperatur hauptsächlich durch Strahlung von der Bad-, also der Schlackenoberfläche, erhält. Abb. 29 zeigt die grundsätzlichen Strahlungsverhältnisse eines senkrecht über der Badoberfläche stehenden Lichtbogens.

Lichtbogenöfen zur Stahlerzeugung werden in Größen bis zu 120 t festen Einsatz mit drei Elektroden gebaut. Es sind Bestrebungen im Gange, die Ofenleistungen auf etwa 50000 kW heraufzusetzen. Es hat sich jedoch gezeigt, daß die Begrenzung der Ofengröße vorerst durch den Durchmesser der Graphitelektroden sowie die zulässigen Elektrodenspannungen gegeben sein dürfte. Bei zu hoher Spannung steigt weniger die Temperatur der Elektroden an, die hauptsächlich durch Strahlung das Bad erwärmen, als vielmehr die Temperatur der Bogensäule. Dadurch dürfte sich jedoch ein Absinken des Lichtbogenwirkungsgrades bezüglich seiner Heizwirkung auf das Bad ergeben.

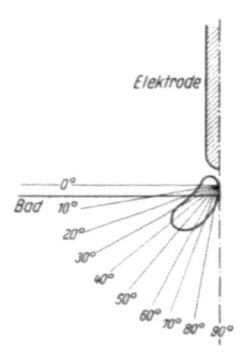

Abb. 29. Wärmediagramm bei der direkten Lichtbogenerwärmung

Bei der Besprechung der Größenfrage von Lichtbogenstahlöfen muß man übrigens berücksichtigen, daß ein 80-t-Lichtbogenofen einem 300 t fassenden Martinofen in der Jahresproduktion gleichzusetzen ist.

In gewisser Weise verwandt mit den Feinungs- und Raffinationsarbeiten im Lichtbogenstahlofen ist die Verbesserung des Gußeisens im Lichtbogenofen. Sie sei deshalb hier noch kurz erwähnt.

Um eine feinblättrige Graphitausscheidung des Kohlenstoffes im Gußeisen zu erreichen, muß man das Gußeisen in der Schmelze überhitzen. Selbstverständlich muß darauf ein Abgaren und Abstehen vor dem Ausgießen erfolgen. Aus dem Lichtbogenofen gewonnener Grauguß weist 36—40 kg/mm² Zugfestigkeit, 60—70 Biegefestigkeit und eine Brinellhärte von 200 auf.

Bei einer Würdigung des Lichtbogenstahlverfahrens ist vor allem die erzielte Qualität ausschlaggebend. Im Lichtbogenofen kann der Schmelzvorgang in einem Maße willkürlich beeinflußt werden, wie dies bei der Feuerungsschmelzung unerrreichbar ist. Der Elektrostahl hat dadurch einen sehr kleinen Anteil an denjenigen Elementen, die für den Stahl schädlich sind, also in erster Linie Phosphor und Schwefel. Mit dem Einsatzmaterial und während des Einschmelzens setzt man zur Entphosphorung z. B. Hammerschlag oder Eisenerze zum Frischen des Bades und Kalk zur Bindung der Phosphorsäure und Schonung des Ofenfutters zu. Die Oxydation und Bindung des Phosphors (Phosphorsäureanhydrid) geht vor nach:

$$2\,Fe_3O_4 + 2\,P = P_2O_5 + 3\,FeO + 3\,Fe \quad \text{und} \quad P_2O_5 + 4\,CaO = (CaO)_4 P_3O_5\,.$$

Man kontrolliert durch Probeentnahme die Entphosphorung und zieht die Schlacke entweder ganz ab und desoxydiert sogleich oder man läßt nach dem Abziehen der ersten Schlacke gleich eine zweite folgen. Notfalls gibt man am Schluß Dolomit und Kalk zu, um die Schlacke zu versteifen, damit man sie restlos abziehen kann. Je kalkreicher sie ist, desto rascher und besser werden alle Säuren, also auch Phosphorsäureanhydrid, gebunden. Wichtig ist das restlose Abziehen der letzten Phosphorschlacke, da aus zurückgebliebenen Resten wieder Phosphor in die Schmelze gelangen könnte. Es ist auch günstig, möglichst weit im basischen Martinofen vorzuraffinieren. Dann wird die Arbeit im Elektroofen noch einfacher, wo man dann unschwer auf Phosphorgehalte von 0,02% gelangen kann. Zur Desoxydation des Bades nimmt man reinste Retortenkohle, Ferrosilizium, Ferromangan oder das sehr wirksame Kalziumsilizid. Hierauf wird entschwefelt, indem man Kalk, Quarzsand und Flußspat zusetzt. Dieser Schlackenschicht wird nach dem Einschmelzen noch sehr fein gemahlene reine Kohle zugesetzt. Die Entschwefelung selbst verläuft nach dem Schema:

$$FeS + CaO + C = Fe + CaS + CO\,.$$

Bei normalem Schwefelgehalt ist die Entschwefelung durchgeführt, wenn die Schlacke an der Luft zu weißem Pulver zerfällt. Eisenoxyde dürfen bei der Entschwefelung auf keinen Fall in der Schlacke sein. Ferromanganzusatz ist bei der Entschwefelung im Lichtbogenstahlofen nicht erforderlich; dadurch wird der teure Manganzusatz entbehrlich und der Stahl kann nach Wunsch frei von Mangan erschmolzen werden, was für gewisse Stähle sehr vorteilhaft ist.

C. Induktionsheizung

1. Heizung mit und ohne Eisenkern

Die Induktionsheizung stellt ihrem Wesen nach eine Widerstandsheizung dar, bei der das zu erwärmende Gut selbst durch Stromdurchgang erwärmt wird und die Anlegung des den Stromdurchgang voraussetzenden Feldes ohne Elektroden, durch Induktion, erfolgt. Daraus folgt, weil Induktion nur in geschlossenen Bahnen möglich ist, daß das zu erhitzende Material entweder in ringähnlicher Form oder in einer

Induktionsheizung 39

solchen Stückgröße vorliegen muß, daß sich in ihm geschlossene Stromfäden genügender Intensität ausbilden können.

Die ersten Induktionsöfen arbeiteten alle mit Eisenkern. Ein solcher Ofen ist im wesentlichen ein mit geschlossenem Eisenkern gebauter Transformator, dessen Sekundärwicklung aus einer Windung des zu schmelzenden Materials besteht. Diese Öfen wurden in Ein-, Zwei- und Dreiphasenausführung gebaut.

Verhältnismäßig spät wagte man es, kernlose Induktionsöfen zu bauen, die als Lufttransformator aufgefaßt werden können, wobei die Primärspule den in einem Tiegel befindlichen Einsatz umschließt [R 1].

Der erste praktisch verwendete Kerninduktionsofen stammt von dem schwedischen Ingenieur KJELLIN (1900). In Abb. 30 ist der grundsätzliche Aufbau schematisch dargestellt.

Das Schmelzgut befindet sich in einem ringförmigen, die Primärwicklung umschließenden feuerfesten Herd. Der Kjellinofen wurde hauptsächlich für Stahlschmelzen verwendet. In der praktischen Ausführung ist die Primärspule von einem inneren und äußeren Schutzmantel aus geschlitztem Messingblech umgeben. Innerhalb der Schutzmäntel wird Preßluft hindurchgeleitet, um die Spule gegen die Hitze zu schützen,

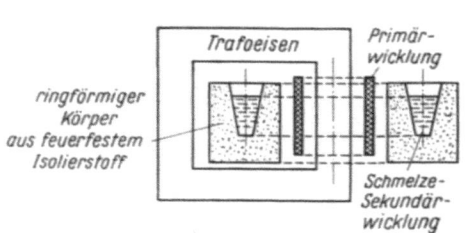

Abb. 30. Grundsätzlicher Aufbau des Kjellinofens

die vom Ofenmauerwerk abgestrahlt wird. Die Schlitzung der Schutzzylinder erfolgt, damit sie nicht etwa kurzschließende Wicklungen darstellen. Um den äußeren Schutzzylinder herum ist das Ofenmauerwerk bzw. die sogenannte Zustellung angeordnet, die aus einer Stampfmasse besteht. Man verwendete dafür Magnesit und Teer. Der Schmelzherd wird durch eine während des Aufstampfens eingelegte ringförmige Rinnenschablone ausgespart.

Das Anheizen des Ofens kann nur erfolgen, nachdem man geeignete passende Eisen- oder Stahlringe eingelegt hat. Erst nachdem eine ringförmige Schmelzzone sich ausgebildet hat, kann weiteres Material zugesetzt werden.

Der große Nachteil dieser und der ähnlich gebauten Fricköfen bestand darin, daß ein Arbeitsherd fehlte, wodurch man kaum in der Lage war, die für den Metallurgen so wichtigen Schlackenarbeiten auszuführen.

Bei Übernahme des Prinzips des Kjellinofens auf Mehrphasenbetrieb durch Röchling und Rodenhauser ergab sich zwangsläufig ein gewisser Herdraum. Abb. 31 zeigt schematisch seinen Grundriß. Um die drei

Kerne mit ihren Primärspulen ist je eine Badrinne angeordnet, die in der Mitte wieder zu einem gemeinsamen breiten Arbeitsherd zusammenlaufen. Da infolge der großen Streuung (Primär- und Sekundärwicklung sind durch große Abstände getrennt) der Leistungsfaktor dieser erwähnten Öfen sehr gering war, hat man die Periodenzahl des Wechselstromes herabgesetzt. Dies erforderte teure Umformer. So baute KJELLIN seine Öfen, um einen Leistungsfaktor zwischen 0,6 und 0,7 zu erhalten, für einen Einsatz von 1,5 t für eine Frequenz von 15 Hz. Die entsprechenden Zahlen waren für 3 t 10 Hz und für 8 t 5 Hz.

Damit wurden die Anlagekosten unwirtschaftlich hoch. Die Umformer waren sehr teuer und die Öfen ebenfalls, da man z. B. bei 5 Hz den 10fachen Eisenquerschnitt wie bei 50 Hz benötigt.

Einen Fortschritt brachte in dieser Richtung der aus USA stammende Ajax-Wyatt-Ofen. Dieser Ofen ist in Abb. 32 im Schnitt schematisiert

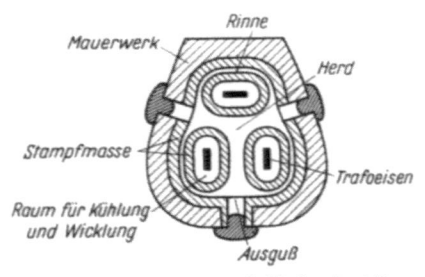

Abb. 31. Grundriß (schematisch) des Röchling- und Rodenhauser-Ofens

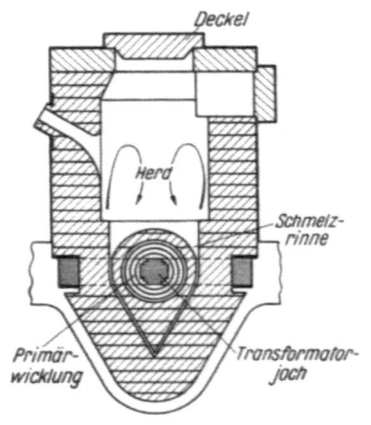

Abb. 32. Aufbau des Ajax-Wyatt-Ofens (nach RUSS)

dargestellt. Er enthält einen im Gegensatz zum Röchling-Rodenhauser-Ofen gut zugänglichen Arbeitsherd und eine tiefliegende, sehr enge Rinne Dadurch hat diese einen hohen Ohmschen Widerstand, wodurch auch bei Betrieb mit 50 Hz (Deutschland) oder 60 Hz (USA) ein Leistungsfaktor von 0,8—0,9 erreicht wurde.

Der Nachteil der Konstruktion bestand in der verhältnismäßig engen Rinne, die sich leicht zusetzte und die einer Reinigung schlecht zugänglich war.

Moderne Kerninduktionsöfen gehen von der technologisch und hüttenmännisch geforderten Erkenntnis aus, daß eine große Betriebssicherheit nur durch gute Zugänglichkeit der Rinne erreicht werden kann. Man konstruiert moderne Induktionsrinnenöfen deshalb gewissermaßen von der Rinne aus.

Ein Rinnenquerschnitt von etwa 120×120 mm hat sich als ausreichend für diese Forderung erwiesen. Der geringere Ohmsche Widerstand dieser Rinnen führt naturgemäß zu einem geringen Leistungsfaktor, der jedoch heute durch wohlfeile Kondensatorbatterien gegenüber dem Netz leicht ausgeglichen werden kann. Diese Rinnen werden außerdem leicht zugänglich angeordnet.

In der Stahl- und Eisenindustrie werden Rinneninduktionsöfen heute allerdings kaum mehr verwendet, dafür jedoch ausgiebig für Kupfer, seine Legierungen und Leichtmetalle. In den entsprechenden Abschnitten dieses Buches wird darauf noch zurückgekommen werden.

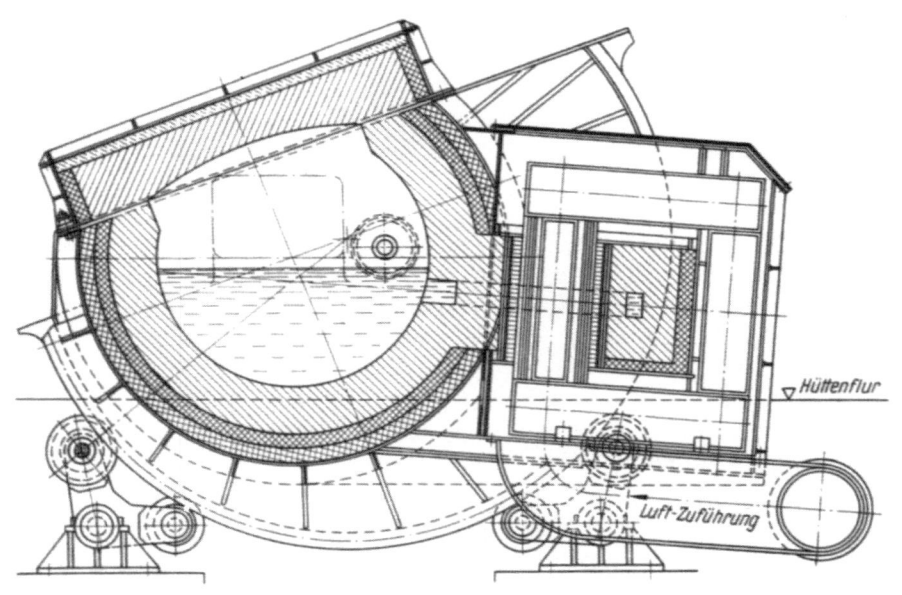

Abb. 33. Schnitt eines Induktionsofens für Grauguß (DEMAG)

In der Eisen- und Stahlindustrie hat sich lediglich für Grauguß der Kerninduktionsofen behauptet.

In Abb. 33 ist ein solcher Ofen im Schnitt dargestellt. Öfen dieser Art werden für Inhalte zwischen 1000 und 5000 kg gebaut.

Man erkennt den geräumigen Herd und die seitlich angebrachte gut zugängliche geräumige Rinne. Das Transformatorjoch liegt so tief, daß es in keiner Weise das Arbeiten am Ofen stört. Die Wicklung wird mittels Gebläseluft gekühlt. Der ganze Ofen ist kippbar, so daß ein bequemes Ausgießen gewährleistet ist.

Alle Induktionsöfen zeichnen sich durch eine gute Baddurchmischung aus, die durch starke elektrodynamische Kräfte in den Rinnen, den Schmelzkanälen, hervorgerufen wird und auf die wir noch im folgenden Abschnitt zurückkommen werden. Das Anfahren solcher Öfen, insbesondere mit nicht vollem Arbeitsherd, muß vorsichtig erfolgen, da sonst die hydrostatischen Druckkräfte nicht ausreichen, der Stromeinschnürung und der damit verbundenen Materialzusammendrängung in den Schmelzrinnen infolge des sogenannten Pincheffektes das Gleichgewicht zu halten.

Der Energieverbrauch zum Einschmelzen von Gußeisen beträgt etwa 450—500 kWh/t und zum Überhitzen, was, wie bereits früher dargelegt wurde, zur Verbesserung der Materialeigenschaften sehr notwendig ist, etwa 100—150 kWh/t.

Ungleich größer ist die Bedeutung der *kernlosen* Induktionsöfen für die Stahl- und Eisenindustrie. Nach einer längeren Entwicklungszeit sind diese jetzt für bestimmte Schmelz-, Glüh- und Härteaufgaben unentbehrlich geworden. Die Schmelzöfen ohne Eisenkern haben eine sehr gute Zugänglichkeit des Herdes. Rinnen oder sonstige zu Schwierigkeiten führende Anhängsel sind nicht vorhanden. Der ganze Ofen besteht vielmehr aus einem mit dem zu schmelzenden Gut angefüllten Tiegel, der von der Primärinduktionsspule umgeben ist. Der Schmelztiegel ist deshalb auch in ideal einfacher Weise beschickbar und der ganze mechanische Aufbau ist sehr einfach und übersichtlich. Die Spule samt Tiegel wird meist aus Gründen des Berührungsschutzes in ein entsprechend bemessenes Gehäuse eingebaut. Das Ganze ist kippbar gelagert und ermöglicht so ein sehr bequemes Auskippen bzw. Ausgießen des Einsatzes. Wird der Spule ein Wechselstrom entsprechender Frequenz zugeführt, dann erzeugt das dadurch entstehende magnetische Wechselfeld in dem Einsatz, falls dieser elektrisch leitend ist, oder in dem leitenden Tiegel Ströme, die zur Erwärmung des Einsatzes führen und ihn bei genügender Intensität zum Schmelzen bringen.

Man kann den Einsatz als einwindige Sekundärspule eines Lufttransformators auffassen. Der in diesem Einsatz induzierte Strom fließt gewissermaßen um den Einsatz herum und hat je nach der verwendeten Frequenz ν, dem spezifischen Widerstand ϱ und der relativen Permeabilität μ_r nur eine bestimmte Eindringtiefe δ. Ist der Einsatz ein Zylinder, so wird von ihm lediglich ein Hohlzylinderanteil mit der Wandstärke δ vom Strom durchflossen. Nur in ihm leistet der Strom im wesentlichen seine Heizwirkung.

Die Eindringtiefe δ ist exakt nur durch eine Besselfunktion darstellbar. Man kann jedoch mit einer für die Praxis ausreichenden Genauigkeit, solange der Durchmesser des Einsatzes größer als 4δ ist, für $\delta = 50{,}3 \sqrt{\dfrac{\varrho}{\nu, \mu_r}}$ [cm] schreiben. Darin ist ϱ in $\Omega \dfrac{mm^2}{m}$ einzusetzen. Die Formel ist praktisch, jedoch in den Dimensionen falsch; in den Dimensionen befriedigt die umständlichere Form: $\delta = 1 / \sqrt{\pi \mu \nu \sigma}$, worin: $\mu = \mu_0 \cdot \mu_r = 4\pi \cdot 10^{-9} \cdot \mu_r$ Henry/cm σ die Leitfähigkeit in $1/\Omega$ cm und ν die Frequenz ist.

Induktionsheizung

In Abb. 34 ist der Stromverlauf graphisch dargestellt [L 1]. Im Abstand δ von der Oberfläche ist der Strom $1/e$ des „Außenwertes" abgefallen. Es ist also $I_\delta/I_0 = e^{-1} = 0{,}368$. Da die entwickelte Wärme in dem Einsatz mit I^2 nach innen zu fällt, werden in dem „Eindringtiefenzylinder" rund 86% der gesamten Wärme erzeugt[1].

Für flüssiges Eisen und eine Frequenz von 50 Hz z. B. ist $\delta = 7{,}6$ cm. Um beim Einsatz vier Eindringtiefen im Durchmesser zu erreichen, kommt man auf etwa $1/2$ t Eisen. Um kleinere Einsätze zu bewältigen, muß man mit der Frequenz heraufgehen. Das gleiche gilt beim Einschmelzen von unterteiltem Einsatz, wie Schrott oder Pulver. Man geht dann bei Schrott auf 500—10000 Hz und bei Einsätzen von pulverförmiger Beschaffenheit auf 1 MHz und höher. Stahlöfen bis etwa 50 kg Einsatz werden mit 10000 Hz betrieben. Bei 300 kg verwendet man 2000 Hz, bis 750 kg 1000 Hz, ab 1 t 500 Hz oder auch niedrigere Frequenzen bis herab zur Netzfrequenz (50 Hz).

Beim Betrieb mit Umformern ist das Netz dreiphasig symmetrisch belastbar, beim Betrieb mit 50 Hz sind Kunstschaltungen üblich, um wenigstens einen teilweisen Ausgleich zu erzielen.

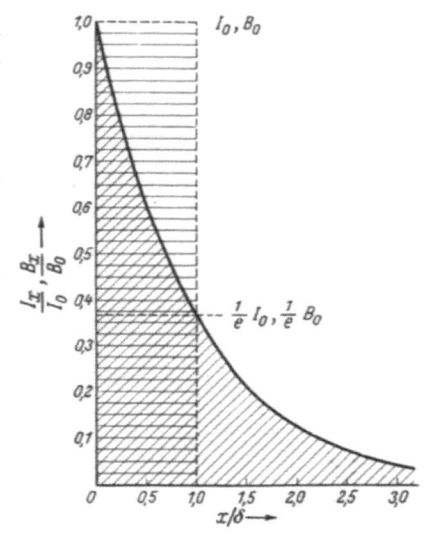

Abb. 34. Strom- und Induktionsverteilung in einem Metallzylinder bei Hochfrequenz (nach G. LANG) [L 1].
I_0 Strom an der Oberfläche, B_0 Induktion an der Oberfläche, I_x Strom im Abstand x von der Oberfläche, B_x Induktion im Abstand x von der Oberfläche, p Eindringtiefe des Stromes, x radialer Abstand von der Oberfläche. Die diagonal schraffierte Fläche ist gleich dem horizontal schraffierten Rechteck

Auch für die Bemessung der Wandstärke des Kupferrohres der Ofenspule ist die Eindringtiefe zu beachten. Bei 50 Hz genügen 10 mm, bei 10000 Hz 0,7 mm. Größere Wandstärken bringen keinen Nutzen, was die Stromleitungswiderstände betrifft.

Da der Ofen einen Lufttransformator darstellt, ist eine relativ große induktive Blindleistung mittels Kondensatoren zu kompensieren. Sofern

---

[1]
$$\frac{\int_0^\delta I^2 dx}{\int_0^\infty I^2 dx} = \frac{I_0^2 \int_0^\delta e^{-\frac{2x}{\delta}}}{I_0^2 \int_0^\infty e^{-\frac{2x}{\delta}}} = \frac{\delta/2 \left[e^{-\frac{2x}{\delta}}\right]_0^\delta}{\delta/2 \left[e^{-\frac{2x}{\delta}}\right]_0^\infty} = 0{,}865 \qquad [L\,1]$$

der Abgleich richtig durchgeführt ist, genügt es, die Frequenzumformer und Transformatoren für die Wirkleistung auszulegen.

In Abb. 35 ist ein Induktionsofen ohne Eisenkern schematisch dargestellt. Abb. 36 zeigt die prinzipiellen Schaltungen eines solchen Ofens. Verwendet man die Anordnung zum Härten, so sind folgende Punkte bemerkenswert:

1. Die Einhärtetiefe ist infolge der Wärmeleitung stets größer als die Eindringtiefe.

2. Der Kern des Werkstückes kann bei richtiger Bemessung der Leistung und Frequenz und der Behandlungszeit bei rechtzeitig einsetzender Abkühlung relativ unbeeinflußt und kalt bleiben.

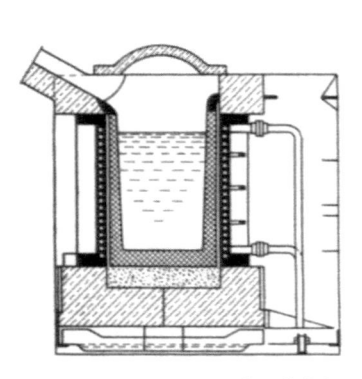

Abb. 35. Schnitt durch einen Induktionsofen ohne Eisenkern (Siemens & Halske)

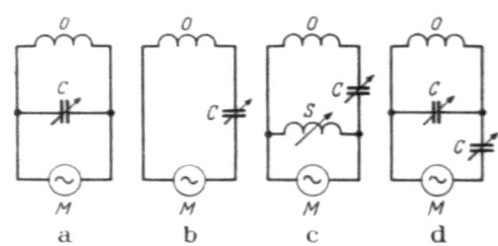

Abb. 36. Verschiedene Schaltungen von Induktionsöfen ohne Eisenkern.
C Kondensator, S Selbstinduktionsspule, O kernloser Ofen, M Stromquelle-Generator.
[Vielfach wird die rechts dargestellte Schaltung angewendet, da man bei ihr leicht den veränderlichen Zustand des Ofenkreises dem Generator anzupassen vermag. Damit kann stets die höchste Leistung erzielt werden. Durch Variation des dem Ofen parallelgeschalteten Kondensators wird das Verhältnis der Ofenstromstärke zum Maschinenstrom (Generatorstrom) festgelegt, unabhängig von der Abstimmung des Kreises auf die Frequenz. Durch Variation der Vorschaltkapazität wird abgestimmt]

3. Durch Änderung der spezifischen Energiezufuhr und Zeitdauer der Einwirkung ist eine bedeutende Variation der Einhärtetiefe leichter möglich als durch bloße Frequenzänderung.

Man geht mit der spezifischen Energiezufuhr bis auf 20 kW/cm² Werkstückoberfläche.

2. Mechanische Kräfte in der Schmelze

Bei allen Induktionsöfen treten Kräfte auf, die, sofern der Einsatz flüssig ist, zu sehr spürbaren Bewegungen führen.

Betrachtet man einen beliebigen Punkt in der Schmelze, so läßt sich in diesem die elektrische Stromdichte i beschreiben durch den Ausdruck: $i = i_0 \sin \omega t$. Die magnetische Feldstärke B ist analog: $B = B_0 \sin \omega t$. Da i und B aufeinander senkrecht stehen, so wird die Kraftdichte $p = iB = i_0 B_0 \sin^2 \omega t = \dfrac{i_0 B_0}{2} - \dfrac{i_0 B_0}{2} \sin 2\omega t$. In diesem

Ausdruck ist das erste Glied $\frac{i_0 B_0}{2}$ eine konstante Kraftdichte, die zu Rührwirkungen Anlaß geben kann und die deshalb von großer Bedeutung für die rasche Durchmischung der Schmelzen ist. Das zweite Glied $-\frac{i_0 B_0}{2}\sin 2\omega t$ stellt eine oszillierende Kraft der doppelten Frequenz, nämlich 2ω, dar. Diese Kraft kann in Schmelzen zu entgasenden Wirkungen durch Ultraschall und bei niedrigeren Frequenzen durch Schall führen. Handelt es sich z. B. um einen Niederfrequenzinduktionsofen mit Eisenkern, so wird bei einer Netzfrequenz von 50 Hz eine Schallschwingung von 100 Hz erzeugt und eine gleichbleibende Schubkraft. Bei einem kernlosen Mittelfrequenzinduktionsofen von 10000 Hz wird neben der gleichbleibenden Schubkraft eine Ultraschallschwingung von 20000 Hz auftreten.

Für Rinnenniederfrequenzöfen ist noch eine spezielle Betrachtung der quantitativen Kräfte in der Rinne zweckmäßig. Es wird sich zeigen, daß in einer längs vom Strom durchflossenen Rinne gegen die Rinnenachse gerichtete Kräfte auftreten, die zur Abschnürung des in der Rinne befindlichen schmelzflüssigen Einsatzes und damit zur Stromunterbrechung führen können.

Der Radius der zylindrischen Rinne sei R, die Stromstärke I, so wird der im Leiterinneren auftretende größte Druck in der Mittelachse $p_{\max} = 0{,}72\ (I^2/R^2\pi) \cdot 10^{-8}$ kg/cm². Voraussetzung ist dabei, daß die Eindringtiefe des Wechselstromes kleiner ist als der halbe Radius der Rinne [K 2].

Der durch die Rinne fließende Wechselstrom erzeugt ein Wechselfeld, das ringförmig verteilt die Rinnenachse umschließt. Die Lorentzkraft ist gleich dem Produkt $B \cdot i$ und ist von außen nach innen gerichtet. Ihr Integral über die ganze Strecke von außen bis zur Achse der Rinne gibt die Maximalkraftdichte (Pincheffekt).

Beim Induktionsrinnenofen muß man stets für genügend großen hydrostatischen Druck sorgen, damit der Pincheffekt, wie oben bereits erwähnt, nicht zur Stromunterbrechung führt. Besonders wichtig ist dies beim Anfahren, solange die Öfen noch nicht ganz gefüllt sind. Da die Pinchkraft quadratisch mit der Stromstärke zunimmt, muß man beim Anfahren die Leistung herabsetzen. In dem Maße, in dem das Material einschmilzt und der Spiegel der Schmelzflüssigkeit steigt, darf die Leistung erhöht werden.

In Abb. 37 sind die Strömungen eingezeichnet, die sich auf Grund der Pinchkraft in einer Schmelzrinne ausbilden können. Dadurch wird eine sehr schnelle Homogenisierung des Schmelzgutes erreicht.

In Abb. 38 sind die Strömungsverhältnisse in einem kernlosen Induktionsofen dargestellt. Die Bewegungen können insbesondere bei tiefen Frequenzen (Netzfrequenz) so stark werden, daß der Einsatz oben aus dem Tiegel herausgeschleudert wird.

Man kann dies durch hohe gefüllte Tiegel vermeiden, so daß der Spiegel der Schmelze über die obere Begrenzung der Induktionsspule hinausragt (Überchargieren).

3. Berechnungsweg

WILHELM ESMARCH hat als erster eine für die praktischen Bedürfnisse geeignete Berechnungsmethode für kernlose Induktionsöfen angegeben. Hier sei aus seinen Arbeiten [E 1] nur das Notwendigste angegeben.

Wird ein Leiter in ein elektromagnetisches Wechselfeld gebracht, so werden durch die eindringenden elektromagnetischen Wellen im Leiter

Abb. 37. Strömungen in einer Schmelzrinne als Folge der Pinchkraft

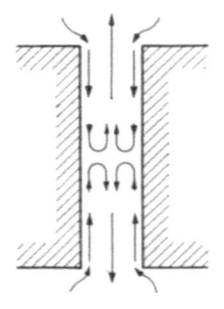

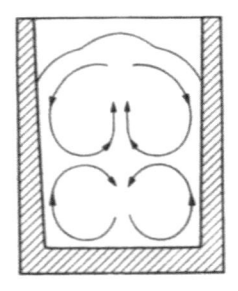

Abb. 38. Strömungen im kernlosen Induktionsofen

elektrische Wechselströme erzeugt, die ihrerseits zu einer Ausstrahlung elektromagnetischer sekundärer Wellen führen. Im Außenraum macht sich diese sekundäre Strahlung, die in allen Teilen des durchstrahlten Körpers ihren Ursprung nimmt, als reflektierte Strahlung geltend. Für den Beobachter scheint sie an der Grenzfläche zwischen Außenraum und Leiter erzeugt, ein Teil der Primärstrahlung gewissermaßen „zurückgeworfen" zu sein. Im Innern des Leiters dagegen wird als Resultat der Überlagerung der sekundären Strahlung mit der primären dank der besonderen hier herrschenden Interferenzbedingungen [E 2] eine Welle hervorgebracht, die sich von der Grenzfläche in das Innere des Leiters mit abnehmender Amplitude, also als räumlich gedämpfte Welle fortpflanzt. Bei Metallen ist die Dämpfung sehr groß, so daß schon nach Durchlaufen einer relativ dünnen Schicht die Intensität der sich ausbreitenden Wellenbewegung unmerklich klein wird (Skineffekt). Die der einfallenden Welle entzogene Energie tritt als Joulesche Wärme der im Leiter induzierten Ströme auf.

Um diese Vorgänge für die Verhältnisse im Hochfrequenzofen quantitativ zu erfassen, denken wir uns mit ESMARCH den Ofeneinsatz als zylindrischen Leiter in ein homogenes, der Achse des Zylinders paralleles Magnetwechselfeld von der Frequenz f gebracht. Im Einsatz werden dann konzentrische Kreisströme induziert, deren Ebenen senkrecht zur Achse liegen. Die Dichte dieser Ströme nimmt von der Oberfläche des Leiters nach der Mitte hin rapide ab, und zwar, wenn der Durchmesser des Zylinders im Vergleich zur sogenannten Eindringtiefe hinreichend groß ist, nach demselben Gesetz wie an einem eben begrenzten Leiter, nämlich expotentiell. Bekanntlich ändert sich in diesem Falle die Stromdichte G von induzierten Strömen nach der Tiefe zu gemäß der Gleichung $G = G_0 e^{-x/\delta} \sin(2\pi f t - x/\delta)$, worin δ als sogenannte Eindringtiefe bezeichnet wird. Für δ gilt, wenn man die späteren Glieder der Besselfunktion vernachlässigt, was hier zulässig ist: $\delta = \dfrac{1}{2\pi}\sqrt{\dfrac{\varrho}{f\mu}}$, worin ϱ der Widerstand und μ die Permeabilität des betreffenden Leiters sind. In dem obigen Ausdruck für G bestimmt der Faktor $e^{-x/\delta}$ die Abnahme des Betrages und der Faktor $\sin(2\pi f t - x/\delta)$ seine Phasenlage. Daraus folgt, daß die eindringende Welle nicht nur dem Betrag nach vermindert wird, je weiter sie eindringt, sondern daß sie auch beim Eindringen fortlaufend gedreht wird.

Ganz ähnlich liegen die Verhältnisse beim Zylinder, sofern nur dessen Durchmesser groß ist, gegen die Eindringtiefe. Berechnet man unter dieser Annahme und mit Hilfe des obigen Ansatzes den Ohmschen Widerstand R_2 des Zylinders für die in ihm induzierten Kreisströme, so erkennt man, daß dieser Widerstand so zu berechnen ist, als wenn der gesamte induzierte Strom mit gleichmäßiger Dichte über eine Oberflächenschicht von der Dicke der Eindringtiefe verteilt wäre. In diesem konventionellen Sinn wird die Größe δ Eindringtiefe genannt. Man kann auch sagen, daß der Widerstand R unseres Einsatzes gleich ist dem einer einzigen geschlossenen Windung, deren mittlerer Durchmesser gleich der Differenz zwischen dem Durchmesser d_2 des Einsatzes und der Eindringtiefe ist und deren Querschnitt gleich der Höhe l_2 des Zylinders mal der Eindringtiefe ist. Bezeichnen wir den mittleren Durchmesser des „Eindringtiefenzylinders" mit d_2', so wird der Widerstand des Einsatzes

$$R_2 = \frac{\varrho \pi d_2'}{l_2 \delta} \quad \text{und} \quad d_2' = d_2 - \delta\,.$$

Für δ, nach obigem eingesetzt, folgt für

$$R_2 = 2\pi^2 \frac{d_2}{l_2}\sqrt{\varrho\mu f}\,.$$

Die je Sekunde entwickelte Wärmemenge wird dann, wenn I_2 der gesamte im Einsatz fließende Strom ist,

$$N_2 = I_2^2 \cdot 6{,}25 \cdot 10^{-6} \cdot (d_2'/l_2) \sqrt{\varrho\, \mu_r f} \quad [\text{Watt}],$$

worin die in der Elektrotechnik üblichen praktischen Einheiten einzusetzen sind (μ_r = relative Permeabilität, ϱ in Ω mm²/m, I in Ampere und alle Längen in cm).

Aus dem Ausdruck ist zu ersehen, daß Widerstand und Wärmeentwicklung proportional d_2'/δ sind. Wie bereits erwähnt, ergibt die Ausrechnung, daß in der äußeren Schicht von der Stärke der Eindringtiefe 86,5% der gesamten Wärme erzeugt wird und in einer Schicht von der doppelten Dicke 89,2%.

Die oben aufgeführte Gleichung für den Widerstand R_2 können wir noch mit dem aus der exakten Theorie der Stromverteilung im Zylinder erhaltenen vergleichen. Dieser Wert wurde ohne die benutzte vereinfachende Annahme, daß $d_2 \gg \delta$ sei, von WEVER und FISCHER [W 4] sowie STRUTT [S 1] errechnet. Es zeigt sich, daß bis zu $d_2 = 4\delta$ herab zwischen angenäherter und exakter Berechnung im Resultat kein Unterschied feststellbar ist. (Abweichung unter 1%.) Unterhalb $d_2 = 4\delta$ wird nach der exakten Berechnung die Leistungsaufnahme jedoch sehr klein. Der Grund für diese Abweichung ist darin zu sehen, daß unterhalb von $d_2 = 4\delta$ der Durchmesser des Einsatzzylinders von der Größenordnung der Wellenlänge im Leiter wird. Trotz der starken Dämpfung der Wellen machen sich daher Beugungserscheinungen deutlich geltend, die die Leistungsaufnahme stark herabsetzen. Der Wirkungsgrad der Heizvorrichtung fällt dann naturgemäß auch sehr ungünstig aus.

Man muß also die Frequenz stets mindestens so hoch wählen, daß die Eindringtiefe kleiner als ein Viertel des Einsatzdurchmessers wird.

Gleichzeitig kann man ermessen, daß die benutzte Näherung, die eine zweifache ist — Weglassen der späteren Glieder der Besselfunktion und Berechnung als ebenes Problem —, für alle praktisch in der Eisen- und Stahlindustrie vorkommenden Fälle als hinreichend genau gelten kann. Über die absoluten Werte der Eindringtiefe für einige wichtige Fälle orientiert die nachstehende Tabelle:

1. Kupfer 18° C

Frequenz	δ	4δ
10 000 Hz	0,066 cm	0,26 cm
500 Hz	0,30 cm	1,2 cm
50 Hz	0,95 cm	3,8 cm

2. Eisen 1600° C

Frequenz	δ	4δ
10 000 Hz	0,54 cm	2,16 cm
500 Hz	2,4 cm	9,6 cm
50 Hz	7,6 cm	30,4 cm

Es ist zwar bereits aus den geschilderten Ergebnissen ein gewisser Einblick in die Vorgänge der Erwärmung von Leitern im elektromagnetischen Feld zu gewinnen, sie genügen jedoch noch nicht, um eine quantitative Vorausberechnung eines Ofens durchführen zu können. In dem Ausdruck für die Leistung im Einsatz

$$N_2 = I_2^2 \cdot 6{,}25 \cdot 10^{-6} \cdot (d_2'/l_2) \sqrt{\varrho\,\mu_r f} \quad [\text{W}]$$

kommt noch der Faktor I_2^2, das Quadrat der induzierten Gesamtstromstärke, vor. Diese Größe ist auch nicht unmittelbar meßbar, sondern muß aus der primären Stromstärke I_1 (Ofenspule) sowie aus den Dimensionen von Einsatz und Spule, aus der verwendeten Frequenz und der angelegten Spannung errechnet werden.

RIBAUD [R 2], FISCHER und WEVER [W 4], STRUTT [S 1], DAVIDS und BURCH [D 1] sowie WALTER [W 2] haben einfachheitshalber von der Streuung an den Spulenenden abgesehen und die Rechnung so durchgeführt, als ob es sich um unendlich langen Einsatz und ebensolche Spule handelte. N_2 wird dabei aber zwischen 30 und 70% zu hoch!

Es ist das Verdienst von W. ESMARCH, diese Verhältnisse vollkommen geklärt zu haben. Er hat eine quantitative brauchbare Berechnungsweise angegeben. Dabei wird der wirkliche Einsatz durch den oben behandelten Hohlzylinder ersetzt und der Ofen als Lufttransformator behandelt, dessen Primärkreis durch die Ofenspule und dessen Sekundärkreis durch den Hohlzylinder gebildet wird. Danach bestimmt sich die vom Ofen aufgenommene Gesamtwirkleistung (Verluste in der Spule und Nutzleistung im Einsatz) zu

$$N_1 + N_2 = I_1^2 R_1 + p^2 R_2 I_1^2.$$

Davon wird lediglich der Teil $p^2 R_2 I_1^2$ als Nutzwärme im Einsatz auftreten, während der andere Teil der Primärspulenverlust ist.

Die Spannung an den Klemmen eines Transformators ist bekanntlich:

$$E_1 = I_0\,[(R_1 + p^2 R_2) + i\,\omega(L_1 + p^2 L_2)],$$

worin

$$p^2 = \frac{\omega^2 M^2}{R^2 + (\omega L)^2}$$

ist.

In obigem bedeuten R_1 und R_2 die primären und sekundären Wirkwiderstände bei der betreffenden Frequenz unter Berücksichtigung des Skineffektes, L_1 und L_2 die primäre und sekundäre Selbstinduktivität und M die Gegeninduktivität.

Da die Selbstinduktivitäten auf Grund der Formel

$$L = \frac{\pi^2 d^2 n^2 \cdot 10^{-9}}{l(1 + 0{,}45\,d/l)} \quad [\text{Henry}],$$

$d\,(d_1, d_2)$ in cm (Durchmesser durch Skineffekt reduziert),
n Windungszahl,
$l\,(l_1, l_2)$ in cm (Länge bzw. Höhe der Spule bzw. Einsatz)

mit guter Annäherung berechnet werden können, so läuft die Aufgabe darauf hinaus, außer R_1, R_2 vor allem das Übersetzungsverhältnis p der Stromstärken in den beiden Stromkreisen zu bestimmen. Diese Berechnung hat W. ESMARCH [E 1] allgemein durchgeführt und sie ergibt schließlich nach geeigneten Umformungen Ergebnisse, die sich zusammengefaßt folgendermaßen darstellen lassen.

Die sekundäre Stromdichte kann, solange der Durchmesser $d_2 > 4\delta$ ist, hinreichend genau dargestellt werden durch den Ausdruck

$$G_2 = G_0 e^{-x/\delta} \sin(\omega t - x/\delta).$$

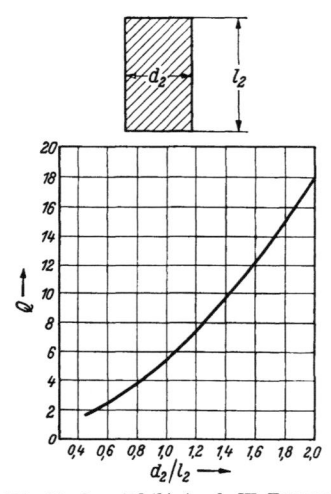

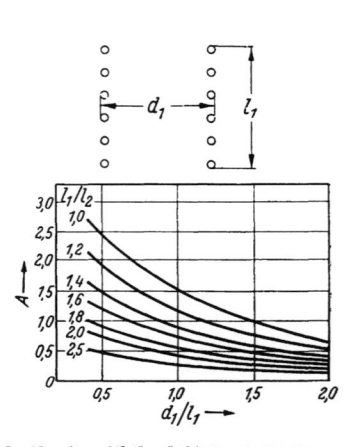

Abb. 39. $Q = f(d_2/l_2)$ (nach W. ESMARCH)   Abb. 40. $A = f(l_1/l_2, d_1/l_2)$ (nach W. ESMARCH)

Der sekundäre Widerstand R_2 wird dann

$$R_2 = 6{,}25 \cdot 10^{-6} \cdot \frac{d_2 - \delta}{l_2} \sqrt{\varrho_2 \mu_r f} \quad [\Omega],$$

worin die Eindringtiefe

$$\delta = 50{,}3 \cdot \sqrt{\frac{\varrho}{f \cdot \mu_r}} \quad [\text{cm}],$$

darin d_2 in cm, ϱ_2 in Ω mm²/m und f in Hz ausgedrückt ist. μ_r ist die relative Permeabilität.

Die sekundäre, also die Nutzleistung N_2, wird

$$N_2 = 6{,}1 \cdot 10^{-10} \cdot \sqrt{\varrho_2 \mu_r f} \, z_1^2 Q A \quad [\text{kW}],$$

darin ist $z_1 = I_1 n_1$, also die primäre Amperewindungszahl.

Q ist eine Funktion des Argumentes d_2/l_2 und A der beiden Argument l_1/l_2 und d_1/l_1. Diese Funktionen nach ESMARCH sind in den Abb. 39 und 40 dargestellt. Sie bringen die Abhängigkeit der Leistungsaufnahme von den geometrischen Verhältnissen des Ofens zum Ausdruck, also auch den Einfluß der endlichen Länge von Spule und Einsatz, den Einfluß der Streuung. Dabei hängt Q nur vom Einsatz ab (d_2/l_2), A dagegen von den geometrischen Verhältnissen der Spule (d_1/l_1) sowie auch noch von dem Verhältnis der Spulenlänge zur Einsatzlänge.

Der elektrische Wirkungsgrad η_{el} wird

$$\eta_{el} = \frac{\sqrt{\varrho_2 \mu_r Q A}}{\sqrt{\varrho_2 \mu_r Q A} + 4/3 \, d_1/l_1}.$$

Die Spulenspannung E_1 wird

$$E_1 = 2 \pi f L_1' I_1 \quad [\text{V}],$$

worin

$$L_1' = L_1 - n_1^2 \frac{Q A L_2}{10 \cdot \frac{d_2 \cdot \delta}{l_2}} \quad [\text{Henry}]$$

ist. Die Blindleistung wird

$$N_B = 2 \pi f L_1' I_1^2 \cdot 10^{-3} \quad [\text{kVA}].$$

Schließlich ergibt sich für den axialen Druck P, der das Bad nach oben herausheben möchte, der Wert

$$P = \frac{31{,}6 \cdot N_2}{\sqrt{\varrho f F}} \quad [\text{atü}],$$

worin F die Mantelfläche des flüssigen Zylinders in cm² ist.

Ein Teil der Vorzüge der kernlosen induktiven Beheizung beruht auf der Existenz dieses Druckes, der eine intensive Rührwirkung zur Folge hat. Wie die obige Formel für den Druck zeigt, nimmt dieser Druck und damit die Intensität der Bewegung mit fallender Frequenz bei gleicher Leistungsaufnahme des Einsatzes zu. Bei Netzfrequenz kann diese unerwünscht hohe Beträge annehmen und sich dann störend bemerkbar machen, wogegen die bereits erwähnte höhere Füllung des Tiegels helfen kann.

Zur Kupferbelastung muß noch erwähnt werden, daß sie wegen des mehrfach erwähnten Skineffektes beträchtlich ist. Die Stromdichte in den tatsächlich vom Strom durchflossenen Teilen liegt meist zwischen 25 und 60 A/mm². Man muß deshalb mit Wasser kühlen, indem man die Primärspule aus Kupferrohr, meist von rechteckigem Querschnitt, aufbaut. Andere frühere Versuche, durch Unterteilung des Spulenleiters in eine Anzahl parallelgeschalteter „verschachtelter" Einzelleiter, die Kupferausnutzung zu verbessern, sind an konstruktiven Schwierigkeiten gescheitert. Sollten diese sich in der Zukunft überwinden lassen, so wäre ein wesentlich höherer Wirkungsgrad zu erwarten. ESMARCH hat theoretisch gezeigt, daß, wenn die Dicke der einzelnen Bänder zu $88/\sqrt{fZ}$ mm genommen wird (Z Anzahl der Einzelleiter), der effektive Widerstand bzw. die Verluste im Verhältnis $\sqrt{1/Z}$ gegen die entsprechenden Größen einer gewöhnlichen Spule gleicher Abmessungen verkleinert werden. Der Wirkungsgrad nimmt dann den Wert an:

$$\eta_Z = \frac{\sqrt{\varrho \mu_r} Q A}{\sqrt{\varrho \mu_r} Q A + \dfrac{1{,}33 \cdot d_1}{\sqrt{Z} \cdot l_1}}.$$

Aus den Formeln erkennt man, daß der elektrische Wirkungsgrad eines kernlosen Induktionsofens von der Frequenz unabhängig ist, sofern die Bedingung $d_2 > 4\delta$ erfüllt ist. Die Leistungsaufnahme steigt nur mit der Wurzel aus der Frequenz, also verhältnismäßig langsam an, während sie mit dem Quadrat der Primärspannung zunimmt. Es ist daher meist vorteilhafter, um höhere Einsatzleistung zu erzielen, die Spulenspannung zu erhöhen, während es vielfach unzweckmäßig erscheint, auf höhere Frequenz auszuweichen. Die Wahl der mindestens notwendigen Frequenz ist hauptsächlich durch die Eindringtiefe bestimmt in Verbindung mit dem Einsatzdurchmesser. Man wird immer möglichst tiefe Frequenzen anzuwenden bestrebt sein, weil die Umformer für höhere Frequenzen meist teurer sind als die für niedrige und auch meist weniger wirtschaftlich arbeiten. Wichtig erscheint auch, darauf zu achten, daß die Spannung zwischen den einzelnen Windungen nicht zu hoch wird, um Überschläge zu vermeiden. Die Windungsspannung wächst bei gegebener Leistung des Ofens unabhängig von der Windungszahl, mit der $^3/_4$ ten Potenz der Frequenz. Für die untere Grenze ist außer der bereits mehrfach erwähnten Eindringtiefenbedingung ausschlaggebend, daß die Badbewegung nicht zu stark werde, die ja umgekehrt mit der Quadratwurzel aus der Frequenz sich ändert. Auch darf die Kondensatorbatterie, die zur Kompensation der Induktivität dient, nicht zu groß und damit kostspielig ausfallen. Wenn man nach diesen Gesichtspunkten vorgeht und die praktischen Erfahrungen berücksichtigt, so zeigt sich, wie früher bereits erwähnt, daß mit zunehmender Ofengröße die Frequenz immer mehr herabgesetzt werden muß.

Wenn man Stahl induktiv glühen will, so ist der Tatsache Rechnung zu tragen, daß man es dabei auch mit einem Wärmeleitungsproblem zu tun hat.

Die Hochfrequenzenergie dringt von außen in den Stahl ein bis zur Tiefe der Eindringschicht. Über die Wärmeleitung findet ein Abfluß von Energie nach dem Inneren statt und über die Strahlung und die Konvektion nach außen. So kommt es, daß bei höherer Frequenz die primär erhitzte Schicht dünn wird (Eindringtiefe). Je höher die Leistung gewählt wird, desto höher ist die erreichte Temperatur. Je länger die

Erhitzungsdauer ist, desto tiefer geht die erhitzte Schicht (Wärmeleitung).

Mit der Theorie der induktiven Erwärmung von Eisenschichten haben sich ausführlich BROWN, HOYLER und BIERWIRTH [B 1] beschäftigt. Diese Autoren haben u. a. den Fall der eindimensionalen Wärmeströmung in einem unendlich ausgedehnten Körper untersucht. Man kann die aus dieser Untersuchung sich ergebende Lösung gut zur Abschätzung praktischer Aufgaben heranziehen, obwohl alle wirklich vorkommenden

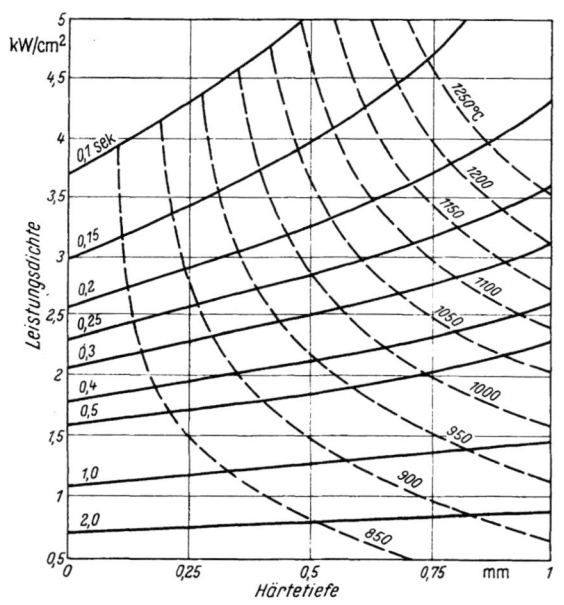

Abb. 41. Einhärtetiefen bei verschiedenen Leistungsdichten und Erwärmungszeiten (Härtetemperatur 800° C) (SSW)

Fälle nicht unendlich ausgedehnte Körper zum Gegenstand haben können. BROWN, HOYLER und BIERWIRTH gehen von der folgenden Differentialgleichung zweiter Ordnung aus, in der bedeutet: T Temperatur, t Zeit, x Abstand von der „geheizten" Oberfläche, c_p spezifische Wärme und γ spezifisches Gewicht.

Die Gleichung lautet [B 2]:

$$c_p \frac{\partial T}{\partial t} = \gamma \frac{\partial^2 T}{\partial x^2}.$$

Von den Lösungen dieser Gleichung und Auswertungen sei der besonders wichtig erscheinende Zusammenhang zwischen Eindringtiefen, Leistungsdichten und Erwärmungszeiten in Abb. 41 wiedergegeben.

Will man z. B. Stahl auf 0,5 mm härten (Mindesttemperatur ist immer 800° C) und hat 4 kW/cm² Leistungsdichte zur Verfügung, so erreicht die Oberfläche eine Temperatur von 1070° C und die Behandlungsdauer wird 0,15 sek. Will man mit nur 3 kWh/cm² Leistungsdichte 0,6 mm tief einhärten, so benötigt man 0,25 sek Behandlungszeit, und die Werkstückoberfläche wird 1050° C heiß. Solange die Einhärtetiefe klein ist gegenüber den Dimensionen des notwendigerweise begrenzten Werkstückes, sind die Fehler, die man auf diese Weise macht, vernachlässigbar.

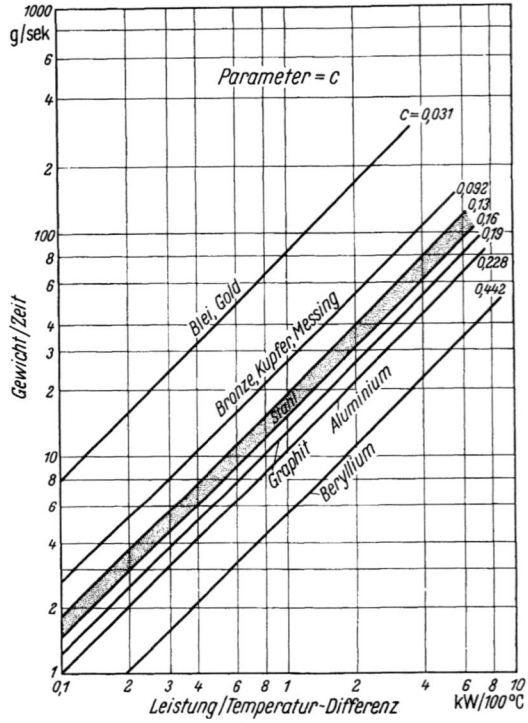

Abb. 42. Aufzuwendende Leistung bei der Erwärmung von verschiedenen Werkstoffen (SSW)

Da sich in der Technik häufig auch Aufgaben ergeben, bei denen von einer partiellen Erhitzung nicht Gebrauch gemacht wird, sondern völlige Durchwärmung gefordert wird, wie z. B. beim Hochfrequenz-Hartlöten, sei noch eine Gleichung angegeben, aus der sich die notwendige Mindestleistung ohne Verluste berechnen läßt.

Sie lautet:

$$N_{min} = 4{,}18 \cdot 10^{-3} \cdot \frac{c_p Q \Delta T}{t} \quad [\text{kW}].$$

Darin ist c_p die spezifische Wärme des Materials (in kcal/kg °C), Q ist das Gewicht der Metallmenge (in g), ΔT die Temperaturdifferenz, die angestrebt wird zwischen kaltem Anfangs- und warmem Endzustand, und t die Erwärmungszeit in sek. Nach dieser Gleichung [$S\ 2$] ist Abb. 42 gezeichnet, bei dem die Ordinate der Maßstab für die Materialmenge/ Erwärmungszeit und die Abszisse der Maßstab für die erforderliche Leistung je 100° C Temperaturanstieg sind. Die spezifische Wärme ist Parameter. Verluste durch Abstrahlung und Wärmeleitung sind in diesem Kurvenblatt nicht berücksichtigt. Bei Erwärmungen, die zum Schmelzen führen, ist die Schmelzwärme des vorliegenden Materials in die Leistungsbilanz einzubeziehen. Bei Erwärmungen über 1000° C können die Strahlungsverhältnisse bedeutend sein.

Für diese gilt:

$$\text{Strahlungsverluste} = 0{,}57 \cdot \alpha \cdot T^4 \cdot 10^{-14}\ (\text{kW/cm}^2\ \text{Oberfläche}).$$

Darin ist α der Absorptionskoeffizient (für Stahl etwa 0,82) und T die Temperaturdifferenz zwischen Werkstück und Umgebung.

Die Wärmeverluste durch Leitung hängen so sehr von den jeweiligen Umständen, z. B. der Halterung des Werkstückes, ab, daß man sie nicht generell berechnen kann. Hier muß Erfahrung, gewonnen aus empirischen Unterlagen, weiterhelfen. Man kann für die Leitung etwa denselben Betrag, wie aus obiger Gleichung für die notwendige Mindestleistung berechnet, einsetzen.

Die Berechnung der *Rinnenöfen* wird im Abschnitt Aluminium aufgeführt, da deren Bedeutung für dieses Metall wesentlich größer ist als für Eisen und Stahl.

4. Anwendungsfragen, Konstruktionsfragen, elektrische Verhältnisse

Die Anwendung der Rinnenöfen beschränkt sich in der Eisen- und Stahlindustrie auf die bereits erwähnten Einschmelzöfen mit Eisenkern für Gußeisen.

Kernlose Induktionstiegelöfen sind für Schlackenarbeiten, z. B. um Phosphor und Schwefel aus dem Eisen abzuscheiden, nicht geeignet. In erster Linie sind sie Umschmelz- und Legierungsöfen. Besonders vorteilhaft ist ihr Einsatz in Stahlwerken, um legierten Abfallschrott umzuschmelzen, wobei auch anderer Schrott und weitere Legierungsbestandteile zugesetzt werden können. Da keine örtliche Überhitzung eintreten kann, wie beim Lichtbogenofen, wird jeglicher Abbrand und das Verdampfen von Legierungsbestandteilen vermieden. Durch die Badbewegung findet eine gute und rasche Durchmischung statt. Der Kohlenstoffgehalt bei Stahl und Eisen bleibt fast unverändert; wenn gewünscht, kann durch Zugabe von Kohlepulver ein Aufkohlen stattfinden, um z. B. synthetisches Gußeisen aus Stahlschrott zu erzeugen. Die Tiegel sind dem Schmelzgut ideal angepaßt. Da die Schmelzwärme in dem zu schmelzenden Metall an dessen Oberfläche, ohne primäre

Tiegelerhitzung, frei wird, geht das Einschmelzen schnell und ohne Qualm vor sich, wobei die Tiegel relativ kühl bleiben. Dadurch steigt deren Haltbarkeit. Natürlich sind auch leitende Tiegel anwendbar.

Bei der Konstruktion der kernlosen Induktionsschmelzöfen ist in erster Linie die Betriebssicherheit zu beachten. Da die Ofenspule den aus Klebsand aufgestampften Tiegel gleichzeitig kühlt und stützt, kann man mit langer Lebensdauer der übrigens sehr leicht auszubessernden Tiegel rechnen. Die Wandstärke dieser sauren Tiegel nimmt man im Interesse einer guten Kopplung so gering wie möglich. Leider ist nur der saure Tiegel mit genügend geringen Wandstärken dauerhaft. Sollte sich nämlich ein Riß bilden, so ist beim Stahlschmelzen die Sintertemperatur der Kieselsäure stets erreicht und der Riß verklebt wieder. Deshalb sind Durchbrüche bei der üblichen sauren Zustellung des kernlosen Induktionsofens äußerst selten. Dagegen liegen die Verhältnisse bei einer etwaigen basischen Zustellung, z. B. aus Magnesiumoxyd, wesentlich ungünstiger. Die hochfeuerfesten basischen Materialien sintern bei der Schmelztemperatur des Eisens und des Stahles keineswegs, und so sind hierbei Tiegelrisse nicht selbstheilend wie bei der sauren Zustellung. Alle Versuche, im Hochfrequenzofen basische Zustellung anzuwenden, sind bisher fehlgeschlagen. Das ist auch mit ein Grund, warum die basisches Futter verlangenden Entschwefelungs- und Entphosphorungsarbeiten im Induktionsofen nicht durchgeführt werden können.

Für alle Prozesse, wo saures Futter zulässig ist, also z. B. für die Desoxydation und die Garung, ist der kernlose Induktionsofen sehr gut geeignet.

Wie schon im Abschnitt Berechnung erwähnt, ist der kernlose Induktionsofen für sich, ohne zusätzliche Schaltelemente, ein induktiver Widerstand für seine Stromquelle.

Die den Klemmen des Ofens zugeführte Leistung ist daher nur zum kleinen Teil Wirkleistung. Der Leistungsfaktor kleinerer Öfen bis etwa 20 kg Inhalt ist etwa 0,05, für größere Öfen kann er günstigenfalls auf 0,2 ansteigen. Man stimmt deshalb den Ofenstromkreis auf die erregende Frequenz ab, man kompensiert also die Ofeninduktivität durch eine entsprechende Kapazität gemäß der Beziehung:

$$\omega C = 1/\omega L,$$

worin $\omega = 2\pi f$ (Kreisfrequenz), C die Kapazität [Farad] und L die Induktivität [Henry] bedeuten. Ist die Abstimmung richtig durchgeführt, so arbeitet der Generator mit dem Leistungsfaktor 1.

Da Eisen und Stahl oberhalb des magnetischen Umwandlungspunktes (bei etwa 760° C) nicht mehr ferromagnetisch sind, ändert sich die Induktivität sprunghaft zu niedrigeren Werten. Durch geeignete

Umschaltvorrichtungen muß man dann entsprechend Kapazität zuschalten können, um wieder in Resonanz mit der erregenden Frequenz zu sein.

Gute Ölpapierkondensatoren haben meist nur 2 W Verluste je 1 kVA, und moderne Ölstyroflexkondensatoren weisen noch wesentlich geringere Verluste auf.

Einige mögliche Schaltungen zeigt Abb. 36. Die Schaltung A ist die gebräuchlichste, sie bewirkt Stromresonanz. Die Schaltung B ergibt Spannungsresonanz und wird praktisch nie verwendet. C und D sind Schaltungen, die verwendet werden, um den wechselnden Wirkwiderstand des Ofens an den konstanten Generatorwiderstand anpassen zu können.

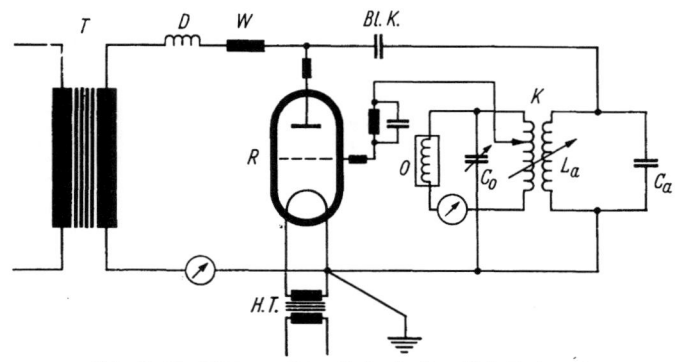

Abb. 43. Hochfrequenzofen mit Senderöhre (Schaltschema).
$Bl.K.$ Blindkondensator, C_a Kapazität im Zwischenkreis, C_o Kapazität im Ofenkreis, D Drosselspule, $H.T.$ Hochfrequenztransformator, K Kopplung, L_a Selbstinduktion, O Ofen, R Röhre, T Transformator, W Widerstand

Legt man flüssigen Stahl als Einsatz zugrunde, so kann der *Wirkungsgrad* des Ofens allein etwa 70% erreichen. Der Gesamtwirkungsgrad hängt sehr wesentlich von der Größe des Ofens ab, da die Wärmeableitungsverluste bei etwa 10 kg Stahl Einsatzgröße von 20% auf 3% für 6-t-Stahlöfen zurückgehen. Der Gesamtwirkungsgrad ist aber vorallem durch den Umformerwirkungsgrad mitbestimmt. Große Maschinenumformer über 100 kW haben bis zu 85% Wirkungsgrad, während kleinere Maschinensätze von etwa 30 kW noch 65% Wirkungsgrad aufweisen und Röhrengeneratoren noch weniger (je nach Größe zwischen 10% und 50%).

Zur Erzeugung der elektrischen Energie dient bei Netzfrequenz ein Stufentransformator. Für Frequenzen bis 10 000 Hz verwendet man allgemein Maschinenumformer. Für Frequenzen über 100 000 Hz werden normalerweise Röhrengeneratoren verwendet. Diese arbeiten im Grundprinzip ähnlich wie Rundfunksender, sind jedoch meist einstufig gebaut. Die elektrische Schaltung eines solchen Generators ist in Abb. 43

dargestellt. Es handelt sich hier um einen kleinen Generator für 3 kW Hochfrequenzleistung bei 7 kVA aufgenommener Leistung. Er ist für 450 kHz gebaut.

Röhrengeneratoren werden für Schmelzzwecke für Leistungen bis zu 50 kW gebaut. Da die Ofenspannungen bei diesen Generatoren bis zu 8000 V betragen, ist es notwendig, falls man Vakuum- oder Argon-Schutzgasschmelzungen vornehmen will, die Spannung in entsprechend gebauten Anpassungstransformatoren herabzusetzen. Man kann darauf verzichten, wenn man die Spulen außerhalb des Schmelzraumes, von diesem etwa durch ein Quarzrohr getrennt, anordnet. Die Frequenz

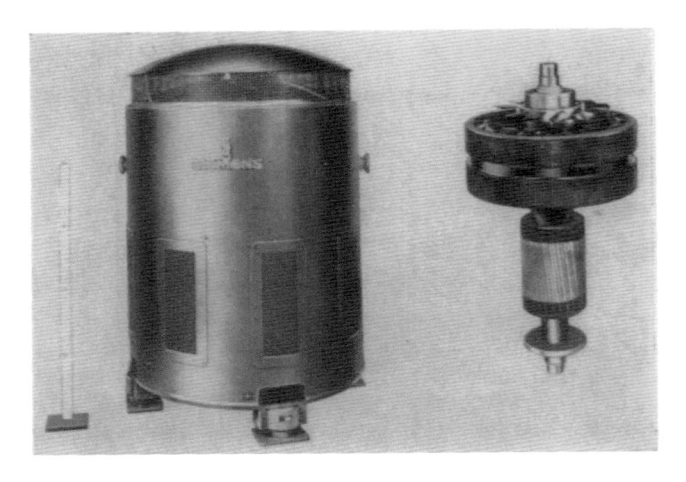

Abb. 44. 50/10000 Hz-Umformer für 37 kVA abgegebene Leistung mit senkrechter Welle

der Röhrengeneratoren für Schmelzzwecke bleibt im allgemeinen unter 5 000 000 Hz.

Für etwas größere Schmelzen bis zu maximal 100 kg (normalerweise bis 20 kg) verwendet man meist Maschinenanlagen. Die Frequenz ist allgemein 10000 Hz. Moderne Umformer haben lotrechte Welle und sind ohne besondere Fundamentierung raumsparend auf Schwingungsdämpfern montiert (Abb. 44). Das Anlassen erfolgt mittels Stern-Dreieck-Schaltung. Um im Vakuum schmelzen zu können, kann man bei einem Maschinenumformer die Spannung leicht auf 250 V beschränken. Zur Kompensation verwendet man bei 10000 Hz allgemein Styroflexkondensatoren (Abb. 45), während man bei den Röhrengeneratoranlagen keramische Kondensatoren anwendet. Für höhere Spannungen werden beide Kondensatorenarten in Öl gesetzt. Folgende Tabelle gibt eine Übersicht verschiedener wichtiger Größen, abhängig vom Tiegelinhalt.

Induktionsheizung

Tabelle 2

Tiegelinhalt (Stahl)	Generator	Einschmelzzeit	kW/kg Fe
10 kg	16 kW	50 min	1,6 kWh
25 kg	33 kW	50 min	1,2 kWh
50 kg	70 kW	45 min	0,9 kWh
100 kg	100 kW	45 min	0,8 kWh

Auch bei diesen kleinsten und kleineren Ofeneinheiten muß man auf einen weiträumigen Aufbau des Gerüstes, in dem die Ofenspule aufgehängt ist, achten, da sonst die Verluste in den Metallteilen des Gerüstes durch Wirbelströme zu hoch werden. Durch Isolation, entsprechende Querschnittsgestaltung und Abschirmung können diese sogenannten Gestellverluste erfahrungsgemäß auf etwa 3% der Ofenleistung herabgedrückt werden.

Abb. 45. Styroflex-Ölkondensatoren, 2 und 10 kHz (Siemens)

Die wassergekühlten Ofenspulen werden meist durch geeignete Formsteine im richtigen Abstand festgehalten. Dies ist wichtig, da sich sonst im Betrieb unkontrollierbare und lästige Frequenzänderungen ergeben könnten.

Im allgemeinen läßt man nur kleine Öfen bis etwa 25 kg Tiegelinhalt um den Schwerpunkt (von Hand) kippen. Öfen von über 25 kg Inhalt werden um die Gießschnauze maschinell gekippt.

Bis zu 400 kg Tiegelinhalt werden häufiger noch Umformer mit etwa 1000—2000 Hz verwendet. Diese sind zweckmäßig ebenfalls mit vertikaler Welle ausgeführt. Folgende Größen kommen in Betracht:

Tabelle 3

Tiegelinhalt (Stahl)	Generator	Einschmelzzeit	Einschmelzverbrauch je kg Fe
200 kg	160 kW	50 min	0,69 kWh
300 kg	200 kW	55 min	0,68 kWh
250 kg	250 kW	60 min	0,66 kWh

Kondensatoren für 2000 Hz haben meist Papierdielektrikum und ein chloriertes „Öl", Clophen. Diese Kondensatoren müssen mittels starker Ventilatoren belüftet werden (Abb. 46).

Große Öfen bis zu 10000 kg Inhalt und höher werden meist mit 500 Hz betrieben. Man könnte so große Öfen auch mit Netzfrequenz betreiben, wenn es sich stets um ungeteilten Einsatz handelte. Sollte

Abb. 46. Mittelfrequenzkondensator (Co Del) (Siemens)

jedoch geteilter Einsatz eingeschmolzen werden (Schrott), so sind 500 Hz wesentlich vorteilhafter. Bei 50-Hz-Betrieb würden außerdem die Kondensatoren sehr umfangreich und damit teuer und die Badbewegung wäre bereits fast zu groß und würde leicht zum Auswaschen der Zustellung führen können. Außerdem ist bei direktem Netzbetrieb die Belastung des Dreiphasennetzes einseitig. Neuerdings wurde trotz dieser Schwierigkeiten der Bau von 50-Hz-Anlagen verstärkt aufgenommen (z. B. Fa. Otto Junker G. m. b. H. Lammersdorf).

Durch besondere Schaltungsmaßnahmen wurde dabei gleichmäßige Lastverteilung auf die drei Phasen des Netzes erreicht.

In folgender Tabelle sind wieder die zueinander passenden wichtigsten Werte von 500-Hz-Schmelzanlagen zusammengefaßt.

Bei großen Anlagen empfiehlt es sich häufig, mit zwei Öfen zu arbeiten. Dabei wird in dem einen Ofen mit voller Leistung eingeschmolzen und in dem anderen mit kleiner Leistung die flüssige Schmelze fertiggemacht und überhitzt. Die Öfen sind dabei umschaltbar von einem großen

Induktionsheizung

Tabelle 4

Tiegelinhalt (Stahl)	Generator	Einschmelzzeit	Einschmelzverbrauch
500 kg	310 kW	50 min	620 kWh/t
1000 kg	520 kW	55 min	600 kWh/t
1300 kg	750 kW	60 min	590 kWh/t
2000 kg	1100 kW	60 min	560 kWh/t
3000 kg	1550 kW	65 min	550 kWh/t
6000 kg	2000 kW	85 min	540 kWh/t
10000 kg	2500 kW	120 min	535 kWh/t

Frequenzumformer auf einen kleinen mit etwa $^1/_4$ der Leistung des großen Umformers bei halber Spannung. Dementsprechend sind auch

Abb. 47. Einphasenumformer für 750 kW, Zweilagerausführung (Siemens)

die jeweils dazugehörigen Kondensatorenbatterien ausgelegt. Auf diese Weise wird ein Maximum an Produktion erreicht bei bester Ausnutzung der Umformer.

500-Hz-Umformer sind liegende Zweilagermaschinen. Abb. 47 zeigt eine solche Ausführung.

In Abb. 48 ist die Mittelfrequenzofenspule für einen 6-t-Ofen dargestellt. Abb. 49 zeigt die Grundschaltung einer kompletten Mittelfrequenzofenanlage.

Schließlich seien auch noch moderne Netzfrequenztiegelöfen erwähnt, die in Graugießereien den bereits früher erläuterten Netzfrequenzrinnenöfen das Feld streitig zu machen beginnen. (Insbesondere solche der bereits erwähnten Fa. Junker in Lammersdorf und der DEMAG.)

Wenn man gewisse Kunstgriffe beim Füllen dieser Öfen anwendet, die alle darauf hinauslaufen, entweder mit flüssigem, aus Kupolöfen kommendem Einsatz zu arbeiten oder große massive Einsatzstücke zunächst vor weiterer Chargierung aufzuschmelzen, so gelingt es, den Schmelzbetrieb bzw. Warmhaltebetrieb mit Netzfrequenz durchzuführen. Durch eine Verlegung der Metalloberfläche über die Spule hinaus (sog. Überchargieren) gelingt es, auch die Badoberfläche einigermaßen zu beruhigen.

Abb. 48. Ofenspule eines kernlosen Induktionsofens für 6 t (DEMAG)

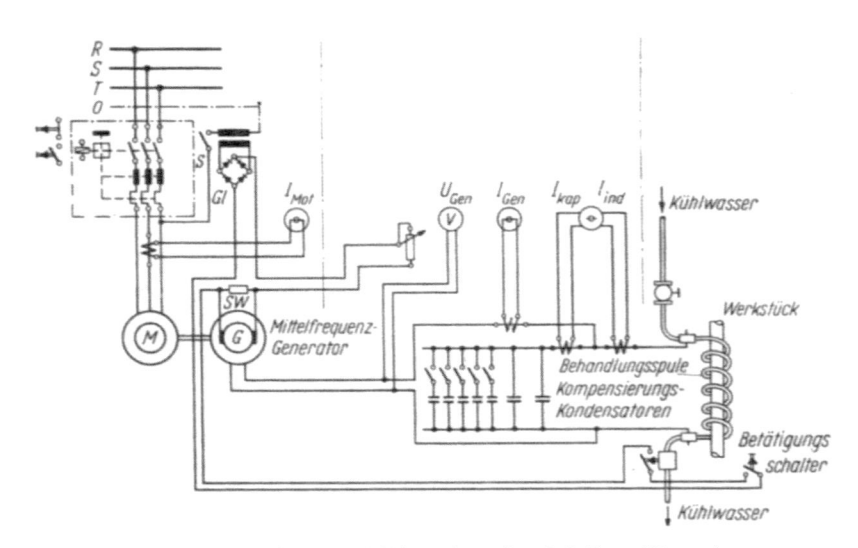

Abb. 49. Mittelfrequenzinduktionsanlage, Grundschaltung (Siemens)

Induktionsheizung

Ein Vorteil dieser starken Badbewegung ist es, wenn man im Netzfrequenztiegelofen aus Guß- und Stahlspänen Gußeisen erschmilzt. Man

Abb. 50. Ofenspule für einen 3-t-Netzfrequenzofen (DEMAG)

schüttet dann die Späne auf die flüssige Grundschmelze, und infolge der starken Bewegung werden sie schnell in das Bad hineingespült und aufgeschmolzen. Da infolge der niedrigen Frequenz die Späne nur wenig

Abb. 51. 3 Netzfrequenz-Induktions-Tiegelöfen für je 8 t Gußeisen und je 1500 kW Anschlußwert bei der Ford Motor Do Brasil São Paulo. Werkfoto: Otto Junker, G.m.b.H. Lammersdorf

Energie aufnehmen, bleiben sie bis zum Eintritt in die Schmelze kalt, backen nicht zusammen und führen nicht zur sogenannten Brückenbildung.

Abb. 50 zeigt eine Ofenspule für einen 3-t-Netzfrequenztiegelofen. Die Abb. 51, 52 und 53 zeigen moderne Netzfrequenzanlagen.

Abb. 52. Der derzeit größte Netzfrequenz-Induktions-Tiegelofen der Welt mit 30 t Fassungsvermögen bei der Werkstattmontage. Werkfoto: Otto Junker, G.m.b.H. Lammersdorf

Mit Hilfe einer Kunstschaltung kann man eine ungefähr gleichmäßige Netzbelastung bei Dreiphasenanschluß *einer* Spule erreichen (Abb. 54).

Die Spule wird außen mit Eisenjochen versehen, die den magnetischen Schluß verbessern.

Der Wegfall des Umformers würde den Preis einer Netzfrequenzanlage verringern, wenn nicht durch die größere Kondensatorenbatterie und den Regeltransformator sowie die Anpassungskunstschaltung zu-

Induktionsheizung

sätzliche Kosten entstünden, so daß die Gesamtanlagekosten etwa gleich derjenigen einer Anlage mit 500 Hz würden.

Abb. 53. Netzfrequenz-Induktions-Tiegelofenanlage für Grauguß mit automatischer cos phi-Regelung und automatischer Symmetriereinrichtung, 3 t bzw. 0,3 t, 720 bzw. 300 kW Anschlußwert. Werkfoto: Otto Junker, G.m.b.H. Lammersdorf

Trotz des Wegfalles der Umformerverluste ist infolge der auf Grund der niedrigeren spezifischen Leistung sich ergebenden längeren Einschmelzzeit der Verbrauch der 50-Hz-Anlagen mindestens ebenso groß wie bei 500-Hz-Anlagen.

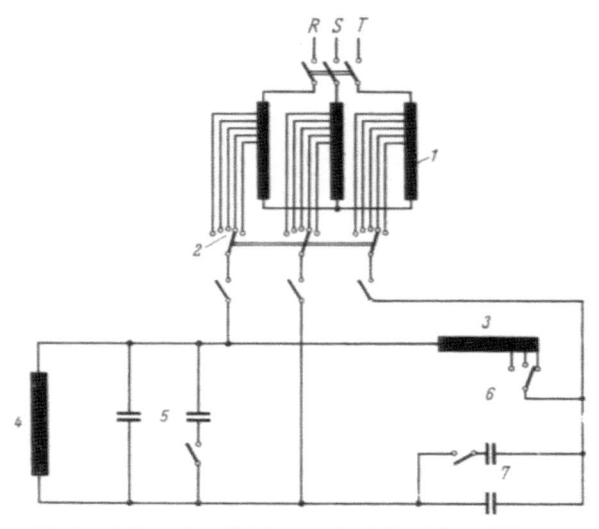

Abb. 54. Aufbau einer Netzfrequenztiegelofen-Anlage (DEMAG).
1 Transformator, *2* Stufenschalter, *3* schaltbare Drossel, *4* Ofen, *5* Hauptkondensatorbatterie, *6* Symmetriereinrichtung, *7* Kondensatorbatterie

Pirani, Elektrothermie, 2. Aufl.

In der Technik des Glühens findet die kernlose Induktionserhitzung Anwendung zu Weich- und Hartlöten und insbesondere zum Härten. Dieses Gebiet wird in einem besonderen Abschnitt noch später behandelt.

D. Graphit-Stab-Strahlungsheizung[1]

1. Grundsätzliches

Zum elektrischen Erschmelzen von Stahl und Eisen hat sich neuerdings neben der Lichtbogenheizung und der Induktionsheizung auch die Graphitstab-Strahlungsheizung bewährt.

Dabei wird ein Graphitstab über dem Schmelzgut auf Temperaturen bis zu 2000° C erhitzt.

Im Gegensatz zu Metallen umgibt sich Graphit (und Kohle) mit einem Mantel aus dem Verbrennungsprodukt CO, welches gewissermaßen als Schutzgas wirkend das Heizelement vor weiterem Angriff des Sauerstoffs zu schützen vermag. Dieser Schutz ist auch für längere Zeit ausreichend, wenn in dem Ofenraum durch geeignete Abschließung der Eintritt von Luftsauerstoff möglichst erschwert wird.

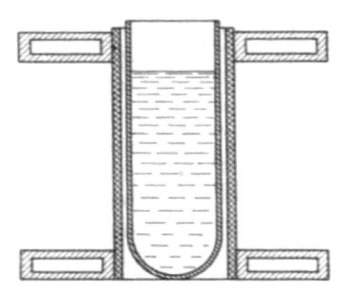

Abb. 55. Schematischer Längsschnitt durch den Tammannofen (Junker)

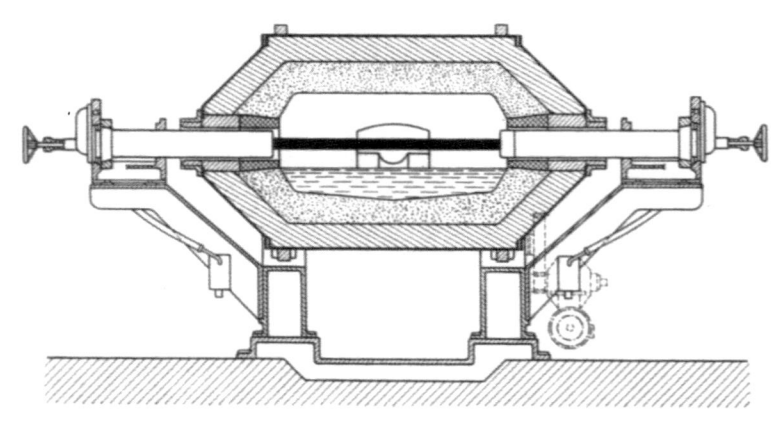

Abb. 56. Längsschnitt durch einen Graphitstabtrommelofen (Junker)

Die Verwendung von Kohle als Heizelement ist seit längerer Zeit bekannt. Erinnert sei an die von Professor TAMMANN vorgeschlagenen und nach ihm benannten Kohlerohröfen (Abb. 55), die bis zu etwa 20 kg Fassungsvermögen verwendet werden. Da das Kohlerohr relativ kurz ist

---

[1] Literatur über Graphitstabstrahlungsheizung: [B 3, G 1, G 2, J 1]

und insbesondere durch die wassergekühlten Anschlüsse seine Nutzlänge verringert erscheint, ist der Wirkungsgrad relativ klein, so daß man diese Öfen hauptsächlich für Laboratoriumsuntersuchungen einsetzte.

Während der Tammannofen ein Tiegelofen ist, ist der Graphitstabofen ein Trommel- oder Herdofen. In Abb. 56 und 57 ist der Aufbau wiedergegeben. Der als Energieträger dienende Graphitstab wird durch zwei seitlich angeordnete wassergekühlte Durchführungskontakte gehalten. Dadurch ist eine Abdichtung des Ofeninneren gegen die Außenluft durchführbar. Dies ist im Interesse eines geringen Graphitabbrandes notwendig.

Graphit als Heizleiter hat vor Kohle eine Reihe entscheidender Vorzüge. Die Zugfestigkeit von Graphit ist im Mittel zehnmal so hoch

Abb. 57. Graphitstabschmelzofen. Wannenform aufgeschnitten (Junker)

wie die der Kohle, und die Biegefestigkeit ist im Durchschnitt dreimal so hoch. Der Aschegehalt von Graphit beträgt nur 0,5% und weniger gegenüber 2,5—6% der Kohle. Entscheidend ist aber der kleine Temperaturgang des elektrischen Widerstandes von Graphit. Während Graphit bei 2000°C den gleichen Widerstand besitzt wie bei 20°C (bei 600°C ist ein Minimum von 75% zu verzeichnen), sinkt der Kohlewiderstand mit zunehmender Temperatur stetig ab, so daß bei 2000°C nur mehr 40% des Anfangswiderstandes vorhanden sind. Kohlestäbe sind chemisch bedeutend weniger widerstandsfähig als Graphitstäbe, sie brennen deshalb auch bedeutend schneller ab.

Aus diesen Gründen wird trotz des höheren Preises und des geringeren elektrischen Widerstandes der Graphitstab ausschließlich verwendet.

Bei einem spezifischen Widerstand von etwa $10-20\ \Omega\ mm^2/m$ geht man bis zu einer Strombelastung von $3\ A/mm^2$, was zu einer Oberflächenbelastung von 180 W/cm² bei Stabdurchmessern bis zu 60 mm führt. Die verwendeten Wechselströme von Netzfrequenz liegen zwischen 3000 und 6000 A. Die wassergekühlten Stromzuführungselektroden müssen den Strom zuführen und ein nicht geringes Maß an Verlustwärme abführen. Die Anschlüsse sind bei den enormen Stromstärken mittels Konushalterungen ausgeführt.

Es sind in der Hauptsache drei verschiedene Wärmeverlustquellen, die an den Elektroden entstehen, und zwar

1. die Wärmeableitung am Ende des hocherhitzten Graphitstabes durch die Berührung mit der wassergekühlten Stromzuführung,

2. die Wärmeanstrahlung der Mantelflächen der gekühlten Elektroden vom Ofeninnenraum und von den Mauerwerksdurchführungsstellen und

3. die JOULEsche Wärmeentwicklung durch die Stromleitung in den Stromzuführungen.

Es hat sich herausgestellt [*J 1*], daß es zweckmäßig ist, das Produkt aus Stablänge und Stromdichte nicht kleiner als $3 \cdot 10^4$ A/cm auszuführen. Dann betragen die Kontaktverluste weniger als 10%. Hinzu kommen noch die Anstrahlverluste der Stromzuführungen durch den heißen Ofeninnenraum. Beim Graphitstabschmelzofen mit seinen hohen Arbeitstemperaturen beträgt z. B. die Anstrahlung der um den Graphitstab sich schließenden Kreisringfläche an der Stirnseite der Elektrode, die in den etwa 1800° C heißen Ofeninnenraum hineinragt, etwa 15 cal cm⁻² sek⁻¹ und an der Mantelfläche, welche mit den im Mittelwert etwa 900° C heißen Wandungen der Elektrodeneinführungskanäle im seitlichen Mauerwerk im Wärmeaustausch stehen, etwa 7 cal cm⁻² sek⁻¹. Hohe spezifische Strombelastung, große Stablänge, kleinstmöglicher Elektrodendurchmesser und kleinstmögliche Elektrodenlänge sind geeignete Maßnahmen zur Verbesserung des Wärmewirkungsgrades eines Graphitheizelementes mit seinen wassergekühlten Stromzuführungen.

Die Grenzbelastung mit elektrischer Energie ist beim Graphitstab nicht in der Oberflächenbelastung, sondern in der Stromdichte zu suchen.

Bei den in Frage kommenden Durchmessern und der Netzfrequenz verteilt sich der Strom gleichmäßig über den Querschnitt. Je dicker die Stäbe sind — es kommen Durchmesser bis zu 100 mm vor —, desto größer wird die im Stabinnern gegenüber seiner Oberfläche auftretende Übertemperatur. Dadurch dehnt sich das Innere stärker aus, was schließlich bei Übertreibung der Stromdichte zum Aufplatzen und damit zur Zerstörung des Graphitstabes führen kann.

In der folgenden Tabelle ist eine Übersicht der praktisch ausgeführten Graphitheizstäbe gegeben [*J 1*].

Tabelle 5

Spezifische Strombelastungen ausgeführter Graphitstäbe für Schmelzöfen

Stab		Leistung [W]	Widerstand [Ω]	Stromstärke I [A]
Radius [cm]	Länge [cm]			
1,5	36,5	60	$0,78 \cdot 10^{-2}$	2780
1,5	76,5	120	$1,64 \cdot 10^{-2}$	2710
1,75	97,0	180	$1,51 \cdot 10^{-2}$	3450
2,5	120,0	300	$0,92 \cdot 10^{-2}$	5700
3,0	150,0	420	$0,80 \cdot 10^{-2}$	7290

Die Graphitstäbe unterliegen einem gewissen Abbrand. Hauptsächlich an der Bedienungstür des Ofens und an den Durchführungen der Elektroden ist der Zutritt von Luftsauerstoff nicht ganz zu verhindern. Etwa 7,5 g/Abbrand je kWh entsprechend 5 kg/t geschmolzenes Eisen muß in Kauf genommen werden.

Vorteilhaft ist die robuste Bauart der Öfen und die niedrige Spannung von nur 15 bis 75 V an den Stäben.

Es werden zwei Hauptformen hergestellt: die Trommelform und die Wannenform.

Die Trommelform dient in erster Linie zur Durchführung von reinen Umschmelzvorgängen. Da die Trommel schwenkbar ist, wird eine gute Durchmischung erreicht. Dabei findet als Nebeneffekt die Berührung der Schmelze mit den angestrahlten heißen oberen Teilen der Wand statt, was den Wirkungsgrad etwas erhöht. Die Wannenform ist in ihrem Aufbau mehr der Form eines Lichtbogenstahlofens angepaßt, wodurch auch die Zustellung in ähnlicher Weise den Erfordernissen der Metallurgie angepaßt werden kann. Man kann also nach Wunsch basische oder saure Zustellung verwenden. Die runde Wannenform erlaubt es, im Schmelzbetrieb Zugang zu jeder Stelle der Badoberfläche zu finden. In Abb. 58 ist die Wannenform dargestellt.

Abb. 58. Graphitstabwannenofen im Betriebe (Einsatz 750 kg Stahl, 350 kVA) (Junker)

Der Stromverbrauch ist unter 1000 kWh/t. Er ist in Hinblick auf die geringe Größe der bisher gebauten Öfen als niedrig zu bezeichnen.

Folgende Tabelle gibt eine Vorstellung der bisher ausgeführten Größen:

Tabelle 6. *Graphitstaböfen, Baugrößen*[1]

	für Stahl							für Gußeisen					
Einsatz, kg	30	100	150	200	300	750	1500	50	150	250	500	1200	2000
kVA. . . .	60	120	150	180	220	350	500	60	120	150	220	350	500
Trommelofen	×	×		×				×	×				
Wannenofen	×		×		×	×	×	×		×	×	×	×

2. Anwendungen

Für Schlackenarbeiten kommen nur basische Futter in Betracht. Damit konnten recht gute Erfolge erzielt werden [G 1].

Die Feinung, d. h. Befreiung des Bades von Sauerstoff und Schwefel, sowie auch der Frischvorgang konnten einwandfrei durchgeführt werden. Verwendet wurde ein thermisch-mechanisch stabilisierter Dolomitstein als hochbasischer Zustellungswerkstoff. Auch die Entphosphorung sowie die Entkohlung kann einwandfrei durchgeführt werden. Besonders interessant erscheint die Entkohlung bei 1900° C von hochchromhaltigen ferritischen und austenitischen Chromnickelstählen. Durch völlige Entschwefelung läßt sich im Gußeisen ziemlich betriebssicher Kugelgraphit erzielen. Es sind alle im Lichtbogenofen möglichen Schlackenarbeiten auch im Graphitstabofen durchführbar. Sein Vorzug ist die einfache Handhabung, sein Nachteil der höhere Stromverbrauch [D 3].

E. Härten mit Widerstandsheizung, Salzbadheizung und Induktionsheizung[2]

In der Elektrothermie des Stahles spielen die Härteverfahren eine sehr bedeutende Rolle.

Die Anforderungen, welche die Industrie an die Härteeinrichtungen stellt, werden am besten durch elektrische Härteeinrichtungen erfüllt. Es sind hierfür eine Reihe der verschiedenartigsten Einrichtungen entwickelt worden. Als Heizprinzip ist die Widerstandsheizung mit Heizleitern, die Salzbadheizung und die Induktionsheizung angewendet. Die äußeren Bauformen sind auch sehr mannigfaltig. Kleine Muffelöfen, Schachtöfen, Luftumwälzungsöfen, Nitriertrommelöfen, Nitriereinsatzöfen und fortlaufend arbeitende Öfen finden Verwendung.

Als Einführung in das Gebiet der Elektrohärtung seien kurz die Hauptgesichtspunkte, die beim Härten eine Rolle spielen, erörtert.

---

[1] Hersteller: Otto Junker G. m. b. H. Lammersdorf.
[2] Ein sehr guter Aufsatz: „Der Einsatz des Elektroofens im Härtereibetrieb" stammt von H. Höltge [H 1], auf den sich wesentliche Teile dieses Abschnitts stützen. Weitere Literatur: [B 5, R 3, G 3].

Härten mit Widerstandsheizung, Salzbadheizung und Induktionsheizung 71

In Abb. 59 sind die Härtetemperaturen von unlegierten Kohlenstoffstählen wiedergegeben. Man erkennt, daß der Kohlenstoffgehalt einen dominierenden Durchgriff sowohl auf die Behandlungstemperatur als auch auf die Natur des härtbaren Stahles besitzt. Bei einem Kohlenstoffgehalt zwischen 0,3—1,7% liegt die Härtetemperatur etwa zwischen 850° C und 750° C. Bei dieser Temperatur verwandelt sich das perlitische bzw. das perlitisch-ferritische Gefüge in den Austenit (sogenannte feste Lösung). Wenn der Austenit genügend rasch abgekühlt wird, so entsteht daraus der Martensit. Dann ist das Gefüge gehärtet.

Um Härtungen einwandfrei durchführen zu können, müssen folgende Bedingungen für die Temperaturführung möglichst exakt eingehalten werden:

1. Die Härtetemperatur muß genau eingestellt werden. Ist sie zu hoch, so tritt unzulässige Vergrößerung des Kristallkornes ein. Dadurch werden die Härte, die Festigkeit und die Zähigkeit vermindert. Ist die Temperatur zu niedrig, so tritt die Härtung nicht oder nur sehr mangelhaft ein.

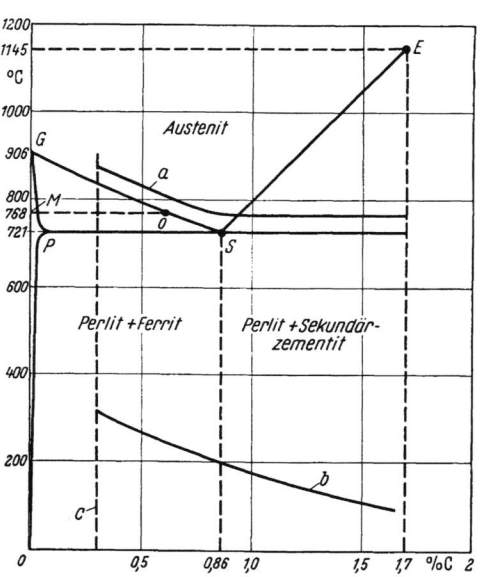

Abb. 59. Härtetemperaturen von Kohlenstoffstählen (Ausschnitt des Eisen-Zementdiagramms) (nach H. HÖLTGE).
a Härtetemperatur, b Martensitlinie, c Grenze der Härtbarkeit

2. Die Erwärmungszeit muß auf den optimalen Wert eingestellt werden. Zu lange Erwärmung entspricht in ihren Folgen zu hoher Temperatureinstellung, zu kurze Zeit zu niedriger.

3. An die eigentliche Härtung muß sich eine Anlaßbehandlung anschließen. Diese hat den Zweck, die infolge der beim Härten vorgenommenen Erwärmung und darauf erfolgtem Abschrecken eingetretenen inneren Spannungen möglichst vollständig zu beseitigen. Auch hierbei muß die Temperatur genau eingehalten werden.

Auf Grund dieser Forderungen haben sich eine Reihe von Verfahren und Varianten für die Härtung entwickelt.

Um das Erwärmen bei größeren Stücken möglichst gleichmäßig und nicht zu schnell durchzuführen, hat sich für manche Stahlsorten das Erwärmen in Stufen eingebürgert.

Beim Abschrecken unter die Martensitbildungstemperatur tritt häufig ein Reißen der Werkstücke ein. Man hat deshalb Verfahren entwickelt, bei denen zunächst durch Eintauchen in ein geeignetes warmes Bad auf eine etwas über dem Martensitpunkt liegende Temperatur abgekühlt wird. Mit steigendem Kohlenstoffgehalt sinkt diese Temperatur von etwa 300° C bis etwa 100° C. Bis zu dieser Temperatur muß der Stahl „abgeschreckt" werden, damit kein Perlit aus dem Austenit (der festen Lösung) auskristallisieren kann. Bei diesem als „Warmbadbehandlung" bezeichneten Verfahren läßt man den Stahl so lange in dem warmen Bad, bis die inneren Spannungen infolge des Temperaturausgleiches verschwunden sind. Die Härtung tritt anschließend ein, indem der Martensit sich aus der unterkühlten festen Lösung auch bei langsamer Abkühlung unter den Martensitpunkt bilden kann. Bei der Warmbadhärtung kommt es sehr auf die genaue Einhaltung der Warmbadtemperatur an. Nur so erhält man den kubischen Martensit, ein Gefüge, das sich durch besonders kleine innere Spannungen auszeichnet.

Es versteht sich von selbst, daß beim Härten mit seinen verschiedenen Temperaturzonen die Stahloberfläche chemisch geschützt werden muß. In erster Linie handelt es sich dabei um die Gefahr der Verzunderung und der Entkohlung. Deshalb ist auf die Ofenatmosphäre besonderes Augenmerk zu richten. Durch entsprechende Schutzgase lassen sich die Verhältnisse verbessern. Es ist klar, daß sich insbesondere im Elektroofen günstige Bedingungen zur Anwendung von Schutzgas finden lassen. Besonders günstig ist jedoch die Anwendung von elektrischen Salzbadöfen. Durch das Salzbad werden nachteilige chemische Einflüsse mit Sicherheit von der Werkstückoberfläche ferngehalten.

Die bisherigen Ausführungen befaßten sich mit dem durchgehenden Härten von Werkstücken. In der Technik werden jedoch häufig Anforderungen an die Härterei gestellt, denen zufolge sich ein durchgehendes Härten verbietet. Häufig wird gefordert, dem Werkstück eine gegen Verschleiß widerstandsfähige harte Oberfläche zu geben, während das Innere bei genügender Festigkeit möglichst große Dehnung behalten, also zäh bleiben soll. Ein Beispiel hierfür sind Zahnräder für Wechselgetriebe.

Hier setzten die zwei Verfahren der Oberflächenhärtung ein. Wir unterscheiden chemische und physikalische Oberflächenhärtung.

Bei der chemischen Oberflächenhärtung werden durch Diffusion während eines Glühvorganges härtebildende Elemente der Oberfläche einverleibt. Hierfür kommen Kohlenstoff und Stickstoff entweder für sich allein oder zusammen in Betracht. Damit der Kern recht zähe bleibt, wendet man dabei Stähle mit höchstens 0,4% Kohlenstoff an. Niedriger Kohlenstoffgehalt verbessert außerdem die Stickstoffdiffusion.

Härten mit Widerstandsheizung, Salzbadheizung und Induktionsheizung 73

Die Anreicherung der Stahloberfläche mit Kohlenstoff bezeichnet man als Zementierung und die mit Stickstoff als Nitrierung.

Bei der physikalischen Oberflächenhärtung geht man immer von aushärtbaren Kohlenstoffstählen aus mit einem unteren Kohlenstoffgrenzwert von etwa 0,4%. Es gibt zwei elektrische Verfahren: die Härtung durch Eintauchen in heiße Salzbäder und die Härtung durch Einbringen in genügend starke Magnetwechselfelder geeigneter Frequenz. Die theoretischen Grundlagen der Temperaturführung, Bemessung der Frequenz, der Intensität und der Behandlungszeit sind bereits früher im Abschnitt Induktionsheizung unter ,,Berechnungsweg" S. 46 zu finden.

Nun zurück zur chemischen Oberflächenhärtung, der Einsatzhärtung. Die Aufkohlung erfolgt entweder in schmelzflüssigen oder gasförmigen Kohlenstoff liefernden Medien. Die Glühtemperatur liegt bei etwa 900° C, ist jedoch etwas vom Einsatzmedium und der Natur des zu härtenden Stahles abhängig. Nach beendeter Behandlung soll der Kohlenstoffgehalt in der Randschicht nicht über 0,9% liegen, damit man möglichst perlitische Zusammensetzung erhält.

Die gewünschte Eindringtiefe wird durch die Zeitdauer der Behandlung erzielt. Verschiedene Stahlsorten und Einsatzmittel haben dabei einen anderen Zeitfaktor zur Folge.

Wichtig ist auch eine gleichmäßige Temperaturverteilung. Ist die Temperatur zu hoch, so wird in der Randschicht Karbid gebildet, außerdem wird im Kern das Korn unzulässig vergröbert. Ist die Temperatur zu niedrig, so tritt die Diffusion nicht oder nur unzureichend ein.

Legierte Stähle sind besonders anfällig gegen falsche Temperaturführung bei der Aufkohlung. So neigen Chrom-Molybdän- und Chrom-Mangan-Stähle zur Überkohlung, da Chrom, Molybdän und Mangan sich leicht mit Kohlenstoff zu Karbiden verbinden. Die betreffenden Werkstücke werden dann an der Oberfläche sehr spröde und lassen sich nicht mehr glatt schleifen. Wegen der notwendigen genauen Temperaturführung wird der Elektroofen schon seit langem zur Zementierung verwendet. Am meisten verbreitet ist wohl der Kammerofen. Die Werkstücke werden in Kästen mit Einsatzpulver gepackt und so im Ofen geglüht. Um eine gleichmäßige Temperaturführung zu gewährleisten, müssen diese Öfen allseitig angeordnete Heizwicklungen aufweisen. Abb. 60 zeigt einen derartigen Ofen. Die Heizflächenbelastung muß bei derartigen Öfen so abgestuft sein, daß man eine gleichmäßige Temperatur im Ofenraum erhält. Wichtig ist bei diesen Öfen, die Bodenheizwicklung durch Abdeckplatten vor Zunder usw. zu schützen, da sonst eine chemische Verschlackung der Wicklung eintritt. Die Regelung der Temperatur muß mit besonderer Sorgfalt erfolgen. Da in jedem Ofen sich normalerweise beträchtliche örtliche Temperaturunterschiede ergeben, muß man bei Einsatzhärteöfen die gesamte Heizwicklung in Zonen unterteilen, von denen jede für sich auf die gleiche Temperatur geregelt wird.

Ein weiterer wichtiger Elektroofen zum Zementieren ist der Salzbadofen. Als Badmischung werden unter den verschiedensten Markenbezeichnungen Mischungen von Alkalizyaniden und anderen Salzen verwendet. Da hierbei auch stets neben Kohlenstoff beim Erwärmen Stickstoff abgespalten wird, so handelt es sich nicht um eine reine

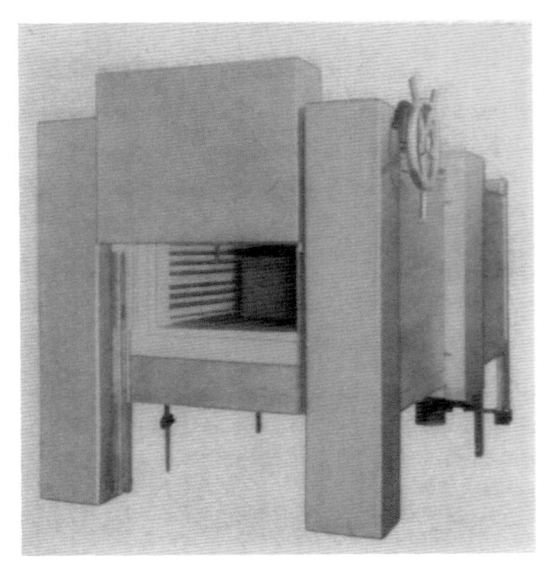

Abb. 60. Kammerofen mit metallischer Heizwicklung zum Glühen, Härten bei 1000° C, wie Zementieren, Vergüten, Vorwärmen (Siemens)

Kohlenstoffzementierung, sondern in mehr oder weniger starkem Maße auch um eine Nitrierung.

Die Behandlungstemperatur liegt meist um 920—940° C. Die Höhe der Temperatur wird durch die allmählich eintretende Badzersetzung begrenzt.

Die Behandlungszeiten bei der Salzbadbehandlung sind kürzer als bei der Kasten-Einsatzzementierung, da die anwendbaren Temperaturen höher liegen und die Wärmeübertragung auf das Werkstück günstiger ist.

In Abb. 61 ist ein Elektrodensalzbadofen dargestellt. Für die hier besprochene Behandlung mit zyanhaltigen Salzen werden Stahltiegel verwendet, die allseitig von Wärmedämmstoffen umgeben sind. Der Strom wird von einem Stufentransformator über die Verbindungsschienen zu den drei Hauptelektroden geführt, die im Dreieck nahe der Tiegel-

Härten mit Widerstandsheizung, Salzbadheizung und Induktionsheizung 75

wandung an der Rückseite angeordnet sind. Der Strom fließt hauptsächlich zwischen den Elektroden, so daß das Härtegut nicht in den Stromweg gelangen kann, wodurch Überhitzungen desselben vermieden werden (vgl. Abb. 62). Das Anheizen der im kalten Zustand nicht leitenden Füllung geschieht entweder mittels kleiner Hilfslichtbogen oder, wie in der Abbildung dargestellt, durch einen Tauchheizer, der vor den drei Hauptelektroden eingebaut ist und der ständig im Bad bleibt. Die gesundheitsschädlichen Baddämpfe werden über die in der Abbildung sichtbaren Absaugöffnungen weggeführt, bevor sie das Bedienungspersonal gefährden könnten. Die Salzbadöfen können infolge des hohen Dissoziationsgrades der zyanhaltigen Füllsalze mit niedrigen Elektrodenspannungen

Abb. 61. BBC-Elektrodensalzbadofen (Tiegelform)
T_{max} 950° C, 60 kVA

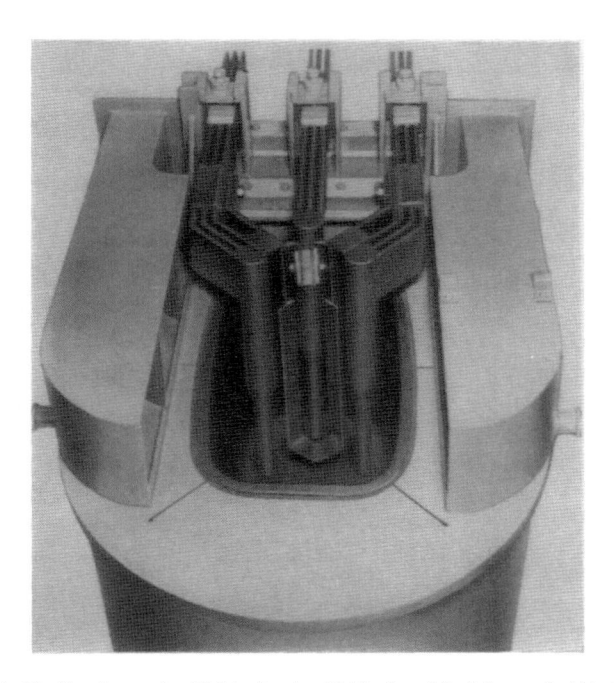

Abb. 62. Anordnung der Elektroden im Elektrodensalzbadofen nach Abb. 58.

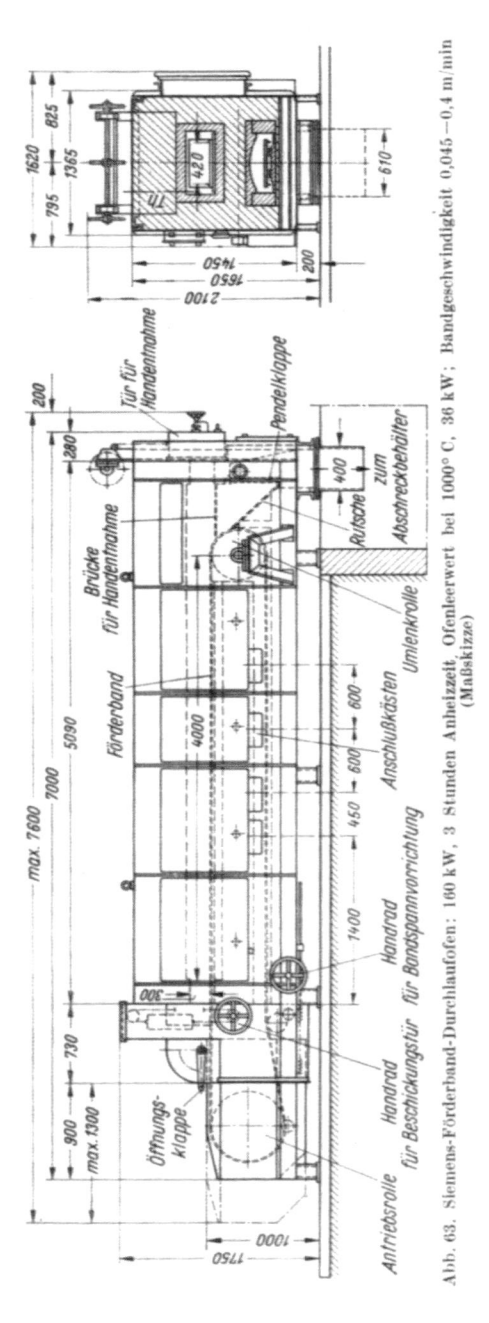

zwischen 6 und 24 V betrieben werden. Die automatische Temperaturregelung erfolgt über Thermoelement und Regler völlig selbsttätig.

An die Zementierung schließt sich im allgemeinen das Abhärten an, um die Oberflächenhärte und die Kernfestigkeit einzustellen, wie sie gewünscht werden. Dabei wird häufig eine Doppelhärtung vorgenommen, weil der Kohlenstoffgehalt der zementierten Randschicht naturgemäß von dem des Kernes abweicht. Auch Zwischenglühungen werden vorgenommen, um den Kohlenstoff in der Randschicht noch nachträglich besser zu verteilen.

Für diese Behandlungen verwendet man neben Kammeröfen auch Ofenanordnungen für schnellen fortlaufenden Betrieb, wie z. B. Förderbandöfen (Abb. 63) und Drehherdöfen (Abb. 64).

Das Härten legierter Stähle unterscheidet sich prinzipiell nicht von dem der Kohlenstoffstähle und der zementierten Stähle. Die Anlaßtemperatur nach dem Härten liegt dagegen höher. Bei mit Chrom, Nickel, Molybdän, Vanadin oder Mangan legierten Stählen liegt sie bei 400 bis 700° C gegenüber nur 150—250° C der Kohlenstoffstähle. Das Anlassen der legierten Stähle bezeichnet man auch als Vergüten. Hierfür

Härten mit Widerstandsheizung, Salzbadheizung und Induktionsheizung 77

werden vielfach elektrische Öfen mit Luftumwälzung angewendet, um den Wärmeübergang zu verbessern. Eine beliebte Bauart ist hierfür der Schachtofen mit Luftumwälzung (Abb. 65 u. 66).

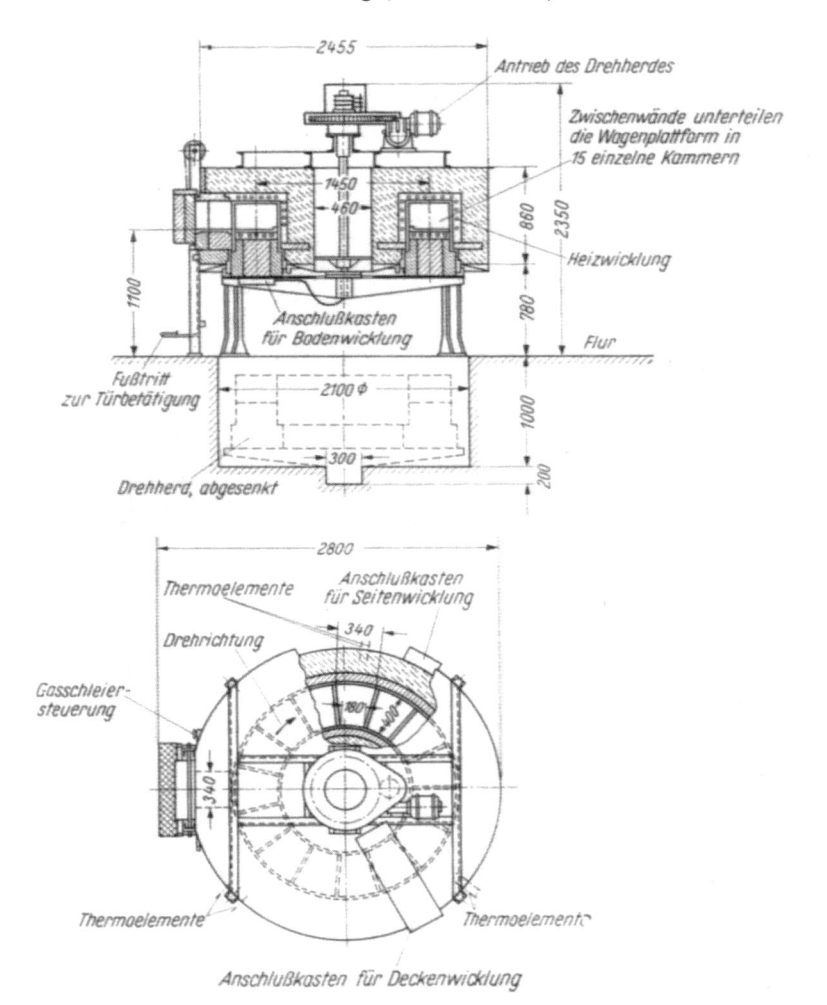

Abb. 64. Siemens-Drehherdofen. Maßskizze (75 kW, Ofenleerwert 15 kW bei 1000° C, 4—5 Stunden Anheizzeit)

Werkzeugstähle und Schnellstähle sind mit Wolfram, Molybdän usw. hochlegierte Edelstähle, die hohe Härtetemperaturen bis 1300° C benötigen. (Diese hohe Temperatur wird benötigt, um die mischkristallbildenden Sekundärkarbide der Legierungsbestandteile in Lösung zu bringen.) Die Erwärmung auf diese hohen Temperaturen erfolgt meist in Stufen mit großer Sorgfalt. Auch das Anlassen muß man sorgfältig, und um den Restanteil von Austenit nach dem Abschrecken möglichst weitgehend in Martensit zu überführen, wiederholt ausführen. Die Anlaßtemperaturen liegen vergleichsweise hoch, bei etwa 500 bis nahezu 600°C. Sehr gut eignen sich Salzbadöfen zum Schnellstahlhärten, weil die Ofenatmosphäre durch das Salzbad ferngehalten ist. Bei der hohen Härtetemperatur wäre die Oberfläche besonders chemisch anfällig. Abb. 67 zeigt einen hierfür geeigneten Elektrodensalzbadofen.

Der Hochtemperatursalzbadofen zum Härten hochlegierter Werkzeugstähle und Schnellstähle besteht aus einem runden, aus Isoliersteinen aufgemauerten Gehäuse, in das der Tiegel aus Schamotte eingelassen ist. Der Grundriß dieses Tiegels ist ein regelmäßiges Sechseck. Das Ganze ist von einem im oberen Teil als Schutz- und Abzugshaube dienenden Blechgehäuse umgeben. Die den Heizstrom zuführenden Badelektroden sind an drei, sich jeweils nicht berührenden Seiten des Sechskanttiegels angeordnet. Sie erhalten ihren Strom von einem Regeltransformator für etwa 5—20 V Spannung. Für etwa 50 l Badinhalt benötigt man einen Transformator von 60 kVA.

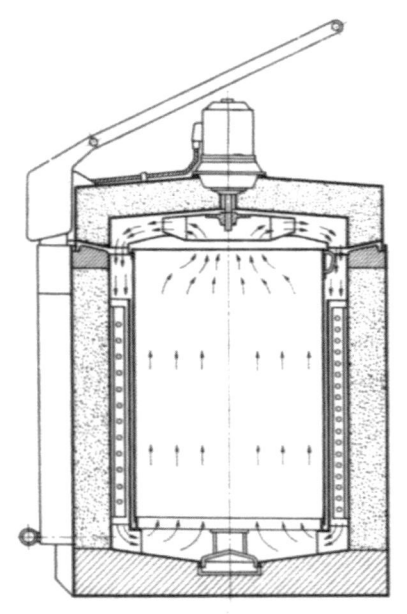

Abb. 65. Schnitt durch einen BBC-Schachtofen mit Luftumwälzung

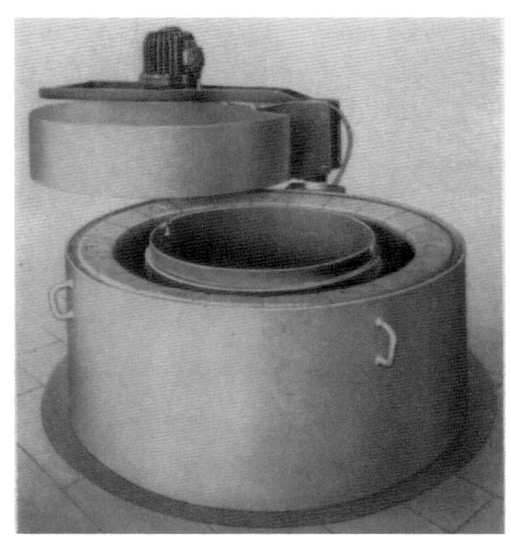

Abb. 66. Elektrisch beheizter BBC-Schachtofen mit Luftumwälzung, Ofendeckel ausgeschwenkt

Das Anfahren des kalten, nichtleitenden Salzbades erfolgt über eine Widerstandserhitzung (z. B. durch Kohlewiderstände u. dgl.). Auch Lichtbogen-

Härten mit Widerstandsheizung, Salzbadheizung und Induktionsheizung 79

erhitzung zwischen Hilfselektroden werden zum Anfahren verwendet, bis das Salz flüssig ist und der Stromdurchgang zwischen den Hauptelektroden erfolgen kann. Die Temperatur wird meist durch Gesamtstrahlungsardometer gemessen und selbsttätig geregelt.

Die Nitrierhärtung arbeitet mit Stickstoff abgebenden Medien, z. B. mit Ammoniakgas. Die Arbeitstemperatur liegt bei 500° C. Dabei wird aus dem sich zersetzenden Ammoniakgas Stickstoff in atomarer Form

Abb. 67. Siemens-Elektrodensalzbadofen, 30-l-Inhalt, 60 kW für Temperaturen bis 1350° C

frei, der in die Stahloberfläche eindiffundiert und dort mit den Legierungselementen Chrom oder Aluminium sehr harte Oberflächenschichten ergibt. Die Nitrierhärtung ist also auf Stähle beschränkt, die Chrom und Aluminium als Legierungsbestandteile aufweisen.

Wegen der bei 500° C recht geringen Diffusionsfähigkeit und Löslichkeit des Stickstoffs ergeben sich recht lange Behandlungszeiten. Der Vorteil der Nitrierhärtung liegt in dem Wegfall des Abschreckens, das natürlicherweise beim Zementieren entsprechend dem Eisen-Kohlenstoff-Diagramm nicht entbehrt werden kann. Beim Nitrieren sind wegen der Möglichkeit ganz langsamer Auskühlung keinerlei mechanische Spannungen im Stahl zu erwarten, wodurch Nacharbeit infolge Verziehens in Wegfall kommt. Dazu gesellt sich noch eine sehr gute Korrosionsfestigkeit der nitrierten Teile sowie eine hohe Dauerfestigkeit.

Die Temperatur muß beim Nitrieren sehr genau eingehalten werden. Niedrigere Temperatur als 500° C ergibt unzureichende Stickstoffaufnahme, und Überschreitung des Temperaturwertes bringt die gefürchtete Eisennitridbildung mit sich, die zur Versprödung der Außenschicht führt. Außerdem sinkt die Festigkeit des Werkstückkernes.

Abb. 68. Elektrische Nitrier-Haubenofenanlage mit 6 Öfen von insgesamt 225 kW (Siemens)

Elektrische Öfen gestatten es unschwer, die Temperatur auf etwa 5° C genau einzuhalten.

Die erzielte Oberflächenhärte erreicht bei der Nitrierhärtung 1100 bis 1200 Vickers-Härteeinheiten entsprechend 69—70 Rockwell-C-Härteeinheiten. Die Behandlungsdauer schwankt zwischen 20 und 120 Stunden.

Außer den bereits bei der Zementierung erwähnten Kammeröfen werden auch kurze Schachtöfen, sogenannte Topföfen, für die Nitrierung verwendet.

Als sehr geeignet haben sich auch die elektrischen Haubenöfen erwiesen (Abb. 68). Über das auf dem Sockel gestapelte Härtegut wird eine Blechzwischenhaube gestellt, die mit ihrem Unterrand in eine am Sockelumfang angeordnete, wassergekühlte Öltasse gasdicht eintaucht. Die eigentliche Glühhaube mit Heizwicklung wird dann über das Ganze gestülpt.

Der Temperaturregelung, die meist in mehrere getrennt versorgte Ofengebiete aufgeteilt wird, ist besondere Sorgfalt zu widmen.

Induktive Härtung. Die Nitrierhärtung hat in den letzten Jahren einen Konkurrenten in der induktiven Härtung gefunden. Auch bei

Härten mit Widerstandsheizung, Salzbadheizung und Induktionsheizung   81

dieser verzieht sich das Werkstück nicht, da der Kern kalt bleibt. Wie schon erwähnt, wird die Härtung bei diesem Verfahren durch eine physikalische Umwandlung des Kohlenstoffstahles in der Randschicht erreicht. Der Vorgang ist dabei derselbe, wie er eingangs dieses Abschnittes ganz allgemein für aushärtbare Stähle aufgezeigt wurde. Das induktive Verfahren ist also an einen Mindestgehalt an Kohlenstoff von etwa 0,4% gebunden.

Über den Zusammenhang zwischen Einhärtetiefe, Leistungsdichte und Erwärmungszeit sowie der sonstigen elektrischen Kenndaten wurde bereits im Abschnitt C, Induktionsheizung, unter ,,3. Berechnung" das Wesentliche gebracht. Hier sei noch einiges in technologischer Hinsicht Wichtiges ergänzt.

Die Vorteile der induktiven Oberflächenhärtung gegenüber den anderen behandelten Oberflächenhärtungsmethoden sind:

1. Sehr kurze Behandlungszeiten und gut einstellbare Einhärtetiefen.
2. Zuverlässige Reproduzierbarkeit der Wärmezufuhr.
3. Sehr sauberes Arbeitsverfahren ohne wesentliche Belästigung durch Dämpfe und Verlustwärme.
4. Sehr geringes Verziehen der Werkstücke, da sich die Erwärmung auf die Randschicht beschränkt.

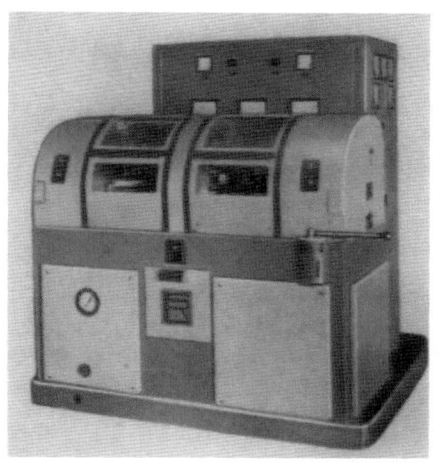

Abb. 69. Maschine zur induktiven Härtung von Kurbelwellen, Lehrenfabrik Rissen 1951

5. Mechanisierbarkeit bzw. Automatisierbarkeit des Härtevorganges. Dadurch geringe Lohnkosten.

Man ersieht aus dieser Zusammenstellung, daß das induktive Härten mit besonders großem Vorteil dort eingesetzt werden kann, wo es sich um die Härtung gleichartiger Teile in großer Stückzahl handelt. In der Automobilindustrie werden Kurbelwellen vielfach induktiv gehärtet. Abb. 69 zeigt eine Maschine zur induktiven Härtung von Kurbelwellen. Erst bei der Verwendung solch stabiler Vorrichtungen treten die Vorteile der induktiven Härtemethode voll in Erscheinung. Diese Vorrichtungen sind von gleicher Wichtigkeit wie die elektrische Ausrüstung, da sich nur mit ihrer Hilfe die Werkstückzu- und -abführung sowie die genaue Zuordnung der Induktionsspule und der Abkühlvorrichtung, sowie die zeitliche Steuerung der Vorgänge exakt genug vornehmen läßt. Die Härteeinrichtungen müssen verschiedenartig ausgebildet sein, je nach-

Pirani, Elektrothermie, 2. Aufl.

dem, ob die Werkstückoberfläche gleichzeitig oder durch Relativbewegung von Spule und Werkstück abschnittweise in Partien gehärtet

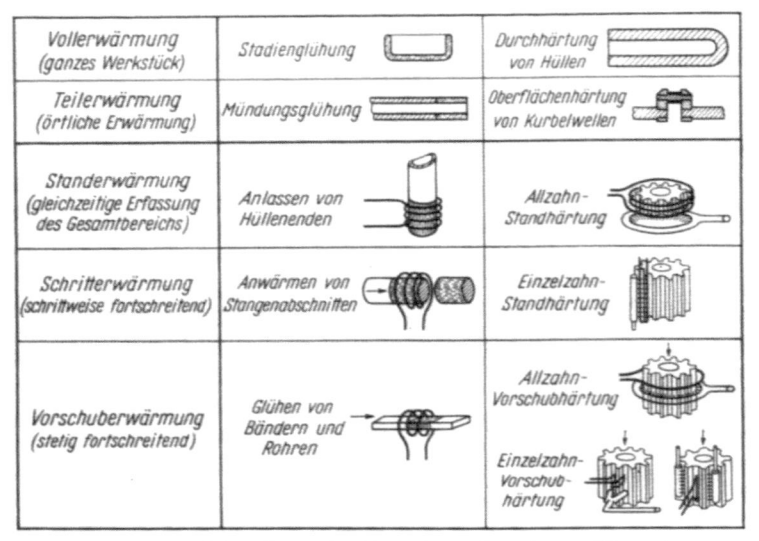

Vollerwärmung (ganzes Werkstück)	Stadienglühung	Durchhärtung von Hüllen
Teilerwärmung (örtliche Erwärmung)	Mündungsglühung	Oberflächenhärtung von Kurbelwellen
Standerwärmung (gleichzeitige Erfassung des Gesamtbereichs)	Anlassen von Hüllenenden	Allzahn-Standhärtung
Schritterwärmung (schrittweise fortschreitend)	Anwärmen von Stangenabschnitten	Einzelzahn-Standhärtung
Vorschuberwärmung (stetig fortschreitend)	Glühen von Bändern und Rohren	Allzahn-Vorschubhärtung / Einzelzahn-Vorschubhärtung

Abb. 70. Induktive Warmbehandlung, Anwendungsformen (Siemens)

werden soll. Man kann deshalb unterscheiden zwischen Teil-, Stand-, Schritt- und Vorschubhärtung. Abb. 70 zeigt einige dementsprechende Anwendungsformen. Bei den entsprechenden Vorrichtungen kommt

Abb. 71. Härten von Sägeband. Das Härten an den beiden Außenseiten geschieht, um Materialspannungen zu vermeiden, während der mittlere Teil weich bleibt. Dadurch bleibt die Zähigkeit des Bandes erhalten (Phillips)

Härten mit Widerstandsheizung, Salzbadheizung und Induktionsheizung 83

dem meist selbsttätigen Zu- und Wegführen der Werkstücke, nebst den anderen oben erwähnten mechanisierten Arbeitsgängen, große Bedeu-

Abb. 72. Induktive Zahnradhärtung. Glühbereich der Verzahnung (Siemens 1941)

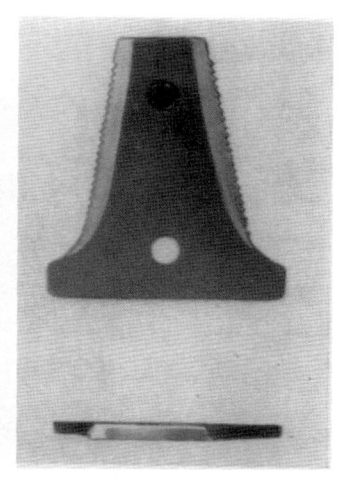

Abb. 73. Induktiv gehärtetes Fingerplättchen für Mähmaschinen; Schliffbild (Siemens 1952)

tung zu. Die entsprechenden Vorrichtungen müssen für jeden Anwendungsfall genau ausgesucht werden und erforderlichenfalls besonders entwickelt und durchgebildet werden, und der elektrische Teil muß darauf abgestimmt werden.

Relativ einfach lassen sich Aufgaben mit Vorschuberwärmung, z. B. zum Glühen und Härten fortlaufender Drähte und Bänder, durchführen (Abb. 71). Man kann dabei auf kleinem Raum die Härteinduktionsspule und die Abschreckbrause sowie die nachgeschaltete Anlaßinduktionsspule zusammenbauen und erreicht unschwer Durchsatzgeschwindigkeiten, wie sie mit keinem anderen Härteverfahren in so bequemer Weise zu erzielen sind.

Abb. 74. Vollständiger Glühübertrager. Zu erkennen sind die Wasserzuführungen für Primär- und Sekundärwicklung, die HF-Zuführungslaschen der Primärwicklung und der Heizleiter (AEG)

Besondere Bedeutung hat das induktive Härten von Zahnradflanken bekommen. Man unterscheidet dabei die Einzelzahnhärtung und die Allzahnhärtung. Im ersteren Falle wird die Induktionsspule jeweils

6*

um die Zähne angeschmiegt ausgeführt, im letzteren Falle umschließen einige Windungen die Peripherie des Zahnrades (Abb. 72).

Weitere Anwendungen sind das Härten von Ventilschaftenden, von Nietbolzen, von Fingerplättchen für Mähmaschinen (Abb. 73) oder von Sägebändern (Abb. 71).

Abb. 75. Hochfrequenz-Lenkwellenhärtungsanlage der Siemens-Schuckertwerke A.G. (Übersicht).
HF-Leitung 30 kW; 500 kHz

Auf dieser Abbildung erkennt man deutlich die sich an das Sägeband anschmiegende Induktionsspule und den Stromtransformator, der den für die einwindige Spule benötigten hohen Strom liefert. Der Stromtransformator besitzt als Sekundärwicklung eine einzige Windung aus Kupferblech, die mantelförmig die Primärwicklungen aus wassergekühltem Kupferrohr umschließt. Diese Stromtransformatoren werden in der Literatur auch als Energiekonzentratoren oder Induktoren bezeichnet. Ihre Aufgabe besteht darin, die Hochfrequenzströme in das zu erhitzende

Härten mit Widerstandsheizung, Salzbadheizung und Induktionsheizung 85

Werkstück bei guter Anpassung zu übertragen. Im allgemeinen liegt der zu bearbeitende Werkstückwiderstand in der Größenordnung von einigen zehntel Ohm. Deshalb kann der Induktor nur in den seltensten Fällen aus einer mehrwindigen einfachen Spule bestehen, in die das Werkstück eingeführt wird. Meist besteht der Induktor aus einem Trans-

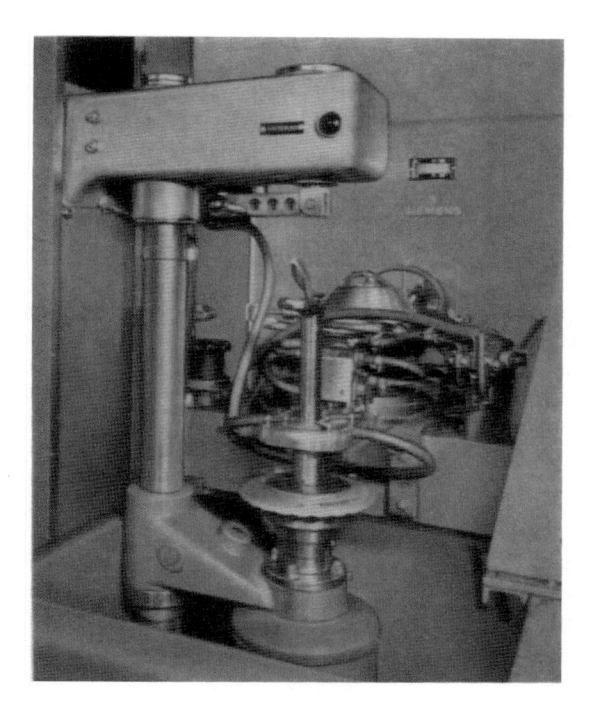

Abb. 76. Detail zu Abb. 75

formator nach Art des in der Abb. 74 gezeigten. Dabei ist eine einwindige Spule an die einwindige Sekundärwicklung angeschlossen [K 1, K 4, M 1].

Abb. 75 zeigt eine moderne Hochfrequenz-Lenkwellenhärtungsanlage der Siemens-Schuckertwerke A.G. (Übersicht) und Abb. 76 ein Detail mit Glühübertrager.

II. Elektrothermie der Nichteisenmetalle

Von

Th. Rummel (München)

Mit 36 Abbildungen

A. Aluminium[1]

Aluminium steht an dritter Stelle unter den auf der Erdoberfläche vorkommenden Elementen. Als erstem gelang es wohl H. C. OERSTED, Aluminium, wenn auch in sehr unreiner Form, darzustellen (1825).

F. WÖHLER stellte 1827 reineres Aluminium auf chemischem Wege dar und gilt seither, wenn auch nicht ganz mit Recht, als sein Entdecker.

1854 gelang BUNSEN die Elektrolyse des Aluminiums aus Natriumaluminiumchlorid. Etwa gleichzeitig stellte auch DEVILLE Versuche in dieser Richtung an, die seit 1855 zur Fabrikation im fabrikmäßigen Stil in Javelle bei Paris führten.

HALL in Amerika und HÉROULT in Frankreich haben von 1886 an die heute gebräuchliche Darstellung durch Schmelzflußelektrolyse in einem Ofen entwickelt. Bei diesem Prozeß wird Gleichstrom zwischen einer Kohlenanode und einer Kohlenkathode (dem Ofenboden) durch ein Bad von geschmolzenem Kryolyth und Tonerde geleitet. Das Aluminium scheidet sich in schmelzflüssigem Zustande auf der Kathode ab.

1. Bauxitaufbereitung im Elektroofen

Der wichtigste Rohstoff für die Herstellung der zur Aluminiumelektrolyse notwendigen Tonerde ist der Bauxit. Er enthält neben dem Hauptbestandteil Tonerde leider auch in wechselnder Zusammensetzung Beimengungen von Eisenoxyd (12—14%), Kieselsäure (2—3%) und Titanoxyd (1—2%). Der Bauxit muß also zunächst aufbereitet werden, um daraus möglichst reine Tonerde zu gewinnen. Bis zum Jahre 1935 geschah dies hauptsächlich durch naßchemische Reinigungsverfahren, die langwierig und teuer sind. Am bekanntesten ist unter diesen das Bayer-Verfahren. Ein anderes Verfahren ist das Alkalialuminatverfahren. Diese stellen bestimmte Forderungen an die Bauxite, wie beispielsweise keine Überschreitung einer gewissen Höhe des Kieselsäuregehaltes. Sie sind deshalb nicht bei allen Bauxitsorten anwendbar.

---

[1] Literatur über Aluminium: [F 1, Z 1, B 1, B 2, W 3].

Neben den naßchemischen Verfahren wurden aber auch elektrothermische Verfahren entwickelt, die es ermöglichen, auch unreine Bauxite aufzuschließen, so daß die daraus gewonnene Tonerde für die Aluminiumelektrolyse geeignet ist.

Von den verschiedenen Verfahren sind bekanntgeworden die von HAGLUND, PEDERSEN und HOOPES-HALL.

Beim HAGLUND-Verfahren werden kieselsäurehaltige Bauxite zusammen mit Kohle und Schwefelkies im Drehstromlichtbogenofen umgeschmolzen. Es bildet sich eine Tonerdeschlacke, die zu 80% aus Tonerde in auskristallisierter Form und zu 20% aus Aluminiumsulfid besteht. Eisen, Silizium und Titan finden sich am Boden der Ofenwanne in Form von Ferrosilizium mit Titan.

Beim PEDERSEN-Verfahren wird Bauxit mit Eisenerzen, gebranntem Kalk und Kohle umgescholzen, wodurch man neben Tonerde noch Eisen erhält.

Beim HOOPES-HALL-Verfahren wird der Bauxit zunächst mit Quarzsand und gemahlener Kohle gemischt und gesintert. Das Vorprodukt, bestehend aus Aluminiumoxyd mit 20—25% Eisenoxyd und 10—12% Kieselsäure, wird im Lichtbogenofen geschmolzen und aufgeschlossen. Dabei entsteht neben der Tonerde ein aluminiumhaltiges Ferrosilizium. Das Titan geht ebenfalls in das Ferrosilizium.

Da sich von den drei Verfahren das Pedersen-Verfahren am besten durchsetzen konnte und auch die reinste Tonerde liefert, seien hierzu noch einige Angaben gemacht.

Der größte Vorteil des Pedersen-Verfahren ist die vollkommene Unabhängigkeit von der Art des Bauxits.

Aus den Eisenbeimengungen wird infolge der Kokszugabe hochwertiges Roheisen reduziert.

Die in dem Lichtbogenofen oben schwimmende Schlacke wird in Kugelmühlen gemahlen. Der Aluminiumanteil des Bauxit reagiert im Lichtbogenofen nach:

$$Al_2O_3 + CaO \rightarrow \underset{\text{(Schlacke)}}{CaO \cdot Al_2O_3} .$$

Die dadurch gewonnene Schlacke gelangt nun in eine Extraktionsanlage, wo sie mit Soda und Heißdampf zusammenkommt. Die dabei maßgebliche Reaktion verläuft nach:

$$CaO \cdot Al_2O_3 + Na_2CO_3 \rightarrow 2\,NaAlO_2 + CaCO_3 .$$

Zur Fällung des Tonerdehydrates werden CO-Abgase aus dem Lichtbogenofen verwendet, nachdem sie in Staubfiltern gereinigt wurden. Das Hydrat wird in Drehrohröfen kalziniert, die mit Generatorgas geheizt werden.

Im äußeren Aufbau sind die verwendeten Lichtbogenöfen modernen Stahlschmelzöfen ähnlich. Der Ofenkörper ist jedoch infolge der sehr hohen Betriebstemperatur wassergekühlt. Die Entleerung geht durch Kippen vor sich.

Man rechnet je einen Ofen von 15 000 kVA für einen Durchsatz von 5 t Bauxit/h. Man erhält bei einem Leistungsfaktor von etwa 0,6—0,7 etwa ebensoviel Schlacke je Stunde bei etwa 9000 kW Leistung. Man muß dem Ofen neben den 5 t Bauxit noch 4 t Kalk und 0,7—0,8 t Kohle in der Stunde zuführen. Als Nebenprodukt kann man bei normalen Verhältnissen mit etwa 0,6 t Roheisen und mit 2300 m^3 hochwertigem Generatorgas (40% CO und 60% CO_2) je Stunde rechnen. Das Generatorgas wird zum größten Teil für die Fällung in der Extraktionsanlage verbraucht, der Rest dient zur Heizung der erwähnten Kalzinierungsöfen. Man erhält schließlich 2,5 t reine Tonerde je Stunde aus den Kalzinierungsöfen.

Da die Abgase, die den Lichtbogenofen verlassen, gereinigt werden müssen, hat man sich frühzeitig diesem Problem zugewendet. Es stellte sich heraus, daß man die Filter auch mit Vorteil noch bei folgenden Zwischenanlagen mit Erfolg einsetzen kann:
1. Lichtbogenofen, 2. Bauxittrocknung, 3. Bauxitmahlung, 4. Tonerdekalzinierung, 5. bei pneumatischen Förderproblemen.

Bei den ersten Elektrofiltern der Tonerdeindustrie wurden Röhrenfilter angewendet. In neuerer Zeit haben diesen die Vertikalfilter mit Plattenelektroden den Rang abgelaufen. Sie haben eine kleine Grundfläche und sind sehr betriebssicher[1].

2. Elektrolytothermische Reduktion

Die abgeschiedene Stoffmenge aus einem Elektrolyten bestimmt sich theoretisch nach dem Gesetz von FARADAY proportional der angewendeten Strommenge zu
$$Q = cIt,$$
worin Q die abgeschiedene Menge in Gramm, I den Strom in Ampere und c das elektrochemische Äquivalent darstellen. t ist die Zeit. Man kann auch schreiben:
$$c = A/(nF),$$
worin F die FARADAYsche Konstante ist. Diese ist die Anzahl Asek oder Coulomb, die man benötigt, um 1 Grammäquivalent abzuscheiden. n ist die Wertigkeit des Stoffes und A sein Atomgewicht. F ist 96 494 Coulomb.

1 Amperestunde scheidet danach 0,3354 g Al ab.

Normalerweise wird dieser Wert jedoch nur zu 85—90% erreicht.

Die Schmelzflußelektrolyse ist die einzige Methode, nach der man Aluminium in technisch und wirtschaftlich interessanten Mengen her-

---

[1] Nach Lurgi-Apparatebau, Frankfurt (Main), arbeiten solche Filter meist mit 50 kV Gleichspannung.

stellt. Sie besteht darin, daß man Tonerde in schmelzflüssigem Zustand in die Bestandteile Sauerstoff und Aluminium elektrolytisch zerlegt. Reine Tonerde hat einen Schmelzpunkt von über 2000° C, ist also für die Erzeugung eines Schmelzflusses praktisch ungeeignet. Man wendet deshalb eine Mischung von Tonerde und Kryolith an, die bei etwa 800° C schmilzt. Dies beruht darauf, daß Kryolith im schmelzflüssigen Zustand imstande ist, feste Tonerde aufzulösen. Wenn man dabei den Tonerdegehalt unter 20% hält, so steigt der Schmelzpunkt nicht über 900° C. Bei höherem Tonerdegehalt ist die Schmelze nicht mehr klar und unaufgelöste Tonerde kann sich auf der Kathode festsetzen. Die im Betrieb auftretende elektrolytische Zersetzungsspannung des Kryolith ist höher als die der Tonerde, so daß er an den Reaktionen nicht merklich teilnimmt.

Durch die beschriebene Herabsetzung der Elektrolysetemperatur ergeben sich im praktischen Betrieb mannigfache Vorteile. Metallverluste durch Verdampfung, Bildung unerwünschter Verbindungen (Karbid) oder Rückoxydation können nicht auftreten.

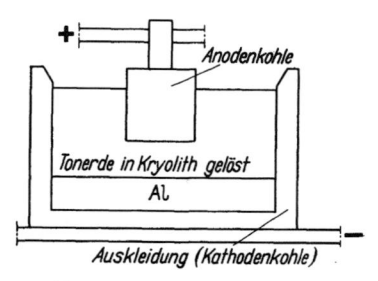

Abb. 1. Aluminium-Elektrolyseofen

Die theoretische Zersetzungsspannung der Tonerde beträgt 2,7 V. Beim Betrieb eines Ofens muß man jedoch mit einer Klemmenspannung von 4,5—6 V rechnen. Dies hat seinen Grund darin, daß der Ohmsche Widerstand des Bades beträchtlich ist. Die dadurch erzeugte Stromwärme heizt das Bad auf Betriebstemperatur auf.

An der unteren Kohleelektrode, der Kathode, scheidet sich das Aluminium ab.

An der oberen Elektrode, der Anode, wo der Sauerstoff gebildet wird, erfolgt eine Oxydation der Kohleelektrode über CO zu CO_2. Diese Reaktion ergibt eine negative Polarisationsspannung, so daß das Potential etwa um 0,6 V ermäßigt wird[1]. Der Stromfluß wird also nach Art eines Brennstoffelementes unterstützt. Würde man die Anode aus einem unangreifbaren Metall, z. B. Platin, ausführen, so wäre die Klemmenspannung des Ofens noch etwa um 0,6 V höher.

Der Energieverbrauch für 1 kg Aluminium beträgt bei einem gut gebauten Ofen 16 kWh.

In Abb. 1 ist ein Aluminium-Elektrolyseofen schematisch dargestellt.

---

[1] Zieht man diese 0,6 V von der theoretischen Zersetzungsspannung ab, so bleiben 2,1 V. Tatsächlich ist es in kleinen Versuchsöfen gelungen, mit 2,2 V Al abzuscheiden.

Die Ofenwanne ist ein kräftiger, mit Profileisen versteifter Blechkasten, der mit Schamotte oder Magnesit ausgelegt ist. Darüber befinden sich Kohleplatten von etwa 15 cm Stärke. Am Boden ist die Kohleschicht aus 40 cm hohen Kohleblöcken ausgebildet, in die zur Stromzufuhr die negativen Stromzuführungsschienen eingebettet sind.

Die Anodenkohle ragt grundsätzlich von oben her in den Ofen hinein. Ihr Abstand zur Kathode wird durch ein Windwerk eingestellt. Man unterscheidet grundsätzlich zwei Elektrodenarten: die fertig gebackenen Kohleelektroden, die zu mehreren reihenweise in einen Ofenraum tauchen, und die selbstbackenden Söderbergelektroden. Diese wurden bereits bei den Lichtbogenöfen für Roheisengewinnung behandelt. Der grundsätzliche Vorgang ist hier wie dort derselbe. Während in der Stahlindustrie die Söderbergelektrode in einem Eisenmantel aufgeschüttet wird, der sich langsam in dem Reaktionsgut nach Maßgabe des Elektrodenabbrandes auflöst, ist bei der Aluminiumelektrolyse der Söderberg-Elektrodenblechmantel aus Aluminium. Die gesamte Bauhöhe der Elektrode ist geringer als die der Lichtbogenofenelektrode.

Gegenüber der Söderbergelektrode hat die Vielelektrodenausführung den Nachteil, daß des öfteren Einzelelektroden ausgewechselt werden müssen, was Betriebsstörungen und Material- sowie Energieverluste zur Folge hat. Eine Vielelektrode, aus 20 Einzelelektroden bestehend, für insgesamt 30 000 A Stromstärke kann unschwer durch eine einzige Söderbergelektrode ersetzt werden. Betriebsunterbrechungen infolge Anodenauswechselung kommen dann in Fortfall. Lediglich alle paar Tage muß die plastische Kohlenmasse nachgefüllt werden. Der Strom wird durch auswechselbare Kontaktbolzen, die in die Elektroden eingeschlagen werden, zugeführt. Sie werden nach Maßgabe des Abbrandes hochgezogen. Die Gesamthöhe der Anode beträgt etwa 150 cm. Davon ist die Elektrode auf eine Höhe von 60 cm verbacken.

Alle Öfen sind heute mit einem Mantel abgeschlossen, so daß die abziehenden gesundheitsschädlichen Gase zu einem Gassammelrohr geführt werden können. Diese Maßnahmen bedeuten eine große Verbesserung der Arbeitsverhältnisse gegenüber den früheren offenen Elektrolyseöfen, wo die Bedienenden durch CO, CO_2, Fluorverbindungen und Teerpartikelchen gesundheitlich gefährdet wurden. Man rechnet heute für eine Söderbergelektrode von 30 000 A etwa 2,5 l Abgas in der Sekunde.

Die Vorgänge an den Elektroden des Aluminium-Elektrolyseofens kann man folgendermaßen beschreiben:

Das Tonerde-Kryolith-Gemisch spalte sich in der Wärme in zwei Stufen auf. In der ersten, etwas tieferen Temperaturstufe entsteht NaF und $NaAlF_4$. Diese Stoffe sind geschmolzen. In der zweiten Stufe wird $NaAlF_4$ in NaF und AlF_3 aufgespalten. Jetzt ist anzunehmen, daß NaF zu Na^+ und F^- dissoziiert. Das Natrium geht zur Kathode und setzt sich mit Al_2O_3 bzw. AlF_3 unter Bildung von Al um, während an der Anode die entladenen F-Ionen sich entweder direkt mit Al_2O_3 oder erst über CF_4 umsetzen dürften. Der gebildete Sauerstoff setzt sich, wie bereits erwähnt, mit der Anodenkohle zu CO bzw. CO_2 um.

Der theoretische Tonerdeverbrauch beträgt 1,89 kg Al_2O_3 für 1 kg Al.

In Wirklichkeit beträgt er jedoch fast 2 kg Al_2O_3 je kg Al, weil Tonerde als Staub mit den Abgasen verlorengeht und etwas Tonerde in das Kohlefutter eindringt.

Theoretisch müßte lediglich Tonerde nachgefüllt werden. Es stellt sich jedoch im praktischen Betrieb heraus, daß auch etwas Kryolyth nachgefüllt werden muß. Durch die Luftfeuchte bildet sich immer etwas Fluorwasserstoff, der entweicht. Bei zu hoher Stromdichte findet auch eine elektrolytische Zersetzung des Kryolyths statt. Im praktischen Betrieb muß man folgende Schmelzmittelzusätze einrechnen: 2,3 g Kryolith, 0,5 g Al-Fluorid und 0,3 g Soda je kg Al.

Man kann mit etwa 0,4 kg Anodenkohleverbrauch je kg Al rechnen. Das Aluminium wird normalerweise alle 3—5 Tage aus den Öfen in ein unter Unterdruck stehendes Sammelgefäß abgelassen.

Da der Al-Spiegel täglich 1—2 cm steigt und die Anoden abbrennen, muß der Ohmwert des Bades sich ändern, wenn er nicht durch Nachregulierung des „Richtabstandes" — dies ist der Abstand Bad–Anode — auf konstanter Höhe gehalten würde. Der Richtabstand für einen 30000-Amp.-Ofen wird auf wenigstens 3 cm gehalten. Das Anfahren der Öfen geschieht durch Einbringen von Kohlestücken von etwa 4 cm Kantenlänge in den Ofen und Aufsetzen der Anode. Nach Erreichen der Betriebstemperatur gibt man Schmelzmischung zu und entfernt die oben schwimmenden Kohlenstücke. Die Einregulierung auf die Normalstromstärke kann 1—2 Tage beanspruchen. Es kann 1—2 Monate dauern, bis ein frisch angefahrener Ofen mit konstanten normalen Betriebsbedingungen gefahren werden kann.

Mit einer Magnetnadel muß die Stromverteilung in den Anoden kontrolliert werden. Besonders bei den Söderbergelektroden kann es vorkommen, daß sich infolge ungleichmäßigen Brennens eine inhomogene Stromverteilung einstellt.

Der zum Betrieb benötigte Gleichstrom wird Maschinenumformern, Quecksilberdampfgleichrichtern und neuerdings auch Siliziumgleichrichtern entnommen. Die Gesamtbetriebsspannung aller in Reihe geschalteten Öfen liegt meist über 400 V.

Die Tendenz geht dahin, die einzelnen Öfen für immer höhere Stromstärken zu bemessen. Man wird sehr bald 100000 A je Ofen erreicht haben. Dann kann die Gesamtreihenspannung unter 400 V sinken. Es sind bereits einige Werke mit dieser niedrigeren Spannung ausgeführt worden. Man benützt dann Kontaktgleichrichter mit einem ausgezeich-

neten nahe 1 liegenden Wirkungsgrad. (In Abb. 2 ist eine Kontakt-
umformeranlage abgebildet.)

Schließlich seien noch einige Hinweise für das Feinen von Aluminium gegeben. Wichtige Eigenschaften des Aluminiums, wie seine Streckgrenze, insbesondere aber seine chemische Widerstandsfähigkeit und in gewissem Maße auch die elektrische Leitfähigkeit, nehmen oberhalb etwa 99,99% Reinheitsgrad sprunghaft zu. Nur durch eine nachgeschaltete zweite oder dritte Schmelzflußelektrode ist es möglich,

Abb. 2. Kontaktumformer-Großanlage, 80000 A, 400 V (SSW) [P 2]

die Reinheit zu steigern. Man arbeitet dabei nach HOOPES [H 1] mit einem sogenannten Dreischichtverfahren, bei dem im Elektrolyseofen drei übereinanderliegende, nach spezifischen Gewichten geordnete Schichten unmischbar übereinanderliegen. Unten ist das unreine Metall, hierüber der Elektrolyt (Alkali- und Erdalkalichloride und Fluoride und entsprechende Aluminiumsalze) und darüber die gereinigte Metallschicht. Oben ist eine Fluorid-Chloridsalz-Schicht als Abdeckung. Die Kathode ist oben durch das abgeschiedene Al gebildet, das die Stromzufuhr über Reinstkohleelektroden erhält, und unten ist die Anode aus einer Kohleschicht. Badspannung etwa 7 V. Stromverbrauch 25 kWh/kg Al.

3. Umschmelzen im Elektroofen (Widerstands-, kernlosen Induktions- und im NF-Rinnenofen)

Noch im Elektrolysewerk, meist am Ende der Ofenhalle, wird das eben gewonnene Aluminium in Eisenformen gegossen. Es verläßt dann das Erzeugerwerk und gelangt zum Verbraucher, wo es für die verschiedenen Verwendungszwecke umgeschmolzen werden muß.

Während die Erzeugung des Aluminiums zur Zeit wirtschaftlich nur im elektrischen Ofen vor sich gehen kann, ist es möglich, das Umschmelzen auch in mit Öl oder Gas beheizten Öfen durchzuführen. Die elektrischen Umschmelzeinrichtungen gewinnen jedoch zusehends an Boden, weil sie eine besonders sorgfältige Durchführung der Umschmelzvorgänge ermöglichen. Auch für Ausscheidungshärtung und Anlaß- und Vergütungsvorgänge hat sich der Elektroofen in der Aluminiumverarbeitung sehr bewährt.

Die im Laufe der Weiterverarbeitung des Aluminiums und seiner Legierungen auftretenden verschiedenen Erwärmungsvorgänge müssen meist innerhalb engster Grenzen und unter Reinheitsbedingungen durchgeführt werden, die besonders exakt im Elektroofen zu realisieren sind.

a) Widerstandsofen. Die aus dem Elektrolysewerk kommenden Rohaluminiumbarren (sogenannte Masseln) müssen umgeschmolzen werden, teils um das Material zu entgasen, zu feinen (raffinieren) und, wenn erforderlich, zu legieren, in Barren zu gießen, wobei ein für die Weiterverarbeitung benötigtes Gefüge erzielt werden soll. Hierfür ist immer eine sehr genaue Temperaturhaltung notwendig. Mit zunehmender Temperatur über den Optimalwert hinaus nimmt der Abbrand zu, ebenso die Gasaufnahme aus der Atmosphäre. Deshalb müssen gleichzeitig alle Ofengase von der Schmelze ferngehalten werden. Insbesondere ist Wasserdampf zu vermeiden, weil das flüssige Al mit diesem zu Al_2O_3 und Wasserstoff reagiert, der dann von der Schmelze um so mehr gelöst wird, je höher die Temperatur ist. Beim Erstarrungspunkt wird er dann unter Lunkerbildung wieder abgegeben.

Beim Elektroofen kann die Atmosphäre frei von Verbrennungsgasen gehalten werden. Seine Temperatur kann sehr genau und örtlich gleichmäßig gehalten werden.

Für große Einsätze und Leistungen kommen in erster Linie Wannenschmelzöfen, auch Herdschmelzöfen genannt, in Betracht, bei denen die Schmelze von einer innerhalb der Stahlblecharmierung aufgemauerten Wanne aufgenommen wird und von der Decke aus durch Widerstandsheizleiter geheizt wird. Dabei ist die Abschirmung der Heizelemente gegen Badspritzer wichtig. Meist sind die Heizleiter auch gegen die Ofenatmosphäre abgedeckt, da diese sehr korrodierend wirken könnte, sobald Halogene abspaltende Salze auf die Schmelze gebracht werden. Es werden auch Wannenöfen mit Unterteilung der Herdfläche in vor den Beschickungstüren liegenden Vorwärmherd und die eigentliche in der Mitte des Ofens liegende Wanne zur Aufnahme des Metallbades gebaut. Die vorerwähnten Schutzabdeckungen sind aus dünnwandigem Siliziumkarbid oder Sinterkorund, neuerdings vielfach auch aus hitzebeständigen

Metallegierungen. Diese geben die von den Heizleitern ausgestrahlte Wärme besonders gut verteilt an das Bad weiter.

Größere Herd- oder Wannenöfen werden nicht mehr feststehend, sondern stets kippbar ausgeführt. Die Kippung erfolgt entweder um die Schwereachse oder die Schnauze. Diese Form bevorzugt man, wenn es darauf ankommt, ohne Oxydbeimischung unmittelbar vom Ofen aus in die Kokille zu gießen.

Abb. 3 zeigt einen elektrischen Herdschmelzofen mit Kippachse durch die Schwereachse.

Der Stromverbrauch beträgt etwa 450 kWh/t für Reinaluminium und etwa 600 kWh/t für Aluminiumlegierungen. Man kann mit diesen Öfen auch Aluminiumschrott einschmelzen.

Abb. 3. Elektrischer Herdschmelzofen, 120 kW; Inhalt 1 t Al (Siemens)

Das Fassungsvermögen kann zwischen 0,5 und 6 t betragen; die entsprechenden Heizleistungen liegen zwischen 50 kW und 700 kW. Der Abbrand beträgt bei sachgemäßer Leitung des Schmelzens nur etwa 0,5—0,7% des eingesetzten Metallgewichtes. Bei empfindlichen Legierungen, insbesondere mit Magnesium enthaltenden, wie etwa Legal, arbeitet man mit Abdecksalzen. Dadurch wird der Abbrand unterdrückt und im Bad befindliche Oxyde werden aufgenommen. Außerdem wird die Wasserstoffaufnahme unterdrückt und das Anwachsen von Aluminiumoxyd an die Herdwand verhindert.

Wenn es sich um die Bearbeitung kleinerer Mengen handelt, sind die Tiegelöfen in verschiedenen Ausführungsformen vorteilhaft. Man baut sie als eigentliche Tiegelöfen in feststehender und kippbarer Ausführung. Benutzt man die feststehenden und kippbaren Tiegelöfen zum Schmelzen, so stattet man sie im Verhältnis zu ihrer Größe mit sehr leistungsfähigen Heizeinrichtungen aus. Wenn das zu schmelzende Aluminium rein bleiben soll, muß man die verwendeten Eisentiegel mit einem Schutzanstrich, z. B. aus mit Zuckerwasser angerührtem Ton, innen ausstreichen. Ein besonders wirksames Verfahren besteht darin, daß man die eisernen Tiegel mit schmelzflüssigem Aluminium bespritzt, hierauf eloxiert (elektrolytisch anodisch oxydiert) und hierauf 24 Stunden bei etwa 800° C glüht. Das Aluminium diffundiert dann in das Eisen ein, welches nun von der mit ihm innig verbundenen Eloxalschicht geschützt ist.

Die Außenseite der Eisentiegel wird meist durch eine aufgebrannte Glasur geschützt.

Wenn besonders hohe Ansprüche an die Reinheit des Materials gestellt werden, verwendet man Tiegel aus Reingraphit. Auch diese

Abb. 4. Kippbarer Tiegelschmelzofen für Aluminium und Aluminiumlegierungen, Fassungsvermögen 100 kg, Heizleistung 35 kW (BBC) [W 3]

werden vor dem Angriff der Ofenatmosphäre durch eine außen aufgebrannte Glasur geschützt. Graphittiegel sind in der Anschaffung teuer. Ihre Lebensdauer ist vergleichsweise gering. Sie halten etwa 60 Beschickungen aus. Ein Nachteil ist das Nachlassen der Wärmeleitfähigkeit um etwa 30% während ihrer Gesamtverwendungsdauer. Abb. 4 zeigt einen kippbaren Tiegelschmelzofen für Aluminium und Aluminiumlegierungen.

Die als Schachtöfen ausgebildeten Tiegelöfen besitzen die Heizwiderstände an den zylindrischen Seitenwänden.

b) Kernloser Induktionsofen. Das rasche Einschmelzen von Aluminiumschrott, insbesondere von Spänen, wird am vorteilhaftesten in

Induktionsöfen bewerkstelligt. Neben dem später behandelten Rinneninduktionsofen hat sich für diesen Zweck in neuerer Zeit der kernlose Induktionsofen bewährt. Der grundsätzliche Aufbau ist ganz ähnlich dem Aufbau des entsprechenden Stahlofens. Die Zustellung des Tiegels erfolgt mit einer Stampfmasse, die mit Zuckerwasser angerührt wird und die etwa 40% Aluminiumoxyd enthalten soll, oder man verwendet fertiggebrannte Graphittiegel. Es zeigt sich, daß trotz der verhältnismäßig hohen Leitfähigkeit des Aluminiumeinsatzes im Vergleich zur Leitfähigkeit des Spulenkupfers auch ohne Graphittiegel günstige Stromverbrauchszahlen zu erzielen sind. Bei kaltem Einsatz werden bis zum Schmelzen bei Aluminium etwa 500 kWh/t verbraucht. Da der Wärmeinhalt von geschmolzenem Aluminium etwa bei 300 kWh/t liegt, ist der Wirkungsgrad dieser Heizung 60%. Bei Verwendung der allerdings wesentlich teueren Graphittiegel liegt er bei 80%. Infolge der Badbewegung werden eventuell angewendete Legierungsbestandteile leicht beigemischt.

Kernlose Induktionsöfen sind in letzter Zeit insbesondere für den Betrieb mit Netzfrequenz entwickelt worden.

Abb. 5 zeigt einen solchen Ofen. Diese Öfen müssen, wie die entsprechenden Stahlöfen, stark überchargiert werden, sobald der Einsatz geschmolzen ist. Dies geschieht in einfacher Weise durch Abschaltung einer obenliegenden Partie der Spulenwindungen.

Abb. 5. NF-Induktionsofen mit keramischem Tiegel zum Schmelzen von Aluminium und Leichtmetall in Ausgießstellung. Fassungsvermögen 1000 kg, Anschlußwert 250 kW, Schmelzleistung 500 kg/h. (Werkfoto Otto Junker GmbH. Lammersdorf)

Neuerdings hat man auch versucht, den aufgestampften Tiegel oder den Graphittiegel durch Eisentiegel mit Schutzanstrich zu ersetzen. Dieser Anstrich muß genau und sorgfältig überwacht und instand gehalten werden.

Ein besonderer Vorteil der Induktionstiegelöfen gegenüber den gleich zu besprechenden Induktionsrinnenöfen ist die Möglichkeit, den Tiegel mit kaltem, festem, stückigem Material, unter der Beachtung einer gewissen Mindestgröße, beschicken zu können, ohne daß es eines

flüssigen Sumpfes bedarf. Kleinstückiges Material wird dann in den Sumpf nachgesetzt.
Ein elektrisches Prinzipschaltbild ist in Abb. 6 wiedergegeben.

c) Niederfrequenzrinnenofen. Der Rinneninduktionsofen hat den bedeutsamen Vorzug, daß sein elektrischer Wirkungsgrad hoch ist und infolge des geschlossenen Eisenkernes die Streuung wesentlich kleiner als beim Tiegelinduktionsofen ist. Er ist jedoch in seinem Aufbau nicht so einfach wie der Tiegelofen.

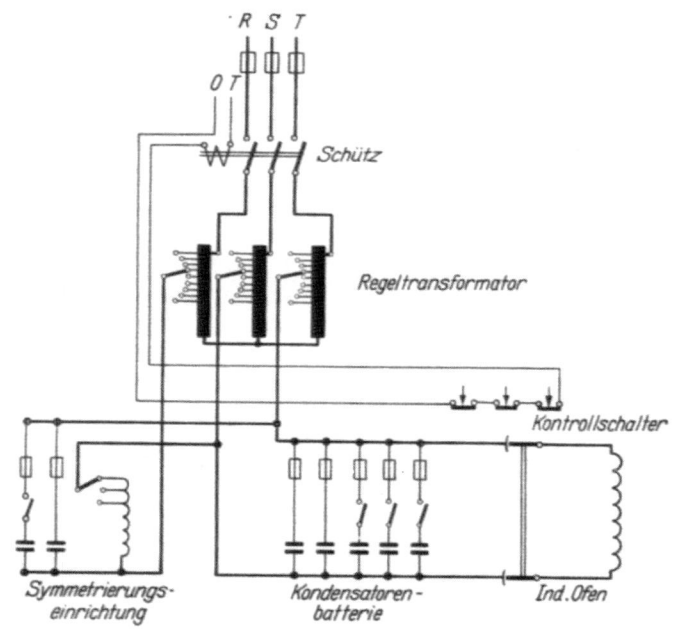

Abb. 6. Prinzipschaltbild eines Induktions-Tiegel-Netzfrequenz-Schmelzofens für dreiphasigen Anschluß mit Symmetrierschaltung (Bauart Junker)

Der Rinnenofen hat etwa seit 1930 Eingang in die Aluminiumschmelzerei gefunden. Zunächst wurde er mit obenliegendem rundem Herd und tiefliegender Rinne als Einphasenofen gebaut. Das Vorbild für diese Konstruktion war der früher in USA entwickelte Ayax-Wyatt-Ofen (vgl. Abb. 32, Abschnitt I. Elektrothermie des Eisens. S. 40). Die Rinne dieses und ähnlich gebauter Öfen hatte einen Querschnitt von etwa 5×5 cm². Auch Mehrfach-Rinnenöfen wurden entwickelt und gebaut. Man ging bei dem Bau dieser Öfen von der Ansicht aus, daß der Rinnenwiderstand möglichst hoch sein müsse, um einen guten Wirkungsgrad und einen großen Leistungsfaktor zu erzielen. Wenn man die Abb. 7 betrachtet, in dem das vereinfachte Transformatordiagramm eines Rinnenofens dargestellt ist, kann man dieser Meinung durchaus folgen. Es ist ja so, daß bei großem Widerstand in der Rinne die Windungsspannung hauptsächlich als Wirkspannung Verwendung findet, während im umgekehrten Falle die Blindspannung (= Streuspannung) überwiegt. Früher hatte man verschiedene andere Wege eingeschlagen, um den Quotienten Streuspannung geteilt durch Wirkspannung, also den Ausdruck U_{Ls}/U_{R2} möglichst klein zu bekommen. Man hat beispielsweise versucht, durch Herabsetzung der verwendeten Frequenz auf einige Hz den der Frequenz proportionalen Streuspannungsabfall klein werden zu lassen. Dies erforderte riesige Transformatorkerne im Ofen und teure rotierende Umformer.

In dieser Situation war der Ayax-Wyatt-Ofen mit dünner Rinne — vom elektrischen Standpunkt aus betrachtet — ein deutlicher Fortschritt. Es zeigte sich aber bald, daß dieser Ofen, der für Buntmetalle und gegebenenfalls zur damaligen Zeit auch für Eisen recht brauchbar war, bei seiner Anwendung auf Aluminium zu großen Unzuträglichkeiten führte.

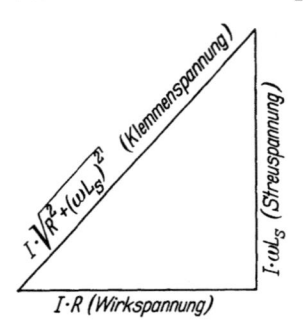

Abb. 7. Vereinfachtes Transformatordiagramm eines Rinneninduktionsofens

Beim Schmelzen von Aluminium und seinen Legierungen bildet sich immer etwas Aluminiumoxyd, das infolge der Rührbewegungen in die Rinnen gelangt und diese verstopft. Damit war ein geordneter Betrieb der Öfen undenkbar. Man hat versucht, die Aluminiumoxydbildung hintanzuhalten, indem man mittels geeigneter Chlorid- und Fluoridsalze den Luftsauerstoff und Luftwasserdampf fernzuhalten versuchte. Dies führte zu keinem Erfolg, da auch durch das Schmelzgut selbst, z. B. beim Einschmelzen von Alu-Spänen oder Folien, Aluminiumoxyd in die Rinne gelangte.

Einen grundlegenden Wandel brachte die Einführung des Gerad-Großrinnenofens.

In Abb. 8 ist ein solcher Ofen im Schnitt dargestellt. Die Rinne ist geradlinig und dreifach (zweiphasig) oder vierfach (dreiphasig) vorhanden. Der Rinnenquerschnitt ist genügend groß, um mindestens einen Tag lang offenzubleiben. Man wählt heute allgemein 12×12 cm² Rinnenquerschnitt. Dieser anfänglich quadratische Schnitt wird durch das Anwachsen mit nachfolgendem Rinnenputzen allmählich kreisförmig mit etwa 10 cm Durchmesser. Das Rinnenreinigen kann praktisch und einfach durchgeführt werden, indem man den Ofen mit etwas verminderter Füllung (die flüssig ist) so weit nach der Badseite zu kippt, bis das Rinnenöffnungsniveau auf der Gießschnauzenseite über dem Badspiegel liegt. Dann wird über eine vorbereitete Öffnung von außen her

Aluminium

mit einem an einer Stange befindlichen Rinnenputzer die Rinne freigelegt. Im Betrieb wird durch die fast horizontale Richtung der Schmelzrinnen die durch die ponderomotorischen Kräfte hervorgerufene Metallbewegung (vgl. S. 46, Abb. 37) von der Oberfläche so weit ferngehalten, daß das schädliche Einrühren von Gasen unterbleibt. Andererseits sind die Bewegungen noch groß genug, um eine Homogenisierung und Entgasung der Schmelze zu bewirken. Die Rinnen verbinden beide Herde. Die Homogenisierung über diese Verbindungskanäle erfolgt, wie genaue Untersuchungen ergeben haben, fast augenblicklich. Setzt man z. B. auf einer Seite Silizium zu, so ist in längstens 5 sek dieser Stoff auf der anderen Seite deutlich nachweisbar, und in 1 min ist eine völlige Homogenisierung erreicht.

Es ist bei diesen enormen Vorteilen gegenüber den übrigen, heute wohl veralteten Ofenkonstruktionen klar, daß sich der Doppelherdinduktionsofen immer mehr durchsetzt. Als weiterer Vorteil muß erwähnt werden, daß das im Großrinnen-Doppelherdinduktionsofen erschmolzene Aluminium sogleich nach dem Einschmelzen gießfertig ist und keiner sonst notwendigen längeren Abstehzeit bedarf.

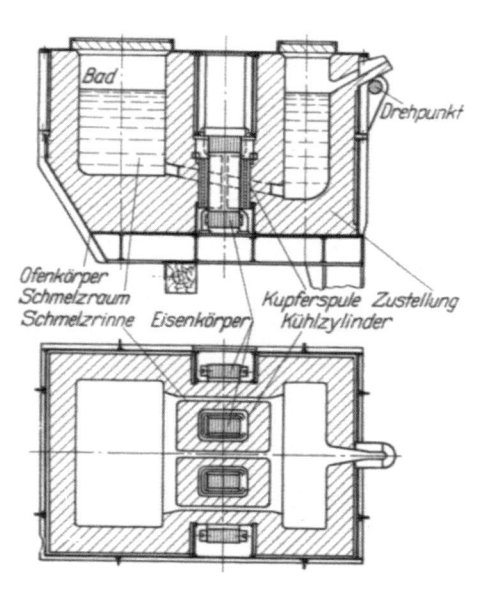

Abb. 8. 2-t-Doppelherdinduktionsofen zum Schmelzen von Schwer- und Leichtmetallen, Schnitt (Siemens)

Die obenerwähnte Rinnenreinigung braucht beim Einschmelzen von Aluminiumblöcken und reinem Aluminium nicht einmal alle Tage, sondern nur zwei- oder dreimal in der Woche vorgenommen zu werden. Anläßlich des Rinnenreinigens kann man bequem die Rinnen von innen besichtigen und etwaige schadhafte Stellen ausbessern. Die gesamte Reinigung erfolgt in längstens 20 min.

Die beiden Ofenherde sind oben durch einen unterteilten Deckel abgeschlossen. Der Abbrand ist außerordentlich gering (meist kleiner als 0,2%, bei Spänen 0,5% und bei Folien von 0,005 mm Stärke nur 2,5%).

Die Schmelzrinnenauskleidung hat eine Haltbarkeit von etwa einem Jahr, während die der Herdraumauskleidung meist über zwei Jahre beträgt. Bemerkenswert ist die Tatsache, daß bei Ausmauerung mit SiO_2

enthaltenden Stampfmassen oder Steinen das SiO_2 bis in eine Tiefe von mehreren cm durch Al_2O_3 ersetzt wird.

Die den Eisenkörper umschließenden Spulen werden in der Rinnengegend und in den diesen benachbarten Gebieten durch geschlitzte Metallzylinder armiert. Zur Kühlung dient meist Preßluft, die auch bei Ausfall des Stromnetzes unbedingt solange weiterkühlen muß, bis die Abkühlung aller Ofenteile genügend ist, um Spulen- und Eisenkernbeschädigungen auszuschließen.

Abb. 9. 2-t-Doppelherdinduktionsofen zum Schmelzen von Schwer- und Leichtmetallen (Siemens)

In Abb. 9 ist der in Abb. 8 im Schnitt gezeigte Ofen abgebildet.

Öfen dieser Art werden bis zu etwa 500 kg Fassungsvermögen als Einphasenofen gebaut. Bis zu einer Größe von etwa 2000 kg Inhalt als Zweiphasenöfen ausgeführt, legt man sie über die sogenannte Scott-Schaltung an das Drehstromnetz. Von 2000 kg bis 3000 kg Inhalt ist die Größe gegeben, wo sich der Anschluß an das Drehstromnetz mittels dreier Ofenspulen als am günstigsten gestaltet. Dies hängt mit der in einer Rinne erzielbaren Optimalleistung zusammen. Diese Rinnenleistung legt man mit etwa 60—100 kW fest. Als Rinnenspannung arbeitet man mit relativ niedrigen Werten in der Gegend zwischen 10 und 15 V.

Für die Eindringtiefe kann man etwa 35 mm ansetzen. Aus den geometrischen Abmessungen und der Eindringtiefe läßt sich der Ohmsche Widerstand der Rinnen und der anschließenden Herdteile, soweit sie an der Stromleitung teilhaben, berechnen. Auf Grund der geometrischen Verhältnisse der Rinnen und der Primärspulen läßt sich auch die

Streuung ermitteln. Man erhält dann die Streuspannung

$$U_{Ls} = 4{,}44 \cdot f \cdot 1{,}256 \sqrt{2}\, I_2 \frac{F_s}{l_s} \cdot 10^{-8} \quad [V].$$

Darin ist f die Frequenz, I_2 der Rinnenstrom, F_s der Streufeldquerschnitt und l_s die mittlere Streulinienlänge (z. B. $I = 30000$ A; $R = 18{,}6$ mal $10^{-5}\,\Omega$; ergibt ein $U_R = 5{,}4$ V bei einer Streuspannung $U_{Ls} = 12{,}5$V; die Windungsspannung liegt dann etwas über 13 V).

Da sich aus der Schmelze infolge der in der Rinne herrschenden Schallbeaufschlagung Gase abscheiden, muß die Rinne eine Schrägung erhalten, damit die Gasblasen gut aufsteigen können. Es genügen hierfür 4° gegen die Horizontale.

Die Induktion im Eisen wählt man zweckmäßigerweise nicht zu hoch, etwa zwischen 8000 und 10000 Gauß.

Die Ausfütterungsstärke sollte nirgends unter 7—8 cm Stärke sinken.

Die Stromdichte in der Rinne, soweit sie auf Grund des Skineffektes vom Strom erfüllt ist, wählt man meist in der Größenordnung von 6 bis 8 A/mm².

Der Mindestleistungsfaktor, mit dem eine elektrische Anlage betrieben werden soll, ist meist tarifbedingt. Normalerweise kann mit einem Leistungsfaktor von etwa 0,7—0,8 gearbeitet werden. Da der Ofen einen wesentlich kleineren Leistungsfaktor aufweist, muß man durch Parallelschalten von Kondensatoren gegenüber dem Netz den Leistungsfaktor erhöhen.

Der Eigenverbrauch moderner, hierfür meist verwendeter Starkstromkondensatoren mit Clophenfüllung beträgt etwa 0,5% ihrer kVA-Nennleistung.

Die Parallelschaltung der Ofenstreuinduktivität und der Kondensatorkapazität ermöglicht also eine Einstellung gewünschter Leistungsfaktoren. Auf Resonanzgefahren mit Oberwellen bei Ausfall von Kondensatoren ist hierbei zu achten. Beim Anfahren des Ofens muß behutsam vorgegangen werden, damit nicht der Pinchdruck größer als der hydrostatische Druck wird, was gegebenenfalls Zerstörungen zur Folge hätte.

Berechnet man die Mindesthöhen des Aluminiumspiegels und die zugehörigen Stromwerte, so ergeben sich folgende Wertepaare, bei denen das Pinchen, d. h. die Abschnürung der Schmelze in der Rinne, eintritt.

Badhöhe in cm	14	18	22	26
Stromstärke in A in der Rinne bei etwa 10 cm ⌀	20000	23000	26000	29000

4. Entgasungsprobleme beim Schmelzbetrieb

Ein besonderes Problem stellt beim Aluminiumschmelzen die schon erwähnte Entgasung dar. Bei Aluminium und seinen Legierungen wirken sich in der Schmelze aufgenommene Gase, insbesondere Wasserstoff, besonders schädlich aus.

Häufig tritt Hohlraumbildung (Lunkerbildung) als Folgeerscheinung des Gasgehaltes ein. Solange das Schmelzgut flüssig ist, wird Wasserdampf von ihm chemisch in Sauerstoff und Wasserstoff zerlegt. Der Sauerstoff führt zur Oxydbildung, der Wasserstoff löst sich in der Schmelze. Nach dem Guß wird das gelöste Gas während des Erstarrens frei und es kommt zu einer mehr oder weniger feinen Verteilung von Gasblasen im Gußstück. Dies führt zu einer Herabsetzung von Festigkeit und Dehnbarkeit und zur Porosität. Im folgenden werden verschiedene Wege gezeigt, um durch geeignete Einwirkung mittels Schwingungen auf das noch schmelzflüssige Gut eine Entgasung zu erreichen.

Es ist seit längerer Zeit bei Untersuchungen mit Schall und insbesondere Ultraschall beobachtet worden, daß bei der Einwirkung auf Flüssigkeiten in diesen Gasblasen auftreten. Diese Blasen entstehen, wie eingehende Untersuchungen ergaben, durch Zusammenschluß von bereits in der Flüssigkeit vorhanden gewesenen kleinen und kleinsten — mikroskopischen — Bläschen zu größeren Einheiten sowie aber auch dadurch, daß die in der Flüssigkeit gelösten Gase in den Dilatationsgebieten der Wellen infolge des dort herrschenden Unterdruckes ausgeschieden werden. Diese Blasenbildung wird auch noch durch die bei genügender Schallintensität auftretende Kavitation unterstützt. Bei dieser zerreißt die Flüssigkeit infolge hoher lokaler Zugbeanspruchung. Es bilden sich Hohlräume, in die das gelöste Gas einströmen kann.

Es ist das Verdienst von FRIEDRICH KRÜGER, erstmalig darauf hingewiesen und auch durch Versuche gezeigt zu haben, daß die Wirkung von Schall- und Ultraschallwellen zur Lösung des wichtigen Problems der Entgasung von Metallschmelzen, insbesondere von Aluminiumschmelzen, herangezogen werden kann. Später haben andere die Verfahren ausgebaut und weiter entwickelt. Im Zuge dieser Arbeiten verzichtete man schließlich auf besondere außerhalb der Schmelze angeordnete Schallgeber und erzeugte den Schall bzw. Ultraschall in der Schmelze selbst durch ponderomotorische Kräfte [R 1, E 1, S 1].

Eine gewisse entgasende Wirkung ist bereits beim Beschallen mittels eines elektrischen Signalhornes gegeben. An die Eisenmembrane eines solchen Hornes befestigt man über einen Halteansatz einen Sinterkorundstempel, der mit seinem verdickten Ende in die Schmelze taucht (Abb. 10).

An Stelle eines mit Schallfrequenz von etwa 1000 Hz arbeitenden Signalhornes kann man auch einen magnetostriktiv arbeitenden Ultraschallgenerator verwenden (Abb. 11). Solche Generatoren kann man für große Schallenergien bauen. Die angewendeten Frequenzen liegen zwischen 10 und 20 kHz. Die Leistungsaufnahmen solcher Schwinger liegen zwischen 50 und 2000 W. Man kann mit etwa 35% Schallabstrahlung rechnen. Die Erregung der Schwinger geschieht meist mit Hilfe von Maschinenumformern.

Bei längerem Betrieb mit großen Energien zeigt sich, daß die Befestigung der Stempel (aus wassergekühltem Eisen) an den Nickelschwingern nachläßt, indem sich Risse an den Schweißstellen zeigen. Außerdem wird über die wassergekühlten Stempel der Schmelze eine große Wärmemenge entzogen. Ohne Wasserkühlung würde sich jedoch das Eisen im Aluminium lösen.

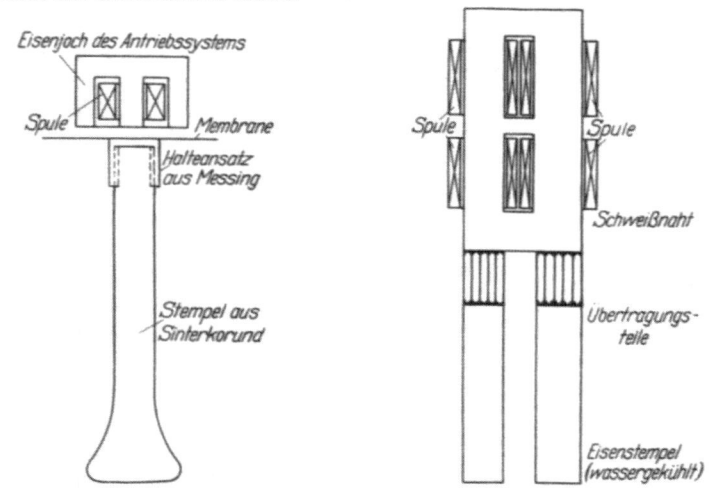

Abb. 10. Signalhorn mit Sinterkorundstempel zur Entgasung von Al

Abb. 11. Magnetostriktiver Nickelschwinger

Diese sehr großen technologischen Schwierigkeiten der bisher beschriebenen Methoden fallen fort, wenn man die Schallschwingungen in der Schmelze selbst erzeugt. Bei jeder induktiven Beheizung werden in der Schmelze Kräfte erzeugt, die sich aus einer konstanten Druckkraft (führt zur Rührung) und einer Schwingungskraft von der doppelten Frequenz des erregenden Feldes zusammensetzen. Lediglich in Niederfrequenzrinnenöfen kann die Rührwirkung von der Badoberfläche im Vergleich zur Schwingungswirkung so weit abgeschirmt werden, daß die entgasende Wirkung der letzteren gegenüber der Gase einrührenden Wirkung der ersteren überwiegt. Daher die gewisse entgasende Wirkung des Niederfrequenz-Doppelherd-Rinnenofens. Eine bedeutende Steigerung des Entgasungseffektes wird dann ermöglicht, wenn es gelingt, die Rührwirkung und die Schwingungswirkung von einer gegenseitigen Beeinflussung zu befreien. Dies wird bewerkstelligt durch die zusätzliche Überlagerung eines statischen Magnetfeldes. Am besten geschieht dies im kernlosen Induktionstiegelofen.

Es sei in einem beliebigen Punkt der Schmelze das induzierte Magnetwechselfeld gegeben durch den Ausdruck $H \cos\omega t$, worin H die magnetische Feldstärke und t die Zeit und ω die Kreisfrequenz des erregenden Wechselstromes ist. Die induzierte Stromdichte sei $G \cos\omega t$, worin G der Scheitelwert der Stromdichte ist. Das überlagerte magnetische Gleichfeld sei gegeben durch die Größe $H_=$. Wenn man mit $B = H\mu$ die jeweiligen Werte der magnetischen Induktion bezeichnet (worin $\mu = \mu_0\,\mu_r$ die Permeabilität der Schmelze ausdrückt), so wird der in dem betreffenden Punkte wirkende Druck:

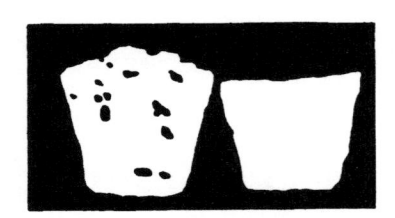

Abb. 12. Gußproben von Al ohne und mit Beschallung (Werkbild Siemens)

$$P = (B_0 + B \cos\omega t)\,G \cos\omega t = G(B/2 + B_= \cos\omega t + B/2 \cos 2\omega t).$$

Darin beschreibt das erste Glied innerhalb des Klammerausdruckes mit G multipliziert den konstanten Rührdruck. Dieser wird durch das zusätzliche Feld nicht verändert. Das dritte Glied beschreibt die ebenfalls durch das Zusatzfeld nicht beeinflußten Schwingungen der doppelten Frequenz. Das zweite Glied ist das einzige, das durch das Zusatzfeld bedingt ist. Bei genügender Stärke dieses Gleichmagnetfeldes kann also die Intensität der Schwingungen außerordentlich gesteigert werden, ohne daß gleichzeitig die übrigen Kräfte, also auch nicht die Rührbewegung, im mindesten beeinflußt werden. Man kann also

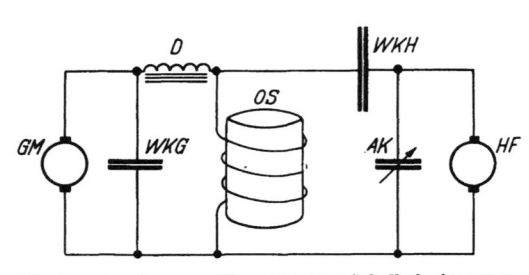

Abb. 13. Anordnung zur Erzeugung von Schallschwingungen in Metallbädern.
GM Gleichstrommotor, HF Hochfrequenzgenerator, OS Ofenspule mit Tiegel, AK Abstimmkondensator, D Drosselspule, WKG Weichen-Kondensator-Gleichstromseite, WKH Weichen-Kondensator-Hochfrequenzseite (Werkbild Siemens)

durch geeignete Bemessung des erregenden Wechselstromes und eines Gleichfeldes die Rührbewegung und die entgasende Schallwirkung auf gewünschte Intensitäten unabhängig voneinander einstellen. Über die Rolle der Frequenzhöhe herrschten längere Zeit Meinungsverschiedenheiten, und man hat allerorts mit großem Eifer und Fleiß nach einem Frequenzoptimum gesucht. Es hat sich gezeigt, daß innerhalb des Intervalls zwischen 50 und 20000 Hz ein solches Optimum nicht gefunden werden konnte. In der Hauptsache kommt es wohl auf die mittlere Energiedichte der Schallstrahlung an, d. h. auf die Geschwindigkeitsamplitude. Daraus folgt, daß bei niedrigen Frequenzen dieselben Entgasungseffekte erzielt werden können wie bei hohen, vorausgesetzt, daß die Strahlungsdichte in allen betrachteten Fällen dieselbe ist. Der spezifische Einfluß ist demgegenüber, wenn überhaupt, so doch jedenfalls nur von untergeordneter Bedeutung.

Abb. 12 zeigt zwei Reinaluminiumproben, die zeigen, wie sich die Behandlung auswirkt. Dabei wurde mit 10000 Hz beschallt. Die entsprechende Anordnung ist aus Abb. 13 zu ersehen. Die Behandlungsdauer betrug 10 min.

Etwas schwieriger liegen die Verhältnisse bei der Behandlung von Aluminium mit höheren Magnesiumgehalten. Man muß dann etwa 30 min beschallen und die Schmelze mit Fluoridsalzen vor dem dauernden Einströmen von Wasserdampf schützen. Sehr wirksam wird dies noch durch Überleiten von getrockneter Luft auf die Badoberfläche unterstützt. Abb. 14 zeigt die entgasende Wirkung an einer Aluminiumlegierung mit 7% Magnesiumgehalt. Die verwendete Salzdecke besteht aus 40% KCl, 30% NaCl, 15% $CaCO_3$ und 15% NaF.

Abb. 14. Entgasende Beschallungswirkung an Al mit 7% Mg (Werkbild Siemens)

5. Anlaß- und Glühbetrieb

Nachdem das Aluminium in Leichtmetallbarren gegossen ist, wird es für die Weiterverarbeitung durch Schmieden, Pressen oder Walzen auf die benötigte Arbeitstemperatur von 450—500° C erwärmt. Man verwendet dafür mit Vorteil Elektroöfen, da mit diesen die erforderlichen Temperaturen gut eingehalten werden können.

Wenn es sich um runde Barren handelt, benützt man häufig sogenannte Rollöfen als Durchlauföfen, auf deren geneigter Bahn die Rundstücke der Schwerkraft folgend entlangrollen, sooft warme Blöcke am Ofenausgang entnommen werden. Um eine gute und genaue Temperaturführung des Gutes zu bewerkstelligen, werden diese Öfen häufig als Luftumwälzöfen ausgeführt, und die Temperaturregelung wird mehrfach getrennt für verschiedene Ofenabschnitte vorgenommen. Für das Anwärmen von unrunden Stücken verwendet man elektrisch beheizte Stoßöfen (Abb. 15).

Diese Durchstoßöfen werden mit Gleitschlitten ausgerüstet, auf die die zu erwärmenden Teile gesetzt werden. Mittels Stoßmaschinen werden die Gleitschlitten mit der Ware durch den Ofen geschoben. Infolge einer intensiven Querluftumwälzung in mehreren aufeinanderfolgenden Zonen wird eine genau dosierte und schnelle Erwärmung des Gutes erzielt. Die zwei nebeneinanderliegenden Tunnel sind gemeinsam vom Ofengehäuse umschlossen. Die Ofenenden sind mittels elektromotorisch betätigter Zugtüren abgeschlossen. Die Stoßmaschinen werden entweder elektrisch oder hydraulisch betätigt.

Abb. 15. Doppeldurchstoßofen, 560 kW mit Querluftumwälzung zum Anwärmen von Leichtmetallplatten (Siemens)

Wenn es sich um verschiedenartig geformte Aluminiumteile handelt, die angewärmt werden sollen, insbesondere um große Blöcke, so benutzt man Drehherdöfen. Bei ihnen wird das Gut durch den Drehherd durch verschiedene Heizzonen hindurch gefördert und so auf die genaue Warmverarbeitungstemperatur gebracht.

Für das Anwärmen kleiner Stücke sind Kammeröfen gebräuchlich.

Häufig wird nach der Warmverarbeitung eine Kaltbearbeitung angeschlossen. Dadurch wird das Material spröde. Es muß deshalb ausgeglüht werden. Die dafür verwendeten Öfen müssen einen möglichst raschen Temperaturanstieg im Bereich zwischen 230—300° C ermöglichen, damit die in diesem Gebiet bevorzugt einsetzende Kornvergröberung möglichst unterdrückt wird. Die Endtemperatur, die bei dem Weichglühen erzielt werden soll, beträgt 350—450° C. Man verwendet hierfür genau temperaturgeregelte Salzbäder und auch Umluftöfen, deren Vorteil eine größere Sicherheit, deren Nachteil eine geringere Erwärmungsgeschwindigkeit ist.

Einen besonderen Platz nehmen in der Aluminiumverarbeitung die Vergütungsverfahren ein. Diese haben den Zweck, die Härte und Festigkeit des Aluminiums bei ausreichender Dehnung zu erhöhen. Die Vergütung kann nur mit legiertem Material (Kupfer- und Siliziumzusatz), z. B. mit dem Duralumin, durchgeführt werden. Der Vorgang des Vergütens verläuft so, daß zunächst beim Erhitzen auf etwa 340—470° C die Legierungszusätze als Mischkristalle in Lösung gehen. Nun wird rasch abgekühlt, wodurch sich die Rückbildung im abgekühlten Zustand vollziehen muß. Dieser Vorgang kann mehrere Tage beanspruchen. Ist die Rückbildung genügend weit fortgeschritten, so tritt eine beträchtliche Steigerung der Festigkeit und der Härte ein. Je nach den Mengen der verwendeten Legierungszusätze werden ganz bestimmte Temperaturen angewendet. Dies gilt für manche Legierungen auch für die Rückbildung (oft auch als Alterung bezeichnet). Man läßt diese gelegentlich bei Temperaturen bis zu 150° C sich vollziehen. Eine ähnlich Wärmebehandlung wird auch beim sogenannten Anlassen durchgeführt, die zur Kristallgefügeerholung dient.

Für die eigentliche Härtungserwärmung verwendet man Salzöfen und Umluftöfen. Für die Alterung und das Anlassen Umluftöfen. Alle genannten Einrichtungen müssen mit genau arbeitenden Temperaturreglern ausgerüstet sein. Besonders wichtig ist dies für die Salzöfen, die mit einem aus Natrium- und Kaliumsalpeter bestehenden Betriebsmittel angefüllt werden, das bei (unbeabsichtigter) Überhitzung ab etwa 620° C mit der Luft heftig reagiert und damit zu Explosionen führt.

B. Kupfer, Kupferlegierungen und Zink

1. Widerstandsheizung

Zink läßt sich in Widerstandsöfen schmelzen, sofern man als Einsatz Zinkbarren oder andere größere Stücke verwendet. Besondere Bedeutung hat das Zinkschmelzen bei der sogenannten Feuerverzinkung gefunden, die als wichtige korrosionsverhindernde Maßnahme gelten kann. Zum Feuerverzinken wird der betreffende Gegenstand (aus Stahl) zuerst in Salzsäure oder Schwefelsäure gebeizt und nach erfolgter Trocknung in das flüssige Zink getaucht. Auf das Zinkbad muß ein das Zinkoxyd lösendes Flußmittel, meist Salmiak, aufgebracht werden. Außerdem bildet sich Zinkchlorid, was besonders günstige Bedingungen für die Legierungs- bzw. Diffusionsbildung des Zinks mit dem Eisen erzeugt. Die je m² aufgebrachte Zinkmenge beträgt zwischen 400 und 800 g. Die Behandlungsdauer beträgt je nach der Größe des zu verzinkenden Gegenstandes zwischen etwa 1 min und $^1/_4$ Stunde.

Während man früher hauptsächlich nichtelektrische Verzinkungsöfen verwendete, die man entweder mit Kohlen oder Öl beheizte, gewinnt neuerdings der widerstandsbeheizte Elektroverzinkungsofen zusehends an Bedeutung.

Bei Kohlen- oder Ölheizung läßt sich nur mit gewissen Schwierigkeiten eine gleichmäßige Beheizung der aus weichem unlegiertem Stahl bestehenden Wannen erreichen. Man hat zwar versucht, durch Schamotteverkleidung der Wannenaußenwände örtliche Überhitzungen auszuschließen, jedoch sinkt dadurch der Wärmeübergang und damit auch

Abb. 16. Elektrisch beheizter Zinkbadofen für die Feuerverzinkung von 14 m langen Profileisen und Röhren (BBC).
Maximale Heizleistung 180 kW. Badinhalt etwa 27000 kg flüssiges Zink. Die elektrische Heizung ermöglicht in Verbindung mit der automatischen Temperaturregulierung eine gleichmäßige Erwärmung der Wanne. Bei minimalem Zinkverbrauch wird eine hochwertige Verzinkung erzielt

der Heizungswirkungsgrad erheblich. Läßt man Überhitzung zu, so bildet sich an den betreffenden Stellen der sogenannte Eisenzinkschwamm, was eine rasche Materialabtragung bedingt. Wenn z. B. die verlangte Temperatur von 460° C um 100° C überschritten wird, so ist die Zinkschwammbildung 15mal stärker. Wird andererseits die geforderte Arbeitstemperatur zu niedrig, so haften die Zinküberzüge nicht mehr innig auf dem Grundmaterial, außerdem wird viel zuviel Zink als Schicht festgehalten, und die Überzüge werden ungleichmäßig.

Bei der Überschreitung der Temperatur werden die Überzüge dagegen rauh, unansehnlich und bieten ebenfalls nur einen ungenügenden Korrosionsschutz. Abgesehen davon ist bei zu hoher Temperatur ebenfalls großer Zinkverbrauch festzustellen, jedoch nicht, wie bei zu geringer Temperatur, infolge zu großer Schichtstärke, sondern durch erhöhten Abbrand.

Der elektrische widerstandsbeheizte Zinkbadofen hat diese Nachteile nicht. Durch geeignete Unterteilung der Heizwicklung in unabhängig voneinander geregelte Gruppen kann im gesamten Bade die Temperatur sehr genau auf einige Grad Abweichung festgehalten werden. Elektrisch beheizte Zinkbäder arbeiten sehr sparsam, mit kleinem Zinkverbrauch und geben eine völlig gleichmäßige Verzinkung. Die Eisenwannen selbst sind sehr dauerhaft. In Abb. 16 ist ein Verzinkungsbad mit elektrischer Beheizung für ein Fassungsvermögen von 27 t dargestellt. Die Heizwiderstände sind an den vier senkrechten Ofenseiten in einem kleinen Abstand von der Wannenaußenfläche auf Schamotte derart montiert, daß sie vollständig frei gegen die Wanne strahlen können. In Abb. 17 ist der Energieverbrauch eines anderen Zinkbades von 43 t Fassungsvermögen in Abhängigkeit von der Durchsatzmenge des zu verzinkenden Eisens aufgetragen.

Kupfer und Kupferlegierungen werden heute kaum mehr im Widerstandsofen mit Drahtwicklung geschmolzen. In USA sind Öfen in Betrieb, bei denen mittels der an den Gewölben reflektierten Strahlung von Graphit- und Kohleleitern Kupferlegierungen erschmolzen werden. Ein solcher älterer Ofen ist der Baily-Ofen (seit 1917) [St 1].

Einen ähnlichen Ofen hat auch die General Electric entwickelt [I 1]. Zinkfreie Kupferlegierungen werden mit Erfolg im Graphitstabofen geschmolzen [D 2].

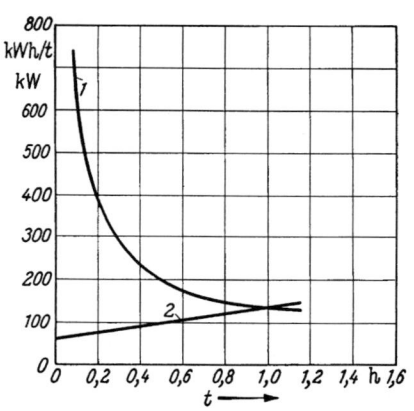

Abb. 17. Energieverbrauch eines elektrischen Zinkbadofens in Abhängigkeit der Durchsatzmenge. (Werkbild BBC)
Anschlußwert des Ofens 160 kW. Pfanneninhalt 43000 kg Zink. Abszisse: Stündlicher Durchsatz in Tonnen an zu verzinkendem Eisen. Ordinaten: *1* Energieverbrauch in kWh je Tonne verzinktes Eisen, *2* erforderliche Heizleistung in kW.

Eine den Betriebsbedingungen angepaßte Leistungsregulierung ermöglicht eine genaue und automatische Konstanthaltung der Badtemperatur. Gegenüber Brennstoffheizung wird eine große Vereinfachung und erhöhte Betriebssicherheit erzielt, was sich in der Wirtschaftlichkeit einer elektrischen Verzinkungsanlage günstig auswirkt

Für Vergütungs- und Glühzwecke hat der Widerstandsofen für Kupfer und seine Legierungen eine große Bedeutung. Man verwendet dafür im wesentlichen dieselben Bauarten, wie sie für Eisen und Stahl geeignet sind. Die notwendigen maximalen Ofentemperaturen liegen für die Glühbehandlungen von Kupfer und seinen Legierungen zwischen 850° C und 1000° C. Abb. 18 zeigt rotierende Trommelöfen zum Schutzgasglühen von Kleinteilen und Abb. 19 einen elektrischen Durchrollofen zum Anwärmen von Rundbarren aus Messing und Kupfer.

2. Niederfrequenz-Induktionsheizung

Das Schmelzen von Zink in Widerstandsöfen bereitet so lange keine Schwierigkeiten, als es sich um große Einsatzstücke handelt. Ein Bei-

Abb. 18. Rotierende Trommelöfen zum Blankglühen von Metallkleinteilen unter Schutzgas (BBC).
Max. Ofentemperatur 850° C, Anschlußwert 36 kW

Abb. 19. Elektrischer Durchrollofen zum Anwärmen von Rundbarren aus Messing und Kupfer (BBC).
Max. Ofentemperatur 1000° C, Heizleistung 280 kW

spiel hierfür, der Verzinkungsofen, wurde im vorhergehenden behandelt.

Ganz anders liegen die Verhältnisse beim Einschmelzen kleiner oder dünnwandiger Zinkstücke, wie beispielsweise von Zinkkathoden.

Zink wird bekanntlich überwiegend durch nasse Elektrolyse gewonnen, insbesondere seit man die Eigenschaften reinen Zinks kennen und schätzen gelernt hatte. Bei der Elektrolyse fällt das Metall in Form von Kathodenblechen an und es muß in Barren gegossen werden, damit es weiterverarbeitet werden kann. Früher arbeitete man mit gas- und ölbeheizten Umschmelzöfen. Hoher Abbrand, Verunreinigung durch die Verbrennungsgase waren schwerwiegende Nachteile dieses Verfahrens.

Demgegenüber besitzen die Induktionsöfen viele Vorteile. Die im Abschnitt ,,Aluminium" S. 99 behandelten Doppelherdinduktionsöfen wurden für diese Zwecke versuchsweise eingesetzt. Es zeigte sich jedoch, daß gewisse Schwierigkeiten beim Temperaturausgleich zwischen Schmelzrinnen und dem Herde auf der Gießseite auftraten. Das Kathodenzink neigt nämlich infolge seiner besonderen Abscheidungsform zur Bildung einer schwammigen Masse, die den Temperaturausgleich im Doppelherdofen behindert. Man hat deshalb für das Einschmelzen von Zinkkathoden eine besondere Bauform entwickelt, bei der an einen Heizraum seitlich die (abnehmbaren) Rinnen mit Transformatoreisen und Primärwicklung abnehmbar, als sogenannte Heizkammern, angeordnet sind [*T 1*].

Diese Öfen besitzen eine rechteckige Ofenwanne, an die seitlich vier Schmelzrinnen angeordnet sind. Man wählte bewußt seitlich angebaute Heizkammern, damit der hydrostatische Druck des flüssigen Zinks auf die feuerfeste Rinnenauskleidung nicht zu hoch werden konnte und außerdem eine leichte Beobachtung und Reparatur dieser Teile ermöglicht wurde. Das rechteckige Herdgefäß ist in seinem Inneren in einen Einschmelz- und Gieß- bzw. Schöpfraum unterteilt. Dadurch ist es möglich, das Metall im Gießteil stets rein von Oxydschichten zu halten.

Die Anheizung erfolgt durch eingebaute, in die Rinnen gelegte Schmelzringe aus Zink. Nachdem ein genügender Sumpf durch Nachsetzen von Zinkbarren erreicht ist, können die Kathodenbleche durch die im Deckel eingebaute Beschickungsvorrichtung zugegeben werden.

Ein besonderer Vorteil der Zinkinduktionsöfen mit seitlich angebauten Heizkammern besteht darin, daß bei Ausfall einer oder zweier Rinnen der Betrieb mit den übrigen so lange notdürftig fortgesetzt werden kann, bis eine Reparatur möglich ist. Abb. 20 zeigt einen 25-t-Zinkofen mit Beschickung durch eine vom Obergeschoß kommende Rutsche. Abb. 21 einen 25-t-Ofen neuester Ausführung in Belgisch-Kongo.

Der Energieverbrauch solcher Öfen liegt bei etwa 100 kWh/t.

Abb. 20. 25-t-Zinkofen in Ponta Nossa, errichtet durch Siemens Milano nach Plänen der DEMAG-Elektrometallurgie GmbH

Das Kupfer und seine Legierungen werden im Induktionsrinnenofen und auch im kernlosen Induktionstiegelofen geschmolzen. Für das Umschmelzen von Kupferkathoden können auch die für Zink erwähnten Öfen mit seitlichen Heizkammern Verwendung finden. Man wählt dann andere Rinnendimensionen und andere Auskleidungen, da Temperaturen bis 1200° C vorkommen.

Da Kupfer Sauerstoff aufnimmt, muß man es stets unter einer Holzkohlendecke schmelzen. Das Ausgießen muß aus dem gleichen Grunde unter Schutzgas erfolgen.

Der Induktionsrinnenofen für Kupferschmelzen entspricht im grundsätzlichen Aufbau dem Zinkofen. Man benutzt also auch eine rechteckige Ofenwanne mit angebauten Heizkammern, die die Transformatoreisen, Primär-

Abb. 21. 25-t-Induktionsofen zum Schmelzen von Zink in einer neuen Umschmelzanlage in Belgisch-Kongo, geliefert von der DEMAG-Elektrometallurgie GmbH

Kupfer, Kupferlegierungen und Zink 113

wicklungen und Rinnen aufnehmen. Die Öfen sind um die Längsachse drehbar und gegen Luftsauerstoffzutritt gut abgeschlossen.

Die Haltbarkeit der Rinnenauskleidung ist insbesondere beim Einschmelzen von Cu_2O enthaltenden Spänen u. dgl. gering. Sehr anfällig sind in dieser Hinsicht Auskleidungen, die SiO_2 in größerer Menge enthalten, da sich dann eine niedrig schmelzende Schlacke bildet.

Der Energieverbrauch des Induktionsrinnenofens ist sehr gering. Er liegt bei nur 240—300 kWh/t. Wenn man die Rinnen mit Spezial-

Abb. 22. NF-Induktionsschmelzofen für Bühneneinbau zum Einschmelzen von Messing. Stundenleistung etwa 300 kg/Ms, Schmelzleistung etwa 6 t Ms/24 h, Stromverbrauch etwa 220 kWh/t (Werkbild Otto Junker GmbH., Lammersdorf)

massen, die wenig SiO_2 enthalten, ausstampft und reines Kupfer einschmilzt, z. B. Kathodenkupfer, so lassen sich auch ausreichende Lebensdauern von etwa einem halben bis zu dreiviertel Jahren erzielen. Niederfrequenz-Rinnenöfen für Kupfer- und Messingschmelzen nach Art des Ajax-Wyatt-Ofens mit tiefliegender Rinne haben neuerdings ovalen Schmelzraumquerschnitt [R 4].

Der Induktionstiegelofen ist dagegen etwas weniger empfindlich, weist jedoch höhere Energieverbrauchszahlen auf. Man muß bei dieser, für den Betrieb recht bequemen Ofenart, die schon im Abschnitt „Eisen" S. 44 behandelt wurde, für kleinere Öfen mit etwa 450 kWh/t rechnen.

Für Kupfernickel (80% Cu) mit 520 kWh/t, für Mittelrottombak (80% Cu) mit 350 kWh/t, für Druckmessing (63% Cu) mit 330 kWh/t und für Aluminiumbronze mit 700 kWh/t. Größere Öfen, etwa über 1 t Inhalt, arbeiten wirtschaftlicher.

Diese Öfen kann man mit Mittelfrequenz oder auch mit Netzfrequenz betreiben. Abb. 22 zeigt einen Netzfrequenzofen für Messingschmelzen. Abb. 23 eine größere Ofenanlage mit Frequenzen zwischen 2000 und

Abb. 23. Ofenanlage einer Metallgießerei mit Mittelfrequenz-Induktionstiegelöfen, bestehend aus einem 1000-kg-Ofen, zwei 500-kg-Öfen und einem 150-kg-Ofen (DEMAG)

500 Hz. Diese Mittelfrequenz-Induktionstiegelöfen sind in ihrer Ausmauerung dauerhafter als Netzfrequenzöfen, da die Badbewegungen mit tiefer werdender Frequenz zunehmen. Das ist insbesondere bei Kupferschmelzen wichtig.

3. Lichtbogenheizung

Reines Kupfer ohne Legierungszusätze kann im direkten Lichtbogenofen geschmolzen werden. Man benötigt zum Einschmelzen etwa 250 kWh/t. Abb. 24 zeigt einen direkten Lichtbogenofen für 20 t Fassungsvermögen, der im Grundsätzlichen wie ein Stahlofen aufgebaut ist. Wichtig ist die gute Abdeckung des Herdraumes gegen Luftsauerstoff. Für schnelles Chargieren ist durch besondere Ausbildung der Beschikkungsöffnungen gesorgt.

Öfen dieser Art werden im allgemeinen fortlaufend ohne Unterbrechung betrieben. Durch die Ausgußrinne fließt stets so viel Kupfer aus, wie durch die Bechickungseinrichtungen eingebracht wird. In Betriebspausen wird bei verringerter Leistung die Schmelze warmgehalten. Die Ausmauerung des Ofens ist basisch. Der Elektrodenverbrauch beträgt etwa 2—2,5 kg/t Cu. Die Beschickungseinrichtungen sowie die Abstichleitungen werden vorzugsweise unter Schutzgas gehalten.

Der abgebildete Ofen dient zum Einschmelzen von Kupferkathoden.

Abb. 24. DEMAG-Lichtbogenofen zum Kupferschmelzen [*T 1*]

Wenn es sich um das Einschmelzen von Messing und anderen wärmeempfindlicheren Kupferlegierungen handelt, kann man keineswegs die unmittelbare Lichtbogenheizung anwenden, da sonst unzulässige Verdampfung von Legierungsbestandteilen eintreten würde. In solchen Fällen wendet man die indirekte Lichtbogenheizung an. Damit das Gut gut durchmischt wird, muß eine mechanisch eingeleitete Rührbewegung angewendet werden. Man schaukelt deshalb den Ofen hin und her und läßt den Lichtbogen genügend weit weg von der Badoberfläche zwischen zwei Graphitelektroden brennen. Das Schmelzgut erhält die notwendige Wärme durch Strahlung des Bogens. Dabei spielt auch die von den ausgemauerten Gefäßwänden reflektierte Sekundärstrahlung eine nicht unerhebliche Rolle. Infolge der Schaukelbewegung wird der

8*

Wärmeübergang zwischen dauernd und zeitweise benetzten Wandteilen und der Schmelze erhöht.

Der Schaukelofen besteht aus einer drehbaren Trommel, die über zwischengeschaltete Rollen im Betriebe hin- und hergerollt wird. Die Lichtbogenelektroden sind in der zentralen Längsachse angeordnet. Der

Abb. 25. Drehstrom-Lichtbogen-Schaukelofen (S. & H.) [T 3]

Ofen ist nach außen völlig luftdicht abgeschlossen, so daß die giftigen Ofengase nicht heraus- und schädliche Luft nicht hereinkommen können.

Abb. 25 zeigt einen Drehstrom-Schaukelofen.

Der Schaukelofen wird hauptsächlich für unterbrochenen Betrieb angewendet.

C. Hochschmelzende Metalle

1. Molybdän[1]

a) **Pulvergewinnung.** Der Schmelzpunkt von Molybdän liegt bei 2630 ± 40° C. Für die Bewältigung dieser hohen Temperatur hat sich kein geeignetes Tiegelmaterial für herkömmliche Schmelzverfahren finden lassen. Man ist deshalb auf Sinterverfahren angewiesen. Die Sinterung setzt verhältnismäßig kleinkörniges Pulver als Ausgangsmaterial voraus.

Dieses Pulver wird hauptsächlich aus den beiden Molybdänerzen MoS_2 (Molybdänglanz) und $PbMoO_4$ (Wulfenit oder Gelbbleierz) gewonnen. Der handelsübliche Molybdänglanz enthält etwa zur Hälfte und der Wulfenit zu einem Fünftel Molybdän.

Diese Erze werden durch metallurgisch-chemische Verfahren in reines Molybdäntrioxyd übergeführt. Um aus diesem reinstes Molybdän-

---

[1] Die Ausführungen über Molybdän stützen sich im wesentlichen auf [M 1]

Hochschmelzende Metalle

trioxyd zu erhalten, bedient man sich der Tatsache, daß bereits bei 700° C eine rasche Sublimation stattfindet, an der die Verunreinigungen kaum teilnehmen. Abb. 26 zeigt das Schema einer solchen Sublimationsanlage. Das unreine Molybdäntrioxyd wird gegebenenfalls zusammen mit Molybdänabfällen in schräggestellten Rotations- Quarzguttiegeln auf etwa 1000—1100° C erhitzt. Gegen die erhitzte schmelzflüssige Masse von Molybdäntrioxyd wird Preßluft geblasen, die die Molybdäntrioxydschwaden aus dem Reaktionsraum heraustreibt. Vor diesem Reaktionsraum werden die Schwaden über einen Ventilator in Filter-

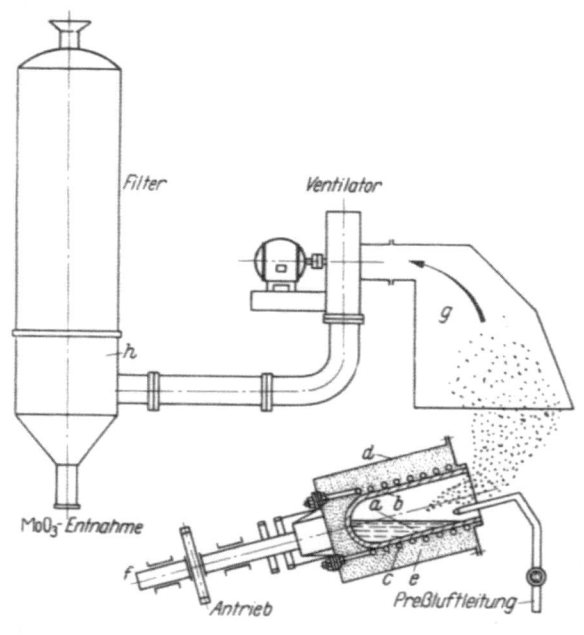

Abb. 26. Schema einer Sublimationsanlage für Molybdäntrioxyd. (Metallwerk Plansee).
a Geschmolzenes Molybdäntrioxyd, b Quarztiegel, c Molybdän-Heizleiter, d Außenmantel, e Isolation, f rotierende Achse, g Abzugshaube, h Sammelraum

säcke befördert, wo sich äußerst feinpulveriges Trioxyd ansammelt. Es enthält noch etwa 0,05% Verunreinigungen. Erforderlichenfalls kann zur Erzielung noch kleinerer Verunreinigungsgrade der Sublimationsvorgang wiederholt werden.

Das Molybdäntrioxydpulver wird mittels Wasserstoff in elektrischen Durchsatzöfen bei 1000—1100° C zu Molybdän reduziert. Dieser Vorgang wird in zwei Stufen bewerkstelligt. In der ersten wird bei 600 bis 700° C zu Molybdändioxyd vorreduziert, und hieraus erst schließt sich die Reduktion zum Metall an. Abb. 27 zeigt die entsprechenden Öfen.

b) Pressen und Sintern. Das erhaltene Molybdänpulver wird in hydraulischen Pressen unter Verwendung von Stahlmatrizen zu Vier-

Abb. 27. Elektrische Durchsatzöfen mit Molybdänheizleitern zur Reduktion von Molybdäntrioxyd zu Molybdänpulver (Metallwerk Plansee)

kantstäben verpreßt. Hierauf schließt sich der Sintervorgang an, der bei Temperaturen zwischen 2000 und 2200° C geführt wird. Zweckmäßigerweise wird diese hohe Temperatur durch direkten Stromdurchgang erzielt. Man ordnet bis zu 16 Sinterstäben in einer Glocke an (Abb. 28). Dieses Verfahren wurde zuerst von COOLIDGE (USA) angegeben. Man arbeitet dabei entweder im Vakuum[1] oder unter Schutzgas.

Die Porosität bzw. die Dichte des erzielten Sinterstabes hängen hauptsächlich von der Korngröße des Ausgangspulvers und der Höhe der Sintertemperatur ab. Der Preßdruck hat dagegen nur einen geringen Einfluß.

Abb. 28. Mehrfach-Sinterglocke für die Sinterung von 16 Molybdänstäben im direkten Stromdurchgang (Innenansicht) (Metallwerk Plansee)

c) Erschmelzen im Hochvakuumlichtbogen. Draht kann

---

[1] Über das Sintern anderer hochschmelzender Metalle im Vakuum siehe [M 2].

aus den Sinterstäben stufenweise in Rundhämmermaschinen erzeugt werden. Auch Bleche und Formstücke können durch Schmieden und Walzen geformt werden, ohne daß ein Aufschmelzen im Fabrikationsgang erforderlich wäre.

Große Formstücke lassen sich auf diese Weise jedoch nicht erzielen, da die Sinterung großer Stäbe im Direktstromdurchgang elektrotechnische und wärmetechnische Schwierigkeiten bereitet. Es käme höchstens die indirekte Sinterung in Hochtemperaturöfen unter Wasserstoff in Betracht. Dabei ergeben sich naturgemäß solche Schwierigkeiten, daß man nach anderen Verarbeitungsverfahren Ausschau gehalten hat.

Hier bot sich das Hochvakuum-Lichtbogenschmelzverfahren an. Für Molybdän ist es zuerst von der Climax Molybdenum Company unter Verwendung vollkontinuierlich arbeitender selbstverzehrender, das Material liefernder Preßlingelektroden angegeben worden. Man kann natürlich auch gesinterte oder wenigstens vorgesinterte Elektroden diskontinuierlich einsetzen. Bei dem Climax-Verfahren werden die Preßelektroden lediglich aufeinandergesintert. Das Material tropft von der Elektrode auf Grund der Lichtbogenwärme ab und gelangt noch schmelzflüssig in eine wassergekühlte Kupferkokille.

Gelegentlich ist es zweckmäßig, den Lichtbogen mittels eines Magnetfeldes zu stabilisieren. Man wendet Gleichfeldspulen an, die über das Schmelz-Vakuumgefäß geschoben werden.

Beim Zünden des Lichtbogens wird mit Vorteil von der Hochfrequenzzündung Gebrauch gemacht und man läßt beim Zünden gegebenenfalls vorübergehend Argon eintreten, um den Bogen einzuleiten.

Man kann naturgemäß auch durch Berührung den Lichtbogen direkt im Hochvakuum ziehen [K 3].

Bei der Lichtbogen-Vakuum-Schmelzmethode wird mit Sicherheit jegliche nachweisbare Reaktion des Gutes mit Gasen oder Tiegelzustellungen vermieden, da im Vakuum unter Verwendung wassergekühlter Kupfertiegel geschmolzen wird, die sich sogleich mit einer abgeschreckten kalten Molybdänhaut an den Berührungsstellen mit dem Schmelzgut überziehen, so daß auch jegliche Diffusion zwischen Tiegelmaterial und Schmelzgut unterbunden ist.

Die benötigten Lichtbogenstromstärken betragen für das Erschmelzen von etwa 10—20 kg schweren Stücken bis zu 2000 A und liegen bei der Herstellung noch größerer Blöcke (bis zu 0,5 t) entsprechend höher.

Die Stromversorgung erfolgt mittels Gleichstrom. Der Ausgleich der fallenden Lichtbogencharakteristik kann auf verschiedene Weise erfolgen. Man bedient sich entweder kontinuierlich arbeitender Ignitronleistungssteuerungen oder verwendet vormagnetisierte Drehstromdrosseln vor dem Gleichrichter. Abb. 29 zeigt den schematischen Aufbau einer Hochvakuumlichtbogen-Schmelzanlage, die mit aneinandergefügten Elektroden aus gesintertem Molybdän arbeitet[1].

Die in solchen Anlagen erschmolzenen Molybdänblöcke lassen sich ähnlich wie Stahl durch Schmieden, Walzen und Strangpressen, gegebenenfalls unter Schutzgas, weiterverarbeiten.

2. Wolfram[2]

a) Pulvergewinnung.

Der Schmelzpunkt von Wolfram beträgt $3410 \pm 20°$ C.

Aus den Erzen Wolframit (Eisen-Mangan-Wolframat) und Scheelit (Kalziumwolframat) wird durch chemischen Aufschluß Wolframtrioxyd gewonnen.

Zur Erzielung reinsten Wolframs wird die Reduktion mittels Wasserstoff in elektrisch beheizten Drehrohröfen durchgeführt. Das Trioxydpulver wird in dünner Lage in Schiffchen aus rostbeständigem Stahl oder Nickel ausgebreitet und bei etwa 800 bis 900° C kontinuierlich durch den Elektroofen geführt, wobei im Gegenstromprinzip trockener reiner Wasserstoff darübergeleitet wird. Ähnlich wie bei der Molybdänreduktion durchläuft dabei das Gut verschiedene Reduktionsstufen. Die Korngröße des gebildeten Wolframpulvers hängt von der Temperatur bei der Reduktion, von der Reinheit und Korngröße des verwendeten Trioxyds sowie von der Strömungsgeschwindigkeit und dem Wassergehalt des Reduktionswasserstoffes ab. Durch beabsichtigte Einstellung dieser Faktoren lassen sich Korngrößen zwischen $0,5\mu$ und 500μ erzielen.

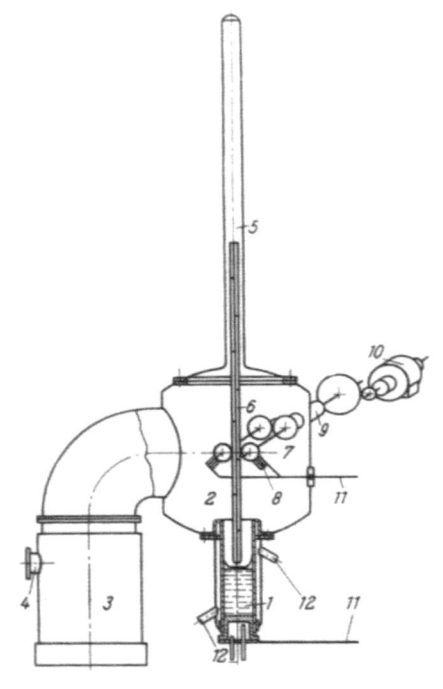

Abb. 29. Schema einer Hochvakuumlichtbogen-Schmelzanlage (Metallwerk Plansee)
1 Kokille, *2* Vakuumbehälter, *3* Öldiffusionspumpe, *4* Anschluß für Vorpumpen, *5* Elektrodenbehälter, *6* selbstverzehrende Elektrode, *7* Vorschubwerk, *8* Stromzuführung, *9* Wellendurchführung, *10* Vorschubmotor, *11* Stromanschlüsse, *12* Kühlwasseranschlüsse

---

[1] Ausführung Metallwerk Plansee (Tirol) nach dem Cimax-Company-Verfahren.

[2] Die Ausführungen über Wolfram stützen sich im wesentlichen auf [W 1]. Weitere Literatur: [L 2, S 2, C 2].

b) Pressen und Sintern, Schmelzen. Wolframpulver läßt sich ähnlich wie Molybdän zu Preßstäben verarbeiten. Die Festigkeit dieser Stäbe ist jedoch so gering, daß man sie vor dem Fertigsintern in Durchsatzsinteröfen bei 1000—1100° C unter Wasserstoff vorsintern muß. Dadurch gewinnen die Stäbe eine zur Durchführung des Hochsintervorganges ausreichende Festigkeit. Diese Hochsinterung findet wie bei Molybdän infolge direkten Stromdurchganges innerhalb wassergekühlter Metallglocken unter Wasserstoff statt. Dabei wird die Temperatur auf Werte bis zu 3100° C gesteigert.

Da Stromstärken von 5000 A und darüber den einzelnen Stäben über Kontakte zugeführt werden müssen, werden die Klemmen gut wassergekühlt und aus hochschmelzenden Metallen wie Wolfram und insbesondere Molybdän ausgeführt. Da starker Schwund während der Sinterung eintritt, müssen die Anschlüsse beweglich, nachgiebig und elastisch ausgeführt werden. Man wendet wassergekühlte Formteile an, die mittels Federn gegen die Stäbe gepreßt werden. Während der Sinterung steigt die Dichte des Stabes an, weil die Poren abnehmen. Außerdem tritt Kornwachstum ein. Feines Ausgangspulver gibt grobes Korn und umgekehrt. Da man Sinterstäbe mit feinkörnigem Gefüge in Hinblick auf die später erwünschte Duktilität bevorzugt, wählt man die Korngröße des Ausgangspulvers nicht zu fein, sondern zu etwa 5—10 μ. Das Kornwachstum wird außerdem noch durch Zusätze von Fremdmetalloxyden gehemmt. Auf diese Weise wird ein immer gleichbleibendes Rekristallisationsgefüge kleiner Korngröße bei den erheblichen Temperaturen erzielt, unter deren Einwirkung die meisten Wolframerzeugnisse in der praktischen Verwendung standhalten müssen.

Um die Sprödigkeit des Sinterstabes zu beseitigen, wird dieser stufenweise in Rundhämmermaschinen (für Drahterzeugung) oder in Schmiedehämmern (z. B. für Bleche) bearbeitet. Zwischengeschaltete Schutzgasglühungen dienen der Materialerholung. Die ersten Schmiedungen erfolgen bei 1800° C. Die späteren bei etwa 1100° C hinterlassen ein bereits weitgehend duktiles Material, das bei fortlaufend abnehmenden Temperaturen bis auf Feinbleche von 20 μ Stärke heruntergewalzt werden kann.

Neben dieser hier nur kurz erwähnten Sinterhämmer- und Schmiedetechnik bekommt neuerdings auch die Schmelztechnik in bescheidenem Umfange eine gewisse Bedeutung. Die Gründe, die beim Molybdän gegen eine Verwendung herkömmlicher Schmelzverfahren, etwa in heißen Tiegeln, sprechen, gelten beim Wolfram mit seinem extrem hohen Schmelzpunkt natürlich in verstärktem Maße. Deshalb kommen auch für Wolfram nach dem heutigen Stande der Technik nur Lichtbogenschmelzverfahren unter Verwendung von Abschmelzelektroden und wassergekühlten Gegenelektrodenkokillen aus Kupfer in Betracht. Versuchseinrichtungen dieser Art für Einsätze von einigen Kilogramm wurden bereits gebaut und erprobt[1].

3. Titan

1795 gab M. H. KLAPROTH dem im Mineral Rutil enthaltenen, noch nicht dargestellten Metall den Namen Titanium. 1825 stellte J. J. BERZELIUS elementares Titan dar.

100 Jahre später stellten A. E. VAN ARKEL und J. H. DE BOER reines Titan durch thermische Zersetzung von TiJ_4 dar.

Im Jahre 1940 findet W. J. KROLL in USA ein wirtschaftliches Verfahren, Titan über Titantetrachlorid in reiner Form darzustellen [K 1]. Seit 1948 wird in USA Titan in größeren Mengen nach dem Krollverfahren dargestellt. 1956 war die Weltproduktion an Titan auf etwa 20 000 t angewachsen.

Beim Krollverfahren wird unter Argon- oder Heliumschutzgas $TiCl_4$ mit Mg bei Temperaturen bis etwa 1000° C behandelt. Die dabei stattfindende Umsetzung, die exotherm nach der Reaktionsgleichung

$$TiCl_4 + 2\,Mg = Ti + 2\,MgCl_2$$

verläuft, liefert jedoch kein kompaktes Material, sondern porösen voluminösen Titanschwamm.

Zur Weiterverarbeitung ist dieses Material höchst ungeeignet. Es muß in kompakte Blöcke oder Masseln umgeschmolzen werden.

Der Schmelzpunkt von Titan ist bei weitem nicht so hoch wie der von Molybdän, Wolfram oder anderen hochschmelzenden Metallen. Er liegt bei 1660° C. Dies ist eine Temperatur, die man sonst technisch leicht beherrscht. Stahlschmelzen liegen durchaus in diesem Temperaturbereich. Die Schwierigkeit, Titan zu schmelzen, liegt auf dem chemischen Sektor. Titan hat mit allen bekannten Tiegelwerkstoffen eine außerordentlich hohe Reaktionsneigung. Deshalb erfolgt das Schmelzen von Titan wie das von Molybdän in Vakuumlichtbogenöfen in wassergekühlten Kupferkokillen.

a) Schmelzen im Lichtbogen-Hochvakuumofen. Beim Lichtbogenschmelzen von Titan muß das Vakuum besonders hoch sein, da Spuren von Gasen die Eigenschaften von Titan ungünstig beeinflussen können. Sauerstoff, Stickstoff und Wasserstoff beeinflussen die mechanischen Eigenschaften bereits in kleinen Zusätzen. Durch 0,2% Sauerstoff sinkt die Bruchdehnung von Titan auf etwa die Hälfte, 0,2% Stickstoff setzen sie auf ein Drittel herab und Wasserstoff vermindert bei $1/100$% die Kerbschlagzähigkeit auf etwa ein Viertel. Während man den Wasserstoff durch Glühen im Hochvakuum noch nachträglich entfernen kann,

---

[1] Zum Beispiel der Vakuum-Lichtbogenschmelzofen, Typ VA-L 200b der W. C. Heraeus-GmbH, Hanau, für ein Schmelzlingsvolumen von max. 1 Liter.

ist dies bei Stickstoff und Sauerstoff nicht mehr möglich. Sind diese Gase aufgenommen worden, so ist das Titan verdorben.

Aus diesen Gründen ist beim Lichtbogenschmelzen auf gute Entgasung der Titanschwammelektroden vor dem Zünden des Lichtbogens besonders zu achten.

b) Glühen und Anlassen. Titan ist polymorph. Bis zu einer Temperatur von 885° C ist es als α-Titan hexagonal, oberhalb dieser Temperatur als β-Titan kubisch raumzentriert. Beim Glüh- und Anlaßbetrieb muß dies beachtet werden. Die technisch wichtigsten Eigenschaften des Titans sind hohe Festigkeit, geringes spezifisches Gewicht und insbesondere sehr geringe Korrosion.

Trotzdem muß die beträchtliche Reaktionsneigung bei erhöhten Temperaturen beachtet werden. Bis zu 600° C kann man in Elektroöfen ohne Schutzgas glühen. Ab 700° C kann unlegiertes Titan nur noch im Hochvakuum oder in Edelgasen geglüht werden.

Sobald Titan legiert wird, erscheint der α–β-Umwandlungspunkt zu einem Intervall aufgeweitet. Da je nach der beabsichtigten Wirkung in den verschiedenen Bereichen geglüht werden muß und auch die Abkühlungsgeschwindigkeit naturgemäß auf die Eigenschaften des Materials einwirkt, muß man die Temperaturen sowohl in ihrer Höhe als auch in ihrem zeitlichen Verlauf beherrschen. Dies kann nur im elektrisch geheizten, geregelten Ofen durchgeführt werden.

Verhältnismäßig komplizierte Erwärmungsprogramme sind bei der Glühbehandlung von Titanlegierungen notwendig. Es können manche Legierungen durch entsprechend abgestufte Glühbehandlungen in vorausbestimmten Eigenschaften erhalten werden.

D. Halbleitende Metalle

1. Germanium

Germanium, ein früher wenig beachtetes Element, hat infolge einer Erfindung von HOLZ, WELKER und CLUSIUS seit 1942 eine dauernd zunehmende Verwendung in der Halbleitertechnik gefunden. Die Genannten verwendeten es an Stelle von anderen Halbleitersubstanzen, wie z. B. Zinkblende, Pyrit oder Bleisulfid, zum Bau von Detektoren für die Zwecke der drahtlosen und der Leitungs-Nachrichtentechnik. Ab 1948 kam es durch die Erfindung des Transistors durch BRITTAIN, BARDEEN und SHOCKLEY zu einer bedeutenden Ausweitung des Anwendungsgebietes.

Für 1956 kann man die Welt-Germaniumproduktion auf 200 t ansetzen. Für 1960 wird sie auf den zehnfachen Betrag geschätzt.

Die Verwendbarkeit des Germaniums für Halbleiterzwecke hängt von zwei Faktoren ab:

1. dem erzielten Reinheitsgrad unter Beachtung gewünschter minimaler Zusätze und
2. dem Kristallisationszustand.

a) Materialgewinnung und Reinigungsverfahren. Das Ausgangsprodukt für die Germaniumherstellung ist meist Germaniumdioxyd. Dieses wird in Germaniumhalogenverbindungen, wie beispielsweise Germaniumchlorid, übergeführt, die durch gegebenenfalls wiederholte Destillation gereinigt werden. Hierauf erfolgt mittels Wasser oder Wasserdampf eine hydrolytische Umsetzung zu dem entsprechenden Halogenwasserstoff und zu reinem Germaniumdioxyd. Die Verunreinigungen liegen dabei meist unter 10^{-7}. Dieses reine Germaniumdioxyd wird nunmehr einer elektrothermischen Reduktion mittels reinstem Wasserstoff unterzogen. Dabei muß sorgfältig beachtet werden, daß das Dioxyd völlig trocken ist und keine Salzsäure bzw. andere Halogenwasserstoffe mehr enthält.

Die Reduktion selbst verläuft stufenweise. Zunächst findet sie nur bis zum Germaniummonoxyd statt gemäß dem Schema:

$$GeO_2 + H_2 = GeO + H_2O\,.$$

Das GeO ist oberhalb 700° C flüchtig und würde mit dem Wasserdampf entweichen, wenn man die Temperatur nicht wesentlich niedriger, auf etwa 660° C, hielte. Somit bleibt das in der ersten Stufe reduzierte GeO im Ofen und kann nach dem Schema:

$$GeO + H_2 = Ge + H_2O$$

zu metallischem, allerdings feinstverteiltem Germanium reduziert werden. Infolge der besonderen, mit sehr großer Oberfläche verbundenen Abscheidungsform würde das Germanium an der Luft sofort spontan verbrennen, wenn man es nicht vorher zu kompaktem Material zusammenschmölze (Schmelzpunkt 926° C). (Will man Pulver gewinnen, so ist eine länger dauernde Glühung unterhalb des Schmelzpunktes notwendig. Dadurch findet ein teilweises Zusammensintern der kleinsten Partikelchen zu etwas größeren Einheiten statt, wodurch die Gefahr der Selbstentzündung verschwindet.)

Die Germaniumreduktion ist nur im elektrischen Ofen mit der nötigen Sauberkeit und Temperaturführung durchführbar.

Das somit gewonnene Material genügt im allgemeinen noch nicht den extremen Reinheitsforderungen, die für die Weiterverarbeitung zu Detektoren (neuerdings auch als Dioden oder Richtleiter bezeichnet) und zu Transistoren erfüllt werden müssen.

Weitere Reinigungsverfahren elektrothermischer Natur dienen diesem Zweck. Bereits das erste Erstarren aus der Schmelze nach der Reduktion kann zur Reinigung herangezogen werden. Dazu benützt man ein längliches Tiegelchen, ein sogenanntes Schiffchen, und sorgt während der

Erstarrungsperiode für einen in Schiffchenachse liegenden Temperaturgradienten. Dann findet, von dem kälteren Ende ausgehend, die Erstarrung statt und die meisten Fremdstoffe, die noch im Germanium enthalten sind, reichern sich in der Restschmelze an (Abb. 30 zeigt die grundsätzliche Arbeitsweise). Dieses gerichtete Erstarren der Schmelze stellt also dann ein Reinigungsverfahren dar, wenn man das zuletzt erstarrte Ende des Germaniumstabes abschneidet und die Verunreinigungen alle auch in dieses Ende „wandern". Letzteres ist nicht immer der Fall, da manche Stoffe im festen Germanium eine größere Löslichkeit aufweisen als im flüssigen. Diese reichern sich dann im zuerst erstarrten Ende an. Allgemein belegt man das Verhältnis der Löslichkeit eines Fremdstoffes im erstarrten Halbleitermaterial zur Löslichkeit im flüssigen mit dem Buchstaben k. Es gilt dann die Beziehung zwischen der Fremdstoffkonzentration c_s im erstarrten Teil und der Fremdstoffkonzentration c_f im flüssigen Teil: $c_s = k c_f$.

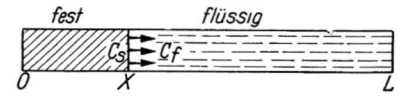

Abb. 30. Gerichtetes Erstarren einer Schmelze (Siemens)

Je nachdem, ob k kleiner oder größer als 1 ist, reichert sich der Fremdstoff im zuletzt oder zuerst erstarrenden Teil des Stabes an. k wird auch als Verteilungskoeffizient bezeichnet. Folgende Tabelle gibt die Werte von k für einige Fremdstoffe im Germanium an.

Es zeigt sich, daß die Verteilung des Fremdstoffes sich nur dann entsprechend dem betreffenden k-Wert einstellen kann, wenn die Geschwindigkeit der Erstarrungsfront längs des Stabes gerechnet nahezu null ist. Bei endlichen Geschwindigkeiten ist der Reinigungseffekt kleiner (k scheinbar näher an 1 liegend), weil sich Konzentrationsstauungen (Überhöhungen bei $k < 1$, Verarmungen bei $k > 1$) in der der Erstarrungsfront unmittelbar anliegenden geschmolzenen Schicht — infolge nicht unendlich großer Diffusionsgeschwindigkeit der Fremdstoffe in der Schmelzzone — einstellen. Man hat diesem Mangel, der die Reinigungsgeschwindigkeit energisch begrenzt, dadurch zu begegnen

Tabelle 1.
Verteilungskoeffizienten in Germanium

Fremdstoff	Verteilungskoeffizient k in Ge
Bor	10
Aluminium	0,1
Gallium	0,1
Indium	0,001
Phosphor	0,12
Arsen	0,04
Antimon	0,003
Wismut	$4 \cdot 10^{-5}$
Zinn	0,02
Lithium	0,01
Zink	0,01
Kupfer	$1,5 \cdot 10^{-5}$
Silber	10^{-4}
Gold	$3 \cdot 10^{-5}$
Nickel	$5 \cdot 10^{-5}$
Kobalt	10^{-6}
Tantal	10^{-7}
Tellur	$4 \cdot 10^{-5}$

versucht, daß man durch geeignete Mittel (elektromagnetische, mechanische oder akustische Rührung) die Diffusion durch Konvektion unterstützt [R 3, H 4].

Das Verfahren der gerichteten Erstarrung hat sich als Reinigungsverfahren nicht durchsetzen können, da man bei wiederholter Reinigung jeweils die schmutzigen Enden der Stäbe abschneiden müßte, was neben der Umständlichkeit des Verfahrens noch den sehr schwerwiegenden Nachteil nach sich zöge, daß durch das Manipulieren, wie etwa dem Öffnen des Schmelzraumes, dem Absägen usw., neue Verschmutzung kaum zu vermeiden wäre.

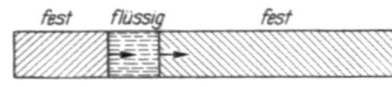

Abb. 31. Zonenschmelzverfahren (Siemens)

Ein bedeutend zweckmäßigeres Verfahren wurde von PFANN [P 1] angegeben. Dabei wird eine schmelzflüssige Zone von einem Ende bis zum anderen über den Germaniumstab geführt. Diese als „Zonenschmelzen" bezeichnete Reinigung hat sich als sehr zweckmäßig und bequem erwiesen. Man kann nämlich, ohne den Stab aus dem Schiffchen oder dem Ofen entfernen zu müssen, die Operation beliebig oft wiederholen, ja sogar hintereinander in gewissen „Respektsabständen" mehrere Zonen gleichzeitig durch den Stab laufen lassen. In Abb. 31 ist die grundsätzliche Anordnung gezeigt, und in Abb. 32 eine praktische Ausführung.

Abb. 32. Zonenschmelzen von Germanium (Siemens)

Da bei den beschriebenen Reinigungsverfahren das Material über den Schmelzpunkt erhitzt wird, muß natürlicherweise für eine entsprechende Gasatmosphäre, etwa ein Edelgas, Stickstoff oder Wasserstoff, gesorgt werden oder man arbeitet im Vakuum. Die Aufheizung der Schmelzzonen kann durch verschiedene elektrische Heizverfahren erfolgen. Man verwendet Strahlungsheizung von Widerstandsheizern aus oder Hochfrequenzheizung, die durch Induktion im Material selbst aufheizend wirkt. Als Tiegelmaterial dient reinster Kohlenstoff, z. B. als Graphit. Die Tiegelchen (Schiffchen) werden innerhalb eines Quarzrohres entweder unter den Heizeinrichtungen hinweggezogen (Abb. 33) oder sie liegen fest und die Heizer werden bewegt.

Man kann mit diesen Methoden die Reinigung bis zu Fremdstoffgehalten unter 10^{-9} treiben.

Die Reinigung allein genügt jedoch im allgemeinen nicht, um das Germanium für Dioden oder Transistoren usw., d. h. für Halbleiterzwecke, geeignet zu machen. Es sind vielmehr ganz bestimmte qualitativ und quantitativ festzulegende Beimischungen von Fremdstoffen vorzunehmen. Außerdem sind besondere Kristallformen notwendig. Die Beimischung der Fremdkörper wird meist in Verbindung mit der Erzielung der Kristallperfektion vorgenommen.

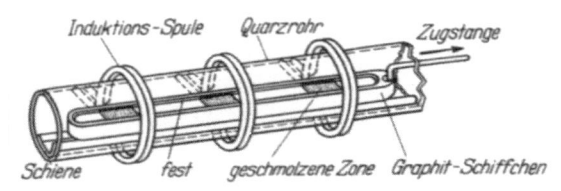

Abb. 33. Zonenschmelzapparatur (Siemens)

b) Einkristallherstellung. Aus den Reinigungsverfahren resultieren im allgemeinen polykristalline Germaniumstäbe höchster Reinheit.

In der Mehrzahl der Fälle werden für die Weiterverarbeitung Stücke ohne Korngrenzen, also Einkristalle verlangt, die ganz bestimmte Zusätze enthalten müssen[1].

Am meisten verwendet wird für die Einkristallherstellung wohl das sogenannte Czochralski-Verfahren [*C 1*].

Bei diesem Verfahren erhält man große Einkristalle, indem man einen Impfkristall von oben her in die Germaniumschmelze eintaucht und nun mit bestimmter Geschwindigkeit — z. B. von 2 mm/sek — nach oben bewegt. Dabei wird gewissermaßen ein Einkristall, der sich an den Impfling anschließt, aus der Schmelze „gezogen". Die notwendigen Zusätze werden entweder von vornherein zugegeben oder nötigenfalls, wenn sich die Zusammensetzung im Kristall ändern soll, während des „Ziehens" über geeignete Einfüllröhrchen zugegeben. Die notwendige Temperatur muß sehr genau — auf Bruchteile eines Grades — eingehalten werden können, was bei etwa 930° C Arbeitstemperatur einen ziemlichen

---

[1] Es können wegen der Natur und der Menge dieser Zusätze sowie ihrer Wirkung im Rahmen dieses Buches keine näheren Angaben gemacht werden. Es wird auf die Literatur verwiesen, z. B. [*H 3, D 1, G 1*].

Meß- und Regelaufwand bedeutet. Bei zu hoher Temperatur reißt die Kristallbildung ab, d. h., der Kristall schmilzt nach vorausgegangener Verjüngung ganz ab, bei zu niedriger Temperatur wird er zu dick und schließlich friert der ganze Tiegelinhalt ein.

Als Atmosphäre verwendet man inerte Gase, wie z. B. Argon oder Stickstoff, auch Wasserstoff ist geeignet. Vakuum wird ebenfalls mit Erfolg angewendet. In Abb. 34 ist eine derartige Einrichtung schematisch dargestellt.

Als Tiegelmaterial wird Graphit möglichst hoher Reinheit gebraucht. Eine Ausheizung im Vakuum hat sich als günstig erwiesen. Die Heizung erfolgt vielfach mittels Hochfrequenz durch Induktion, wobei man für etwa 300 g Tiegelinhalt mit einer HF-Leistung von etwa 5 kW rechnen muß. Als Frequenz nimmt man im allgemeinen etwa 100—500 kHz.

Ein Nachteil dieser Methode besteht darin, daß die Konzentration der Zusätze in der Restschmelze nicht konstant bleibt. Ist $k < 1$, so nimmt sie zu, ist $k > 1$, so nimmt sie ab. In beiden Fällen würde man also bei gleichbleibender Ziehgeschwindigkeit im Kristall längs seiner Ziehachse eine ungleichmäßige Verteilung der Zusätze erhalten. Man kann durch die Ausnützung der Abhängigkeit des Reinigungseffektes von der Ziehgeschwindigkeit einen fast vollkommenen Ausgleich erreichen.

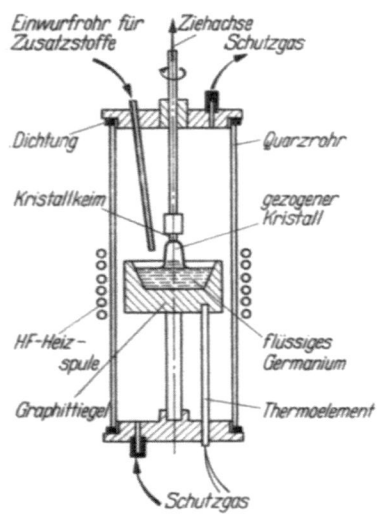

Abb. 34. Germanium-Ziehanlage (Siemens)

Die entsprechenden Verhältnisse liegen beim Zonenziehverfahren einfacher. Die Temperaturregelung ist hierbei nicht so kritisch, außerdem läßt sich viel einfacher eine konstante Fremdstoffkonzentration über die gesamte Stablänge erreichen. Man hat deshalb versucht, auch in der Zonenziehapparatur unter Verwendung einer Heizzone in einem Durchgang Einkristalle vorbestimmter Fremdstoffkonzentration zu erzielen [P 1]. Zu diesem Zweck legt man einen Impfling vor, den man nicht auf-, sondern nur anschmilzt und setzt in die Schmelzzone am Anfang den Fremdstoff zu. Es gelang auch, hiermit Einkristalle gewünschter Zusammensetzung zu erzielen, wenn man durch geeignete Maßnahmen für eine ebene Erstarrungsfront sorgt, was jedoch nicht immer ganz einfach ist, da Wand- und Oberflächen-Abkühlungs- bzw. -Aufwärmungsverhältnisse von Fall zu Fall verschieden sein können.

Auch zeitlich veränderliche Einflüsse, z. B. durch Beschlagen des Rohres mit ausgedampften Komponenten, können hierbei zu Schwierigkeiten führen.

2. Silizium

In der Halbleitertechnik hatte, wie bereits erwähnt, etwa ab 1940 das Germanium u. a. auch das Silizium abgelöst. In den letzten Jahren gewinnt jedoch das Silizium wieder an Bedeutung, nachdem es gelungen ist, auch dieses Material mit der erforderlichen großen Reinheit herzustellen, gewisse gewünschte Zusätze genau dosiert hinzuzufügen und Einkristalle großer Perfektion zu erzielen. Infolge des höheren Schmelzpunktes (1435° C) und der schlechteren Reduzierbarkeit (Siliziumdioxyd läßt sich mit Wasserstoff kaum reduzieren) erfordert die Herstellung von Silizium, das für Halbleiterzwecke geeignet ist, einen ziemlich großen Aufwand, so daß sein Preis, trotz der großen Verbreitung in der Erdrinde, noch recht hoch liegt (z. Z. bei etwa 5 bis 30 DM/g je nach Qualität). Die für Halbleiterzwecke verarbeitete Menge ist vorerst noch nicht bekannt.

a) Gewinnung. Der Hauptanteil an Halbleitersilizium wurde bis 1958 nach dem Verfahren von DUPONT (USA) gewonnen. Man geht aus von unreinem Si, das in elektrischen Reduktionsöfen aus Koks und Quarzsand im großen erzeugt wird. (Hierüber ist in diesem Buche auf den S. 207 ff. nachzulesen.) Dieses Si enthält meist noch Eisen in größerer Menge und andere Verunreinigungen. Bei höherer Temperatur (Rotglut) wird nun Chlor über das inzwischen zerkleinerte Si geleitet, wodurch sich $SiCl_4$ (Siliziumtetrachlorid) bildet. Dieses kann unschwer durch Destillation und andere chemische Methoden gereinigt werden. Es wird nun in einen elektrischen widerstandsbeheizten Ofen zusammen mit Zinkdampf höchster Reinheit eingeleitet. Die Ofentemperatur wird auf etwa 1000° C gehalten. Die Ofengefäßwandung besteht aus Quarz. Das Zink reduziert das $SiCl_4$ zu Silizium, das in Form feiner und mittlerer Nadeln, bis zu etwa 5 cm Länge, anfällt und meist an der Quarzwand aufsitzt. Daneben bildet sich Zinkchlorid, das praktisch quantitativ entweicht. Um das Silizium zu erhalten, setzt man den Ofen periodisch still und erntet den Inhalt an Si-Nadeln. Diese werden in Salzsäure gewaschen, um evtl. vorhandene Zinkreste zu entfernen, und in Wasser gespült und hierauf getrocknet. In Vakuumlichtbogenöfen, ähnlich den entsprechenden Öfen für Molybdän, Tantal oder Wolfram, können die Nadeln zu Stücken vorgeschmolzen werden.

Neben dem Dupont-Verfahren sind noch andere Methoden zur Si-Gewinnung bekanntgeworden. Bereits 1890 wurde vorgeschlagen, ohne Verwendung von Zink aus Si-Halogenverbindungen Silizium zu gewinnen, indem man diese thermisch zersetzte und das Si auf Kohle- oder Metallfäden niederschlagen ließ [L 1].

1927 wurde Si durch Reduktion von Si-Halogeniden mittels Wasserstoff gewonnen [H 2]. Als Unterlage diente Kohle, die allerdings sekundär mit dem Si zu SiC reagierte. THEUERER hat in ähnlicher Weise Si auf Tantal abgeschieden [T 2]. WILSON [W 2] zerlegt SiH_4 zu Si höchster Reinheit, indem er auf einer durch Stromdurchgang erhitzten Si-Seele abscheiden läßt. RUMMEL [R 2] arbeitet ebenfalls mit Si-Seelen.

b) Reinigungsverfahren. Das Reinigen von Silizium ist nicht so einfach durchzuführen wie von Germanium, da es bisher kein geeignetes unangreifbares Tiegel- bzw. Schiffchenmaterial gibt. Man hat daher tiegelfreie Zonenziehverfahren entwickelt [K 2]. In Abb. 35 ist eine entsprechende Anordnung schematisch dargestellt. Der zu reinigende Stab, der z. B. aus Dupont-Si-Nadeln durch Pressen und Sintern hergestellt wurde, ist zwischen zwei Fassungen eingespannt, von denen mindestens eine drehbar ist (im Bilde die obere). Mittels Hochfrequenzheizung wird eine Zone aufgeschmolzen, die in ähnlicher Weise wie beim Germanium-Zonenreinigen durch den Stab gezogen wird. Die das hochfrequente Feld erzeugende Spule ist bei der gezeigten Ausführungsform außerhalb eines mit Schutzgas (z. B. Helium oder Argon) gefüllten Quarzrohres angeordnet, das in der Nähe der Schmelzzone mit Preßluft gekühlt werden kann.

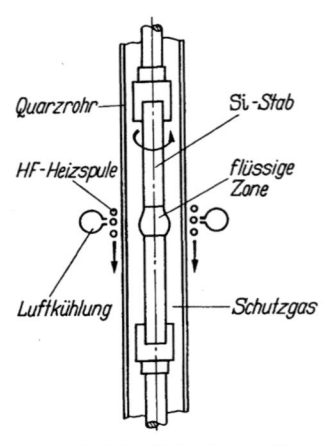

Abb. 35. Tiegelfreies Zonenziehen eines Si-Stabes (Siemens)

Die Schmelzzone kann bei diesem Verfahren naturgemäß nicht beliebig lang sein, da sonst das flüssige Silizium abtropft. Bezüglich des Reinigungseffektes gilt das bereits beim Germanium Gesagte. Nebenstehende Tabelle gibt einige Werte für k.

Tabelle 2. *Verteilungskoeffizienten in Silizium*

Fremdkörper	Verteilungskoeffizient k
Bor	0,9
Aluminium	0,004
Gallium	0,01
Indium	$5 \cdot 10^{-4}$
Phosphor	3,35
Arsen	0,3
Antimon	0,04
Zinn	0,02
Kupfer	$4 \cdot 10^{-4}$
Gold	$3 \cdot 10^{-5}$
Tantal	10^{-7}

Abb. 36 zeigt die Schmelzzone eines Si-Stabes während des Zonenreinigungsvorganges.

Neben dieser tiegelfreien Reinigungsmethode wird auch noch das Ziehen aus dem Tiegel zur Reinigung verwendet. Die Anordnung ist grundsätzlich der für Germanium in Abb. 34 gezeigten ähnlich. Als Tiegelmaterial wird Quarz verwendet. Die Aufheizung erfolgt entweder durch Widerstandsheizung über einen den Tiegel umschließenden Graphitblock entweder unmittelbar oder mittelbar durch Hochfrequenzinduktion. Das Reinigungsverfahren ist etwa dem gerichteten Erstarren vergleichbar. Man zieht einen Stab aus der Si-Schmelze und verwirft einen mehr oder weniger großen Schmelzrest. Bei wiederholter Reinigung ist das Verfahren recht umständlich. Das tiegelfreie Zonenziehverfahren ist daher meist vorzuziehen. Außerdem bringt das Schmelzen im Quarztiegel infolge Reduktion desselben durch das Si zu SiO Sauerstoff in das Material. Wenn das Quarz nicht sehr rein ist, können aus dem Tiegel auch noch weitere Verunreinigungen in das Silizium gelangen, wodurch der Reinigungseffekt recht problematisch werden kann.

Abb. 36. Schmelzzone eines Si-Stabes während der Zonenreinigung (Siemens)

c) Herstellung der Einkristalle. Ähnlich wie Germanium muß auch Silizium für Halbleiterzwecke meist zum Einkristall gezogen werden. Hierfür haben sich zwei Verfahren bewährt.

Das schon beim Germanium erwähnte Czochralski-Verfahren wird nicht nur zum Reinigen von Silizium, sondern auch zum Herstellen von Einkristallen verwendet. Dabei muß stets für eine saubere Si-Oberfläche gesorgt werden. Das Einschmelzen erfolgt meist unter Verwendung eines Deckels, um die Abstrahlverluste zu verkleinern. Nachdem das Si geschmolzen ist, ist die Strahlung wesentlich geringer, so daß dann der Deckel entfernt und der Impfling eingetaucht werden kann. Der Ziehvorgang selbst ist ganz ähnlich dem bereits für Germanium beschriebenen. Entweder wird unter Vakuum oder Schutzgas gearbeitet.

Wesentlich reineres Material erhält man mit dem zunächst wohl noch kostspieligeren tiegellosen Ziehverfahren nach Abb. 35. (Dort für Reinigen beschrieben.) Will man nach diesem Verfahren Einkristalle erzielen, so wird z. B. ein Einkristallimpfling in die obere Fassung eingesetzt und von der unteren Grenze desselben mit der Schmelzzone angefangen.

III. Elektrometallurgie der Sinterstoffe

Von

P. Koenig (Zürich)

Mit 2 Abbildungen

Die Metallurgie der Sinterstoffe hat besonders während der letzten zwanzig Jahre eine bedeutungsvolle Entwicklung durchgemacht, und stetig erobern die vielseitigen Sintererzeugnisse dank ihrer ungewöhnlichen und oft einzigartigen Eigenschaften neue Anwendungsgebiete. Die Elektrometallurgie der Sinterstoffe ist als Teilgebiet der Pulvermetallurgie zu betrachten. Sie befaßt sich mit der Nutzbarmachung der elektrischen Energie im Rahmen der Herstellung von Metallpulvern und deren thermischen Weiterverarbeitung. In diesem Zusammenhang ist jedoch zu erwähnen, daß für die Herstellung gewisser Sinterprodukte Gas allein als Wärmespender in Frage kommen kann. So wird beispielsweise in USA das billige Gas noch sehr häufig für die verschiedenen pulvermetallurgischen Prozesse erfolgreich verwendet.

Die Pulvermetallurgie befaßt sich also in erster Linie mit der Gewinnung von geeigneten metallischen Pulvern. Die Verarbeitung der Pulver erfolgt — oft im Verein mit nichtmetallischen Pulversubstanzen — durch Verpressen und Sintern. Unter Sintern versteht man das zusätzliche Verdichten und Verfestigen eines reinen Pulvers oder einer Pulvermischung durch Erhitzen unterhalb des Schmelzpunktes des Ausgangsmaterials. Auf Grund des verschiedenartigen Verhaltens und der Behandlungsweise der technisch interessanten Metallpulversysteme lassen sich die pulvermetallurgischen Erzeugnisse in fünf Gruppen einteilen (Tab. 1).

A. Die Herstellung der Pulver

Die Herstellung der Pulver erfolgt je nach der Art des Rohmaterials entweder unmittelbar aus Erz, aus Salzen oder aus geschmolzenen Metallen oder Metallegierungen, wie beispielsweise durch chemische Reduktion von Metalloxyden (Fe, Cu, W, Mo) und Chloriden (Ti, Zr), durch elektrolytische Reduktion aus wäßriger Lösung (Fe, Cu, Cr, Ag),

Tabelle 1. *Pulvermetallurgische Systeme und deren Bedeutung*

Gruppe	System	Erzeugnis
1. Nicht mischbare Metalle	Silber-Wolfram	elektrische Kontakte
	Silber-Nickel	elektrische Kontakte
	Kupfer-Blei	Lagerschalen
2. Metalle — Nichtmetalle	Chrom-Aluminiumoxyd	Schneidewerkzeuge
	Aluminium-Aluminiumoxyd	Leichtmetalle mit hoher Warmfestigkeit
	Kupfer-Graphit	Bürsten für elektrische Motoren
	Eisen-Keramik	Kerne aus magnetischem Pulver
3. Metalle mit hohem Schmelzpunkt	Wolfram	Glühfäden
	Molybdän	Widerstands-Heizelemente
4. Stoffe mit besonderen Eigenschaften		
a) Stoffe mit kontrollierbarer Porosität	Bronze	Lager
	Rostfreier Stahl	Filter
b) Hartmetalle	Wolframkarbid-Kobalt	Hartmetallschneiden, Matrizen, Ziehsteine usw.
c) Feinstpulver mit Kunststoff verpreßt	Eisen und Permalloy-Kunststoff	Mikropulvermagnete
5. Massenherstellung von Fertigteilen ohne mechanische Nachbearbeitung	Eisen	Konstruktionsteile, Ringe, Zahnräder, Waffenteile
	Stahl	Maschinenteile, Pumpenräder
	Stahl mit Bronze getränkt	
	Speziallegierungen	Magnete

durch Zerstäuben flüssiger Metalle und Legierungen (Fe, Fe-Legierungen, Cu, Messinge, Bronzen), durch Zersetzung von Karbonylverbindungen (Fe, Ni) und durch mechanisches Pulverisieren (Ni–Fe, Al–Fe, Al). Es erübrigt sich hervorzuheben, daß die Verwendung von elektrischer Energie für verschiedene der erwähnten Methoden von grundsätzlicher Bedeutung ist.

Zur Reduktion von Eisen- und Kupferoxyd werden z. B. Widerstandsöfen benützt, die Aufnahmeleistungen bis zu 150 kW besitzen. Diese Öfen sind mit Heizelementen aus Kanthal (Fe–Cr–Al-Legierung), Chromnickel oder Siliziumkarbid ausgerüstet und arbeiten mit Betriebstemperaturen bis zu 1100° C. Als Reduktionsmittel werden vorgewärmter Wasserstoff, Generatorgas oder teilweise verbranntes Naturgas verwendet. Die Reduktionsöfen zeichnen sich durch ihre langgestreckte Bauform (Länge bis 30 m) und durch ihren verhältnismäßig kleinen Querschnitt aus. Ihre Produktionskapazität an reduziertem Pulver kann 5 bis 10 t je Tag betragen.

Sobald ein Pulver die gewünschten Eigenschaften (z. B. chemische Zusammensetzung; Größe, Größenverteilung und Form der Pulverteilchen) besitzt, wird es in Formen unter einem Druck, der in der Regel zwischen 0,8 und 14 t/cm² gewählt wird, verpreßt und anschließend gesintert.

B. Das Sintern

Eine Faustregel besagt, daß die anzustrebende Sintertemperatur eines verpreßten Metallpulvers $^2/_3$ bis $^7/_8$ der eigentlichen Schmelztemperatur des Pulvers betragen soll. Handelt es sich jedoch um das Sintern von Preßlingen aus hochschmelzenden Metallpulvern, dann wird unmittelbar unter der Schmelztemperatur des Pulvers gesintert.

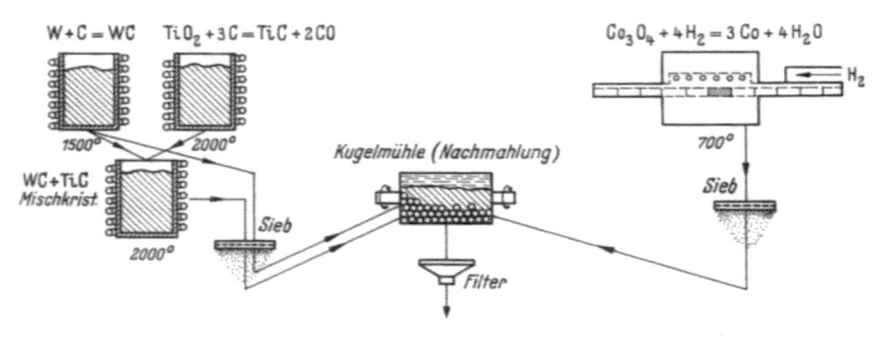

a) Herstellung der Pulver

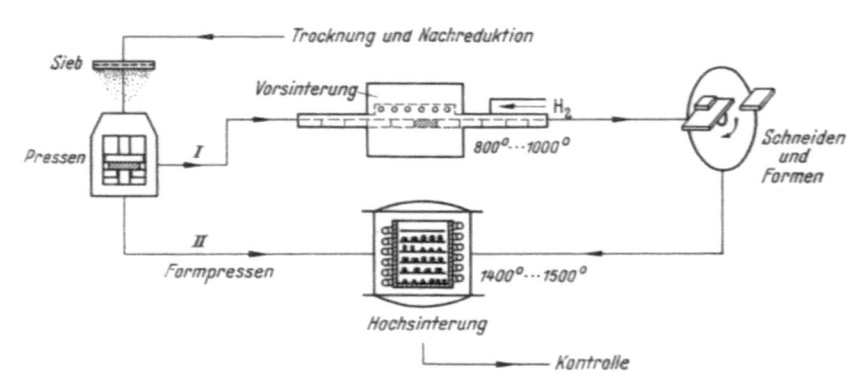

b) Verarbeitung der Pulvermischung

Abb. 1. Schematischer Herstellungsgang von Sinterhartmetall (nach KIEFFER u. SCHWARZKOPF [K 3])

Tabelle 2. *Gebräuchliche Sintertemperaturen*

	°C
Aluminium (oxydiertes Aluminiumpulver)	550—600
Messinge und Bronzen	650—850
Kupfer und hochschmelzende Kupferlegierungen	750—1050
Eisen-, Nickel- und Kobaltlegierungen	1000—1400
Feuerfeste Materialien	1200—1500
Hartmetalle	1400—1600
Schwerschmelzbare Metalle	2000—3000

Für Temperaturen bis zu 1050° C kommen sowohl elektrische als auch gasbeheizte Öfen in Frage. Die in den elektrischen Öfen eingebauten Heizelemente bestehen vorzugsweise aus Chromnickel oder Kanthal. Für Temperaturen bis zu 1350° C werden die Öfen mit Silitstäben (Siliziumkarbid) und im Temperaturbereich zwischen 1000 und 2000° C mit Widerständen aus Molybdän ausgerüstet. In selteneren Fällen gelangt auch Platin zur Anwendung. Im Gegensatz zu den Widerstandsöfen gestatten die Hochfrequenzöfen eine bedeutend freiere Wahl der Sintertemperaturen bis zu 2000° C. Die Möglichkeit einer direkten Erhitzung des Sinterguts wird in den Hochfrequenzöfen nicht ausgenützt, weil durch die induktive Erwärmung ungleichmäßige und unkontrollierbare

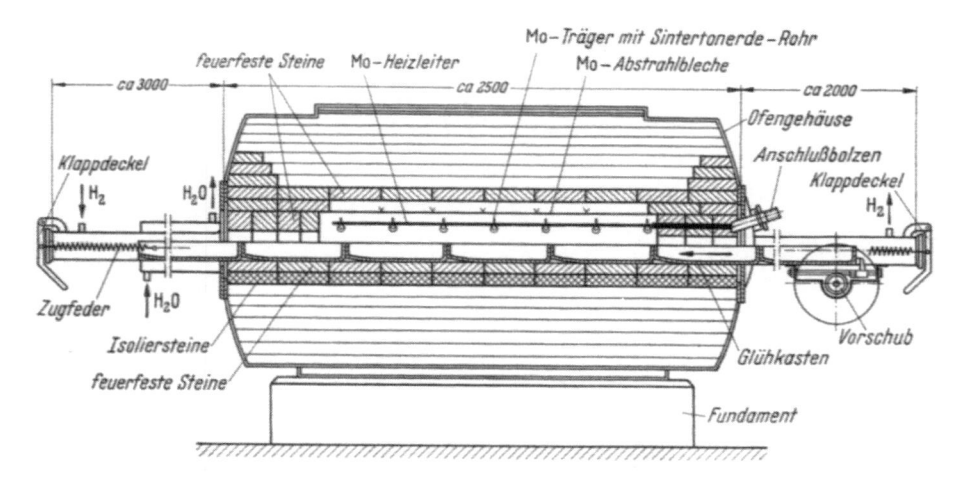

Abb. 2. Schematische Darstellung eines Durchsatzofens mit Molybdänheizleiter für Sintertemperaturen bis 1350° C (nach KIEFFER u. HOTOP [K 2])

Temperaturen im Einsatz hervorgerufen werden. Deshalb benützt man induktiv beheizte Graphit- oder Kohlenrohre als Wärmestrahler. Im übrigen sind die für Sinterzwecke gebräuchlichen Hochfrequenzöfen ähnlich wie die Hochfrequenzschmelzöfen aufgebaut. — In Fällen, wo die Anwesenheit von Kohlenmonoxyd die Sintervorgänge nicht beeinflußt, kann auch zu Kohlenrohrkurzschlußöfen gegriffen werden. Dieser Ofentyp, der in USA weniger verbreitet ist als in Europa, läßt ebenfalls Betriebstemperaturen bis 2000° C zu. Handelt es sich um das Dichtsintern von Wolfram und Molybdän, wo Temperaturen bis 3000° C notwendig werden, so greift man zur sog. Sinterglocke. In diesem Sintergerät wird unter einer wassergekühlten Eisenhaube das in Stabform verpreßte Material direkt als Heizleiter benützt und mit hoher Stromdichte und unter Wasserstoff gesintert.

Tabelle 3. *Sinteröfen und deren Eigenschaften*

Ofenart	Art der Heizung bzw. Heizleiter	Arbeitstemperaturen °C	Ofeneigenschaften	Anwendungsgebiete
Diskontinuierlich arbeitende Öfen				
Kammerofen	Fe–Cr–Al	600—1050	Stromverbrauch 300—400 kWh/100 kg Einsatz; Nutzraum 1 m³	Sintern von Eisenlegierungen und von porösen Lagern
Tiegelofen	Gas Chromnickel (Mo)	bis 1100 (bis 1400)	gleichmäßige Erhitzung und langsame Abkühlung des Einsatzes	Sintern von Nichteisenmetallen und Eisen
Haubenofen	Wendeln aus Cr–Ni, Fe–Cr–Al	bis 1100	Betrieb mit Schutzgas; 150 bis 200 kWh/100 kg Einsatz	Sintern von großen Formstücken aus Fe-Legierungen, Sintern von porösen Lagern
Tief- oder Muldenofen	Bänder aus Fe, Mo	1050—1400	Reguliertransformatoren nötig	Sintern von großen Blöcken z. B. aus Karbonyleisen
Silitstabofen	Stäbe aus Siliziumkarbid	1250—1350	für Laboratoriumszwecke geeignet	Reduktion von Metalloxyden, Sintern kleiner Formen
Kohlenrohrkurzschlußofen	Kohlenstoff	bis 2000	für Betrieb in Vakuum geeignet	Sintern von Hartmetallegierungen, Herstellung von Metallkarbiden und Hartstoffen
Hochfrequenz-Induktionsofen	induktive Beheizung von Kohlenstoff	etwa 2000	Nutzleistung theoretisch unbeschränkt; für Vakuumbetrieb geeignet	Sintern von Hartmetallegierungen, Herstellung von Metallkarbiden und Hartstoffen
Sinterglocke	Sintergut (W, Mo)	bis 3200	Betrieb mit Schutzgas	Sintern von schwerschmelzbaren Metallen
Kontinuierlich arbeitende Öfen				
Förderbandofen	Cr–Ni, Fe–Cr–Al	bis 1100	Transport des Sinterguts auf hochwarmfesten Förderbändern; allseitige Heizung	Sintern von Maschinenteilen aus Sintereisen
Hubbalkenofen	Mo, auch Fe–Cr–Al und Silitstäbe	1000—1300	Transport von Sinterkästen durch Hebemechanismus; hohe Betriebssicherheit	Sintern von Eisen, auch poröse Lager aus Bronze, Magnetlegierungen und Hartmetallegierungen

Das Sintern

Tabelle 3 (Fortsetzung)

Ofenart	Art der Heizung bzw. Heizleiter	Arbeits- temperaturen °C	Ofeneigenschaften	Anwendungsgebiete
Stoßofen	Mo	bis 1400	stoßartiger Transport von Sinterkästen; 80—120 kWh/ 100 kg Einsatz	Anwendungs- gebiete wie für Hubbalkenofen
Vertikaler Stoßofen	Mo	bis 2000	Betrieb mit Schutzgas; Durchsatz etwa 350 kg/Tag	Sintern von Hartmetallegie- rungen, Herstel- lung von Ver- bundmetallen, Metallkarbiden und Hartstoffen
Vertikalofen mit Doppel- heizung[1]	Induktions-und Widerstands- heizung	bis 3000	300 kW Leistung	Sintern von Mehrstoffkarbi- den

Auf Grund der Bauweise und Aufgabe der Sinteröfen lassen sich zwei Ofenklassen unterscheiden: Anlagen für intermittierenden und solche für kontinuierlichen Betrieb.

Die Öfen für *intermittierenden* Betrieb eignen sich besonders zur Herstellung kleiner Serien von Sinterprodukten. Sie zeichnen sich dank der vereinfachten Bauweise durch ihre Anpassungsfähigkeit für die ver- schiedensten Verwendungszwecke im Sintereibetrieb aus. Zu dieser Ofen- klasse gehören die Tiegel-, Kasten-, Muffel- und Rohröfen sowie die neu- zeitlichen Hochfrequenzöfen und die Sinterglocke.

Die *kontinuierlich* arbeitenden Öfen sind für die Serienherstellung von Sinterprodukten, wie poröse Lager, Maschinenteile aller Art aus Sinterstählen usw. entwickelt worden. Sie weisen eine gedrängte und langgestreckte Bauform auf und sind gewöhnlich in drei Temperatur- zonen unterteilt. In der Ofenmitte ist die eigentliche Sinter- oder Heiß- zone, und an den beiden Enden befinden sich die Wärmeaustauschzonen ohne Heizung. Diese Öfen besitzen gegenüber den intermittierend arbeitenden Anlagen, abgesehen von der größeren Stückleistung, folgende Vorteile: 60—80% geringerer Energieverbrauch je 100 kg Einsatz, glei- cher Temperaturzyklus für jeden einzelnen Preßling und gleichmäßigere Temperaturverteilung am Sintergut.

Eine Anzahl gebräuchlicher Sinteröfen und deren Eigenschaften sind in Tab. 3 aufgeführt.

---

[1] Ein von R. KIEFFER (Amer. Inst. Min. Met. Engrs., 15. Dez. 1948) entwik- kelter Ofen, beheizt durch ein kurzgeschlossenes Graphitrohr mit zusätzlicher Licht- bogenbeheizung über Kohlengrieß.

C. Heißpressen

Beim Heißpressen wird das lose Pulver in einem Arbeitsgang gepreßt und gesintert. Die auf diesem Wege hergestellten Sinterkörper zeichnen sich gegenüber dem gepreßten und anschließend gesinterten Gut durch höhere Dichte, bessere Festigkeitseigenschaften und durch größere Formgenauigkeit aus.

Je nach dem Verhältnis zwischen Preßdruck und Preßtemperatur unterscheidet man ferner zwischen Drucksinterung (Druck bis 10 t/cm^2, Temperatur unter 1000° C) und eigentlichem Heißpressen (kleiner Druck, Temperatur bis 1800° C). Während bei der Drucksinterung hauptsächlich metallische Heizkörper und Preßformen gebräuchlich sind, kommen beim Heißpressen in der Regel Graphitformen zur Anwendung. Diese werden entweder durch Widerstandsheizung oder durch induktive Beheizung auf die notwendige Preßtemperatur gebracht. In gewissen Fällen dient auch die Preßform direkt als Widerstandskörper. Zur Drucksinterung greift man bei der Herstellung von Verbundmetallen, Lagerlegierungen und neuerdings von Sinteraluminium. Sinteraluminium stellt einen Werkstoff mit ausgezeichneten Warmfestigkeitseigenschaften dar und wird aus oberflächlich oxydiertem, äußerst feinem Aluminiumpulver gewonnen. Heißgepreßt werden vor allem Hartmetallegierungen sowie auch Diamantlegierungen.

D. Das Tränkverfahren

Eine dritte Methode zur Herstellung von porenfreien Körpern liegt im Tränkverfahren vor. Dieses Verfahren wird dann angewendet, wenn es sich um die Erzeugung eines Verbundstoffes aus nicht mischbaren Komponenten handelt. Dabei hat mindestens eine der Komponenten ein verhältnismäßig leicht schmelzbares Metall oder Metallegierung zu sein.

Zuerst wird aus dem Pulver mit höherem Schmelzpunkt ein poröser Sinterkörper hergestellt, der gewöhnlich in einem zweiten Arbeitsgang, oft im Vakuum, mit einem flüssigen Metall getränkt wird. Dank der nicht mischbaren Komponenten und der im porösen Sinterkörper herrschenden Kapillarkräfte kann das flüssige Tränkmetall mit seinem tieferen Schmelzpunkt die Hohlräume des festbleibenden Körpers vollständig ausfüllen.

Auf diesem Wege hergestellte Verbundstoffe sind z. B. auf den Systemen Eisen–Kupfer, Eisen–Bronze und Wolfram–Silber aufgebaut, wobei Eisen und Wolfram die Tränkkörper bilden. Weitere Systeme sind in Tab. 1 aufgeführt.

Für das Tränkverfahren können dieselben Öfen wie für das einfache Sintern verwendet werden.

E. Schutzgasatmosphären

Für die meisten Sintervorgänge ist die Anwendung von Schutzgas unerläßlich. Dem Schutzgas fallen im allgemeinen drei Aufgaben zu: einmal Schutz der porösen Preßlinge vor Oxydation, dann Reduktion von unerwünschten Oxyden— oft sind Metallpulver oberflächlich leicht oxydiert — und schließlich physikalisch-chemische Beeinflussung der Sintervorgänge.

Außer Vakuum besitzen die folgenden Sinteratmosphären technische Bedeutung: Wasserstoff, gespaltenes Ammoniak, Generatorgas und teilweise verbrannte Kohlenwasserstoffe. In USA werden hauptsächlich das reichlich vorhandene Naturgas sowie Methan und Propan zur Gewinnung von zwei Arten Schutzgas verwendet. Die eine Gasart wird durch exothermische Verbrennung erzeugt. Gleichgültig, ob das eine oder das andere Rohgas dazu benützt wird, das anfallende Schutzgas enthält durchweg einen gewissen Anteil Kohlendioxyd und weist im allgemeinen eine stets gleichbleibende chemische Zusammensetzung auf. Dieser Art von Schutzgas wird jene gegenübergestellt, welche durch endothermische Verbrennung unter Benützung eines Kohlekatalyts bei 1100° C erzeugt wird. Entsprechend der BOUDOUARDschen Theorie des Gleichgewichts zwischen Kohlendioxyd und Kohlenmonoxyd ist das auf diese Weise hergestellte Gas frei von Kohlendioxyd.

Nach statistischen Angaben, welche die Metal Powder Industry Federation in New York freundlichst zur Verfügung stellte, wurden 1958 875 Millionen Einzelteile aus gesintertem Eisenpulver, entsprechend einem Gewicht von rund 22000 Tonnen hergestellt. Die Zahl der hergestellten Teile war etwa 60% höher als im Jahre 1954 und ist im Ansteigen begriffen. Es ist jedoch hierzu zu bemerken, daß man sich aus den genannten Zahlen noch kein ganz zutreffendes Bild von der Leistung der amerikanischen Sintermetallindustrie machen kann, weil das durchschnittliche Gewicht der Einzelteile einen stetigen Anstieg zeigt und weil die Zahl der gesinterten Einzelteile aus Nichteisenmetallen, wie sie z. B. für selbstschmierende Lager oder für Schneidwerkzeuge (Hartmetalle) verwandt werden, z. Z. noch nicht durch die Statistik erfaßt werden kann. In Anbetracht der mit der Verwendung von Sinterprodukten erzielbaren Einsparung an Bearbeitungsunkosten einerseits und der mit Hilfe der Sinterprozesse möglich gewordenen Herstellung von Werkstoffen mit neuartigen oder verbesserten Eigenschaften anderseits ist zu erwarten, daß sich die Produktion von Sinterstoffen auf der ganzen Welt zu einem unentbehrlichen Zweig der metallverarbeitenden Industrie entwickeln wird.

IV. Die technische Herstellung von Siliziumkarbid

Von

M. Schaidhauf (München)

Mit 3 Abbildungen

Der Amerikaner ACHESON hat als erster im Jahr 1891 kristallisiertes Siliziumkarbid (SiC) im Laboratorium hergestellt, welches sich für Schleifzwecke brauchbar erwies. Er kam zur Synthese des kristallisierten SiC bei seinen Versuchen, künstliche Diamanten im Lichtbogen zu erzeugen durch Auflösen und Auskristallisieren von Kohlenstoff in einer Schmelze von Silikaten. In der Schmelze befanden sich unter anderem Kristalle mit sehr hoher Lichtbrechung und außerordentlicher Härte. Die Untersuchung ergab, daß es sich nicht um Diamanten handelte, sondern um SiC-Kristalle.

ACHESON erkannte sogleich den Wert seiner Erfindung und stellte aus Quarz und Kohle in einem kleinen Ofen täglich einige hundert Gramm der Kristalle her, die ihm angeblich in New York zum Preis von 1600 Dollar je kg abgenommen wurden.

Noch ehe die Chargenzusammensetzung genauer ausgearbeitet war und ehe gültige Analysen vorlagen, glückte es ACHESON, Interessenten zu finden zur Errichtung einer Fabrik. Der neuerrichtete Betrieb „The Carborundum Company" in Niagara Falls konnte 1895 anlaufen. Er befaßte sich nicht nur mit der Herstellung von SiC, sondern auch mit der Verarbeitung dieses SiC zu Schleifscheiben usw. und hat in der folgenden Zeit Weltgeltung erlangt. Dieser Entwicklungszeit waren natürlich vorausgegangen grundlegende Forschungsarbeiten über den SiC-Prozeß. Diese Arbeiten wurden unter der Leitung von MÜHLHÄUSER durchgeführt.

Heute beläuft sich die Weltproduktion in SiC auf etwa 170000 t je Jahr. Die Leistung der größten Ofentypen beträgt heute 20—30 t je Charge.

Der Preis beträgt für erstklassiges SiC, geeignet zur Herstellung von Schleifscheiben usw., etwa 2 DM/kg.

A. Bildungsweise

Die Bildung des SiC erfolgt nach der Bruttoformel $SiO_2 + 3C = SiC + 2CO$.
Die Bruttogleichung gibt natürlich nur das Endresultat des Prozesses an. Der Reaktionsverlauf ist zweifellos komplizierter. Es kommen für denselben folgende Prozesse in Betracht:

$$SiO_2 + 2C = Si + 2CO,$$
$$Si + C = SiC,$$
$$SiO_2 + C = SiO + CO,$$
$$SiO + 2C = SiC + CO,$$
$$SiO_2 + 2SiC = 3Si + 2CO,$$
$$SiO_2 + SiC = SiO + Si + CO.$$

Zur technischen Durchführung des SiC-Prozesses ist eine Temperatur von etwa 2300° C nötig, die nur im elektrischen Ofen erzeugt werden kann.

B. Physikalische Eigenschaften von SiC

Struktur. SiC kristallisiert in stark glänzenden, mehrere mm bis mehrere cm großen, meist 6seitigen Blättchen und Nadeln. Zur Zeit unterscheidet man bereits 13 SiC-Modifikationen. In der Hauptsache scheint es sich um hexagonale, kubische und rhomboedrische Strukturen zu handeln.

Farbe. Vollkommen reines SiC ist farblos. Technisch reinstes SiC ist nur äußerst schwach gefärbt (mit einer Nuance nach grau, grün oder bläulich). Im allgemeinen ist jedoch die Farbe des technisch hergestellten SiC im durchfallenden Licht grün, grau oder hell- bis dunkelblau. Die dunkelgrauen und die dunkelblauen Kristalle erscheinen im auffallenden Licht häufig schwarz.

Bis vor kurzem wurde angenommen, daß die Grünfärbung von einem Gehalt an Eisen herrühre. Auf Grund einer interessanten Arbeit von LELY (Eindhoven) [L1] ist der Beweis erbracht, daß die Grünfärbung bei reinen SiC-Kristallen durch Aufnahme von kleinen Mengen Stickstoff herrührt (10^{-4} bis $10^{-3}\%$). Läßt man den Stickstoffgehalt bis auf etwa 0,08% ansteigen, so erhält man fast schwarze Kristalle.

Unbehandelte SiC-Stücke zeigen vielfach auch sogenannte „Anlauffarben", welche von hellblau nach orange, karminfarben, grün und dunkelblau wechseln. Es handelt sich dabei um Interferenzfarben, welche entstanden sind infolge Auflagerung von mikroskopisch dünnen Schichten aus SiO_2. Verursacht ist diese Auflagerung von SiO_2 durch Einwirkung von Luft auf heißes SiC. Bei Behandlung dieser SiC-Stücke mit HF verschwinden die Interferenzfarben infolge der Ablösung des mikroskopischen SiO_2-Überzuges. Es kommt dann die Eigenfarbe des SiC — grün, grau, blau, schwarz — zum Vorschein.

Lichtbrechung. Der Lichtbrechungsindex von SiC ist sehr hoch, sogar höher als der von Diamant.

Über die optischen Eigenschaften von reinem und verunreinigtem SiC berichten LELY und KRÖGER [*L* 3]:

SiC $\quad n = 2{,}654$ THIBAULT [*T*], D'ANS und E. LAX [*A*], Chemicals Engineers Handbook [*C* 2],

Diamant $n = 2{,}4137$ KOHLRAUSCH [*K*].

Spezifisches Gewicht: 3,21.

Schmelztemperatur. Bei gewöhnlichem Druck ist SiC nicht schmelzbar. Es erleidet eine Dissoziation in Si und C bei einer Temperatur von etwa 2300° C, also bei einer Temperatur, die in der Nähe der Herstellungstemperatur des SiC liegt. Bei dieser Zersetzung zeigen sich keine Anzeichen des Schmelzens. Das Si entweicht in Dampfform. Der als Graphit zurückbleibende Kohlenstoff hat genau die gleiche Form der ursprünglichen SiC-Kristalle, besteht aber aus feinsten Einzelkriställchen, die bei leichtem Druck auseinanderfallen (Pseudomorphie). Außerdem findet bei der Zersetzungstemperatur auch gleichzeitig eine teilweise Sublimation von SiC statt (RUFF und KONSCHAK [*R*]).

Eigenartig ist die Feststellung, daß bei der SiC-Erzeugung gelegentlich Stellen entstehen, welche auf eine vorübergehende Plastizität schließen lassen.

Härte. Die Härte der Kristalle beträgt zwischen 9 und 10 nach der Mohs'schen Skala, die Mikrohärte, bestimmt nach KNOOP, 2500—2800. Dabei wurden die höheren Werte für die Härte beim dunklen SiC festgestellt, während das grüne SiC sich zwar spröder, aber weniger hart zeigte als das dunkle Material.

SiC ist sehr spröde, hat einen nuscheligen Bruch, durchweg mit scharfen Kanten. Ausgezeichnete Abrieb- und Erosionsfestigkeit.

Ausdehnungskoeffizient. Bei $20—1000°$ C $5{,}2 \cdot 10^{-6}$ linear.

Außerordentliche Widerstandsfähigkeit gegenüber schroffem Temperaturwechsel. 1400° heißes SiC kann in kaltem Wasser abgeschreckt werden, ohne abzuplatzen und ohne Risse zu bekommen.

Wärmeleitfähigkeit.

Bei $\;\;500°\;\;17{,}6$ kg cal/m Std./° C
,, $\;\;900°\;\;13{,}6\;$,, $\qquad$,, $\qquad$,,
,, $1300°\;\;\;\;9{,}9\;$,, $\qquad$,, $\qquad$,,

Elektrische Leitfähigkeit. Die elektrische Leitfähigkeit des SiC ist bei gewöhnlicher Temperatur mäßig. Sie erhöht sich mit steigender Temperatur und namentlich bei Erhöhung der elektrischen Spannung (spannungsabhängiger Widerstand). Über die elektrischen Eigenschaften von hexagonalem SiC, welches mit N, B oder Al verunreinigt ist, berichten LELY und KRÖGER [*L* 4]. Es handelt sich bei dieser Arbeit im wesentlichen um Kristalle der n-Type und der p-Type.

C. Chemische Eigenschaften

Säuren. Widerstandsfähig gegen alle Säuren in konzentriertem oder verdünntem Zustand.

Alkali. Alkalien sind in gelöstem Zustand ohne Einwirkung auf SiC.

Geschmolzene Alkalien und auch geschmolzene Alkalisalze schwacher Säuren zersetzen SiC unter Bildung von Silikaten, Karbonaten usw. und evtl. unter Ausscheidung von Kohlenstoff.

Metalloxyde. Metalloxyde wirken bei höherer Temperatur oxydierend auf SiC. In geschmolzenem PbO löst es sich beispielsweise unter Zersetzung leicht auf. Das gleiche gilt für Pb-Chromat. Die leichte Löslichkeit des SiC in geschmolzenem Bleioxyd wird benützt bei der Analyse des SiC.

Chlor wirkt bei 600° langsam, bei höherer Temperatur rasch zersetzend unter Bildung von $SiCl_4$ und C ein.

O_2 *und Luft* wirken auf SiC nur sehr langsam oxydierend ein, und zwar erst bei Temperaturen über Rotglut.

Wasserdampf wirkt ebenfalls oxydierend in ähnlicher Weise wie Sauerstoff oder Luft.

Technisches SiC hat im allgemeinen einen Gehalt von etwa 98% SiC. Der Rest besteht aus Beimengungen von SiO_2, C, Si, Fe, Al, Ca, Mg.

D. Rohmaterialien zur Herstellung von SiC

Die für die SiC-Fabrikation verwendeten Rohmaterialien sind reinster Quarz in Form von Quarzsand oder Quarzstücken, Petrolkoks, Sägemehl und Salz. Sämtliche Materialien sollen möglichst frei von Verunreinigungen sein. Als Verunreinigungen kommen in Betracht alle Metalle und Schwefel.

Quarzsand wird im allgemeinen feucht mit einem Wassergehalt bis 5% verarbeitet.

Stückquarz wird auf etwa 3 mm vermahlen. Das mehlfeine Pulver wird entfernt.

Petrolkoks darf keine zu großen Mengen an flüchtigen Bestandteilen enthalten, da er sonst Veranlassung zu Schwierigkeiten beim Vermahlen gibt.

Kalzinierter Petrolkoks gibt leicht Veranlassung zum Blasen der Öfen, eine Erscheinung, die höchst unerwünscht ist.

Sägemehl wird zugegeben, um die Mischung locker zu halten und die Entgasung der in Reaktion befindlichen Mischung zu fördern.

Salz wird zugegeben, um die äußersten, nicht reagierenden Massen der Ofenfüllungen etwas kompakt zu gestalten, so daß der Abbau erleichtert wird.

Nach CHAMBERS [C 1] wird das Salz der Rohmaterialmischung beigemischt, um die oberflächlichen Verunreinigungen in einen Schmelzfluß zu überführen.

Sämtliche Rohmaterialien unterliegen ständiger analytischer Kontrolle, da, wie schon erwähnt, von der Reinheit der Rohmaterialien viel für das Gelingen einer guten SiC-Produktion abhängt.

Die auf 2—5 mm zerkleinerten Ausgangsmaterialien passieren elektromagnetische Scheider zur Entfernung von metallischem Eisen, das bei dem Aufbereitungsprozeß durch die Zerkleinerungsmaschinen in das Mahlgut gelangen kann. Dann werden sie abgewogen und nach gründlicher Durchmischung in Silos aufgegeben.

Die Zusammensetzung der Mischung wird auf Grund der Formel $SiO_2 + 3C = SiC + 2CO$ errechnet. Dabei ist natürlich der Wassergehalt des Quarzes und des Kokses zu berücksichtigen. Der Zusatz des Sägemehls schwankt zwischen 3 und 10% der Mischungsmenge. Er ist bei kalziniertem Petrolkoks höher als bei Koks mit relativ viel flüchtigen Bestandteilen. Der Salzzusatz beträgt etwa 1—2% des Mischungsgewichtes.

E. Der SiC-Ofen

Der SiC-Ofen ist ein elektrischer Widerstandsofen mit einem feuerfesten Bett von 5—20 m lichter Länge (Abb. 1, 2 und 3). Wie aus Abb. 1 ersichtlich ist, sind nur die Ofenköpfe festgemauert. Sie tragen

Abb. 1. Schematische Darstellung eines Siliziumkarbid-Ofens

die Elektroden. Die Elektroden sind mit dem umgebenden Mauerwerk fest verbunden. Die Längswände der Öfen bestehen aus mehreren nebeneinandergesetzten Einheiten von Eisenkonstruktionen, die gegeneinander isoliert sind. Sie können mit dem Kran zwecks Aufbau und Abbau des Ofens leicht transportiert werden. Die Füllung des Ofens erfolgt mit Hilfe von Füllkübeln oder durch Transportbänder usw.

Die Stromzuführung erfolgt an beiden Ofenenden durch die an den Köpfen montierten Elektroden. Die Elektroden ragen über die Ofenköpfe hinaus und sind mit Hilfe von Elektrodenfassungen an die Sekundärleitungen der Transformatoren angeschlossen. Die stromführenden Kupferschienen werden versenkt zu beiden Seiten des Ofens oder unter dem Ofen durchgeführt.

Die Transformatoren müssen in weiten Spannungsgrenzen regulierbar sein. Sie müssen außerdem so ausgelegt sein, daß bei jeder in Frage kommenden Spannung resp. Stromstärke die gleiche Energiemenge in kW abgegeben werden kann. Wechselstrom mit 50 Perioden je Sekunde.

Die Sekundärspannung beträgt beim Beginn des Prozesses je nach der Ofenlänge und nach der Ofenfüllung 200—450 V und am Ende des Prozesses 80—200 V.

Der Ofenbetrieb ist intermittierend und arbeitet in Gruppen von je vier Öfen und einem Transformator mit Reguliervorrichtung. Es kann also in jeder Gruppe zu ungefähr gleicher Zeit ein Ofen gefüllt werden, einer wird vorgerichtet, einer kühlt ab und einer steht unter Strom. Auf diese Weise ergibt sich ein Tag und Nacht durchlaufender Betrieb.

Gut geführte Öfen nehmen nach dem Einschalten in wenigen Minuten die maximale Energie auf. Diese wird durch entsprechende Spannungsregulierung über die ganze Belastungsdauer beibehalten.

Da die Ofenverhältnisse (Abmessungen, Energieverhältnisse, Ofenfüllung usw.) und auch die Arbeitsweise in den einzelnen Betrieben sehr verschieden sind, lassen sich darüber allgemeingültige Angaben nicht machen. Wir geben deshalb die nachfolgenden Zahlenangaben, die der neueren Literatur entnommen sind, unverändert wieder (D. M. LIDELL [L 2], PERRY [P]).

Zahlenangaben über einen typischen Siliziumkarbid-Ofen (1945)

Mittlere Leistung	1500	kW
Länge	12	m
Querschnitt des Bettes	4	m²
Querschnitt des Kernes (Graphit)	0,3	m²

Vier Graphitelektroden, zwei auf jeder Seite, jede 750 cm² Querschnitt.

Anfangsspannung	330 V
Anfangsstrom	4300 A
Endspannung	200 V
Endstrom	7500 A

Zusammensetzung der Ofenfüllung:

Koks	6,75	t
Sand	11	t
Sägemehl	1,5	t
NaCl	0,3	t
	19,55	t

Daraus ergeben sich gemäß der Umsetzungsgleichung $SiO_2 + 3C = SiC + 2CO$ theoretisch 54% = 10,5 t SiC, praktisch etwa 8,5 t.

Da die Umsetzung *36 Stunden dauert*, werden $5,4 \cdot 10^4$ kWh verbraucht, also ~ 6,4 kWh/kg SiC. Davon sind aber nur 75% erste Qualität. Daher muß man mit 8,5 kWh/kg für erste Qualität rechnen.

F. Ofenfüllung und Ofenbetrieb

Nach Aufstellung der Längswände wird der Ofen mit der Rohmaterialmischung bis etwa in Elektrodenhöhe gefüllt. Dann werden parallel zu den inneren Elektrodenenden senkrecht stehende Eisenbleche, welche an den beiden Kanten mit je einem Falz versehen sind, im Abstand von etwa 5 cm vor jeder Elektrode aufgestellt. Der entstandene Zwischenraum zwischen den inneren Elektrodenenden und jedem zugehörigen Eisenblech wird mit Kokspulver ausgestampft, damit die Rohmaterialmischung nicht direkt mit den Elektroden in Berührung kommt.

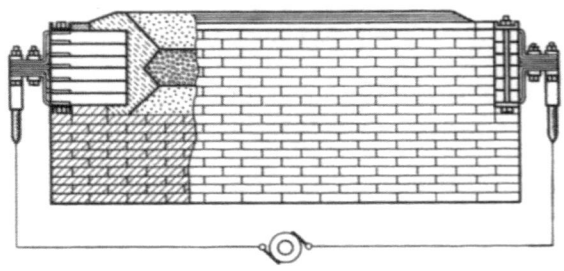

Abb. 2. Transportable Seitenwände eines Siliziumkarbid-Ofens

Hierauf werden auf die bis etwa in Elektrodenhöhe eingefüllte Materialmischung zwei Blechwände gestellt, die von dem einen Elektrodenende bis zum anderen Elektrodenende reichen. Der Abstand dieser beiden Bleche zueinander entspricht der Breite des Leitkerns, welcher die eine Elektrode mit der anderen Elektrode verbindet. Der zwischen den beiden Blechen entstandene Zwischenraum wird mit Graphitstücken ausgefüllt. Die Graphitfüllung stellt die elektrisch leitende Verbindung zwischen den Elektroden, den sogenannten „Kern", her. Es wird dann mit dem Aufgeben der Mischung fortgefahren, bis der „Kern" von Mischung überdeckt ist. Nachdem mit Hilfe des Krans die Kernbleche entfernt sind, wird der Ofen weiter mit Rohmaterialmischung beschickt, bis er voll ist und die Materialmischung mit den Ofenwänden ein Dach bildet. (Siehe Abb. 1 u. 2, welche eine schematische Darstellung eines gefüllten SiC-Ofens zeigt.)

Von dem Graphit, welcher für die Kernherstellung verwendet wird, geht ein Teil durch Verbrennen verloren, der größere Teil wird gewonnen und für einen nächsten Ofen verwendet. Die entstandenen Graphitverluste müssen durch Zufügen von neuem Koks ergänzt werden. Bei richtiger Arbeitsweise ist trotz dieser Beimischung von Koks mit einer raschen Stromaufnahme zu rechnen, so daß sich dauernd ein vollkommen reibungsloser Betrieb ergibt.

Bald nach dem Einschalten des Stromes macht sich der Geruch nach verkohltem Sägemehl geltend, und gleichzeitig entstehen sehr bedeutende Mengen CO entsprechend der Gleichung $SiO_2 + 3C = SiC + 2CO$. Theoretisch ergeben sich demnach auf 60 kg SiC 56 kg CO. Damit das CO ohne vorhergehende Explosion zum Abbrennen kommt, werden an einigen Stellen der beiden Längsseiten des Ofens brennende Fackeln aufgestellt, die das CO zur Entzündung bringen. Das aus den Längswänden und aus dem Materialdach des Ofens entweichende Kohlenoxyd hüllt den Ofen in einen Flammenmantel ein.

Das entstehende Kohlenoxyd kann auch durch entsprechende Vorrichtungen abgefangen werden und unter Dampfkesseln oder zur Herstellung von Badewasser verwendet werden. Die Meinungen über die Vorteile der Verwendung des Kohlenoxyds sind geteilt.

Nach Abschalten des Ofens läßt man den Ofen noch 8—10 Stunden oder länger stehen und zieht dann mit Hilfe des Krans die Seitenwände

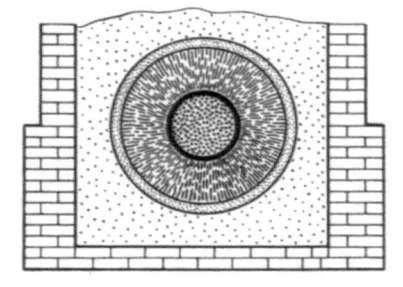

Abb. 3. Querschnitt durch einen Siliziumkarbid-Ofen

des Ofens hoch. Man läßt dann den Ofen abkühlen, bis man die entstandenen Massen abbauen kann. Von dem entstandenen walzenförmigen Körper entfernt man zunächst die oberste Schicht, die aus wenig veränderter Mischung besteht. Darauf folgt dann eine relativ dünne Schicht von feinkristallisiertem sog. amorphem SiC, und unter dieser Schicht liegt das kristallisierte SiC. An der inneren Wand des SiC-Zylinders liegt eine Lage von pseudomorphem Graphit an, die durch Überhitzung des SiC entstanden ist. Dann folgt schließlich der etwas zusammengesunkene „Kern", bestehend aus den eingesetzten Graphitstücken.

Der SiC-Körper wird mit Hilfe von Kraninstrumenten in mehrere etwa 50—100 cm breite Scheiben gespalten. Diese SiC-Scheiben werden, nachdem vorher der Graphitkern sorgfältig herausgenommen wurde, in den Kühlraum gebracht. Nach dem Abkühlen werden die SiC-Blöcke mit Preßluftmeißeln usw. geputzt und sortiert. Die sortierten Stücke werden auf schweren Maschinen zerkleinert und vermahlen und weiter aufbereitet zu den vielen Sorten von SiC-Körnungen.

In Abb. 3 ist eine schematisierte Skizze gegeben durch den Querschnitt eines SiC-Ofens nach beendetem Prozeß. Die erwähnten Schichten sind deutlich zu unterscheiden. Sie sind in dem Schema viel regelmäßiger dargestellt, als sie in Wirklichkeit sind. Die Schichten haben keinen kreisförmigen Querschnitt, sondern nehmen durch das Gewicht der Masse einen mehr in die Breite gehenden Querschnitt an.

Betreffend die Herstellung von SiC sind eine Reihe von Patenten genommen worden, die aber keine prinzipielle Änderung brachten. In letzter Zeit wurde ein amerikanisches Patent Nr. 2729542 erteilt auf die Herstellung von SiC in kontinuierlichem Verfahren [N].

In der Praxis scheint sich das Verfahren bis jetzt nicht eingeführt zu haben. Zu erwähnen ist dazu noch, daß der Schmelzprozeß zur Erzeugung von SiC-Blöcken nach den bisherigen Verfahren keineswegs ein lohnintensiver Betrieb ist. Die Förderung der Massen usw. ist weitgehend mechanisiert, so daß nur wenig Arbeitskräfte notwendig sind.

G. Verwendung von SiC

1. Industrie

Schleifkörper- und Schleifpapierindustrie usw. Wegen seiner außerordentlich großen Härte, seiner scharfen Kanten und seiner Sprödigkeit findet SiC in großem Maße Verwendung zur Herstellung von Schleifscheiben aller Art, zur Herstellung von Schleiftuchen und Schleifpapieren. Diese aus SiC hergestellten Schleifmaterialien werden vor allem verwendet in der Maschinenindustrie, zur Bearbeitung der Hartmetallwerkzeuge, zur Bearbeitung von Maschinen- und Bauteilen aus Gußeisen, zur Bearbeitung von Marmor, Granit und sonstigen Hartgesteinen sowie auch zur Bearbeitung von weichen Metallen wie Kupfer, Messing, Aluminium, Zink, Holz usw.

Dentalindustrie. Die Schleifscheibchen und Bohrer, welche die zahnärztliche Industrie liefert, werden ebenfalls aus SiC hergestellt.

Feuerfeste Industrie. Die hohe Feuerfestigkeit des SiC, verbunden mit einer für keramische Stoffe abnorm großen Wärmeleitfähigkeit, macht das SiC in hervorragendem Maße geeignet zur Herstellung von hochfeuerfesten Steinen. Derartige Steine werden vor allem zur Herstellung von Muffelöfen, für Herstellung von Auskleidungen in Dampfkesselfeuerungen, für Zinkretorten usw. verwendet. Eine Verbesserung der Feuerfestigkeit von SiC-Steinen kann durch Anwendung eines Vanadiumoxyd enthaltenden Schutzanstriches erzielt werden [S 2, S 3].

2. Elektrotechnik

Elektrische Widerstandsöfen. Neben den beiden Hauptverwendungsgebieten, der Schleifindustrie und der feuerfesten Industrie, dient SiC zur Herstellung von elektrischen Widerstandsheizkörpern, im Handel bekannt unter den Namen Silit-Cesiwid-Stäbe, Ezotherm-Stäbe, Globar-Stäbe.

Die elektrische Leitfähigkeit von Heizstäben, die aus SiC-Pulver geformt sind, ist mit steigender Temperatur zunächst stark ansteigend und erreicht bei etwa 1000° C ein Maximum, um dann wieder schwach abzufallen. Der spezifische Widerstand dieser Heizstäbe beträgt bei Zimmertemperatur 1 Ωcm (Quecksilber etwa 10^{-4} Ωcm), bei 500° C etwa 0,1 Ωcm, bei 1000° C etwa 0,08 Ωcm, bei 1500° C (maximal zulässige Temperatur etwa 0,085 Ωcm). Da es sich um keramisch hergestellte Massen handelt, sind bei den verschiedenen Fabriken Abweichungen von diesen Werten zu erwarten, wenn auch der Typus der Leitfähigkeit und der Temperaturabhängigkeit der gleiche bleibt.

Das Gesamtstrahlungsvermögen von Heizstäben aus SiC beträgt etwa 94,1% $\pm$ 2% des Strahlungsvermögens des schwarzen Körpers (R. HASE [*H*]), was zum Teil auf die spezifischen Strahlungseigenschaften des SiC, zum Teil auf die durch die Korngrößenverteilung an der Oberfläche bedingte Rauhigkeit zurückzuführen ist. Es sei nur die Zahl für die Höchsttemperatur von 1500° C bei freier Ausstrahlung in ruhender Luft von 20° C genannt:

etwa 45 W je cm².

Überspannungsschutz. Die Eigenschaft der spannungsabhängigen elektrischen Leitfähigkeit ist dem SiC in so starkem Maß eigen, daß es sich als Rohstoff zur Herstellung von Überspannungsschutzkörpern und von Blitzschutzkörpern eingeführt hat.

3. Bauindustrie

SiC wird schon seit vielen Jahren in der Bauindustrie verwendet zur Herstellung absolut gleitsicherer und abriebfester Betonböden.

Es ist mit größter Wahrscheinlichkeit zu erwarten, daß auf Grund weiterer Forschungsarbeiten noch weitere Anwendungsgebiete für das so sehr interessante, aber schwer zu behandelnde SiC gefunden werden.

V. Die Elektrothermie des Borkarbids

Von

W. Dawihl (Illingen/Saar)

Mit 8 Abbildungen

A. Die Herstellungsbedingungen des Borkarbids und die elektrisch beheizten Öfen

Die Herstellung von Karbiden ist wegen ihrer im allgemeinen großen Empfindlichkeit gegen oxydierende Einflüsse, wie Sauerstoff und Wasserdampf, und gegen Nitrierung an die Einhaltung einer bestimmten Glühatmosphäre gebunden. Während die Karbide von Elementen mit höheren Sauerstoffdrucken ihrer Oxyde sich noch in gasgefeuerten Öfen bei reduzierender Flammenführung herstellen lassen, wie es z. B. bei der Umsetzung von Wolframsäure zu Wolframkarbid mit Ruß der Fall ist, können die Karbide von Elementen mit extrem niedrigem Sauerstoffdruck ihrer Oxyde nicht mehr auf gleichem Wege erhalten werden. Der in gasgefeuerten Öfen und reduzierend geführter Flamme vorhandene Wasserdampf ergibt bei den in Betracht kommenden Temperaturen bereits Sauerstoffpartialdrucke, die über denen der Oxyde dieser Elemente liegen. Hinzu kommt noch, daß gerade diese Elemente eine teilweise erhebliche Löslichkeit für Sauerstoff in den Gittern der Metalle und Karbide aufweisen, so daß derartige Karbide immer Sauerstoffgehalte zeigen, die mit den Sauerstoffpartialdrucken der Gasatmosphäre im Gleichgewicht stehen. Außer Sauerstoff wird aber auch Stickstoff von den Gittern dieser Elemente und ihren Karbiden in fester Lösung aufgenommen. In gasgefeuerten Öfen kann aber der Wasserdampfgehalt und vor allem der Stickstoffgehalt nicht oder nicht genügend ausgeschlossen werden. Auch die gasdichte Gestaltung derartiger Öfen ist praktisch kaum zu verwirklichen.

Das Bor gehört zu den Elementen, die sehr beständige Oxyde und Nitride bilden und zudem auch Sauerstoff und Stickstoff in fester Lösung in ihr Gitter aufzunehmen vermögen. Weiterhin kommt bei der Herstellung von Borkarbid aus Bortrioxyd erschwerend hinzu, daß das Bortrioxyd mit Wasserdämpfen flüchtig ist, so daß die genaue Dosierung des Kohlenstoffzusatzes insbesondere bei Durchführung der Umsetzung im strömenden Gas besondere Aufmerksamkeit verlangt.

Die genannten Gründe machen es erklärlich, weshalb für die Herstellung des Borkarbids nur elektrothermische Verfahren in Betracht kommen, die eine weitgehend kontrollierbare Gasatmosphäre ermöglichen. Die Herstellung von reinem Borkarbid ist deshalb erst möglich geworden, als die Entwicklung geeigneter elektrisch beheizter Öfen zu einem gewissen Abschluß gelangt ist. Auch die Herstellung von Mischprodukten und Legierungen aus Borkarbid mit anderen Karbiden, wie Siliziumkarbid, Chromkarbid und Titankarbid [*A 1, A 2, C 1, C 2, D 1, F 1, G 1, H 1*] ist einwandfrei nur in elektrisch beheizten Öfen möglich.

Eine besonders interessante neuartige Verwendungsart des Borkarbids hat es in Mischung mit Aluminium gefunden. Für Stäbe, die in den Kern eines Atomreaktors eingeschoben werden, um die Reaktion zum Stehen zu bringen, sog. Absorberstäbe, wird in Forschungsreaktoren häufig eine Suspension von 50% B_4C in Aluminium verwandt.[*E 3*] Sie wird „Boral" genannt und wird auch in Form von gewalzten Platten als Neutronenschutz verwandt. 0,65 cm einer Boralschicht schwächen den thermischen Neutronenfluß um den Faktor 10^{10}. Dies ist etwa 10mal soviel, als man mit Zementschutz erreicht. Da die Wärmeleitfähigkeit des Borals höher als die des Stahles ist, bietet die Abführung der bei der Absorption erzeugten Wärme keine Schwierigkeiten.

Die besondere Wirkung des Boratoms besteht darin, daß es Neutronen absorbiert, ohne daß es bei dieser Absorption harte also schädliche γ-Strahlen aussendet, wie es die meisten anderen neutronenabsorbierenden Werkstoffe tun. Das Boral wird als Verbundwerkstoff in Blechform geliefert mit einer Mittelschicht, die neben Aluminium 30—50% Borkarbid enthält und die beiderseitig mit einer Deckschicht aus reinem oder legiertem Aluminium versehen ist. Das Verbundblech kann noch in gewissen Grenzen gebogen werden. Die spanabhebende Bearbeitung ist nur mit Hartmetallwerkzeugen möglich, deren Standzeit jedoch wegen des stark verschleißend wirkenden Borkarbids begrenzt ist. Verbindungen durch Schweißen lassen sich im Wolframlichtbogen erreichen.

1. Die Kohle- und Graphitrohröfen

Für die Herstellung und Durchführung von Reaktionen von Karbiden sind elektrisch beheizte Kohle- oder Graphitrohröfen wegen der kohlenden Atmosphäre, die sich in den Rohren ausbildet, besonders gut geeignet. Sie können in horizontaler und vertikaler Lage und als schutzgasdurchströmte oder Vakuumöfen ausgebildet werden.

Die Heizrohre werden dabei unmittelbar an die Sekundärklemmen eines am besten stufenlos regulierbaren Transformators angeschlossen. Durch Entwicklung vakuumdicht geschweißter Ofenkästen sowie durch Einbau wassergekühlter Gummidichtungen ist es gelungen, die Öfen so vakuumdicht zu gestalten, daß in ihnen auch bei hohen Temperaturen

Drucke von 10^{-5} Torr erhalten werden können. Die Öfen können bei entsprechender Bauart bis zu Temperaturen von 3000° C verwendet werden (Abb. 1). Als Rohrmaterial hat sich am besten Graphit bewährt, der geringeren Abbrand als die üblichen bei 1450° C gebrannten Kohlerohre zeigt.

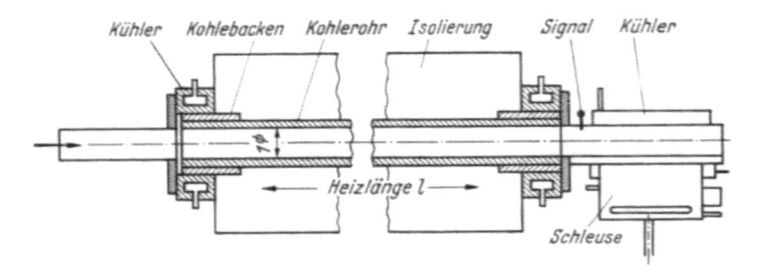

Abb. 1. *Kohlerohrofen*

Innendurchmesser (i)	Heizlänge (l)	W/cm²
80	1000	400
125	3000	400
400	1800	200

Die Eigenschaften der für derartige Öfen in Betracht kommenden Kohle- oder Graphitrohre ergeben sich aus Tab. 1 und Tab. 2. Für die wärmetechnischen Eigenschaften der Kohle- und Graphitrohre (Tab. 3) zeigen die im Schrifttum genannten Angaben recht erhebliche Unterschiede. Wie sich aus Untersuchungen des Verfassers ergeben hat, scheint die Wärmeleitfähigkeit in der Gegend von 1000° C ein Minimum aufzuweisen, wie es sich ähnlich auch an manchen Graphitmaterialien im elektrischen Widerstandsverhalten bei steigender Temperatur er-

Tabelle 1. *Mechanische Eigenschaften des Werkstoffs für Kohle- und Graphitrohre*

	Kohlerohr	Graphitrohr
Spezifisches Gewicht	2,1	2,22
Raumgewicht	1,6	1,6
Porosität	24%	28%
Brinellhärte	21	5,0 kg/mm²
Zugfestigkeit	50	60 kg/cm²
Druckfestigkeit	300—500	200—500 kg/cm²
Biegefestigkeit	60—200	60—200 kg/cm²
Berstdruck[1], zylindrischer Graphithohlkörper mit 10 mm Wandstärke, bezogen auf die gepreßte Innenfläche bei		
1000° C	—	400 kg/cm²
1400° C	—	550 kg/cm²
1700° C	—	550 kg/cm²

[1] Nach unveröffentlichten Messungen von W. Dawihl.

Die Herstellungsbedingungen des Borkarbids

Tabelle 2. *Elektrische Eigenschaften des Werkstoffes für Kohle- und Graphitrohre*

Spez. Widerstand[1]		Kohlerohre	Graphitrohre
	20°	0,66	0,12 Ω cm²/m
	400°	0,54	0,10 Ω cm²/m
	1000°	0,43	0,09 Ω cm²/m
	1200°	0,40	0,08 Ω cm²/m
	1600°	0,37	0,09 Ω cm²/m
	2000°	0,36	0,10 Ω cm²/m
Zulässige Strombelastung für den Übergang Graphit–Kupfer[1]		5 A/cm²	10 A/cm²
Oberflächenbelastung		—	400 W/cm²

Tabelle 3. *Thermische Eigenschaften des Werkstoffes für Kohle- und Graphitrohre*

		Kohlerohre	Graphitrohre
Ausdehnungskoeffizient	(20—1500° C)	$5 \cdot 10^{-6}$	$3,5 \cdot 10^{-6}$
Spezifische Wärme	20° C	0,15	0,20 cal/g
	500° C	0,30	0,30 cal/g
	1500° C	0,35	0,40 cal/g
Dampfdruck	2000° C	—	$1 \cdot 10^{-6}$ Torr
	2500° C	—	$2 \cdot 10^{-3}$ Torr
Entgasungsverhalten vgl. Tab. 14			
Wärmeleitfähigkeit[1]	20° C	3,0	22 $\frac{\text{kcal}}{\text{m}^2 \text{h}°\text{C/m}}$
	400° C	15,0	130 $\frac{\text{kcal}}{\text{m}^2 \text{h}°\text{C/m}}$
	1600° C	15,0	100 $\frac{\text{kcal}}{\text{m}^2 \text{h}°\text{C/m}}$
	1500° C	20,0	140 $\frac{\text{kcal}}{\text{m}^2 \text{h}°\text{C/m}}$
Strahlungszahl		3,9	3,6 $\frac{\text{kcal}}{\text{m}^2 \text{h}°\text{C}}$
Wärmeübergangszahl (α) für Wasserstoff			
$w < 1$ m/sek[1]		—	$3,0 + 4,5 w \frac{\text{kcal}}{\text{m}^2 \text{h}°\text{C}}$
Temperaturfaktor für α[1]	1000° C—1500° C		2,5 $\frac{\text{kcal}}{\text{m}^2 \text{h}°\text{C}}$
	1500° C—2000° C		3,0 $\frac{\text{kcal}}{\text{m}^2 \text{h}°\text{C}}$
Oxydation an Luft (1% Gewichtsverlust in 24 Std/cm²)		500° C	600° C

kennen läßt. Die vom Verfasser ermittelte Wärmeübergangszahl für Kohle- und Graphitrohre gilt nur für Wasserstoff, ebenso gelten auch die Temperaturfaktoren nur für dieses Gas. Es wäre wünschenswert, wenn

---

[1] Nach bisher unveröffentlichten Messungen von W. Dawihl.

die Wärmeübertragungseigenschaften von Kohle- und Graphitrohren genauer untersucht werden würden, das gleiche gilt auch für die Abhängigkeit des elektrischen Widerstandes von der Temperatur im Zusammenhang mit der Porenverteilung und dem Gefüge des Werkstoffes, die beide einen erheblichen Einfluß auf die Besonderheiten in der Abhängigkeit von Wärmeleitfähigkeit und elektrischem Widerstand von der Temperatur zu haben scheinen.

Der Abbrand der Heizrohre wird bei vakuumdichter Ausführung durch den Sauerstoff- und Wasserdampfgehalt des Schutzgases bestimmt, sofern nicht etwa aus dem Glühgut Sauerstoff abgespalten wird. Der Befreiung des Schutzgases von Sauerstoff sowie der Trocknung des Schutzgases ist daher besondere Aufmerksamkeit zu schenken. Bei Verwendung von Wasserstoff oder wasserstoffhaltigen Gasen wird der Sauerstoff im Rohgas zunächst durch Überleiten über Platinasbest zu Wasser gebunden und dann der Gesamtwasserdampfgehalt mit geeigneten Trockenmitteln aus dem Gas entfernt.

Mit Hilfe von Silikagelanlagen und 24stündigem Wechselbetrieb der Trockentürme läßt sich der Wasserdampfgehalt im Wasserstoff auf 0,2 g Wasser je m^3 senken. Durch Verwendung von Phosphorpentoxyd gelingt es, im Dauerbetrieb Wasserdampfgehalte von 0,05 g im Liter zu erreichen. Die Trocknung mit Phosphorpentoxyd läßt sich so gestalten, daß sie genau sowenig Arbeitsaufwand macht wie die Bedienung der Silikagelanlagen, dabei bietet sie wesentlich weniger Gefahrenmomente als die auf das Ausheizen des nassen Silikagels angewiesenen Absorptionsanlagen (Tab. 4).

Tabelle 4. *Mindest-Strömungsgeschwindigkeit des Schutzgases*

Lichte Weite des Heizrohres mm	m^3/Std.
65	0,4
100	1,0
200	3,0

Bei Verwendung von reinem Stickstoff muß ein etwaiger Sauerstoffgehalt durch auf 600° C erhitzte Kupferspiralen gebunden werden.

Graphit- und insbesondere Kohlerohre geben an die Glühatmosphäre neben Kohlenwasserstoffen kleine Mengen an Schwefel und Arsen ab. Ein gewisser Schutz des Glühgutes gegen diese Stoffe kann dadurch erreicht werden, daß in das Kohlerohr ein Rohr aus gasdicht gesintertem Aluminiumoxyd eingelegt wird, so daß der Schutzgasstrom vor Erreichung der Glühzone auch in den Zwischenraum zwischen Kohlerohr und Aluminiumoxyd tritt und die Verunreinigungen in diesem Zwischenraum herausspült.

Wenn mit Phosphorpentoxyd getrocknete Schutzgase verwendet werden, so können im Dauerbetrieb bei 1500° C Lebensdauern der Graphitrohre von 6 Monaten, entsprechend etwa 3000 Betriebsstunden, erzielt werden.

Die Herstellungsbedingungen des Borkarbids

Besondere Berücksichtigung muß die Lagerung der Kohle- oder Graphitrohre finden. Es ist praktisch nicht möglich, die Rohre in den starr an die Stirnseiten angesetzten Kühlköpfen spannungsfrei zu lagern. Durch den unvermeidlichen Restgehalt an Wasserdampf im Schutzgas bildet sich erfahrungsgemäß am Beginn der Glühzone an der Eintrittsseite des Schutzgases allmählich eine einige mm breite Anfressung des Rohres aus. Meistens geht das Rohr unter der Last des Glühgutes und der zusätzlichen Spannungen infolge nicht einwandfreier Lagerung des Rohres zu Bruch. Durch die Entwicklung nachgiebiger Lagerungen der Rohre lassen sich die bei starrem Einspannen entstehenden mechanischen Spannungen erheblich vermindern (Abb. 2).

Die Temperaturmessung in Kohlerohröfen kann bei Temperaturen oberhalb 1300° C nur noch optisch erfolgen, da die kohlende Atmosphäre zu rascher Zersetzung von Thermoelementen auf Platin- oder Wolframgrundlage führt. Eine automatische Regelung der Temperatur ist jedoch durch Regelung der Energieaufnahme möglich.

Tabelle 5. *Anschlußwerte und volumenmäßige Leistung von Kohlerohröfen bei kontinuierlichem Sinterbetrieb*

Kohlerohr		Anschlußwert kW (für 1500° C)	Leistung in Litern je Stunde bei 1 Stunde Glühdauer
⌀ innen mm	Heizlänge mm		
100	1000	25	4
125	3000	70	20
400	1800	160	200

Tabelle 6. *Spannung und Stromaufnahme von Kohle- und Graphitrohren im Dauerbetrieb*

	Kohlerohr		Graphitrohr	
Heizlänge	1060 mm		1060 mm	
Außendurchmesser . . .	120 mm		75 mm	
Innendurchmesser . . .	100 mm		60 mm	
Schutzgas (Wasserstoff)	1,0 mm		0,4 m³/Std.	
	V	A	V	A[1]
Einschaltwerte (sekundär)	9,8	480	8,0	1340
für 900° C	9,5	710	8,4	1400
für 1400° C	12,5	1050	7,9	1430 } stationärer
für 1550° C	—	—	9,0	1480 } Zustand
für 1700° C	—	—	9,7	1550

Anschlußwerte und Leistung von Kohlerohröfen bei kontinuierlichem Betrieb ergeben sich aus Tab. 5. Zu der Tabelle ist zu bemerken, daß die Öfen im allgemeinen mit niedrigen Spannungen zwischen 10—30 V betrieben werden. Strom- und Spannungsverhältnisse derartiger Öfen ergeben sich aus Tab. 6.

---

[1] Die Anheizgeschwindigkeit des Graphitrohres ist geringer als die des Kohlerohres.

Es ist jedoch auch möglich, durch Anbringen von Bohrungen oder Schlitzen den Heizkörper so zu gestalten, daß mit höheren Spannungen gearbeitet werden kann.

Kohle- bzw. Graphitrohröfen bieten folgende Vorteile:

1. Die Öfen können rasch auf hohe Temperaturen bis zu 3000° C und auch verhältnismäßig rasch ohne Gefahr der Rißbildung abgekühlt werden. Sie sind also unempfindlich gegen Überhitzung und schnell betriebsbereit.

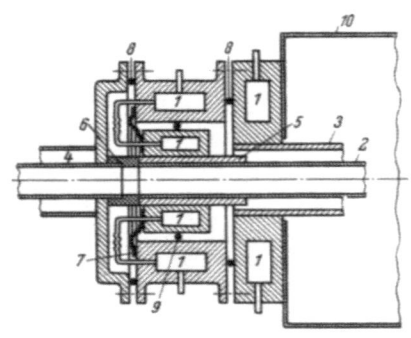

Abb. 2. Elastische Lagerung des Kohle- bzw. Graphitrohres in den Kühlköpfen.
1 Wasserkühlung, *2* Kohle- oder Graphitrohr, *3* äußeres Kohlerohr als Schutzrohr, *4* Kühler, *5* Kohlerohrbuchse, *6* elastische Zwischenlage (Asbest), *7* Kupferlitze zur Stromübertragung, *8* Gummidichtungen, *9* elastische Lagerung des Kohlerohres in Form eines mit Luft oder Flüssigkeiten unter Druck gesetzten Gummischlauches bzw. Lagerung in mechanischer Federung, *10* äußerer Mantel des Ofens

2. Die Öfen können auch von ungelernten Arbeitern in kurzer Zeit bei erforderlichem Austausch der Rohre wieder instand gesetzt werden, ohne daß dazu Spezialkenntnisse erforderlich wären.

3. Zur Durchführung von Glühungen in verschiedenen Temperaturgebieten können die Öfen auch zwei- oder mehrzonig gebaut werden, z. B. für isotherme Umwandlungsglühungen, wobei das Glühgut rasch von der Zone einer Temperatur in die einer anderen Temperatur geschoben werden kann. Durch Relaisschaltung ist eine Automatisierung der Bewegungen möglich. Bei Doppelrohrbeheizung, wobei die Rohre verschiedene Temperaturen haben, kann auch die gesamte Glühzone durch entsprechende Schaltung verhältnismäßig schnell auf verschiedene Temperaturen gebracht werden.

2. Die Eigenschaften des Borkarbids und seine Anwendungsmöglichkeiten

Von den in der Literatur beschriebenen Borkarbiden hat sich das Borkarbid der Formel B_4C [*E 2*] als dasjenige erwiesen, das mit gleichmäßiger Zusammensetzung und gleichmäßigen Eigenschaften erhalten werden kann (Tab. 7).

Tabelle 7. *Mittlere Zusammensetzung technischer Borkarbide*

Kohlenstoff	17 —22%
Bor	75 —78%
Silizium	0,1— 0,5%
Stickstoff	0,1— 0,5%
Eisen	0,1— 0,5%
Mangan	bis 0,1%
Kupfer, Aluminium, Magnesium, Kalzium	je unter 0,1%
Atomverhältnis B : C	4—5 : 1

Aus Schmelzpunktsbeobachtungen, Gefügeuntersuchungen und Röntgenaufnahmen kann das in Abb. 3 dargestellte Schmelzpunktsdiagramm für die borreiche Seite als richtunggebend angenommen werden. Der bei etwa 2000° C angegebene Umwandlungspunkt des Borkarbids B_4C konnte bisher nur an dem Gefüge geglühter heißgepreßter Borkarbidkörper beobachtet werden.

Das aus dem Schrifttum bekannte Borkarbid der Formel B_6C dürfte dem mit Bor gesättigten B_4C-Mischkristall bei der Temperatur der peritektischen Umsetzung entsprechen.

Das Borkarbid der Formel B_4C hat einen kongruenten Schmelzpunkt von 2450° C und geht dabei in eine dünnflüssige Schmelze über. Es unterscheidet sich darin wesentlich von den Karbiden der vierwertigen Metalle. Für die Herstellung des Borkarbids kommen daher sowohl Verfahren über den Schmelzzustand als auch Verfahren, die im festen Zustand der Reaktionsteilnehmer ablaufen, in Betracht.

Die mechanischen, thermischen, elektrischen und chemischen Eigenschaften [*B 1*, *B 2*, *D 2*, *E 1*] ergeben sich aus den Tab. 8—10.

Die im Verhältnis zum spezifischen Gewicht sehr hohe Festigkeit des Borkarbids, auch bei hohen Temperaturen, kann dann praktisch nicht ausgenutzt werden, wenn gleichzeitig hohe Ansprüche an die Temperaturwechselbeständigkeit gestellt werden.

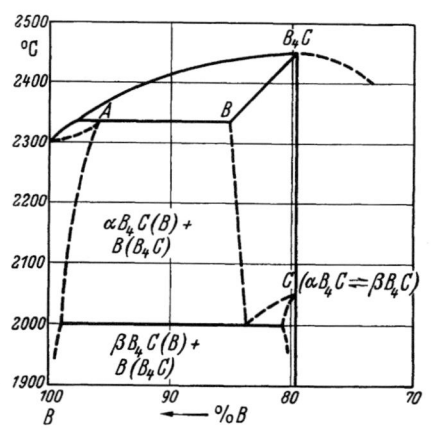

Abb. 3. Entwurf für das System $B-C$ mit dem bei etwa 2050° C liegenden Umwandlungspunkt $\alpha B_4C - \beta B_4C$. (Nach W. DAWIHL [unveröffentlichte Versuchsergebnisse])

Wie die Vergleichszahlen der Tab. 9 zeigen, hat das Borkarbid eine Empfindlichkeit gegen Temperaturwechsel, die zwischen der des Porzellans und des Glases liegt.

Borkarbid läßt sich nicht zu Werkzeugen für die spanabhebende und spanlose Formgebung verwenden, da seine Widerstandsfähigkeit gegen Schlag zu klein ist. Wie die Werte der Tab. 11 zeigen, hat das Borkarbid eine Schlagfestigkeit, die nur wenig über der des Porzellans liegt, es unterscheidet sich also erheblich von der der gesinterten Wolframkarbid-Kobalt-Hartmetalle. Borkarbid läßt sich daher nur in den Fällen technisch einsetzen, in denen hohe Härte bei geringer mechanischer Beanspruchung gefordert werden. Beispielsweise läßt es sich zur Bestückung von Meßlehren, zur Herstellung von Sandstrahldüsen und als loses Schleifkorn für Läppzwecke verwenden [*B 4*].

Tabelle 8. *Mechanische und elektrische Eigenschaften heißgepreßter B_4C-Formkörper*

Wichte		2,52	
Mikrohärte		3700	kg/mm²
Druckfestigkeit	20° C	208	,,
	1000° C	175	,,
Zugfestigkeit	20° C	18	,,
(Kurzzeitversuch)	500° C	14	,,
	1000° C	12	,,
Biegefestigkeit	20° C	30	,,
	1000° C	25	,,
E-Modul	20° C	30400	,,
Elektrischer Widerstand bei			
	20° C	44,5	Ω cm²/m
	100° C	6,9	,,
	300° C	3,6	,,
	500° C	2,3	,,

Tabelle 9. *Thermische Eigenschaften heißgepreßter B_4C-Formkörper*

Schmelzpunkt . . . . 2450° C
Mittlerer Wärmeausdehnungskoeffizient (α)
                            25—800° C $4,5 \cdot 10^{-6}$
Temperaturwechselbeständigkeit

$$\left(\Delta T = \frac{\sigma_B}{\alpha \cdot E} \right)$$

Gesintertes
Borkarbid; Korngröße   5—15 μ $\Delta T = 120°$ C
                       Glas $\Delta T = 150°$ C ⎫
                       Porzellan $\Delta T = 100°$ C ⎬ zum Vergleich
                       Quarzglas $\Delta T = 1700°$ C ⎭

Tabelle 10. *Einfluß der Temperatur auf das Zunderverhalten von Borkarbid (nach 5 Stunden)*

Temperatur	B_4C	Gewichtszunahme in mg/cm²	
° C		B_4C mit 10% Chromsilizid	WZ 12 b[1]
800	2,5	1,8	—
900	2,7	2,0	1,8
1100	15,5	6,0	4,0

Tabelle 11. *Schlagbiegefestigkeit heißgepreßter B_4C-Formkörper*

Borkarbid
   Korngröße   5—15 μ 10 cmkg/cm²
                 20—30 μ 6   ,,
Hartmetall (WC + 6% Co)   125   ,,   ⎱ zum
Porzellan   3   ,,   ⎰ Vergleich

Borkarbid ist auch in feinpulvriger Form gegen Salzsäure, Salpetersäure, Schwefelsäure, Phosphorsäure und Flußsäure auch bei höheren Temperaturen beständig. Von Natronlauge wird es erst bei hohen Konzentrationen an NaOH und höheren Temperaturen zersetzt. Seine ausgezeichnete chemische Beständigkeit ermöglicht den Einsatz als Spritzdüsen.

---
[1] WZ 12 b = 60% TiC; 24% Ni; 8% Co; 8% Cr.

B. Die Herstellung des Borkarbids

1. Durch Reaktion im Schmelzfluß

Als Ausgangsstoff wird sorgfältig entwässertes Bortrioxyd und Pech- oder Petrolkoks verwendet. Der Aschegehalt des Kohlerohstoffes soll unter 0,5% betragen. Bortrioxyd und Koks werden auf Korngrößen zwischen 0,1 und 0,5 mm zerkleinert und am besten zu kleinen Pastillen von etwa 10 mm Durchmesser und 5 mm Höhe verpreßt.

Für das Einschmelzen wird ein kippbar angeordneter Tiegel aus 5 mm Stahlblech verwendet, der mit Kohleplatten ausgekleidet ist. Der Lichtbogen wird zwischen der Kohleauskleidung des Tiegels und einem senkrecht von oben in den Tiegel hineinragenden Graphitstab gezogen. Die obere Elektrode ist in einem mit Gewinde versehenen Stahlbolzen gefaßt. Stahlbolzen und Graphitelektrode können mittels Handrad in der Höhe verstellt werden. Die ganze Anordnung muß unter einer gut wirkenden Abzugshaube aufgebaut werden, die eine sichere Absaugung des Kohlenoxyds und der übrigen sich entwickelnden Dämpfe gewährleistet.

Die seitlichen Schutzbleche der Haube sind aufklappbar zu gestalten und mit Glasfenstern und Innenwischer, die von außen bedient werden können, auszurüsten.

In einer anderen Ausführungsform des Schmelzofens wird der Tiegel als Mittelleiter geschaltet, wobei die Stromzuführung durch zwei von oben in den Tiegel ragende Graphitelektroden bewirkt wird. Ausführungsarten des Schmelzofens, bei denen die oberen Elektroden fest angeordnet sind und der Tiegel in seiner Höhe verstellt wird, haben sich bisher nicht bewährt.

Zum Einschmelzen wird eine Mischung von 100 kg entwässerter Borsäure und 30—33 kg Pech- oder Petrolkoks verwendet, wobei die genaue Zusatzmenge von dem Kohlenstoffgehalt des Kohlungsmittels abhängig ist. Eine gute Schmelzführung stellt sich im allgemeinen erst ein, wenn ein Bad aus Borkarbid entstanden ist und die Innenwand des Tiegels sich mit Borkarbid bedeckt hat. Die Borkarbidschmelze dringt auch zu einem kleinen Teil in die Kohlezustellung des Tiegels ein.

Um den Kohlenstoffgehalt auf einen bestimmten vorgeschriebenen Wert einzustellen, ist im allgemeinen zweifaches Einschmelzen erforderlich, wobei beim zweiten Einschmelzen der zuerst erhaltene Kohlenstoffwert durch Zugabe von Bortrioxyd oder Koks zu korrigieren ist.

Bei einem Tiegelinhalt von 40 Litern, entsprechend etwa 10 Liter effektiv ausnutzbaren Schmelzvolumens, werden gebraucht:

Anschlußwert des Transformators 300 kVA,
Sekundärspannung 60—90 V,
Sekundärstromstärke bis zu 3000 A,
Dauer einer Schmelze für 20 kg Borkarbid etwa 4 Stunden,
Monatsleistung etwa 500 kg Borkarbid.

Die Ausbeute an Borkarbid, bezogen auf die angewandte Menge an Borsäure, beträgt im Durchschnitt 75%, sie ist im wesentlichen durch den noch in den Ausgangsstoffen verbliebenen Wassergehalt und die Schmelzführung, die möglichst mit gedecktem Lichtbogen erfolgen soll, abhängig.

Das erhaltene Borkarbid wird durch Kippen des Schmelztiegels in Graphittiegel ausgegossen. Der erstarrte, erkaltete Block wird in Backenbrechern, anschließend in Schlagstiftmühlen und zur Herstellung feinster Körnungen in Schwingmühlen zerkleinert. Durch anschließende Schlämmung oder Windsichtung lassen sich Borkarbidkörnungen von $0{,}5\,\mu$ Korngröße herstellen, wie sie für Polierzwecke oder zur Weiterverarbeitung des zerkleinerten Borkarbids zu Sinterkörpern gebraucht werden.

Die bei den Zerkleinerungsverfahren in das Borkarbid gelangten Verunreinigungen, im wesentlichen Eisen, können durch nachträgliches Auskochen mit 20%iger Salzsäure entfernt werden, da Borkarbid gegen kochende 20%ige Salzsäure völlig beständig ist.

Die mittlere Zusammensetzung technischer Borkarbide ergibt sich aus Tab. 7.

2. Herstellung von Borkarbid durch Reaktion in festem Zustand

Versuche, Bortrioxyd mit Kohlenstoff zu Bor oder Borkarbid bei Temperaturen umzusetzen, die unter der Aufschmelztemperatur liegen, haben bisher nur zu Produkten geführt, die bei gleichzeitiger Anwesenheit von Stickstoff in der Reduktionsatmosphäre neben Bor und Kohlenstoff, Sauerstoff und Stickstoff enthielten. So wird bei der Erhitzung eines Gemisches von Bortrioxyd mit 32 g feingemahlenem Graphit auf 1900° C in nicht ganz stickstofffreier Atmosphäre ein Produkt erhalten, das neben 17,5% Kohlenstoff noch 5,4% Sauerstoff und 0,5% Stickstoff enthält. Auch bei Erhitzung im Vakuum auf 10^{-4} Torr in einem Quarzglasofen auf 1950° C ergab sich ein Produkt, das zwar stickstofffrei war (N_2-Gehalt unter 0,1%), das aber noch 3,4% Sauerstoff enthielt, der auch nach 48stündiger Glühung, bei gleicher Temperatur, sich nicht merklich verminderte. In dieser Beziehung verläuft also die Reaktion in gleicher Weise wie die Umsetzung von Titandioxyd mit Kohlenstoff, der Sauerstoff scheint allerdings noch schwerer aus dem Mischkristallgitter entfernbar zu sein, als es bei Titanoxyd–Titankarbid-Mischkristallen der Fall ist.

Reinere Produkte können erhalten werden, wenn das Bortrioxyd in Gegenwart von Kohlenstoff mit Magnesium[1] reduziert wird. Dabei entstehen zwar zunächst auch sauerstoffhaltige Produkte, jedoch läßt sich aus ihnen der Sauerstoff durch Glühen im Vakuum sehr weitgehend ab-

---
[1] DRP 752324 (1942).

trennen, wobei gleichzeitig auch flüchtige magnesiumhaltige Produkte abgedampft werden. Zur Durchführung des Verfahrens werden gleiche Gewichtsteile wasserfreies Bortrioxyd und Magnesiumpulver von 0,2 mm Korngröße und 90% Gehalt an metallischem Magnesium grob gemischt und der Mischung Kohlenstoff in Form von Ruß zugefügt. Für die Herstellung von Borkarbid der Formel B_4C beträgt der Rußzusatz 20 Gew.-% des in der Mischung enthaltenen elementaren Bors. Diese Mischung wird schnell auf 1900° C erwärmt, die Reaktion setzt unter Wärmeentwicklung ein und ist in wenigen Minuten beendet. Nach der Umsetzung soll die Reaktionsmasse rasch abgekühlt werden. Röntgenographische Untersuchungen zeigen, daß die Umsetzung bereits bei 1400° C zu einem Borkarbid der Formel B_4C führt.

Mit steigender Temperatur der Reaktionsmischung erhöht sich die Korngröße des erhaltenen Borkarbids, die Abhängigkeit seiner Korngröße von der zur Einleitung der Reaktion benutzten Temperatur ergibt sich aus Tab. 12.

Tabelle 12. *Umsetzungstemperatur und Korngröße des Borkarbids für das Magnesiumverfahren*

Umsetzungstemperatur °C	Korngröße
1600	Hauptanteil 0,5 μ (größerer Anteil noch feinerer Körner)
2000	Hauptanteil 2 μ, wenig unter 0,5 μ
2100	Hauptanteil 2—7 μ

Das nach dem Magnesiumverfahren unmittelbar hergestellte Borkarbid wird durch Auslaugen mit Salzsäure, Salpetersäure und Flußsäure vom Magnesiumoxyd und anderen Verunreinigungen befreit. Die Ausbeute beträgt danach etwa 70%, bezogen auf die angewandte Menge Bor. Die Borverluste dürften auf Verdampfung des Bortrioxyds und wahrscheinlich auch auf die Bildung flüchtiger oder in den angewandten Säuren löslicher niederer Boroxyde (BO) zurückzuführen sein. Die durch nachfolgendes Glühen im Vakuum erzielbare weitere Reinigung des Borkarbids ergibt sich aus den Werten der Tab. 13.

Für die technische Durchführung des Verfahrens eignen sich horizontalliegende Kohle- oder Graphitrohröfen in vakuumdichter Aus-

Tabelle 13. *Reinigung des Borkarbids aus dem Magnesiumverfahren durch Vakuumglühung*

	Borkarbid nach dem Magnesiumverfahren nach Säurereinigung	Borkarbid nach dem Magnesiumverfahren und Säurereinigung nach 1 Stunde Glühung bei 1800° C und 1 Torr
Bor	77%	77,9%
Kohlenstoff	19%	20,9%
Sauerstoff u. Stickstoff	3%	1,0%
Summe	99%	99,8%
Verhältnis B : C	4,5 : 1	4,2 : 1

Tabelle 14. *Energiebedarf und Entgasungsverlauf des Kohlerohr-Vakuumofens ohne Glühgut (Abb. 4) mit 100 mm lichter Weite des Heizrohres*

Zeit	Temperatur °C	Druck in Torr	Sekundärenergie V	A
0 Std.	Einschalten der Rotationspumpe			
2 Std.	20°	0,12	noch nicht eingeschaltet	
2 Std.	Einschalten der Diffusionspumpe			
2 Std. 45 Min.	20°	0,005	—	—
2 Std. 45 Min.	Strom eingeschaltet		18	500
3 Std. 45 Min.	1200°	0,3	18	650
3 Std. 45 Min.	Ausschalten der Diffusionspumpe			
4 Std.	1600°	1,00	18	700
4 Std. 25 Min.	1600°	0,35	18	700
4 Std. 25 Min.	Diffusionspumpe wieder eingeschaltet			
5 Std. 5 Min.	1600°	0,003	17	630
7 Std.	1600°	0,001	17	600

führung, die von gereinigtem Wasserstoff durchströmt werden. Das Reaktionsgut kann in diesen Öfen unmittelbar in die auf die Umsetzungstemperatur erwärmte Glühzone und nach Beendigung der Umsetzung sofort in den am Ausgangsende des Ofens vorgesehenen Wasserkühler geschoben werden. Die Öfen erlauben also ein kontinuierliches Arbeitsverfahren. Dadurch, daß die Reaktionsmischung sehr rasch erwärmt und sehr rasch abgekühlt wird, läßt sich die Gefahr der Aufnahme von Fremdstoffen, wie Sauerstoff oder Stickstoff, erheblich einschränken.

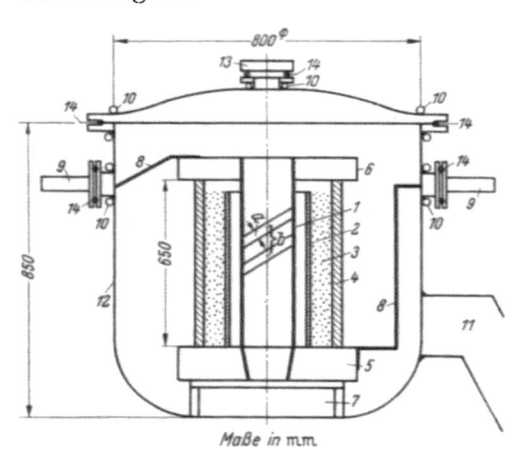

Abb. 4. Kohlerohr-Vakuumofen für Glüh- und Schmelzverfahren in karburierender Atmosphäre bis 2300° C. (Lichte Weite des Heizrohres (1) 100—200 mm).
1 geheiztes Kohle- oder Graphitrohr; Wandstärke 10 mm, geschlitzt. Schlitzbreite 25 mm (a), Steigung der Schlitzung 140 mm (b), *2* Graphitrohr als Strahlungsschutz in 10 mm Abstand, *3* bei 2000° C im Vakuum ausgeglühter Ruß, *4* Steinzeugrohr in 70 mm Abstand von Nr. 2, *5* Graphitplatte 100 mm stark als untere Stromzuführung, *6* Graphitplatte 50 mm stark als obere Stromzuführung, *7* Traggestell aus V2A-Winkeleisen, *8* Kupferschienen als Stromzuführung, *9* isoliert durchgeführte Stromzuführungsflansche, *10* aufgelötete Kupferrohre von 10 mm lichter Weite zur Wasserkühlung, *11* Anschluß der Vakuumpumpen, *12* Kessel und Deckel aus V2A-Blech, 6 mm stark, *13* Schauglas mit gasdicht durchgeführter Innenwischvorrichtung, *14* Gummidichtung, Transformator für Rohre bis 100 mm lichte Weite: 30 kVA, Transformator für Rohre 100—200 mm lichte Weite: 50 kVA

Für das Glühen des nach dem Magnesiumverfahren hergestellten Borkarbids im Vakuum sowie für das Tempern von Borkarbid-Formkörpern können widerstandsgeheizte Vakuumöfen verwendet werden, und zwar entweder nach Art der Horizontalkohlerohröfen oder aber bei diskontinuierlichem Glühverfahren in Form von Vakuumtopföfen mit senkrecht stehendem

Heizkörper (Abb. 4, Tab. 14). Eine Kühlung der ganzen Mantelfläche ist bei diesen Öfen nicht vorgesehen, weil die Entgasung des Metallgefäßes im Innern gründlicher erfolgt, wenn der Mantel sich auf 150° C erwärmt, wie es bei der vorgesehenen Isolation bei etwa 2000° C Tiegeltemperatur der Fall ist.

Die Verfahren zur Herstellung von Borkarbid durch Reaktion im festen Zustand sind wegen des hohen Magnesiumpreises zur Zeit unwirtschaftlicher als die Schmelzverfahren. Sie bieten ein besonderes Interesse in den Fällen, in denen ein Borkarbid sehr feiner Körnung, wie z. B. für Polierzwecke, verlangt wird, bei dem gröbere Körner mit großer Sicherheit ausgeschlossen sein sollen.

C. Elektrothermische Verfahren zur Herstellung von Borkarbidformkörpern

Für die Herstellung von Körpern bestimmter Form aus reinem Borkarbid kommen grundsätzlich folgende Verfahren in Betracht:

1. Formgebung durch Gießen geschmolzenen Borkarbids,
2. Schleudergußverfahren,
3. Sintern von aus pulverförmigem Borkarbid geformten Körpern,
4. Heißpressen von pulverförmigem Borkarbid, sintern unter Druck.

1. Gießverfahren

Von diesen vier Verfahren scheidet das unter 1. genannte Gießverfahren für alle diejenigen Formkörper aus, die ein dichtes, möglichst porenfreies Gefüge aufweisen sollten. Wenn eine gewisse Porosität und kleine Lunker in Kauf genommen werden können, so lassen sich Formkörper aus Borkarbidschmelzen durch Eingießen in Kokillen herstellen. Der zum Einschmelzen verwendete Kohlerohrofen wird dabei um eine zu seiner Länge senkrecht angeordneten horizontalen Achse kippbar gelagert. Die Stromzuführungen werden durch Litzen mit dem Ofen verbunden. In das Glührohr wird in einer Graphitform das zu gießende Borkarbid in Körnern von 1—5 mm Größe eingefüllt. Die Graphitform ist durch eine Bohrung mit der Kokille, die aus Graphit oder wassergekühltem Kupfer bestehen kann, verbunden. Das Einschmelzen des Borkarbids wird durch das Schauglas beobachtet und der Ofen gekippt, sobald das Borkarbid aufgeschmolzen ist. Statt den Ofen zu kippen, kann er auch auf einer senkrechten Achse so befestigt werden, daß er nach Erreichung der Schmelztemperatur um diese Achse gedreht wird, wodurch das geschmolzene Borkarbid unter der Wirkung der Fliehkraft in die Kokille gedrückt wird. Dieses Schleudergußverfahren ermöglicht die Herstellung fast lunkerfreier Formkörper.

2. Sintern von Borkarbidpulver

Das Borkarbid unterscheidet sich von anderen Pulvern metallischer und nichtmetallischer Art darin, daß es bei Temperaturen bis dicht unter dem Schmelzpunkt so unplastisch bleibt [*B 3*], daß die Oberflächenkräfte nicht ausreichend sind, um eine nennenswerte Schwindung hervorzurufen (Tab. 15). Es verhält sich in dieser Beziehung noch ungünstiger als das reine Aluminiumoxyd. Daher ist es bei dem augenblicklichen Stand unserer Kenntnisse nicht möglich, aus Borkarbidpulver durch Pressen und nachfolgendes Sintern porenarme und dementsprechend mechanisch widerstandsfähige Formkörper herzustellen. Selbst bei Temperaturen von 2300° C ($x = 0,9$), also 150° C unter dem Schmelzpunkt des Borkarbids, konnte in keinem Falle eine Schwindung bis zu einer Raumporosität unter 10% erreicht werden.

Tabelle 15. *Porigkeit von Sinterkörpern aus verschiedenartigen Pulvern nach 2 stündigem Erhitzen auf verschiedene Temperaturen in Wasserstoff*

Pulverart[1]	Korngröße μ	Sintertemperatur °C	Bezogene Temperatur[2]	Lineare Schwindung %	Porosität %
Eisen	1,5	1000	0,7	24	11
Wolfram	0,5	1500	0,49	24	12
Wolframkarbid	1	2000	0,82	9,2	29,5
Wolframkarbid und 5% Co	1	1500	0,66	22	2
Aluminiumoxyd	1	1800[3]	0,90	15	5
Borkarbid	1	2000	0,82	5	42

Zusatz niedriger schmelzender Metalle, wie Chrom, Eisen, Nickel oder Kobalt, begünstigen die Schwindung, führen aber anscheinend zu einer Umsetzung des Borkarbids mit den Metallen unter Bildung von Boriden. Auch Mischungen von Borkarbid mit Titankarbid und Siliziumkarbid verbessern das Schwindungsverhalten des Borkarbids nicht grundsätzlich.

3. Heißpressen von Borkarbidpulver

Es gelingt jedoch, reines feinkörniges Borkarbid zu dichten Formkörpern zu verpressen, wenn die Schwindungskräfte bei hohen Temperaturen durch zusätzlichen mechanischen Druck unterstützt werden. Dabei kann das Sintern unter Druck in Formen vorgenommen werden, die der gewünschten Endform entsprechen. Die Genauigkeit der auf

---

[1] Die Probekörper wurden mit einem Druck von 300 kg/cm² gepreßt.

[2] Bezogene Temperatur $\alpha = \dfrac{\text{Versuchstemperatur in °K}}{\text{Schmelztemperatur in °K}}$.

[3] Bei 1900° C verläuft die Schwindung so schnell, daß sie mit dem Auge verfolgt werden kann.

Elektrothermische Verfahren zur Herstellung von Borkarbidformkörpern 165

diese Weise hergestellten Formkörper liegt je nach Formkörpergröße zwischen ± 0,05 mm und ± 0,1 mm. Als Werkstoff für die Formen wird Graphit verwendet, der auch bei Temperaturen bis zu 2000° C bei den in Betracht kommenden Wandstärken noch Drucke bis zu 500 kg/cm² aufnehmen kann (Tab. 1). Da der Graphit jedoch porös ist, muß der Preßdruck so begrenzt werden, daß nach erreichter völliger Dichtigkeit des Preßlings die Form entlastet wird, weil das Borkarbid sonst in die Poren der Graphitform hineingedrückt und die Trennung von Formkörper und Graphitform sehr erschwert wird. Diese Druckbegrenzung wird im allgemeinen dadurch erreicht, daß die Länge der Preßstempel so berechnet wird, daß sie nach Erreichen völliger Dichtigkeit des Sinterkörpers mit den Stirnflächen

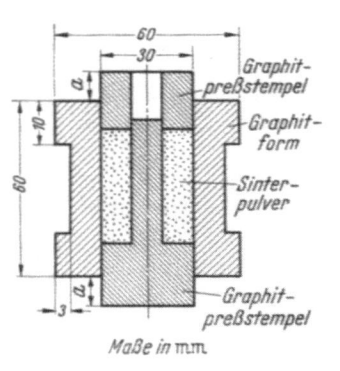

Abb. 5. Heißpreßanordnung mit begrenztem Preßweg. Preßdruck 100—500 kg/cm² (1,5 t Kraftbedarf). Transformator (für Preßkörper bis 30 mm ⌀): 50 kVA; Sekundärspannung 3—10 V, regelbar

Abb. 6. Form zum Heißpressen einer B₄C-Zylinderbuchse

des Mantelteiles der Form abschließen (Abb. 5). Die Preßformen können so gestaltet werden, daß mehrere Formkörper gleichzeitig erhalten und durch geeignete Gestaltung der Preßstempel auch Formkörper mit Bohrungen, wie Sandstrahldüsen, hergestellt werden können (Abb. 6).

Das Heißpressen kann auch im Vakuum vorgenommen werden, wenn der Druckstempel z. B. mittels eines Tombakschlauches gasdicht in den Ofen eingeführt wird. Die auf diesem Wege erhaltenen Sinterkörper haben bisher noch keine Unterschiede gegenüber den unter Atmosphärendruck des Schutzgases hergestellten Formkörpern erkennen lassen.

Um das Auspressen zu erleichtern und eine mehrfache Verwendung der Kohle- und Graphitformen zu ermöglichen, ist es angebracht, die Innenwände der Form und die Arbeitsflächen der Preßstempel durch geeignete Überzüge zu schützen, die nach jedem Preßvorgang zu erneuern sind. Als solche Überzüge kommt beispielsweise Aquadac in Betracht.

Da das Borkarbidpulver ein Verdichtungsverhältnis zwischen dem Volumen des eingeschütteten Pulvers und dem Volumen des dicht gesinterten Formkörpers von etwa 3 : 1 hat, empfiehlt es sich, zur Einsparung von Graphit das Pulver einzurütteln oder aber kalt vorzupressen und gepreßt in die Form zu bringen.

Eine Ersparnis an Graphitformen kann weiter dadurch erzielt werden, daß die Formen aus zwei ineinandergesetzten Teilen bestehen, wobei jeweils nur der innere Teil der beim Auspressen des Formlings oft zu Bruch geht, ersetzt zu werden braucht.

Das Heißpressen selbst kann mit direktem Stromdurchgang erfolgen, d. h., die aus Graphit hergestellte Preßform wird in den Sekundärstromkreis des Transformators geschaltet (Abb. 7). Die Erhitzungsanordnung kann aber auch so getroffen werden, daß die Graphitform in einem senkrecht stehenden Kohlerohrofen gestellt und indirekt durch Anstrahlung erwärmt wird. Die Beheizung ist auch durch eine Mittelfrequenzspule möglich.

Abb. 7. Gleichmäßig auf 1450° C erwärmte Graphitform zum Heißpressen von Borkarbid

Die direkte Beheizung bringt den Vorteil mit sich, daß die Erwärmung außerordentlich schnell vor sich geht, so daß der gesamte Heißpreßvorgang, je nach Formkörpergröße, in 1 bis 10 Minuten abgeschlossen ist. Die indirekte Beheizung im Kohlerohrofen dauert dagegen bis zur gleichförmigen Temperaturverteilung über den Querschnitt von Form und Formkörper, je nach Formkörpergröße, 1 bis 3 Stunden.

Ein Schutz der Graphitform gegen Verbrennung durch Umspülung mit reduzierend wirkenden Gasen (Wasserstoff oder gespaltenes Ammoniak) ist in beiden Fällen erforderlich.

Bei der direkten Beheizung ist die Temperaturmessung, die im allgemeinen nur an dem Außenmantel der Form möglich ist, wegen der

Elektrothermische Verfahren zur Herstellung von Borkarbidformkörpern 167

Strahlungsverhältnisse mit einer gewissen Unsicherheit behaftet. Hinzu kommt noch, daß die Stromverteilung über den Querschnitt mit zunehmender Verdichtung des Pulvers und zunehmender Temperatur sich verschiebt. Messungen mit angebohrter Mantelfläche ergaben dabei, daß die Temperaturen bei eintretender Verdichtung des Sinterkörpers, also im Temperaturgebiet zwischen 1500° C und 1800° C, etwa um 75° über der Temperatur der äußeren Mantelfläche liegen.

Für das Heißpressen von Borkarbidpulver sind Temperaturen von etwa 1650° C und Drucke zwischen 200 und 500 kg/cm² erforderlich (Tab. 16).

Eine Heißpreßanlage, die die Herstellung von Sinterkörpern weitgehend automatisiert, ist in Abb. 8 dargestellt. Bei dieser Anlage wird der Preßling zweiseitig von Stempeln gepreßt, die durch die obere und untere Preßplatte hindurchgeführt sind. Der Preßdruck wird dabei hydraulisch, unterteilt nach Vor- und Hauptlast, aufgebracht. Die oberen und

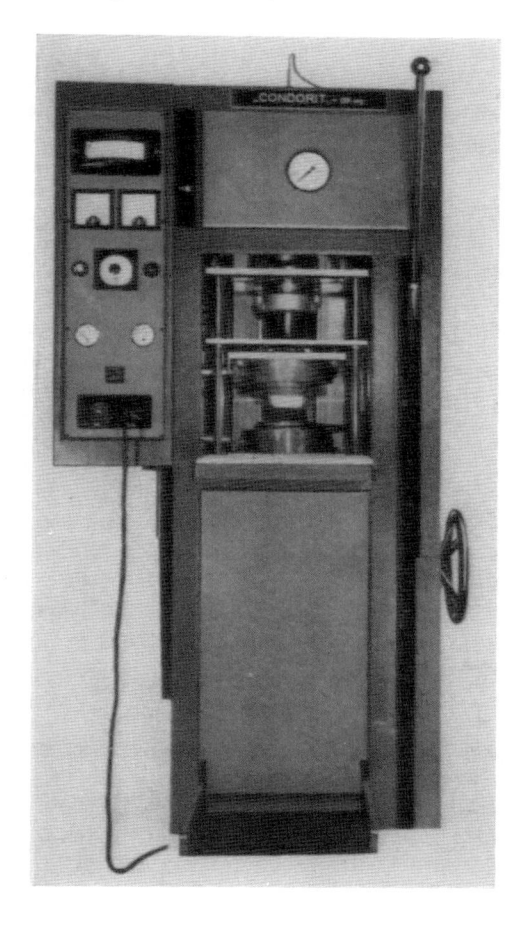

Abb. 8. Heißpreß-Sintervorrichtung (System Condorit)

unteren Kohleelektroden bleiben bei der serienmäßigen Herstellung gleichartiger Formkörper fest montiert, es wird lediglich die Preß-

Tabelle 16. *Herstellung von Borkarbidformkörpern durch Sintern unter Druck* (Sinterzeit 3 Minuten, spez. Gewicht des Borkarbides 2,52)

Preßtemperatur	Preßdruck kg/cm	Raumgewicht des Preßlings	Porosität	Korngröße im Sinterkörper
1600	100	2,35	6,4%	3— 5 μ
1700	200	2,45	2,4%	5—15 μ
1650	500	2,46	2,0%	5—10 μ

matrize selbst ausgewechselt. Zur schnellen Durchführung des Auswechselns wird die durch Federwirkung an die obere Elektrode angedrückte obere Preßplatte mittels Fußhebels nach oben gedrückt, die Matrize entnommen und eine neue gefüllte in die Aussparungen der Elektroden eingesetzt. Auf diese Weise ist es möglich, durchschnittlich 40 Formkörper je Stunde zu pressen, wenn die zu pressenden Formkörper Querschnitte von etwa 3 cm^2 aufweisen.

Die Begrenzung des Preßweges wird bei dieser Anordnung durch abgesetzt geformte Preßstempel bewirkt.

Die Temperaturmessung erfolgt durch ein fest eingebautes Strahlungspyrometer, dessen Anzeigeinstrument links oben in der Schalttafel eingebaut ist. Durch eine Schaltuhr wird der Preßvorgang nach erfolgter Regulierung fortlaufend gleichmäßig überwacht.

Auf der Schalttafel sind weiterhin sekundärseitige Strom- und Spannungsmesser sowie Temperaturanzeiger für das Kühlwasser der oberen und unteren Elektrode angebracht. Über der Heißpreßeinrichtung ist ein Kraftmesser eingebaut.

Beispielsweise wird zum Pressen eines Formkörpers von 1 cm^2 Fläche und 0,5 cm Höhe mit einer Vorlast von 100 kg die Erhitzung begonnen und nach Erreichung einer Temperatur von 1700° C die Preßkraft auf 400 kg gesteigert. Der Wiederanstieg der Preßkraft beim Aufsetzen der Stempelansätze zeigt die Beendigung des Vorganges an. Die Gesamtdauer eines solchen Arbeitsganges vom Einsetzen der Form bis zum Herausnehmen beträgt 1 Minute und 5 Sekunden.

Durch diese Ausgestaltung in der vorbeschriebenen Art ist das Heißpreßverfahren wirtschaftlich mit der üblichen Sinterung, bei der Pressen und Erhitzen getrennt erfolgen, wettbewerbsfähig. Es dürfte sich daher auch für solche Legierungen in stärkerem Umfang einführen lassen, die gegenüber Borkarbid auch durch getrenntes Pressen und Sintern hergestellt werden können, wobei das Heißpressen eine sonst nicht erreichbare Porenfreiheit der Sinterlegierungen zu erreichen gestattet.

VI. Die Herstellung von Elektrographit

Von

A. Ragoss (Meitingen)

Mit 10 Abbildungen

A. Geschichtliche Entwicklung

Schon Mitte des 19. Jahrhunderts beobachtete DESPRETZ [*D 1*, *D 2*], daß viele Arten von schwarzem Kohlenstoff, aber auch Diamant, durch Erhitzen auf hohe Temperaturen mittels elektrischen Stroms, den er einer Batterie von 600 Bunsenelementen entnahm, zu einem großen Teil in Graphit umgewandelt wurden. Weitere Studien auf diesem Gebiet stammen von BERTHELOT [*B 2*] und MOISSAN [*M 3*]. Aber erst die Arbeiten von ACHESON nach 1890 bilden den eigentlichen Anfang der industriellen Erzeugung von Elektrographit.

ACHESON ging von den Erfahrungen aus, die er bei seinen Versuchen zur Herstellung von Siliziumkarbid im elektrischen Ofen gemacht hatte. Er hatte beobachtet, daß der innere Teil der Ofenbeschickung aus Sand und Koks, der um den Leitkern herum den höchsten Temperaturen ausgesetzt war, nicht mehr aus Siliziumkarbid, sondern aus weichen Graphitkristallen bestand. Er schloß daraus, daß unter der Einwirkung dieser hohen Temperatur das Karbid durch Verflüchtigung des Siliziums den Kohlenstoff in graphitischer Form zurückläßt. ACHESON meldete 1895 das grundlegende Patent [*A 1*] an. Dieses hatte zum Gegenstand die Erzeugung von gekörntem bzw. pulvrigem Graphit als Ersatz für den bekannten Naturgraphit. Als Ausgangsmaterial diente gemahlener Anthrazit oder anderer Kohlenstoff im Gemisch mit Sand. Hier und in allen seinen späteren Arbeiten geht ACHESON stets von der Vorstellung aus, daß beim Graphitierungsvorgang sich intermediär mit den Verunreinigungen des Kohlenstoffs bzw. mit den absichtlich zugesetzten Oxyden ein Karbid bildet, das hinterher bei hoher Temperatur zerfällt, wobei der Partner verdampft. Der von ihm dabei verwendete Ofen glich völlig dem für die Herstellung von Siliziumkarbid.

Die weitere Entwicklung der Elektrographiterzeugung ging schnell in Richtung auf Formkörper. Im gleichen Jahre der Acheson-Anmeldung wurde an CASTNER [C 1] ein Patent erteilt, in dem die Verwendung von Kohleblöcken, insbesondere solchen, die aus Gas-Retortenkohle herausgeschnitten und durch Einwirkung von elektrischem Strom in Graphit umgewandelt wurden, als Anoden in der Chloralkalielektrolyse geschützt wurde. Für die Entwicklung dieser Industrie bestand ein dringender Bedarf an solchen Graphitformkörpern an Stelle von hartem Kohlenstoff bzw. Platin. Bereits 1897 wurde bei der Carborundum Co unter Leitung von ACHESON der erste Ofen mit Kohleblöcken im Gewicht von etwa 1 t mit gutem Erfolg gefahren. Die Produktion schritt schnell vorwärts. Bereits 1900 erzeugte die inzwischen gegründete Acheson Graphite Corporation an den Niagarafällen 400 t geformten und losen Graphit. Die Erzeugung von Elektrographit blieb lange auf die Vereinigten Staaten beschränkt. Erst viel später begann man in Europa, das Verfahren in größerem Maße anzuwenden. In Deutschland nahm die industrielle Erzeugung während des ersten Weltkrieges ihren Anfang. Neben einer Reihe von europäischen Ländern erzeugt seit Jahrzehnten auch Japan Elektrographit. Es bestehen Bestrebungen in vielen anderen Ländern und Kontinenten, Graphitfabriken zu bauen, die aber bisher nicht zur Durchführung gekommen sind.

Aus späteren Jahren existiert eine ganze Reihe von Arbeiten und Patenten, Graphit in anderer Weise zu erzeugen bzw. das Acheson-Verfahren zu verbessern; aber keiner dieser Vorschläge gewann bisher großtechnische Bedeutung.

B. Der Graphitierungsvorgang

Die intermediäre Bildung von Karbiden als Zwischenstufe gemäß den Vorstellungen von ACHESON ist bei dem heute durchgeführten technischen Graphitierungsverfahren nicht der wesentliche Vorgang. Selbstverständlich kann jeder Kohlenstoff mit den entsprechenden Elementen, wie Si, Ca und Fe, zur Reaktion zu Karbid gebracht und durch Verdampfen dieser Elemente bei entsprechend hohen Temperaturen in Graphit übergeführt werden. Bei der Herstellung von Formkörpern muß die Anwesenheit größerer Mengen von Fremdelementen im Ausgangsmaterial schädlich wirken, da bei deren Verdampfung Hohlräume zurückbleiben, die festigkeitsmindernd wirken, abgesehen davon, daß der aus Karbid entstandene Graphit stets sehr weich ist und seine Bildung sich in gleicher Richtung auswirkt. Die normale Umwandlung des harten Kohlenstoffs in Graphit ist ein Kristallwachstum der in ihm enthaltenen Elementarkristalle zu größeren Einheiten.

Es ist allgemein bekannt, daß der Graphit hexagonal kristallisiert und ein ausgesprochenes Schichtgitter bildet. In den Basisebenen sind die Atome in Sechsecken angeordnet, wobei der Abstand zwischen ihnen 1,42 Å beträgt. Die Schichtebenen haben voneinander eine Entfernung von 3,35 Å. Jede zweite Ebene ist gegenüber der ersten um $^2/_3$ des Atomabstandes verschoben, die nächste liegt dann wieder senkrecht über der ersten usw. Nach der einfachsten Vorstellung bewirken drei der vier Valenzelektronen des Kohlenstoffs die homöopolaren Bindungen in den Basisebenen, während das vierte zwischen diesen frei beweglich ist und die gute Leitfähigkeit des Graphits bedingt. In der angelsächsischen Literatur finden sich eingehende Studien über den Mechanismus der elektrischen Leitung [C 2, J 1, K 2, L 1, M 4, W 1].

Alle bekannten Arten des schwarzen Kohlenstoffs weisen in mehr oder minder ausgeprägtem Maße bereits die Anordnung der Atome in Sechsecken auf, wie sie ja auch in dem Kern der aromatischen Verbindungen bereits vorgegeben ist. Man kann sich so einen direkten Übergang von diesen zu den winzigsten Ebenen der feinteiligen Kohlenstoffe vorstellen, bei denen die Randatome eventuell noch mit Fremdatomen, wie Wasserstoff usw., besetzt sind [H 2].

Die sogenannten „amorphen" Kohlenstoffarten unterscheiden sich in der Ausdehnung der Sechseckebenen und vor allen Dingen in deren räumlicher Lage zueinander. Sie können weitgehend parallel angeordnet sein oder aber sie liegen unregelmäßig im Raum mit entsprechenden Lücken im Aufbau der mikroskopisch sichtbaren Sekundäraggregate. Dabei ist der Abstand von parallel liegenden Schichtebenen etwas größer als im Graphit, bis zu einem Wert von 3,44 Å.

Das Kristallwachstum beim Erhitzen ist in hohem Maße von dieser Vorordnung der Schichtebenen abhängig. Es erfolgt bei den Temperaturen, wie sie in dem technischen Graphitierungsprozeß erreicht werden, nur im festen Zustand. Daneben stehen dem Platzwechsel gerade beim Kohlenstoff große Hemmungen entgegen, so daß die Baufehler (Lücken) überhaupt nicht oder nur in sehr geringem Maße ausheilen. Man spricht deswegen von graphitierenden und nichtgraphitierenden Kohlenstoffen. Bei der Einwirkung steigender Temperaturen findet ein stetiges Wachstum der Elementarkristalle statt, das z. B. durch Untersuchungen mittels Röntgenstrahlen an Debye-Scherrer-Diagrammen verfolgt werden kann [F 2, H 3, H 4]; der Abstand der Schichtebenen geht auf 3,35 Å zurück.

Infolge des verschiedenen Graphitierungsverhaltens kommt es bei der Herstellung von Elektrographit sehr auf die Auswahl des geeigneten Rohstoffes an. Dieser entsteht meist aus organischen Verbindungen, wobei die Abscheidung aus der gasförmigen, flüssigen oder festen Phase vor sich gehen kann. Wird der Kohlenstoff aus dem festen Zustand ohne Mitwirkung eines Schmelzvorganges gebildet, so ist die Struktur der Ausgangsverbindung von weitgehender Bedeutung. Liegt bereits eine dichte Packung ohne wesentlichen Anteil von Fremdatomen vor, wie es z. B. beim Anthrazit der Fall ist, so können die Kristallkeime verhältnismäßig gut wachsen und es entsteht ein weicher, gut ausgebildeter Graphit. Aber auch im Anthrazit sind gemäß seiner Entstehung schlechter vorgeordnete Anteile (Fusinite u. dgl.) vorhanden, die es unmöglich machen, ein durchweg einwandfrei kristallisierendes Gitter zu erhalten. Den Gegenpol bilden solche Kohlenstoffarten wie Holzkohle, Koks aus Phenolformaldehydharzen usw., bei denen einerseits durch die Zellstruktur des mikroskopischen Aufbaus, andererseits aber vorwiegend im Feinbau durch das Verflüchtigen von Sauerstoff, Wasserstoff und anderen Atomen Lücken oder Störstellen vorhanden sind. Solche sind typische Vertreter der schlecht graphitierenden Sorten.

Ganz ähnliche Verhältnisse liegen bei solchen Kohlenstoffen vor, die aus dem Gaszustand entstehen, wie Ruß, Glanzkohlenstoff, Retortenkohle. Auch diese können sehr verschiedene Ausbildung sowohl der Elementarkristalle als auch der Sekundäraggregate, je nach den Abscheidungsbedingungen, besitzen, wobei z. B. Entstehungstemperatur, Mitwirken von Verbrennungsvorgängen (Anwesenheit von Sauerstoff bei der Bildung), Konzentration der Ausgangsverbindungen eine Rolle spielen. Es entstehen Strukturen sehr verschiedener Graphitierbarkeit, auf der einen Seite z. B. Gasruß und schwarze Retortenkohle, auf der anderen Ruß aus rein thermischer Zersetzung von Erdgasen (Typ Thermax) und graue Retortenkohle mit zum Teil sehr guter Vorordnung der Elementarkristalle. Diese Grenzformen sind durch Zwischenstufen weitgehend verbunden.

Im allgemeinen die beste Ausrichtung für gut graphitierende Kohlenstoffe entsteht bei der Bildung aus flüssiger Phase. Es handelt sich um die großen Mengen der in der Industrie der Elektrographitfertigung verwendeten Petrol- und Pechkokse, erstere ursprünglich durch thermische Zersetzung der Rückstände nach der Erdöldestillation gewonnen, heute mehr und mehr als Nebenprodukt bei der Krackung bzw. chemischen Aufarbeitung, letztere durch Verkokung von Steinkohlen- bzw. Braunkohlenteerpechen. Wenn alle diese Kokse auch im Durchschnitt recht gut graphitieren, so unterscheiden sie sich doch voneinander, je nachdem in ihnen unlösliche feste Bestandteile geringerer Ordnung vor der Verkokung enthalten oder auch in mehr oder minder hohem Maße Verbindungen anwesend waren, die solche Fremdatome im Molekül besaßen, die erst nach der Verfestigung flüchtig werden.

Aus den Betrachtungen geht hervor, daß Steinkohlenkoks niemals ein besonders guter Rohstoff für die Graphitierung sein kann, da er stets Anteile von schlechter Struktur, die bei der Verkokung nicht schmelzen, etwa Fusinit und Durit, und auch, besonders wenn es sich um solche aus jungen Kohlen handelt, große Mengen Sauerstoff im Molekül enthält.

Vorfertigung des Elektrographits

ACHESON verwendete anfangs bevorzugt Anthrazit zur Herstellung des Elektrographits. Man hat in Amerika bald erkannt, daß Formkörper besser ausgebildeter graphitischer Eigenschaften aus Petrolkoksen zu erhalten waren und ging auf diese als Rohstoff über. Heute wird in der großtechnischen Erzeugung nur dieser bzw. Pechkoks verarbeitet.

Ganz andere Gesichtspunkte für die Auswahl der Rohstoffe gelten bei der Fertigung anderer Erzeugnisse aus Elektrographit, an die Anforderungen besonderer Art gestellt werden, z. B. bei Dynamobürsten für den Lauf auf dem Kollektor bzw. an die Kommutierungsfähigkeit. Hier müssen oft Rohstoffe schlechter Graphitierbarkeit ausgewählt werden, die auch im Endzustand noch eine größere Härte bzw. lockere Struktur aufweisen.

C. Vorfertigung des Elektrographits

Wenn auch die Erzeugung von körnigem bzw. pulvrigem Elektrographit in gewissen Fällen heute noch durchgeführt wird, so besitzt die

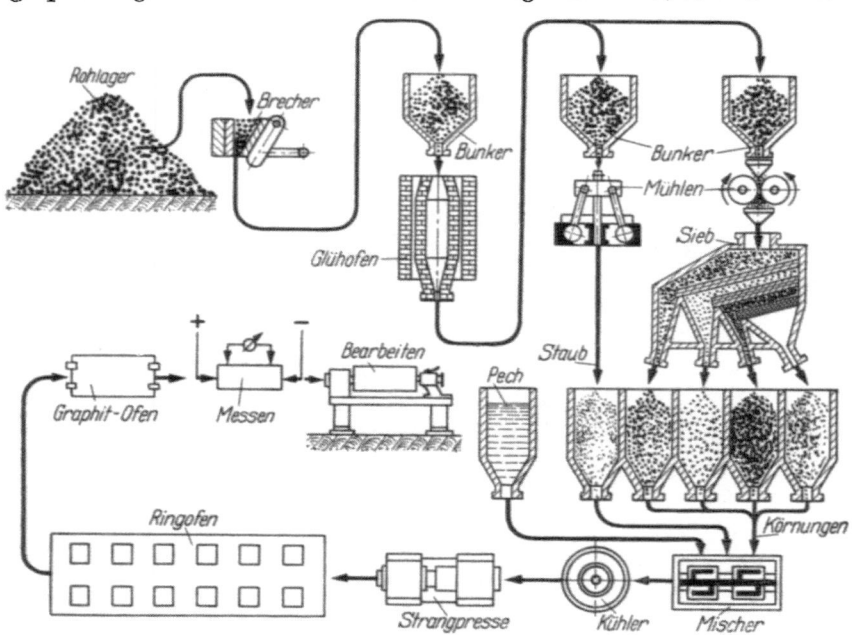

Abb. 1. Fertigungsgang von Graphitelektroden

Fertigung von Formkörpern die ganz überwiegende Bedeutung. Bei dieser treten wiederum Elektroden für die Stahlindustrie bzw. Anoden für die Elektrolyse weit in den Vordergrund. Die folgenden Ausführungen beziehen sich in erster Linie auf diese Erzeugnisse.

Das Ausgangsmaterial wird, sofern es nicht schon bei der Herstellung Temperaturen von mehr als 1000° C erreicht hat, vorgebrochen und geglüht. Das geschieht in Vertikalkammeröfen ähnlich denen der Kokerei-Industrie. In neuerer Zeit, in Amerika fast durchweg, gewinnt die Kalzinierung in Drehrohröfen an Umfang. Beim Vorglühen muß darauf geachtet werden, daß das gesamte Material möglichst die gleiche Temperatur erreicht. Es folgt nun die Zerkleinerung der Kokse einerseits zu Mehl, andererseits auf Körnungen, die in die gewünschten Fraktionen auseinandergesiebt werden. Für Körper kleinerer Dimensionen aus Pulver allein, für größere aus ihm sowie einer oder mehrerer Kornklassen wird die Trockenmischung zusammengesetzt. Dabei steigt die Maximalgröße der verwendeten Körnung mit der Dimension der herzustellenden Körper bis auf 10 mm und mehr. Als Bindemittel dient fast ausschließlich Mittel- oder Hartpech aus Steinkohlenteer, eventuell unter Zusatz von Teer- oder Mineralölen. Erstere dienen hauptsächlich zur Erniedrigung des Erweichungspunktes des Bindemittels, letztere zum besseren Schlüpfen beim Preßvorgang. Das Mischen erfolgt in verschiedenartigen Typen von heizbaren Maschinen. In Deutschland werden meist doppelschaufelige Knetmischer benutzt. Die Endtemperatur wird auf 110—160° C gesteigert, um eine gleichmäßige Mischung mit dem flüssig zugesetzten oder in der Maschine verflüssigten Pech zu erhalten. Nach Beendigung des Mischvorganges wird die Masse auf hydraulischen Strangpressen noch warm in die gewünschten Formen und Durchmesser verpreßt. Die „grünen" Formkörper werden abgekühlt, um sie für die weitere Hantierung formbeständig zu erhalten. Sie werden dann einem ersten Brand in gasbeheizten Öfen unterworfen. Meist dienen dazu Ringöfen, aber auch Kammeröfen werden benutzt. In diesen wird durch langsame Temperatursteigerung ein Teil des Bindemittels abdestilliert, der größere aber unter Bildung eines festen Koksgerüstes zersetzt. Es entstehen die Hartbrandkohlen. Dabei müssen die zu brennenden Körper durch Einbetten in eine Koksschüttung vor dem Angriff durch Sauerstoff geschützt werden. Gleichzeitig dient diese dazu, in den ersten Stadien der Erhitzung die Form zu erhalten, wenn das Bindemittel vor der Verkokung erweicht. Es werden Endtemperaturen von 800—1000° C erreicht. Die Verkokung dauert je nach Art und Größe der Öfen 2 bis 5 Wochen. Die Kohle geht jetzt zur Graphitierung.

Um besonders dichte und feste Körper zu erhalten, wie sie z. B. für die Verbindungsnippel der Elektroden usw. nötig sind, werden sie in gebranntem Zustand mit Steinkohlenteerpech durchtränkt, meist unter Anwendung von Vakuum und Druck. Sie werden dann entweder nochmals zur Verkokung des Imprägnierungsmittels im Gasofen gebrannt oder kommen unmittelbar zur Graphitierung.

Bei der Fertigung von derart gestalteten Körpern, die nicht im Strangpreßverfahren herstellbar sind, wird die Verformung der warmen Mischung durch Einstampfen in entsprechende Formen vorgenommen. Mischungen für Dynamobürsten werden meist so vorbehandelt, daß sie nach dem Erkalten völlig hart werden. Sie werden z. B. in gas- oder elektrisch beheizten Maschinen auf Temperaturen von 200° C und darüber erhitzt, wobei ein großer Teil des Bindemittels sich zersetzt oder oxydiert wird, oder sie werden mehrfach durch heiße Walzen geschickt. Solche Mischungen werden dann staubfein gemahlen und im Gesenk verformt. Die weitere Behandlung erfolgt wie vorher.

D. Die Graphitierung

Die Form des Graphitierungsofens hat sich seit den ersten Anfängen kaum geändert. Er ist nur viel größer geworden und wird mit höherer Leistung betrieben. Ein Schema eines solchen Ofens gibt Abb. 2, ein Längsschnitt senkrecht durch die Ofenachse.

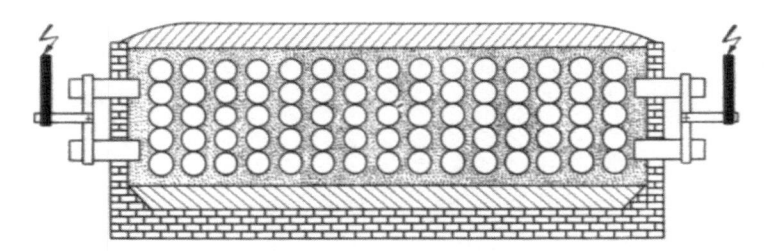

Abb. 2. Schema eines Graphitierungsofens

Fest aufgeführt sind nur die Stirnwände und der Boden, alles aus feuerfesten Schamottesteinen gemauert. Durch die Stirnwände führen die Stromzuführungselektroden, die im allgemeinen aus Graphitblöcken bestehen, entweder als Paket in der Mitte oder verteilt über den Querschnitt des Ofens. Die äußeren Enden müssen wassergekühlt werden. Es werden wasserdurchflossene Stromanschlußbacken verwendet oder das Wasser läuft frei über die Elektrodenenden weg. Häufig, besonders bei amerikanischen Öfen, liegt das Bodenmauerwerk über Flur auf quer zur Längsachse führenden Pfeilern. Dadurch wird eine gute Kühlung des Ofenbodens ermöglicht und die Gefahr einer Überhitzung vermieden. Eine solche kann bei forciertem Betrieb leicht bei Ofenböden auftreten, die vertieft liegen. Das Mauerwerk sintert dann zusammen und ist schwer zu erneuern. Auf das feuerfeste keramische Bett folgt eine Schicht von etwa 0,5 m Siliziumkarbid bzw. aus einem Gemisch von Koks und Quarzsand. Darüber liegt die eigentliche Beschickung des Ofens. Das zu graphitierende Material wird in eine Graphit- oder Steinkohlenkoks-

Körnung bzw. in ein Gemisch daraus gebettet. Die Formkörper werden auf eine etwa 10 cm starke Lage dieses Schüttpulvers horizontal in Stapeln quer zur Längsachse des Ofens und der Stromrichtung aufgebaut. Der Abstand der Pakete ist abhängig von der Größe der Stücke und beträgt meist etwa ein Drittel ihres Durchmessers. Um den Abstand während des Aufbaues zu halten, werden Holzlatten oder dergleichen verwendet, die später nach Schütten des Widerstandsmaterials wieder herausgezogen werden. Nach außen und oben wird zur Wärme- und elek-

Abb. 3. Halle mit Graphitierungsöfen

trischen Isolation eine Schicht von mindestens 0,5 m Siliziumkarbid vorgesehen, das gleichzeitig den Luftzutritt zu dem Ofeninneren verhindert. Nach den Seiten wird der Ofeninhalt durch große Blöcke aus feuerfestem und temperaturwechselbeständigem Material zusammengehalten, hergestellt auf Basis feuerfester Zemente und geeigneten Zuschlagstoffen. Bei sehr kleinen Öfen wird die Seitenwand, wie es früher allgemein geschah, aus geschichteten Schamottesteinen aufgeführt. Das Vermischen des Widerstandspulvers und der Mantelschüttung wird während des Aufbaues durch eingesetzte Blechtafeln verhindert, die nach dem Schütten ebenfalls entfernt werden.

Die erste Graphitierung wurde ausgeführt in einem Ofen von etwa 4,9 m Länge mit einer Stromstärke von 7800 A. Heute haben die großen Einheiten ein Fassungsvermögen von mehr als 50 t Nutzinhalt und

Die Graphitierung

werden mit Transformatoren betrieben, deren Leistung in der Größenordnung von 5000—10000 kVA liegt. Die Abb. 3 zeigt einen Blick in eine Ofenhalle mittlerer Größe.

Die Länge moderner Öfen geht bis zu 20 m. Die Breite läßt die Graphitierung von Elektroden bis 2,5 m zu. Mit der Schüttung und Isolation kommt sie auf über 4 m. Ihre Höhe liegt in gleicher Größenordnung.

Der elektrische Verlauf eines Graphitierungsbrandes schwankt in gewissen Grenzen je nach Inhalt, Art des Schüttmaterials usw. Als Beispiel ist ein Diagramm nach Abb. 4 angeführt.

Wesentlich ist das starke Absinken des Ofenwiderstandes mit fortschreitender Erhitzung. Der Endwert beträgt $1/10-1/20$ dessen zu Beginn. Die aufgegebene Leistung beginnt bei niedrigen Werten und wird mehr oder minder schnell gesteigert, je nach der Empfindlichkeit des eingesetzten Materials gegen Temperaturspannungen, die weitgehend durch die Größe der Formkörper bedingt sind. Nach einiger Zeit, beim gewählten Beispiel etwa nach der halben Laufzeit, wird die höchste Leistungsaufgabe

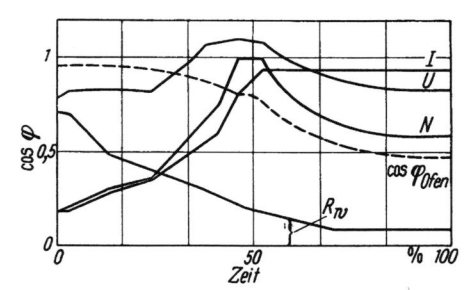

Abb. 4. Verlauf der elektrischen Daten beim Graphitieren

erreicht. Der Widerstand des Ofens ist jetzt so weit gesunken, daß die Stromstärke den Grenzwert der zulässigen Trafobelastung erreicht. Nun nimmt die aufgenommene Leistung bei gleichbleibender Stromstärke und sinkender Spannung wieder ab.

Das Ende des Brandes ist durch die erreichte Temperatur und die damit erzielten Eigenschaften des eingesetzten Materials bestimmt. Es ist bisher nicht möglich, in großen Öfen die erforderlichen Temperaturen von 2700—3000° C direkt zu messen. Die Verwendung optischer Pyrometer scheitert daran, daß es bei dem Verdampfen der großen Aschemengen nicht möglich ist, die Schwächung der Strahlung durch Absorption zu unterdrücken. Thermoelemente für so hohe Temperaturen sind zur Zeit nicht bekannt, wenn auch Ansätze zur Entwicklung solcher bestehen. Man ist für die Betriebsführung auf die Erfahrung aus den vorhergehenden Bränden angewiesen. Nach dem elektrischen Widerstand der aus dem Ofen entnommenen Elektroden kann man feststellen, ob die notwendige Temperatur während des Brandes erreicht wurde. Da bei gleichartigen Öfen die Wärmeverluste nur in engsten Grenzen schwanken, kann man auf Grund der einmal vorgenommenen Widerstandsmessungen die notwendige Energie in kWh/kg eingesetztes Material festlegen, um den richtigen Graphitierungsgrad zu erzielen. Das ist die allgemein übliche Maßnahme für den Betrieb solcher Öfen. Je nach Ofengröße, Rohstoff usw. beträgt der spezifische Energieverbrauch 4—6 kWh/kg. Die Dauer eines Brandes, also die Zeit der Energieaufgabe, beträgt 2—4 Tage. Der abgeschaltete Ofen muß wegen der Oxydationsgefahr des Graphits 10—14 Tage stehenbleiben, ehe er völlig geöffnet und das Material ausgebaut werden kann, nachdem schon vorher mit fortschreitender Abkühlung die äußersten Isolierschichten abgetragen werden können. Die Trennung des graphitierten Schüttpulvers vom Siliziumkarbid-Mantel wird dadurch erleichtert, daß letzterer durch die Einwirkung der hohen Temperatur etwas zusammensintert. Sowohl das Widerstands- als auch das Isolationsmaterial wird nach Aufbereitung und Ausscheiden der unbrauchbaren Anteile wieder verwendet. Die ausgebauten Elektroden werden vom anhaftenden Schüttpulver befreit, auf ihren spezifischen elektrischen Widerstand und Fehler geprüft und gehen anschließend zu einer maschinellen Bearbeitung je nach ihrem Verwendungszweck.

Wegen der langen Abkühlzeiten ist es für die laufende Ausnutzung der Transformatoren notwendig, mindestens 6 Öfen für jeden zur Verfügung zu haben. Dabei wird der Transformator entweder längs einer Ofenreihe verfahren und an den jeweils zu betreibenden Ofen angeschlossen oder der feststehende Trafo arbeitet auf eine Sammelschiene; die Öfen werden mit dieser dann über Trennschalter verbunden.

Solche Sammelschienen nehmen bei Stromstärken von 50000 A oder mehr einer modernen Anlage große Ausmaße an. Die Stromzuführung zu den Öfen geschieht von einem Ofenkopf her. Der Anschluß der am anderen Ende liegenden Elektroden erfolgt heute meist durch längs beider Ofenseiten führende Schienenpakete. Durch Kreuzung der Schienen wird dafür gesorgt, daß die Stromverdrängung in engen Grenzen bleibt. Von diesen Schienenpaketen sind zwei Paare vorhanden, eines für den unter Strom stehenden Ofen, ein weiteres für den als nächsten zu fahrenden, damit die Zeit für die Umschaltung möglichst kurz bleibt.

Wegen der starken Änderung des Ofenwiderstandes werden Stufentransformatoren für den Betrieb verwendet. Die erforderlichen Spannungen schwanken etwa zwischen 50 und 150 V, wobei die genannten Grenzen je nach Ofengröße, Schüttung usw. nach unten oder oben überschritten werden können. Um eine bessere Ausnutzung des kostspieligen Ofentransformators zu erzielen, wird manchmal das erste langsame Aufheizen mit einem Transformator geringerer Leistung vorgenommen. Erst nachdem der Ofen eine Temperatur von mehr als 1000° C erreicht hat, wird der Haupttransformator angelegt und das Aufheizen des nächsten mit dem Hilfstransformator begonnen. Bei dieser Art der Betriebsführung ist für einen Ofentransformator eine noch größere Zahl von

Öfen zweckmäßig. Zum Teil werden auch zum ersten Aufheizen zwei Öfen parallel auf den Haupttransformator geschaltet und später einzeln weitergefahren. Es wurde auch versucht, zur Umgehung des Vorbrandes der grünen Elektroden und des Energieverlustes durch die zwischendurch erforderliche Abkühlung direkt in einem Zuge auf die Graphitierungstemperatur zu erhitzen. Ein solches Verfahren ist technisch möglich; es konnte sich aber nicht durchsetzen, da das erste Erhitzen zur Verkokung des Bindemittels mit sehr langsamer Temperatursteigerung vorgenommen werden muß. Es wären in diesem Falle so umfangreiche Ofen- und elektrische Anlagen erforderlich, daß diese Anordnung sich als unwirtschaftlich erwiesen hat.

Die im Prinzip so einfach erscheinende Graphitierung erfordert große Erfahrung beim Zusammenbau und Betrieb der Öfen, um sowohl an allen Stellen gleichmäßige Temperatur und damit die geforderten Eigenschaften des Graphits zu erreichen und um auch einerseits mit einem möglichst schnellen Durchsatz, andererseits mit wenig Bruch durch unzulässige Temperaturspannungen zu arbeiten.

Bietet schon die stark variierende Ofenbelastung ein Problem für die Energieversorgung einer Graphitierungsanlage hinsichtlich der Benutzungsstunden und der damit verbundenen Energiekosten, die nur durch den Betrieb mehrerer Öfen mit entsprechend zeitlich versetzten Leistungsspitzen der einzelnen Brände gleichmäßig gestaltet werden kann, so treten durch die Eigenart der Öfen noch eine Reihe weiterer ungünstiger Faktoren hinzu. Bei der hohen Stromentnahme werden große Anlagen fast durchweg mit Wechselstrom betrieben. Nur kleine haben gelegentlich eine Gleichstromversorgung, die stets mit höheren Energieverlusten durch das Umformen verbunden ist. Gemäß ihrem Bau werden die Graphitierungsöfen mit Einphasenwechselstrom betrieben. Bei den ersten Anlagen zu einer Zeit, als die Versorgung aus Drehstromnetzen geringeren Umfangs erfolgte, konnten diese bei dem Wechselstrombetrieb mit Belastung nur zweier Phasen eine solche Schieflast nicht aufnehmen. Man schaltete Drehstrom-Wechselstrom-Umformer zwischen Netz und Ofen. Eine der nächsten Stufen war der gleichzeitige Betrieb von zwei Öfen mit Stufentransformatoren in Scott-Schaltung. Auch diese Betriebsweise befriedigte nicht völlig, da es nicht möglich ist, zwei solche Öfen so gleichmäßig zu bauen, daß immer der volle Leistungsausgleich und dieselbe Laufzeit erreicht wird. Inzwischen sind für solche Anforderungen zur Verhinderung der Schieflast neue Schaltungen entwickelt worden, über die später noch gesprochen wird. Bei großen Graphitierungsanlagen mit mehreren Transformatoren, die an die heutigen ausgedehnten Verbundnetze angeschlossen sind, läßt sich der Betrieb fast immer so einrichten, daß die restliche, immer noch übrigbleibende unterschiedliche Belastung der Phasen ohne Schwierigkeit vertragen wird. Um eine auch bei wechselnder Leistungsaufnahme der Öfen möglichst gleichmäßige Verteilung zu erreichen, ebenso um die restliche Schieflast in einer Weise zu verteilen, die den Wünschen des Stromversorgungsunternehmens gerecht wird, werden Phasenwählschalter in den Zuleitungen der einzelnen Transformatoren vorgesehen.

Große Öfen mit einer Länge von 10—20 m bilden mit ihren Zuleitungen Stromschleifen einer Fläche von 30—100 m² und bieten dem Wechselstrom entsprechend hohen induktiven Widerstand. Der Leistungsfaktor sinkt mit steigender Stromstärke im Laufe des Brandes erheblich ab. Der $\cos\varphi$ im Ofenstromkreis geht auf 0,5 und darunter. Solche Werte sind beim Strombezug nicht vertretbar. Es werden Kondensatorenbatterien zum Ausgleich vorgesehen. Sie können in üblicher Art parallel zu den Ofentransformatoren geschaltet werden. Bei größeren Anlagen mit mehreren Transformatoren erfordert die Abgleichung bei der dauernd wechselnden Belastung der einzelnen Öfen erhebliche Aufmerksamkeit und macht viele Schaltungen notwendig.

Gut haben sich Anlagen mit Reihenkondensatoren [K 1] nach Abb. 5 bewährt.

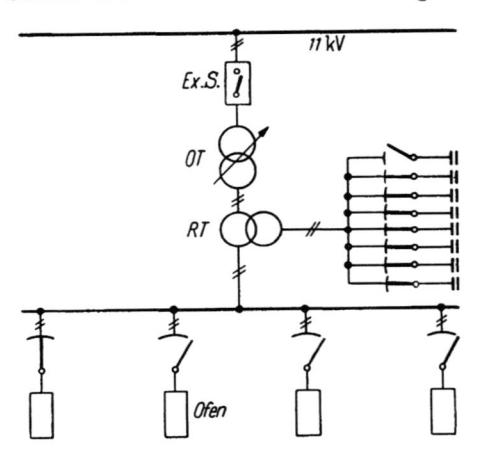

Abb. 5. Schaltung einer Graphitierungsanlage mit Reihenkondensatoren

Dabei geht der Niederspannungsstrom durch einen in Serie zum Ofen geschalteten Reihentransformator, dessen Oberspannungswicklung auf die Kondensatoren geschaltet ist. Die Leistung der Kondensatoren wird der Größe der Ofeninduktivität angeglichen. Auf diese Art erreicht man eine direkte Abhängigkeit der Kondensatorenbelastung vom Ofenstrom. Der Leistungsfaktor bleibt ohne jede Schaltarbeit während des ganzen Graphitierungsprozesses nahe an 1,0.

Für den Fall, daß Graphitierungsanlagen an ein Drehstromnetz angeschlossen sind, das keine Schieflast zuläßt, kann es durch besondere Schaltungen erreicht werden, daß gleichzeitig die Phasenbelastung symmetriert und der Wirkungsfaktor auf 1 gebracht wird. Ein Beispiel einer solchen Anordnung gibt Abb. 6.

Hier ist ein Zwischenkreis in Scott-Schaltung angeordnet, der einerseits auf den Ofentransformator, andererseits auf eine Kondensatorenbatterie arbeitet. Um die genannten Forderungen zu erfüllen, muß in diesem Falle die Kondensatorenbatterie stark unterteilt schaltbar sein.

Die beschriebenen Gesichtspunkte gelten in erster Linie für die Graphitierung von Elektroden usw. Bei Sonderfabrikaten, wie Dynamobürsten, Anoden für Gasentladungen usw., werden oft sehr enge Grenzen hinsichtlich der Einhaltung bestimmter Eigenschaften gesetzt. Die Aufheizung auf Graphitierungstemperaturen erfolgt meist nach dem gleichen Prinzip, aber in kleineren Ofeneinheiten. Der Betrieb mit Gleichstrom ist in diesen Fällen weiter verbreitet. Die hohen Stromkosten fallen dabei nicht so stark ins Gewicht. Bei solchen Öfen mit einem Einsatzgewicht von wenigen hundert Kilogramm, außerdem einer meist sehr aschearmen Rohkohle und einer Schüttung mit einem Widerstandsmaterial nur aus graphitiertem und daher reinem Koks, gelingt es auch während des Prozesses, die Temperatur mit optischen Pyrometern zu messen. Dazu werden z. B. Graphitrohre quer durch den Ofen gelegt und ein darin befindliches Graphitstück anvisiert. Während der Messung wird ein Strom inerten Gases durch das Rohr geblasen, um die restlichen Dämpfe zu vertreiben, die durch die poröse Wand ins Innere des Rohres diffundieren. Diese unmittelbare Messung ist hier wichtig, da bei den kleineren Öfen die Wärmeverluste infolge der relativ zum Inhalt großen Oberfläche und der schlechteren Isolation eine größere Rolle spielen und nicht so sicher beherrscht werden können wie in großen. So kann der Graphitierungsfortschritt laufend verfolgt werden, und es gelingt unter der Voraussetzung gleichbleibenden Rohmaterials, gut reproduzierbare Eigenschaften zu erzielen. Aus den genannten Gründen ist der Energieverbrauch solcher Öfen höher als vorher angegeben, er kann bis auf das Doppelte ansteigen.

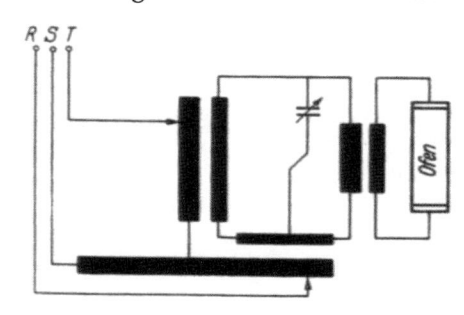

Abb. 6. Schaltung von Graphitierungsanlagen mit Symmetrierung der Phasenbelastung

Für die Aufheizung solchen Kleinmaterials wird neben dem beschriebenen Widerstandsofen auch induktive Heizung benutzt. Es handelt sich in diesem Falle stets um kleinere Ofeneinheiten mit einem Einsatzgewicht von beispielsweise 100—200 kg. Die Ofenspulen werden mit Mittelfrequenz von 500—10000 Hz betrieben. Im Laboratorium werden für derartige Heizungen auch Sender noch höherer Frequenz benutzt. Es besteht eine Grenze nach unten abhängig von den Dimensionen der Formkörper. Bei geringeren Abmessungen braucht man höhere Wechselzahlen, die nur eine geringe Eindringtiefe haben. Bei niedriger Frequenz wird letztere so groß, daß sich die Induktionsströme in kleineren Formkörpern nicht ausbilden können. Die Grenzflächen zwischen ihnen bieten in kaltem Zustand einen so hohen Widerstand, daß sie praktisch als Isolator wirken. Andererseits muß bei Graphitierung großer Körper mit hohen Frequenzen sehr vorsichtig angeheizt werden, da die direkte Erwärmung durch den Strom dann nur in den äußersten Oberflächenschichten erfolgt. Bei der niedrigen Wärmeleitfähigkeit der nichtgraphitierten Kohlen können leicht unzulässige Temperaturspannungen und damit Risse entstehen.

Graphit für manche Verwendungszwecke, z. B. für Gleichrichteranoden, darf nur sehr geringen Gehalt an Fremdatomen aufweisen. Wohl wird bei der Graphitierung der größte Teil der Asche verdampft, bis auf sehr schwer flüchtige Bestandteile, z. B. Wolfram oder Bor; aber auch ein Teil der normalen Begleiter bleibt im Graphit zurück. Um der obengenannten Forderung zu genügen, wird ein reines Rohmaterial ausgewählt und die Graphitierung unter besonderen Bedingungen durchgeführt: geeignete Anordnung der Formkörper im Ofen, hohe Endtemperatur, langes Halten bei der höchsten Erhitzungsstufe. Die beste Reinheit wird durch Erhitzen in einem inerten Gasstrom bis etwa 2500° C oder im Vakuum erzielt. Dabei wird entweder die Graphitierung selbst im Vakuum mit Induktionsheizung vorgenommen oder es erfolgt eine nachträgliche Erhitzung bis auf 2000° C und darüber, die auch durch Fremdheizung erfolgen kann. Auch für die Verwendung des Graphits als Moderator in Atommeilern besteht die Forderung nach sehr großer Reinheit, insbesondere nach dem Fehlen stark neutronenabsorbierender Stoffe, in erster Linie Bor und Vanadium. Da es sich für diesen Zweck um große Mengen handelt, mußte ein anderes Verfahren entwickelt werden. In den Vereinigten Staaten und jetzt auch in Deutschland führt man die Reinigung durch Behandeln der Formkörper in einem Gasstrom und aufeinanderfolgender Behandlung mit chlor- und fluorabspaltenden organischen Verbindungen bei Temperaturen bis 1850° C und bis 2800° C im Widerstandsofen durch. Dabei werden auch andere störende Elemente entfernt, die nur in geringsten Spuren enthalten sind, was sich aus den Messungen der restlichen Neutronenabsorption ergibt [U 1].

Für die laboratoriumsmäßige Graphitierung benutzt man im allgemeinen Kohle- bzw. Graphitrohr-Kurzschlußöfen etwa in der Art der Tammannöfen. Auch andere Formen wurden mehrfach beschrieben, z. B. von GARTLAND [G 1]. Eine sehr elegante Methode bietet die schon genannte Möglichkeit der Hochfrequenzheizung.

E. Eigenschaften des Graphits

Der Elektrographit vereinigt in sich eine Reihe von Eigenschaften, die sich aus seiner Zwischenstellung zwischen den Metallen und Nichtmetallen ergeben. Sie zeichnen ihn bzw. den Graphit ganz allgemein vor anderen Elementen aus und geben ihm als Werkstoff für eine Reihe von Anwendungen eine Schlüsselstellung. Zum Teil beruhen sie auf den Eigenschaften der Graphitkristalle selbst, zum anderen auf denen, die sich durch die Zusammenlagerung der Einzelteilchen im geformten Körper ergeben, wobei man es in der Hand hat, einzelne davon durch Auswahl geeigneter Rohstoffarten oder durch die technologische Verarbeitung besonders herauszuzüchten. Im wesentlichen werden in den folgenden Betrachtungen, soweit sie Elektrographit betreffen, die Eigenschaften von Elektroden für thermische und elektrolytische Zwecke erwähnt, da sie wie gesagt mengen- und wertmäßig den ganz überwiegenden Teil der Produktion ausmachen. Bei den für andere Zwecke, in erster Linie für Dynamobürtsen, gefertigten Sonderqualitäten treten zum Teil weit abweichende Zahlen auf, von denen nur die wichtigsten genannt werden.

Kristallstruktur und spezifisches Gewicht. Über die Kristallstruktur wurde das Wesentliche schon gesagt. Es ist hinzuzufügen, daß neben der bekannten hexagonalen Form eine zweite rhomboedrische existiert. Nach neuen Untersuchungen [B 3] ist diese aber im Elektrographit nicht vorhanden. Aus der Gitterstruktur errechnet sich die Dichte des Graphits zu 2,26 [H 1], ein Wert, der an gut ausgebildeten Kristallen des natürlich vorkommenden Graphits auch gemessen wird. Die pyknometrisch bestimmte Dichte des Elektrographits liegt immer mehr oder weniger tiefer. Die im Ausgangskohlenstoff vorhandenen Baufehler heilen bei der technischen Graphitierung nur bis zu einem gewissen Grade aus, so daß nur Graphite aus Koksen ganz besonders geeigneter Rohstoffe eine so wenig gestörte Struktur haben, daß der daraus hergestellte Graphit mit einer Dichte von etwa 2,25 den theoretischen Wert fast erreicht. Bei den meisten technischen Graphiten werden Werte von etwa 2,18—2,22 gemessen. Bei Elektrographiten, für die als Ausgangsmaterial Ruß oder andere Kohlenstoffsorten geringer Dichte verwendet werden, liegen sie noch tiefer, bis unter 2,0. Das spezifische Gewicht ist also in erster Linie eine Kennzahl, die von der Art des verwendeten Rohmaterials abhängt.

Raumgewicht. Für die technische Beurteilung von Formkörpern ist das Raumgewicht eine wichtige Größe. Von diesem sind viele andere Eigenschaften abhängig. Die scheinbare Dichte von Elektroden und dergleichen liegt im allgemeinen bei etwa 1,55, von kleineren Körpern bis zu 1,65. Besonders verdichtetes Material erreicht Werte bis zu 1,85. Im Laboratoriumsmaßstab konnten solche bis zu 2,0 erhalten werden, sie spielen aber in der Technik noch keine Rolle. Werden besonders poröse Stücke verlangt, werden sie bis zu 1,3 herunter hergestellt. Aus dem Raumgewicht und dem spezifischen Gewicht wird rechnerisch die Porosität ermittelt. Sie liegt bei normalen Elektroden in den Grenzen von 25—30%, bei verdichtetem Material entsprechend niedriger. Eine andere Methode zur Bestimmung der Porosität bedient sich der Füllung der Poren mit Wasser. Der zugängliche Porenraum liegt etwa 5% niedriger als der rechnerisch bestimmte. Im allgemeinen wird, soweit es wirtschaftlich vertretbar bleibt, eine geringe Porosität angestrebt, da dadurch eine höhere Festigkeit und bessere Leitfähigkeit für Strom und Wärme erreicht werden. Auf der anderen Seite nimmt die Elastizität von Elektroden mit hohem Raumgewicht ab, so daß die Temperaturwechselbeständigkeit dadurch wieder beeinträchtigt werden kann.

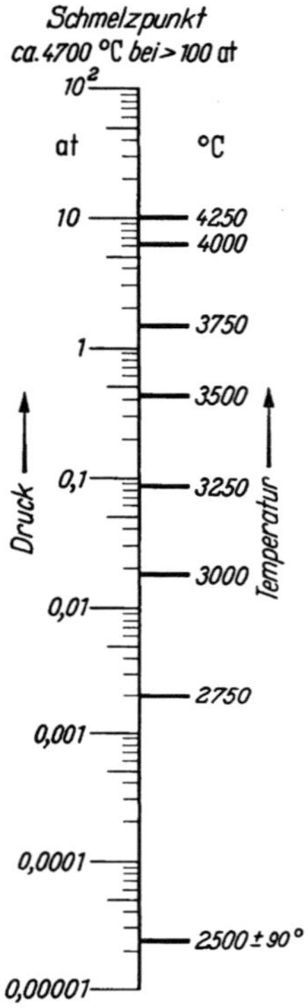

Schmelzen bzw. Verdampfen. Lange Zeit war es eine umstrittene Frage, ob der Kohlenstoff schmilzt oder sublimiert. Beobachtungen am positiven Krater des Kohlelichtbogens, an durchschmelzenden Kohlestäben usw. wurden als Stütze der einen oder anderen Ansicht angeführt. Nach neueren Untersuchungen geht aber die Anschauung allgemein dahin, daß unter Atmosphärendruck Kohlenstoff nicht schmilzt, sondern direkt vom festen in den gasförmigen Zustand übergeht. Ein erstes Zustandsdiagramm wurde von BASSET [B 1] aufgestellt, wobei als Temperaturbasis der Krater eines unter Atmosphärendruck brennenden Lichtbogens mit 3800° K angesetzt wurde. Nach seinen Versuchen ergab sich der Tripelpunkt bei etwa 4000° K und 100 at. Später wurden, insbesondere von amerikanischer Seite, Dampfdruckbestimmungen an Kohlenstoff vorgenommen, die auf Effusionsmethoden bzw. massenspektrometrischen Messungen aufgebaut sind [B 4, G 2, M 2]. Die neuen Autoren kommen zu viel kleineren Dampfdrucken bzw. höherer Sublimationstemperatur. Ihre Resultate entsprechen etwa den in Abb. 7 dargestellten Werten.

Abb. 7. Dampfdruck von Kohlenstoff

Das Verhalten des Kohlenstoffs bei der technischen Graphitierung weist darauf hin, daß der Dampfdruck bei den dort erreichten Temperaturen niedrig ist. Sehr feinkristalline Kohlenstoffarten geringer Ordnung der Sekundäraggregate wachsen selbst bei 24stündiger Erhitzung von 3300° K oder kürzerer bei 3600° K nicht nachweisbar über den Dampfzustand; sie behalten ihre Strukturfehler bei.

Elektrische Leitfähigkeit. Auch das Verhalten der elektrischen Leitfähigkeit begründet sich aus der Kristallstruktur. Bereits der Einkristall besitzt eine richtungsabhängige Leitfähigkeit. Viele Messungen und

Rechnungen wurden im Laufe der Zeit vorgenommen. Nach den neuesten errechnen PRIMAK und FUCHS [P 2] für den Einkristall einen spezifischen Widerstand von

$$\varrho \parallel = 0{,}39\ \Omega \cdot mm^2/m,$$
$$\varrho \perp = 52\ \ \Omega \cdot mm^2/m.$$

Für Elektrographit-Formkörper sind nur Mischwerte von Bedeutung, die einerseits aus den Eigenschaften des Rohmaterials, andererseits aus den Einflüssen der Formgebung resultieren.

Kohlenstoffarten dichter Packung und guter Vorordnung ergeben hohe elektrische Leitfähigkeit, die durch Fertigungsverfahren, bei denen ein gesteigertes Raumgewicht erreicht wird, sich besonders günstig gestalten. Es gibt kaum Rohstoffe, die völlig isotropen Bau aufweisen (Ruß). Fast immer ist eine Richtungsabhängigkeit in der Lagerung der Elementarkristalle und daher schon bei ihnen eine Anisotropie der Eigenschaften vorhanden. Durch unterschiedliche Bindungsfestigkeit entstehen beim Feinmahlen keine Kugeln oder unregelmäßige Polyeder, sondern Plättchen oder Quader. Da bei allen Verformungsvorgängen sich mehr oder minder starke Strömungen ausbilden, ordnen sich die Teilchen in bestimmten Richtungen, so beim Strangpressen mit ihrer Längsachse in Richtung des Stranges, beim Pressen im Gesenk senkrecht zur Druckrichtung. Beim Wachstum während des Graphitierens bleibt die Ordnung erhalten. Dementsprechend ist auch der elektrische Widerstand nach den verschiedenen Richtungen unterschiedlich.

Graphitelektroden haben einen Längswiderstand von 8 bis 12 $\Omega \cdot mm^2/m$. Er liegt bei dünnen Stäben mehr an der unteren, bei Körpern größerer Durchmesser an der oberen Grenze. Der Querwiderstand liegt etwa 50% höher. Er ist bei kleineren Durchmessern relativ höher, bei großen niedriger, da mit der Verwendung immer gröberen Korns der Ordnungsgrad bei der Verformung abnimmt. Naturgemäß ist bei Elektroden und in gewissem Maße auch bei Anoden ein möglichst niedriger elektrischer Widerstand erwünscht, um Spannungs- und Erwärmungsverluste niedrig zu halten. Bei besonders dichten Körpern können Werte bis herunter zu 5 $\Omega \cdot mm^2/m$ erzielt werden, während sie andererseits bei porösen höher liegen. In noch stärkerem Maße ist das der Fall bei Verwendung schlecht graphitierender Rohmaterialien, wie sie etwa bei vielen Sorten von Dynamobürsten verarbeitet werden, bei denen manchmal auch durch Abbrechen der Graphitierung bei weniger hohen Temperaturen eine nicht bis zum Endzustand getriebene Kristallisation vorliegt. Es werden Werte bis zu 50, in Einzelfällen bis zu 70 $\Omega \cdot mm^2/m$ gemessen.

Temperaturkoeffizient des elektrischen Widerstandes. Der Temperaturkoeffizient des elektrischen Widerstandes, gemessen an Einkristallen, ist positiv wie bei Metallen [P 2]. Formkörper aus Elektrographit zeigen abweichendes Verhalten. Bei diesen nimmt der elektrische Widerstand bei niedrigen Temperaturen ab. Er fällt beim Erwärmen auf etwa 500° C auf 70—75% des Ausgangswertes. Das Minimum liegt je nach Art des Graphits bei verschiedenen Temperaturen. Dichte Sorten erreichen es schon bei 400°, in Einzelfällen noch niedriger, bei anderen liegt es manchmal erst bei 600—700° C. Je besser die Kristallausbildung und je höher die Raumfüllung durch Kohlenstoff, desto früher überwiegen die Materialeigenschaften des Graphits gegenüber den Grenzflächenwiderständen zwischen Kristallen und Aggregaten. Dementsprechend wird auch der Ausgangswiderstand bei verschiedenen Temperaturen erreicht (etwa im Bereich von 1200—1800° C).

Festigkeit. Elektrographitkörper sind in vieler Hinsicht mit keramischen Materialien vergleichbar. Auch im Verhältnis des Widerstandes gegen mechanische Beanspruchung sind Parallelen vorhanden. Die Druckfestigkeit des Elektrographits ist vergleichsweise höher als die Zug- und Biegefestigkeit. Bei Elektroden beträgt erstere 200—300 kg/cm^2 in Längsrichtung. Verdichtetes Material hat Werte bis zu 400 kg/cm^2. Für Sonderqualitäten kleiner Dimensionen können 1000 kg/cm^2 erreicht werden. Demgegenüber liegen Zug- und Biegefestigkeit des normalen Materials bei etwa 60—120 kg/cm^2 mit entsprechender Steigerung bei den Spezialsorten. Die Querfestigkeit von Elektroden ist geringer. Die Abnahme macht sich bei der Druckfestigkeit in kleinerem Maße bemerkbar, dagegen können Zug- und Biegefestigkeit bis zu 35% unter dem der Längsfestigkeit liegen. Es sei ferner darauf hingewiesen, daß bei Formkörpern größerer Abmessungen die Festigkeitswerte im Innern bis zu 35% unter denen der Außenpartien liegen. Bei der Beurteilung muß der ganze Querschnitt berücksichtigt werden. Bei Bürsten und ähnlichen Materialien können sehr stark abweichende Zahlen vorkommen.

Besonders interessant ist das Verhalten der Festigkeit von Elektrographit bei höheren Temperaturen. Schon lange war bekannt, daß die Festigkeit mit der Temperatur steigt. Neuere Arbeiten [M 1] haben ergeben, daß die Zugfestigkeit bis zu 2500° C ansteigt und hier Werte erreicht, die je nach Sorte 50—100% über denen bei Zimmertemperatur liegen. Bei hohen Temperaturen wurde auch das Kriechverhalten der Graphits gemessen. Über 2500° C erfolgt die Verformung bei so geringer Krafteinwirkung, daß Bestimmungen von Festigkeitswerten nicht mehr durchführbar waren. Dünne Stäbe können bei so hohen Temperaturen ohne Mühe gebogen werden.

Härte. Nach der Mohsschen Härteskala gehört der Graphit zu den weichsten Materialien, bedingt durch die geringe Bindefestigkeit der hexagonalen Ebenen und der daraus resultierenden Gleitfähigkeit dieser aufeinander. Dagegen ist die Festigkeit in der Basisebene sehr hoch. Bei Formkörpern aus sehr kleinen Elementarkristallen diskordanter Lagerung ist das Abgleiten von Schichtebenen blockiert. Solche weisen daher die kennzeichnende Weichheit des Graphits nicht auf.

Bei Graphitelektroden werden im allgemeinen Härtemessungen nach BRINELL oder anderen Methoden nicht durchgeführt. Bei der porösen Struktur und dem Aufbau aus verschiedenen Körnungen, zum Teil auch verschiedenartigem Ausgangsmaterial, lassen sich exakte Werte kaum erhalten. Dagegen werden bei Sonderqualitäten, die aus feinkörnigem Material aufgebaut sind, solche Messungen vorgenommen und geben zusammen mit anderen Untersuchungszahlen brauchbare Kennziffern zur Unterscheidung verschiedenartiger Qualitäten. Auch die Rückprallhärte nach SHORE wird verwendet und diente z. B. bei Bürsten früher oft als Meßgröße für den richtigen Graphitierungsgrad.

Elastizität. Bei Graphitelektroden wurde der Elastizitätsmodul lange Zeit wenig beachtet, trotzdem er für ihr Verhalten, besonders bei Temperaturwechselbeanspruchung, wichtig ist. Da die verarbeiteten Rohmaterialien nicht sehr stark voneinander abweichen, geht die Art der Verarbeitung, die verwendete Korngröße und das erzielte Raumgewicht in die Werte stark ein. Der Young-Modul liegt etwa in den Grenzen von 500—900 kg/mm^2 und steigt mit der Temperatur leicht an [*F 1*]. Bei Sondermaterialien für Bürsten und andere Zwecke wird manchmal der Elastizitätsmodul als Kennzahl verwendet. Bei diesen stark differierenden Qualitäten werden entsprechend weit streuende Werte gemessen. Es können Graphitkörper mit Moduln zwischen 300 bis über 1000 kg/mm^2 hergestellt werden.

Spezifische Wärme. Die spezifische Wärme ist eine Stoffkonstante, die bei Elektrographit vom Rohmaterial und von der technologischen Verarbeitung unabhängig ist. Die spezifische Wärme des Kohlenstoffs entspricht bei Normaltemperatur nicht dem Dulongschen Gesetz. Sie steigt mit der Temperatur stark an und beträgt bei 0°C etwa 0,15 cal/g und 0,4 bei 1500° C [*T 1*].

Wärmeleitfähigkeit. Die verschiedenen Formen der gebrannten Kohle und des Graphits weisen sehr variable Werte der Wärmeleitfähigkeit auf, die über zwei Zehnerpotenzen gehen. Selbst bei den einzelnen Sorten des Elektrographits treten Werte von weniger als 50 bis 150 kcal/m · h · °C auf. Graphitelektroden haben solche von 100 bis 150 kcal/m · h · °C. Die Wärmeleitfähigkeit nimmt mit der Temperatur ab. Amerikanische Messungen [*P 1*] führten zu dem Ergebnis, daß schon bei 600° C nur mehr der halbe Wert vorhanden ist, bei 1500° C nur noch etwa $^1/_5$ des Ausgangswertes. Die Wärmeleitfähigkeit strebt über 2000° C einem Endwert zu, der bei 10% der Ausgangszahl liegt. Diese Abnahme muß bei Verwendung von Graphit bei hohen Temperaturen beachtet werden. Die Veränderungen der Leitwerte unter 0° C haben im allgemeinen geringere praktische Bedeutung. Messungen liegen vor [S 1].

Wärmeausdehnung. Die Wärmeausdehnung des Graphitkristalls ist stark anisotrop. Bei Kristallaggregaten differierender Ordnung, wie sie in Formkörpern vorliegen, schwankt sie daher in weiten Grenzen, wenn sie auch im Vergleich zu den meisten Metallen, Keramik usw. immer klein bleibt. Sie steigt mit wachsendem Raumgewicht. Bei Elektroden ist sie infolge der besseren Ausrichtung der Teilchen beim Preßvorgang in den äußeren Schichten in der Längsrichtung höher als in der Mitte; bei steigenden Durchmessern fällt sie ab, da der Ordnungsgrad mit steigender Korngröße und abnehmender Verformung beim Pressen zurückgeht. Naturgemäß ist auch der Einfluß des Rohmaterials vorhanden. Die gemessenen Werte des Ausdehnungskoeffizienten liegen in Preßrichtung bei:

$20-100°$ C $\quad \alpha =$ etwa $1{,}5-2{,}5 \cdot 10^{-6}/°$C
$20-1000°$ C $\quad \alpha =$ etwa $2{,}6-3{,}8 \cdot 10^{-6}/°$C
$20-2000°$ C $\quad \alpha =$ etwa $3{,}5-4{,}6 \cdot 10^{-6}/°$C

senkrecht zur Preßrichtung:

$20-100°$ C $\quad \alpha =$ etwa $2{,}8-4{,}0 \cdot 10^{-6}/°$C
$20-1000°$ C $\quad \alpha =$ etwa $4{,}0-5{,}5 \cdot 10^{-6}/°$C
$20-2000°$ C $\quad \alpha =$ etwa $5{,}5-6{,}5 \cdot 10^{-6}/°$C

Alle sonstigen Arten von Graphitformkörpern haben fast durchweg höhere Wärmeausdehnungskoeffizienten.

Sonstige physikalische Eigenschaften. Da Elektrographit oft bei hohen Temperaturen gebraucht wird, sei noch das Emissionsvermögen erwähnt. Es liegt unabhängig von der Wellenlänge bei etwa 0,8 und schwankt mit der Beschaffenheit der Oberfläche.

Graphit ist diamagnetisch. Die diamagnetische Suszeptibilität ist von der Korngröße der Elementarkristelle des mikrokristallinen Materials abhängig und steigt mit dem Durchmesser der Schichtebenen. Bei normalem Elektrographit liegt die diamagnetische Suszeptibilität bei etwa 6 cgs-Einheiten je g.

Ganz allgemein ist zu bemerken, daß es trotz aller Bemühungen noch nicht gelungen ist, als Grundlage für die Bewertung z. B. von Elektroden usw. genau bestimmte Werte festzulegen, deren Einhalten unbedingte Gewähr für die gute Qualität gibt. Naturgemäß sind Grenzwerte nicht zu überschreiten, aber die letzte Entscheidung bringt auch heute noch das Verhalten bei der Anwendung.

Technisch wichtige chemische Eigenschaften. Wesentlich für die Verwendung des Kohlenstoffs und speziell des Graphits ist seine hohe chemische Resistenz. Am meisten wird die Verwendungsmöglichkeit durch den Angriff von Sauerstoff in elementarer Form oder von Sauerstoffverbindungen eingeschränkt. An Luft beginnt die merkliche Oxydation von Elektrodengraphit bei etwa 500° C (Hartbrandkohle bei 400° C). Im Temperaturgebiet bis etwa 600° ist die Reaktionsgeschwindigkeit so klein, daß sie beim Angriff geschwindigkeitsbestimmend ist. Da jeder Graphit ein poröser Körper ist, erfolgt die Oxydation nicht nur an der Oberfläche, sondern in gleichem Maße auch im Innern von den Poren her, so daß die Festigkeit des Gefüges zerstört wird. Es kann geschehen, daß nach lang dauernder Oxydation im Temperaturgebiet von 500—550° C ein äußerlich fast unangegriffenes Stück den inneren Zusammenhalt völlig verloren hat. Die Verbrennung wird durch Alkalien stark, weniger von Erdalkalien, aber auch durch eine Reihe von Schwermetallen (z. B. Mo, Cu, V) katalytisch beschleunigt. Als oxydationshemmende Stoffe sind Phosphorsäure und Borsäure bekannt, auch Natriumwolframat wird genannt. Die obengenannten Temperaturen gelten für technischen Elektrographit und sind naturgemäß durch die Wirkung der enthaltenen Aschebestandteile beeinflußt; ganz reiner Graphit ist widerstandsfähiger.

Bei Temperaturen über etwa 600°C wird die Reaktionsgeschwindigkeit allmählich so groß, daß an Luft nur mehr eine Verbrennung von der Oberfläche her eintritt; die Oxydation in den Porenräumen tritt immer mehr zurück. Bei weiter steigender Temperatur wird die Verbrennung ab etwa 800° C durch die Diffusionsgeschwindigkeit des Sauerstoffs in der die Oberfläche bedeckenden Gasschicht bestimmt. Bei hohen Temperaturen verschwindet auch der Einfluß von Stoffen, die die Verbrennung beschleunigen oder hemmen.

Als Schutz gegen den Sauerstoffangriff wird die Möglichkeit des Aufbringens von oxydationsfesten Überzügen neuerdings stark beachtet. Es werden für diesen Zweck genannt: Siliziumkarbid, Molybdändisilizid und andere. Soweit bekannt, gelingt es mit solchen Mitteln bisher nur, einen kurzzeitigen Schutz auch bei sehr hoher Beanspruchung zu erreichen, nicht aber gegen Angriffe durch Einwirkung über lange Zeiten auch bei nur mäßigen Temperaturen.

Ähnliche Verhältnisse liegen bei der Oxydation durch Kohlendioxyd und Wasserdampf vor, nur sind die Temperaturgrenzen nach oben verschoben. Wenn auch bei 550° C bereits 10% CO neben CO_2 mit Kohlenstoff im Gleichgewicht sind, wird bei Graphit infolge der geringen Reaktionsgeschwindigkeit ein Angriff durch Kohlendioxyd erst gegen 800° C von Bedeutung, ähnlich bei Wasserdampf. Auch für diese Reaktionen sind katalytische Einflüsse bekannt. Gegen Kohlenmonoxyd ist Graphit bis zu den höchsten Temperaturen beständig.

Durch starke Oxydationsmittel wird Graphit leicht angegriffen: durch konzentrierte Salpetersäure schon bei mäßigen Temperaturen, durch Schwefelsäure erst bei Siedetemperatur, aber auch z. B. von warmen Chromsäure- und Hypochloritlösungen. Die Bildung von Graphitsäure (Graphitoxyd) durch Einwirkung von Kaliumchlorat und konzentrierter Schwefelsäure wird manchmal als Analysenreaktion zur Bestimmung von Graphit neben anderem Kohlenstoff benutzt, der zu gasförmigen Reaktionsprodukten verbrannt wird. Wasserstoff und Stickstoff greifen erst bei sehr hohen Temperaturen an. Gegen Chlor ist Graphit beständig. Mit Fluor kommt es bei niedrigen und mäßigen Temperaturen zur Reaktion. Die Instabilität der Fluorverbindungen des Kohlenstoffs bei höheren Temperaturen wird, wie erwähnt, zur Reinigung von Fremdatomen ausgenutzt.

Eine Reihe von Elementen bildet mit Kohlenstoff Karbide. Manche reagieren mit Graphit leichter als mit gebrannter Kohle, vermutlich darin begründet, daß die Reaktion durch Einwanderung zwischen die Schichtebenen eingeleitet wird. Einlagerungsverbindungen sind in großer Zahl bekannt, z. B. mit K, Cs, Br, H_2SO_4, wasserfreien Chloriden usw. Alle diese Verbindungen sind bisher nicht von technischer Bedeutung.

F. Anwendung des Elektrographits

Die Vereinigung der angeführten wertvollen Eigenschaften machen den Graphit, besonders den Elektrographit, zu einem für die Technik in vielen Fällen unersetzbaren Werkstoff. Als wesentlich sind hervorzuheben: der niedrige elektrische Widerstand, die gute thermische Leitfähigkeit, die hohe Schmelz- bzw. Verdampfungstemperatur, die chemische Resistenz, die flüchtigen Reaktionsprodukte und die gute Temperaturwechselbeständigkeit. Gegenüber der gebrannten Kohle sind diese Eigenschaften im allgemeinen stark ausgeprägt, so daß etwa das Verhältnis des elektrischen Widerstandes 1 : 4—8, der Wärmeleitfähigkeit 1 : 2—30 usw. beträgt. Nur die Festigkeit ist im allgemeinen geringer. Graphit ist mit spanabhebenden Werkzeugen leicht bearbeitbar. Es können auch komplizierte Formen hergestellt werden, was bei Hartbrandkohlen viel größere Schwierigkeiten bereitet, da sie wegen ihrer höheren Härte nur mit Hartmetall bearbeitet werden können und auch spröder sind.

Die überwiegende Menge der Elektrographitproduktion wird von der Stahlindustrie verbraucht. Als zylindrische Elektroden dienen sie in Elektrostahlöfen als Stromzuführungen und Ansatzfläche des Lichtbogens. Die größten Lichtbogenöfen haben heute ein Fassungsvermögen von mehr als 100 t und arbeiten mit Elektroden von 600 mm Durchmesser und bis 2,5 m Länge. Elektroden mit noch größerem Durchmesser werden in der chemischen Industrie, z. B. bei Phosphor-Reduktionsöfen, eingesetzt.

Alle diese Elektroden werden im kontinuierlichen Strang verwendet. Entsprechend dem Abbrand im Lichtbogen werden oben neue angesetzt. Die Elektroden haben an den Enden Gewindeschachteln; mit Hilfe von Graphitnippeln werden sie aneinandergeschraubt. Die ursprüngliche Form der Verbindungsnippel war zylindrisch. In den letzten Jahren hat sich der doppeltkonische (Abb. 8) durchgesetzt, der bei der Handhabung Vorteile bietet und sich der Verjüngung der Brennspitze im Ofen besser anpaßt.

Mit dem weiteren Vordringen des Elektrostahls nimmt auch die wirtschaftliche Bedeutung der Graphitelektrode immer mehr zu. 1958 betrug die Weltproduktion in der Elektrostahlindustrie etwa 25 Millionen t. Bei einem durchschnittlichen Verbrauch von 8 kg Kohlenstoff je t Einsatz bedeutet das einen Bedarf von 200 000 t Graphitelektroden, die einen Wert von 400 Millionen DM darstellen. In Deutschland wurde der höchste Stand im Kriege erreicht. Jetzt ist die nach Kriegsende sehr geringe Produktion wieder stark im Ansteigen. 1959 wurden etwa 1 800 000 t Elektrostahl erzeugt. Dafür sind etwa 13 500 t Graphit verbraucht worden.

Der zweitgrößte Verbraucher von Elektrographit ist die chemische Industrie mit der Elektrolyse, überwiegend als Anodenmaterial für die Erzeugung von Chlor und Alkali aus wäßriger Kochsalzlösung, da er von dem Chlor auch bei der Entladung nicht angegriffen wird. Der dennoch stattfindende sehr langsame Abbau erfolgt durch eine daneben herlaufende geringfügige Abscheidung von Sauerstoff enthaltenden Ionen; von ihm werden die Anoden teilweise verbrannt, teilweise werden sie als Folge davon durch Abrieselung kleiner Graphitteilchen mechanisch zerstört. Es kommt für den Hersteller darauf an, solche Rohmaterialien auszuwählen und Fertigungsmethoden anzuwenden, daß der letztere Vorgang möglichst unterdrückt wird. Die Anoden werden ganz überwiegend in Form von Platten in die Zellen eingebaut, die mittels durch den Deckel geführte Stäbe gehalten werden, die gleichzeitig als Stromzuführung dienen.

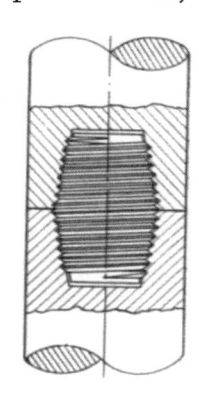

Abb. 8. Elektrodenverbindung mit konischem Nippel

Nachdem lange Zeit die Diaphragmazellen vorherrschend waren, sind seit einigen Jahrzehnten die Amalgamzellen im Vordringen. In Deutschland haben sie sich schon weitgehend durchgesetzt, in anderen Staaten, auch in den USA, noch nicht in gleichem Maße; aber auch dort kommen immer mehr derartige Anlagen in Betrieb. Für die Quecksilberzellen wird ein besonders vanadinarmer Anodengraphit gebraucht, da Vanadin die Amalgamzersetzung katalysiert, wodurch Wasserstoff in das Chlorgas gelangen und die Gefahr von Explosionen entstehen kann. Für solche Graphite werden vanadinarme Rohstoffe ausgewählt und der Fertigungsprozeß besonders sorgfältig überwacht.

Gute Leitfähigkeit des Graphits und geringer Widerstand an der Verbindung zwischen Stab und Platte ist sehr wichtig.

Für die modernen hochbelasteten Amalgamzellen werden die Anoden mit einem System von Rillen und Entgasungslöchern versehen, um die großen Mengen entwickelten Chlors schnell aus dem Raum zwischen Anode und Kathode abzuführen. Die Ausführung ist in den einzelnen Elektrolyseanlagen recht verschieden, ein Beispiel zeigt Abb. 9.

Mit der steigenden Erzeugung von Kunststoffen wird auch der Bedarf an Chlor immer größer. Die Weltproduktion von Chlor dürfte 1959 bei mehr als 5 Millionen t gelegen haben, davon wurden in der Bundesrepublik fast 600000 t erzeugt. Der Brutto-Graphitverbrauch ist für die Elektrolyse schwer zu schätzen, da sehr verschiedene Zellentypen verwendet werden, deren Bedarf in weiten Grenzen schwankt. Nimmt man einen solchen von 4,5 kg je t Chlor an, so errechnet sich ein Verbrauch von etwa 23000 t Rohgraphit.

Abb. 9. Schnitt durch eine Anode für die Chloralkalielektrolyse

Eine geringere Bedeutung hat die direkte Erzeugung von Bleichlaugen durch die Elektrolyse an Graphitanoden. Für die elektrochemische Erzeugung von Chloraten wurden früher vorwiegend Magnetitanoden verwendet; neuerdings wird auch bei diesem Prozeß Graphit bevorzugt. Er hat in den letzten Jahren an Umfang gewonnen, hervorgerufen durch die Einführung der Chlordioxydbleiche als Endstufe in der Zellstoffindustrie. Die Anoden in der Chloratelektrolyse werden gegenüber denen in der Chloralkalielektrolyse chemisch stärker beansprucht und daher vor ihrer Verwendung imprägniert, meist mit Leinöl, das vor dem Einbau in die Zellen genügend gehärtet werden muß, um nicht auszufließen.

Die Chlorbeständigkeit des Graphits wird auch ausgenutzt bei dem Gebrauch als Anode bei der Schmelzflußelektrolyse in erster Linie von Kochsalz und Magnesiumchlorid. Die Verwendung für andere elektrolytische Zwecke, z. B. bei der Zerlegung von Nickelchlorür, Herstellung von Wasserstoffperoxyd, hat nicht so großen Umfang wie die vorher genannten.

Alle anderen Anwendungen reichen in ihrer wirtschaftlichen Bedeutung nicht an die schon erwähnten heran, verbrauchen aber doch nennenswerte Mengen Elektrographit.

Stäbe werden als Heizkörper in Strahlungsöfen benutzt, zum Schmelzen von Eisen, Stahl und anderen Metallen, auch von Silikaten. Graphit dient auch als Tiegelmaterial für solche Metalle, die keine Karbide bilden. Er wird besonders gern in Hochfrequenzöfen verwendet, wo er wenigstens zum Teil, je nach den elektrischen Bedingungen, gleichzeitig als Heizleiter für die induzierten Ströme dient. Es muß für diese Zwecke je nach der Benetzbarkeit durch das in ihnen geschmolzene Metall oft gut nachverdichtetes Material eingesetzt werden, um das Ausfließen durch die Poren zu verhindern. Auch beim Sintern von pulvermetallurgisch hergestellten Teilen in Induktionsöfen dienen Graphitzylinder als Heizleiter. Für die Erzeugung von geschmolzenem Quarz werden nennenswerte Mengen von Graphitstäben bzw. -rohren verwendet.

Neben den eben erwähnten Fällen benutzt die Metallurgie Graphit als Material für Formen bei normaler Sinterung, Drucksinterung, Stranggußverfahren usw. Auch dabei werden an Festigkeit und gleichmäßige dichte Struktur besondere Anforderungen gestellt. Besonders in Amerika wird Graphit als Bodenplatten für Gußformen gebraucht. In den letzten Jahren ist auch der Verbrauch als Anodenwerkstoff für den kathodischen Korrosionsschutz von Rohrleitungen, Wasserwerkanlagen, stählernen Küstenbauten, chemischen Apparaten u. dgl. stark angestiegen, einem Gebiet, bei dem die Vereinigten Staaten und Großbritannien an der Spitze liegen.

Mengenmäßig weit geringer ist der Verbrauch von Kleinmaterial aus Elektrographit. Als wichtigste Gruppe sind hier Dynamobürsten zu nennen. Graphitierte Bürsten haben ein immer größeres Anwendungsgebiet unter den verschiedenen Sorten erlangt. Sie werden in sehr zahlreichen Qualitäten hergestellt. Andere Graphitsorten werden für Schweißzwecke, Dichtungsringe für Pumpen, Kompressoren usw. verwendet.

Auf die Zeit kurz vor dem zweiten Weltkrieg geht die Verwendung von Graphit als Werkstoff im chemischen Apparatebau zurück, der ebenfalls zunehmend größere Bedeutung erlangt hat. Dabei muß das poröse Gefüge durch Einlagerung von Fremdstoffen genügender Korrosionsbeständigkeit gedichtet werden. Im allgemeinen dienen dafür Kunstharze auf Grundlage von Phenolformaldehyd- bzw. Furfurolharzen mit zahlreichen Modifizierungen. Es werden Wärmeaustauscher verschiedenster Typen gebaut, wobei graphitgefüllte Kunstharzkitte auf gleicher Basis als Verbindungselement dienen. Als Beispiel zeigt Abb. 6 einen Wärmeaustauscher, dessen Rohrbündel aus imprägniertem Graphit gebaut ist.

Die Verwendung von Graphitapparaten erlangte auf vielen Gebieten erhebliche Bedeutung. Umwälzend wirkte sie insbesondere bei der Fertigung und Verarbeitung von Salzsäure, aber auch bei anderen Säuren und aggressiven Verbindungen. Auch Pumpen, Ventile, Hähne und Rohrleitungen werden aus solchen gedichteten Graphitteilen gebaut, die meist unter besonderen Handelsbezeichnungen angeboten werden. Der Wert dieser Produktion dürfte zur Zeit im Jahre etwa 20 Millionen DM betragen.

Graphit in gekörnter oder pulvriger Form, von dem die Industrie ihren Ausgang nahm, wird heute im Vergleich zu Formkörpern nur in geringem Umfange erzeugt. Er dient für verschiedene Zwecke, z. B. als Ausgangsmaterial für die Fertigung von kolloidalem Graphit. Für Aufkohlungszwecke werden gern Reste und Bearbeitungsabfälle aus der Fabrikation von Elektroden usw. verwandt, soweit diese nicht in die

Abb. 10. Wärmeaustauscher, Rohrbündel aus imprägniertem Graphit aus dem Stahlmantel herausgezogen

Produktion zurückgehen. Neuerdings wird Graphitpulver auch als Füllstoff für gewisse Kunstharz-Preß- und -Gießmassen verbraucht.

Als nennenswerter Verbraucher von Graphit ist in den letzten Jahren der Reaktorbau hinzugekommen, wo sehr reiner Graphit als Moderator- bzw. Reflektorwerkstoff verwendet wird. Für einen gasgekühlten graphitmoderierten Reaktor kann man als Richtzahl annehmen, daß für eine Leistung von 100 MW etwa 1000 t Graphit notwendig sind. Diese Entwicklung ist insbesondere in Großbritannien weit vorangetrieben, wo für die Herstellung solchen Graphits in letzter Zeit besondere neue Anlagen erstellt wurden.

VII. Die technische Herstellung von Kalkstickstoff

Von

F. Kaess (Trostberg)

Mit 1 Abbildung

A. Geschichtliche Entwicklung der Kalkstickstoffindustrie

Das unter dem Namen Kalkstickstoff bekannte Produkt enthält als wesentlichen Bestandteil Kalziumzyanamid, $CaCN_2$, das erstmalig von E. Drechsel 1877 [D 1] aus einer Kalziumzyanatschmelze isoliert wurde.

Die ältesten Verfahren, den Stickstoff der Luft in Form von Zyaniden chemisch zu binden, beruhen auf den Versuchen von R. Bunsen und L. Player, 1845, sowie F. Maguerite und de Sourdeval und anderen Forschern. Im Bestreben, Zyanide zu gewinnen, stellten A. Frank und N. Caro im Jahre 1894 [F 10] fest, daß Stickstoff durch die Karbide der Erdalkalien gebunden wird, und F. Rothe fand 1897, daß sich bei der Einwirkung von Stickstoff auf Kalziumkarbid im wesentlichen Kalziumzyanamid bildet. Im Jahre 1901 machte A. R. Frank fast gleichzeitig mit Freudenberg den Vorschlag, Kalkstickstoff als Düngemittel [C 6] zu verwenden.

Bereits A. Frank und N. Caro hatten versucht, durch Mischen von Karbid mit Alkalien bzw. alkalischen Erden oder deren Salzen [F 11] die Azotierungstemperatur zu erniedrigen, jedoch erst F. Polzeniusz gelang die Herabsetzung der Reaktionstemperatur bei der Stickstoffaufnahme um etwa 400—500° durch Zusatz von Kalziumchlorid [P 2]. Den größten Anteil an der technischen Ausgestaltung des Polzeniusz-Verfahrens hat C. Krauss von der Gesellschaft für Stickstoffdünger, die in der Versuchsfabrik von Westeregeln 1905 als erste Kalkstickstoff erzeugte und auf den Markt brachte. Ein nicht hygroskopisches Produkt erhält man bei Anwendung eines Zusatzes von Flußspat [C 1, C 3]; $CaCl_2$ bzw. CaF_2 können nach DRP 203 308 durch Kalkstickstoff ersetzt werden [C 7].

Von größter Bedeutung für die technische Gewinnung des Kalziumzyanamids wurde das von der Cyanid-Gesellschaft ausgearbeitete Initialzündverfahren [C 8], das in der ersten Kalkstickstoffabrik, die nach dem Frank-Caro-Verfahren arbeitete, in Piano d'Orta (Italien) angewendet wurde. In Deutschland wird das Frank-Caro-Verfahren von den 1908 gegründeten Bayerischen Stickstoff-Werken in Trostberg, jetzt Süddeutsche Kalkstickstoff-Werke A.G., und den von den Bayrischen Stickstoff-Werken 1915 gegründeten Werken in Piesteritz bei Wittenberg und Chorzow (jetzt Polen) ausgeführt [K 2]. Nach dem Polzeniusz-Verfahren arbeiten die 1906/07 gegründete A.G. für Stickstoffdünger in Knapsack und das während des ersten Weltkrieges gebaute Werk Waldshut der Elektrizitätswerke Lonza A.G., Basel. Die erste Kalkstickstofffabrik Amerikas wurde 1909 bei Niagara Falls, Canada, errichtet.

B. Bedingungen für die Kalkstickstoffbildung, chemische und physikalische Eigenschaften des Kalziumzyanamids

Die Azotierung des Kalziumkarbids durch den aus der Luft gewonnenen Stickstoff erfolgt nach der Gleichung [F 1]:

$$CaC_2 + N_2 \rightleftarrows CaCN_2 + C.$$

Dabei wird ein Reaktionsverlauf über folgende Zwischenstufen angenommen:

$$CaC_2 + N_2 = Ca(CN)_2$$
$$Ca(CN)_2 = CaCN_2 + C.$$

Die Wärmetönung der exothermen Reaktion wurde nach drei verschiedenen Methoden gemessen; dabei ergaben sich nahezu übereinstimmende Werte von 72 ± 2 kcal/Mol bei $20°$ C [F 2] oder 67,1 kcal/Mol bei $1100°$ C [F 4].

Zwischen 400 und $1000°$ C stellt das Zyanamid die stabile Form dar; oberhalb $1000°$ C ist das Zyanid stabiler, das sich beim langsamen Abkühlen unter $1000°$ C wieder in Zyanamid umwandelt. Erfolgt die Abkühlung durch plötzliches Abschrecken, so gelingt die Fixierung der Zyanidstufe, was durch Zugabe von Natriumchlorid erleichtert wird, da sich dadurch das stabile Natriumzyanid bildet. Die sogenannte Nitridtheorie [K 4], nach der die Kalziumzyanamidbildung über Kalziumnitrid erfolgen sollte, wurde von H. H. Franck und C. Bodea [F 3] widerlegt.

Erhitzt man reines Kalziumzyanamid unter vermindertem Druck oder im inerten Gasstrom auf Temperaturen über $1000°$ C, so zerfällt es nach der Gleichung:

$$2CaCN_2 = CaC_2 + 2N_2 + Ca \; [F\,4].$$

Die Bildungsreaktion des technischen Kalkstickstoffs ist umkehrbar. H. H. Franck und H. Heimann [F 4] stellten genaue Messungen des Gleichgewichts mit reinen Präparaten an und kamen zu folgenden Ergebnissen [F 5]: Die Kurve des Stickstoffdrucks, der sich im Gleichgewicht mit einem Kalkstickstoff von einem mittleren „Azotiergrad" (20—85%) einstellt, ist diskontinuierlich. Sie zeigt einen Knick, der zwischen 1145—1180° C liegt. Die Diskontinuität der Kurve ist einem

Schmelzvorgang zuzuschreiben. Der erste Teil der Kurve möge mit A, der zweite mit B bezeichnet werden (Abb. 1).

Der Druck im Teil A ist bei mittlerem „Azotiergrad", d. h., wenn mehr als etwa 20% und weniger als etwa 85% des vorhandenen Karbids azotiert sind, nur von der Temperatur abhängig. In diesem Azotierbereich ist das System monovariant. Bei niedrigem Azotiergrad sinkt der Druck unter die durch A gegebenen Werte und erhebt sich bei hohem Azotiergrad wesentlich darüber. Bei diesen extremen Verhältnissen tritt zu der Temperaturabhängigkeit eine Abhängigkeit von der Stickstoffkonzentration des Bodenkörpers hinzu; das System ist dann bivariant. Nach der Phasenregel läßt das auf Verschwinden einer Phase schließen, bedingt durch die gegenseitige Löslichkeit von Karbid und Zyanamid. Bei niedrigem Azotiergrad befindet sich alles vorhandene

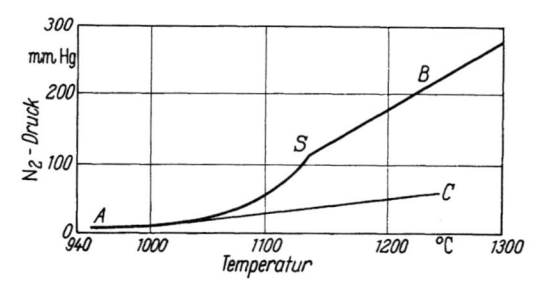

Abb. 1. Kurve des Dissoziationsdrucks von Kalziumzyanamid [$F\ 4$]

Zyanamid in fester Lösung mit Karbid, fehlt also als gesonderte Phase. Bei hohem Azotiergrad ist alles noch nicht umgesetzte Karbid im Zyanamid gelöst und fällt seinerseits als Phase aus. Das System zeigt eine Mischungslücke. Bei mittlerem Azotiergrad liegen beide Phasen, nämlich die an Karbid gesättigte Lösung des Zyanamids und die an Zyanamid gesättigte Lösung des Karbids, nebeneinander vor. Hier herrscht daher Monovarianz des Druckes, also dessen ausschließliche Abhängigkeit von der Temperatur.

Der Druckanstieg im Teil B der Kurve ist gegenüber A wesentlich flacher; während A das von sonstigen Dissoziations-Druckkurven her gewohnte Bild einer Exponentialfunktion aufweist, stellt B eine lineare Funktion dar.

Zuschläge, wie sie vielfach bei der technischen Durchführung der Azotierreaktion üblich sind, z. B. Kalziumchlorid oder -fluorid, wirken sich in einer wesentlichen Depression des Knickpunktes und des Stickstoffdruckes aus. Bei Kalziumfluoridzusatz bis zu 20% sinkt z. B. der Knickpunkt auf etwa 950° C, wobei auch der Stickstoffdissoziationsdruck herabgesetzt wird (vgl. Kurve AC).

Das technische Kalziumzyanamid ist ein grauschwarzes Pulver vom spez. Gewicht 2,3, das etwa 20—25% Stickstoff enthält. Reines Kalziumzyanamid ist ein weißes Pulver, dessen Schmelzwärme 12,9 kcal [P 1] beträgt und das 35% Stickstoff enthält; es schmilzt bei 1180—1200°. Im Kalkstickstoff besteht der Stickstoff zu 92—95% aus Zyanamidstickstoff, zu 0,01—0,40% aus Dizyandiamid- und Harnstoffstickstoff und der Rest aus höhermolekularen Stickstoffverbindungen. Außerdem enthält der Kalkstickstoff Kohlenstoff, Kalk und Metalloxyde, so daß folgende Durchschnittsanalyse des Handelsproduktes angegeben werden kann:

$CaCN_2$ = 59% (entspr. 20,6% N)
CaO = 20%
C = 12%
Al_2O_3, Fe_2O_3, SiO_2 = 5—7%
Zusatzstoffe (CaF_2) = 0,7—1,5%.

Der Kalkstickstoff zerfällt unter der Einwirkung von Wasser, jedoch wird dieser Zerfall wesentlich durch die Temperatur und den p_H-Wert beeinflußt. Bei Zimmertemperatur entsteht neben Kalziumhydroxyd Monokalziumzyanamid, das bei p_H 9,6 in Dizyandiamid übergeht. Unter 40° C und bei einem p_H von 5—7 erhält man Zyanamid, das Schwefelwasserstoff unter Bildung von Thioharnstoff addieren kann. Bei einem p_H kleiner als 5 bildet sich Harnstoff. Dizyandiamid kann durch Erhitzen im geschlossenen System in Melamin übergehen, durch Einwirkung von Säuren Dizyandiamidin bilden und beim Schmelzen mit Ammonsalzen die entsprechenden Guanidinsalze liefern. Behandelt man Kalkstickstoff mit Wasser oder Wasserdampf unter Druck [F 12], so bilden sich Ammoniak und Kalziumkarbonat. Die Darstellung des Kaliumzyanats [F 6] beruht auf der Umsetzung von Kalkstickstoff mit Kaliumkarbonat im Stickstoffstrom.

C. Die technische Herstellung des Kalkstickstoffs nach dem Frank-Caro-Verfahren

Das Kalziumkarbid wird in Rohrmühlen mit Mahlkörpern verschiedener Formen fein gemahlen, durch Zusatz von fertigem Kalkstickstoff [B 8] und 0,8—1,5% Flußspat als Reaktionsbeschleuniger auf einen Gehalt von etwa 60% Karbid eingestellt und in die Azotieröfen eingesetzt.

Der Einzelofen älterer Konstruktion besteht aus einem mit basischer Schamotte ausgefütterten Eisenzylinder, der etwa 2 m hoch ist und eine lichte Weite von 60—70 cm hat. Der Innenraum des Ofens ist nach oben etwas konisch erweitert; die Stickstoffeinführung erfolgt von unten, wobei die Verteilung durch Nuten geschieht, die im Mauerwerk ausgespart sind.

Die Füllung des Ofens nimmt man mit Hilfe von Einsatzbehältern mit einem Füllgewicht von etwa 700—800 kg Karbid vor; eine solche Füllung liefert etwa 900—1000 kg Kalkstickstoff.

Die elektrische Beheizung (120 V und 100—150 A), die die mittlere Zone des Karbids auf Reaktionstemperatur bringt, vermittelt die sogenannte „Initialzündung". Für 1 kg N benötigt man eine Heizenergie von weniger als 0,1 kWh. Nach Anlaufen der Reaktion wird die Heizung ausgeschaltet. Die Umsetzung erfolgt wegen der starken Exothermie ohne weitere Energiezufuhr. Die Azotierdauer beträgt 24—28 Stunden; die dabei erreichten Temperaturen liegen zwischen 1000—1100°. Es bildet sich ein Kalkstickstoffblock; dieser wird nach hinreichender Abkühlung über einen Backen- oder Hammerbrecher zerkleinert und in Rohrmühlen gemahlen sowie anschließend je nach Weiterverarbeitung entgast. Die Umsetzung an Kalkstickstoff beträgt etwa 94%.

Einen wesentlichen Fortschritt gegenüber dem alten Verfahren stellt die Entwicklung eines 10-t-Ofens dar. In diesen Großazotieröfen [B2, W1] wird die Reaktion über mehrere Zündkanäle eingeleitet. Das in einem Zylinder eingebrachte Karbid ist von der nichtwärmeisolierten Ofenwand durch einen freien Gasraum getrennt. Die Azotierdauer verlängert sich infolge der größeren Beschickung; dadurch wird auch die Raum-Zeit-Ausbeute bei größeren Öfen ungünstiger als bei den kleineren. Dieser Nachteil wird durch einen auf weniger als die Hälfte verringerten Lohnstundenaufwand mehr als ausgeglichen. Je kg gebundenes N werden etwa 1,8 m³ Stickstoffgas angewendet.

Von der großen Anzahl der sonstigen in der Literatur bekannten Vorrichtungen [H2, W2, B3] zum Azotieren von Karbid haben nur wenige technische Bedeutung erlangt.

D. Sonstige Verfahren zur Herstellung von Kalkstickstoff

Dem Verfahren nach POLZENIUSZ-KRAUSS liegt das DRP. 163 320 [P2] zugrunde. Das für die Herstellung von Kalkstickstoff verwendete Karbid wird mit 2—5% Kalziumchlorid versetzt und im trockenen Stickstoffstrom fein gemahlen. Das Reaktionsgemisch gelangt dann in rechteckige, etwa 1400 kg fassende eiserne Kästen, deren Wände und Böden perforiert sind. Diese Kästen werden auf Wagen gesetzt, die auf einer Gleisbahn allmählich durch einen Kanalofen gefahren werden, wo an geeigneter Stelle eine elektrische Heizung die Reaktion in Gang bringt. Das Verfahren arbeitet somit kontinuierlich.

Der neuere Kanalofen [A1] besteht aus drei Teilen: einem mit Isolierung versehenen Erhitzungsraum, einem Reaktionsraum und einem Kühlraum. Er hat einen Durchmesser von etwa 1,8 m und eine Länge bis zu 80 m. Das Anheizen des Reaktionsgutes erfolgt durch die Abgase.

Durch entsprechende Isolierung des Ofens, durch Anpassung der Fahrgeschwindigkeit und gegebenenfalls durch Zusatz von Nitrat [L 2] wird die Reaktionstemperatur reguliert. Der Stickstoff wird im Gegenstrom geführt, wodurch Abkühlung des Kalkstickstoffs und Aufheizung des Bildungsgemisches bewirkt werden. Die Kalkstickstoffproduktion je Tag und je Ofen beläuft sich auf mehr als 30 t [U 1].

Das Verfahren der Kalkstickstoffherstellung nach CARLSON [C 2] wird in etwa 22 m hohen Etagenöfen durchgeführt. In der Technik konnte sich das Verfahren nicht durchsetzen.

Die Drehrohrofenverfahren haben den Vorteil, daß sie kontinuierlich arbeiten, geringen Lohnstundenaufwand bedingen, keiner Initialzündung bedürfen und ein praktisch restkarbidfreies Produkt liefern. Die Umsetzung ist bei Anwendung von geeignetem Karbid wesentlich höher, der Stickstoffverbrauch deutlich verringert. Infolge der stark verminderten Diffusionshemmungen, die die Geschwindigkeit der Reaktion in erster Linie bestimmen, ist die Raum-Zeit-Ausbeute bei der Azotierung im Drehrohrofen bedeutend günstiger.

Die A. G. für Stickstoffdünger in Knapsack hat 1931 ein Verfahren entwickelt, nach welchem körniger Kalkstickstoff hergestellt werden kann [A 2, E 1]. Das Charakteristische dieses Verfahrens besteht darin, daß mit Chlorkalzium vermischtes Karbid unter Bewegung im Drehrohr bei allmählicher Steigerung der Reaktionstemperatur entsprechend der fortschreitenden Umsetzung azotiert wird. Diese Maßnahme bedingt, daß ein großer Anteil der Feststoffe in Form von gekörntem Material vorliegen muß, da andernfalls das Temperaturmaximum bereits im vorderen Teil des Ofens erreicht würde.

In einem Ofen von etwa 3 m Durchmesser und etwa 11 m Länge können je Tag etwa 50—60 t Kalkstickstoff erzeugt werden. Das Aufgabegut besteht in der Regel aus einem Karbid in der Korngröße zwischen 0,3 und 2 mm, welchem etwa 2—3% feingepulvertes Chlorkalzium beigemischt werden. Der gasförmige Stickstoff wird vorwiegend im Gegenstrom geführt; beim Ofeneingang wird eine Temperatur von etwa 780—800° C gehalten, gegen die Mitte des Ofens steigt die Temperatur auf etwa 1050—1060° C an und fällt gegen das Ofenende ab. Anschließend wird in einem wassergekühlten Drehrohr gekühlt.

Die Süddeutsche Kalkstickstoff-Werke A. G. hat neuerdings [K 1] ein Verfahren entwickelt, bei dem ausschließlich staubförmiges Aufgabegut zur Azotierung gelangt. Die Temperatur wird bei diesem Verfahren durch Zugabe von Kalkstickstoff reguliert, und zwar liegt das Maximum der Temperatur bereits beim Eintritt des Azotiergutes in das Drehrohr. Der zur Azotierung verwendete Stickstoff wird größtenteils im Gleichstrom geführt. Der Vorteil des Verfahrens besteht darin, daß das Karbid nicht auf bestimmte Korngrößen zerkleinert und klassiert werden muß, sondern mit dem für Setz- und Kanalöfen üblichen Vermahlungsgrad zur Anwendung gelangt. Da die Reaktionsgeschwindigkeit bei gemahlenem Karbid größer ist als bei körnigem, hat der Ofen einen vergleichsweise höheren Durchsatz. Diese hohe Reaktionsgeschwindigkeit erlaubt es, nicht nur von Kalziumchlorid auf Kalziumfluorid überzugehen, sondern auch mit etwa 1% Flußspatzusatz auszukommen. Der hierbei gewonnene Kalkstickstoff kann in besonders wirtschaftlicher Weise auf Derivate (Dizyandiamid) verarbeitet werden.

Das Wirbelschichtverfahren der BASF [B 1] bzw. der Knapsack-Griesheim A. G. [K 3] stellt eine weitere Entwicklung für die Azotierung von Karbid dar.

Während bei den bisher besprochenen Verfahren zur Herstellung von Kalkstickstoff Karbid als Ausgangsmaterial verwendet wurde, geht man bei der Herstellung von weißem Kalkstickstoff [B 4, C 4] von Gemischen aus Kalk bzw. Kalziumkarbonat, Ammoniak und Kohlenoxyd bzw. Blausäure aus. Die Reaktionen, die zur Herstellung von sogenanntem weißen Kalkstickstoff führen, sind durch die Arbeiten von A. R. FRANK [S 1], H. H. FRANCK [F 5, S 1], H. HEIMANN [F 9, S 1], A. BANK [F 7], C. FREITAG [F 8], R. WENDLANDT und G. HOFFMANN [B 6] beschrieben.

Beim Verfahren unter Verwendung von Blausäure erfolgt die exotherme Reaktion nach der Gleichung:

$$CaO + 2\,HCN \rightleftharpoons CaCN_2 + CO + H_2 + 19{,}9\,\text{kcal};$$

bei Verwendung von NH_3 und CO wird der Reaktionsverlauf durch folgende Gleichgewichte bestimmt:

$$NH_3 + CO \rightleftharpoons HCN + H_2O \quad -10{,}2\,\text{kcal},$$
$$H_2O + CO \rightleftharpoons H_2 + CO_2 \quad +9{,}8\,\text{„}$$
$$CaO + 2\,HCN \rightleftharpoons CaCN_2 + CO + H_2 + 19{,}9\,\text{„}$$

Man kann im Falle der Anwendung von NH_3/CO-Gemischen theoretisch und experimentell auch von $CaCO_3$ ausgehen, wobei sich eine negative Wärmetönung ergibt, bedingt durch die starke Endothermie der Dissoziationsreaktion

$$CaCO_3 \rightleftharpoons CaO + CO_2 - 42{,}6\,\text{kcal}.$$

Wenn auch die theoretischen Grundlagen dieses Verfahrens weitgehend geklärt worden sind, so hat es doch bisher infolge technischer Schwierigkeiten keine wirtschaftliche Bedeutung erlangt. Die Süddeutsche Kalkstickstoff-Werke A. G. hat versucht, den Prozeß zur Herstellung von weißem Kalkstickstoff dadurch zu verbessern, daß die Reaktion im Fließbett durchgeführt und der zur Azotierung verwendete Kalk einer Vorbehandlung mit trockenem Chlorwasserstoff oder Schwefeldioxyd bei Gegenwart von Luft unterworfen wird [S 4].

Da bei diesen Verfahren Kalkstickstoff mit 30% N-Gehalt gewonnen wird, eignet sich dieser besonders zur Herstellung von Mehrstoffdüngern.

E. Die Nachbehandlung des Kalkstickstoffs für landwirtschaftliche Zwecke

Um dem Kalkstickstoff, der in der Landwirtschaft zum großen Teil in feingemahlener Form angewendet wird, die unangenehme Ätzwirkung zu nehmen, wird er geölt [B 7, C 9]; eine weitere Verbesserung der Streufähigkeit erreicht man durch Körnung bzw. Granulierung [L 1, M 1, S 3]. Voraussetzung für eine Granulierung ist die Hydratisierung. Zur Hydratisierung des freien Kalkes verwendet man Wasser oder geeignete wasserhaltige Zuschlagstoffe [S 2]. Die Granulierung kann unter Zusatz von Alkali- bzw. Erdalkalinitraten [L 4] oder Harnstoff [S 5] erfolgen. Zur Herstellung von basisch wirkenden, granulierten Mehrstoffdüngern können bei der Granulierung geeignete Phosphate [A 4, B 5, I 1, L 3, O 1] sowie Kalisalze [B 5] verwendet werden.

Die Hydratisierung ist mit einer starken Wärmeentwicklung verbunden. Sie muß stufenweise erfolgen, um Stickstoffverluste zu vermeiden; man arbeitet im allgemeinen bei Temperaturen unter 90° C, wobei zur Abkühlung die in der Technik bekannten Maßnahmen angewendet werden, z. B. indirekte Kühlung oder Wasserverdampfung mit Hilfe durchgeleiteten Deckgases.

An die Vorbehandlung des Kalkstickstoffs schließt sich der eigentliche Granulier- und Trocknungsvorgang an. In einer Mischapparatur wird in kontinuierlicher Arbeitsweise der Kalkstickstoff mit Kalksalpeterlauge, welche gewöhnlich 30—40 Gew.-% $Ca(NO_3)_2$ enthält, verarbeitet und in einer Trommel granuliert. An Stelle von Kalksalpeterlauge können auch Wasser oder andere geeignete, z. B. stickstoffhaltige Lösungen verwendet werden.

Die Größe der Granuliertrommel ist im allgemeinen so zu bemessen, daß die Verweilzeit des Materials darin etwa 15 min beträgt. Das feuchte Granulat ist in seiner Korngröße nicht ganz einheitlich, so daß eine Abtrennung der gröberen Anteile unter Umständen erforderlich ist. Diese werden nach Zerkleinerung in die Granuliertrommel zurückgeführt.

Das Granulat enthält etwa 13% Feuchtigkeit. Es wird in einer Trokkentrommel auf einen Wassergehalt von weniger als 0,5% getrocknet und erforderlichenfalls klassiert.

Der handelsübliche geperlte Kalkstickstoff (Korngröße 0,3 bis 2,0 mm) enthält etwa 20—21% Gesamt-N, davon 2% Nitrat-N. Das Granulat ist hart und staubfrei; beim Lagern treten keine Veränderungen ein.

Die Erzeugung von gekörntem Kalkstickstoff durch Verpressung von hydratisiertem Material bietet ebenfalls technische Vorteile; sie ist seit Jahren bekannt [A 5, B 9] und findet neuerdings in der Technik Eingang.

F. Analyse des Kalkstickstoffs

Die analytische Untersuchung des Kalkstickstoffs erstreckt sich hauptsächlich auf die Bestimmung des Gesamtstickstoffs und des Restkarbids. Der Gesamtstickstoff wird nach der bekannten Kjeldahlmethode bestimmt (Aufschluß einer 1-g-Probe mit konz. H_2SO_4, Destillation des mit NaOH in Freiheit gesetzten Ammoniaks und Auffangen in 1-n-H_2SO_4, Zurücktitrieren der nichtverbrauchten Säure mit ½-n-NaOH). Das Restkarbid ergibt sich aus einer volumetrischen Messung des mit Wasser sich entwickelnden Azetylens. Außerdem kommt in besonderen Fällen die Bestimmung von Zyanamid, Dizyandiamid, Harnstoff, Kalziumfluorid oder -chlorid und die Bestimmung des Ölgehaltes und Stäubungsgrades des Kalkstickstoffs in Frage (C 5, H 1, N 1, Z 1].

Im folgenden wird eine Analyse eines im Handel befindlichen Kalkstickstoffs gegeben:

20,45%	Gesamt-N	11,89%	freier C
58,38%	$CaCN_2$	1,94%	SiO_2
10,91%	$CaCO_3$	0,92%	$Fe_2O_3 + Al_2O_3$
1,28%	CaF_2	0,43%	MgO
0,77%	CaS	0,71%	H_2O
0,19%	$CaSO_4$	0,14%	unlösl. in HCl + HF
61,03%	Gesamt-CaO	0,02%	CaC_2
12,42%	freies CaO	unter 0,01%	P

G. Verwendung und wirtschaftliche Bedeutung von Kalkstickstoff

Der größte Teil des erzeugten Kalkstickstoffs wird als Stickstoffdüngemittel verwendet. Kalkstickstoff gehört in die Reihe der synthetischen organischen Stickstoffdüngemittel [S 6]; da sein Stickstoff in Form von Kalziumzyanamid vorliegt und im Boden verschiedene Umsetzungen zu durchlaufen hat, ist seine Düngewirkung besonders nachhaltig. Der Kalkstickstoff wird daher bevorzugt als Stickstoffgrunddünger in der Landwirtschaft angewandt. Sein hoher Kalkgehalt von etwa 60% CaO übt außerdem einen günstigen Einfluß auf die Reaktionsverhältnisse des Bodens und auf dessen physikalische Beschaffenheit aus. Er wird deshalb mit Recht zu den alkalischen bodenaufbauenden Düngemitteln gezählt. Da der Kalk im Kalkstickstoff sowohl in freier als auch in an das Zyanamid gebundener Form vorliegt, zeichnet er sich durch besondere Tiefenwirkung aus und schafft günstige Voraussetzungen für die Entwicklung einer tätigen Mikroorganismen-Flora.

Als einziger Stickstoffdünger ist Kalkstickstoff in hohem Maße für die Unkraut- und Schädlingsbekämpfung geeignet. Seine unkrautbekämpfende Wirkung erstreckt sich nicht nur auf die Abtötung der oberirdischen Organe junger Schadpflanzen, sondern auch auf die Vernichtung ihrer Wurzeln, soweit sie sich in der obersten Bodenschicht von etwa 2—3 cm befinden. Da der Hauptteil der Wurzeln der Kulturpflanzen, insbesondere der Monocotyledonen, tiefer als 3 cm liegt, findet hier eine Beeinträchtigung durch das Zyanamid nicht oder nur vorübergehend statt.

Das Zyanamid kann auch im Boden vorhandene Krankheitserreger abtöten und übt überdies bei Bekämpfung gewisser pilzlicher Krankheitserreger eine systemische Wirkung aus.

Nach Forschungen von ARENZ [A 6] vermag das von Kartoffelpflanzen aufgenommene Zyanamid eine Abtötung junger Kartoffelkäferlarven herbeizuführen.

Während in früheren Jahren die Ansicht vertreten wurde daß das Zyanamid durch die Wurzeln in die Pflanze gelangt, konnten HOFMANN, LATZKO und AMBERGER [A 3, H 3] unter Anwendung der Radioautographie beweisen, daß das Zyanamid auch durch Blätter und Stengel der Pflanzen aufgenommen werden kann. Es wurde dabei festgestellt, daß das durch das Blatt aufgenommene Zyanamid die gleiche Verteilung erkennen läßt, wie sie bei der Aufnahme durch die Wurzeln vorliegt.

In der landwirtschaftlichen Praxis bedient man sich heute dosierter Kalkstickstoffmengen zur Abtötung von Kartoffelkraut in Feldbeständen, um damit im Saatkartoffelanbau den Spätvirusinfektionen entgegenzuwirken; auch im Wirtschaftskartoffelanbau wird die Abtötung des lebenden Kartoffelkrauts zur Erleichterung der Rodearbeiten in steigendem Umfang durchgeführt.

Außer zur unmittelbaren Pflanzenernährung durch die üblichen Düngungsmaßnahmen wird Kalkstickstoff fernerhin für die Herstellung von Stroh- und Torfschnellkomposten (Kunstmist) verwendet. Auch zur Strohverrottung auf dem Felde, die bei dem zunehmendem Einsatz des Mähdreschers immer größere Bedeutung gewinnt, ist Kalkstickstoff mit Vorteil zur Rotte dieses organischen Materials und damit zur Schaffung wertvoller Humusstoffe einzusetzen.

Außer in der Landwirtschaft findet der Kalkstickstoff industrielle Verwendung durch seine Derivate. Diese sind im wesentlichen Thioharnstoff, Zyanamid, Dizyandiamid, Guanidinsalze und Melamin; Melamin hat in neuerer Zeit große Bedeutung für die Herstellung von Kunstharzen verschiedener Art erlangt.

In Westdeutschland beträgt der Anteil des Kalkstickstoffs am Gesamtstickstoffverbrauch zur Zeit 17%. Etwa 13% der westdeutschen Kalkstickstofferzeugung gehen in die Derivate-Herstellung.

Die Produktion von Kalkstickstoff belief sich 1958 in Europa auf rund 210000 t N, davon wurden 87639 t N in Westdeutschland erzeugt.

VIII. Die technische Herstellung des Ferrosiliziums

Von

F. Kaess (Trostberg)

Mit 2 Abbildungen

Ferrosilizium wurde erstmals von BERZELIUS im Jahre 1810 durch Zusammenschmelzen von Eisen bzw. Eisenoxyd mit Quarz und Kohle dargestellt. Ein Jahr später wiederholte STROHMAYER den Versuch und konnte die Angaben von BERZELIUS bestätigen. Um 1870 begannen Versuche zur technischen Herstellung von Ferrosilizium, die schließlich zu der auch heute noch durchgeführten Erzeugung niedrigprozentiger Legierungen im Hochofen führten. Hierbei werden ein Siliziumeisen mit 6—8% Silizium und ein Ferrosilizium mit 10—14% Silizium erschmolzen. Verschiedentlich wurde auch schon versucht, den Siliziumgehalt des Hochofen-Ferrosiliziums bis zu 20% zu steigern, doch muß hierfür der Ofen gegebenenfalls unter Sauerstoffzusatz zur Gebläseluft sehr heiß gefahren werden, so daß geeignete Konstruktionen gefunden werden müssen (Niederschachtofen). Die Erzeugung von Ferrosilizium im Elektroofen begann um 1900. Sie war zunächst nur ein Ausweg aus der bedrängten Lage der Karbidindustrie, die infolge eines starken Rückgangs im Karbidabsatz über zahlreiche stillstehende Öfen verfügte. Nachdem sich aber die anfänglich erzeugte 25%ige Legierung — wenn auch erst nach Überwindung von Schwierigkeiten — in den Stahlwerken einführen konnte und der Wunsch nach höherprozentigen Legierungen laut wurde, begannen die Erzeuger von Ferrosilizium die Herstellung von 45-, 75- und 90%iger Legierung und schließlich auch die von technischem Silizium mit einem Siliziumgehalt über 96%.

Das im Elektroofen erschmolzene Ferrosilizium ist ein silbergraues Metall, das mit steigendem Siliziumgehalt zunehmend bläulichere Färbung annimmt. Das Gefüge ist praktisch unabhängig vom Siliziumgehalt; es kann je nach den Abkühlungsbedingungen feinkristallin bis großflächig sein. Dagegen lassen sich die verschiedenen Ferrosiliziumsorten durch ihr spezifisches Gewicht sehr leicht unterscheiden:

	Spez. Gewicht
45%iges Ferrosilizium	5,0
75%iges Ferrosilizium	2,9
90%iges Ferrosilizium	2,4

Im System Eisen/Silizium existieren drei definierte Eisensilizide: Fe_3Si_2, $FeSi$, $FeSi_2$, deren Existenz aus dem von KÖRBER [*K 1*] angegebenen Eisensiliziumdiagramm hervorgeht (Abb. 1); vgl. später ELJUTIN [*E 1*].

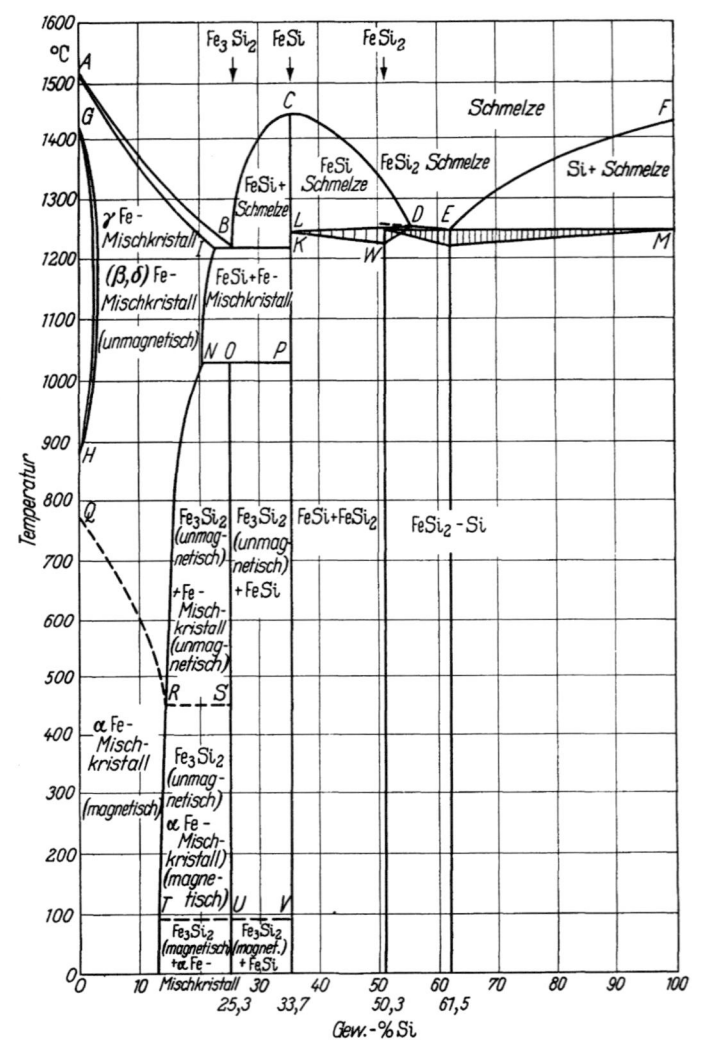

Abb. 1. Zustandsdiagramm des Systems Fe–Si [*K 1*]

Als Öfen zur Erzeugung von Ferrosilizium werden heute hauptsächlich Einheiten mit einer Leistungsaufnahme von 3000—20000 kVA verwendet. Die Ausmauerung des Ofens wird so vorgenommen, daß der Boden mit vorgebrannten Kohleblöcken ausgelegt wird, während die Seitenwände mit Silika- oder Schamottematerial hochgeführt werden. Man verhindert durch Verwendung von nichtleitenden Bauelementen im oberen Wannenteil einen Stromfluß zwischen den Elektroden und der Ofenwand und erreicht damit eine bessere Energiekonzentration im eigentlichen Schmelzkessel, d. h. im Schmelzbereich um die Elektrode, was sich auf den Ofengang und damit auf die Wirtschaftlichkeit des Ofens günstig auswirkt. Die Form der Ofenwanne kann je nach der Stellung der Elektroden rechteckig oder kreisförmig sein, wobei man bestrebt ist, den Abstand zwischen Elektroden und Ofenwand kleiner zu halten als zwischen je zwei Elektroden. Auch hierdurch soll ein Stromfluß über die Ofenwand verhindert werden. Die Elektroden werden heute vorzugsweise in Dreieckstellung angeordnet, da so die einzelnen Phasen symmetrisch arbeiten, was für einen gleichmäßigen Ofengang von großer Wichtigkeit ist. Die Anordnung der Elektroden in Reihe bringt durch unsymmetrische Verteilung der Stromwege die bekannte Erscheinung der ,,toten" und der ,,wilden" Phase mit sich. Infolge der ungleichmäßigen Ausbildung des Schmelzraumes erreichen diese Öfen nicht die Betriebsergebnisse von runden Öfen mit Elektroden in Dreieckstellung. Durch die Anordnung der Elektroden im gleichseitigen Dreieck wird ein gemeinsamer Schmelzkessel für die drei Phasen leichter erreichbar. In der jüngeren Zeit hat man unter das runde Schmelzgefäß ein Drehwerk gesetzt, wodurch eine Auflockerung des Möllers, eine leichtere Entgasung des Ofens, eine Vermeidung von Brückenbildung und als Folge eine gewisse Stromeinsparung erzielt werden sollen. Die Auffassungen über die Zweckmäßigkeit dieses Vorschlages sind allerdings uneinheitlich.

Als Elektroden kommen vorgebrannte Block- oder Rundelektroden in amorpher Kohlenqualität, wie auch Graphitelektroden und Söderbergelektroden in Frage. Für die Herstellung von normalen Qualitäten einschließlich 90% FeSi haben sich die amorphen vorgebrannten Kohlen und noch mehr die Söderbergelektroden in den letzten Jahren sehr stark durchgesetzt. Für die Herstellung von Siliziummetall mit 97—99% Si sind Graphitelektroden oder auch hochwertige Hartgraphitelektroden zweckmäßig. Durch den Gebrauch der Söderbergelektrode wird vermieden, daß sich während des Stillstandes zum Elektrodenwechsel im Ofen Brücken bilden oder durch Nachfallen von kaltem Möller unmittelbar in den Schmelzherd das Wärmegleichgewicht der Schmelzzone gestört wird. Beide Vorgänge können den Ofengang empfindlich stören und Anlaß zu erhöhtem Stromverbrauch geben. Der Durchmesser der Elektroden ergibt sich aus der Leistungsaufnahme des Ofens und der Ofenspannung, wobei eine spez. Belastung von 5—8 A/cm^2 zugrunde gelegt werden kann. So ergibt sich z. B. für einen Ofen von 10 MW, ausgerüstet mit Söderbergelektroden im Dreieck und einer von 100 bis 140 V regelbaren Spannung, ein mittlerer Sekundärstrom von etwa 50—60000 A. Bei einer spez. Belastung von 7,5 A/cm^2 sind hierfür etwa 6660 cm^2 Elektrodenquerschnitt erforderlich, entsprechend einem Elektrodendurchmesser von 90—95 cm.

Die Elektrodenregulierung wird in den meisten Fällen automatisch vorgenommen, sie kann aber auch von Hand durchgeführt werden. Die Elektrodenregulierung auf hydraulischem Wege hat den Vorzug einer sehr raschen Elektrodenbewegung und damit eines fast augenblicklichen Ausgleichens von Stromschwankungen. Die elektrische Regulierung funktioniert träger, reicht aber für die im normalen Betrieb vorkommenden, relativ geringen Schwankungen der Leistungsaufnahme des Ofens vollkommen aus.

A. Rohstoffe

Als Rohstoffe für die Erzeugung von Ferrosilizium werden Quarz, Kohle und Eisen verwendet.

Der Quarzit soll mindestens 95% SiO$_2$ enthalten. Verwendet wird Stückquarz (kristallinisches Massengestein oder Findlinge) und Quarzit. Quarzmineralien mit geringeren SiO$_2$-Gehalten und vor allem solche mit größeren Verunreinigungen an Kalk und Aluminiumoxyd sind für die Herstellung von Ferrosilizium nicht brauchbar. Die Verunreinigungen führen zum Auftreten von zähflüssigen Schlacken und zum Zusammenbacken des Möllers. Höhere Aluminiumoxydgehalte wirken vor allem auch dadurch störend, daß sie Ursache für unerwünscht hohe Gehalte an Aluminium im erzeugten Ferrosilizium sind. Weiter ist darauf zu achten, daß der verwendete Quarz oder Quarzit möglichst wenig Phosphor und Schwefel enthält, da beide Elemente weitgehend in das Endprodukt übertreten. Im allgemeinen bewährt es sich, den zum Einsatz gelangenden Quarzit nach dem Brechen zu waschen, da erfahrungsgemäß an den Bruchflächen die Verunreinigungen angereichert sind. Geringe Mengen von Eisenoxyd im Quarzit stören nicht, sofern eine 45- oder 75%ige Legierung erschmolzen werden soll. Ein allzu hoher Gehalt an Eisenoxyden ist jedoch unerwünscht, weil dadurch ein erhöhter Bedarf an Reduktionsmitteln eintritt und das zum Prozeß notwendige Eisen im allgemeinen wirtschaftlicher in Form von Eisenspänen zugegeben werden kann.

Als Reduktionsmittel kommen Koks, die verschiedenen Sorten Anthrazite, Holzkohle und Torfkoks in Frage. Von besonderer Wichtigkeit bei der Auswahl des Reduktionsmittels ist der Aschegehalt, da die mit dem Reduktionsmittel eingebrachten Verunreinigungen die gleichen unerwünschten Wirkungen auslösen wie die mit dem Quarzit eingeführten Verunreinigungen. Koks und Anthrazit werden zweckmäßig in Stükken mit einer Korngröße von 8—25 mm zum Einsatz gebracht. Ein geringer Anteil an Staub ist ohne Belang, größere Anteile werden zweckmäßig vermieden, da der Staub oftmals mehr Aschenbestandteile enthält als das stückige Material und zudem zu einem Zusammenbacken des Möllers und damit zu einer Störung des Ofengangs führt.

Die Verwendung von Holzkohle erweist sich in all den Fällen als vorteilhaft, in denen auf eine größere Reaktionsgeschwindigkeit des Möllers Wert gelegt werden muß, d. h. bei Erzeugung höherprozentiger Legierungen und insbesondere bei der Herstellung von Reinsilizium. Hierbei ist außerdem der außerordentlich geringe Ascheanteil der Holzkohle eine unabdingbare Voraussetzung. Bei sehr hohen Anforderungen und bei der Herstellung von technischem Silizium muß aus diesen Gründen sogar Petrolkoks verwendet werden.

Das Eisen wird dem Möller meist als Metall zugesetzt. Es ist darauf zu achten, daß der Schrott in Form kurzer Späne vorliegt, die die Chargierarbeit erleichtern, das Nachrutschen des Möllers im Ofen während des Betriebes begünstigen und damit keinen Anlaß zur Bildung von hängenden Brücken und zum Hohlbrennen des Ofens geben. Gußeisenspäne sind wegen ihres hohen Phosphorgehalts unerwünscht, ebenso Späne aus legiertem Schrott, da die in das Ferrosilizium übertretenden Legierungsmetalle bei der späteren Verwendung im Stahlwerk unerwartete Komplikationen hervorrufen können.

B. Ofenbetrieb

Unter Außerachtlassen des vorhandenen Eisens basiert die Herstellung von Ferrosilizium auf den Gleichungen:

$$\begin{array}{r}2C + O_2 = 2CO + 58\,000 \text{ cal} \\ \underline{SiO_2 = Si + O_2 - 194\,900 \text{ cal}} \\ SiO_2 + 2C = Si + 2CO - 136\,900 \text{ cal} \end{array}$$

Die Herstellung von Silizium im Elektroofen ist ein endothermer Prozeß, der je Tonne Reinsilizium 5670 kWh (entsprechend 4 879 000 kcal) beansprucht.

Bei Gegenwart von überschüssigem Reduktionsmittel kann daneben die Reaktion

$$SiO_2 + 3C = SiC + 2CO - 128\,000 \text{ cal}$$

ablaufen. Diese Reaktion tritt leichter ein als die Reduktion zum Silizium, so daß mit der Bildung von Siliziumkarbid im Ferrosiliziumprozeß immer gerechnet werden muß. Bei Anwesenheit von Eisen reagiert das Eisen mit dem Siliziumkarbid nach

$$SiC + Fe = FeSi + C \,.$$

Siliziumkarbid ist also in Gegenwart von Eisen unbeständig. Bei den eisenärmeren Legierungen, vor allem also bei 90%igem Ferrosilizium und beim technischen Silizium, tritt aber das Siliziumkarbid immer wieder als störender Faktor im Ofengang in Erscheinung. Die angegebenen Reaktionsgleichungen können den tatsächlichen Reaktionsverlauf bei der Erzeugung von Ferrosilizium noch keineswegs vollständig beschreiben. Es spielen hier vielmehr noch eine ganze Anzahl von Reaktionen, die über das gasförmige Siliziummonoxyd verlaufen, eine Rolle (die Gleichgewichtsdrucke hat NOVIKOV [N 1] berechnet):

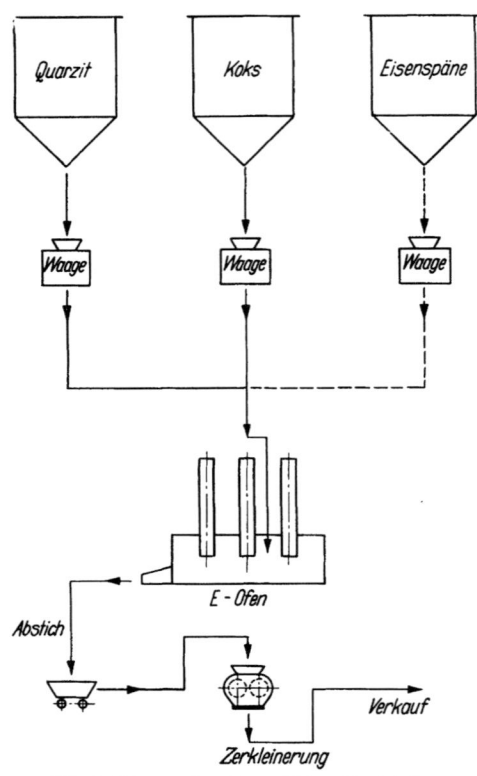

$$SiO_2 + C = SiO + CO \qquad SiO + SiC = 2\,Si + CO$$
$$SiO + C = Si + CO \qquad SiO_2 + Si = 2\,SiO.$$

Abb. 2. Schema einer Ferrosilizium-Produktion

Ein Beweis dafür, daß die intermediäre Bildung von SiO bei der praktischen Herstellung von Ferrosilizium im Elektroofen eine wesentliche Rolle spielt, kann in dem Auftreten teilweise recht bedeutsamer Siliziumverluste (25—50%) bei unsachgemäßer Arbeitsweise gesehen werden. Die Verdampfung von elementarem Silizium bzw. Quarzit im Lichtbogen könnte allein nicht zu Siliziumverlusten diesen Ausmaßes Anlaß geben, vielmehr ist das in der Reaktion gebildete SiO, das nach dem Durchdringen des Möllers sich an der Oberfläche zu einem SiO_2-Rauch oxydiert, hieran vorwiegend beteiligt. Weitere Nebenreaktionen, die im Ofen ablaufen, beruhen auf der Reduktion vorhandener Eisenoxyde und schließlich auch auf der Umsetzung von mit dem Möller eingebrachtem Kalk zu Kalziumkarbid, Kalziumsilizium und freiem Kalzium sowie auf der Reduktion der Tonerde zu Aluminium.

Im praktischen Ofenbetrieb (Abb. 2) werden die zur Verarbeitung kommenden Rohstoffe im allgemeinen nicht einzeln in den Ofen chargiert, sondern vorher zur sog. Mischung vereinigt. Die Möllerzusammensetzung schwankt je nach Ofengröße und Bauart in weiten Grenzen, doch kann im allgemeinen als Richtsatz dienen, daß auf ein Gewichtsteil Quarz bzw. Quarzit etwa ein halber Gewichtsteil Reduktionsmittel zum Einsatz kommt. Für die Herstellung einer 45%igen Legierung werden etwa 0,5 Gew.-Teile Eisenspäne zugesetzt, bei der 75%igen Legierung 0,1 bis 0,2 Gew.-Teile Eisenspäne, während zur Herstellung von 90%igem Ferrosilizium kein Eisenzusatz erforderlich ist, sondern das notwendige Eisen mit den Möllerverunreinigungen eingebracht wird oder aus dem Abschmelzen der Eisenummantelungen der Söderbergelektroden kommt.

Auch die Angaben für den Eisenzusatz können nur als ungefähre Richtwerte für Öfen über 3 MW Leistungsaufnahme angesehen werden. Bei kleineren Öfen muß der Eisenzusatz wegen der bei diesen Öfen außerordentlich stark steigenden Siliziumverluste vielfach noch bedeutend erniedrigt werden.

Im modernen Ofenbetrieb erfolgt die Aufgabe des Möllers durch automatische Beschickung über Beschickungsrohre, die von Bunkern gespeist werden, oder durch Chargiermaschinen. Außerdem werden Spezialmaschinen zur Auflockerung der Ofenoberfläche eingesetzt.

Der Möllerverbrauch liegt naturgemäß an den Elektroden und in der Ofenmitte am höchsten. Durch intensive Stocherarbeit und Aufbrechen der Ofenoberfläche wird das Auftreten von Bläsern, das Weißbrennen der Öfen, wie auch das Hohlbrennen um die Elektroden vermieden, Erscheinungen, die zu erhöhten Siliziumverlusten und damit verbundenen schlechten Strom- und Rohmaterialausbeuten führen. Während des Betriebs des Ofens ergibt sich öfter die Notwendigkeit, das Verhältnis von Quarzit und Reduktionsmittel zu ändern. Ein Überschuß an Reduktionsmitteln führt zur Bildung von Siliziumkarbid, das vom Ofenboden her aufwächst und im ungünstigsten Fall den ganzen Schmelzraum erfüllen kann. Umgekehrt führt ein Unterschuß an Reduktionsmittel zu einer sogenannten Verquarzung des Ofens, die zu mangelhaftem Nachrutschen des Möllers und zum Hohlbrennen führt. In beiden Fällen ist eine sofortige Korrektur des Möllers notwendig, da jede der geschilderten Abweichungen, wenn sie zu lange besteht, zu schlechten Ausbeuten und schließlich sogar zum Stillstand des Ofens führen kann.

Für das Öffnen der Öfen haben sich die elektrischen Brenneinrichtungen, bei denen man unterhalb einer Elektrode mit einer Kohle das Abstichloch öffnet, durchgesetzt. Auch das Öffnen mit Sauerstoff bei sehr schwierig zu öffnenden Abstichlöchern findet mehr und mehr Eingang zur schnellen Öffnung des Ofens. Im allgemeinen erfolgt der Abstich von Ferrosilizium-Öfen alle 40—80 Minuten. Dieses Abstichsintervall ist deshalb zweckmäßig, weil nach dieser Zeit die Elektroden Metallkontakt bekommen und damit aus der Beschickung herausgefahren werden müssen. Ein allzu weites Herausfahren der Elektroden verhindert aber die gleichmäßige Ausbildung eines Schmelzkessels bzw. zerstört einen vorhandenen, was sich vor allem in schlechten Stromausbeutezahlen bemerkbar macht.

Der Abstich kann in flachen, mit Schamotte ausgekleideten Pfannen, welche noch besonders präpariert sind, oder in ebenfalls präparierten Kohlepfannen vorgenommen werden.

Die Herstellung des Ferrosiliziums ist zwar theoretisch ein schlackenfreier Prozeß, in der Praxis entstehen aber aus den Verunreinigungen und Ascheanteilen zähflüssige, schwer schmelzbare Schlacken, die zusammen mit den letzten Anteilen des ausfließenden Metalls aus dem Ofen kommen. Diese Schlacken haften sehr fest am Metall und vermischen sich mit ihm, so daß die Reinigung des Metalls erhebliche Schwierigkeiten und Kosten verursachen kann. Es muß somit einerseits auf den Einsatz möglichst reiner Rohstoffe Wert gelegt und andererseits die flüssige Metallschmelze während des Abstichs dauernd von den an der Oberfläche schwimmenden Schlacken befreit werden.

Die Raffination von Ferrosiliziumlegierungen kann vorteilhaft mit Hilfe einer Kalziumsilikatschlacke im sauer ausgekleideten Elektroofen erfolgen [P 1].

In der Technik der Ferrosilizium-Erzeugung findet der gedeckte Ofen in neuerer Zeit Anwendung. Die dabei zu gewinnenden Gasmengen betragen bei 45%igem Ferrosilizium 1000 bis 1200 Ncbm/t, bei 75%igem Ferrosilizium 1400 bis 1700 Ncbm/t. Die Gaszusammensetzung ist etwa folgende:

etwa 80% CO 2—3% CO_2
5—10% H_2 unter 0,5% O_2
2% CH_4 Rest N_2.

Die Vorteile des gedeckten Ofens bestehen neben der Gasgewinnung, die erhebliche wirtschaftliche Vorteile bietet (Synthesegas), in einem vermindertem Abbrand der Elektroden und in sehr günstiger Si- und C-Ausbeute [D 1].

Abschließend sei noch auf die Herstellung von Ferrosilizium im Sauerstoffschachtofen verwiesen. Hierbei kann eine Qualität von 50% und mehr erhalten werden. Der Ofen arbeitet gewissermaßen als CO-Generator und liefert nach unseren Erfahrungen, z. B. bei einem Einsatz von etwa 10 t Koks/t FeSi 45% etwa 19000 Ncbm Gas folgender Zusammensetzung:

etwa 80% CO 5% CO_2
2% H_2 13% N_2.

Auf folgende Fachliteratur wird noch hingewiesen: [A 1, A 2, C 1, G 1, G 2, T 1, U 1].

C. Betriebsergebnisse

Im nachfolgenden sind einige typische Zusammensetzungen für Ferrosilizium-Legierungen deutscher Herkunft angegeben:

	FeSi 45%	FeSi 75%	FeSi > 90%	technisches Silizium, 99%
Si	45,78%	75,83%	92,42%	98,5 — 99,2%
Fe	52,30%	21,99%	4,63%	0,42%
Al	0,85%	1,03%	1,57%	0,15%
Ca	0,15%	0,47%	0,87%	0,20%
Mg	0,08%	0,10%	0,13%	0,03%
Mn	0,38%	0,09%	0,07%	0,02%
Cu	0,22%	0,24%	0,10%	0,00%
Ti	0,06%	0,07%	0,07%	0,13%
P	0,04%	0,04%	0,04%	0,007%
S	0,09%	0,07%	0,07%	0,07%
C	0,05%	0,07%	0,13%	0,02%

Im handelsüblichen FeSi ist mit einem gewissen Wasserstoffgehalt zu rechnen, der im allgemeinen zwischen 5—10 ml/100 g liegt. Diese Werte können erheblich ansteigen, wenn die Verunreinigungen im FeSi bestimmte Grenzen überschreiten.

Der spez. Verbrauch je Tonne Legierung ist abhängig von der Ofengröße; er ist naturgemäß günstiger bei zunehmender Größe der Ofeneinheiten. Außerdem beeinflussen die Art der Ofenkonstruktion wie auch die Qualität der Rohstoffe die Verbrauchszahlen erheblich, so daß die nachfolgenden Angaben nur als Richtwerte gelten können.

Für 45%iges Ferrosilizium werden je Tonne verbraucht:

Koks . . . . 500— 700 kg   Elektroden . . . . . 25—50 kg
Quarzit . . . . 900—1300 kg   kWh . . . . 4500—6000
Eisen . . . . 600— 700 kg

Ein Ofen von 10 Megawatt Leistungsaufnahme kann demnach im Tag etwa 50 t 45%iges Ferrosilizium erzeugen.

Für 75%iges Ferrosilizium werden je Tonne verbraucht:

Reduktionsmittel . . . 850—1100 kg   Elektroden . . . . . 40—90 kg
Quarzit . . . . 1700—2100 kg kWh . . . . 8000—10000
Eisen . . . . 200— 300 kg

Für 90%iges Ferrosilizium werden je Tonne verbraucht:

Reduktionsmittel . . . 1200—1600 kg   Elektroden . . . . 70—130 kg
Quarzit . . . . 2400—3300 kg kWh . . . . 13000—15000

Für die Erzeugung von technischem Siliziummetall liegen die Verbrauchszahlen und die Ofenleistung in der gleichen Größenordnung wie bei der Herstellung von 90%igem Ferrosilizium; es ist lediglich dafür Sorge zu tragen, daß mit der Möllerung so wenig als irgend möglich Verunreinigungen eingeschleppt werden.

Wie aus den Verbrauchszahlen hervorgeht, wird die Erzeugung von Ferrosilizium, auch bezogen auf die Gewichtseinheit Silizium, um so teurer, je höher der Gehalt an Silizium in der zu erzeugenden Legierung ist. Tatsächlich erleichtert die Anwesenheit von Eisen in der Möllerung den Schmelzprozeß außerordentlich, so daß niedrigerprozentige Legierungen auch noch in kleineren Ofeneinheiten, sogar bis unter 1 MW, hergestellt werden können. In größeren Ofeneinheiten wird die Erzeugung auch dieser Legierungen wirtschaftlicher, während die Verwendung größerer Ofeneinheiten zur Erzeugung von 90%igem Ferrosilizium und insbesondere von technischem Silizium eine unerläßliche Voraussetzung ist.

D. Verwendung

Ferrosilizium wird hauptsächlich als wertvolles Desoxydationsmittel in der Stahlindustrie verwendet, und zwar, wie nachstehende Tabelle zeigt, mit folgenden spezifischen Verbrauchszahlen:

kg Reinsilizium je Tonne Stahl

1949	1,44	1954	1,67
1950	1,33	1955	1,70
1951	1,62	1956	1,66
1952	1,69	1957	1,63
1953	1,85	1958	1,73

Ferrosilizium dient ferner als Stahllegierungsmittel z.B. für Trafobleche, für korrosionsbeständige Stähle, für Spezialwerkzeugstähle und für Federstähle [H 1].

Bei der Herstellung von Gußwerkstoffen finden vorwiegend niedrigprozentige Ferrosiliziumlegierungen Verwendung. Der Zusatz im Kupolofen erfolgt zur Einstellung eines bestimmten Siliziumgehalts, um die graue Erstarrung sicherzustellen; neuerdings spielt es in Form von hochprozentigem Ferrosilizium auch eine Rolle als Impfmittel, z. B. bei der Herstellung von Gußeisen mit Kugelgraphit.

In zunehmendem Maße finden silikothermische Prozesse zur Reduktion von Metalloxyden mit Hilfe von hochprozentigem FeSi Anwendung, beispielsweise bei der Gewinnung von Magnesium aus Dolomit [S 1].

Ferrosilizium mit 15—18% Si-Gehalt und etwa 1% Cu-Gehalt wird in fein verblasener Form (Feinheit etwa 50% unter 0,06 mm, Rest zwischen 0,25—0,06 mm) als Flotationsmittel bei der Aufbereitung von Erzen benutzt [R 1]. Durch Feinstvermahlung können ähnliche Effekte erzielt werden.

Eine weitere Anwendung haben insbesondere die hochprozentigen Ferrosiliziumsorten zur Darstellung von Silanen als Zwischenprodukte für die Silikonchemie gefunden; doch kommt für diesen Verwendungszweck in der Hauptsache technisches Silizium mit einem Gehalt von über 98% zum Einsatz.

Produktion und Absatz haben sich in Westdeutschland folgendermaßen entwickelt (t Reinsilizium).

	Produktion	Absatz	Import
1951	18519	18570	12000
1952	27691	26237	10000
1953	14912	15932	8300
1954	18448	18297	20000
1955	23219	23636	19600
1956	31477	31295	19800
1957	31333	29971	23400
1958	20336	18701	29600

IX. Die technische Herstellung des Kalziumsiliziums

Von

F. Kaess (Trostberg)

Mit 1 Abbildung

Das technische Kalziumsilizium ist eine Legierung von hellgrauer, leicht ins Bläuliche spielender Farbe und großflächigem Bruch. Seine Zusammensetzung schwankt je nach den Herstellungsbedingungen zwischen 23 und 35% Kalzium und 58—65% Silizium; sie liegt im allgemeinen bei 31% Kalzium und 60% Silizium. Eine solche Legierung enthält Kalziumdisilizid, $CaSi_2$, und daneben freies Silizium. Außer dem Kalziumdisilizid existiert noch ein Dikalziumsilizid Ca_2Si und ein Kalziummonosilizid CaSi. (Abb. 1) [E 1].

Das System Kalzium/Silizium wurde von verschiedenen Autoren eingehend untersucht. Die wichtigsten Ergebnisse dieser Arbeiten seien hier kurz wiedergegeben.

S. Tamaru [T 1] konnte zeigen, daß sich Kalzium und Silizium, beide im Schmelzfluß, in allen Verhältnissen mischen.

L. Wöhler und F. Müller [W 1] erhielten durch Erhitzen von Kalzium mit Silizium im Atomverhältnis 1 : 1 auf 1050° C und nachfolgendes rasches Abkühlen des Reaktionsproduktes das Kalziummonosilizid. Von diesem ausgehend gelang es ihnen, durch Erhitzen auf 1000° C im Wasserstoffstrom bei Gegenwart von überschüssigem Silizium die Darstellung von reinem Kalziumdisilizid, wobei angegeben wird, daß die Reaktion über intermediär gebildetes Kalziumhydrid CaH_2 verläuft.

H. H. Franck und V. Louis [F 1] konnten zeigen, daß das Kalziummonosilizid in zwei röntgenographisch unterscheidbaren Formen existiert, deren eine (CaSi I) — mit linienreichem Röntgenspektrum — aus den Elementen erhalten werden kann und bei längerem Erhitzen in die zweite, linienarme Form (CaSi II) übergeht, die auch direkt durch Umsatz von Kalziumhydrid mit Silizium unter Wasserstoffabspaltung entsteht. Die Verfasser stellten weiterhin Dikalziumsilizid Ca_2Si durch Erhitzen von Silizium mit überschüssigem Kalzium auf 1100° und nachfolgendes Abschrecken dar. Ferner wird in dieser Arbeit auf eine Unterscheidungsmöglichkeit der drei verschiedenen Kalziumsilizide hingewiesen, die auf der verschiedenartigen Reaktion mit verdünnter Salzsäure beruht: Dikalziumsilizid wird von verdünnter Salzsäure augen-

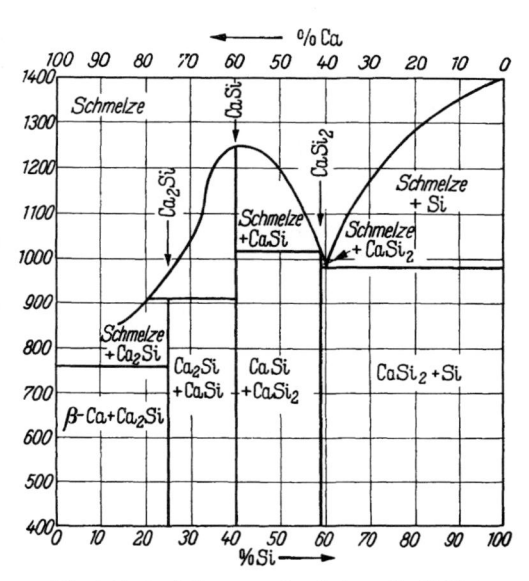

Abb. 1. Zustandsdiagramm des Systems Ca-Si [E 1]

blicklich zersetzt, wobei Kieselsäurehydrat und nichtpyrophore Silane entstehen. Aus Kalziummonosilizid bilden sich neben Kieselsäurehydrat pyrophore Silane und aus Kalziumdisilizid unter Wasserstoffentwicklung gelbes Siloxen.

Nach F. SPERR [S 1] setzt sich technisches Kalziumsilizium bei 205° C mit gasförmigem Chlorwasserstoff um und bildet neben Kalziumchlorid und Wasserstoff eine besonders reaktionsfähige Siliziumform, die Siliziumsubhydride $(SiH)_n$ und -subchloride $(SiCl)_n$ enthält und zur Herstellung von Alkylchlorsilanen hervorragend geeignet ist.

A. Herstellungsverfahren

Zur Herstellung von Kalziumsilizium sind grundsätzlich folgende Wege möglich:

$$Ca + 2\,Si = CaSi_2 \tag{1}$$
$$5\,Ca + 6\,SiO_2 = CaSi_2 + 4\,CaSiO_3 \tag{2}$$
$$3\,CaO + 5\,Si = 2\,CaSi_2 + CaSiO_3 \tag{3}$$
$$Ca + 2\,SiO_2 + 4\,C = CaSi_2 + 4\,CO \tag{4}$$

$$\begin{align}
CaO + 2Si + C &= CaSi_2 + CO \tag{5}\\
CaO + 2SiC &= CaSi_2 + CO + C \tag{6}\\
CaC_2 + 2SiC &= CaSi_2 + 4C \tag{7}\\
CaC_2 + 2SiO_2 + 2C &= CaSi_2 + 4CO \tag{8}\\
CaO + 2SiO_2 + 5C &= CaSi_2 + 5CO \tag{9}
\end{align}$$

Davon sind die ersten fünf Darstellungsmöglichkeiten für die technische Durchführung, insbesondere soweit sie auf der Verwendung von elementarem Kalzium basieren, wirtschaftlich nicht interessant. Aber auch die mit Silizium bzw. Ferrosilizium durchzuführenden Reaktionen (3) und (5), die von Th. Goldschmidt [G 2] und I. Escard [E 2] empfohlen wurden, konnten sich in der Technik nicht behaupten. Ähnliches gilt auch für die Reaktion (6), die zudem verfahrenstechnische Schwierigkeiten mit sich bringt. Die Reaktion (7) beruht auf einer thermischen Dissoziation der beiden Karbide und findet daher erst bei Temperaturen über 3000° C statt; immerhin konnte die Reaktion in einem 280-kVA-Einphasen-Elektroofen realisiert werden [M 1], wobei der Stromverbrauch 18000—20000 kWh je Tonne der Legierung betrug, ohne Berücksichtigung des Stromverbrauchs zur Erzeugung des Kalziumkarbids und des Siliziumkarbids.

Der Cie. Generale d'Electrochimie de Bozel gebührt das Verdienst, die Reaktion (8) zur technischen Reife durchgebildet zu haben [C 1]. Sie wurde damit die erste Herstellerin von Kalziumsilizium in großem Umfang. Dieses Verfahren bildet auch heute noch die Grundlage der technischen Kalziumsilizium-Erzeugung, obwohl hier das Kalzium als Kalziumkarbid, d. h. in bereits reduzierter Form zum Einsatz gebracht wird, was an sich vermuten ließe, daß die Reaktion (9) in wirtschaftlicher Hinsicht noch günstiger verlaufen müßte. Zahlreiche Versuche haben aber ergeben, daß die Reaktion (9) technisch nur sehr schwer durchgeführt werden kann, weil sie außerordentlich empfindlich ist gegenüber den elektrischen Betriebsbedingungen des Ofens und gegenüber der Zusammensetzung des Möllers. Ein Überschuß an Reduktionsmittel führt zur Bildung von Ofenstöcken, ein Mangel zu übermäßiger Schlackenbildung. Trotzdem ist die Reaktion (9) nach russischen Angaben [E 1] „unter optimalen elektrischen Betriebsbedingungen" wirtschaftlicher als die Reaktion (8). Es liegt nahe, daß immer wieder der Versuch unternommen wird, das Verfahren nach Reaktion (9) zur technischen Reife durchzubilden.

B. Ofenbetrieb

Die Erzeugung von Kalziumsilizium gemäß der Gl. (8):
$$CaC_2 + 2SiO_2 + 2C = CaSi_2 + 4CO$$
geschieht in Dreiphasenelektroöfen mit einer Leistungsaufnahme von 10 MW und darüber. Die Öfen entsprechen in ihrem Aufbau denen für

die Erzeugung von Ferrosilizium. Zweckmäßigerweise sind die Öfen mit Söderbergelektroden ausgerüstet. Die Kalziumsilizium-Erzeugung ist ein kontinuierlicher Prozeß, bei dem die Verwendung dieser Elektroden nicht nur wegen der Vermeidung von Stillständen zu erheblichen Vorteilen führt, sondern vielmehr deshalb, weil eine stets gleichbleibende Einsatztiefe der Elektroden im Möller gewährleistet wird. Die Verwendung von Blockelektroden führt beim Elektrodenwechsel infolge von Verkrustungen und Nachfallen des Möllers zu recht unangenehmen Erscheinungen, die den erforderlichen gleichmäßigen Gang des Ofens empfindlich stören. Kalziumsilizium-Öfen für 3—10 MW werden mit 100—130 V Spannung und einer spezifischen Elektrodenbelastung von 4—8 A/cm^2 betrieben.

Der im Ofen zur Verarbeitung gelangende Möller setzt sich aus Quarzit, Kalziumkarbid, Koks und Holzkohle zusammen; gegebenenfalls wird auch Kalk zugesetzt. Sämtliche Rohmaterialien kommen stückig zum Einsatz.

Besonders zu achten ist darauf, daß die zur Verwendung gelangenden Materialien völlig trocken sind. Feuchtigkeit führt durch ihre Einwirkung auf das Kalziumkarbid infolge der Azetylenbildung zu unkontrollierten Kohlenstoff- und Kalziumverlusten. Außerdem können sich im Ofenbetrieb recht unangenehme Explosionen ereignen, die zu einem Herausschleudern von Beschickungsmaterial und damit zur Gefährdung der Ofenbedienung führen können.

In der Literatur [D 1, G 1] sind verschiedene Möllerzusammensetzungen angegeben:

Quarz	kg	1000	1000	1000	1000	1000
Kalziumkarbid	kg	364	395	486	248	535
Holzkohle	kg	103	474	245	140 }	200
Koks	kg	351	—	269	304 }	
Kalk	kg	—	—	—	48	—

Die außerordentlich starken Abweichungen der einzelnen Einsatzgemische zeigen deutlich, daß sich für die Herstellung von Kalziumsilizium keine eindeutige Vorschrift angeben läßt. Es ist vielmehr notwendig, für jeden Ofen gemäß seiner Bauform, elektrischen Ausstattung und Größe eine eigene, passende Möllerung zu entwickeln, wobei auch Faktoren wie die Stückgröße des Materials und die spez. Belastung der Elektroden von Bedeutung sind. Immerhin können die angegebenen Möllerzusammensetzungen als Richtwerte dienen.

Der Ofengang selbst muß dauernd überwacht werden, um ein Hohlbrennen und Weißbrennen zu vermeiden bzw. zu beseitigen, was neben anderen unerfreulichen Erscheinungen, wie vermehrte Schlackenbildung, vor allem hohe Kalzium- und Siliziumverluste und damit schlechte Ausbeute mit sich bringt. Ferner kann eine dauernde Ofenbeobachtung, die sich vor allem auch auf den Elektrodenstand und das Metall- und

Schlackenausbringen zu richten hat, rechtzeitig durch geringe Änderungen am Möller den Ofengang in der gewünschten Weise lenken. Es tritt auch bei diesem Verfahren, vor allem bedingt durch überschüssiges Reduktionsmittel, Siliziumkarbidbildung nach

$$SiO_2 + 3C = SiC + 2CO$$

ein, welches zu Stockbildungen Anlaß gibt. Zweckmäßig wird man bei den ersten Anzeichen der Stockbildung den Reduktionsmittelsatz erniedrigen. Diese Maßnahme führt, wenn sie rechtzeitig eingeleitet wird, meist in kurzer Zeit zum Ziel, und man kann so eine Stillegung des Ofens mit nachfolgendem Ausbrechen vermeiden. In der Literatur [E 1] wird für den gleichen Zweck der Einsatz von Quarzit im Ofen empfohlen, der nach

$$2SiC + SiO_2 = 3Si + 2CO$$

ebenfalls zur Beseitigung des Siliziumkarbidstocks führt.

Umgekehrt führt ein Reduktionsmittelunterschuß zu vermehrter Schlackenbildung und liefert zudem noch eine relativ kalziumärmere Legierung. In der Praxis nimmt man aber die Bildung einer gewissen Schlackenmenge in Kauf, um die Entstehung von Siliziumkarbid zu vermeiden und fährt deshalb den Prozeß unterkohlt. Naturgemäß muß hierbei die Schlackenführung dauernd kontrolliert werden, um gegebenenfalls durch eine Änderung des Möllers sofort den Ofengang regulieren zu können.

Die geschilderten Schwierigkeiten und die Notwendigkeit einer dauernden Ofenüberwachung zeigen deutlich, daß dem Prozeß der Kalziumsilizium-Herstellung die Gleichung

$$CaC_2 + 2SiO_2 + 2C = CaSi_2 + 4CO$$

wohl nur als Bruttogleichung gerecht wird und daß im tatsächlichen Ofengang wohl sämtliche zur Herstellung von Kalziumsilizium möglichen Reaktionswege [Gln. (1) bis (9)] eine Rolle spielen, vermehrt um einige Reaktionen, die über SiO verlaufen. Die technische Herstellung von Kalziumsilizium im Elektroofen ist also chemisch als durchaus komplexer Vorgang aufzufassen.

Der Abstich des Ofens kann mit der Brennmaschine vorgenommen werden; bei beginnender Bildung von Siliziumkarbid erweist sich jedoch das Aufbrennen des Abstichloches unter Zuhilfenahme von Sauerstoff als außerordentlich vorteilhaft. Im allgemeinen ist man bestrebt, den Ofen so oft als möglich abzustechen, um Verluste zu vermeiden. Die Abstiche erfolgen je nach der Ofengröße periodisch alle 30—60 Minuten. Der Abstich selbst erfolgt für Metall und Schlacke, die sich in ihrer Dichte kaum unterscheiden, durch eine gemeinsame Abstichöffnung. Eine Trennung von Metall und Schlacke kann allenfalls unter Zuhilfenahme der verschiedenen Erstarrungspunkte erreicht werden. Man geht wie üblich so vor, daß man den Weg des flüssigen Abstichgutes verlängert und so der Schlacke die Möglichkeit gibt, vor dem Metall und getrennt von ihm zu erstarren. Die Zusammensetzung der Schlacke kann je nach Ofengang und Möllerung in weiten Grenzen schwanken; so wurden einerseits Schlacken erhalten mit 25% Kieselsäure, 15% Siliziumkarbid, 12% Silizium und Rest Kalziumkarbid, andererseits solche, die aus praktisch reinem α-Dikalziumsilikat bestanden. Die beiden Schlackenzusammensetzungen stehen in unmittelbarem Zusammenhang mit dem Anteil des Reduktionsmittels im Möller.

Das erhaltene Metall erstarrt bei 1020° C [*D 1, G 1*]. In Deutschland hergestellte Ware hat etwa folgende Zusammensetzung:

Si 60 — 64%   C   0,1 — 1,0%
Ca 30 — 34%

Die nachfolgende Analyse stellt eine Vollanalyse von Kalziumsilizium deutscher Herkunft dar:

Si   60,18%   S   0,14%
Ca   31,10%   Mn 0,03%
Fe   4—6,25%   Al 1,42%
C   0,68%   Mg 0,04%
Ti   0,12%   Cu 0,01%
P   0,03%

Kalziumsilizium mit geringerem C-Gehalt kann durch Nachbehandlung erhalten werden.

Da die Flockenentstehung im Stahl besonders durch gelösten Wasserstoff begünstigt wird, muß auch dem Wasserstoffgehalt von Desoxydationslegierungen Aufmerksamkeit geschenkt werden. Er beträgt im Kalziumsilizium etwa 5—15 Milliliter je 100 g Legierung, kann aber bei schlechter Ware bedeutend höher sein.

Die Angaben über den spez. Verbrauch je Tonne Legierung schwanken in weiten Grenzen, doch kann für einen Ofen von 5—10 MW bei guter Fahrweise etwa mit folgenden Zahlen gerechnet werden.

Verbrauch zur Erzeugung von 1 t Kalziumsilizium (etwa 30% Ca und 60% Si):

Quarz . . . . 1500—2200 kg   Kalk . . . .   0—100 kg
CaC$_2$ . . . . 350— 600 kg   kWh . . . . 11 000—12 000
Holzkohle . . . . . . 150— 400 kg   Elektroden . . . .   100—130 kg
Koks . . . . 500— 800 kg

Bei einem mittleren Stromverbrauch von 11 800 kWh/t Legierung kann bei einem 10-MW-Ofen eine Tagesproduktion von etwa 20 t Legierung erwartet werden.

C. Verwendung

Verwendet wird Kalziumsilizium hauptsächlich in der Stahlindustrie zur Desoxydation von Stahl. Infolge der hohen Affinität des Kalziums zum Sauerstoff geht die Desoxydation sehr rasch und vollständig vor sich, wobei infolge der Reaktionswärme ein nochmaliges Aufheizen des Bades erfolgt, was die Schlackenbildung und -ausscheidung wesentlich erleichtert. Ferner geht bei der Desoxydation Kalzium praktisch nicht in das Eisen, d. h. bei bestimmten Stahlsorten braucht nicht befürchtet zu werden, daß neben der desoxydierenden Wirkung eine Legierungsbildung mit Eisen auftritt. Gleichzeitig führt verdampfendes Kalzium zu einer starken Badbewegung, die ebenfalls die Schlackenausscheidung begünstigt und zu einer guten Durchmischung der behandelten Schmelze führt. Die bei der Reaktion sich bildenden Oxyde ergeben eutektisch schmelzende Schlacken, die leicht koagulieren und im Stahlbad auf Grund ihres niederen spezifischen Gewichtes und des niederen Schmelzpunktes nach oben schwimmen. Kalziumdämpfe, die nicht zur Desoxydationswirkung gelangen, schirmen nach dem Aufsteigen aus dem Eisenbad unter Verbindung mit dem Sauerstoff der Luft die Eisenoberfläche während des Erstarrens gegen Einwirkungen der Atmosphäre ab. Es können so Einschlüsse im Stahl weitgehend vermieden werden. Zudem sind die geringfügigen etwa noch vorhandenen Einschlüsse bei der Verarbeitung des Stahles plastisch im Gegensatz zu den bei der Verwendung von Ferrosilizium auftretenden rein silikatischen Einschlüssen. Die Bedeutung von Kalziumsilizium als Desoxydationsmittel folgt aus den spezifischen Verbrauchszahlen (Verbrauch in kg je t Stahl):

1950	0,08	1955	0,40
1951	0,23	1956	0,40
1952	0,29	1957	0,37
1953	0,28	1958	0,41
1954	0,37		

Eine weitere Verwendung von Kalziumsilizium erfolgt beim Grauguß, bei dem Aufsilizierung, Graphitausscheidung in Kurzlamellen- oder Knotenform, Entschwefelung und Feinkorn erreicht werden, was zu einer erheblichen Qualitätsverbesserung führt. Unter Zulegierung von Magnesium zu Kalziumsilizium wird heute eine technische Legierung mit etwa 30 bis 33% Magnesium, 4 bis 4,4% Kalzium und 52% Silizium sowie 1% Cer in zunehmendem Maße bei der Erzeugung von Sphäroguß eingesetzt.

Ferner dient Kalziumsilizium noch als Legierungsträger für Aluminiumlegierungen. Solche Legierungen mit Aluminiumgehalten von 10, 20, 30, 40 und 50% werden in der Stahlindustrie in steigendem Maße verbraucht. Besonders bei der Erzeugung von Thomasstahl kann man durch Einsatz von Aluminium-Kalzium-Silizium-Legierungen unter großer Treffsicherheit den früher vorgenommenen, getrennten Einsatz von Kalzium-Silizium und Aluminium ersetzen und hat dazu den Vorteil, daß sehr dünnflüssige Schlacken entstehen, die besonders die Tonerde, die sich bei der Desoxydation mit Aluminium bildet, in gebundener Form als Kalziumaluminiumsilikat aus dem Bad leicht zu entfernen gestatten.

Legierungen von Kalziumsilizium mit anderen Metallen, wie Mangan, Titan, Zirkon, werden in der Stahlindustrie ebenfalls als Desoxydationsmittel verwendet.

Die Verarbeitung von Kalziumsilizid auf Siliziumwasserstoffe, Siliziumhalogenide und Siliziumkohlenwasserstoffe finden industrielle Verwertung.

X. Die technische Herstellung des Kalziumkarbids

Von

F. Kaess (Trostberg)

Mit 2 Abbildungen

A. Geschichte der Karbidindustrie

Das Kalziumkarbid, CaC_2, wurde erstmals von Wöhler im Jahre 1863 durch Erhitzen einer Legierung von Kalzium und Zink mit Kohle gewonnen. Die Grundlagen für eine industrielle Herstellung von Kalziumkarbid schufen in den Jahren 1887—1892 Héroult, der Erfinder des elektrischen Schmelzofens, sowie Moissan und Wilson, die elektrothermisch aus Kalk und Kohle Karbid erschmolzen. Anfänglich arbeitete man nach dem Blockverfahren, das neben kleineren Vorteilen in der Ofenbedienung den Nachteil eines diskontinuierlichen Betriebs aufweist. Dieses Verfahren wurde trotz mancher Verbesserungen insbesondere durch Horry [H 1], der den Blockbetrieb in rotierenden Öfen kontinuierlich gestaltete, nach der Jahrhundertwende durch den kontinuierlichen Abstichbetrieb verdrängt.

Während die bis dahin bekannten Öfen mit Gleichstrom oder Einphasenwechselstrom betrieben wurden, schlug 1897 als erster Ch. Bertolus [B 3] die Verwendung von Mehrphasenstrom für den Ofenbetrieb vor. Darauf fußend baute A. Helfenstein den ersten Drehstrom-Großofen mit einer Leistung von 7500 kW. Ein weiterer wichtiger Fortschritt auf dem Wege zu den modernen Großöfen war die Einführung der Söderbergelektrode [S 4] um das Jahr 1920. P. Miguet wandte sich vom Dreiphasenofen wieder ab und konstruierte 1920 einen Einphasenofen [E 1], der sich im wesentlichen in Frankreich, seinem Heimatland, Eingang verschaffen konnte.

Die neueste Entwicklung in der Karbidindustrie ist dadurch gekennzeichnet, daß gedeckte Öfen verwendet werden, wobei das gewonnene CO–H_2-Gasgemisch als Heiz- oder Synthesegas dient. Außerdem werden neuerdings größere Ofeneinheiten errichtet, welche eine Tagesproduktion von 400 t und darüber erreichen.

In neuerer Zeit wird Karbid im sogenannten Sauerstoffofen hergestellt, wobei eine Erzeugung von 80 Tagestonnen Karbid in einer Ofeneinheit erfolgt. Die Wirtschaftlichkeit dieses Verfahrens hängt davon ab, daß das bei diesem Prozeß in erheblichen Mengen anfallende Kohlenoxyd eine entsprechende Verwendung findet. Es handelt sich bei dem Verfahren gewissermaßen um einen Generator, bei welchem Karbid als Schlacke anfällt [W 4].

Bei Herstellung von Ferrolegierungen findet dieses Arbeitsprinzip ebenfalls Anwendung, wobei z. B. Ferrosilizium, Ferrochrom und Silikochrom sowie Silikomangan und Ferromangan erzeugt werden. Bei der Beurteilung der Wirtschaftlichkeit dieser sauerstoffthermischen und elektrothermischen Verfahren sind die verschiedenen Koks- und Kohlepreise im Vergleich zu den Strompreisen, die Verwendung der Ofengase sowie die unterschiedlichen Anlagekosten entsprechend zu berücksichtigen.

B. Bedingungen für die Karbidbildung, chemische und physikalische Eigenschaften des Kalziumkarbids

Technisches Kalziumkarbid ist ein Produkt von feinkristallinem bis großflächigem Bruch mit vorwiegend brauner, gelegentlich auch blauvioletter Farbe, das unter dem Einfluß der Luftfeuchtigkeit oberflächlich verwittert und grauweiß bis graugelb wird. Seine Herstellung erfolgt im elektrischen Ofen durch Reaktion von Kalk mit kohlenstoffhaltigem Material, wie Koks oder Anthrazit, gemäß der folgenden Bruttogleichung:

$$CaO + 3C \rightleftarrows CaC_2 + CO - 106 \text{ kcal}. \tag{1}$$

Die Karbidbildung ist eine endotherme, umkehrbare Reaktion.

Nebenher sind folgende Reaktionen möglich, spielen aber beim technischen Prozeß eine untergeordnete Rolle:

$$CaO + C \rightleftarrows Ca + CO, \tag{2}$$
$$Ca + 2C \rightleftarrows CaC_2, \tag{3}$$
$$2CaO + CaC_2 \rightleftarrows 3Ca + 2CO. \tag{4}$$

Die Gleichgewichtsdrucke der Reaktionen (1) bis (4) hat C. MARON auf Grund thermodynamischer Daten berechnet [M 1].

Für die Reaktion (1) wird das Gleichgewicht der CaC_2/CaO-Schmelze bei bestimmter Temperatur und bestimmter Konzentration durch einen spezifischen CO-Druck charakterisiert. Oberhalb eines bestimmten CO-Druckes und bei gegebener Konzentration bilden sich demnach aus CaC_2 und CO Kalk und Kohle zurück. Die Rückreaktion von technischem CaC_2 mit CO von Atmosphärendruck beginnt bei etwa 2000° C.

Zur Einleitung der Karbidbildung müssen die Komponenten bis zur Reaktionstemperatur erhitzt werden, worauf die Reaktion unter Wärmeverbrauch einsetzt. Im gebildeten Karbid löst sich ab 1600° C Kalk, der mit Kohlenstoff in Karbid übergeht.

Die Kenntnis des Schmelzverhaltens des Systems CaC_2/CaO ist für die Technik der Herstellung von Karbid von großer Wichtigkeit. RUFF und FOERSTER [R 3] fanden, daß ein etwa 30% CaO enthaltendes Karbid einen tiefsten, einem Eutektikum entsprechenden Schmelzpunkt hat und CaO-freies Karbid bei etwa 2300° C schmilzt. Ihre Messungen wurden indessen mit einem etwa 8% Fremdsubstanzen enthaltenden Karbid ausgeführt. FLUSIN und AALL [F 1] haben

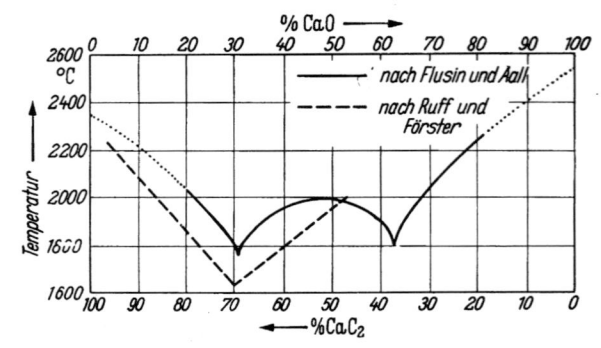

Abb. 1. Schmelzdiagramm von Gemischen aus CaC_2 und CaO [F 1, R 3]

ein Schmelzdiagramm für Karbid aufgestellt, das neben Kalk höchstens 2% an Verunreinigungen enthält. Das von RUFF und FOERSTER gefundene Eutektikum wurde bestätigt; das eutektische Karbid enthält nach FLUSIN und AALL bei einem Schmelzpunkt von 1750° C 68% CaC_2, entsprechend einer ungefähren Zusammensetzung $2\,CaC_2 \cdot CaO$. Neben dem ersten wurde noch ein zweites Eutektikum festgestellt, und zwar bei 1800° C für 35%iges Karbid, entsprechend $CaC_2 \cdot 2\,CaO$. Zwischen beiden liegt ein Dystektikum mit etwa 53,8% CaC_2, dessen Zusammensetzung ziemlich genau einer definierten chemischen Verbindung von der Formel $CaC_2 \cdot CaO$ entspricht. Die Verbindung schmilzt bei 1980° C (Abb. 1). Die Messungen von FLUSIN und AALL konnten allerdings nicht bestätigt werden.

Die Bildungswärme von Kalziumkarbid wurde von R. BRUNNER [B 5] aus dem Gleichgewicht der Gl. (1) bei 1580° C zu -106 kcal bestimmt. Eine Anzahl von Autoren geben etwas abweichende Wärmemengen für die Bildung des CaC_2 an. Für Industriekalkulationen rechnet man mit dem Wert von -108 kcal. Daraus errechnet sich die zur Herstellung von 1000 kg Kalziumkarbid (100%ig) theoretisch nötige elektrische Energie zu 1960 kWh. In der Praxis werden in modernen Karbidöfen zur Herstellung einer Tonne technischen Kalziumkarbids mit einem Gehalt von etwa 80% CaC_2 rund 3000 kWh benötigt.

Es gelingt nicht, auf dem in Gl. (1) angebenen Wege reines Kalziumkarbid herzustellen. Es kann dagegen nach MOISSAN [M 3] in farblosen, durchsichtigen Kristallen aus metallischem Kalzium und Azetylen erzeugt werden. Je nach Reinheitsgrad und Zusätzen sowie in Abhängigkeit von der Temperatur kristallisiert Kalziumkarbid, wie v. STACKELBERG [S 5] und FRANCK mit seinen Mitarbeitern [F 2] gefunden haben, in vier verschiedenen Phasen. Die Stabilisierung der drei Tieftemperaturphasen geschieht durch Einwirkung von Schwefel, Stickstoff und insbesondere durch Mitwirkung von Flußspat. In neueren Untersuchungen stellten BORCHERT und RÖDER [B 4, R 2] fest, daß die tetragonalen Gitter dieser Modifikation untereinander weitgehend übereinstimmen.

Die einzelnen Phasen zeigen unterschiedliche Reaktionsfähigkeit gegenüber Stickstoff. Es scheint, daß das Vorhandensein von Stickstoff im Gitter die Azotierung begünstigt. Ein ähnlicher Effekt kann durch Zusatz von Kalziumfluorid erzielt werden.

Das spez. Gewicht des technischen Karbids hängt von seinem Kalkgehalt ab. SCHLUMBERGER [S 2] fand für ein 95%iges Karbid ein spez. Gewicht von $2,2 \text{ g} \cdot \text{cm}^{-3}$ und für ein 40%iges $2,7 \text{ g} \cdot \text{cm}^{-3}$.

Nach AALL beträgt die Härte des reinen Karbids etwa 40 Brinellhärtegrade.

Die spez. Wärme des reinen Karbids beträgt nach RUFF und JOSEPHY [R 4] bei 20—325° C 0,22, bei 20—500° C 0,24 und bei 20—725° C 0,275. Die latente Schmelzwärme beträgt 120 kcal/kg. Bei der Zersetzung des Karbids mit Wasser liefert 1 kg reines Karbid theoretisch 346,98 l Azetylen.

C. Die Rohstoffe zur Herstellung von CaC_2 und ihre Vorbereitung

Zur Gewinnung von 1 t 100%igen Kalziumkarbids sind theoretisch 874 kg Kalziumoxyd und 562 kg Kohlenstoff erforderlich; praktisch werden durchschnittlich je Tonne Handelskarbid mit etwa 80% CaC_2 920 kg Kalziumoxyd und 360 kg Koks + 230 kg Anthrazit benötigt.

Da die Reinheit der Rohstoffe Voraussetzung für eine gute Materialausbeute ist, soll der gebrannte Kalk möglichst kein Hydroxyd und nur 1—1,2% CO_2 enthalten. Der P_2O_5-Gehalt soll höchstens 0,01% betragen, um die Selbstentzündung des aus dem Handelskarbid erzeugten Azetylens zu verhindern. Ein Magnesiumgehalt des Kalkes ist unerwünscht, da er zu Störungen im Ofengang führt und das sich bildende metallische Magnesium an der Beschickungsoberfläche verbrennt, was zu einer starken thermischen Belastung der Elektrodenfassungen und zu starker Rauchbildung Anlaß gibt. Ebenfalls unerwünscht ist ein SiO_2-Gehalt im Kalk, da bei der Karbidbildung neben Ferrosilizium Siliziumkarbid entsteht, das einen Ofenstock bildet. Ein zu hoher Al_2O_3-Gehalt des

Kalkes macht das Karbid zähflüssig. Die genannten Verunreinigungen des Kalkes, insbesondere die Mg-haltigen, haben neben vermehrtem Kohlenstoffbedarf eine Erhöhung des Stromverbrauchs zur Folge.

Ein geeigneter Kalk hat etwa folgende Zusammensetzung:

$CaO = 96,3 \%$ $Fe_2O_3 + Al_2O_3 = 0,85\%$
$CO_2 = 1,15\%$ $MgO = 0,18\%$
$H_2O = 0,6 \%$ $SO_3 = 0,16\%$
$SiO_2 = 0,81\%$

Die Kohle wird in Form von Anthrazit, Koks oder Holzkohle oder als Mischung von Koks und Anthrazit verwendet. Anthrazit ist sehr geeignet, da er im allgemeinen einen Aschegehalt von nur 4,0 bis 5,0% besitzt. Ein solcher Anthrazit hat z. B. folgende Analysenwerte:

Wasser = 2,9 %   flüchtige Bestandteile = 7,99%
Asche = 4,64%   fixer Kohlenstoff   = 84,87%

Vom Koks wird verlangt, daß er einen geringen Asche- und Wassergehalt, vor allem aber einen möglichst hohen elektrischen Widerstand und eine niedrige Entflammungstemperatur besitzt. Ein derartiger Koks enthält z. B.:

Wasser = 1,1 %   flüchtige Bestandteile = 0,55%
Asche = 9,35%   fixer Kohlenstoff   = 89%

Die Anlieferung der Rohstoffe erfolgt in den Karbidwerken in Spezialwagen, die eine automatische Entleerung und Weiterbeförderung zu den Öfen erlauben.

D. Die Karbidöfen

Es gibt zwei Hauptarten der modernen Karbidofenkonstruktionen, und zwar Einphasen- und Mehrphasenöfen. Der einzige Vertreter der modernen Einphasen-Großöfen ist der Miguet-Ofen [*E 1*]. Dieser hat einen kreisförmigen Querschnitt mit einer in der Mitte angeordneten Elektrode und einer aus Kohle hergestellten Bodenelektrode, in die wassergekühlte Bronzebarren als Stromzuführung eingebettet sind. Bei den Mehrphasenöfen kennt man drei verschiedene Typen, die sich durch die Elektrodenanordnung unterscheiden:

1. Anordnung der Elektroden in einer Reihe,
2. Anordnung der Elektroden in Form eines stumpfwinkligen, gleichschenkligen Dreiecks,
3. Anordnung der Elektroden an den Ecken eines gleichseitigen Dreiecks.

Durch die Stellung der Elektroden sind die unterschiedlichen Grundrisse der Ofenwannen bedingt. Bei den Anordnungen der Elektroden nach 1 und 2 hat der Ofen eine rechteckige oder ovale Form, bei der

Anordnung 3 die Form eines gleichseitigen Dreiecks mit abgerundeten Ecken oder die eines Kreises.

Zwischen und außerhalb der Elektroden befinden sich die Beschickungselemente und Gasabsaugetrichter. Die verschiedenen Ofenwannen sind offen, halbgedeckt oder vollständig gedeckt.

Die Ofenwanne besteht aus einem geschweißten Eisenbehälter. Es werden entweder starke Eisenbleche mit T- und U-Eisenträgern armiert oder es wird eine vollkommen geschweißte Wabenwanne aus starkwandigen Eisenblechen hergestellt. Der Ofenaufbau geschieht heute so, daß man auf ein mit Gängen versehenes Betonfundament eine schmiedeeiserne Grundplatte oder bei Wabenwannen ein mit den Wannenwänden verschraubbares Eisenblech legt, das mit Schamottematerial ausgelegt wird. Der Kohleboden, der früher mit großem Arbeitsaufwand in die Öfen eingeschliffen wurde, wird heute aus großen vorgebrannten Kohlen erstellt.

In den letzten Jahren sind auch Versuche unternommen worden, an Stelle von vorgebrannten Kohleböden einfach kalzinierte Anthrazite in die Böden einzurütteln. Das Ofenfutter besteht aus feuerfestem Mauerwerk, das in der Reaktionszone häufig durch eine eingestampfte Kohleschicht geschützt ist. Die Betongänge in den Fundamenten werden deswegen installiert, weil bei älteren Öfen leicht Eisendurchbrüche auftreten. Durch diese Einrichtung kann das am Ofenboden sich sammelnde Eisen gut abfließen.

Bei Karbidöfen modernster Bauart ist die Ofenwanne durch einen Deckel gasdicht abgeschlossen. Die Elektrodendurchführungen durch den Ofendeckel sowie die Durchführungen der Beschickungsrohre sind so konstruiert, daß sie ebenfalls gasdicht sind. Durch den vollkommen dichten Abschluß der Ofenwanne ist es erst möglich geworden, das bei der Karbidproduktion anfallende hochwertige Kohlenoxydgas restlos zu gewinnen.

Ferner ist heute bei modernen Öfen die Ofenwanne so gebaut, daß sie um einen beliebig großen Winkel gedreht werden kann. Hierdurch erreicht man eine gute Auflockerung des Möllers und damit eine gute und gleichmäßige Entgasung des Ofens.

In elektrischer Hinsicht bestehen zwischen den Öfen mit Nebeneinanderanordnung und Dreiecksanordnung der Elektroden bedeutsame Unterschiede, die auf die ungleiche gegenseitige Induktion der Phasen bei Nebeneinanderstellung der Elektroden zurückzuführen sind. Die elektrische Unsymmetrie bei nebeneinander angeordneten Elektroden (1.) bedingt unmittelbar eine Ungleichmäßigkeit in schmelztechnischer Hinsicht. Während die eine Außenelektrode lebhaft arbeitet („wilde Phase"), verhält sich die Mittelelektrode bedeutend ruhiger und die gegenüberliegende Außenphase („tote Phase") bleibt gegen beide in jeder Hinsicht merklich zurück.

Bei den elektrisch symmetrischen Öfen (2. und 3.) ist die Erscheinung der starken und schwachen Phase nicht gegeben. Die Mechanisierung der Ofenbeschickung kann heute sowohl an den rechteckigen Öfen mit parallelgestellten Söderberg- bzw. Paketelektroden wie auch an den runden, offenen und gedeckten Öfen als gelöst betrachtet werden.

Als Elektrodenmaterial dienen in erster Linie Söderbergkohlen, die in Block- oder Zylinderform gebrannt werden, oder vorgebrannte rechteckige Kohlen, die in mehreren Blöcken zu einem Elektrodenpaket vereinigt werden [W 1].

Die Söderbergelektrode ist die erste selbstbackende Dauerelektrode, die gestattet, Stillstände bei dem sonst notwendigen Elektrodenwechsel zu vermeiden und die damit verbundenen Nachteile, wie ungleichmäßigen Ofengang, Hereindrücken von kaltem Möller in den Schmelzherd, auszuschalten. Sie besteht aus einem Eisenmantel, der durch Aufschweißen weiterer Mantelschüsse während des Betriebes beliebig verlängert werden kann und in den die vorgewärmte grüne Elektrodenmasse in teigiger oder stückiger Form eingefüllt wird. Die Masse besteht aus einem Gemisch von kalziniertem Anthrazit (1200° C) mit unter 0,3% flüchtigen Substanzen und Koks in Körnungen unter 1 mm. Das Mittelkorn soll ausgesiebt werden, so daß nur große und kleine Körner vorhanden sind. Als Bindemittel finden 18—23% Stahlwerksteer und Pech Verwendung. Die Elektrodenmasse wird durch die Ofenwärme zu einem festen Block gebrannt. .Die Elektrode hat meist einen kreisförmigen Querschnitt, doch werden auch rechteckige Elektroden mit abgerundeten Ecken verwendet.

Der Zuführung des elektrischen Stromes an die Elektroden dienen wassergekühlte Elektrodenfassungen, die aus Kupfer hergestellt und bei vorgebrannten Elektroden als Kopffassung und bei Söderbergelektroden als Preßring und Strombacken ausgebildet sind. Bei letzteren wird der Abbrand der Elektroden durch Nachrutschen in der Fassung ausgeglichen.

E. Die technische Herstellung des Karbids

Die modernen Karbidfabriken haben Leistungen von 1000 t Karbid je Tag und mehr. Bei der technischen Herstellung des Karbids werden Kalk, Koks und Anthrazit über Konveyoren von den Rohstoffsilos in die Ofenbunker gegeben. Aus diesen gelangt das Beschickungsgut über Waagen auf bewegliche Schurren mit Verteilervorrichtungen, von denen aus alle Stellen der Ofenoberfläche beschickt werden können.

Die erforderliche elektrische Leistung kann den Karbidöfen entweder über einen Drehstromtransformator oder über drei Einphasentransformatoren zugeführt werden. Die Sekundärspannung der Transformatoren ist meistens unter Last regelbar und kann somit dem Ofengang rasch angepaßt werden. Von den Transformatoren wird die elektrische Energie den Elektroden über die sogenannte Hochstrombahn zugeführt, die entweder aus mehreren parallel liegenden Kupferschienen oder aus Kupferrohren, welche von Kühlwasser durchflossen sind, besteht. Mittels flexibler Kupferkabel oder Kupferbänder erfolgt dann der Anschluß der Elektrodenfassungen.

Moderne Öfen sind mit Lastschaltern ausgerüstet, die es gestatten, die Stromanlieferung auf 40% zu drosseln und den Ofen nach der Drosselung wieder schnell hochzufahren, so daß Spitzenstrom aufgenommen werden kann. In der Technik hat ein neuer Transformatortyp Eingang gefunden. Er ist dadurch gekennzeichnet, daß er auf der Primärseite mit Spannungen bis zu 100 kV und mehr, auf der Sekundärseite mit den für den Elektroofen erforderlichen Ofenspannungen arbeitet.

Bei der Karbidherstellung fällt nahezu ein Drittel des eingesetzten Kohlenstoffs als Kohlenmonoxyd an. Um dieses einer Verwertung zuzuführen, sind bei den Öfen älterer Bauart zwischen den Elektroden wassergekühlte Gasabzugsvorrichtungen eingebaut, über welche die Ofengase in die Gasreinigungsanlage gelangen. Diese Art der Gasabsaugung ermöglicht z. Z. die Gewinnung von etwa 50—60% des bei der Karbidproduktion anfallenden Gases. Die Gaszusammensetzung ist folgende:

etwa 65—85% CO und
etwa 7—20% H_2 neben Kohlenwasserstoffen, Kohlendioxyd und Stickstoff je nach Rohstoffeinsatz und Betriebsbedingungen.

Bei den neuen Öfen, deren Wanne vollkommen abgedeckt ist, werden nahezu 100% des anfallenden Gases gewonnen. Je Tonne Kalziumkarbid entstehen bis zu 350 Ncbm Gas mit Gehalten von 80—92% Kohlenmonoxyd und 3—18% Wasserstoff, je nach Art der eingesetzten Rohstoffe; der Rest besteht aus Kohlenwasserstoffen, Kohlendioxyd und Stickstoff.

Der Staubgehalt beträgt 50—200 g/Ncbm Gas, je nach Art und Festigkeit des angewandten Möllers.

Das abgesaugte Gas wird in einer Gasreinigungsanlage von dem mitgerissenen Staub befreit. Bisher kamen nur Naßgasreinigungsanlagen zur Anwendung. Diese bestehen aus den Befeuchtertürmen, in denen das heiße Gas durch Berieselung mit Wasser gekühlt und der Staub angefeuchtet wird, dem nachgeschalteten Schlammabscheider und einem oder mehreren Desintegratoren. Neuerdings werden auch Trockengasreinigungsanlagen gebaut, die aus einem keramischen Filter, Wärmeaustauscher, Gaskühler und den Gebläsen bestehen. In beiden Anlagen wird das Gas bis zu 5 mg je Nbcm von dem mitgerissenen Staub befreit, so daß es ohne weiteres für alle möglichen Zwecke verwendet werden kann.

Die Trockengasreinigung hat den Vorteil der Wassereinsparung, Vorfluter sind entbehrlich, eine Verunreinigung der Abwässer entfällt. Durch die neue Technik des gedeckten Ofens ist nicht nur die Abwasserfrage, sondern auch das Problem der Emissionen gelöst. Der neue Karbidofen arbeitet ohne Staubbelastung und benötigt keinen Schornstein.

An der Außenwand der Ofenwanne sind ein oder mehrere Abstichöffnungen vorgesehen, durch die das schmelzflüssige Karbid aus dem Ofen abgezogen wird. Es fließt entweder in gußeiserne Pfannen von beispielsweise 600—800 kg Gewicht und 1—2 t Inhalt oder auch in eine rotierende Trommel, die von außen mit Wasser gekühlt wird. In dieser Trommel wird das Karbid gekühlt und zerkleinert.

Die Verluste beim Trommelabstich belaufen sich je nach den Verhältnissen auf 3—5% gegenüber nur 1,2% beim Pfannenabstich.

Das Karbid bleibt in den Pfannen 16—40 Stunden stehen, bis es abgekühlt ist. Nach der Abkühlung wird der erstarrte Karbidblock in Backen- oder Kreiselbrechern zerkleinert und je nach dem Verwendungszweck weiterverarbeitet.

F. Stoff- und Energiebilanz

Alle Stoff- und Energiebilanzen haben nur orientierenden Charakter, da Ofentyp, Arbeitsweise und Rohstoffe von Fall zu Fall unterschiedlich sind. Stoffbilanzen sind beispielsweise von SCHLÄPHER [S 1],

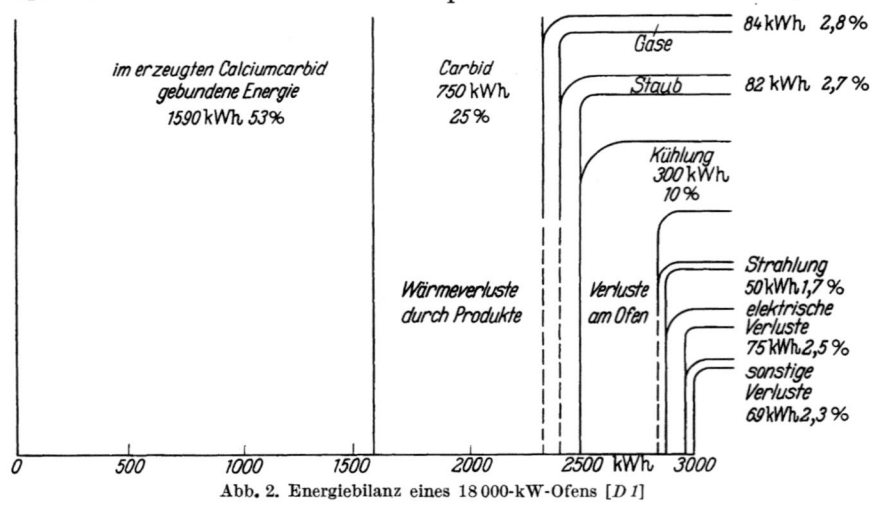

Abb. 2. Energiebilanz eines 18 000-kW-Ofens [D 1]

BAUMANN [B 1], SCHLUMBERGER [S 3] und MENEGHINI [M 2] aufgestellt worden. Aus diesen ist zu entnehmen, daß vom eingebrachten Kalzium noch etwa 94% im fertigen Karbid erhalten sind, während sich der Kohlenstoff infolge der CO-Bildung während der Reaktion nur noch etwa zu 60% im fertigen Karbid findet.

Nach H. DANNEEL [D 1] läßt sich für einen 18000-kW-Ofen, der für 1 t Karbid 3000 kWh verbraucht, obige Energiebilanz aufstellen (Abb. 2).

G. Analyse des Kalziumkarbids

Der Gehalt technischen Karbids an CaC_2 wird nach der Literzahl des mit Wasser sich entwickelnden Azetylens nach folgender Gleichung bestimmt:
$$CaC_2 + 2H_2O = Ca(OH)_2 + C_2H_2 \qquad (5)$$
wobei das bei einer bestimmten Temperatur festgestellte Gasvolumen auf 760 mm Hg und 0° C reduziert wird.

Eine Durchschnittsanalyse des Handelskarbids zeigt folgende Werte:

80,90% CaC_2	0,31% $CaCO_3$	1,23% SiO_2
0,7 % $CaCN_2$	0,14% $Ca_3(PO_4)_2$	1,16% Fe_2O_3
0,68% $Ca(OH)_2$	10,73% CaO	2,13% Al_2O_3
1,32% CaS	0,26% C	0,34% MgO.
0,1 % $CaSO_4$		

H. Verwendung des Kalziumkarbids

Kalziumkarbid ist einer der wichtigsten Grundstoffe der chemischen Großindustrie. Ein großer Teil des erzeugten Kalziumkarbids wird auf Kalkstickstoff verarbeitet, der in der Hauptsache als Düngemittel zur Anwendung kommt, aber auch zur Herstellung von Zyanamidderivaten, wie Dizyandiamid, Melamin, Thioharnstoff, Guanidinsalzen, Zyaniden usw. verwendet wird. Die Verarbeitung von Kalziumkarbid auf Kalziummetall ist neuerdings in den Vordergrund getreten.

Kalziumkarbid wird in großen Mengen für Schweißzwecke benötigt sowie für Azetylenerzeugung. Azetylen ist Ausgangsprodukt zur Herstellung von Azetaldehyd, Essigsäure und den verschiedenen Vinyl- und Akrylverbindungen [R 1]. Die Spaltung und partielle Verbrennung von Azetylen liefert hochaktive bis inaktive Rußqualitäten [B 2].

Dem Karbidazetylen ist in jüngerer Zeit ein Wettbewerb durch das Syntheseazetylen entstanden. Je nach Standort, der z. B. durch Erdgaspreise einerseits und durch Preise für elektrische Energie sowie für Kohle andererseits gekennzeichnet ist, wird sich die Verwendung von Karbidazetylen oder Syntheseazetylen entwickeln. Die Herstellung von Karbidazetylen ist mit keiner Gastrennung oder Nebengasverwertung gekoppelt.

Die neue wesentlich verbesserte Karbidofentechnik mit ihren großen Einheiten [K 1] gewährleistet eine stark erhöhte Wirtschaftlichkeit, welche sich auf die Folgeprodukte Kalkstickstoff und dessen Derivate sowie auf das Karbidazetylen in erheblichem Maße auswirkt. Die modernen Einrichtungen zur Trockenvergasung liefern einen Kalk, welcher ohne großen Aufwand wieder dem Karbidofen zugeführt werden kann, so daß sich hier eine bemerkenswerte Gutschrift ergibt.

Weitere Fachliteratur: [K 2, K 3, N 1, T 1, U 1, W 2, W 3].

XI. Die technische Herstellung des Phosphors

Von

G. Breil (Knapsack bei Köln)

Mit 2 Abbildungen

Zur Darstellung von elementarem Phosphor wurde früher Trikalziumphosphat mit Schwefelsäure behandelt, die Lösung von primärem Kalziumphosphat nach Abtrennen des Kalziumsulfats eingedampft und mit Holzkohle oder Koks vermischt. Das beim Trocknen entstehende Kalziummetaphosphat lieferte *beim Erhitzen in feuerfesten Retorten* Phosphor nach der Gleichung:

$$3\,Ca(PO_3)_2 + 10\,C = P_4 + Ca_3(PO_4)_2 + 10\,CO.$$

Es wurden also nur $^2/_3$ des Phosphors in elementarer Form gewonnen.

Der Vorschlag von Wöhler, die Reaktion unter Zusatz von Kieselsäure durchzuführen und den Kalk nach der Gleichung:

$$2\,Ca(PO_3)_2 + 2\,SiO_2 + 10\,C = 2\,CaSiO_3 + P_4 + 10\,CO$$

als Kalziumsilikat zu binden fand mangels geeigneten Retortenmaterials keine praktische Bedeutung.

Im *elektrischen Ofen* dagegen konnte der Prozeß durchgeführt und außerdem kontinuierlich betrieben werden. Der schwefelsaure Aufschluß entfiel und natürlich vorkommende Phosphate konnten direkt mit Quarz und Kohle nach folgender Gleichung umgesetzt werden:

$$2\,Ca_3(PO_4)_2 + 6\,SiO_2 + 10\,C = 6\,CaSiO_3 + P_4 + 10\,CO.$$

Nach Laboratoriumsuntersuchungen von Hempel und Müller [H 1] beginnt die Entwicklung von Phosphordampf bei 1150—1200°, die Reaktion verläuft bei 1300° schnell und geht bei 1450° zu Ende.

Bei der Electrical Construction Corp. [D 1] wurde 1890 in England zuerst Phosphor auf elektrothermischem Wege, und zwar durch *Lichtbogenheizung*, erzeugt. Der aus einem allseits geschlossenen Schacht bestehende Ofen trug in seiner Wand direkt über der Ofensohle zwei Elektroden, zwischen denen der Lichtbogen brannte. Der Phosphordampf entwich durch ein seitliches Abzugsrohr, die Schlacke wurde unten abgezogen.

Die Electric Reduction Co. of Canada [D 2] entwickelte einen Ofen mit *indirekter Widerstandserhitzung*. Zwei als Stromzuführung dienende Kohleblöcke waren in den Seitenwänden des Ofens oberhalb des Möllers eingelassen. Zwischen ihnen war ein dünner Kohlestab eingeklemmt, der durch den Strom auf Weißglut erhitzt wurde und dadurch das darunterliegende Rohmaterial zur Reaktion brachte.

Beide Ofentypen haben sich jedoch nicht bewährt.

In den 90er Jahren wurden in England und in Kanada Einphasenöfen mit einer feststehenden vertikalen Kohleelektrode gebaut. Solche Öfen mit einer Leistung von 125 kW waren jahrelang in Betrieb.

Seit etwa 1900 produzierte die Chemische Fabrik Griesheim Phosphor. Der zunächst verwandte Ofen hatte innerhalb seiner mit Magnesitsteinen ausgemauerten Eisenhaut eine Wanne aus Kohleblöcken, die als Stromzuführung diente. Ein gasdicht und beweglich durch die Decke geführter Kohlestift war die zweite Elektrode. Das Reaktionsgemisch wurde dem Ofen oben zugeführt. Man leitete den Prozeß so, daß möglichst kein Lichtbogen zwischen Elektrode und Rohmaterial bzw. Ofenwand auftrat, sondern die Reaktionswärme nur durch *direkte Widerstandserhitzung* erzeugt wurde. Das entweichende Phosphorgas wurde unter Wasser zu flüssigem Phosphor kondensiert, die flüssige Schlacke von Zeit zu Zeit abgestochen.

1925 wurde in Bitterfeld der erste Dreiphasendrehstromofen gebaut, der eine Leistung von etwa 3000 kW hatte. 1927 wurden von der I. G. Farbenindustrie in Piesteritz an der Elbe vier Dreiphasendrehstromöfen mit einer Leistungsaufnahme von je 10000 kW erstellt. Bis zum zweiten Weltkrieg war Deutschland mit einer Jahreserzeugung von 20000 t elementaren Phosphors einer der größten Phosphorproduzenten der Welt. Die Anlage wurde 1946 vollständig demontiert. Im allgemeinen geht man jetzt zu immer größeren Ofeneinheiten über. In Deutschland steht bei der Knapsack-Griesheim A. G. der zur Zeit größte Phosphorofen der Welt mit einer Leistungsaufnahme von 50000 kW.

Als Rohmaterial für die elektrothermische Gewinnung von elementarem Phosphor dienen Mineralphosphate, Koks und gewaschener, möglichst eisenarmer Kies. Sandige oder staubförmige Phosphate müssen vor ihrem Einsatz im elektrischen Ofen in eine stückige Form überführt werden.

Als Beispiel für einen modernen *Dreiphasendrehstromofen* wird der in den Abb. 1 und 2 dargestellte Ofentyp deutscher Bauart beschrieben. Der Ofen besteht aus einer eisernen Wand *a* und ist innen mit starken Blöcken aus Hartbrandkohle *b*, in der oberen Hälfte mit Schamottesteinen *c* ausgemauert.

Darüber liegt eine mit korrosionsfestem Stahl armierte Decke aus Tonerde-Schmelzzement *d*. Ein Deckel aus antimagnetischem Stahl *e* gibt den gasdichten Abschluß. Durch diesen Deckel sind in Stopfbüchsen die Elektroden f mit ihren Tieffassungen g geführt, durch die der Strom im Gasraum des Ofens an die Elektroden geleitet wird. Man verwendet selbstbackende Söderbergelektroden (in den Vereinigten Staaten bestehen die Elektroden meist aus graphitierter Kohle, die Stromzuführung liegt oberhalb der Ofendecke). Die Beschickung mit dem Rohmaterial h erfolgt kontinuierlich über Zwischenbunker durch die Rohre i.

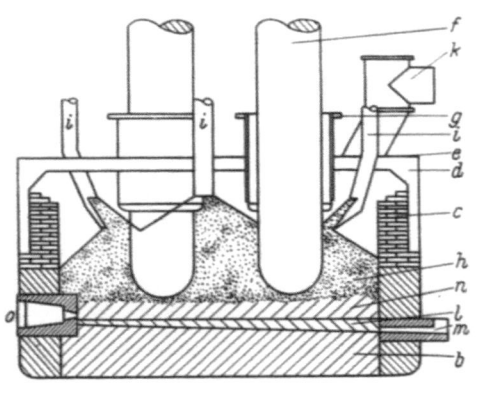

Zur Vermeidung von Stromverlusten im Sekundärnetz werden die Transformatoren dicht an den Ofen gesetzt. Man arbeitet heute mit Sekundärspannungen zwischen 200 und 600 V. Die Stromdichte in den Elektroden liegt bei Söderbergelektroden zwischen 3 und 4 A/cm², bei Kohle- oder Graphitelektroden beträgt sie bis 6 A/cm².

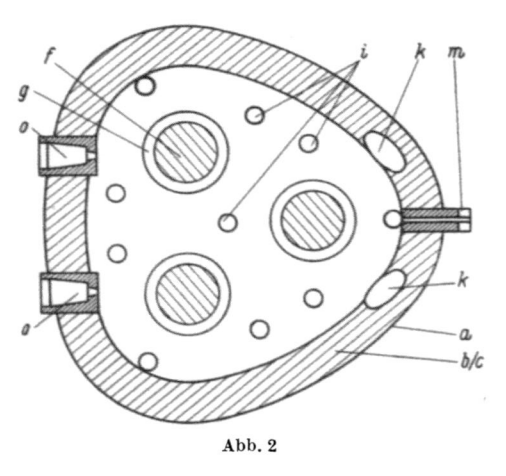

Abb. 1

Die im Ofen entstehenden Gase strömen bei k in das elektrostatische Gasreinigungssystem, das heute allgemein Verwendung findet. Die Kammern müssen beheizt sein, damit kein Phosphor kondensiert. Anschließend treten die noch etwa 250° heißen Gase in das Kondensationssystem ein, wo sie in Türmen oder Wäschern durch fein verteiltes, umlaufendes Wasser auf 50 bis 60° C abgekühlt werden. Der abtropfende flüssige Phosphor wird gesammelt, periodisch in beheizte Lagergefäße gepumpt oder gehebert und unter Wasser aufbewahrt.

Abb. 2

Die flüssigen Reaktionsprodukte trennen sich wegen ihrer verschiedenen Dichten leicht im Ofen. Unten sammelt sich der Ferrophosphor l, der je nach Zusammensetzung der verwendeten Rohmaterialien und Ofengröße etwa 24—72 stündlich durch einen durchbohrten

Kohleblock m abgestochen wird. Über dem Eisen sammelt sich die leichtere Schlacke n, die bei größeren Ofeneinheiten kontinuierlich, bei Öfen mittlerer Größe etwa stündlich über die mit wassergekühlten Kupferdüsen versehenen Schlackenöffnungen o abgezogen wird.

Das Mischungsverhältnis der Rohmaterialien wechselt stark und hängt vor allem von der Zusammensetzung des Rohphosphates ab. Die wichtigsten Bestandteile einiger Sorten sind aus der folgenden Tabelle ersichtlich:

	P_2O_5 %	CaO %	Al_2O_3 %	SiO_2 %	Fe_2O_3 %
Florida-Phosphat	31,0	45,6	1,0	7,0	1,8
Idaho-Phosphat	24,0	36,6	6,5	23,3	1,8
Marokko-Phosphat . . .	33,9	50,4	0,6	2,9	0,4
Kolakonzentrat	39,1	51,5	1,2	1,9	0,7

Bei Verwendung von kalziniertem, amerikanischem Florida-Phosphat müssen für 1000 kg elementaren gelben Phosphor folgende Mengen eingesetzt werden:

8000 kg Rohphosphat mit 31,0% P_2O_5
(= 7400 kg kalziniertes Phosphat mit 33,5% P_2O_5)
2800 kg Kies mit 97% SiO_2
1250 kg Koks mit 90% fixem Kohlenstoff
45 kg Söderbergelektrodenmasse.

Als Nebenprodukte entstehen hierbei:

7700 kg Schlacke mit 90% $CaSiO_3$
150 kg Ferrophosphor mit 20% P
100 kg Elektrofilterstaub mit 18% P_2O_5
2500 Nm³ Abgas mit 85% CO.

Es werden also nur 8,3% des eingesetzten Materials als Hauptprodukt gewonnen.

Der Stromaufwand liegt je nach Art und Größe des Ofens und der Zusammensetzung der Rohmaterialien, vor allem des Rohphosphates, zwischen 12 und 17 kWh/kg elementaren Phosphors. Ein 20000-kW-Ofen erzeugt bei einem durchschnittlichen Stromaufwand von 13 kWh/kg elementaren Phosphor 35 tato. Eine eingehende Berechnung über den theoretischen Strombedarf, der für amerikanischen Florida-Phosphat bei 11,7 kWh/kg eingesetzten Phosphors liegt, wurde von F. RITTER [R 1] durchgeführt.

Die Phosphorausbeute liegt zwischen 90 und 94%, bezogen auf das in den Ofen eingebrachte P_2O_5, jedoch ohne Berücksichtigung des meist in den Ofen zurückkehrenden Elektrofilterstaubes. Je 2—4% des eingesetzten Phosphors gehen mit der Schlacke und dem Ferrophosphor verloren, 1—2% mit dem Kondensationswasser sowie als dampfförmiger Phosphor und Phosphorwasserstoff mit dem Abgas.

Die erheblichen Gasmengen werden meist zu Heizzwecken innerhalb des Betriebes verwendet. Eine ausführliche Darstellung des ganzen Produktionsganges in einer amerikanischen Phosphoranlage wurde von G. H. BIXLER [B 1] veröffentlicht.

In USA ist bei der staatlichen Gesellschaft TVA seit 1950 ein *drehbarer Phosphorofen* mit einer Leistung von 12000 kW in Betrieb [S 1]. Der gasdichte Verschluß zwischen feststehendem Deckel und drehbarer Wanne wurde zunächst durch flüssiges Blei erzielt, neuerdings durch Wasser. Nach den bisher vorliegenden Berichten hat sich eine Geschwindigkeit von einer Umdrehung in 50—100 Stunden am besten bewährt. Der allgemeine Ofengang soll besser als bei Öfen mit feststehender Wanne, der Stromaufwand je kg elementaren Phosphors geringer sein.

Das früher in den Vereinigten Staaten durchgeführte *Hochofenverfahren* ist schon seit längerer Zeit zugunsten des elektrothermischen Zweistufenverfahrens aufgegeben worden, da die Bewältigung und Reinigung der etwa 7—8mal größeren Gasmengen erhebliche Schwierigkeiten bereitete.

Die Überführung des elementaren Phosphors in *Phosphorsäure* wird heute im allgemeinen durch Verbrennen mit einem Überschuß an Luft durchgeführt. Der flüssige gelbe Phosphor wird unter Druck einer oder mehreren Düsen, die zentral im Deckel eines etwa 12 m hohen, mit säurefesten Steinen ausgemauerten Turmes angebracht sind, zugeführt und mit einem größeren Luftüberschuß verbrannt. An der Innenseite der Turmwand herunterrieselnde Phosphorsäure absorbiert das gebildete P_2O_5, das mit der erforderlichen Menge möglichst reinen Wassers zu Phosphorsäure der gewünschten Konzentration, meist 75—86% H_3PO_4, umgesetzt wird. Die Verbrennungswärme des gelben Phosphors und die Hydratationswärme der P_2O_5 werden über die Säure an ein Kühlsystem abgegeben. In solchen Türmen können bis zu 80 tato elementaren Phosphors verbrannt werden.

Die 70—90° heißen Abgase enthalten noch etwa 25% des produzierten P_2O_5. Sie werden zur Abscheidung einem Elektrofilter oder einem Venturisystem zugeführt. Die Reinigung der Abgase ist praktisch vollständig. Der Ausbeuteverlust liegt bei 0,1—0,2%.

In USA sind auch Verbrennungsaggregate in Betrieb, in denen die Verbrennung des Phosphors und die Absorption des P_2O_5 in zwei verschiedenen Kammern erfolgt. Das in der Verbrennungskammer gebildete gasförmige P_2O_5 wird in Graphitrohren auf etwa 175° abgekühlt und in einem Waschturm mit Phosphorsäure ausgewaschen.

Die gewonnene Säure wird in manchen Anlagen noch einem Prozeß zur Entfernung des Arsengehaltes unterzogen. Man fällt die arsenige Säure als Sulfid aus und entfernt den Überschuß an Schwefelwasserstoff durch Verblasen mit Luft. Auch ein elektrochemisches Reinigungsverfahren durch Reduktion des Arsens an Kupferkathoden ist bekannt [D 3]. Die besonderen Vorteile der durch Verbrennen von gelbem Phosphor erzeugten Säure liegen in der außerordentlich großen Reinheit und der hohen Konzentration.

Der gelbe Phosphor kann auch mit Wasserdampf unter gleichzeitiger Bildung von Wasserstoff bei Verwendung geeigneter Katalysatoren zu P_2O_5 verbrannt werden. Dieses Verfahren wurde von LILJENROTH angegeben [D 4], wird aber in der Praxis nicht ausgeübt, da neben P_2O_5 auch andere Oxyde sowie Phosphorwasserstoff entstehen.

Roter Phosphor findet außer in der Zündholzindustrie Verwendung für pyrotechnische Zwecke und neben gelbem Phosphor zur Herstellung von Metallphosphiden und phosphorhaltigen organischen Verbindungen. Man stellt ihn aus gelbem Phosphor durch Erhitzen auf etwa 280° C unter eigenem Dampfdruck her. Nur etwa 0,5% der Weltproduktion an gelbem Phosphor werden zu rotem Phosphor umgewandelt.

Um die Jahrhundertwende lag die *Welterzeugung* von *elementarem Phosphor* bei wenigen tausend Tonnen je Jahr. Sie stieg bis 1939 auf 100000 Jahrestonnen (Deutschland etwa 20%) und erreichte 1959 etwa 450000 Jahrestonnen. Der auf Westdeutschland entfallende Anteil betrug etwa 7%. Die sprunghafte Ausweitung der Phosphorproduktion in den letzten 10 Jahren ist vor allem durch die Entwicklung auf dem *Waschmittelgebiet* bedingt. 50—60% des auf elektrothermischem Wege produzierten Phosphors gehen als kondensierte Alkaliphosphate in die Waschmittelindustrie. Auch für die Metalloberflächenbearbeitung und in der Nahrungsmittelindustrie werden erhebliche Mengen von Phosphorsäure verbraucht. In USA wird in steigendem Maße thermische Phosphorsäure für Düngemittel und Futterzwecke verwendet.

Die *Phosphorschlacke* findet teilweise Verwendung bei der Fabrikation von Mauersteinen sowie beim Straßenbau.

Ferrophosphor wurde früher zusätzlich in kleinen Öfen unter Beigabe von Eisenspänen erzeugt. Heute ist er im allgemeinen wegen der damit verbundenen Phosphorverluste ein unerwünschtes Nebenprodukt. Er findet in der Eisenindustrie beschränkte Aufnahme.

XII. Die technische Herstellung von Elektrokorund

Von

E. Reidt † (Waldshut)

Mit 2 Abbildungen

A. Als der Mensch in den urältesten Zeiten den Unterschied zwischen stumpf und scharf erkannt hatte, verwandte er zuerst den Sandstein, der in der Natur in großem Maße vorhanden ist und schärfte daran seine Waffen, Beile und Werkzeuge.

Jahrhundertelang hatte man sich mit dem Sandstein und dem Naturschmirgel, der aber nur in Pulver- oder Körnerform Verwendung finden konnte, beholfen. Erst in den 60er Jahren des vorigen Jahrhunderts gelang es, die Schmirgelkörner oder das Schmirgelpulver durch ein Mittel zu binden und daraus ein künstliches Erzeugnis, die Schmirgelschleifscheibe herzustellen. Infolge der sich immer mehr entwickelnden Eisen- und Stahlindustrie war man jedoch gezwungen, auch die Ansprüche an die Schleifscheiben zu erhöhen, und man mußte sich daher nach anderen, vorerst jedoch noch natürlichen Schleif- und Poliermitteln umsehen.

Bei den *natürlichen Schleifrohstoffen* unterscheidet man drei Arten:

1. die tonerdehaltigen Schleifstoffe,
2. die rein silikatischen Schleifstoffe,
3. die gemischt silikatischen Schleifstoffe.

Zu den tonerdehaltigen Schleifstoffen gehören der Schmirgel und der Naturkorund;

zu den rein silikatischen Schleifstoffen die Quarze und der Sandstein;

die gemischt silikatischen Schleifstoffe umfassen den Bimsstein und den Granat.

Nicht alle Länder besitzen die obenerwähnten natürlichen Schleifstoffe in ausreichendem Maße. Zudem waren die Anforderungen an die Schleifmittel weiter gestiegen, so daß sie für viele Zwecke nicht mehr genügten. Es mußten deshalb Mittel und Wege gefunden werden, ein

Schleifmittel herzustellen, welches den Naturkorund als besten der natürlichen Schleifstoffe übertrifft.

Diese Möglichkeit war gegeben durch den elektrischen Lichtbogenofen und durch ein Mineral, welches den für die Herstellung von Korund notwendigen Al_2O_3-Gehalt besitzt, nämlich den Bauxit.

B. Der Bauxit, ein tonerdereiches Material, hat seinen Namen von dem französischen Ort Les Beaux, wo er zum erstenmal gefunden wurde. Er stellt ein Gemenge meist wasserhaltiger Sauerstoffverbindungen des Aluminiums, Eisens, Siliziums und anderer Stoffe dar. Von den verschiedenen Formen der Tonerdehydrate seien nur der Diaspor ($Al_2O_3 \cdot 1H_2O$) und der Hydrargillit ($Al_2O_3 \cdot 3H_2O$) erwähnt. Sie sind unter Normalbedingungen die beständigsten Tonerdehydratkomponenten des Bauxits.

Große Bauxitlagerstätten befinden sich hauptsächlich in Südfrankreich, Ungarn, Griechenland, Nord- und Mittelamerika. Die Farbe des Minerals schwankt zwischen gelblichweiß und rot; sie ist meist von der Höhe des Eisenoxydgehaltes abhängig.

Annähernde chemische Zusammensetzung:

	Roter Bauxit %	Weißer Bauxit (amerik.) %
Chem. geb. Wasser	etwa 10—12	etwa 30—32
Al_2O_3	,, 55—60	,, 58—60
Fe_2O_3	,, 20—25	,, 3— 4
SiO_2	,, 3— 6	,, 3— 6
TiO_2	,, 3	,, 3— 4

Die chemische Zusammensetzung ist je nach dem Ursprungsland sehr verschieden. Während die europäischen Bauxite größtenteils einen verhältnismäßig hohen Eisenoxydgehalt besitzen, haben die amerikanischen Lagerstätten Bauxite, deren Eisenoxydgehalt wesentlich niedriger liegt.

Für die Verarbeitung des Bauxits zu Korund ist nicht nur die chemische Zusammensetzung von Bedeutung. Beim Schmelzen im elektrischen Ofen ist auch die makroskopische Beschaffenheit des Minerals zu beachten. Verschiedene Bauxitsorten haben die Eigenschaft, sich schwer aufschließen zu lassen, wodurch der Ofengang unruhig wird. Diesen Nachteil besitzen besonders die kompakten Bauxiterze aus den Mittelmeerländern, die teilweise ein Übergangsstadium zum Korund aufweisen. Es gibt jedoch auch Bauxitsorten, die eine lehmartige Beschaffenheit haben und sich deshalb schwer verarbeiten lassen.

Bevor der Roh-Bauxit zur Verarbeitung auf Elektrokorund eingesetzt wird, ist es ratsam, ihn zu kalzinieren. Hierzu wird er auf Walnußgröße zerkleinert und in einem Kalzinierofen bei etwa 1000° C von seinem Hydratwasser befreit.

Für die Reduktion im elektrischen Lichtbogenofen wird dem gerösteten Bauxit eine bestimmte Menge Kohle (Anthrazit, Koks) zugegeben und gut gemischt.

C. Der elektrische Lichtbogenofen wird nach Ingangsetzung mit dem Reaktionsgemisch beschickt, wobei die Menge der Bauxitmischung von der Größe des Ofens und der Stromstärke abhängig ist. Bei dieser Arbeit muß der Ofen unter genauer Kontrolle gehalten werden, um eine Überhitzung oder Unterkühlung der Schmelze zu vermeiden, weil hiervon die Qualität des Fertigproduktes abhängig ist. Beim Schmelzprozeß wird zuerst das Eisenoxyd, anschließend das Silizium- und Titanoxyd durch den Kohlenstoff reduziert. Die hierbei entstehenden Metalle, Eisen, Silizium und Titan bleiben bei der im Ofenbad vorhandenen Temperatur von etwa 2000° C flüssig und sinken auf Grund ihres hohen spez. Gewichtes langsam auf die Ofensohle. Hierbei erfolgt eine rein mechanische Trennung zwischen den schweren Metallegierungen und dem spezifisch leichteren Aluminiumoxyd. Ein kleiner Teil des Siliziums entweicht als weißer Siliziumdioxydrauch während des Schmelzvorganges.

Je nach Ofengröße und Stromstärke dauert dieser Prozeß 1—3 Tage. Während dieser Zeit wird die Schmelze durch Probeentnahmen untersucht und festgestellt, ob der obere Teil der Schmelze (Korund) frei von Metallegierungen ist und den gewünschten Tonerdegehalt (94 bis 98% Al_2O_3) hat.

Nach Beendigung des Prozesses wird der Ofen abgestellt. Man läßt ihn ungestört erkalten und erhält schließlich das Aluminiumoxyd in grobkristalliner Form. Der oben beschriebene Reduktionsprozeß setzt voraus, daß die Bauxitmischung einheitlich ist und der Zusatz an Kohlenstoff unter Berücksichtigung des Luftabbrandes berechnet wird. Ein Überschuß an Kohlenstoff oder Überhitzung der Schmelze führen zur Reduktion von Aluminiumoxyd und zur Bildung von Aluminium- und Eisenkarbid. Ferner ist die Qualität des Elektrokorundes weitgehend von dem Gehalt an α-Korund, dem Träger des Schleifstoffes, abhängig. Die unerwünschte Bildung von β-Korund, wodurch der Schleifstoffträger an Härte verliert (spez. Gew. von $\alpha\text{-}Al_2O_3 = 3{,}95 -$ $- 4{,}02$; $\beta\text{-}Al_2O_3 = 3{,}30$) ist beim braunen, aus Bauxit hergestellten Korund selten zu beobachten. Dagegen neigt der aus kalzinierter Tonerde hergestellte weiße Korund (Edelkorund) infolge des Alkaligehaltes in der Tonerde mehr zur Bildung von β-Korund.

D. *Der Lichtbogenofen.* Die Herstellung von Elektrokorund erfolgt in elektrischen Lichtbogenöfen. Sie bestehen im wesentlichen aus einer ortsfesten oder fahrbaren Ofensohle von 1,5—4 m Durchmesser, auf der ein Ofenmantel aus Eisenblech steht. Für die Auskleidung der Ofensohle verwendet man maßgerechte Kohleelektroden oder eine Mischung aus Elektrokorundstücken und Teer, womit die Sohle ausgestampft wird. Der nach oben leicht konisch zulaufende Ofenmantel ist entweder aus 8—10 mm starkem Eisenblech in einem Stück hergestellt oder aus einzelnen Segmenten zusammengesetzt. Er hat je nach dem Durchmesser der Ofensohle eine Höhe bis zu 1,5 m und wird meistens ohne Ausfütterung, jedoch vielfach mit Wasserkühlung verwendet.

Zur Heizung der Öfen verwendet man zwei oder drei Vierkant- oder Rundelektroden, die in vertikaler Richtung beweglich sind. Die Steuerung der Elektroden erfolgt entweder automatisch oder durch Regulierung von Hand. Die Elektroden werden von oben her in den Ofen eingeführt. Länge und Durchmesser der Elektroden, Spannung und spez. Belastung hängen von den gegebenen Verhältnissen ab. So ist auch die Verbindung der Elektroden mit der Stromquelle und die Elektrodenfassung von verschiedenster Art. Hier wird teils mit, teils ohne Wasserkühlung gearbeitet. Nicht mehr verwendbare Elektrodenstümpfe werden entweder zum Auskleiden der Ofensohle benutzt oder, wenn es sich um Nippelelektroden handelt, in die neue Elektrode eingeschraubt.

Zur Speisung der Öfen wird Drehstrom (2 oder 3 Elektroden) verwendet. Die erforderliche Spannung und Stromstärke richtet sich nach der Ofengröße und der verwendeten Bauxitsorte. Bei einem 1000-kW-Ofen variiert z. B. die Spannung zwischen 80—125 V und die dazugehörige Stromstärke beträgt 9000 bzw. 6000 A.

Beim Ingangsetzen des Ofens stellt man die Elektroden auf eine Koksschicht, die sich auf der Sohle des Ofens befindet. Der hierbei entstehende Lichtbogen wird mit etwas Bauxit-Kohlemischung bedeckt und nach dem Schmelzen wieder neue Mischung aufgegeben. In der Nähe des Ofenmantels erstarrt die Mischung durch die Wasserkühlung und verhindert hierdurch ein Auslaufen des Ofens. Das Decken des Lichtbogens wird so lange fortgesetzt, bis die vorgesehene Charge untergebracht ist, was je nach Größe des Ofens bis zu 80 Stunden dauern kann. Nach der Fertigstellung des Blockes wird die Stromzufuhr durch Hochwinden der Elektroden unterbrochen. Etwa 5—10 Stunden später wird der Ofenmantel entfernt und der Block von dem nicht geschmol-

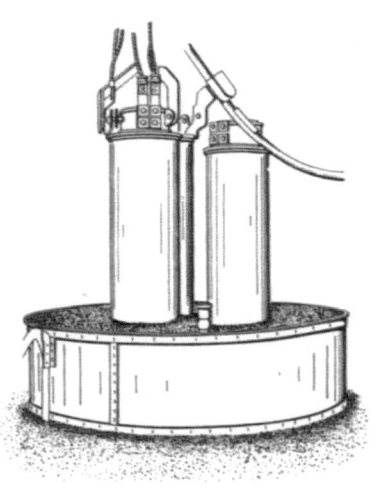

Abb. 1. Korundofen nach vollendeter Füllung

zenen Bauxit befreit. Daraufhin wird der Block mit Hilfe eines Kranes abgehoben.

Das Abheben des Blockes von der Sohle muß erfolgen, solange das unter dem Block vorhandene Siliziumeisen noch flüssig ist.

Nach dem Erkalten des Blockes wird er mittels eines Fallbären zerschlagen und das Material durch Handbearbeitung vom nicht durchgeschmolzenen Produkt getrennt. Die hierbei anfallende Schlacke wird im Schmelzprozeß wieder verwendet.

Die verputzten Blöcke ergeben je nach Ofengröße ein Gewicht bis zu 20 t. Der Anfall an Siliziumeisen beträgt bis 10% des Korundgewichtes und ist naturgemäß vom Eisenoxydgehalt des Bauxits abhängig. Der Stromverbrauch ist ebenfalls in erster Linie von der verwendeten Bauxitsorte und dem Tonerdegehalt des Fertigproduktes abhängig und kann zwischen 3—5 kWh je kg Korund schwanken.

Das verputzte Rohmaterial wird durch Backenbrecher weiter zerkleinert und durch Mahlwerke und Siebanlagen auf die gewünschten Korngrößen gebracht. Hierbei läuft das Material über Magnetscheider, wird von dem anhaftenden Eisen befreit und anschließend in Säcke abgefüllt.

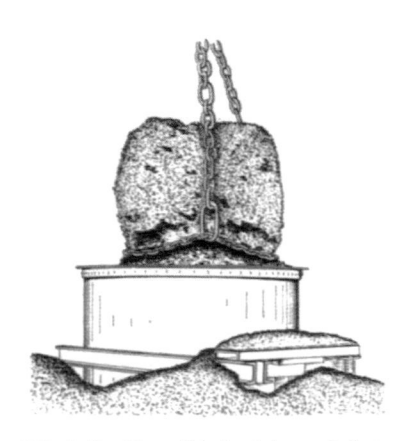

Abb. 2. Der Korundblock wird ausgehoben

E. Der Elektrokorund kristallisiert hexagonal, rhomboedrisch-hemiedrisch. Das spez. Gewicht liegt bei 4, die Härte nach MOHS bei 9, die Mikrohärte bei 2100 kg/mm². Der Tonerdegehalt der handelsüblichen Elektrokorundsorten beträgt 75—99%. Die minderwertigen Qualitäten (75—80% Al_2O_3) sind dunkelgrau bis schwarz gefärbt. Elektrokorunde mit 94—97% Al_2O_3 besitzen meist eine braune bis rotbraune Farbe. Die sog. Halbedel- und Edelkorunde mit etwa 98—99% Al_2O_3 werden aus kalzinierter Tonerde erschmolzen, besitzen eine grauweiße bis reinweiße Farbe und sind häufig durch Zusätze rosa gefärbt.

Der hohe Gehalt an kristallisiertem Aluminiumoxyd im Elektrokorund ist bestimmend für dessen Schleifkraft. Mit steigendem Tonerdegehalt ändert sich der Charakter des Produktes von zäh nach hart und spröde, so daß der Elektrokorund auf Grund dieser Eigenschaften zu den wichtigsten Rohmaterialien der Schleifmittelindustrie zählt.

In der feuerfesten Industrie findet der Elektrokorund ebenfalls weitgehende Verwendung. Hierbei ist besonders seine hohe Feuerfestigkeit (Al_2O_3 Smpkt. 2050° C), der niedrige Ausdehnungskoeffizient, die chemische Widerstandsfähigkeit und die hohe Druckerweichung hervorzuheben.

Elektrokorund wird auch als Zusatz für Hartbeton verwendet, wodurch dieser eine hohe Abriebfestigkeit bekommt.

Die durchschnittliche Zusammensetzung der aufbereiteten Ware ist für die verschiedenen Qualitäten folgende:

	Schwarzer Korund %	Brauner Korund %	Weißer Korund %
SiO_2	5— 8	0,5—1,5	$< 0,2$
TiO_2	3— 4	2 —3	—
Fe_2O_3	18—25	0,2—0,3	$< 0,2$
Al_2O_3	65—75	95 —97	99—99,8

XIII. Elektrothermische Herstellung von Quarzglas

Von

W. Hänlein (Nürnberg)

Mit 50 Abbildungen

Quarzglas, Quarzgutherstellung, Eigenschaften und Anwendungen

1. Historischer Überblick

Sand, d. h. reine Kieselsäure, ist der Hauptbestandteil der meisten technischen erschmolzenen Gläser. Den Glastechnologen früherer Jahrhunderte war bekannt, daß ein Glas um so schwerer zu erschmelzen ist, je höher sein Gehalt an Kieselsäure ist. Der Wunsch, ein Glas aus reiner Kieselsäure zu erschmelzen, war damals nicht erfüllbar, da die erforderlichen Temperaturen nicht erreicht werden konnten. Erst im vorigen Jahrhundert gelang es, die Grundlagen dieser Technik zu erarbeiten.

Reines Quarzglas kommt in der Natur nicht vor, es sind lediglich sog. „Blitzröhren" (Abb. 1a—b) bekannt, die dann entstehen, wenn der Blitz in den Quarzsand an der Erdoberfläche einschlägt. Zum erstenmal ist es wohl MARCET [Z 2] 1813 mit Hilfe eines Sauerstoffbrenners gelungen, kleine Quarzglasproben herzustellen. 1839 hat GAUDIN

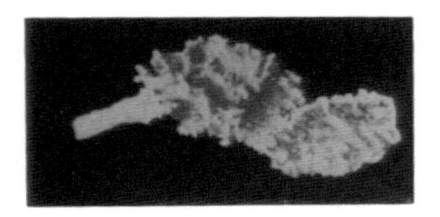

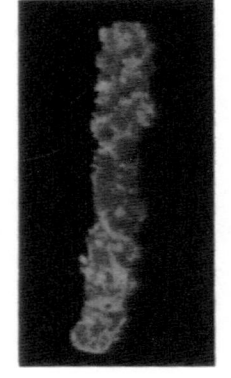

Abb. 1a—b. Blitzröhren

[P 1] aus Bergkristall mit Hilfe eines Knallgasbrenners dünne Quarzfäden gezogen, die eine sehr gute Biegsamkeit aufweisen. GAUDIN versuchte auch, im Knallgasgebläse Quarzsand zu schmelzen. Die Fäden waren jedoch nicht durchsichtig, sondern zeigten ein perlmutterartiges Aussehen.

Schon zu dieser Zeit waren also zwei wichtige Erkenntnisse gewonnen: durchsichtiges Quarzglas läßt sich nur aus dem in der Natur gefundenen, sehr reinen Bergkristall herstellen. Geschmolzener Quarzsand ergibt ein durchscheinendes Produkt, heute als Quarzgut bezeichnet, mit perlmutterartigem Glanz. Dieser Glanz kommt durch viele sehr kleine Bläschen zustande, die man infolge der sehr hohen Zähigkeit des geschmolzenen Quarzglases beim Schmelzen nicht entfernen kann. Eine Steigerung der Temperaturen bis zu der Zähigkeit, wie sie beim Läutern technischer Gläser erreicht werden, ist nicht möglich, da dann das flüssige Quarzglas stark verdampft.

Im Jahre 1849 beobachtete DESPRETZ [P 1] bei Untersuchungen über das Schmelzen von Kohlestäben in einer Quarzsandschicht, daß sich um diese ein rohrförmiger Körper aus Quarzgut gebildet hatte. Dieselbe Feststellung wurde im Jahre 1887 von PEARSONS [P 1] in England gemacht. Hiermit war die Grundtatsache für das später zu besprechende Bottomley-Verfahren für die technische Herstellung von Quarzgut bekannt.

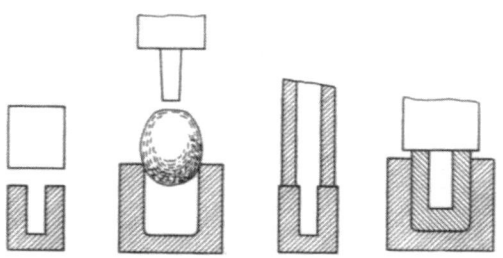

Abb. 2. Verarbeitungsverfahren (nach Heraeus)

Von 1865—1869 stellte GAUTIER [P 1] im Knallgasgebläse Kapillaren, Spiralen und Thermometer her, deren Eigenschaften von DUFOUR [P 1], VILLARD [P 1] und LECHATELIER [P 1] untersucht wurden. LECHATELIER wies zuerst auf den sehr kleinen Ausdehnungskoeffizienten des Quarzglases hin. Eine weitere Vervollkommnung der Quarzglasherstellung mit Hilfe des Knallgasbrenners erfolgte durch BOYS und SHENSTONE [P 1]. SHENSTONE hat einen für das Arbeiten in freier Knallgasflamme entscheidenden Schritt vollzogen, indem er kleine Bergkristallstückchen auf Rotglut erhitzte und sie dann im Brenner blasenfrei verschmolz.

In Deutschland hat zuerst die Firma Heraeus [Z 1] in Gefäßen aus reinem Iridium, die später durch Zirkontiegel [D 5] ersetzt wurden, Bergkristall zu Quarzglas geschmolzen und im Knallgasgebläse weiterverarbeitet. Eines der für die Verarbeitung wichtigsten Verfahren ist von KÜCH [D 6] (Heraeus) angegeben worden (Abb. 2).

Hiernach wird ein erschmolzener Quarzglaskörper durch Bohren mit einem Loch versehen. Man kann auch einen im Gebläse nahezu auf Schmelztemperatur erhitzten Quarzglasklumpen in eine mit Platin ausgekleidete Form bringen und mit Hilfe eines Stempels einen Hohlzylinder pressen. Die nach den beiden Verfahren erhaltenen Hohlzylinder werden an ein vorhandenes Quarzglasrohr angeschmolzen und durch Verblasen vor dem Knallgasgebläse weiterverarbeitet.

2. In Anwendung befindliche Herstellungsverfahren für Quarzglas und Quarzgut

Nachdem die ersten Erkenntnisse über die Herstellungsmöglichkeiten von Quarzglas gewonnen waren, begann man mit Versuchen, die Quarzglasherstellung durch geeignete Vorrichtungen zu mechanisieren und zu verbilligen. Die Silica Syndicate Ltd., London [D 7], benutzt einen Quarzglasstab, der mit seinen beiden Enden so in eine Vorrich-

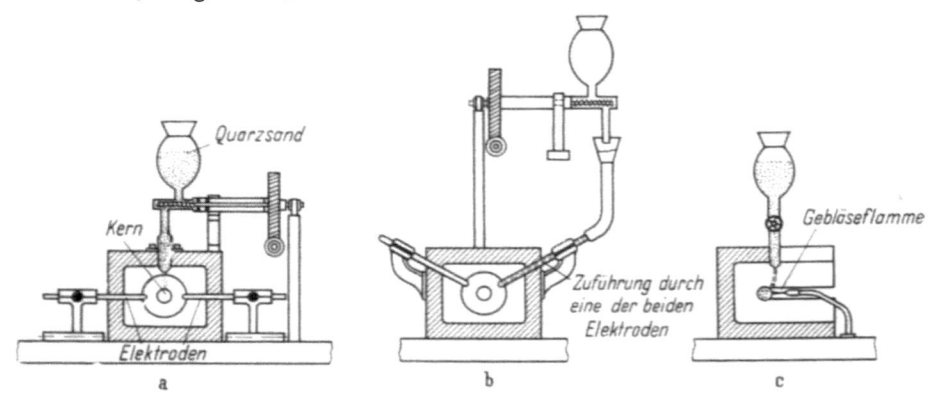

Abb. 3a—c. Lichtbogenofen (Silica Syndicate Ltd., London)

tung eingespannt wird, daß er rotieren kann (Abb. 3a—c). Als Wärmequelle kann man einen Lichtbogen benutzen, der an dem Stab entlanggeführt wird (Abb. 3a), wobei der zerkleinerte Bergkristall oder — wenn man Quarzgut herstellen will — Quarzsand von oben her auf den Stab aufgestreut und verschmolzen wird. Eine andere Ausführung dieses Verfahrens besteht darin, daß eine der beiden Elektroden hohlgebohrt und der zerkleinerte Bergkristall durch die Bohrung direkt in die höchste Temperatur des Lichtbogens eingeführt wird (Abb. 3b). Eine dritte Variante dieses Verfahrens ist wohl am häufigsten praktisch angewendet worden und ist auch heute noch der Grundgedanke der meisten Verfahren, sofern es sich nicht um vollmechanisierte automatische Verfahren handelt. Hierbei wird ein Knallgas- oder auch ein Azetylenbrenner (Abb. 3c) an dem rotierend eingespannten Quarzglasstab entlanggeführt. Der zerkleinerte Bergkristall fällt von oben aus einem kleinen Behälter auf die vom Gebläse erhitzte Stelle. Dieses Verfahren ist in mehr oder weniger großen Abwandlungen, z. B. einseitiges

Quarzglas, Quarzgutherstellung, Eigenschaften und Anwendungen 249

Einspannen eines Stabes oder Rohres in eine rotierende Vorrichtung, heute noch in vielen Quarzschmelzen in Anwendung. Man kann hierbei auch den zerkleinerten Bergkristall durch die Flamme hindurch zuführen und aufschmelzen, indem man die infolge der hohen Strömungsgeschwindigkeit des Sauerstoffes entstehende Injektorwirkung ausnutzt und mit Hilfe einer geeignet ausgebildeten Injektorarmatur aus einem Vorratsgefäß den zerkleinerten Bergkristall sozusagen ansaugt.

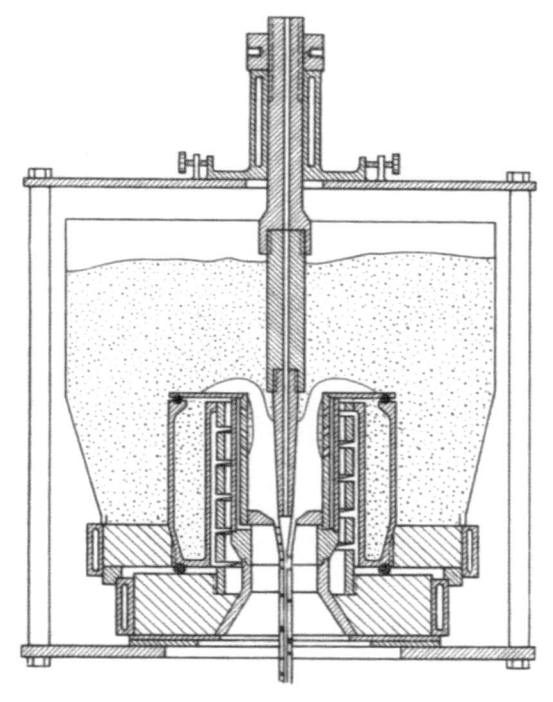

Abb. 4. Vorrichtung zum Schmelzen und Ziehen von Quarzglasrohr

Die beschriebenen Verfahren benutzen zerkleinerten Bergkristall, der auf eine Unterlage aufgestreut und geschmolzen wird. Anstatt Bergkristall hierbei in die Flamme einzuführen, wird nach einem amerikanischen Vorschlag in die Flamme eine hydrolysierende Siliziumverbindung (Siliziumchlorid und Siliziumtetrafluorid) hineingesaugt [D 4], so daß sich Kieselsäuredämpfe abscheiden, die dann auf einer Unterlage zu Quarzglas aufschmelzen. Wie weit dieses Verfahren praktische Anwendung gefunden hat, ist nicht bekannt geworden. Am besten dürfte es geeignet sein, Quarzglasüberzüge damit herzustellen.

Es hat natürlich nicht an Versuchen gefehlt, zu einer vollmechanisierten Herstellung von Rohren und Stäben zu gelangen. Eine derartige Vorrichtung zeigt Abb. 4 [S 2]. Die Erhitzung des Schmelzgutes

250 W. HÄNLEIN: Elektrothermische Herstellung von Quarzglas

wird hier durch eine Kohlespirale in einem Kohle- bzw. Graphittiegel vorgenommen. Der Ziehdorn sowie die Düse bestehen ebenfalls aus Kohle. Es ist also bei diesem Verfahren in gewissen Grenzen ein kontinuierliches

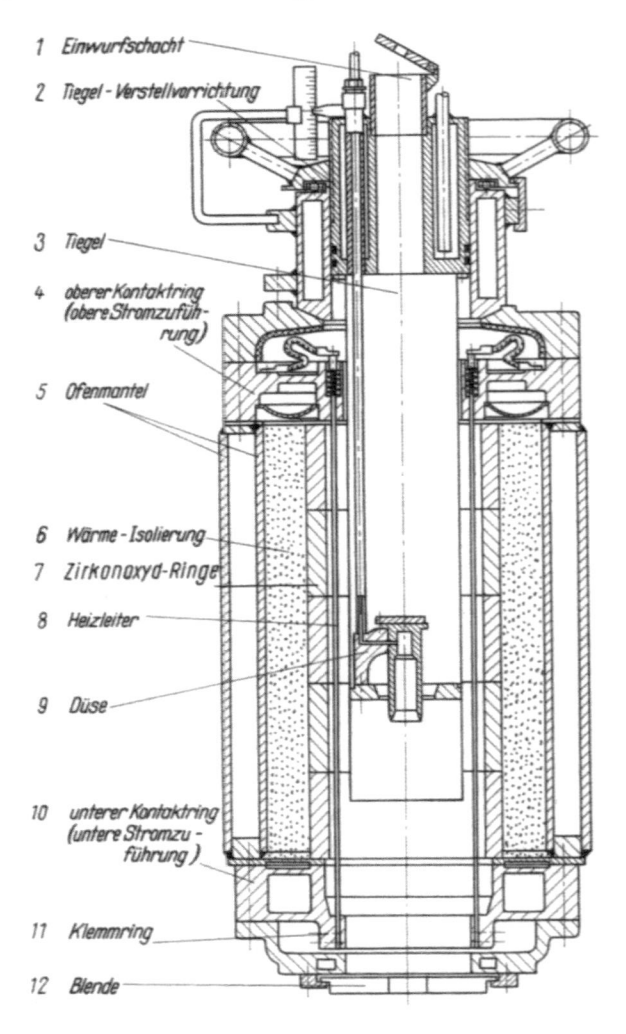

1 Einwurfschacht
2 Tiegel-Verstellvorrichtung
3 Tiegel
4 oberer Kontaktring (obere Stromzuführung)
5 Ofenmantel
6 Wärme-Isolierung
7 Zirkonoxyd-Ringe
8 Heizleiter
9 Düse
10 unterer Kontaktring (untere Stromzuführung)
11 Klemmring
12 Blende

Abb. 5. Schnittzeichnung der gesamten Anordnung

Schmelzen und Ziehen von Rohr möglich, wobei allerdings die bekannte rasche Abnutzung der Kohleteile sich nachteilig auswirken dürfte. Für die Herstellung von reinem durchsichtigen Quarzglas dürfte es bei der bekannten Reaktionsmöglichkeit zwischen Kohlenstoff und Kieselsäure schlecht geeignet sein.

Auf dem gesamten Gebiet der Quarzglasherstellung ist leider über die in Anwendung befindlichen Verfahren wenig veröffentlicht worden. Eine Ausnahme macht hier das von HÄNLEIN [H 1] bei der Firma Osram entwickelte Verfahren zum vollkontinuierlichen Schmelzen und Ziehen von Stäben und Rohren aus Quarzglas und hochschmelzenden Gläsern. Die Temperatur, bei der Bergkristall zu Quarzglas guter Qualität verschmilzt, liegt bei 2000—2200° C. Diese Temperaturen lassen sich entweder mit einem Sauerstoff-Wasserstoff, Sauerstoff-Azetylen oder einem Sauerstoff-Ölbrenner herstellen. Für ein mechanisiertes Schmelzverfahren ist es jedoch schwierig, einen Brenner automatisch so genau in der Temperatur zu regeln, daß, insbesondere bei kleineren Öfen, die für ein mechanisches Ziehen von Rohren oder Stäben erforderliche Regelgenauigkeit eingehalten werden kann. Besser geeignet ist hierfür ein elektrischer Schmelzofen nach dem Widerstandsprinzip. Wie in dem Abschnitt über Öfen ausgeführt wird, muß man bei Temperaturen über 2000° C eine Bauweise anwenden, bei der die Heizelemente nicht mehr von keramischen Trägern gehalten sind. Es ist daher für ein mechanisiertes Quarzschmelzverfahren nur ein Wolframstabofen geeignet. Die Anordnung des Ofens ist aus dem Schema (Abb. 5) zu ersehen. Die Wolframstäbe (8) sind an ihrem unteren Ende in einem wassergekühlten Klemmring (11) durch Schrauben gehalten. An ihrem oberen Ende sind sie in dem Kontaktring (4) geführt. Die Längenänderung beim Erhitzen wird durch Federn ausgeglichen, die Stromzuführung erfolgt durch flexible Litzen. Der zylindrische Innenraum des Ofens wird durch aufeinander gesetzte Zirkonoxydringe (7) gebildet. Der Zwischenraum zwischen dem wassergekühlten Ofenmantel (5) und den Zirkonoxydringen wird durch Zirkonoxydpulver (6) als Wärmeisolation ausgefüllt. Am unteren Ende ist der Ofen mit einer Kappe und einer Blende (12) abgeschlossen.

Als Tiegelmaterial wird bei diesem Verfahren Molybdän- und Wolframblech verwendet. Der naheliegende Gedanke, keramische Substanzen, wie z. B. Zirkonoxyd, zu benutzen, scheidet aus, da es nicht möglich ist, genaue Formteile, wie sie bei diesem Verfahren erforderlich sind, herzustellen. Man muß infolgedessen auf bearbeitbare Werkstoffe wie Molybdän und Wolfram zurückgreifen. Die Frage der Formgebung läßt sich durch Wahl einer hierfür geeigneten zylindrischen Tiegelform (Abb. 6) lösen. Die Zusammenfügung der einzelnen Teile wird mit Hilfe von Nietung und Flammbogenschweißung unter Schutzgas vorgenommen. Durch Voruntersuchungen wurde geklärt, daß bei entsprechenden Vorsichtsmaßnahmen ein Angriff der Molybdän- und Wolframbleche durch das Quarzglas nicht stattfindet. In der Prinzipskizze ist der Tiegel mit (3) gekennzeichnet. Er ist durch einen entsprechend ausgebildeten Flansch an einer wassergekühlten Verstellvorrichtung (2) befestigt. Der

Tiegelmantel selbst ist nach unten verlängert. Dadurch ist es möglich, den Ofen frei von Quarzdämpfen zu halten und getrennt mit Formiergas zu versorgen.

Die eigentliche Bildung des Quarzglasrohres findet in der am Boden des Tiegels angeordneten ringförmigen Düse (*9*) (Abb. 7) statt. Diese besteht aus der Bodenplatte mit einer konischen Bohrung und dem hohlen Ziehdorn. Der Ziehdorn wird von einer Haltekonstruktion getragen. Das geschmolzene Material fließt um den hohlen Ziehdorn herum. Damit das so gebildete Rohr nicht wieder zu einem massiven Glasstab zusammenfällt, wird mit Hilfe eines Rohres Schutzgas hindurchgeleitet, so daß die Rohrform erhalten bleibt. Als Material für die Düse und die damit zusammenhängenden Teile müssen hochschmelzende Metalle wie Wolfram, Molybdän o. ä. verwendet werden. Der Tiegel wird durch die Zuleitung mit Schutzgas gespült.

Abb. 6. Schmelztiegel. Am Boden ist die Düse sichtbar

Der vorerhitzte Bergkristall wird durch den Einfüllschacht (*1*) eingeworfen. Dieser schmilzt im Tiegel zu Quarzglas und tritt nun durch die Düse aus dem unten offenen Ofen als Rohr heraus. Die unter dem Ofen angeordneten Leitrollen verhindern ein Krummwerden des Quarzglasrohres, das von den Bändern der Ziehmaschine erfaßt und ununterbrochen abgezogen wird. Am Ende der Ziehmaschine kann das Rohr in entsprechenden Längen abgeschnitten werden. Die Gesamtanlage ist aus Abb. 8 ersichtlich. Der eigentliche Schmelzofen ist hierbei auf einem Gestell erhöht angeordnet. Das über dem Ofen sichtbare Handrad dient dazu, den Tiegel und damit die Düse in ihrer Höhe zu verstellen und in die gewünschte Heizzone zu bringen. Die

Abb. 7. Düse

zugehörigen Meßinstrumente und Regeltransformatoren sind in dem auf der linken Seite der Abbildung sichtbaren Gestell untergebracht. Dieses Verfahren liefert ein vollständig durchsichtiges Quarzglasrohr, dessen Eigenschaften wie Ausdehnungskoeffizient und UV-Durchlässigkeit mit den bisher bei Quarzglas bekannten übereinstimmen. Die hergestellten Mengen sind so groß, daß ihr Einsatz sich nur dann lohnt, wenn das erzeugte Rohr für eine Massenfabrikation, wie z. B. Quecksilberdampf-

Abb. 8. Quarzglasschmelzofen mit Rohrziehmaschine nach HÄNLEIN (Werkfoto: Osram)

lampen, benötigt wird. Das beschriebene Verfahren kann auch für die Verarbeitung von hochschmelzenden Gläsern benutzt werden, die sich in normalen Glasschmelzöfen gar nicht oder nur schwer herstellen lassen.

3. Herstellung von Quarzgut

Wie bereits in der Einleitung erwähnt, handelt es sich beim Quarzgut um ein Quarzglas mit vielen eingeschlossenen kleinen Bläschen, die einen perlmutterartigen Glanz dieses Produktes bewirken. Man erhält Quarzgut bei dem Versuch, aus Quarzsand Quarzglas zu erschmelzen. Bereits MOISSAN und GAUTIER [B 8] versuchten in den 80er Jahren

des vorigen Jahrhunderts, den Lichtbogen hierzu zu verwenden, und
ASKENASY [D 8] gab ebenfalls ein Verfahren an, nach dem man eine
Schicht Quarzkörper mit Hilfe eines darübergeführten Lichtbogens zu
Platten schmelzen und durch Zusammenschweißen an den Rändern zu
Gefäßen vereinigen kann. In einem geschlossenen Lichtbogenofen
(Abb. 9) versuchte HUTTON [T 1], Quarzsand in einer Kohlerinne zu
schmelzen, in die er, um ein Rohr zu erhalten, einen Kohlestab eingebettet hatte. Praktische Anwendung hat wohl, soweit bekannt, nur das von der Firma Heraeus [D 9] angewendete Verfahren gefunden. Benutzt wird hierbei eine drehbare Hohlform, in die der Quarzsand laufend oder absatzweise eingebracht und nach dem Schmelzen
Abb. 9. Elektrischer Lichtbogenofen (nach R. S. HUTTON)
durch die Wirkung der Zentrifugalkraft gegen die Innenwand der Form gedrückt wird. Die Beheizung erfolgt durch einen im Inneren der Form angeordneten Flammbogen. Nach diesem Verfahren werden die von der Firma Heraeus in den Handel gebrachten „Rotosil"-Erzeugnisse hergestellt. Ausgehend von derartig gefertigten Rohren können durch die üblichen Erhitzungs- und Verformungsverfahren andere Formkörper erzeugt werden. Es liegt für die Anwendung des Lichtbogens eine große Zahl von Vorschlägen und älteren Patentanmeldungen vor. Praktische Bedeutung hat nur das oben beschriebene Rotosil-Verfahren erlangt.

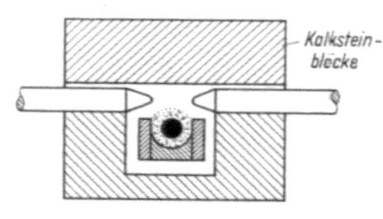

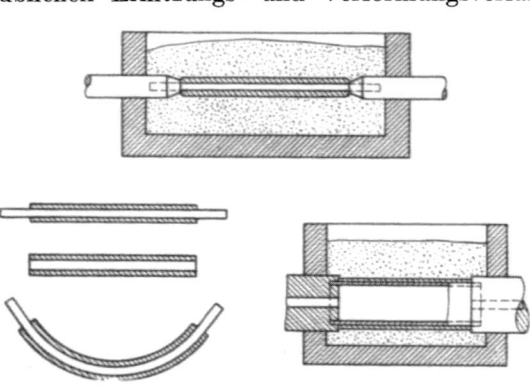

Große Bedeutung hat auch heute noch bei der Quarzgutherstellung die Widerstandserhitzung, die auf Beobachtungen aus der Mitte des vorigen Jahrhunderts zurückgeht. Die ersten Angaben hierüber stammen von DESPRETZ [P 1], der 1849 beobachtete, daß sich um einen elektrisch erhitzten Kohlestab, der in Quarzsand eingebettet war, ein rohrförmiger Körper aus teigigem Quarzgut gebildet hatte.

Abb. 10. Erschmelzung von Quarzglas (nach E. THOMSON)

Von derselben Beobachtung geht auch THOMSON [A 3] bei seinem im Jahre 1904 ausgearbeiteten Verfahren aus (Abb. 10). Er umgibt

Quarzglas, Quarzgutherstellung, Eigenschaften und Anwendungen 255

ebenfalls einen Kohlestab mit Quarzsand. Diesem wird mit Hilfe einer Zuleitung Strom zugeführt, so daß die den Stab umgebende Quarzsandschicht schmilzt. Nach dem Schmelzen ist es möglich, den Kohlestab zu entfernen, da der Schmelzüberzug nicht haftet. Wenn man ein gebogenes Rohr erhalten will, muß nach diesem Verfahren ein gebogener Kohlekern benutzt werden, den man dann später herausbrennen kann. In dem Patent wird auch bereits erwähnt, daß man Platten mit Hilfe eines magnetisch abgelenkten Lichtbogens zu Gefäßen zusammenschweißen kann. Auf diesem Gedanken beruhen eigentlich alle weiteren für die Quarzgutindustrie maßgebenden Verfahren.

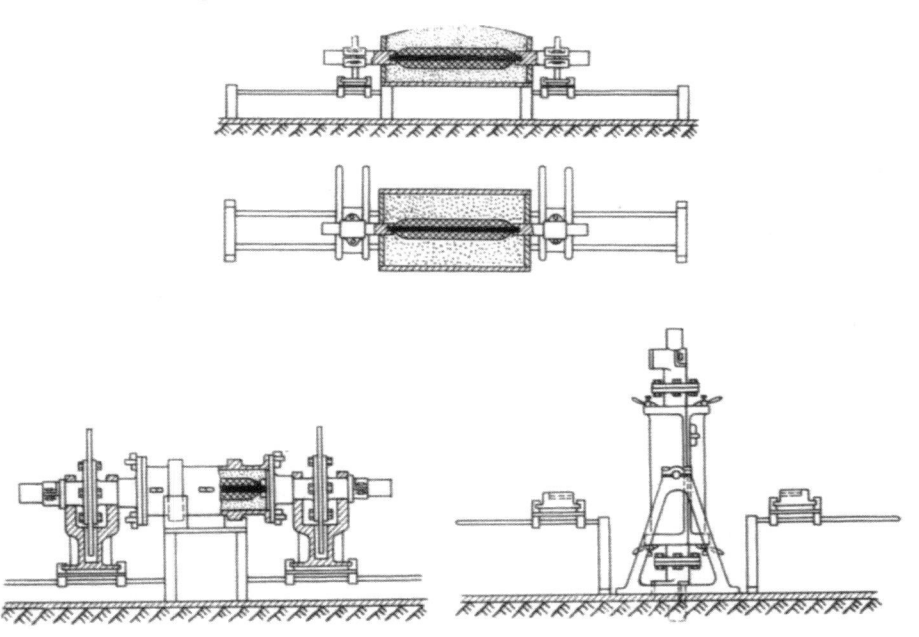

Abb. 11. Schmelzofen (nach BOTTOMLEY u. PAGET)

Eine Weiterentwicklung zeigt das Verfahren von BOTTOMLEY und PAGET [D 10] (Abb. 11). Als Heizung dient eine Graphit- oder Kohlestange, die mit einer der Elektroden fest verbunden ist, von der anderen aber gelöst werden kann. Mit Hilfe eines Stromes von 1000 A und 15 V wird in dem langsam gedrehten Ofen Quarzsand geschmolzen. Mit diesem Verfahren war es möglich, die für eine Weiterverarbeitung notwendigen Rohre mühelos herzustellen. Von BOTTOMLEY und PAGET [D 11] stammt das auch heute noch im Prinzip bei der Formgebung aller Quarzgutkörper benutzte Verfahren (Abb. 12). Es beruht auf der Erkenntnis, daß ein geschmolzener Quarzkörper, nachdem er dem Ofen entnommen ist, unter Wegfall des Wiedererhitzens gezogen, geblasen oder sonstwie verformt werden kann, auch wenn er schon erstarrt zu sein scheint. Es ist nur erforderlich, den dauernd wachsenden Widerstand gegen eine Verarbeitung mechanisch zu überwinden. Die nach dem obigen Verfahren hergestellte teigige Masse wird an dem einen Ende mit Hilfe einer Zange sofort geschlossen und am anderen Ende mit der in der Abbildung gezeigten Formzange gefaßt und in die Form gedrückt. Die Zange enthält eine Preßluftdüse. Mit Hilfe eines Rohres wird nun durch die Düse Preßluft in die bildsame Masse eingeblasen, so daß sie sich an die Form anlegt. Es ist auf diese Weise möglich, Schalen, Kolben, Röhren und Kästen herzustellen.

Zur Erzeugung flächenhafter Gegenstände hat L. Pfannenschmidt [D 12]

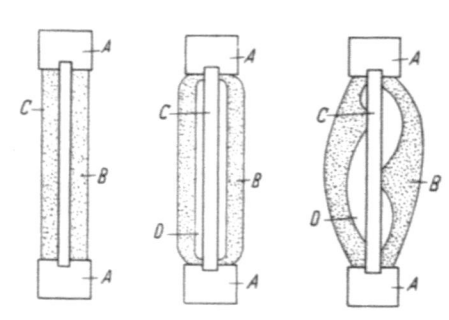

Abb. 12. Formzangen (nach Bottomley u. Paget)

Abb. 13. Schmelzvorgang am elektrischen Heizwiderstand

ein Verfahren angegeben. Er verwendet mehrere nebeneinander angeordnete Kohlestäbe, die von Quarzsand bedeckt sind. Es entsteht dann eine Reihe von röhrenförmigen zusammengeschmolzenen Körpern, die man durch Druck zu einem massiven, flächenhaften Körper zusammenpressen kann. Bei Zschimmer [Z 2] findet sich eine Angabe, daß nach diesem Verfahren das Jenaer Quarzgut „Dioxsil" hergestellt wurde.

In mehreren Patenten ist der Gedanke geäußert worden, so auch von Vogel [D 13], den Schmelztiegel direkt aus einem Leiter zweiter Klasse anzufertigen und auf diese Weise Quarzglas zu erschmelzen.

Es wurde bereits erwähnt, daß sich beim Schmelzen von Quarzgut mit Hilfe eines Kohlestabes dieser aus dem erhaltenen Quarzgutrohr mühelos entfernen läßt. Askenasy [P 2] (Abb. 13) erklärt diese Erscheinung dadurch, daß zwischen dem Kohlekern und der Schmelze eine Reaktion stattfindet, die Kohlenoxyd entwickelt, und daß nach dem Schmelzen des Quarzgutes dieses Kohlenoxyd die Quarzglasmasse vom Heizkern abdrängt.

Quarzglas, Quarzgutherstellung, Eigenschaften und Anwendungen 257

Dem Wunsch, die nach dem üblichen Verfahren hergestellten Quarzgutrohre weiter zu verformen sowie auch Profilkörper anzufertigen, entspricht ein Verfahren der Deutsch-englischen Quarzschmelze GmbH. [D 14]. Der vorgeformte Körper wird durch einen Ofen hindurchbewegt und an der weichsten Stelle laufend ausgezogen (Abb. 14).

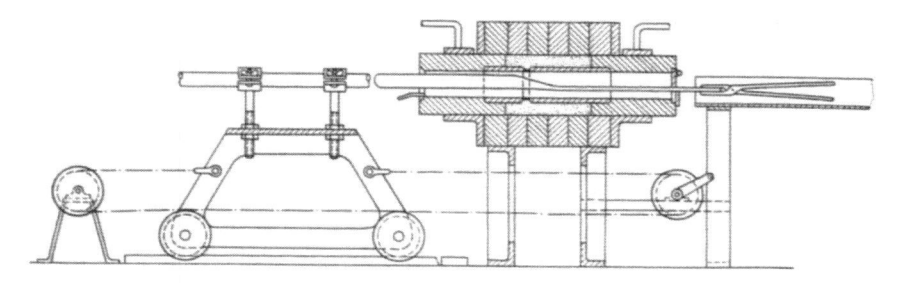

Abb. 14. Verfahren und Ofen zum Herstellen von Formkörpern aus geschmolzenem Quarz (Deutsch-englische Quarzschmelze GmbH.)

Einen bei der Verarbeitung des Quarzgutes wichtigen Kunstgriff hat VÖLKER [A 2] angegeben, indem er in den geschmolzenen Quarzguthohlkörper, der in eine Form eingeblasen werden soll, einen verbrennbaren Fremdkörper, z. B. ein Stück Holz, einwirft, den Hohlkörper an

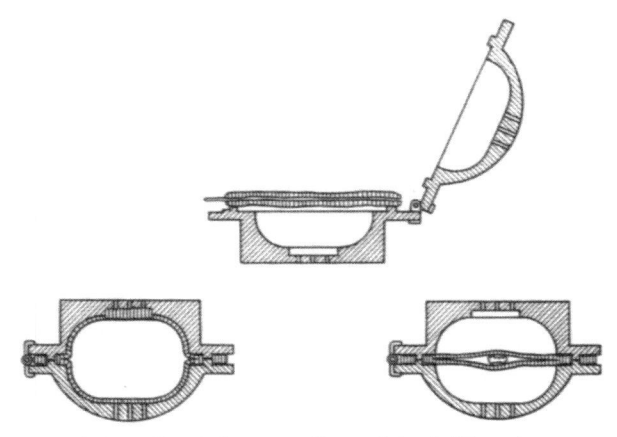

Abb. 15. Verarbeitung von Quarzgut (nach VÖLKER)

einem Ende zuquetscht und auf diese Weise durch die dabei entstehenden Gase ein Aufblasen des Hohlkörpers erzwingt (Abb. 15).

Man hat auch versucht, mit Hilfe des Hochfrequenzinduktionsofens Quarzgut zu erschmelzen [F 1]. Das Verfahren beruht darauf, einen in Sand eingebetteten Kohle- oder Graphitkern induktiv zu erhitzen, wobei der Kohlekern bereits die dem endgültigen Gegenstand entsprechende Form hat (Abb. 16).

Beim Schmelzen von Quarzglas nach dem Prinzip der Widerstandserhitzung besteht die Schwierigkeit der Läuterung, d. h. der Entfernung der Blasen aus dem geschmolzenen Glas. Von HELLBERGER [D 15] ist hierzu folgender Vorschlag gemacht worden: man nimmt das Schmelzen in einem elektrisch geheizten Tiegel vor, der so lange evakuiert wird, bis der Quarz vollständig geschmolzen ist. Nach dem Schmelzen wird der Tiegel unter einen Druck von 20 Atm. Kohlensäure gesetzt, um die noch vorhandenen Blasen in ihrem Volumen so zusammenzudrängen, daß sie nach dem Erstarren nicht mehr störend wirken.

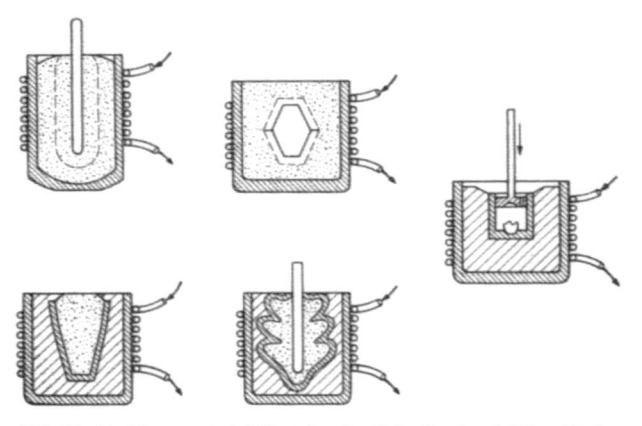

Abb. 16. Hochfrequenzinduktionsofen der S.A. Quartz et Silice, Paris

Ein anderer Vorschlag ist von der British Thomson Houston Company [E 4] gemacht worden. Ein induktiv bzw. widerstandsbeheizter Tiegel ist in einem Zentrifugenkörper angeordnet. Während des Schmelzens wird der Zylinder in sehr rasche Umdrehung versetzt. Hierdurch entsteht ein Hohlzylinder aus geschmolzenem Quarzglas, bei dem sich die Blasen an der Innenseite des Hohlzylinders sammeln. Unter weiterem Erhitzen wird jetzt das Zentrifugieren abgebrochen, so daß der Hohlzylinder zu einem Vollzylinder zusammenläuft, wobei sich die Blasen an der Oberfläche des Vollzylinders ansammeln.

Mit den beschriebenen Herstellungsverfahren für Quarzglas läßt sich ohne besondere Maßregeln kein für optische Zwecke geeignetes blasenfreies Quarzglas erschmelzen. Die meisten der heute für diesen Zweck verwendeten Verfahren sind nicht bekannt. Nach einem Vorschlag von HÄNLEIN [D 4a] wurde in den Jahren 1940—1945 auf folgende Weise ein optisch blasenfreies Quarzglas hergestellt: das Schmelzen wird in einem Wolframtiegel bei einem Vakuum von etwa 50 Torr vorgenommen, wobei ständig etwas Wasserstoff in den Ofen eingelassen wird. Nach dem vollständigen Niederschmelzen des Bergkristalls wird im Ofen ein Druck von 6 Atm. Stickstoff hergestellt. Durch das Erschmelzen unter niedrigem Wasserstoffdruck sind die Blasen im geschmolzenen Quarzglas mit Wasserstoff gefüllt. Im Quarzglas besteht hierbei nur ein sehr niedriger Wasserstoffpartialdruck. Über dem Spiegel der Quarzglasschmelze wird nun ein Druck von mehreren Atmosphären Stickstoff hergestellt. Stickstoff hat eine kleinere Diffusionsgeschwindigkeit im Quarzglas als Wasserstoff. Die mit Wasserstoff gefüllten Blasen werden daher zusammengedrückt und ihr Volumen wird verringert. Hierbei steigt der Druck in der Blase an. Infolge des niedrigeren Wasserstoffpartialdruckes im Quarzglas diffundiert der Wasserstoff aus der Blase in das Quarzglas hinein. Es gelang so, ein vollständig blasenfreies Quarzglas für optische Zwecke herzustellen.

Ein anderer Vorschlag für diesen Zweck ist von BERRY [B 6] angegeben. Er benutzt Bergkristall mit einer Verunreinigung von 0,2%. Dieser wird in Säure gewaschen und in üblicher Weise in einem Graphittiegel durch Erhitzen zersprengt. Das Niederschmelzen erfolgt in einem Vakuumofen. Der Schmelztiegel ist so ausgebildet, daß ein eingepaßter Graphitstempel eingesetzt werden kann. Nach dem Schmelzen unter Vakuum (Druckangabe fehlt) wird die Schmelze mit Hilfe des Graphitstempels zusammengepreßt. In der Veröffentlichung wird angegeben, daß es möglich ist, hiermit blasenfreies Quarzglas herzustellen. Für größere Schmelzen wird der Ofen mit Hilfe eingeleiteter Gase (Gasart nicht angegeben) unter Druck gesetzt.

Corning Glass Works [A 4] nimmt das Schmelzen des Bergkristalls unter Helium vor, wobei sich die Blasen mit Helium füllen. Wenn die Schmelze dann längere Zeit bei 2000° C gehalten wird, diffundiert das Helium aus dem Quarzglas heraus.

Die beim Schmelzen von Bergkristall zu Quarzglas bekannten Schwierigkeiten beruhen auf der hohen Zähigkeit des Quarzglases. Es ist nun versucht worden [M 3], durch Zusätze von Al_2O_3, ZrO_2, MgO, Na_2O, CaO, B_2O_3, P_2O_5 den Schmelzbeginn herabzusetzen und damit das Erschmelzen von Quarzglas zu erleichtern. Es erfolgt hierbei in den meisten Fällen zuerst eine Christobalitbildung, wobei nach dem angegebenen Verfahren das Erschmelzen von Quarzglas leichter vor sich gehen soll.

4. Chemische Eigenschaften

Über die Reinheit des Quarzglases ist wenig bekannt. Dieser Mangel veranlaßte v. WARTENBERG [W 1], einige ältere Quarzglasproben sowie einige Proben aus Röhren der Firma Osram, die nach dem kontinuierlichen Verfahren des Verfassers hergestellt waren [H 2], zu untersuchen. Es wurden hierbei folgende Werte festgestellt:

Tabelle 1

	$Al_2/_3$ %	$Na_2O + K_2O$ %
I	0,020	0,011
II	0,027	0,010

Die Ergebnisse selbst zeigen keine große Abweichung, was sicher dadurch erklärt werden kann, daß in beiden Fällen brasilianischer Bergkristall benutzt wurde. Dem Verfasser ist ferner bekannt, daß insbesondere brasilianischer Bergkristall spurenweise Zirkonoxyd enthält. Bei der Herstellung von Quarzglas aus russischem Bergkristall oder Madagaskarquarz dürften Verunreinigungen anderer Art auftreten.

Von neutralem Wasser wird Quarzglas nicht angegriffen. Ist jedoch infolge vorangegangener Reinigung das Wasser etwas alkalisch, so wird Quarzglas bei Temperaturen über 200° C in kurzer Zeit zerstört [S 7].

Gegen Säure ist Quarzglas beständig, außer gegen Flußsäure sowie konzentrierte Phosphorsäure bei Temperaturen über 300° C. Genaue Werte sind dem Verfasser nicht bekannt geworden.

Für die Widerstandsfähigkeit gegen den Angriff basischer Agenzien liegen einige Angaben von SINGER [P 3] vor.

Tabelle 2. *Widerstandsfähigkeit von Quarzglas gegen den Angriff basischer Agenzien.*
Einwirkungstemperatur: 18°C. Dem Reagens ausgesetzte Quarzfläche: 90 cm²

Reagens	Konzentration	Einwirkungsdauer in Std.	Gewichtsverlust des Quarzglases in mg
$NH_4(OH)$	10%	48	0,8
NaOH	10%	48	0,4
KOH	30%	48	1,2
Na_2CO_3	1 n	336	0,4
$Ba(OH)_2$	gesättigt	336	0,0
Na_2HPO_4	gesättigt	336	0,0
Einwirkungstemperatur: 100° C			
NaOH	2 n	3	33,0
KOH	2 n	3	31,0
Na_2CO_3	2 n	3	10,0

Wie man daraus ersieht, ist der Angriff bei Natron und Kalilauge am stärksten. Für Quarzgut sind von BEAULIEU MARCONNAY und FRANTZ [B 4] Werte über Angriffe von Säuren, Basen und Salzen veröffentlicht worden, die ein ähnliches Verhalten wie für Quarzglas zeigen.

Der Angriff dürfte bei Quarzgut infolge der vorhandenen Porosität etwas größer sein als bei Quarzglas.

Tabelle 3. *Widerstandsfähigkeit von Quarzgut*

Gegen	Konzentration	Temperatur °C	Gewichtsabnahme von Quarzgut g/m²/24 Std.	Im Vergleich zu Kunststein (säurefrei) g/m²/24 Std.	Im Vergleich zu Granit (weißer) g/m²/24 Std.	Im Vergleich zu Granit (roter) g/m²/24 Std.
I. Säuren[1]						
Salzsäure	33%	20	0,010	0,570	14,700	6,400
	33%	90	0,700	2,960	54,600	30,000
Schwefelsäure	98%	20	0,001	0,080	0,265	0,160
	98%	90	0,188	1,220	2,970	2,530
Salpetersäure	65%	20	0,010	0,570	3,060	1,890
	65%	90	0,520	3,060	25,200	12,550
II. Basen[2]						
Natronlauge	10%	18	0,022			
	2 n	100	29,300			
Kalilauge	30%	18	0,067			
	2 n	100	27,500			
Natriumcarbonat	n	18	0,003			
	2 n	100	8,870			
III. Salze[1]						
Natriumchlorid	100%	900	0,300			
Zinkchlorid	95—98%	350—360	10,370			
Bariumchlorid	100%	1350	4,822			
Kaliumzyanid	100%	850	15,772			

[1] Nach FRANTZ.   [2] Nach SINGER.

5. Mechanische Eigenschaften

Die mechanischen Eigenschaften von Quarzglas sind, wie bei allen Gläsern, vom Herstellungsverfahren und der thermischen Vorbehandlung in gewissen Grenzen abhängig. Die folgende Tabelle gibt eine Zusammenstellung von Werten, soweit sie aus der Literatur ermittelt werden konnten.

Tabelle 4

	Quarzglas	Quarzgut
Spezifisches Gewicht	2,21 [E 1]	2,23[1]
Druckfestigkeit kg/cm²	19800—23000 [B 5]	19800
Zugfestigkeit	> 700	700
Biegefestigkeit kg/cm²	700	700
Elastizitätsmodul kg/cm²	7200	7200
Torsionsfestigkeit kg/cm²	300	300
Härte nach MOHS	4,9 [W 2]	7
Härte nach VICKERS	223 5 mm 5/3 [A 5]	

Für manche Anwendungszwecke, z. B. hochbelastete Gasentladungslampen aus Quarzglas, interessiert auch die Temperaturabhängigkeit

[1] Schwankt je nach der Menge der eingeschlossenen Blasen.

der Festigkeit. DAWIHL und RIX [D 1] haben 110 mm lange Quarzglasstäbe von 4 mm Durchmesser, die auf eine Länge von 15 mm auf 3 mm Durchmesser eingeschnürt waren, bei Zimmertemperatur und 800° C in einem Ofen zerrissen. Die Stäbe sind im Gegensatz zu den Ergebnissen bei Zimmertemperatur und 800° C nicht an der eingeschnürten Stelle gerissen. Die Festigkeit war daher von einem Wert bei Zimmertemperatur von 9 kg/mm^2 auf 11 kg/mm^2 bei 800° C angestiegen. Ein Tempern der Stäbe war ohne Einfluß auf die Festigkeit. Ferner wurden noch Zerreißversuche bei $-60°$ unternommen [D 2]. Ihre Ergebnisse sind aus Abb. 17 zu ersehen.

Die von DAWIHL und RIX gegebene Erklärung über das Ausheilen von Kerbstellen bei diesen Versuchen wird von SMEKAL [S 10] nicht geteilt. Er ist der Ansicht, daß es sich hierbei um spannungsthermische Kerbstellenveränderungen handelt. Eindeutige Hinweise auf quasikristalline Struktur von Quarzglas liegen nach SMEKAL nicht vor.

Eine bei Quarzglas besonders interessierende Frage ist die der Festigkeit von dünnen Quarzglasfäden, da Quarzglas ein Einstoffglas ist. Ausgedehnte Untersuchungen hierüber wurden von REINKOBER [R 1] [R 2] [R 3] an Fäden von $100-1\,\mu$ Durchmesser angestellt. Wie zu erwarten, zeigt sich mit abnehmendem Durchmesser eine starke Zunahme der Festigkeit. Die bei einem einzelnen Faden gemessene Festigkeit wächst mit abnehmender Fadenlänge. Frisch hergestellte Fäden zeigen eine merklich größere Zerreißfestigkeit als ältere Fäden. Es wurden als größte Zerreißfestigkeit bei den dünnen Fäden 800 kg/mm^2 gemessen.

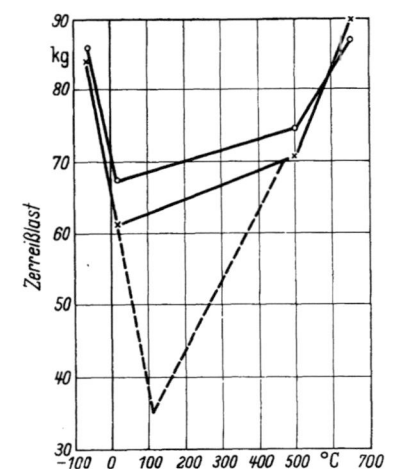

Abb. 17. Abhängigkeit der Zerreißlast von Quarzglasstäben von der Temperatur.
◯◯◯ Unbehandelt.
× × × 1 Std. 800° in H$_2$O abgeschreckt.
– – – Angenommener Verlauf mit dem Temperaturgebiet niedrigster Festigkeit

Eine Messung der Kompressibilität von Quarzglas liegt vor von W. B. EMERSON [E 3]. Die mit großer Genauigkeit durchgeführten Untersuchungen ergaben einen Wert von $9{,}9 \cdot 10^{-7} \pm 5 \cdot 10^{-3}$ kg/cm^2.

6. Elektrische Eigenschaften

Die elektrische Leitfähigkeit von Quarzglas ist mehrfach gemessen worden [P 4] [S 3] [S 4] [S 8]. Von SINGER und SKAUPY wurde auch die Temperaturabhängigkeit der Leitfähigkeit untersucht. Ihre Werte im Bereich von 1500—1950° C sind aus der folgenden Tabelle zu ersehen.

Die Änderung beträgt in diesem Bereich 17 Größenordnungen. Über die Durchschlagsfestigkeit von Quarzglas sind kaum Messungen bekannt. Von SINGER [S 9] existiert die Angabe einer Durchbruchsspannung von 30000 V bei 1,2 mm Wandstärke.

Für die Dielektrizitätskonstante von Quarzglas liegt eine Reihe von älteren Messungen [E 2] vor. Die geringen Abweichungen der gemessenen Werte untereinander sind einmal durch verschiedene Meßfrequenzen zu erklären sowie auch durch unterschiedliche Meßmethoden. SINGER gibt einen Wert von 3,7 nach Messungen des Bureau of Standards an.

Für viele elektrotechnische Zwecke interessiert der Verlustwinkel des Quarzglases. Im Rahmen einer umfangreichen Untersuchung haben VOLGER und STEVELS [V 2] den Verlustwinkel in Abhängigkeit von der Temperatur an verschiedenen Quarzglassorten gemessen. Die beiden Abb. 18 und 19 zeigen den Verlauf des Verlustwinkels. Wie man aus den Kurven ersieht, ist der Verlustwinkel sehr stark abhängig von

Tabelle 5

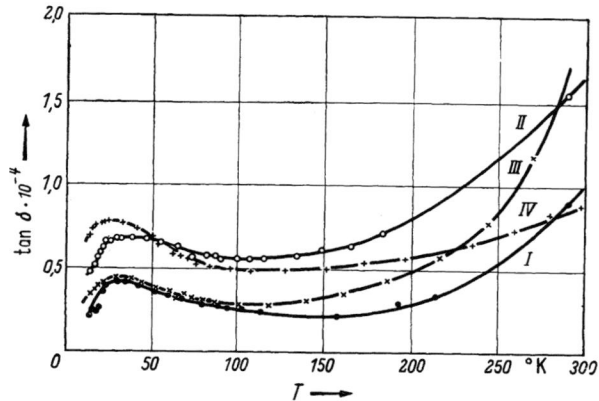

$t°$ C	ϱ in $\Omega \cdot$ cm
15	$4 \cdot 10^{19}$
25	$1 \cdot 10^{19}$
150	$2 \cdot 10^{14}$
230	$2 \cdot 10^{13}$
250	$25 \cdot 10^{11}$
700	$30 \cdot 10^6$
800	$20 \cdot 10^6$
1800	2134
1950	189

Abb. 18. tg δ in Abhängigkeit von der Temperatur von Quarzglas (32 kHz).
I British Thermal Syndicate, II Quartz et Silice, III Osram, IV Heraeus

geringen Verunreinigungen. Während in der Abb. 18 Proben verschiedener Herkunft gemessen wurden, deren Reinheitsgrad nicht bekannt waren, so daß die Abweichungen auf das Herstellungsverfahren und die thermische Vorbehandlung zurückgeführt werden konnten, sind bei den Messungen der Abb. 19 Proben mit definierten Verunreinigungen benutzt worden. Interessant ist vor allem der den Verlustwinkel herabsetzende Einfluß des Wassers und die steigernde Wirkung von geringen Tonerdezusätzen.

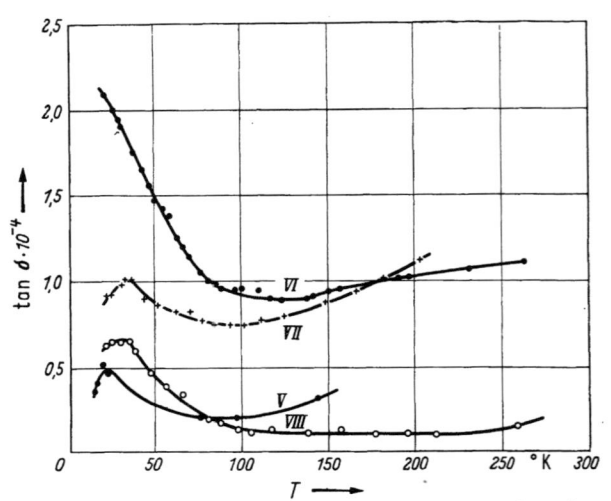

Abb. 19. tg δ in Abhängigkeit von der Temperatur von Quarzglas.
V geschmolzenes Quarzglas mit 0,5 mol. % Al_2O_3, VI geschmolzenes Quarzglas „Corning", rein, VII geschmolzenes Quarzglas „G.El." (USA) ohne H_2O, VIII geschmolzenes Quarzglas „G.El." (USA), Spuren H_2O

7. Thermische Eigenschaften

Die hohe Temperaturwechselbeständigkeit des Quarzglases ist wohl in der Hauptsache auf seinen niedrigen Ausdehnungskoeffizienten zurückzuführen. Der Ausdehnungskoeffizient des Quarzglases ist daher Gegenstand vieler Messungen gewesen. Eine Zusammenstellung der Messungen mehrerer Autoren ist der Abb. 20 zu entnehmen [M 5]. Im allgemeinen rechnet man zwischen 0 und 1000° mit einem Ausdehnungskoeffizienten von $5,5 \cdot 10^{-7}$. Eine Zusammenstellung der sehr genauen Messungen des Bureau of Standards nach SOUDER und HIDNERT [S 12] gibt die folgende Tabelle, in der die Ausdehnungskoeffizienten für die verschiedenen Temperaturbereiche angegeben sind:

Tabelle 6. *Durchschnittswerte des Ausdehnungskoeffizienten*

Temperaturbereich in ° je cm	Mittelwert des Ausdehnungskoeffizienten $\times 10^{-6}$	Temperaturbereich in ° je cm	Mittelwert des Ausdehnungskoeffizienten $\times 10^{-6}$
20— 60	0,40	20—500	0,52
20—100	0,45	20—600	0,53
20—200	0,50	20—750	0,50
20—300	0,53	20—900	0,48
20—400	0,55	20—1,000	0,48

Auffällig ist, daß der mittlere Ausdehnungskoeffizient des Quarzglases oberhalb 400° C abnimmt. Mit dieser Frage hat sich DIETZEL [D 3] beschäftigt. Er stellt fest, daß der Ausdehnungskoeffizient des Quarzglases bei 250° einen Höchstwert besitzt. Aus den Ausdehnungsmessungen von HÄNLEIN [H 1] im Dreistoffsystem SiO_2, Al_2O_3, CaO hat sich gezeigt, daß bei Al_2O_3–SiO_2-Gläsern der Ausdehnungskoeffizient

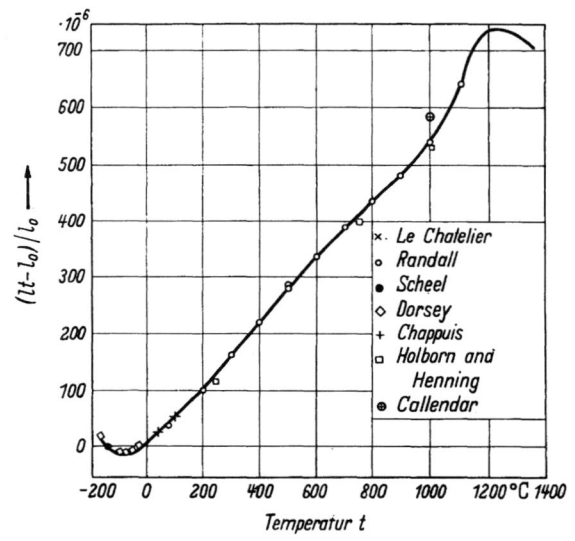

Abb. 20. Ausdehnungskoeffizient von Quarzglas

sich praktisch nicht ändert. Bei SiO_2–TiO_2-Gläsern stellte BONNET-THIRON [F 2] keine Zunahme des Ausdehnungskoeffizienten fest, wie eigentlich zu erwarten wäre. Hieraus schließt DIETZEL auf eine gemischte Atom- und Ionenbindung im Quarzglas.

Die Wärmeleitfähigkeit von Quarzglas wurde zuerst von EUCKEN [E 5], später von BARRATT [B 3] gemessen. Die Werte sind folgender Tabelle zu entnehmen:

Tabelle 7

	Wärmeleitfähigkeit (cgs) bei					Mittlere Änderung der Leitfähigkeit je °C
	−190° C	−78° C	0° C	20° C	100° C	
EUCKEN (1911)	0,00158	0,00277	0,00332	(0,00366)	0,00457	$+0,0000100$
BARRATT (1914)	—	—	—	0,00237	0,00255	$+0,0000023$

Sehr genaue Messungen wurden später von KAYE und HIGGINS [K 1] ausgeführt. Sie spannten ein optisch plangeschliffenes und poliertes Quarzglasplättchen von $1^{1}/_{4}''$ Durchmesser zwischen 2 Al-Zylinder von

$7^{1}/_{2}$ und 6″ Länge. Das Ende des einen Al-Zylinders wurde mit einer Chrom-Nickel-Spule geheizt, das andere Ende durch aufgesetzte Kühlrippen gekühlt. Die ganze Anordnung wurde mit einer zylindrischen Wärmeisolation umgeben und der Temperaturverlauf über die Länge mit Thermoelementen abgetastet. Die gemessenen Werte sind in der nebenstehenden Tabelle angegeben.

Tabelle 8.
Wärmeleitfähigkeit von Quarzglas

Mittlere Temperatur °C	Leitfähigkeit cal/cm^2/°C
60	$0,0033_0$
80	$0,0033_4$
100	$0,0033_8$
120	$0,0034_1$
140	$0,0034_5$
160	$0,0034_9$
180	$0,0035_3$
200	$0,0035_6$
220	$0,0036_0$
240	$0,0036_4$

Man sieht, daß die Wärmeleitfähigkeit bis zu Temperaturen von 240° schwach ansteigt. Weitere Messungen wurden von SEEMANN [S 3] unternommen. Die Ergebnisse in Abhängigkeit von der Temperatur zeigt Abb. 21.

Für die spezifische Wärme von Quarzglas liegt eine größere Reihe von Messungen vor, die in der folgenden Tabelle zusammengestellt sind:

Tabelle 9. *Spezifische Wärme c von Kiesel- (Quarz-) Glas*

t° C	c	Beobachter	t° C	c	Beobachter
—246,9	0,0106	NERNST [N 1]	0—300	0,2124	WHITE
—237,9	0140	NERNST	0—500	2302	WHITE
—189,1	0521	NERNST	0—700	2422	WHITE
—193,1 bis —79,2	0882	KOREF [K 2]	0—900	2511	WHITE
76,3 bis 0	1471	KOREF	0—100	1883	BORNEMANN u. HENGSTENBERG [B 7]
—254,2	00532	SIMON [S 5]	0—600	2420	
—232,7	0201	SIMON	0—1400	2610	
—180,1	0589	SIMON	20—320	2161	HILDEBRAND, DUSCHAL, FOSTER, BEEBE [H 3]
— 89,5	1191	SIMON			
+ 14,5	1718	SIMON	—262,8	00115	SIMON u. LANGE [S 6]
15—99	1876	MAGNUS [M 2]	—260,2	0018	
15—268	2123	MAGNUS	98,4	1932	SCHLÄPFER u. DEBRUNNER [S 1]
17—550	2386	MAGNUS	491	2290	
0—100	1845	WHITE [W 3]	1046	2546	

Mit steigender Temperatur ergibt sich, wie bei den meisten Gläsern, ebenfalls ein Ansteigen der spezifischen Wärme auf Werte bis 0,2546.

8. Viskosität

Über die Viskosität von Quarzglas liegen nur wenige Messungen vor. VOLAROVICH und LEONTIEVA [V 1] haben Viskositätsmessungen an Quarzglas durchgeführt, indem sie die Längenänderung von Quarzglasstäben mit einer Einschnürung in der Mitte in Abhängigkeit von der Zeit bei verschiedenen Temperaturen in einem vertikalen Ofen gemessen haben. Die Viskosität η ergibt sich dann zu

$$\eta = \frac{P\,l\,t}{\pi\,r^2\,\Delta l}.$$

P Belastung in Dyn,
l Länge des eingeschnürten Endes des Stabes [cm],
r Durchmesser des eingeschnürten Teiles [cm],
Δl Längenänderung während der Zeit t [sek].

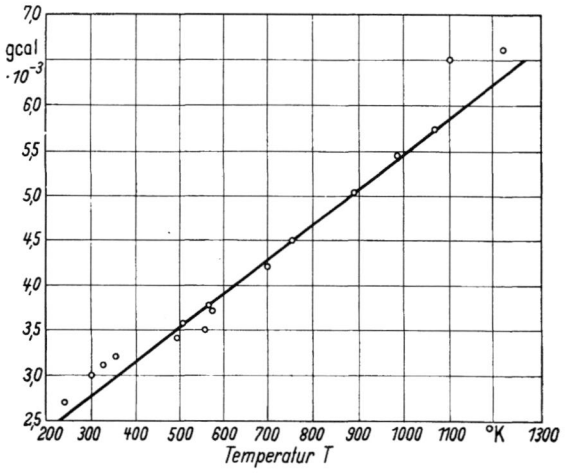

Abb. 21. Wärmeleitfähigkeit von Quarzglas

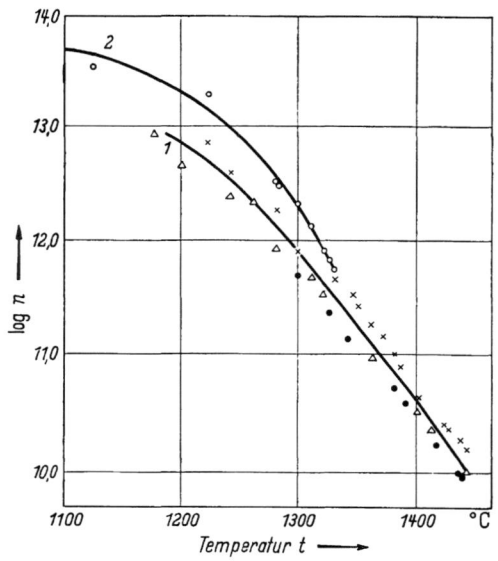

Abb. 22. Viskosität von Quarzglas

Die Meßergebnisse an zwei verschiedenen Versuchsstäben sind aus Abb. 22 zu ersehen. Die Viskosität ändert sich zwischen 1100 und 1450° um nahezu 4 Größenordnungen. Man sieht daraus, daß die Viskosität des Quarzglases bei den Temperaturen, bei denen normalerweise technische Gläser erschmolzen werden, um etwa 8 Größenordnungen höher liegt. Nach derselben Methode wurden derartige Viskositätsmessungen von INOZUKA [I 1] wiederholt. Die Messungen zeigen praktisch dieselben Ergebnisse wie die vorerwähnten.

9. Gasdurchlässigkeit

Da Quarzglas, besonders bei hohen Temperaturen, für eine Anzahl von Apparaturen benutzt wird, interessiert, wieweit es in Abhängigkeit von der Temperatur für die verschiedensten Gase durchlässig ist. Da beim Quarzglas ein Einstoffglas vorliegt, ist zu erwarten, daß die Durchlässigkeit bei vergleichbaren Temperaturen größer ist als bei mehrkomponentigen Gläsern. Für die Durchlässigkeit bei verschiedenen Gasen liegt eine Reihe von Messungen vor. E.C. MAYER [M 4] gibt an, daß bei Quarzglas keine Durchlässigkeit bei Zimmertemperatur und Atmosphärendruck für Wasserstoff und Sauerstoff vorhanden ist, für Sauerstoff auch bei allen Temperaturen keine Durchlässigkeit bei Drucken von weniger als einer Atmosphäre, für Stickstoff keine Durchlässigkeit bei 300° C und Atmosphärendruck, sondern erst bei 430° C. Um einen Begriff über den Temperaturverlauf der Durchlässigkeit zu geben, sei Abb. 23 aus der Arbeit von JOHNSON und BURT [I 1] gebracht. Es ist hier die Durchlässigkeit P in cm³ je Stunde je cm² Oberfläche und 1,5 mm Wandstärke aufgetragen, bezogen auf 1 Torr und Zimmertemperatur. Die erheblich größere Durchlässigkeit von Helium gegenüber Wasserstoff [W 4] zeigt Abb. 24, bezogen auf 1 mm Wandstärke.

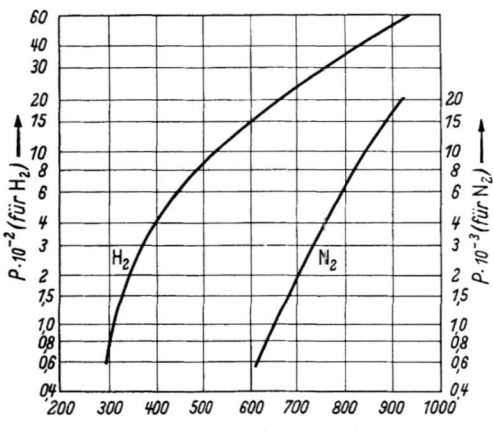

Abb. 23. Durchlässigkeit von Quarzglas für Wasserstoff und Stickstoff

ALTY [A 1] versucht, sich theoretisch mit der Diffusion von Gasen, insbesondere Wasserstoff, Helium und Neon, durch Quarzglas auseinanderzusetzen. Er nimmt im Quarzglas enge Spalten (Kracks) an. Die Gasatome treten direkt aus der Gasphase in die Spalte ein, weniger aus der an der Oberfläche adsorbierten Gasschicht. Die Durchlässigkeit erhöht sich mit steigender Temperatur und mit steigendem Druck und ist von der Gasart abhängig. Die von ihm aufgestellte Theorie stimmt mit den Messungen von TSAI und HOGNESS [*T 2*] überein. Die sehr genauen Werte von TSAI und HOGNESS an Helium und Neon sind aus der folgenden Tabelle ersichtlich:

Tabelle 10 (nach TSAI und HOGNESS)

Helium		Neon	
$T°$ C	$\mu \times 10^4$	$T°$ C	$\mu \times 10^4$
180	3	520	0,45
310	9	585	0,70
440	21	655	1,10
535	33	760	1,85
585	42	890	3,15
650	51	980	4,20
770	72		
880	94		
955	113		

μ Gasdurchlässigkeit je cm² in cm³ je h

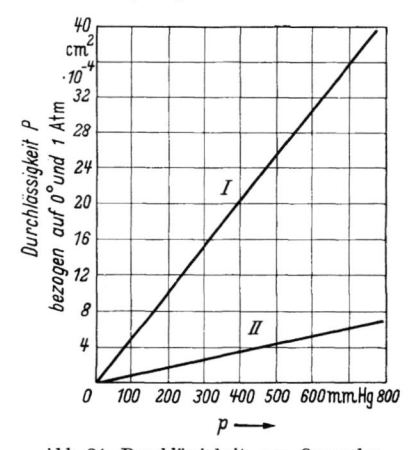

Abb. 24. Durchlässigkeit von Quarzglas. *I* Helium bei 441° C; *II* Wasserstoff bei 625° C. Durchlässigkeit in Abhängigkeit vom Druck

10. Optische Eigenschaften

Für optische Zwecke verwendbares Quarzglas wird aus möglichst reinem, wasserhellen Bergkristall erschmolzen. Da große Bergkristalle für die Herstellung von Linsen und Prismen heute schon recht selten und teuer geworden sind, bemühte man sich, den Bergkristall durch hochwertiges optisches Quarzglas zu ersetzen. In Deutschland ist auf diesem Gebiet in der Hauptsache die Heraeus-Quarzschmelze in Hanau tätig gewesen. Es ist ihr gelungen, für optische Zwecke eine Reihe von Quarzglassorten herzustellen [*S 11*]. Die sog. optische Qualität I, auch Herasil genannt, ist ein blasenfreies Quarzglas. Es zeigt im Schlierenbild noch Grießstruktur und im polarisierten Licht schwache Doppelbrechung. Wie bei Gerätequarzglas tritt bei 2400 AE Absorption auf.

Das als Homosil bezeichnete Quarzglas ist in Stückgrößen bis zu 100 mm frei von Blasen und Schlieren und hat nur noch schwache Grießstruktur. Die UV-Durchlässigkeit zeigt den gleichen Verlauf wie die optische Qualität I.

Das als Ultrasil bezeichnete optische Quarzglas ist homogenisiert, hat dieselben Eigenschaften wie Homosil, jedoch ist die Absorptionsbande bei 2400 AE nicht vorhanden. Beim Ultrasil ist die Durchlässigkeit oberhalb von 2300 AE größer als bei Bergkristall.

Die Dispersionskurve von optischem Quarzglas (Abb. 25) zeigt zwischen 200 und 800 mμ gegenüber den gleichfalls eingetragenen Werten für Bergkristall keine anomale Dispersion. Für viele Zwecke, insbesondere den Bau von Bestrahlungslampen sowie Optiken im UV-Gebiet, ist die Absorption von Quarzglas wichtig. In Abb. 26 ist außer brasilianischem Bergkristall der Extinktionskoeffizient verschiedener Quarzglassorten in Abhängigkeit von der Wellenlänge aufgetragen. Es

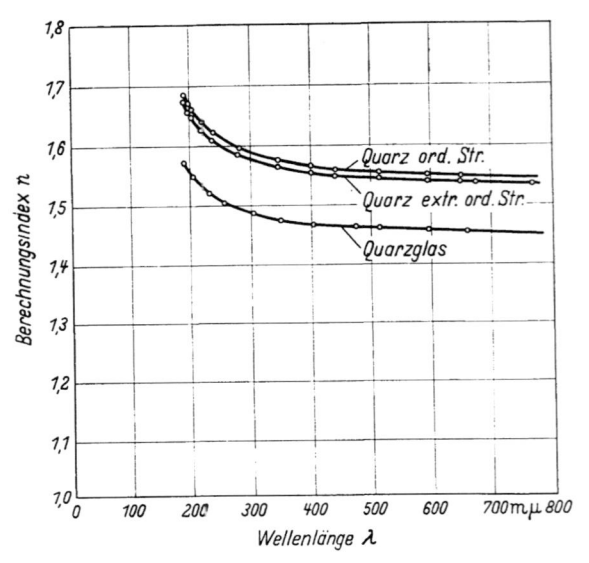

Abb. 25. Änderung des Brechungsindexes von Quarzglas und Quarzkristall in Abhängigkeit von der Wellenlänge

ist hier deutlich die bereits oben erwähnte Absorption bei 2400 AE bei Geräteglas sowie Herasil und Homosil zu erkennen, während bei Ultrasil und Bergkristall diese Absorptionsbande nicht vorhanden ist. Die Absorptionskurve des reinen Bergkristalls läßt auch erkennen, daß die bei Homosil und Herasil sowie Gerätequarzglas vorhandene Absorptionskurve nicht von Hause aus durch den Quarz bedingt ist, sondern erst durch Besonderheiten des Herstellungsverfahrens zustande kommt. Der in den Abbildungen angeführte Extinktionskoeffizient k errechnet sich in üblicher Weise aus dem LAMBERTschen Gesetz

$$J = J_0 \cdot 10\, k \cdot s.$$

J_0 einfallender Lichtstrom,
J die durch den Prüfkörper hindurchgelassene Lichtintensität,
s Schichtdicke in cm,
k Extinktionskoeffizient.

In vielen Fällen stört bei Bestrahlungslampen die außerordentlich starke kurzwellige UV-Strahlung, da hierdurch Augenentzündungen (Konjunktivitis) hervorgerufen werden. Ferner ist bei technischen Bestrahlungen, die durch kurzwelliges UV hervorgerufene Ozonbildung störend. Durch Zusätze von SnO_2 [*M 1*] zu Quarzglas gelingt es, alle Wellenlängen unter 2800 AE scharf abzuschneiden, wie aus Abb. 27 ersichtlich ist, in der die Wellenlänge und die Durchlässigkeit in Prozent von dem mit Stannosil bezeichneten Quarzglas aufgetragen sind.

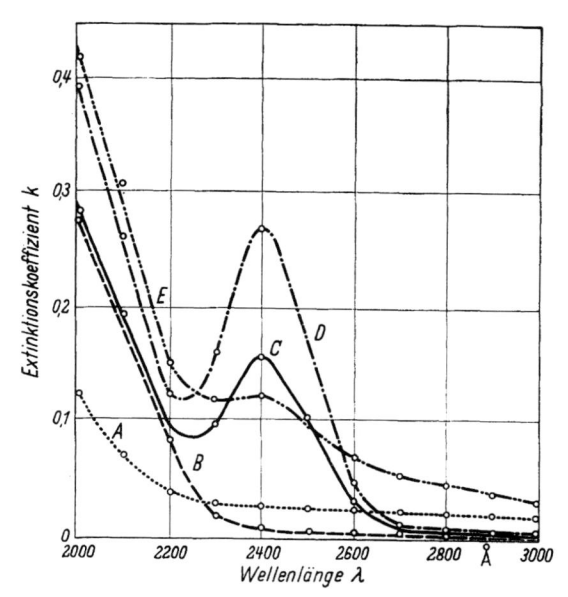

Abb. 26. Absorption von geschmolzenem Quarzglas verschiedener Herstellung und Qualität.
A brasilianischer Bergkristall, *B* homogenisiertes Ultrasil, *C* optische Qualität I und Homosil, *D, E* Quarzgeräteglas nach üblichen Verfahren

Wie bei Silikatgläsern, tritt bei Quarzglas durch Bestrahlung ebenfalls eine Verfärbung auf. HOFFMANN [*H 4*] berichtet über Violettverfärbung durch Beta- und Gammastrahlung. Er nimmt an, daß Eisenionen allein oder in Gegenwart von Titan oder Zirkon das Pigment bestrahlter Quarzgläser verursachen. TWYMAN und BRECH [*T 4*] stellten bei Röntgenbestrahlung von Quarzglas dunkelviolette Verfärbung fest, die beim Erhitzen verschwindet. Sie nehmen an, daß SiO_2 zu SiO reduziert wird. Da SiO im UV ausgezeichnet reflektiert, muß eine bestrahlte Oberfläche von Quarzglas im UV besser reflektieren als eine unbestrahlte. Durch Messungen konnte diese Vermutung bestätigt werden. Bei kristallinem Quarz ergab sich bei Bestrahlung durch Röntgenstrahlen nur eine geringe Verfärbung und bei Reflexionsmessungen kein

Unterschied. Absorptionsmessungen mit sehr kurzwelligem UV wurden von TSUKAMOTO [T 3] durch photographische Photometrie vorgenommen. Seine Werte sind der folgenden Tabelle zu entnehmen, wobei

$$I = I_0 e^{-kx}$$

und k in üblicher Weise der Absorptionskoeffizient und x die Dicke in cm ist.

Tabelle 11

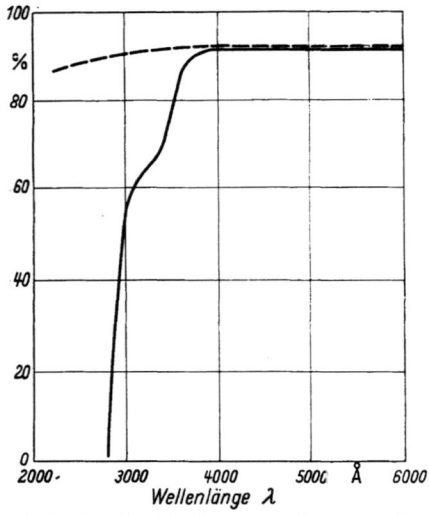

Wellenlänge	Absorption für 1 cm %	k cm^{-1}
1862	83,6	1,81
1873	83,5	1,80
1930	82,1	1,72
1979	80,7	1,64
1994	80,0	1,61
2026	76,7	1,46
2034	75,8	1,42
2066	70,4	1,22
2105	59,5	0,90
2126	52,3	0,74
2182	33,0	0,40

Abb. 27. Durchlässigkeit einer polierten durchsichtigen Stannosilplatte, 1,5 mm stark, mit 2% SnO$_2$ und normalem Quarzglas

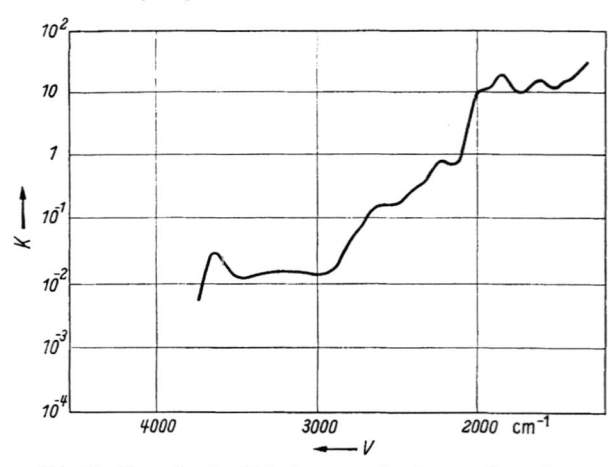

Abb. 28. Absorptionskoeffizient von geschmolzenem Quarzglas

Bei 2182 AE ergibt sich eine gemessene Absorption von 33% bei 1 cm Glasstärke.

Im Bereich langwelliger UR-Strahlung wurden Messungen von DRUMMOND [D 16] bei Wellenlängen von 1—7,5 μ durchgeführt. Aus

Quarzglas, Quarzgutherstellung, Eigenschaften und Anwendungen 273

der sehr ausführlichen und mit großer Genauigkeit durchgeführten Untersuchung sei hier eine Kurve gebracht, die den Extinktionskoeffizienten k in Abhängigkeit von der reziproken Wellenlänge zeigt (Abb. 28).

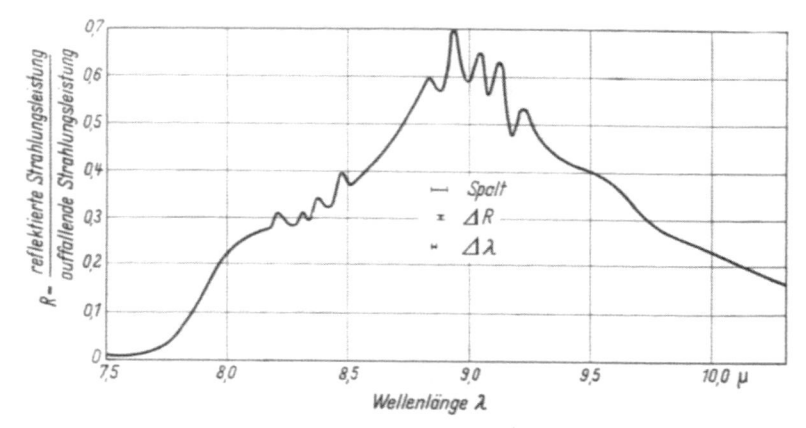

Abb. 29. Das Reflexionsvermögen von Quarzglas im Gebiet der selektiven Reflexion als Funktion der Wellenlänge

Das Reflexionsspektrum des Quarzglases bei $9\,\mu$ wurde von BRÜGEL [B 9] gemessen. Die Werte sind Abb. 29 zu entnehmen. Die Ab-

Abb. 30. Fluoreszenz aus verschieden geformten Stücken aus optischem Quarzglas Herasil I, Homosil und homogenisiertem Ultrasil (Heraeus)

weichungen im monotonen Verlauf des Reflexionsvermögens zeigen Lageübereinstimmung mit den entsprechenden Maxima des Reflexionsspektrums von kristallinem Quarz für das Gebiet um 9 μ. Für das Gebiet um 8,3 μ ist eine Übereinstimmung nur teilweise vorhanden.

BAILEY und WOODROW [B 2] bestrahlten geschmolzenes Quarzglas durch eine UV-Lampe und stellten fest, daß bei Kontakt mit einer photographischen Platte das Quarzglas eine bleibende Phosphoreszenz hat, die allerdings so gering ist, daß sie mit bloßem Auge nicht festgestellt werden kann. Beim Erhitzen auf Rotglut verschwindet diese Phosphoreszenz.

BALY [B 1] hat ähnliche Versuche durchgeführt und stellte fest, daß beim Erhitzen bestrahltes Quarzglas eine grüne Fluoreszenz aussendet.

Die Firma Heraeus berichtet in ihrer Festschrift, daß je nach dem Herstellungsverfahren die einzelnen Quarzglassorten eine verschiedene Fluoreszenz zeigen und daß diese bei der Firma Heraeus für die Fabrikation als Prüftest benutzt wird. Die Quarzg`assorten Herasil, Homosil und Ultrasil zeigen derartige Fluoreszenzerscheinungen (Abb. 30).

11. Anwendungen

Überblickt man noch einmal die bereits beschriebenen Eigenschaften des Quarzglases bzw. Quarzgutes, so kann man zusammenfassend folgendes sagen:

1. Quarzglas besitzt von allen Gläsern die höchste Ultraviolett- und Ultrarotdurchlässigkeit.

2. Es hat von allen Gläsern den höchsten Erweichungspunkt.

3. Es ist bis jetzt noch kein technisch verwendeter Werkstoff bekannt mit einem niedrigeren Ausdehnungskoeffizienten, daher hat sowohl Quarzgut als auch Quarzglas eine sehr hohe Temperaturwechselfestigkeit.

4. Quarzgut und Quarzglas haben eine sehr geringe Säureangreifbarkeit.

5. Beide haben sehr gute elektrische Eigenschaften, wie Isolationsvermögen, Verlustwinkel und Durchschlagsfestigkeit.

Diese Tatsachen haben sowohl dem Quarzgut als dem Quarzglas ein spezifisches Anwendungsgebiet in der Optik, Chemie und Elektrotechnik gesichert.

Der immer fühlbarer werdende Mangel an großen Bergkristallen hat dazu geführt, daß in steigendem Maße Quarzglas für optische Platten, Linsen, Prismen und Zylinder eingesetzt wird. In Deutschland sind hier besonders die Arbeiten der Firma Heraeus Quarzschmelze, Hanau, zu nennen (Abb. 31), die heute imstande ist, auch sehr große Linsen und Platten aus optisch gutem Quarzglas herzustellen.

Für chemische Apparaturen ist dem Quarzgut und Quarzglas in den letzten Jahren durch chemisch beständige Stähle und Kunststoffe auf

Quarzglas, Quarzgutherstellung, Eigenschaften und Anwendungen 275

manchen Gebieten eine gewisse Konkurrenz erwachsen. Trotzdem sind für bestimmte chemische Prozesse, wo es auf hohe Temperaturwechselbeständigkeit, Säurebeständigkeit und Beständigkeit gegen den Angriff von Chlor und Fluor ankommt, Quarzgut und Quarzglas in vielen Fällen unentbehrlich. Quarzglas wird dort bevorzugt, wo seine Durchsichtigkeit eine Kontrolle des Ablaufs chemischer Prozesse ermöglicht. Einige Beispiele aus Erzeugnissen der Quarzschmelze Heraeus zeigen die folgenden Abbildungen: Abb. 32 ein Reaktionsgefäß

Abb. 31. Quarzglas für die Optik (Werkfoto: Heraeus, Hanau)

Abb. 32. Reaktionsgefäß mit Rührer, Gaszuleitungs-, Saug- und Meßstutzen aus Quarzglas (Werkfoto: Heraeus, Hanau)

aus Quarzglas mit einem Rührer, Abb. 33 einen Wasser-Bi-Destillierapparat.

Bei beiden Geräten, die in der Hauptsache für Laboratoriumszwecke gedacht sind, ist außer den chemischen und thermischen Eigenschaften die Beobachtbarkeit des chemischen Vorganges entscheidend für die Anwendung von Quarzglas gewesen. Infolge seines geringeren Preises wird in den meisten Fällen für chemische Zwecke Quarzgut verwendet. Daß man bei Rohrleitungen auch sehr große Abmessungen verwirklichen kann, zeigt Abb. 34. Durch ihre hohe Temperaturwechselbeständigkeit

18*

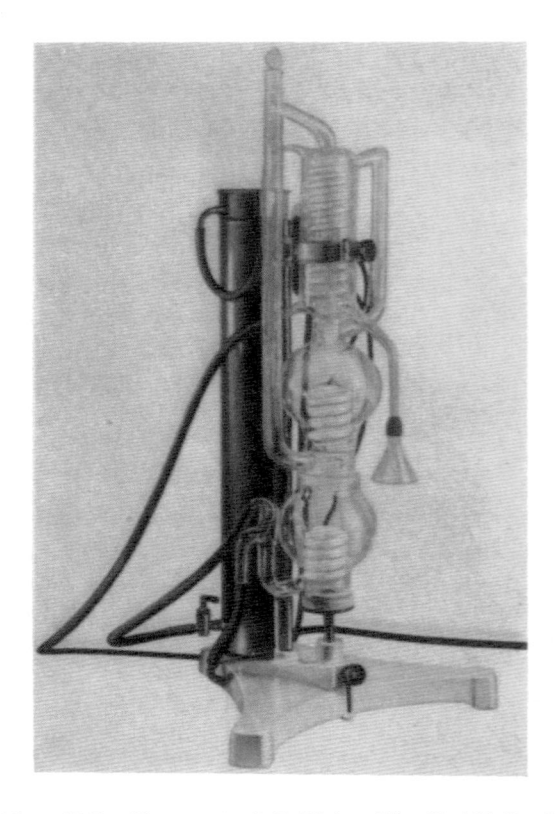

Abb. 33. Wasser-Bi-Destillierapparat mit Enthärtungsfilter für 1,5 l Stundenleistung
(Werkfoto: Heraeus, Hanau)

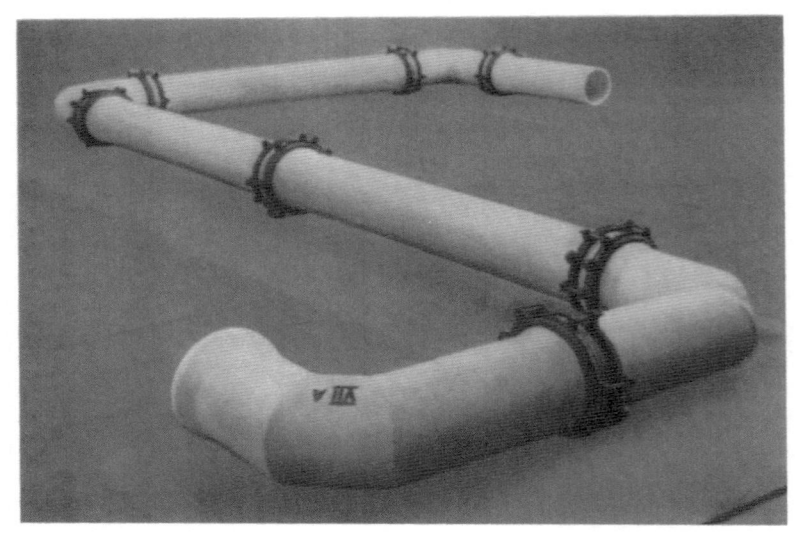

Abb. 34. Rohrleitung aus Quarzgut Rotosil mit Kugelschliffverbindungen, etwa 300 mm lichter Weite, zur Durchleitung von Chloriden; Druckbeanspruchung 0,5 Atmosphären, etwa 500° C
(Werkfoto: Heraeus, Hanau)

lassen sich Quarzgutrohre ähnlich der Schweißtechnik bei Metall auch zu schwierigeren Rohrkörpern zusammenschweißen, entsprechend Abb. 35.

Auch sehr große Gefäße für chemische Zwecke lassen sich aus Quarzgut herstellen (Abb. 36), wobei in den Gefäßwänden durch Klarschmelzen des Quarzgutes ein durchsichtiger Teil erzeugt wurde zur Kontrolle der Füllhöhe. Die Vereinigung von Quarzglasdestillationskolonnen mit Quarzgutgefäßen ermöglicht eine sehr gute Kontrolle chemischer Vorgänge, wie der Aufbau einer größeren Anlage in Abb. 37 zeigt. Recht

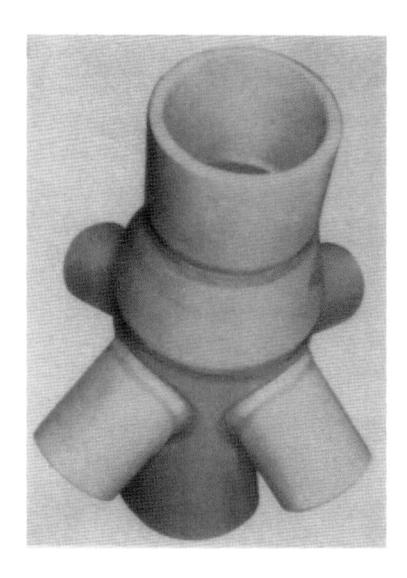

Abb. 35. Zentrales Sammelstück zum Anschluß von 4 Nebenleitungen für die Absaugung aggressiver Gase und Dämpfe bei Temperaturen von 300—600° C (geschweißt) (Werkfoto: Heraeus, Hanau)

komplizierte Gebilde sind in chemischen Anlagen meist die Wärmeaustauscher. Auch derartige Geräte lassen sich aus Quarzgut herstellen (Abb. 38).

Der hohe Erweichungspunkt, die gute optische Durchlässigkeit und die guten elektrischen Eigenschaften haben dem Quarzglas ein sehr breites Anwendungsgebiet auf dem Gebiet der Strahler und Lampen verschafft. In der Trocknungstechnik geht man heute sehr viel zur Anwendung von Infrarotstrahlern über. Die Firma Heraeus hat für diese Zwecke Strahler entwickelt, bei denen ein doppelt gewendelter Heizkörper in einem Quarzglas- oder Quarzgutrohr angeordnet ist, das in einen Reflektor eingebaut wird (Abb. 39). Eine größere Anzahl derartiger Strahler läßt sich auch zu großen Aggregaten vereinigen, wie sie z. B. an den Trockenzylindern von Papiermaschinen benötigt werden (Abb. 40).

Die Anwendung des Quarzglases für Entladungsrohre wurde möglich, nachdem man Quarzglasrohr billig mit genauen Abmessungen maschinell herstellen konnte (Abb. 41) [H 2].

Abb. 36. Anlage aus Rotosil (Quarzgut), kombiniert mit Quarzglaskühler und Kolben zur fraktionierten Destillatur von Chloriden (Werkfoto: Heraeus, Hanau)

Die zweite Voraussetzung war die befriedigende Lösung der Einschmelzung von Stromdurchführungen in Entladungsgefäße. Am Anfang dieser Technik war man gezwungen, den Unterschied im Ausdehnungskoeffizienten zwischen Quarzglas und Wolfram mit Hilfe einer mehr oder weniger großen Anzahl von Zwischengläsern zu überbrücken. Durch Entwicklungsarbeiten, die in Deutschland in der Hauptsache von der Firma Osram durchgeführt wurden, ist es möglich geworden, ohne Zwischengläser mit Hilfe von Molybdänfolien Stromzuführungen auch für hohe Stromstärken in Quarzglaskörper einzuschmelzen. Die Durchführung dieses Vorganges zeigt schematisch Abb. 42.

Abb. 37. Anlage aus Rotosil (Quarzgut), kombiniert mit Quarzglaskühler und Kolben zur fraktionierten Destillatur von Chloriden (Teilansicht) (Werkfoto: Heraeus, Hanau)

Abb. 38. Wärmeaustauscherkolonne aus Rotosil (Werkfoto: Heraeus, Hanau)

Abb. 39. IR- und Bi-Rohrstrahler für Trockenzwecke und zur Polymerisation von Kunststoffen
(Werkfoto: Heraeus, Hanau)

Abb. 40. Hochleistungs-IR-Strahler-Aggregat zur beschleunigten Trocknung von Papierbändern, zum zusätzlichen Einbau an Trockenzylindern von Papiermaschinen. Leistung etwa 40 kW
(Werkfoto: Heraeus, Hanau)

Quarzglas, Quarzgutherstellung, Eigenschaften und Anwendungen 281

In den an beiden Seiten eingeengten zylindrischen Quarzglaskörper wird die einzuschmelzende Stromzuführung in Gestalt einer oder mehrerer dünner Molybdänfolien (etwa 20 μ) eingelegt. Das Quarzgefäß befindet sich zwischen zwei Quetschbacken, die auf ihren Stirnseiten sehr viele kleine Löcher aufweisen, aus denen Knallgasflammen herausbrennen. Nachdem das Quarzglas über den Erweichungspunkt erhitzt ist, werden

Abb. 41. Quarzglas. Nachweis der Durchsichtigkeit des Quarzglasrohres (Werkfoto: Osram)

die Brennerbacken zusammengedrückt und die Einschmelzstelle, wie in der rechten Seite der Abbildung zu sehen ist, breitgequetscht. Einen derartigen, mit eingequetschten Molybdänfolien versehenen Brenner einer kleinen Quecksilberhochdrucklampe zeigt Abb. 43. Die kleinen nuppenartigen Erhöhungen an den Quetschstellen rühren von den Brenneröffnungen der Quetschbacken her. Nachdem es gelungen war,

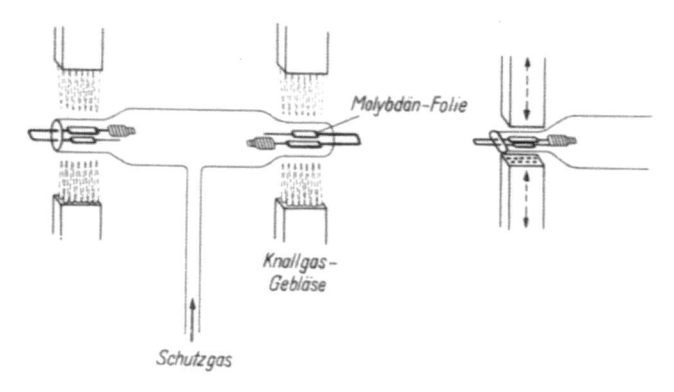

Abb. 42. Quarzquetschung an Brennern (Werkfoto: Osram)

mit Hilfe der Folieneinschmelzung zuverlässige Stromzuführungen in Quarzglasentladungsgefäße einzuschmelzen, wurden in Deutschland von der Firma Osram auch größere Quecksilberdampflampen mit Betriebsdrücken von 30—100 Atm. und Leistungen bis 500 W gebaut. Eine derartige Quecksilberhöchstdrucklampe in einer schematischen Zeichnung zeigt Abb. 44.

Lampen noch höherer Leistung erhält man, wenn die Entladung in Xenon brennt. Derartige Xenonhochdrucklampen wurden ebenfalls von

282   W. HÄNLEIN: Elektrothermische Herstellung von Quarzglas

der Firma Osram entwickelt bis zu einer Leistungsaufnahme von 1800 W (Abb. 45). Wenn man bei Xenonlampen zu noch größeren Leistungen übergehen will, gestattet das Quarzglas infolge seiner hohen Temperaturwechselfestigkeit, zur Anwendung von Wasserkühlung überzugehen. Eine derartige Lampe, bei der das Quarzglasgefäß, in dem die Xenonentladung brennt, außen wassergekühlt wird, zeigt Abb. 46.

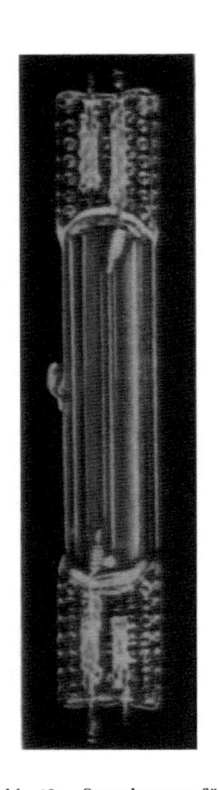

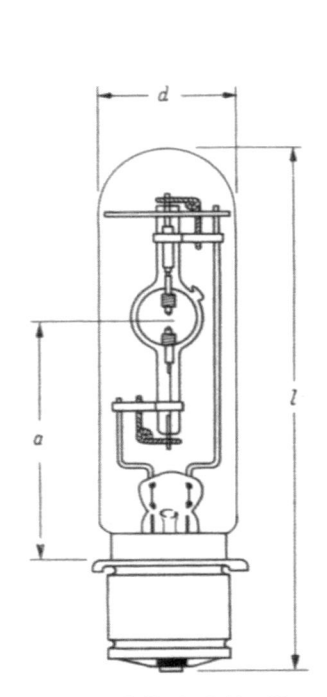

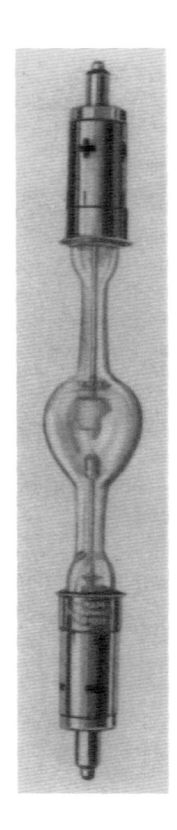

Abb. 43. Quarzbrenner für Osram-Vitalux-Lampen (Werkfoto: Osram)   Abb. 44. Quecksilberhöchstdrucklampe (Schema) (Werkbild: Osram)   Abb. 45. Xenonhochdrucklampe (Werkfoto: Osram)

Die bis weit in das kurzwellige Ultraviolett hineinreichende gute Durchlässigkeit des Quarzglases hat es ermöglicht, Sonderlampen für medizinische Zwecke sowie auch für die Anwendung des Ultraviolett in der Technik zu bauen. Hier sind insbesondere die Arbeiten der Quarzlampenges.m.b.H., Hanau, zu nennen. Abb. 47 zeigt einen kleinen Quarzbrenner, der für medizinische Kleinbestrahlungsgeräte benutzt wird, Abb. 48 eine stärkere UV-Quelle mit Folieneinschmelzungen. In

Quarzglas, Quarzgutherstellung, Eigenschaften und Anwendungen 283

Spektralphotometern benötigt man starke Wasserstoffentladungslampen. In Abb. 49 ist eine solche Lampe mit angewendeten Folieneinschmelzungen zu sehen.

Bekanntlich bleichen sehr viele Farben bei starker Bestrahlung mit sichtbarem UV-Licht aus. Hierfür sind sog. Lichtechtheitsprüfgeräte entwickelt worden, für die man sehr starke tageslichtähnliche Lampen

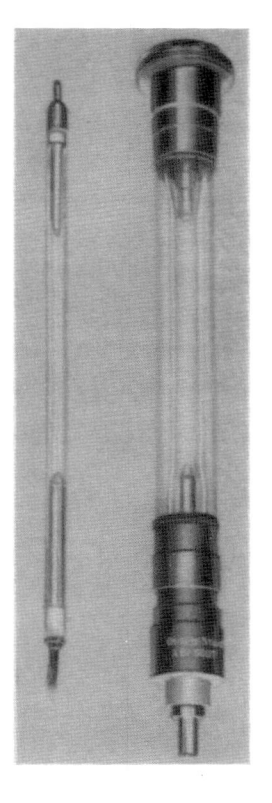

Abb. 46. Xenonhochdrucklampe mit Wasserkühlung. 6000 W Leistungsaufnahme (Werkfoto: Osram)

Abb. 47. Quarzbrenner Q 250 (Werkfoto: Quarzlampenges., Hanau)

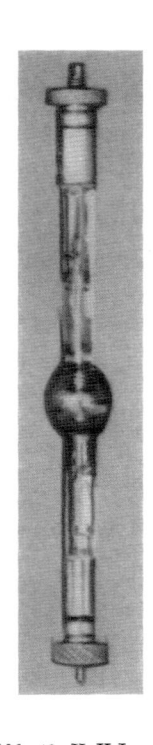

Abb. 48. HgH-Lampe HgK 100 (Werkfoto: Quarzlampenges., Hanau)

benötigt. Hier werden spezielle Xenonbrenner aus Quarzglas eingesetzt, wie sie Abb. 50 zeigt.

In dem Vorangegangenen wurde versucht, die Werkstoffe Quarzgut und Quarzglas auf Grund der dem Verfasser zugänglichen Literatur möglichst erschöpfend zu behandeln. Es ist daraus ersichtlich, daß heute geeignete Herstellungsverfahren zur Verfügung stehen und die geschilderten Eigenschaften Quarzgut und Quarzglas zu einem unentbehrlichen Werkstoff machen für bestimmte technische und wissenschaftliche Sonderzwecke.

Für die Überlassung von Druckschriften und Bildern möchte ich den Firmen Quarzschmelze Heraeus, Hanau, Osram G.m.b.H., Berlin und München, und Quarzlampengesellschaft, Hanau, danken.

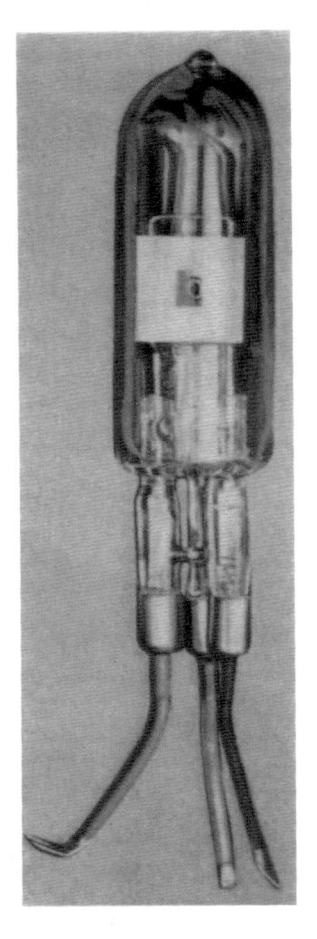

Abb. 49. Wasserstofflampe H 30
(Werkfoto: Quarzlampenges., Hanau)

Abb. 50. Xenonlampe Xe 1500
(Werkfoto: Quarzlampenges., Hanau)

XIV. Elektrothermie der Dielektrika

Von

Th. Rummel (München)

Mit 26 Abbildungen

A. Grundlage

Die dielektrische Erwärmung hat in den letzten Jahren eine große Bedeutung erlangt. Es ist die einzige derzeit bekannte Methode, mit deren Hilfe man in der Lage ist, im Inneren von Körpern, deren Abmessungen nicht zu groß im Vergleich zur Wellenlänge der verwendeten elektrischen Schwingungen sind, Wärme zu erzeugen. Bei den sonst bekannten Methoden dringt die Wärme stets von außen in den Körper ein. Bei der Erwärmung durch Leitung infolge des heißeren umgebenden Mediums ist das genau so der Fall wie bei der Erwärmung durch Strahlung, wozu die Strahlung aller Wellenlängen gerechnet werden muß, soweit sie zur Erwärmung herangezogen wird (z. B. Ultrarotstrahlung, Induktionserhitzung).

Bei der dielektrischen Erwärmung wird das zu behandelnde Material in das Feld eines mit Wechselspannung hoher Frequenz beaufschlagten Kondensators gebracht.

Bezeichnet man mit ε_r die relative Dielektrizitätskonstante und mit E die angelegte Feldstärke der Frequenz f und ist $\operatorname{tg}\delta$ der Verlustwinkel des Materials, so ist die erzielte spezifische Wärmeentwicklung N_v:

$$N_v = f E^2 \operatorname{tg}\delta \cdot \varepsilon_r \cdot 5{,}56 \cdot 10^{-13} \text{ W/cm}^3. \tag{1}$$

Gl. (1) gilt für jedes Volumenelement. Da aber die mit Hilfe der Hochfrequenz aufzuheizenden Dielektrika aus den verschiedensten Bestandteilen zusammengesetzt sein können, wie beispielsweise aus Holz und Leim, verschiedenen Kunstharzen oder Kautschuk mit Füllstoffen und Katalysatoren, ist es durchaus möglich, daß diese im Hochfrequenzfeld verschiedene Erwärmungseigenschaften haben. Handelt es sich um mikroskopisch kleine Einschlüsse, wie etwa bei Kautschukmischungen, dann wird das makroskopische Erwärmungsbild nicht beeinflußt. Andernfalls jedoch, z. B. bei der Fabrikation von Sperrholz, muß darauf Rücksicht genommen werden. Die Materialkonstanten ε_r und $\operatorname{tg}\delta$ können sich auch mit der Frequenz, der Temperatur und mit dem Fortschreiten von chemischen Reaktionen ändern.

Aus Formel (1) kann man ersehen, daß für eine gleichförmige Erwärmung, unabhängig von der Dicke des Körpers, ein konstantes elektrisches Hochfrequenzfeld notwendig ist. Da die Feldstärke am Rande der Kondensatorplatten im allgemeinen niedriger ist als in der Mitte, wird die Erwärmung selbst bei konstanter Werkstückdicke am Rande ohne besondere Maßnahmen etwas kleiner sein. Wenn dies stört, werden die Elektroden etwa um $1/4$ bis $1/3$ des Elektrodenabstandes größer vorgesehen als das aufzuheizende Dielektrikum.

Bei konstanter Leistungsaufnahme kann die Feldstärke E um so kleiner gewählt werden, je höher die Frequenz f ist und umgekehrt. Da eine hohe Feldstärke stets mit einer erhöhten Überschlagsgefahr verbunden ist, wählt man die Frequenz möglichst hoch. Das elektrische Feld darf auf keinen Fall die Durchschlagsspannung erreichen, und zwar weder in der eventuell vorhandenen Luftschicht noch in dem betreffenden Dielektrikum. Bei Nichtbeachtung dieser Vorschrift kann ein Überschlag auftreten, der lokale Verbrennungen im Material verursacht. Praktisch sollte die Feldstärke im Dielektrikum nicht höher als 2 kV/cm gewählt werden.

Die zulässige Geschwindigkeit der Erwärmung kann durch allenfalls auftretende chemische Reaktionen begrenzt sein. Dies gilt insbesondere dann, wenn diese von starken Veränderungen der Dielektrizitätskonstanten ε_r und des Verlustfaktors $\tan\delta$ begleitet sind. Eine relativ geringe lokale Erwärmung, die bei zusammengesetzten Werkstücken oft nicht zu vermeiden ist, kann dann zu einer örtlichen Überhitzung führen. Normal wird dann mit empirisch festgelegten Erfahrungswerten gearbeitet. In Zusammenhang mit diesen Bemerkungen seien hier auch die technologischen Faktoren genannt, die beim Erwärmungsprozeß eine Rolle spielen:

1. Die erforderliche Temperaturerhöhung,
2. die spezifische Wärme des Materials, ein Maß für die notwendige Energiemenge bei gegebener Temperaturerhöhung,
3. die Verdampfungswärme,
4. die Schmelzwärme, sofern ein fester Stoff in den flüssigen Zustand übergeführt wird,
5. Reaktionswärme bei eventuellen chemischen Prozessen; sie kann positiv oder negativ sein, je nachdem, ob Wärme verbraucht oder abgegeben wird,
6. die Durchlässigkeit des Materials für Dampf.

Punkt 3 z. B. spielt eine große Rolle auf dem wichtigen Gebiet der Holztrocknung. Vorbedingung für eine rasche Trocknung ist, daß das Material für den entstehenden Dampf durchlässig ist (Punkt 6), da sonst ein Zersprengen eintritt.

Die notwendige Gesamtenergie errechnet sich
a) aus der Erwärmungsenergie:

$$Q_\vartheta = \frac{(\vartheta_2 - \vartheta_1) G c}{860} \text{ [kWh]}$$

und

b) aus der vielleicht notwendigen Umwandlungsenergie:

$$Q_r = \frac{G \cdot r}{860} \text{ [kWh]}.$$

Darin bedeuten:

$\vartheta_2 - \vartheta_1$ zu erreichender Temperaturanstieg,
G Gewicht des Stoffes oder des zu verdampfenden Wassers [kg],
c spezifische Wärme [kcal/kg],
r spezifische Umwandlungswärme [kcal/kg].

Die Aufheizzeit t kann, sofern die Generatorausgangsleistung genügend größer N_v ist, ermittelt werden aus:

$$t = \frac{Q_\vartheta + Q_r}{N_v} \text{ [Stunden]}.$$

Die exakte Berechnung der Zeit ist deswegen schwierig, weil die Größen ε_r und tg δ sich mit der Frequenz und der Temperatur ändern und somit meist nur angenähert bekannt sind. Ferner sind die Wärmeverluste durch Leitung und Strahlung sowie auch Verdampfungen von leicht flüchtigen Stoffen in der Regel nur schätzbar, so daß lediglich Annäherungen ermittelt werden; den genauen Wert muß der Versuch ergeben.

Für die theoretische Behandlung der Anordnung des Materials im Arbeitskondensator arbeitet man vorteilhaft mit Ersatzschaltbildern, bei denen man zu einem verlustlosen Kondensator C einen Wirkwiderstand R in Reihe oder parallel schaltet. Bei Werkstoffen, die man als Dielektrika ansprechen kann, ist ein wesentlicher Unterschied beider Ersatzschaltungen nicht vorhanden. Wenn aber der Verlustfaktor tg δ größer wird (etwa tg $\delta < 0{,}1$) weichen die nach beiden Ersatzschaltungen gewonnenen Ergebnisse merklich voneinander ab. Für die Parallelschaltung folgt:

$$\text{tg } \delta = \frac{1}{R \omega C}.$$

Hieraus folgt ein Absinken des Verlustfaktors tg δ mit steigender Frequenz nach einem Hyperbelgesetz. Tatsächlich ist für dipolbehaftete Stoffe bei höheren Frequenzen ein etwa ähnliches Absinken des Verlustfaktors mit der Frequenz festzustellen, nachdem bei niedrigen Frequenzen zunächst ein Ansteigen bis zu einem Maximum eingetreten ist. Auch nach der von K. W. WAGNER aufgestellten Theorie für inhomogene Stoffe, mit denen wir es hier vorwiegend zu tun haben, ergibt sich für den Verlustfaktor ein ähnlicher Verlauf. Somit ist die Verwendung des Ersatzschaltbildes R parallel C gerechtfertigt, um so mehr, als in den technisch wichtigen Fällen außer den dielektrischen Verlusten eine tatsächliche Leitfähigkeit vorhanden ist, also die Parallelschaltung als Ersatzschaltbild besonders nahe liegt. Abb. 1 zeigt den bei Buna gemessenen Verlustfaktor. Dazu gezeichnet ist strichpunktiert die der Hyperbel $\omega \cdot \mathrm{tg}\,\delta = \text{const}$ entsprechende Kurve, deren einer Punkt willkürlich mit dem Scheitel zusammenfallend gewählt worden ist. Man sieht, daß die Kurven im abfallenden Teil im grundsätzlichen Verlauf zusammenpassen.

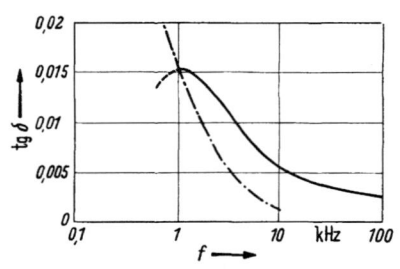

Abb. 1. Verlustfaktor von Buna als Funktion der Frequenz (nach H. MÜLLER [*M 1*])

Bei Werkstoffen mit hohen Verlusten wird man zu einem Aufbau entsprechend Abb. 2 greifen, bei dem durch Vorschalten eines anderen Dielektrikums ein Wärmedurchschlag vermieden wird. In Abb. 3 sind die Verhältnisse bei Längsschichtung des Werkstoffes dargestellt. Nach H. MÜLLER [*M 1*] soll zur Vereinfachung angenommen werden, daß die Dielektrizitätskonstanten der Schichten 2 und 3 gleich groß sind, so

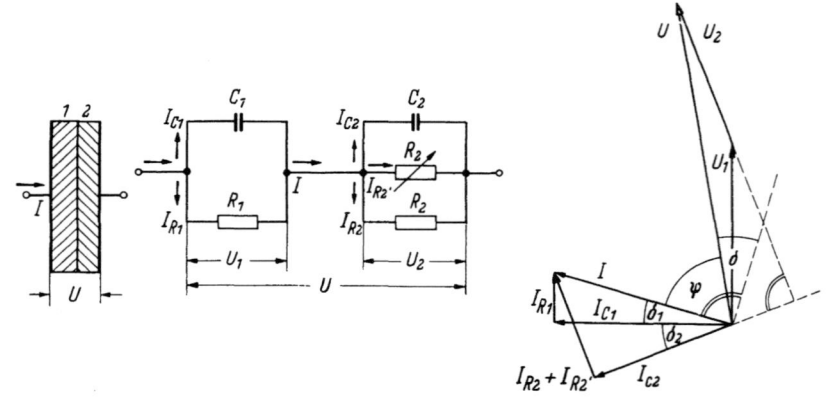

Abb. 2. Zwei isolierende bzw. schlecht leitende Werkstoffe im Hochfrequenzfeld, Ersatzschaltung und Zeigerdiagramm; R_2' veränderlicher Widerstand im zu behandelnden Werkstoff 2 (nach H. MÜLLER [*M 1*])

daß etwa auch die in Schicht 3 enthaltene Feuchtigkeit das gleiche ε_r haben soll. Ferner seien Luftschichten 1 vorgeschaltet. Das Zeigerdiagramm ist durch Zusammenfassen der symmetrisch liegenden Schichten 1,1 und 2,2 weiter vereinfacht. Die Gesamtverluste sind gleich dem Produkt

$$(I_{R_2} + I_{R_2'} + I_{R_3}) U_{2,3}.$$

Grundlage 289

Von diesen kann in den für die Praxis wichtigen Fällen, bei denen es sich um die Vergrößerung des Widerstandes R_3, auf einen sehr hohen Betrag handelt — Verdunstung oder Verdampfung eines Lösungs- oder Verdünnungsmittels —, aber nur der Anteil $I_{R3} \cdot U_{2,3}$ als Nutzwärme

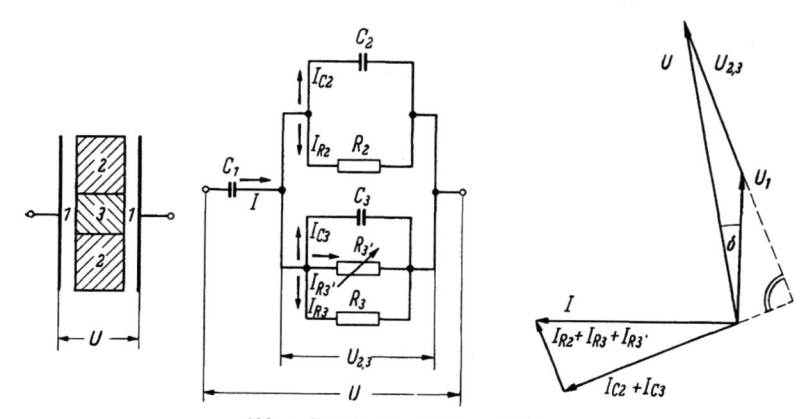

Abb. 3. Werkstoff mit Längsschichtung.
1 Luftschichten, *2* trockener Werkstoff und *3* Werkstoff mit hohen Verlusten (nach H. MÜLLER [*M 1*])

betrachtet werden, weil die in den Schichten 2 erzeugte Erwärmung nur zur Entfernung des Mittels dient, desgleichen die von $I_{R3} \cdot U_{2,3}$ herrührende Erwärmung. Auch im Fall von Abb. 4 ist die Nutzwärme nur

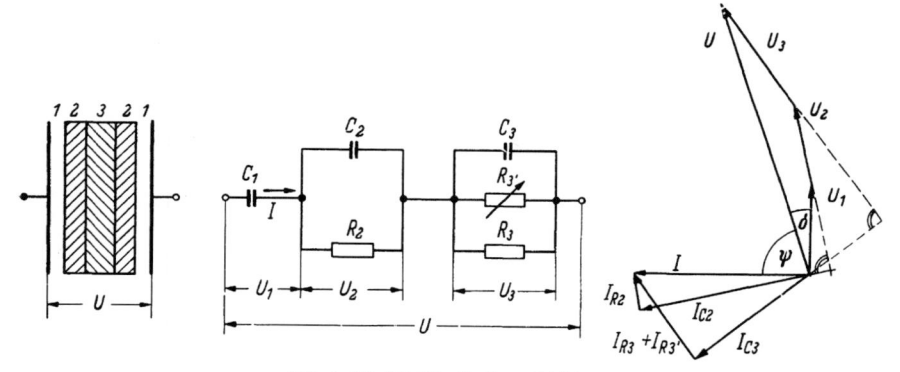

Abb. 4. Werkstoff mit Querschichtung.
1 Luftschichten, *2* trockener Werkstoff und *3* Werkstoff mit hohen Verlusten (nach H. MÜLLER [*M 1*])

durch den Betrag $I_{R3} \cdot U_3$ gegeben, die anderen Wirkleistungen sind nur mittelbar am Haupterwärmungsvorgang beteiligt.

Während man bei der induktiven Erwärmung die Eindringtiefe als wichtigstes Berechnungselement auffassen mußte, ist dies bei der dielektrischen Erwärmung nicht der Fall, da die Eindringtiefe in den praktisch vorkommenden Fällen stets viel größer als die Stärke der dielektrischen Schicht ist. Wenn jedoch die Ausdehnung des zu erwärmenden Dielektrikums senkrecht zu den Feldstärkelinien groß wird, kommt es zur Ausbildung stehender Wellen, für deren Berechnung die Eindringtiefe mitbestimmend wird. (Nach H. MÜLLER [M 1].)

B. Hochfrequenzgeneratoren

In Abb. 5 ist das Blockschema eines Hochfrequenzgenerators für dielektrische Erwärmung dargestellt. Der Oszillator O, der mit einer

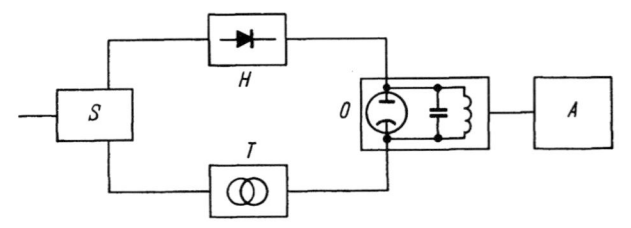

Abb. 5. Blockschema eines Hochfrequenzgenerators.
S Steuerung, T Heiztransformator (BBC), H Anodenspannungsgleichrichter, O Oszillator, A Anpaßgerät

oder mehreren Elektronenröhren (Trioden mit thorierter Wolframkathode) arbeitet, erzeugt die Schwingungen der notwendigen gewünschten Frequenz. Das Anpaßgerät A überträgt die Oszillatorenergie auf

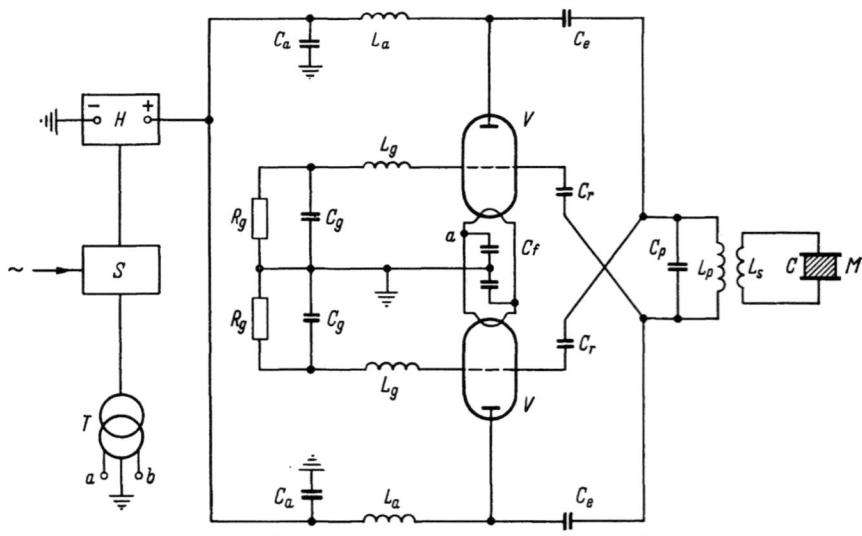

Abb. 6. Prinzipschema eines Hochfrequenzgenerators (BBC).
S Steuerteil, H Anodenspannungsgleichrichter, T Heiztransformator, V Oszillatortrioden, C_p Schwingkreiskapazität, L_p Schwingkreisinduktivität, L_s Sekundärspule des Lufttrafos, C Arbeitskondensator, M zu erwärmendes Werkstück, C_c Anodenkopplungskondensator, C_r Rückkopplungskondensator, L_a Anodenkreissperrdrossel, L_g Gitterkreissperrdrossel, R_g Gitterwiderstand, C_a, C_g, C_f Entkopplungskondensatoren

das Heizgut. Der Gleichrichter H liefert die Anodenspannung und der Transformator T die zum Betrieb der Elektronenröhren notwendige Heizspannung. Die Steuerung S enthält die notwendigen Schalter, Sicherungs- und Signalorgane.

Entsprechend diesem Blockschema ist in Abb. 6 eine Schaltung mit zwei in Gegentakt arbeitenden Elektronenröhren angegeben. Die Anpaßeinrichtung ist ein sehr wichtiges Element einer Hochfrequenz-Röhrengeneratoranlage. Sie soll den Lastwiderstand an den Röhrenaußenwiderstand anpassen und außerdem die Abstrahlung von Energie wegen der sehr einengenden Schutzbestimmungen für die drahtlose Telegraphie und Telephonie möglichst unterdrücken.

Abb. 7. Hochfrequenzgenerator zum Vorwärmen von Preßstofftabletten (SSW)

Die Kapazität der zu behandelnden Körper kann größer als 1000 (pF) sein, während die Widerstände zwischen etwa hundert Ohm und einigen Ohm liegen. Für die Holzverleimung ist ein Vierpol in Form eines L-, T- oder π-Gliedes verwendbar, um die wenigen Ohm, welche das Holz darstellt, an die rund hundert Ohm der Energieleitung anzupassen.

Abb. 7 zeigt einen Hochfrequenzgenerator, wie er zum Vorwärmen von Preßstofftabletten verwendet wird. Man kann bei solchen Generatoren die Anpaßeinrichtung besonders robust und betriebssicher bauen. Eine Abschirmkappe verhindert jegliche Abstrahlung.

Man kann die Last unmittelbar ohne Zwischenglied als Schwingkreiskondensator in den Anodenkreis des Oszillators schalten. Wenn man den Elek-

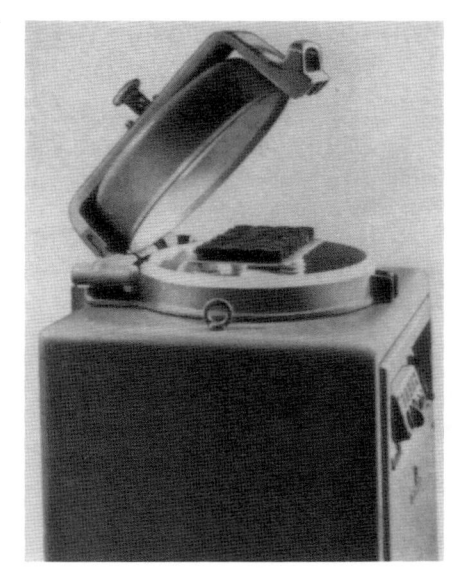

Abb. 8. Einblick in den geöffneten Behandlungskondensator (Zentraldrucktablettenkasten) einer HF-tg δ-Anlage (SSW)

trodenabstand regulierbar wählt, kann damit auf einfache Weise die Leistung geregelt werden. Abb. 8 gibt einen Einblick in das Innere eines Behandlungskondensators.

C. Anwendungsbeispiele

1. Holz

Holz ist kein homogener Körper. Es ist ein Mischdielektrikum aus den Hauptbestandteilen Zellulose, Luft, Wasser, Mineralsalzen, Lignin und Harz.

Da die Zellen faserig angeordnet sind, ist die dielektrische Leitfähigkeit ausgesprochen richtungsabhängig. Der Wassergehalt, die Holzfeuchte genannt, kann zwischen 3—4% bei sogenanntem ganz trockenem Holz und einigen 100%[1] bei geflößtem Holz liegen.

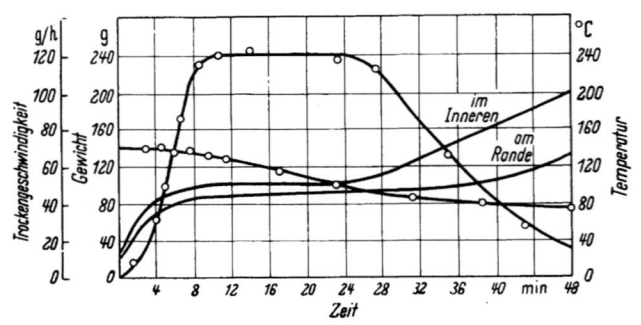

Abb. 9. Trocknung einer Holzprobe im Hochfrequenzfeld (Krischer)

Dielektrizitätskonstante und Verlustwinkel variieren mit der Holzfeuchte. Im unteren Bereich (unter 25%) ändert sich der Verlustwinkel sehr stark.

Beim Trocknen im Hochfrequenzfeld tritt die größte Feldstärke zunächst an den Zellwänden auf. Diese werden ausgetrocknet und auch das im Zellinneren befindliche an den Wänden haftende Wasser wird ausgetrieben. Ist der Siedepunkt des Wassers erreicht, so steigt, solange noch Feuchte vorhanden ist, die Temperatur nur mehr unwesentlich an, da die entwickelte Verlustwärme hauptsächlich als Verdampfungswärme verbraucht wird.

In der Abb. 9 sind diese Verhältnisse dargestellt. Die von null ausgehende Kurve ist die Trockengeschwindigkeit. Sie erreicht ein Maximum von 120 g/Std., solange die Temperatur etwa beim Siedepunkt des Wassers liegt. Das Gewicht sinkt während des nur 48 Minuten dauernden Trockenvorganges von 140 g auf 80 g. Zu bemerken ist, daß bei dem

---

[1] Die Holzfeuchte wird auf Trockensubstanz bezogen.

Beispiel die Trocknung schon fast zu weit getrieben wurde, denn bei einer Endtemperatur von 200° C findet bereits eine gewisse Zersetzung des Holzes statt.

In der Abb. 10 sind die Temperaturverteilungen in erwärmten Holzplatten bei Außenerwärmung und bei Hochfrequenzerwärmung in Abhängigkeit von Ort und Zeit dargestellt. Man erkennt deutlich, daß bei dielektrischer Erwärmung außen eine Abkühlung eintritt, während bei Außenerwärmung eine äußere Überhitzung kaum zu vermeiden ist. Will man bei dielektrischer Erwärmung das Zurückbleiben der Außentemperatur verhindern, so muß man zusätzlich etwas von außen heizen. Es

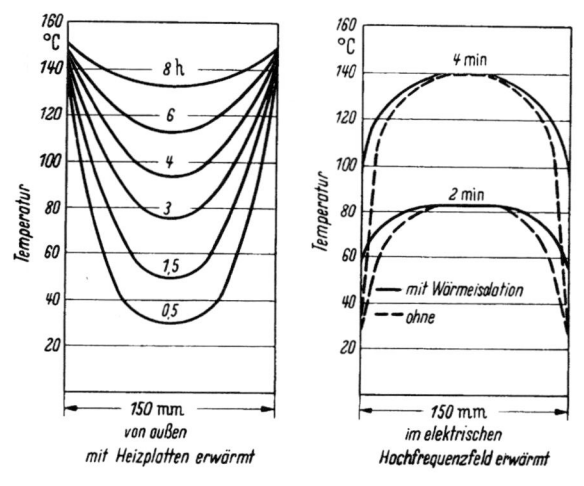

Abb. 10. Temperaturverteilung in erwärmten Holzplatten (Stäger)

empfiehlt sich außerdem, die Probe etwas kleiner als die Kondensatorplatten zu wählen, damit die Inhomogenität des Kondensatorrandfeldes ausgeschaltet wird.

BROWN und Mitarbeiter [B 1] haben die sich aus der Überlagerung von Außenheizung mittels Heizplatten und Hochfrequenzheizung ergebenden Verhältnisse exakt theoretisch berechnet und gelangen zu dem Ergebnis, daß es bei richtiger Bemessung möglich ist, einen fast gleichmäßigen Temperaturverlauf zu erzielen. Bei der Holztrocknung ist es im allgemeinen günstig, wenn innen zuerst die Siedetemperatur erreicht wird und außen tiefere Temperaturen herrschen, da dann der Wasserdampf gut entweichen kann. Würde innen und außen gleichzeitig die hohe Erwärmung stattfinden, so würde das Holz außen für Wasserdampf undurchlässig und die Trocknung würde stark beeinträchtigt, auch würde das Holz reißen. Man trocknet deshalb stets ohne zu starke äußere Erwärmung. Man läßt auch die dielektrische Trocknung langsamer vonstatten gehen als technisch möglich wäre. Bei schneller, in wenigen Sekunden oder Minuten durchgeführter dielektrischer Erwärmung spielt die von außen abgeführte Wärme gegenüber der dielek-

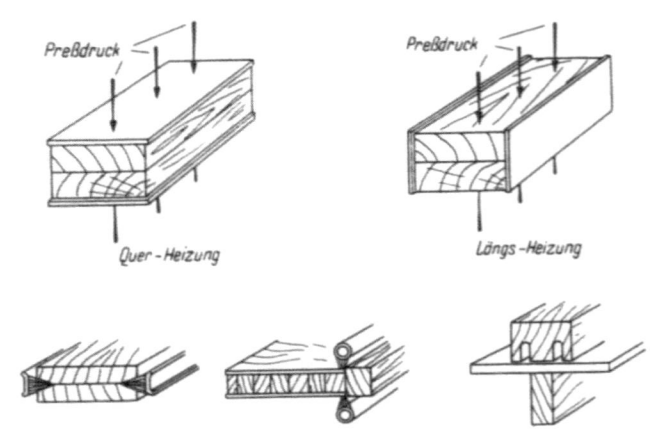

Abb. 11. Hochfrequenzholzverleimung (Siemens)

trisch eingeführten Energie keine Rolle. Man erhält dann eine bei Holztrocknung unerwünschte gleichmäßige Temperaturverteilung.

Ein kurzer intensiver Erwärmungsprozeß schränkt den Wärmeverlust nach den Elektroden stark ein.

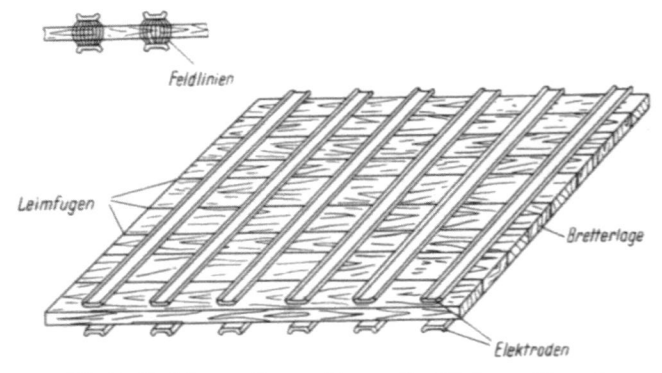

Abb. 12. Hochfrequenzfugenverleimung. Punktheizung (Siemens)

Dies ist notwendig bei der Holzverleimung mit Phenolharzen und anderen Kunstleimen.

Für die Verleimung verwendet man Leistungsdichten von etwa 0,3 bis 4,5 W/cm^3 und Feldstärken bis zu 2 kV/cm. Die Frequenzen gehen von etwa 2—50 MHz.

Anwendungsbeispiele

Durch richtige Anordnung der Leimfugen im Hochfrequenzfeld kann man erheblich an Energie sparen, da es nicht immer notwendig erscheint, den Leim samt benachbarter Holzschicht *und* die entfernter liegenden Holzteile zu heizen.

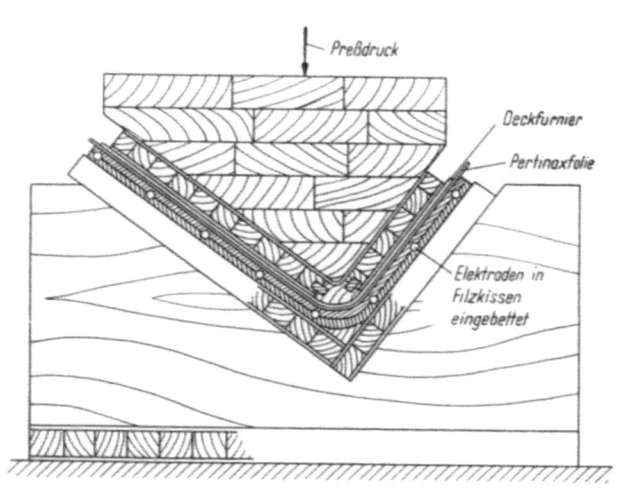

Abb. 13. Hochfrequenzheizkissen für Holzfurnierung (Siemens)

Holz und Leim besitzen meist völlig verschiedene dielektrische Eigenschaften. Besitzt, was meist der Fall ist, der Leim größere relative Dielektrizitätskonstante und höheren Verlustwinkel als das Holz, so ist

Abb. 14. Hochfrequenzformenpresse für geschweifte Möbelteile (Siemens)

Längsheizung angezeigt (Abb. 11). Umgekehrt wäre die Querheizung vorzuziehen. Bei der meist möglichen Längsheizung nimmt der Leim infolge seiner höheren dielektrischen Leitfähigkeit und seiner meist höheren Verluste fast die gesamte Leistung auf, so daß er partiell erwärmt wird und die Masse des Holzes nicht aufgeheizt wird.

Abb. 15. Hochfrequenz-Schicht-Skiverleimung. Gesamtdruck 60 t (Siemens)

Die Querheizung kommt hauptsächlich für die Sperrholzfabrikation in Betracht. Obwohl dabei die Erwärmung nicht in den Leimschichten,

Abb. 16. Verleimen von Rundfunkgeräten mittels Hochfrequenz (Behr Wendlingen)

sondern im Holz erfolgt, kann man aus geometrisch-technologischen Gründen keine andere Anordnung wählen. Vielfach wird aus Ersparnis-

Anwendungsbeispiele 297

gründen und um das Verziehen zu vermindern auch sogenannte Punktheizung angewendet. Abb. 12 zeigt diese Anordnung schematisch.

Für Furnierzwecke hat man gut anschmiegende Hochfrequenzheizkissen entwickelt (Abb. 13).

Weitere Spezialanordnungen sind in den Abb. 14, 15, 16 und 17 dargestellt.

Bei der Behandlung von sehr langen Stücken muß man darauf achten, daß sich durch die Ausbildung stehender Wellen ungleichmäßige Erwärmungen ergeben können.

Abb. 17. Hochfrequenzfugenverleimungspresse (Siemens)

Wenn man aus bestimmten Gründen Durchlaufverfahren nicht anwenden kann, ist man gezwungen, sich mit dem Problem der stehenden Wellen etwas näher zu befassen.

Bei einem $tg\,\delta$-Ofen kann man die Elektroden als offene Leitung wie beim Lecher-System auffassen. Die Wellenlänge der stehenden Welle hängt dabei von der Frequenz und von der Dielektrizitätskonstante des Materials zwischen den Elektroden ab. Im freien Raum ist die Wellenlänge durch folgenden Ausdruck festgelegt:

$$\lambda_0 = v_0/f \quad [\text{m}],$$

wobei:

v_0 die Wellengeschwindigkeit im freien Raum = $3 \cdot 10^8$ [m/sek], und
f die Frequenz [Hz] ist.

Für ein beliebiges Medium gilt allgemein:

$$\lambda = v/f \quad [\text{m}],$$

wobei dann:

 v die Wellengeschwindigkeit im betreffenden Medium [m/sek] ist.

Die Wellengeschwindigkeit in irgendeinem Medium ist:

$$v = \frac{v_0}{\sqrt{\varepsilon_r \mu_r}},$$

wobei:

 μ_r = relative Permeabilität des Mediums $\approx$ 1 für Holz,
 ε_r = relative Dielektrizitätskonstante des Mediums ist.

Für den Fall, daß man Holz behandelt, folgt:

$$\lambda_0 = v/\sqrt{\varepsilon_r} f = 3 \cdot 10^3/\sqrt{\varepsilon_r} f \quad [\text{m}]. \tag{41}$$

Wird Spannung mit einer Frequenz von F MHz an das eine Ende der Preßplatten mit der Länge S [cm] angelegt, wie es aus Abb. 18 er-

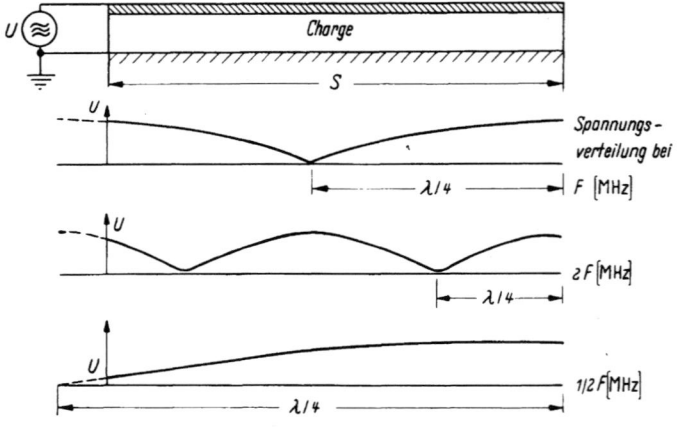

Abb. 18. Spannungsverteilung längs des Heizkondensators (nach BROWN u. Mitarb. [*B 1*])

sichtlich ist, so mögen die stehenden Spannungswellen den darunter aufgezeichneten Verlauf haben. Die stehenden Wellen werden grundsätzlich am offenen Ende der Elektroden sowie in einer Entfernung von $\lambda/2$ oder einem Vielfachen davon ein Maximum, einen sogenannten Bauch haben. Die Spannung wird dagegen an all den Stellen zu Null werden (Spannungsknoten), die um $\lambda/4$ von den Maxima entfernt sind. Weiter sind in der Abb. 18 auch noch die Spannungsverteilungen für die doppelte und die halbe Frequenz, bezogen auf F MHz, dargestellt. Braucht man nun eine annähernd gleichmäßige Spannungsverteilung bei der angegegebenen Art der Einspeisung am einen Ende der Elektroden, dann muß also eine solche Frequenz verwendet werden, deren $^1/_4$-Wellenlänge beträchtlich größer als die Länge der Platten ist.

Wenn die Spannung in der Plattenmitte angelegt wird, kann jede Hälfte der Presse für sich betrachtet werden und die zulässige Frequenz ist bei einem gegebenen Spannungsverhältnis im Vergleich zu dem Fall, bei dem die Spannung an einem Ende angelegt wird, doppelt so groß. Diese Methode zur Verbesserung der Spannungsverteilung läßt sich

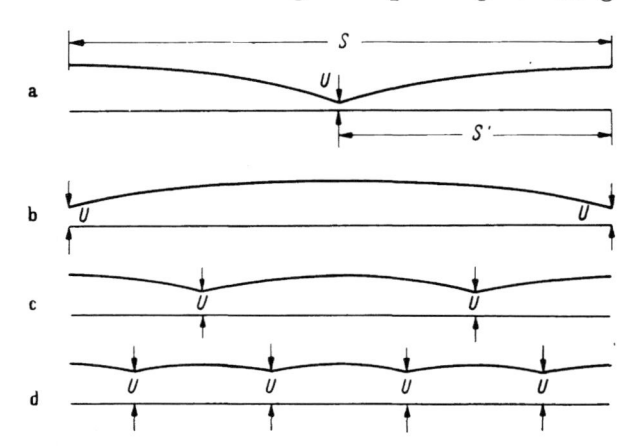

Abb. 19. Spannungsverteilung an den Preßelektroden, wenn eine Spannung U an verschiedenen Stellen angelegt wird (nach BROWN, HOYLER u. BIERWIRTH [B 1])

noch erweitern. Speist man nämlich die langen Elektroden gleichzeitig in der Mitte von zwei oder mehreren gleichlangen Abschnitten, so läßt sich eine noch weit gleichförmigere Spannungsverteilung erzielen. Dies ist auch aus Abb. 19 klar erkennbar. So wie die Zahl der Abschnitte

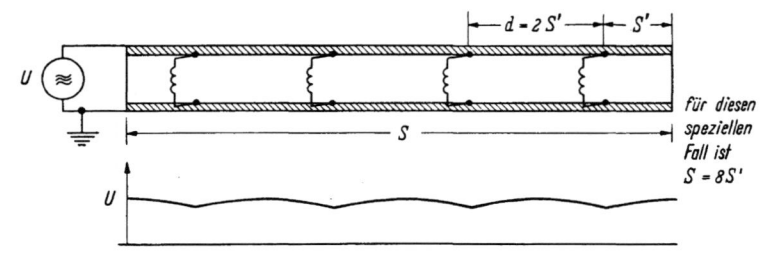

Abb. 20. Anordnung der Abstimminduktivitäten bei Vielfachabstimmung sowie zugehörige Spannungsverteilung, wenn die Elektroden der Länge S an einem Ende gespeist werden (nach BROWN, HOYLER u. BIERWIRTH [B 1])

erhöht wird, wächst die Frequenz proportional, die für eine gegebene Spannungsschwankung verwendet werden kann.

Das Anlegen von gleicher Spannung an mehreren Stellen entlang der Preßplatten nach dieser Methode liefert ein ziemlich schwieriges Problem, insbesondere was die Verwendung eines passend proportionierten Vierpols des Übertragungskabels anbelangt. Die verbesserte Spannungsverteilung, die sich aus der Anwendung der vielfachen Einspeisung ergibt, kann in noch eleganterer Weise auch durch Vielfachabstimmung erreicht werden. Zu diesem Zweck müssen die gleichlangen Elektrodenabschnitte einfach auf Parallelresonanz abgestimmt werden, indem jeweils die beiden Klemmen der Einspeisestellen über eine Induktivität von entsprechendem Wert verbunden werden. Abb. 20 zeigt eine solche Anordnung. Das Übertragungskabel vom Oszillator her kann an das Ende der Platten, wie in der Abbildung gezeichnet, oder an irgendeiner anderen geeigneten Stelle angeschlossen werden. Den Abstand d dieser Abstimmelemente für irgendein gewünschtes Spannungsverhältnis U_{min}/U_{max} und eine bestimmte Frequenz f erhalten wir nach BROWN und Mitarbeiter [B 1]:

$$d = \frac{1{,}668}{f \sqrt{\varepsilon_r}} \text{arc cos} \frac{U_{min}}{U_{max}} \quad [\text{m}] \, .$$

Dabei ist f in MHz einzusetzen. Für die Dielektrizitätskonstante ε_r wird in dieser Gleichung normal ein Mittelwert genommen, der dem Material zwischen den Platten und um diese herum entspricht (im Falle, daß das Material über die Elektroden hervorragt).

Weil die Abstimminduktivitäten, die parallel zu den Elektroden liegen, die Kapazität der Presse gemeinsam auf Parallelresonanz abstimmen müssen, kann man die Induktivität der einzelnen Spule angeben zu:

$$L = \frac{n \cdot 10^6}{4 \pi^2 f^2 C} \quad [\mu\text{H}] \, ,$$

wobei:

n Zahl der gleichgroßen Abstimmelemente,
f Frequenz [MHz],
C Kapazität der Preßplatten [pF].

Bei Resonanz wird die Presse dann für das speisende Kabel eine reine Wirkbelastung darstellen mit einem Wert von annähernd

$$Z_R = \frac{10^6 \cdot \cos \varphi}{4 \pi f C} \quad [\Omega] \; [B\,1] \, .$$

2. Weitere Anwendungen

Die Kabeltrocknung kann neuerdings mit Hilfe dielektrischer Erwärmung gelöst werden. Da die Vermeidung stehender Wellen infolge der großen Längen kaum möglich erscheint, hat die Firma Leybold (Köln) eine dielektrische Erwärmung mit Frequenzgemischen ausgearbeitet. Das Frequenzgemisch liefern Funkenstreckengeneratoren. Die Abb. 21, 22, 23, 24, 25 und 26 veranschaulichen das interessante und erfolgreiche Verfahren.

Bedeutend ist die Anwendung der dielektrischen Erwärmung in der Kunststoffindustrie z. B. für das bereits erwähnte Anwärmen von Preß-

Anwendungsbeispiele 301

massen oder für das Schweißen von Kunststoff-Folien mit Hochfrequenz. Es zeigt sich hierbei nach S. WINTERGERST [W 1], daß dicke Folien bequemer als dünne zu schweißen sind und sich überhaupt sehr kurze

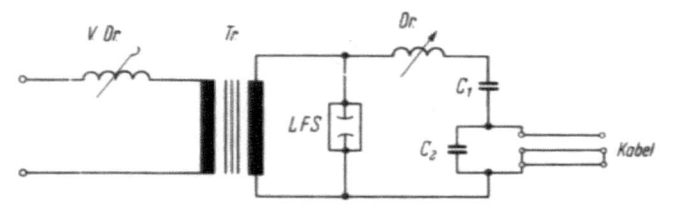

Abb. 21. Prinzipschaltbild eines Funkenstreckengenerators für dielektrische Kabeltrocknung mittels Frequenzgemisch (LEYBOLD)

Schweißzeiten erzielen lassen. Der Wirkungsgrad steigt mit kürzer werdender Schweißzeit an.

Man hat Hochfrequenz-„Nähmaschinen" entwickelt, deren Elektroden aus rotierenden Scheiben bestehen und das durchlaufende

Abb. 22. Ansicht von Abb. 21. (Werkfoto: Osnabrücker Kupfer- u. Drahtwerke)

Material verschweißen. Es werden dabei Durchlaufgeschwindigkeiten von fünf Metern je Minute und mehr erreicht. Vielfältig sind die Anwendungsarten der Hochfrequenzwärme für Trocknungszwecke, sei es in der Textil- und Lebensmittelindustrie[1] oder auch in der Tabakindustrie. Besonders günstig hat sie sich auch bei der Trocknung von Gießereikernen erwiesen. Soll sich das fertige Gußprodukt durch gute Qualität

Abb. 23. Kabelkessel mit Hochfrequenz-Stromdurchführung und Hochfrequenz-Funkenstreckengenerator (Werkfoto: Osnabrücker Kupfer- u. Drahtwerke)

und geringen Ausschuß auszeichnen, so müssen an die dabei verwendeten Kerne hohe Anforderungen gestellt werden, wie hohe mechanische Festigkeit während des Gießvorganges und leichte Entfernbarkeit nach dem

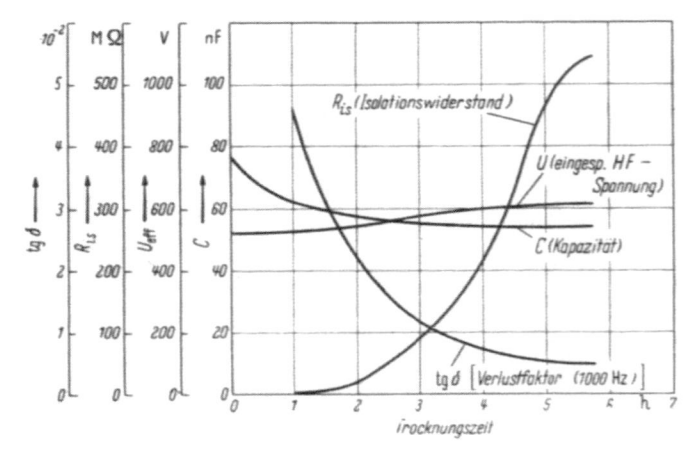

Abb. 24. Kabeltyp: 33 kV 3×161 mm², jeder Leiter abgeschirmt (LEYBOLD)

---

[1] Die Energen Foods Co Ltd in Ashford, Kent (England) trocknet mit Redifon-tg δ-Öfen wöchentlich $1^1/_4$ Millionen stärkefreier „Energen"-Spezial-Protein-Kekse. [*E 1, R 1*]

Erstarren des Materials. Ferner sind gute Gasdurchlässigkeit und Oberflächenbeschaffenheit von ausschlaggebender Bedeutung. Diese Voraussetzungen für einen guten Guß werden durch das sog. Hoch-

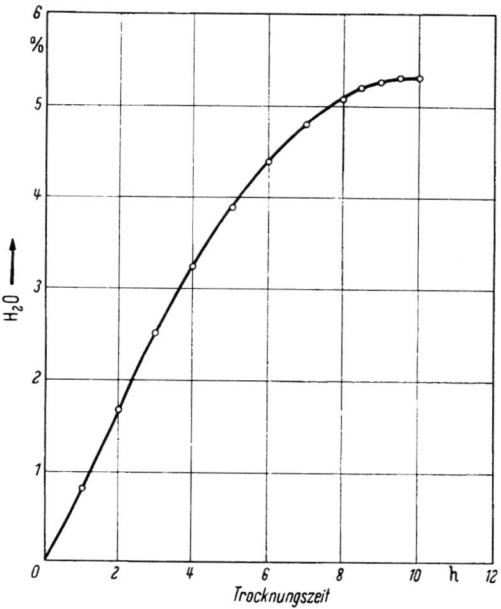

Abb. 25. Wasseranfall im Kondensator in % des Papiergewichtes bei der dielektrischen Trocknung eines 33-kV-Kabels (LEYBOLD)

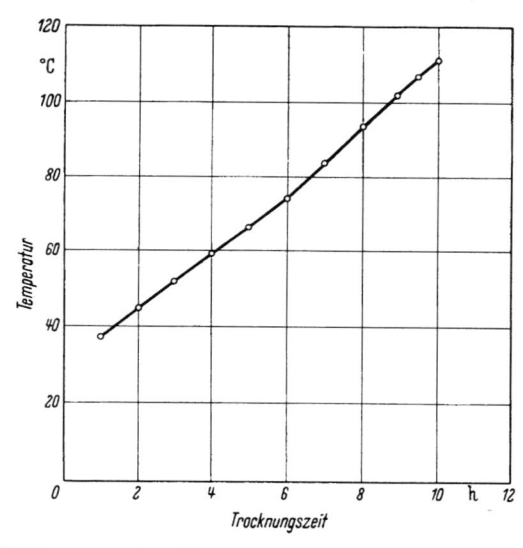

Abb. 26. Kabeltemperatur bei dielektrischer Trocknung eines 33-kV-Kabels (LEYBOLD)

frequenzbacken der Kerne in bester Weise rasch gelöst, da ja die Wärme im ganzen Sandkörper gleichmäßig erzeugt wird. Recht günstige Ergebnisse haben sich beim Vulkanisieren von Gummi ergeben. Gerade hier kommt es auf eine sehr gleichmäßige Temperaturverteilung an, die bisher mit den herkömmlichen Erwärmungsmethoden nur in recht zeitraubenden Prozessen möglich war. Nicht vergessen werden darf hier auch die sterilisierende Wirkung der Hochfrequenzwärme auf Lebensmittel. Läßt man z. B. Mehl als Mahlgut oder in Packungen durch ein Hochfrequenzfeld wandern, so erwärmen sich die etwa darin befindlichen Kleinlebewesen infolge ihres erheblich höheren Feuchtegehaltes viel stärker als das Nahrungsmittel und werden getötet. So werden z. B. Mehlwürmer mumifiziert und auch Schimmelpilze in Brotpackungen können leicht abgetötet werden.

XV. Elektrothermie der Gase

Von

Th. Rummel (München)

Mit 8 Abbildungen

A. Historischer Rückblick auf die Stickstoffverbrennung im Flammenbogen

Als erster hat wohl LAVOISIER [L 1] in Funkenentladungen die Bildung von Stickoxyden beobachtet.

HABER und KÖNIG [H 1] haben sich über 100 Jahre später mit dem Mechanismus der Stickoxydbildung im Bogen befaßt und kamen auf Grund ihrer insbesondere auch mit gekühlten Bögen durchgeführten Untersuchungen zu dem Schluß, daß das Stickoxyd zunächst infolge des Ladungsträgerstoßes in sehr hoher Konzentration gebildet würde und dann nachträglich bis zum thermischen Gleichgewichtsverhältnis zurückzerfalle. Eine starke Kühlung bewirke die mehr oder weniger vollständige Erhaltung des elektrisch gebildeten Stickoxydes. Da von den Stickoxyden das NO aus den Komponenten durch eine endotherme Reaktion entsteht, scheint es nicht abwegig zu sein, im Bogen auch an eine elektrische Bildung zu denken. Aber auch bei Annahme einer ausschließlich thermischen Bildung ist der resultierende NO-Gehalt stark von der Abkühlungsgeschwindigkeit nach erfolgter Bildung abhängig.

Der Gehalt an NO entsprechend dem Gleichgewicht steigt mit zunehmender Temperatur außerordentlich stark an. Die Einstellzeiten für diese Gleichgewichte sind bei tiefen Temperaturen groß und bei hohen außerordentlich kurz. Man durchläuft also bei der Abkühlung mittlere Temperaturgebiete mit kleinem Anteil von NO und kleiner Einstellzeit. Deshalb muß man sehr schnell auf möglichst tiefe Temperaturen (mindestens auf 1500° K) abkühlen, wie aus nebenstehender Tabelle hervorgeht.

Tabelle 1. *Gleichgewichtsanteile von NO und Einstellzeiten abhängig von der absoluten Temperatur*

Absolute Temperatur in °K	NO-Gehalt	Einstellzeit
1800	0,004	1,25 Tage
2200	0,01	5 Sekunden
2600	0,02	10^{-2} ,,
3200	0,05	10^{-5} ,,
4200	0,1	10^{-7} ,,
9300	0,25	10^{-11} ,,

Wenn man z. B. in einem 9000° C heißen Bogen arbeiten würde, was z. B. im stromdichtestarken Bogen möglich erscheint, so käme man auf 25% NO-Gehalt, vorausgesetzt, daß man in der Lage wäre schnell genug, d. h. etwa in 10^{-12} Sekunden auf etwa 1500° C abzukühlen. Bisher erscheint dies ganz aussichtslos zu sein. Bestenfalls erreicht man Abkühlungszeiten von etwa 10^{-3} Sekunden. Man erkennt hieraus, daß es sinnlos erscheint mit der Temperatur etwa über 3000° C zu gehen. Man erhält dann günstigstenfalls einige % NO-Gehalt in der als Gesamtreaktionsgas dienenden Luft.

Aus diesem Grunde sind die früheren Bemühungen der elektrischen Stickstoffverbrennung nur historisch zu würdigen. Eine Gegenwartsbedeutung haben sie nicht, da inzwischen das wesentlich wirtschaftlichere Verfahren der Salpetersäuregewinnung über die katalytische Ammoniaksynthese nach HABER und BOSCH zur technischen Reife gebracht werden konnte. Folgende Stickstoffverbrennungssysteme wurden früher versucht:

a) *„Elektrische Sonne"* nach BIRKELAND und EYDE. Mittels magnetischer Felder wurde eine scheinbare (nicht gleichzeitige) Ausdehnung des Bogens über eine Scheibenfläche erzielt. Ausbeute max. 70 g HNO_3/kWh [B 1]. In Notodden in Norwegen waren bis Ende der zwanziger Jahre entsprechende Anlagen in Betrieb (Norge-Salpeter).

b) *System* MOSCIKI [M 1]. Der Bogen wurde scheibenförmig mittels magnetischer Felder ausgebreitet, und zwar in unmittelbarer Nachbarschaft einer wassergekühlten, mit zahlreichen Bohrungen senkrecht zur Scheibenbogenfläche versehenen Elektrode. Nach Durchgang der „Lichtbogenfläche" wurden die Gase in diesen Kanälen abgekühlt. Ausbeute maximal 80 g HNO_3/kWh. Das Verfahren war in der Schweiz betrieben worden.

c) *System* PAULING [P 1]. Der Wechselstromlichtbogen brennt zwischen zwei nach Art eines Hörnerblitzableiters gebogenen Elektroden. Die Luft wird von unten eingeblasen. Der Lichtbogen zündet und erlöscht in schnellem Wechsel. Ausbeute maximal 82 g HNO_3/kWh. Ausgeführt in Österreich in Ofentypen bis zu 1500 kW.

d) *System* SCHÖNHERR. In einem 8 m langen wassergekühlten Eisenrohr brannte ein längs des Rohres durch die spiralig wirbelnd eingeführte Luft ausgezogener Lichtbogen. Ausbeute bis zu 88 g HNO_3/kWh. Ausgeführt von den BASF Ludwigshafen [S 1].

Es bleibt noch zu erwähnen, daß in all diesen Anlagen das NO nur in einer höchst unpraktisch geringen Konzentration von nur wenigen % entstand und daß zur Weiterverarbeitung auf Salpetersäure, Düngemitteln usw. noch die Oxydation zu NO_2 zwischengeschaltet werden mußte. Auch neuere Versuche mittels Anwendung geringerer Drucke sowie Verwendung leicht Elektronen abgebender Elektrodenmetalle und hochfrequenter Entladungen konnten eine Wiedereinführung der elektrothermischen NO-Synthese in die Technik nicht rechtfertigen, da auch hierbei nur geringe Konzentrationen bei maximal 88,4 g HNO_3/kWh erzielt wurden [B 2, S 2].

B. Elektrothermie gasförmiger Kohlenwasserstoffe

1. Elektrokracken von Kraftstoffen

Das Elektrokracken [R 1] nach ROWLAND und JAKOSKY besteht in gleichzeitiger Wärme- und Entladungseinwirkung auf großmolekulare

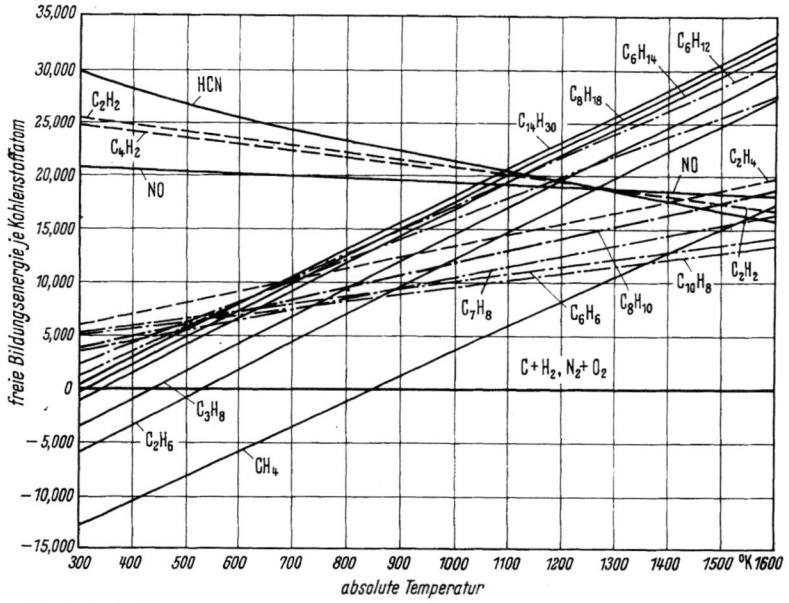

Abb. 1. Freie Bildungsenergie verschiedener Kohlenwasserstoffe in Abhängigkeit von der Temperatur (nach P. BAUMANN [B 3])

Kohlenwasserstoffe. Der Zweck des Verfahrens ist die Erzeugung möglichst klopffester Kraftstoffe für Vergasermotore aus sonst hierfür schlecht geeigneten Kohlenwasserstoffen. Die Anordnung besteht aus einem Sprühdraht aus Chromnickelstahl, der mittels eines Quarzisolators konzentrisch in einem elektrisch geheizten Zylinder von etwa 80 cm Durchmesser aufgehängt ist.

Die an dem Sprühdraht auf Grund angelegter Gleich-Hochspannung einsetzende Gasentladung bewirkt eine Ionisierung der Gasteilchen und eine Aufladung der noch großmolekularen Kohlenwasserstoff-Nebeltröpfchen. Dadurch werden letztere äußerst heftig gegen die geheizte Wand geschleudert und mit Sicherheit gekrackt.

2. Azetylengewinnung aus Grenzkohlenwasserstoffen

In den Chemischen Werken Hüls sind Verfahren entwickelt worden, die es gestatten, Azetylen auf anderem Wege als über Kalziumkarbid, nämlich durch ein Lichtbogenverfahren, in wirtschaftlich vorteilhafter Weise zu gewinnen. Das Verfahren wird großtechnisch angewendet und besteht zusammengefaßt darin, daß Methan oder Hydrierabgase im Lichtbogen zu Azetylen umgesetzt werden [B 3].

Bereits BERTHELOT hat Ende des vorigen Jahrhunderts gesättigte Kohlenwasserstoffe im Lichtbogen in mehrfach ungesättigte umsetzen können. Dabei entstand auch Azetylen. Von BAUMANN und seinen Mitarbeitern wurde ein Verfahren ausgearbeitet, das bevorzugt zur Azetylenbildung führt.

Abb. 1 gibt eine Übersicht der freien Bildungsenergien verschiedener Kohlenwasserstoffe in Abhängigkeit von der Temperatur (nach [B 3]). Reaktionen sind nur dann möglich, wenn die freie Energie der Endprodukte kleiner ist als die der Ausgangsstoffe. Um die Bildung von Azetylen aus Methan bewerkstelligen zu können, sind, wie aus der Darstellung ersichtlich, mindestens 1580° K oder 1307° C notwendig.

Zur Deckung des bei der angestrebten Spaltreaktion notwendigen Wärmebedarfes wurde ein Lichtbogen nach Art des vorerwähnten Schönherr-Verfahrens für die Stickstoffverbrennung angewendet. Beim Betrieb einer alten Schönherr-Anlage mit Methan wurden bereits wesentliche Erkenntnisse gesammelt. Es zeigte sich, daß der bei den Krackreaktionen freiwerdende Wasserstoff in erster Linie ionisiert wird und das Bogenplasma bildet. Es zeigte sich fernerhin, daß der Bogen mit Wechselstrom nicht mehr zu betreiben war, obwohl man von 8 m Bogenlänge beim Schönherr-Ofen auf weniger als 1 m Länge herunterging. Beim Nulldurchgang ging der Bogen stets aus. Man entschloß sich daher für Gleichstrom. Der Durchmesser des Bogenkernes beträgt beim Betrieb mit Kohlenwasserstoffen nur mehr wenige Millimeter. Die Gasgeschwindigkeit wurde sehr stark erhöht. Sie beträgt 1000 m/sek. Sie ist etwa gleich der Schallgeschwindigkeit der Ofengase bei den betreffenden Temperaturen.

Die Abb. 2 zeigt die technische Form des im großtechnischen Einsatz befindlichen Flammbogenofens im Schnitt. Das zu verarbeitende Gas gelangt über eine Drallbüchse a tangential in den Lichtbogen. Durch den Drall des schnellen Gasstromes findet eine gewisse Stabilisierung des Bogens statt, der zwischen der oberen isolierten Elektrode und dem unteren Abschnitt des Reaktionsrohres b (Flammrohres) brennt. Die obere isolierte wassergekühlte Elektrode, die Kathode, besteht aus Kupfer, die übrigen geerdeten Teile aus Eisen.

Für die Funktion des Verfahrens ist es von ausschlaggebender Bedeutung, daß die heißen Reaktionsgase mit möglichst großer Geschwindigkeit abgekühlt werden. Das im Flammbogen erzielte Gleichgewicht wird durch Einspritzen von Wasser gewissermaßen eingefroren. Die Gase werden dabei auf etwa 150° C abgekühlt.

Die umgesetzte elektrische Leistung des Flammbogens beträgt etwa 7000 kW. Die angewendete Gleichspannung hat 7800 V. Die Strom-

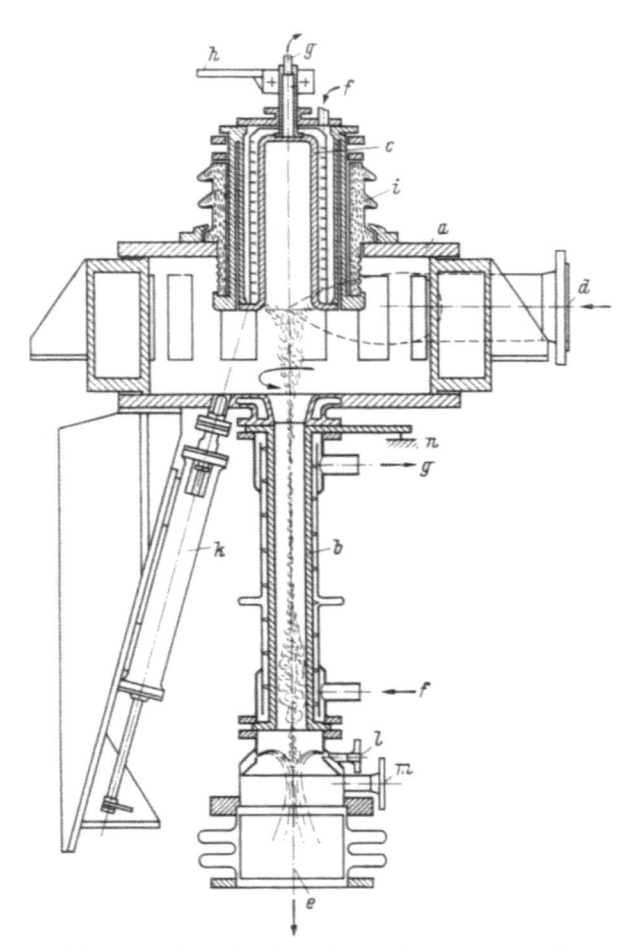

Abb. 2. 7000-kW-Flammenbogenofen für Azetylengewinnung (nach P. BAUMANN [B 3])

stärke liegt also bei 900 A. Die Reaktionszeit im Flammrohr beträgt etwa 10^{-3} sek und die „Ausfrier"-Zeit etwa 10^{-1} sek.

Im Lichtbogen werden etwa 50% der hindurchgehenden Gase umgesetzt. Das abgehende Gasgemisch enthält etwa 14% Azetylen, 50% Wasserstoff und 30% Kohlenwasserstoffe.

Etwa 50—60% der dem Lichtbogen zugeführten elektrischen Energie wird in chemisch gebundere Energie verwandelt. Die Gleichstromerzeugung erfolgt über gittergesteuerte Hochspannungsgleichrichter. Dadurch sind die sonst zur Stabilisierung notwendigen Widerstände auf der Gleichstromseite oder Induktivitäten auf der Wechselspannungsseite überflüssig. In Abb. 3 ist ein Verarbeitungsschema dargestellt.

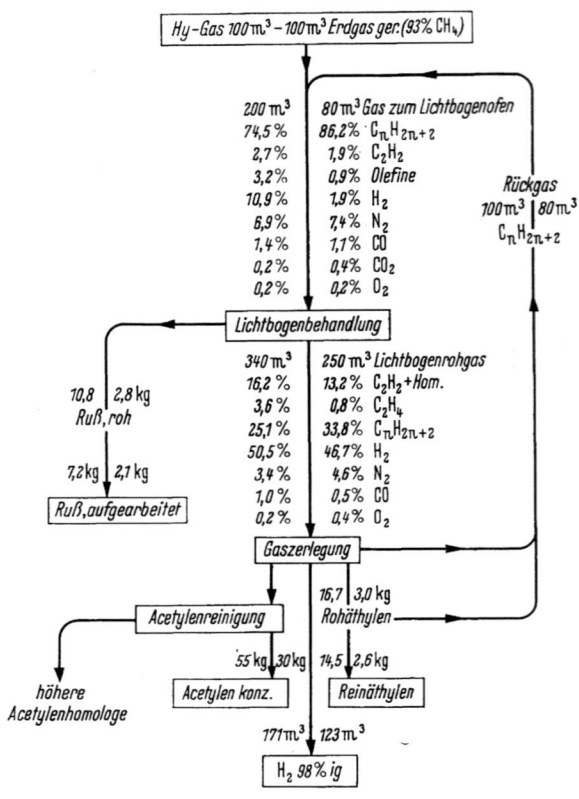

```
                 Hy-Gas 100 m³ – 100 m³ Erdgas ger. (93% CH₄)

        200 m³         80 m³ Gas zum Lichtbogenofen
        74,5 %         86,2 %  CₙH₂ₙ₊₂
         2,7 %          1,9 %  C₂H₂
         3,2 %          0,9 %  Olefine                Rückgas
        10,9 %          1,9 %  H₂                100 m³ | 80 m³
         6,9 %          7,4 %  N₂                 CₙH₂ₙ₊₂
         1,4 %          1,1 %  CO
         0,2 %          0,4 %  CO₂
         0,2 %          0,2 %  O₂

                    Lichtbogenbehandlung

                   340 m³       250 m³ Lichtbogenrohgas
                   16,2 %        13,2 %  C₂H₂+Hom.
   10,8 | 2,8 kg    3,6 %         0,8 %  C₂H₄
     Ruß, roh      25,1 %        33,8 %  CₙH₂ₙ₊₂
                   50,5 %        46,7 %  H₂
   7,2 kg | 2,1 kg  3,4 %         4,6 %  N₂
                    1,0 %         0,5 %  CO
   Ruß, aufgearbeitet 0,2 %       0,4 %  O₂

                      Gaszerlegung

                           16,7 | 3,0 kg
              Acetylenreinigung  Rohäthylen

                   55 kg | 30 kg   14,5 | 2,6 kg
     höhere       Acetylen konz.    Reinäthylen
  Acetylenhomologe
                   171 m³ | 123 m³
                      H₂ 98 %ig
```

Abb. 3. Verarbeitungsschema des Lichtbogengases. Die links angegebenen Zahlen beziehen sich auf die Verarbeitung von Hydrierungsabgasen (Gasgemisch aus der Treibstofferzeugung im Gesamtgemisch $C_{1,1-1,5}$), die rechts enthaltenen Zahlen beziehen sich auf die Verarbeitung von Erdgas ($C_{0,9}$) (nach P. BAUMANN [B 3])

Die nicht umgesetzten Gasanteile werden in einer hinter den Lichtbogen geschalteten Gaszerlegung abgetrennt und dem Flammbogen wieder zugeführt.

Von 100 m³ angesetztem Gas erhält man aus Hydrierabgasen 55 kg Azetylen, 14,5 kg Äthylen und 171 m³ Wasserstoff. Bei Verarbeitung von Erdgas erhält man aus 100 m³ Gas 30 kg Azetylen, 2,6 kg Äthylen und 123 m³ Wasserstoff.

Es ergibt sich ein Energieaufwand je kg Azetylen (und Homologe), von Hydrierabgasen ausgehend, von 8,5 kWh. Bei Methan als Ausgangsstoff von 11,4 kWh.

C. Elektrothermie anorganischer Dämpfe

Es sind mehrfach Versuche laboratoriumsmäßiger Art unternommen worden, um sonst schwierig in reiner Form zu präparierende Metalle, wie z. B. Titan, Bor, Silizium oder Verbindungen, wie z. B. SiC, entweder elektrothermisch zu destillieren oder aus geeigneten Verbindungen abzuscheiden. Bei der SiC-Darstellung im elektrischen „Meiler" bildet sich das Material aus der Gasphase, indem Si- und C-Dämpfe an den Wänden unter Bildung von SiC zusammentreten.

Besonders erwähnt seien hier Versuche, die mit Hilfe von Wolframhalogenverbindungen (Wolframhexachlorid) von PIRANI [P 2] mitgeteilt wurden. Dabei wird ein Wolframdraht, der mittels direkten Stromdurchgangs erhitzt wird, den Wolframhexachloriddämpfen ausgesetzt. Da die Abscheidegeschwindigkeit von Wolfram mit steigender Temperatur wächst, werden die dünneren, heißeren Drahtstellen bevorzugt verdickt, was einer Egalisierung gleichkommt.

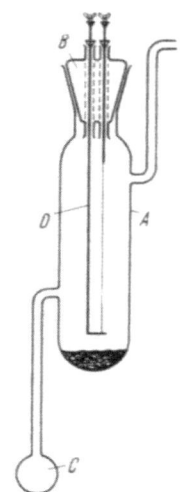

Abb. 4. Vorrichtung zum Züchten eines Metallkristalles aus der Gasphase. *A* Gefäß, *B* Stopfen mit Stromdurchführungen, *C* Verdampfer, *D* Kristallseele [*P 2*]

Abb. 5. Nadelaufwachsung aus der Gasphase [*P 2*]

Besonders vorteilhaft ist es, den Halogendampf mittels **Wasserstoff** an den Draht heranzuführen. Die Abscheidebedingungen konnten so variiert werden, daß es nach Wunsch gelang, entweder **kleinkristallines** oder sogar einkristallines Aufwachsen aus der Gasphase zu erreichen.

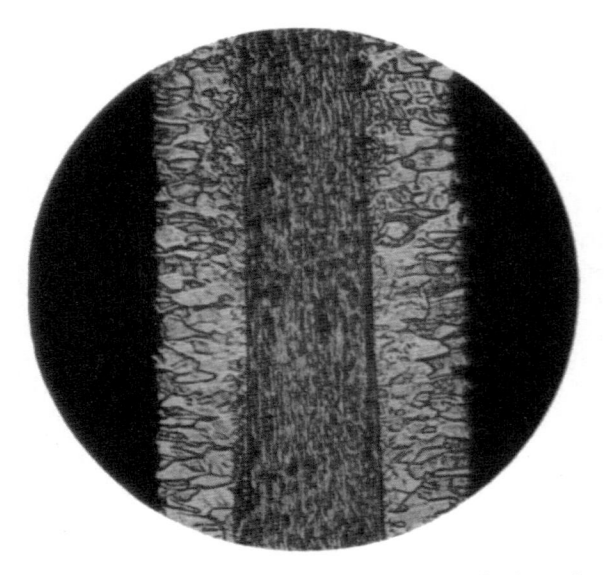

Abb. 6. Längsschliff eines kleinkristallinen Aufwachskristalls [*P 2*]

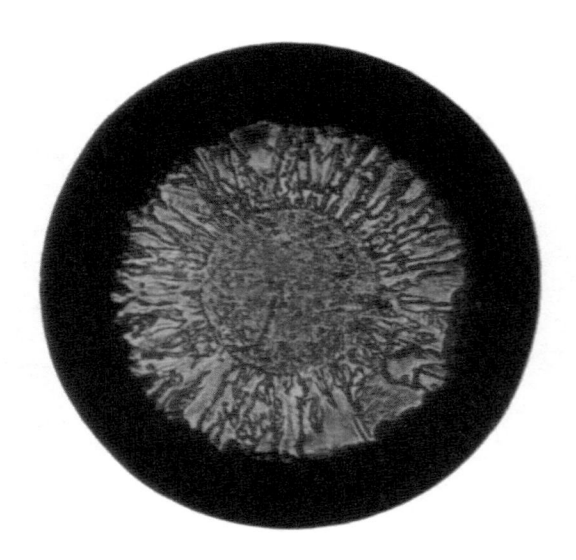

Abb. 7. Querschliff eines kleinkristallinen Anwachskristalls [*P 2*]

In ähnlicher Weise wurde mit Halogenverbindungen von Bor, Zirkon, Hafnium, Tantal und Titan gearbeitet.

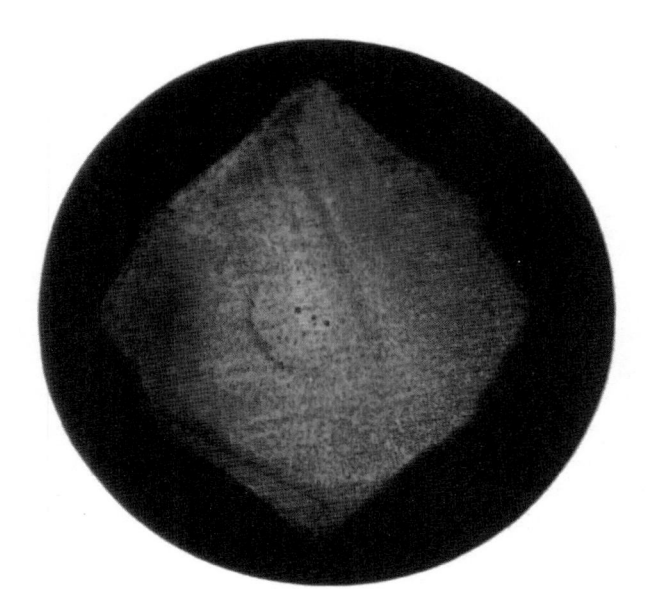

Abb. 8. Querschnitt durch einen aus der Gasphase gewachsenen abgeätzten Einkristall [P 2]

Die Abb. 4, 5, 6, 7 und 8 nach PIRANI illustrieren dieses interessante Verfahren, das wohl auf VAN ARKEL [A 1] zurückgeht. W. NODDAK u. I. NODDAK [N 1], G. K. TEAL [T 1], G. FREEDMAN [F 1] und H. CHRISTENSE [C 1] beschäftigten sich ebenfalls mit den elektrothermischen Abscheidungen von Metallen aus gasförmigen Metallverbindungen.

XVI. Elektrische Öfen für Temperaturen über 1500° C und elektrische Glasschmelzöfen

Von

W. Hänlein (Nürnberg)

Elektrische Öfen

Mit 41 Abbildungen

Einleitung. Die moderne Entwicklung von Sonderwerkstoffen ist nicht denkbar ohne die Anwendung von Öfen für hohe Temperaturen bei definierter Gasatmosphäre oder niedrigsten Drücken. Derartige Öfen werden heute zum Sintern, Glühen, Schmelzen und Legieren verwendet. Die Anwendung von definierten Gasatmosphären, z. B. inerten oder reduzierenden Gasen, verhindert hierbei die Oxydation bestimmter Werkstoffe oder bestimmter Werkstoffkomponenten und bewirkt in reduzierender Atmosphäre die Reduktion oxydischer Verunreinigungen. Durch niedrigste Drücke, d. h. hohes Vakuum, wird eine energische Entgasung der zu glühenden oder schmelzenden Werkstoffe erreicht, wobei auch feste Verunreinigungen je nach Druck oder Temperatur durch Verdampfung entfernt werden können [P 2] [K 1].

Es würde zu weit führen, hier alle die Werkstoffe zu besprechen, die sich nur in einer absolut inerten Atmosphäre herstellen lassen, wobei noch besonders darauf hinzuweisen ist, daß z. B. für den Bau von Atomkraftwerken die dort benötigten sogenannten nuklear-reinen Werkstoffe ebenfalls mit Hilfe von Hochvakuumöfen hergestellt werden können.

Was versteht man nun unter hohen Temperaturen? Das Gebiet der Hochtemperaturtechnik beginnt dort, wo die üblichen Heizleiter, z. B. Metallegierungen wie Chrom-Nickel, Eisen-Aluminium-Silizium und Silizium-Karbid, unter dem Namen Megapyr, Kanthal, Globar, Silit, Cesiwid bekannt, versagen, also bei Temperaturen über 1500° C. Im folgenden sollen zuerst die zur Verfügung stehenden Erhitzungsmethoden kurz besprochen werden.

A. Erhitzung

1. Widerstandserhitzung

Die bekannteste Methode ist die Ausnutzung der Strahlung, die von hocherhitzten Heizkörpern ausgesandt wird. Als Werkstoffe für die Heizleiter kommen hier in Frage: Molybdän, Wolfram, Kohlenstoff,

Zirkonoxyd, Thoriumoxyd und Glas. Molybdän bedingt für seine Anwendung das Vorhandensein einer reduzierenden Atmosphäre, also Wasserstoff, oder wenn man die Explosionsgefahr verringern will, ein Gemisch von Wasserstoff und Stickstoff. Die erreichbaren Temperaturen liegen bei Molybdän in reduzierender Atmosphäre bei rund 1800° C, im Hochvakuum bei 1500° C, weil bei höheren Temperaturen im Hochvakuum die Verdampfung des Molybdäns bereits spürbar wird. Wolfram benötigt ebenfalls eine reduzierende Atmosphäre. Es gestattet in reduzierender Atmosphäre die Erreichung von Temperaturen bis 3000° C. Im Hochvakuum dürften die Temperaturen je nach der Empfindlichkeit des Glühgutes bei 2400—2500° C liegen. Kohlenstoff in Form von Kohlenstoffstäbchen oder -rohren sowie Graphitstäben oder -rohren benötigt bei seiner Verwendung ebenfalls Maßnahmen zur Aufrechterhaltung einer reduzierenden Atmosphäre, um eine schnelle Verbrennung der Heizkörper zu verhindern. Die erreichbaren Temperaturen liegen bei 3000° C. Zirkonoxyd kann in Form von Stäben oder Rohren für kleine Öfen ebenfalls verwendet werden [E 1] [G 1]. Es bedarf zur Inbetriebsetzung des Ofens einer Vorwärmung der Zirkonoxydheizkörper, da diese in kaltem Zustand eine sehr geringe Leitfähigkeit haben. Die Leitfähigkeit steigt infolge des negativen Temperaturkoeffizienten des Widerstandes beim Anwärmen so weit an, daß das Zirkonoxyd leitend wird. Die erreichbaren Temperaturen in oxydierender Atmosphäre betragen bis zu 2000° C.

In neuerer Zeit ist es auch gelungen [L 1], Stäbe aus 95% ThO_2 und 5% Y_2O_3 herzustellen. Die Stromzuführung wird hierbei durch Kontaktblöcke aus 85% geschmolzenem ZrO_2 und 15% Y_2O_3 bewirkt. Als Vorheizung dienen Drähte aus 60% Pt und 40% Rh. Bei Temperaturen über 1900° C muß man Thoriumoxydstäbe benutzen, bei denen das Yttriumoxyd durch 15% CeO_2 ersetzt ist.

Glas als Heizwiderstand stellt einen Sonderfall dar. Es wird hierbei die gute Leitfähigkeit des Glases bei Temperaturen von 1500—1600° C ausgenutzt. Diese Methode wird — wie später gezeigt werden soll — angewendet, um auf direktem Weg die Wärme zu erzeugen, die zum Erschmelzen von Gläsern und Emails erforderlich ist [H 5, P 1, B 1].

2. Induktive Erhitzung

Für das Glühen und Schmelzen von Metallen in oxydierender und reduzierender Atmosphäre und im Hochvakuum ist wohl die eleganteste, aber leider nicht immer anwendbare Methode die der induktiven Erhitzung. Sie besteht im Prinzip aus einem Transformator mit einer wassergekühlten Primärspule, bei dem im Inneren der Spule der zu glühende oder schmelzende Körper als Kurzschlußwindung angeordnet ist. Da bei Anwendung von technischem Wechselstrom mit einer Frequenz von 50 Hz sich sehr große Spulenabmessungen und sehr große Blindlastkondensatoren ergeben würden, verwendet man hierbei Frequenzen von 500—100000 Hz je nach den Abmessungen und dem spezifischen Widerstand des Glüh- oder Schmelzgutes. Man dimensioniert hierbei die der Spule parallel geschalteten Kondensatoren so, daß der aus Selbstinduktion und Kapazität gebildete Schwingungskreis auf Resonanz abgestimmt wird. Für technische Zwecke lassen sich so Temperaturen bis zu 1700°C erreichen, im Hochvakuum in Sonderfällen bis zu 3000° C. Für die Berechnung der Spulen und erforderlichen Kondensatoren sei auf die einschlägige Literatur hingewiesen [E 2, E 3, E 4, B 2].

3. Lichtbogenerhitzung

Der mit Hilfe einer Kohle- oder Graphitelektrode unter Verwendung der Schmelze als Gegenelektrode gezogene Lichtbogen wird bereits seit langem zum Schmelzen von Metallen verwendet. Auch im Hochvakuum wird heute dieses Erhitzungsverfahren für Sonderwerkstoffe angewendet [D 4].

B. Bauelemente

Bevor auf die Besprechung „ausgeführter Ofenmodelle" eingegangen wird, sollen in einer systematischen Übersicht die Forderungen an die einzelnen Bauelemente einer Hochtemperatur-Ofenanlage erläutert werden.

1. Widerstandswerkstoffe

Zur Erzeugung der gewünschten hohen Temperaturen werden die bereits vorhin erwähnten Werkstoffe Molybdän, Wolfram, Kohlenstoff [P 3] und in Sonderfällen Zirkonoxyd und Thoriumoxyd benutzt. Molybdän und Wolfram werden in der Hauptsache in Draht- oder Stabform verwendet [F 1]. Der Molybdändraht wird hierbei auf oder in ein keramisches, mit Rillen versehenes Rohr gewickelt oder in Form eines Mäanders gebogen und an einer entsprechenden Haltekonstruktion befestigt. Die zulässige Belastung bei Molybdän beträgt 20 W je cm^2 Oberfläche. Wolfram wird in Stabform verwendet, wobei die Stäbe mit angesinterten Enden versehen werden, um sie aufhängen und die Stromzuführungen einlöten zu können. Hierbei muß durch Federn dafür gesorgt werden, daß der Stab gespannt werden kann, um beim Erwärmen die Längenausdehnung auszugleichen. Die Oberflächenbelastung beträgt 40 W je cm^2 Oberfläche. Graphit bzw. Kohlenstoff wird meist in Rohrform verwendet, wobei man darauf achten muß, daß die konusförmig verdickten Enden in wassergekühlten Armaturen gefaßt sind, um das Auftreten von Anfressungen durch schlechten Stromübergang an den Kontaktkonussen zu vermeiden. Die Anwendung von Zirkonoxyd und

Thoriumoxyd ist bisher nur auf kleine Versuchsöfen für Laboratoriumszwecke beschränkt geblieben. Bei Verwendung von Molybdän und Wolfram in schutzgasbeheizten Öfen ist darauf zu achten, daß oberhalb einer bestimmten Temperatur, die bei Molybdän und Wolfram ungefähr bei 1500° C liegt, eine Reaktion der verwendeten Trägermaterialien mit dem Heizwiderstand beginnt, wobei Molybdän- und Wolframoxyde gebildet werden [W 1]. Dasselbe trifft auch bei Graphit zu. Man kann deshalb mit Molydän- oder Wolframöfen, bei denen der Heizwiderstand auf einen keramischen Träger (z. B. Tonerde oder Zirkonoxyd) aufgewickelt oder durch keramische Bauelemente gehaltert wird, nur Temperaturen bis 1800° C erreichen, sofern noch eine vernünftige Lebensdauer gefordert wird.

Tabelle 1. *Rohrförmige Laboratoriumsöfen für hohe Temperaturen*
Angenäherter Energieverbrauch in Watt je cm² beheizter innerer Oberfläche gleicher Temperatur. (Berücksichtigt ist die Temperaturzone, die höchstens 10% von der Maximaltemperatur abweicht.)
Nach der ersten Auflage der Elektrothermie neu bearbeitet von M. PIRANI

Schwarzer Körper, Temperatur [°C]	Gesamtstrahlung [W/cm²]	Temperatur [°C]	Gesamtstrahlung des schwarzen Körpers [W/cm²]	Poliertes Wolframrohr in H₂ [W/cm²]	Kohlekörner-Ofen mit 3 cm dicker ZrO₂-Isolation (1 mm Körner) [W/cm²]	5 Wolfram- oder Molybdänstrahlungsschirme in 3 mm Abstand [W/cm²]	Wolfram-Innenwicklung mit 3 cm dicker ZrO₂-Wandung [W/cm²]	3 cm Kieselgur² [W/cm²]	12 cm Kieselgur [W/cm²]
100	0,1	500	2¹	—	—	—	4	0,6	0,3
200	0,29	1000	15	40	8	4,5	7	1,9	0,8
250	0,41	1250	31	70	12	—	9	2,8	1,5
300	0,6	1500	57	120	20	—	12	3,9 ■	2,5
350	0,67	1600	71	150	22³	12	13		
400	1,2	1700	87	180	25	—	14		
450	1,6	1800	106	210	28	16	15		
500	2,1	1900	128	250	33	—	16		
Strahlung bei niedrigen Temperaturen		2000	153	300	40	20	18		
		2500	339	650	70	36	—		
		3000	658	1200	—	60 ▲	—		

¹ Gesetz von STEFAN-BOLTZMANN.
² Diese Wärmeisolation wird erreicht mit 10-cm-Isolationssteinen, z. B. Silikasteine von KOPPERS; MORGANS „Δ FF"; Derby Silica Brick-Corp. Buxton „Birsil"; bis 1250° C genügt ein vor dem Abbinden durch Zusatz eines Schaummittels zu Schaum geschlagener Aluminiumoxydschmelzzement (KOPPERS u. LAFARGE).
³ Obere Grenze für Schamotte.
■ Grenze für Kieselgur, das bei 1400° C zu sintern beginnt.
▲ Mit Luftprallmühle (Brit.Pat. 432 191) zerkleinerter Graphit (alle Körner unten 0,07 mm lichte Weite des Maschinensiebs) hat in 5 cm dicker Schicht bei 3000° C einen Wärmeverlust von 60 W/cm². Thermax-Ruß von CRT Vanderbilt, Export Co., N. Y., oder R. W. Graf. Chem. Merchants, London EC₂, hat bei 3000° C in 5 cm dicker Schicht einen Wärmeverlust von nur 11 W/cm². Die mittlere Teilchengröße des Thermax-Rußes ist $2{,}75 \cdot 10^{-4}$ mm.

Bei der Verwendung im Hochvakuum ist die Dampfdruckkurve der verwendeten Heizwiderstandsmaterialien zu beachten (Abb. 1), [K3, D5], in der die Dampfdruckkurven von Molybdän, Wolfram und Kohlenstoff angeführt sind.

2. Wärmeisolation

Bei widerstandsbeheizten Schutzgasöfen muß der Heizkörper gegen das Gehäuse zur Vermeidung von Wärmeableitungsverlusten thermisch isoliert werden. In Frage kommen für Temperaturen bis 1700° C [P 4] Aluminiumoxyd, für höhere Temperaturen Zirkonoxyd und Berylliumoxyd, in Sonderfällen auch Thoriumoxyd. Kieselgur ist nur je nach Qualität für Temperaturen bis 1300° C verwendbar. Magnesiumoxyd wird in reduzierender Atmosphäre reduziert und ist daher unbrauchbar. Die beigefügte Tab. 1, von Herrn Prof. PIRANI freundlicherweise überlassen, gibt einen Überblick über die Wärmeverluste bei Anwendung verschiedener Isolationsmaterialien sowie auch über die Abstrahlung von blankem Wolfram in Wasserstoff.

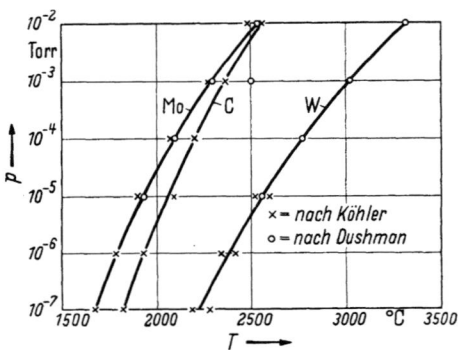

Abb. 1. Dampfdruck von Molybdän, Wolfram und Kohlenstoff in Abhängigkeit von Temperatur

Im Hochvakuum verwendet man blankpolierte Reflexionsschirme [S1, H1] aus Wolfram, Molybdän, Nickel, Eisen sowie Aluminium je nach den auftretenden Temperaturen. Abb. 2 gibt z. B. den Temperaturverlauf in einem Hochvakuumofen mit Reflexionsschirmen wieder. Es handelt sich hierbei um einen Ofen mit einem zylindrischen Heizkörper aus Wolframstäben. Die Temperatur im Innern des zylindrischen Heizkörpers betrug im mittleren Teil auf eine Länge von etwa 200 mm 1800° C. Die Kurve gibt den Temperaturverlauf an den eingebauten

Abb. 2. Schirmtemperaturen in einem Hochvakuumofen; 3 Mo-Schirme, 6 Fe-Schirme (nach Messungen von Dr. W. OLDEKOP, SSW). Ofentemperatur 1800° C

Reflexionsschirmen wieder. Man sieht, daß der größte Temperatursprung zwischen dem letzten Schirm und der wassergekühlten Ofenwand stattfindet.

3. Ofengehäuse

Um Eisen oder auch in Sonderfällen Kupfer und Messing als Werkstoff für die Bauteile der Gehäuse von Hochtemperaturöfen benutzen zu können, muß für eine ausreichende Wasserkühlung gesorgt werden. Es ist daher notwendig, das Gehäuse doppelwandig auszuführen oder Kühlrohre anzuschweißen. Bei Hochvakuumöfen müssen die Dichtungsstellen der Hochvakuumdichtungsflansche sauber bearbeitet und ebenfalls gut gekühlt werden. Ein schwieriges, heute jedoch einwandfrei gelöstes Problem ist die Anbringung von Drehdurchführungen bei Hochvakuumöfen sowohl für die Wischvorrichtung von Schaugläsern als auch für das Kippen der Tiegel von Hochvakuum-Induktionsöfen im Hochvakuum, um den Inhalt in eine Kokille ausgießen zu können.

4. Regeltransformatoren

Bei widerstandsbeheizten Öfen muß man infolge des Temperaturkoeffizienten des Widerstandes der Heizleiter Regeltransformatoren verwenden, um einen solchen Ofen in Betrieb zu setzen. Würde man beispielsweise einen Wolframstabofen sofort einschalten, so würde die Stromstärke infolge des niedrigen Kaltwiderstandes so hoch ansteigen, daß die Grenze der Belastbarkeit weit überschritten wird. Bei Öfen mit parallel geschalteten Heizstäben, z. B. Wolframstäben, muß man außerdem noch Transformatoren vorsehen, um die Netzspannung auf den für die Wolframstäbe erforderlichen niedrigen Spannungswert herabzusetzen (Abb. 3). In diesem Falle ist ein Kunstgriff angewendet worden, der es gestattet, die Leistung des Regeltransformators auf den halben Betrag der Gesamtleistung herabzusetzen. Man schaltet auf der Hochstromseite die Wicklung von zwei Transformatoren mit je der halben Leistung hintereinander. Der eine der beiden Transformatoren — Grundtransformator genannt — ist direkt mit dem Netz, der andere über einen Umschalter mit einem Regeltransformator verbunden. Regelt man nun beim Einschalten den Regeltransformator auf die volle Spannung, so daß die Spannung des zweiten Transformators — Zusatztransformator genannt — in der Phase gegenüber dem Grundtransformator entgegengesetzt liegt, so hat man auf der Hochstromseite eine resultierende Spannung Null. In dem Schaltbild (Abb. 3) ist als Regeltransformator ein Kohlerollenregler mit auf der Wicklung gleitenden Kohlerollen verwendet. Die Rollen sind so eingerichtet, daß sie sich genau gegenläufig verschieben, so daß, wenn sämtliche Rollen auf der Mitte der Wicklung stehen, die abgegebene

Regelspannung Null ist. Bei weiterer Verschiebung der Rollen, so, daß die inneren Rollen im Schaltbild oben stehen und die äußeren unten, ergibt sich eine in der Phase umgekehrte Spannung, und die Ofentransformatoren geben dann die volle Spannung an den Ofen ab.

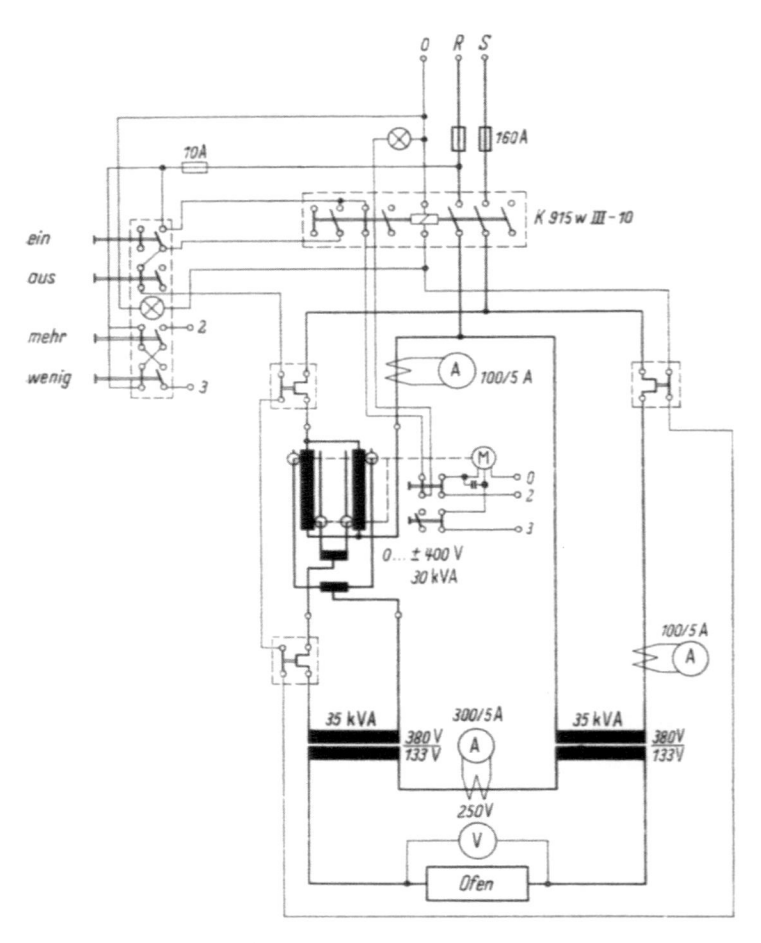

Abb. 3. Schaltbild einer Ofenanlage 60 kVA (SSW)

Für die Speisung der Induktionsöfen benötigt man Generatoren zur Erzeugung der erforderlichen hohen Frequenz. Für Frequenzen bis 10000 Hz werden heute rotierende Maschinen benutzt. Die Kondensatoren werden mit den dazugehörigen Umschaltern in einem Schaltschrank (Abb. 4) angeordnet, so daß man an den Instrumenten den günstigsten Betriebszustand feststellen kann. Bei höheren Frequenzen

Bauelemente 321

ist man auf Röhrensender (Abb. 5) angewiesen, bei denen mit Hilfe von luft- oder wassergekühlten Senderöhren und angeschalteten Schwingungskreisen die benötigten Frequenzen erzeugt werden können.

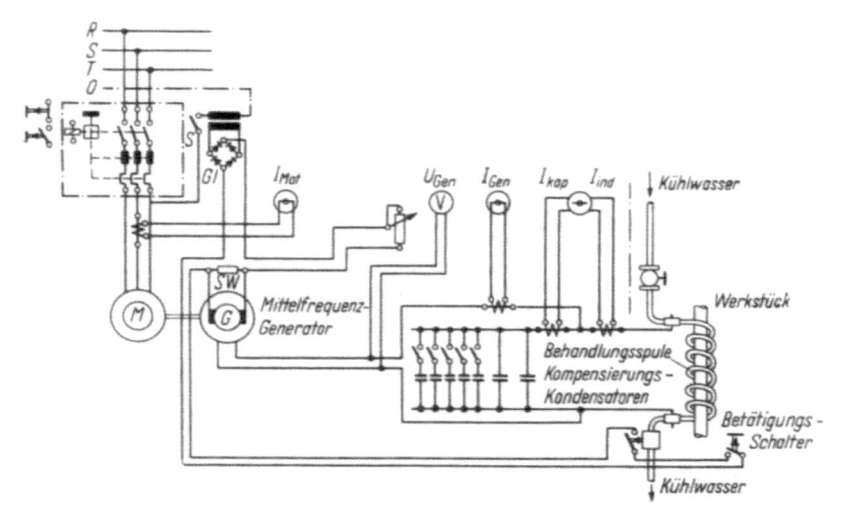

Abb. 4. Mittelfrequenz-Induktionsanlage, Grundschaltung (SSW)

Abb. 5. Hochfrequenzgenerator für induktive Erwärmung, Type Hg 6/5 I, Hochfrequenzteil
(Werkfoto: SSW)

5. Schutzgasanlagen

Als Schutzgas wird entweder Wasserstoff oder ein Gemisch von 20% Wasserstoff und 80% Stickstoff benutzt. Das Stickstoff-Wasserstoff-Gemisch hat den Vorteil, daß man hierbei unter der Explosionsgrenze

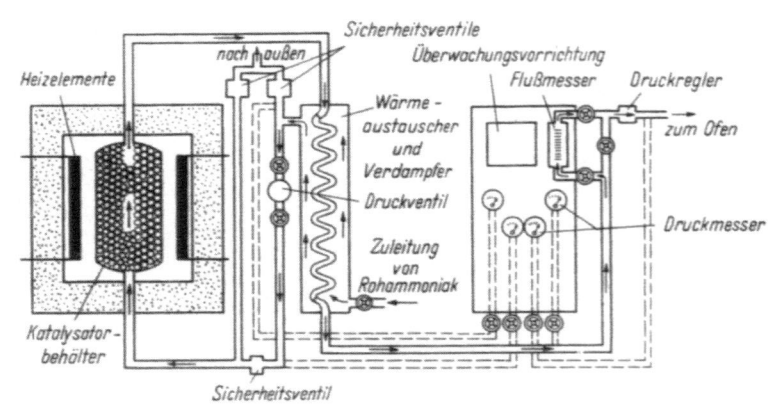

Abb. 6. Schutzgaserzeugeranlage zur Spaltung von Ammoniak bei 550—600° C (SSW)

liegt. Das Arbeiten mit solchen Gemischen ist also ungefährlicher als mit reinem Wasserstoff. Stickstoff-Wasserstoff-Gemische können auch durch Spaltung und partielle Verbrennung von Ammoniak erzeugt wer-

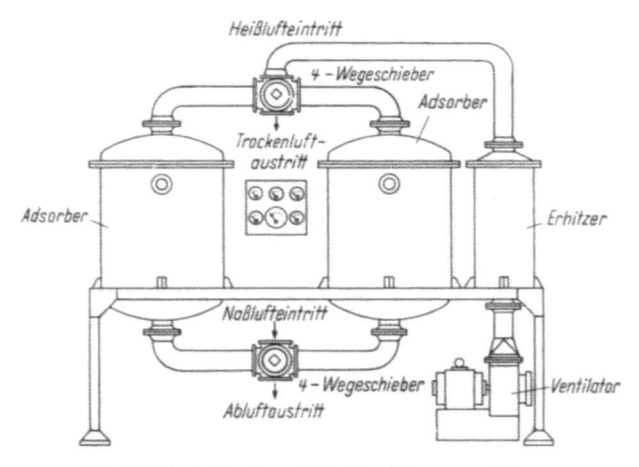

Abb. 7. Kieselgeltrockner (Gebrüder Herrmann, Köln)

den (Abb. 6). Die Grundbedingung bei der Verwendung von Schutzgasen ist eine sehr sorgfältige Trocknung (Abb. 7). Man schickt hierbei das Schutzgas durch einen mit einem Katalysator gefüllten Ofen, in dem Reste von Sauerstoff verbrannt werden. Anschließend strömt das Schutzgas durch einen oder mehrere mit Kieselgel gefüllte Trockentürme. Bei vollkontinuierlichem Betrieb wird jeweils durch einen Trockenturm heiße Luft geblasen und das Kieselgel von der aufgenommenen Feuchtigkeit befreit. Bei extremen Anforderungen an die Feuchtigkeitsfreiheit von Schutzgasen muß man durch Kälteaggregate die Restfeuchtigkeit ausfrieren.

6. Vakuumpumpen

Die Dimensionierung der Vakuumpumpen für Hochvakuumöfen muß ausgehen:

1. von dem geforderten Druck,
2. von der Gasabgabe sämtlicher Innenteile des Ofens und der zu glühenden und zu schmelzenden Substanzen.

Die Unterschätzung der Gasabgabe erklärt das Versagen so mancher Vakuumofenkonstruktion. Die Pumpen müssen daher in allen Fällen reichlich dimensioniert werden. Von den heute zur Verfügung stehenden Vakuumpumpen kommen zur Zeit für die Zusammenstellung von geeigneten Pumpensätzen in Betracht:

1. rotierende Ölpumpen,
2. rotierende Pumpen nach dem Roots-Prinzip,
3. Quecksilberdampfstrahlpumpen,
4. Öldampfstrahlsauger,
5. Quecksilberdiffusionspumpen,
6. Öldiffusionspumpen.

Für Drücke von 10^{-1} bis zu 10^{-2} Torr genügen ein- bzw. zweistufige rotierende Ölpumpen, die heute von vielen Firmen in konstruktiv verschiedener Ausführung geliefert werden. Auch für Vakuumpumpen wurde neuerdings das Roots-Prinzip angewendet [L 2]. Bei diesen Pumpen bewegen sich zwei gegenläufige Drehkolben in einem entsprechend ausgebildeten Gehäuse. Bei Verwendung einer solchen Pumpe mit einer normal rotierenden Pumpe als Vorpumpe gelingt es, Drücke von 10^{-1} bis 10^{-2} Torr bei günstigen Sauggeschwindigkeiten zu erzeugen. Bei großen abzusaugenden Gasmengen kann man bei Drücken bis zu 10^{-1} Torr Öldampfstrahlsauger oder auch Quecksilberdampfstrahlpumpen verwenden. Der Öldampfstrahlsauger bietet in vielen Fällen durch die Verwendung von Öl gegenüber Quecksilber Vorteile, benötigt jedoch mehr Raum für den Einbau. Sofern ein besseres Vakuum als 10^{-3} Torr benötigt wird, muß man zu Quecksilber- oder Öldiffusionspumpen greifen. Die Öldiffusionspumpe hat heute für technische Großanlagen die Quecksilberdiffusionspumpe verdrängt, da man hierbei ohne das Ausfrieren mit flüssiger Luft auskommt. Die Öldiffusionspumpe benötigt allerdings einen niedrigeren Vorvakuumdruck als die Quecksilberdiffusionspumpe. Die Quecksilberdampfpumpe läßt sich leicht mit Dampfstrahldüsen ausrüsten, so daß sie mit einem höheren Vorvakuumdruck auskommt. Die rotierenden Vorvakuumpumpen fallen daher für Öldiffusionspumpen bei dem geforderten Vorvakuum von 0,1 Torr sehr groß aus. Bei großen Anlagen ist es zweckmäßig, zwischen die Öldiffusionspumpe und die rotierende Pumpe einen Öldampfstrahlsauger zu schalten. Dieser ermöglicht einmal die Verwendung kleinerer rotierender Ölpumpen, außerdem füllt er das zwischen der rotierenden Vorpumpe und der Öldiffusionspumpe in der Gegend von 10^{-2} Torr bestehende Gebiet schlechter Saugleistung einigermaßen gut aus.

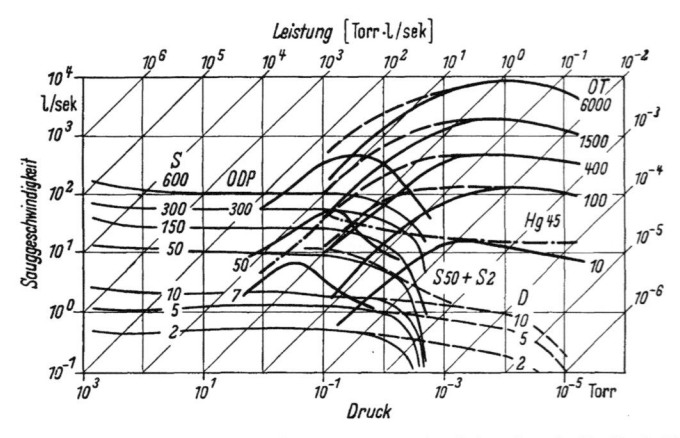

Abb. 8. Leistungen verschiedener Vakuumpumpen (nach Angaben der Fa. Leybold)

Einen Überblick über die Leistung der zur Zeit vorhandenen Pumpentypen (Fa. Leybold) gibt das Diagramm (Abb. 8). Man sieht hierbei, daß die Leistungen der einstufigen rotierenden Ölpumpen bei Drücken unter 10^{-2} Torr stark absinken. Bei zweistufigen Pumpen erreicht man 1—2 Größenordnungen mehr. Die Öldiffusionspumpen fallen in ihrer Leistung je nach dem Treibmittel bei Drücken, die größer als 10^{-2} Torr sind, mehr oder weniger stark ab. Bei den starken Gasausbrüchen, die beim Sintern und Schmelzen von Metallen und anderen Substanzen auftreten, kommt es vor, daß die Leistung der Öldiffusionspumpe nicht so stark bemessen werden kann, um in jedem Fall die entstandenen Gasmengen so schnell abzupumpen, daß das Vakuum nicht absinkt. In einem solchen Fall gerät man vielfach in ein Gebiet, in dem die Öldiffusionspumpe nicht mehr richtig arbeitet und die rotierende Ölpumpe erst recht nicht in ihrer Leistung ausreicht, den Gasausbruch schnell zu beseitigen. Eine kleine Verbesserung haben hier die in letzter Zeit erschienenen Öldampfstrahlsauger (ODP) gebracht. Auch sie reichen jedoch in ihren Leistungen bei größeren Öldiffusionspumpen nicht aus. Die ideale Charakteristik zeigt für solche Fälle die Quecksilberdampfstrahldiffusionspumpe Hg 45, die das Maximum ihrer Saugleistung bei einem Druck von 10^{-1} Torr hat. Leider ist diese Pumpe in ihrer Anwendbarkeit begrenzt, da erstens Quecksilber in vielen Anlagen nicht tragbar ist und zweitens für große Anlagen die entsprechenden Typen fehlen. Die Leistung der Hg 45 beträgt bei einem Druck von

10^{-3} Torr $2 \cdot 10^{-2}$ Torr l/sek
10^{-2} Torr $3 \cdot 10^{-1}$ Torr l/sek
10^{-1} Torr 4 Torr l/sek

Demgegenüber beträgt die Saugleistung einer vergleichbaren Öldiffusionspumpe OT 100 bei Betrieb mit Treibmittel bei

10^{-3} Torr rund 10^{-1} Torr l/sek
10^{-2} Torr $8 \cdot 10^{-1}$ Torr l/sek
10^{-1} Torr 1 Torr l/sek

Bei Betrieb mit Apiezon-Öl liegen die Zahlen der OT 100 wie folgt:

10^{-3} Torr $8 \cdot 10^{-2}$ Torr l/sek
10^{-2} Torr $1,5 \cdot 10^{-1}$ Torr l/sek
10^{-1} Torr $1,5 \cdot 10^{-1}$ Torr l/sek

Diese Zahlen zeigen, wie stark die Saugleistung einer Quecksilberdampfstrahlpumpe im Vergleich zur Öldiffusionspumpe nach niedrigen

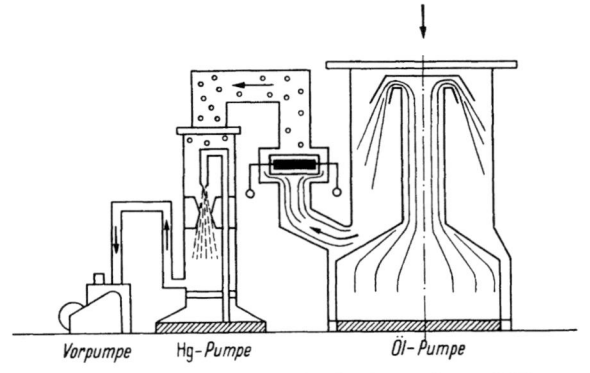

Abb. 9. Pumpenkombination für Hochvakuumanlagen (SSW)

Drücken ansteigt. Gerade für Hochvakuumöfen ist eine derartige Charakteristik von außerordentlich großer Bedeutung. Man ist jetzt gezwungen, die Öldiffusionspumpe sehr stark zu überdimensionieren. Auch die Verwendung eines Öldampfstrahlsaugers ermöglicht nur eine Verkleinerung der rotierenden Ölpumpe, aber nicht die Realisierung einer Charakteristik, wie sie die Hg 45 zeigt. Hierzu bedürfte es der Ausbildung erheblich größerer Öldampfstrahlsauger, als sie zur Zeit vorhanden sind.

Inzwischen ist es jedoch gelungen, die Quecksilberdampfstrahlpumpe mit ihren günstigen Eigenschaften ebenfalls in Kombination mit Öldiffusionspumpe und rotierender Vorpumpe zu benutzen (Abb. 9 und Abb. 10) [H 2] [D 3]. Die Schwierigkeiten, die im Eindringen von Öldämpfen aus der Öldiffusionspumpe in die Quecksilberdampfstrahlpumpe liegen, konnten beseitigt werden durch Einschaltung eines kleinen Krackofens in die Vorvakuumleitung der Öldiffusionspumpe. Hierdurch werden eingedrungene Öldämpfe aufgespalten und in gasförmige Kohlenwasserstoffe verwandelt, die von der Quecksilberdampfstrahlpumpe abgepumpt werden. Es gelingt mit dieser Methode, die Größe der rotierenden Vorpumpe auf den zehnten Teil zu senken.

Abb. 10. Kombination von Öl- und Hg-Dampfpumpe (Werkfoto: SSW)

7. Lecksucheinrichtung

Beim Bau und Betrieb jeder Vakuumapparatur wird es von Zeit zu Zeit immer wieder vorkommen, daß Undichtigkeiten an der Apparatur auftreten. Zum Aufsuchen derartiger Undichtigkeiten stehen mehrere Methoden zur Verfügung. Man kann an die Apparaturen ein Massenspektrometer anschließen und die Schweißnähte und Dichtungsstellen mit Wasserstoff oder Helium aus einer Düse absprühen. Diese Methode ist sehr empfindlich, aber auch teuer. Ein weiteres Verfahren besteht darin, den Vakuumkessel mit Ammoniak bei einem Überdruck von 1—2 atü zu füllen und die Anlage mit Tüchern abzudecken, die mit einem Farbindikator getränkt sind. Undichtigkeiten werden dann durch Farbumschlag angezeigt. Ein sehr handliches Gerät, das vor einiger Zeit auf dem Markt erschienen ist, arbeitet mit einem Ionisationsmanometer mit Pt-Kathode. Ein derartiges Manometer ändert seinen Ausschlag beim Eindringen von Cl-Ionen. Sprüht man die zu untersuchenden Apparaturen z. B. mit Frigen ab, so ändert das Instrument seinen Ausschlag oder es tritt in einem kleinen Lautsprecher ein Schnarrton auf.

8. Vakuummeßeinrichtung

Für den Betrieb von Vakuumöfen ist es wichtig, jederzeit das im Ofenraum und an den einzelnen Pumpen herrschende Vakuum zu kennen und zu überwachen. Es stehen hierzu heute eine Reihe handelsüblicher Meßgeräte zur Verfügung. Für Drücke bis 10^{-3} Torr werden Hitzdrahtmanometer nach PIRANI und Thermokreuze verwendet, für niedrigere Drücke Ionisationsmanometer mit kalter Kathode oder Glühkathode. Sämtliche Meßgeräte sind abhängig von der Gasart. Ein gasunabhängiges Meßgerät ist vor einiger Zeit von der Fa. Heraeus auf den Markt gebracht worden. Es benutzt die Druckabhängigkeit des von einer geheizten Fläche ausgehenden Molekulardruckes (Knudsen-Manometer) [K 4].

C. Beschreibung der einzelnen Ofentypen

Im folgenden sollen die bereits erläuterten Erhitzungsmethoden sowie die angeführten Bauelemente an einzelnen ausgeführten Ofentypen besprochen werden.

1. Schutzgasofen

a) **Molybdänofen.** Der einfachste Molybdänofen ist [F 1] der sog. Innenwicklungsofen. Bei diesem Ofen wird der Molybdändraht auf eine sehr originelle Weise in das als thermische Isolation verwendete Aluminiumoxyd eingebracht. Hierbei wird der Molybdändraht auf eine Schraubenspindel (Abb. 11) in einer Rille aufgewickelt und an beiden Enden durch eine kleine Lasche festgeklemmt (Abb. 12). Nun wird die Spindel in das Ofengehäuse hineingestellt und der Ofenmantel mit feuchter Tonerde ausgestampft. Löst man dann die Befestigungsschellen an den beiden Enden der Spindel, so kann man die Spindel aus der Stampfung herausschrauben, wobei der Draht auf der glatten Oberfläche der Spindel gleitet und von der rauhen Stampfung festgehalten wird. Der Draht befindet sich also dann in den Rillen eines Innengewinderohres. Nach Trocknung der Stampfung kann der Ofen hochgeheizt werden, wobei der innere Teil der Stampfung zu einem Rillenrohr zusammensintert. In dem schematischen Bild (Abb. 13) sind das innere Gewinderohr in der Stampfung, der wassergekühlte Mantel, die

Stromanschlüsse sowie die beiden wassergekühlten Abschlußkappen zu sehen. Die erreichbaren Temperaturen betragen bei einem derartigen

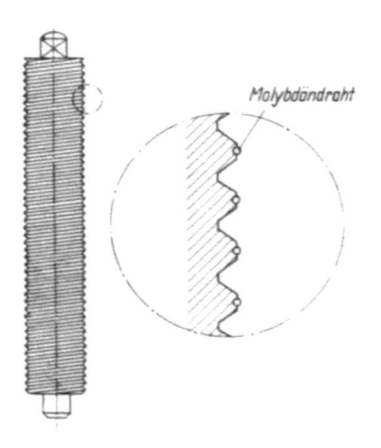

Abb. 11. Spindel für Wicklung von Molybdänöfen (SSW)

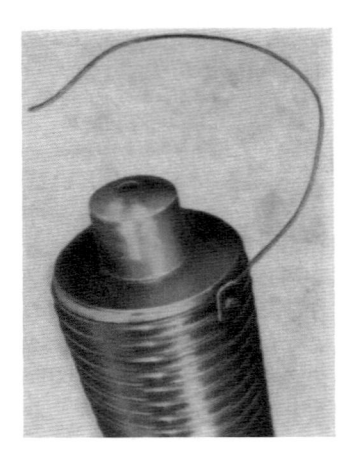

Abb. 12. Spindel mit aufgebrachter Molybdänwicklung für Molybdäninnenwicklungsofen (Werkfoto: SSW)

Ofen in reduzierender Atmosphäre 1800° C. Der Ofen ist auf drei Säulen gelagert, um ihn in die Vertikale zu justieren. Das Glühgut bzw. der Schmelztiegel kann nach unten ausgefahren werden. Im allgemeinen werden zwei dieser Öfen zu einer Gruppe auf einem Arbeitstisch vereinigt, der zugleich die Bedienungsorgane wie Schalter, Gasmeßuhren, Wasserregelung und Regeltransformatoren enthält (Abb. 14) [H 3]. Diese Ofentype kann auch zum Schmelzen größerer Metall-, Glas- oder Emailmengen mit einem eingehängten Tiegel ausgerüstet und der ganze Ofen um eine horizontale Achse gekippt werden, so daß das Schmelzgut in eine Form gegossen werden kann (Abb. 15). Diese Ofenbauweise kann von sehr kleinen Abmessungen, z. B. 10 mm Durchmesser, bis zu einem größten Durchmesser von 200 mm ausgeführt

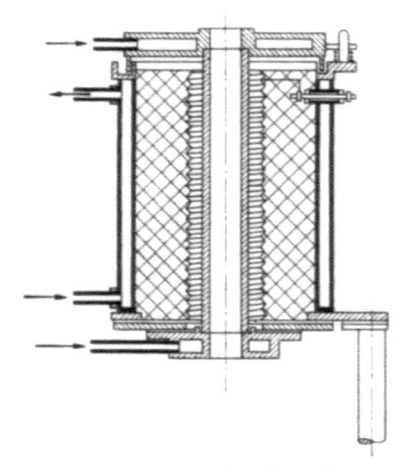

Abb. 13. Sinterofen mit Molybdäninnenwicklung bis 1800° C (SSW)

werden. Die gesamte Anordnung eines Ofens mit 200 mm Durchmesser ist aus Abb. 16 zu ersehen. Der Ofenkörper ruht auf drei Säulen. Das Glühgut, in diesem Falle

Beschreibung der einzelnen Ofentypen

ein Tiegel, steht auf einem Stützgestell und kann mit Hilfe einer Hydraulik nach unten ausgefahren werden. Die erreichbare Temperatur beträgt bei diesem Ofen 1700° C. Bis zu Temperaturen von etwa 1500° C lassen sich derartige Öfen auch als kontinuierliche Durchlauföfen aus-

Abb. 14. Sinterofen mit Molybdäninnenwicklung bis 1800° C (Werkfoto: SSW)

Abb. 15. Kippbarer Molybdänofen (Werkfoto: SSW)

führen, wie aus Abb. 17 zu ersehen ist. Die Heizwicklung ist hierbei mäanderförmig ausgebildet und an den Decksteinen des Heizkanals befestigt. Das Glühgut wird in Kästen eingefüllt und durch den Ofen, der an beiden Seiten mit Schleusen versehen ist, hindurchgeschoben.

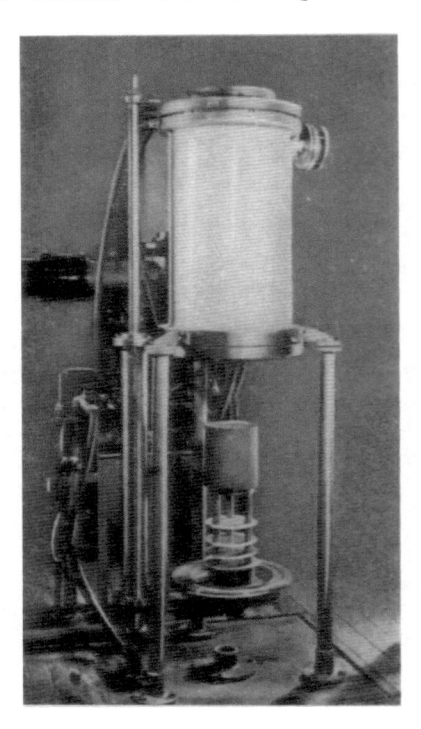

Abb. 16. Ofen mit Molybdänwicklung 1700° C, 220 mm Durchmesser (Werkfoto: SSW)

Abb. 17. Degussa-Kippstuhlofen

b) Öfen für oxydierende Atmosphäre.

Für sehr hohe Temperaturen (2000° und höher) in oxydierender Atmosphäre ist man auch heute noch auf eine sehr alte Methode angewiesen, die zwar kein elektrothermisches Verfahren ist, aber hier des allgemeinen Interesses halber erwähnt sei: nämlich den Parabolspiegel. In Deutschland wurden bereits mehrere Jahre vor dem Kriege von STRAUBEL [S 2] in Jena Versuche mit großen Scheinwerferspiegeln durchgeführt, und im Ausland wird diese Methode in zunehmendem Umfang zum Schmelzen und Sintern von Oxyden angewandt. Abb. 18 zeigt das Schema des STRAUBELschen Sonnenofens. Die Sonnenstrahlung fällt auf einen Planspiegel, wird von dem Parabolspiegel gesammelt und auf das Präparat konzentriert. Mit Hilfe einer Linse sowie einer kleinen Bohrung im Sammelspiegel kann man über eine Projektionseinrichtung das Präparat beobachten und eine optische Temperaturmessung vornehmen.

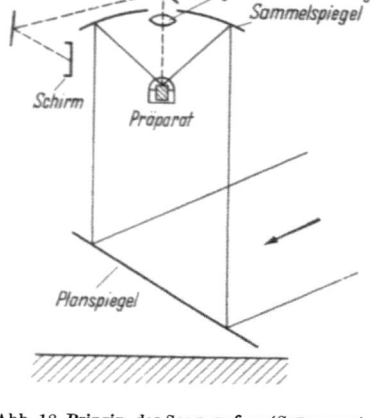

Abb. 18. Prinzip des Sonnenofens (STRAUBEL)

Der auf S. 327 u. ff. beschriebene Molybdänofen mit Innenwicklung läßt sich auch für Arbeiten in oxydierender Atmosphäre benutzen, wenn man, wie bereits aus Abb. 13 ersichtlich, in das innere Gewinderohr ein gasdichtes keramisches Rohr einsetzt. Die Längenausdehnung des Rohres wird mit Hilfe der oberen Kappe dadurch kompensiert, daß ein Kragen am oberen Rand des Ofenmantels in einen Ölring taucht, so daß die Kappe sich bewegen kann. Derselbe Effekt kann auch mit Hilfe eines

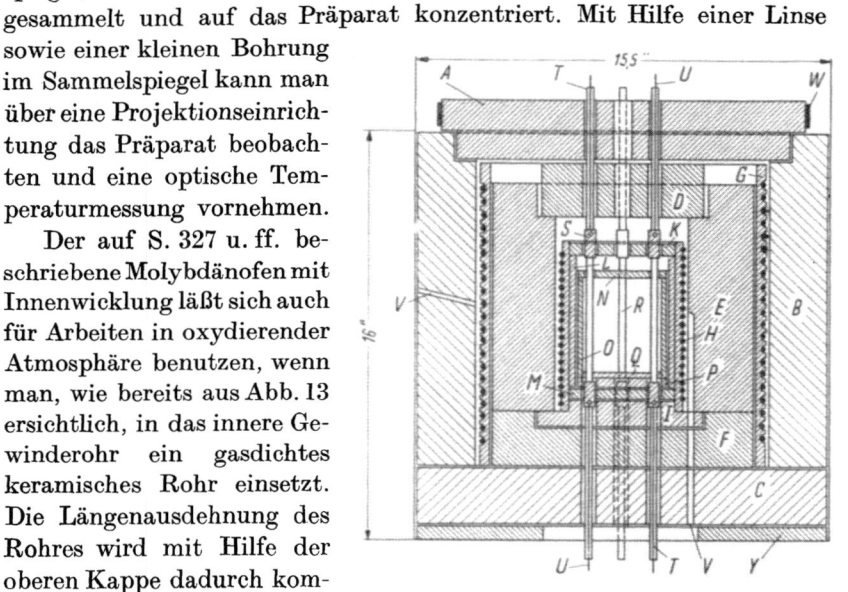

Abb. 19. Geller-Thorium-Widerstandsofen mit 8 Heizelementen. National Bureau of Standards.
A, B und C Isoliersteine für 1200° C, D, E und F Isoliersteine für 1650° C, G Schamottetragkörper für Ni-Cr-Heizwicklung, H Korundtragkörper für Platin-Legierungs-Heizwicklung, J Korundscheibe, K, L und M Scheibe und Zylinder aus Thoriumoxyd, R Widerstände der Heizelemente, S Anschlußkontakte, T Isolation für Stromzuführungen, U Stromzuführungen, V Thermoelementzuführung, W Stahlbandage für Ofenabdeckung, X Stahlgehäuse, Y Grundplatte

Faltenbalges aus Tombak oder nichtrostendem Stahl erreicht werden. Mit Hartporzellanrohren ist es möglich, Temperaturen von 1500° C, mit Sintertonerde 1700° C zu erreichen.

Für Temperaturen bis 1900° C verwendet man die bereits beschriebenen Thoriumoxydstäbe. Einen Schnitt durch einen Ofen mit Thoriumoxydstäben zeigt Abb. 19 [*C 1*], die Stäbe bilden den Mantel eines Zylinders. Jeder Heizstab ist für sich mit einem Kontakt aus geschmolzenem Zirkonoxyd versehen und nach außen geführt. Der Heizraum wird von einem Sintertonrohr abgeschlossen, das eine Platinrhodiumwicklung trägt. Um die Wärmeverluste möglichst zu reduzieren, ist zwischen dem äußeren und inneren Isoliermantel nochmals eine Heizwicklung angeordnet. Der Heizraum hat etwa 42 mm Durchmesser und 63 mm Höhe, ist also nur für das Erhitzen sehr kleiner Proben bei Laboratoriumsarbeiten geeignet.

c) **Wolframöfen.** Um höhere Temperaturen zu erreichen, ist man in der Hauptsache auf Wolfram als Heizleitermaterial angewiesen. Das Wolfram wird hierbei in Form von Wolframstäben benutzt. Das Ofengehäuse (Abb. 20) besteht aus einem wassergekühlten Mantel und den für den

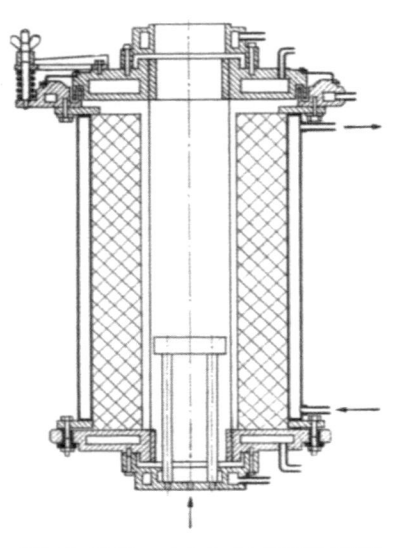

Abb. 20. Wolframstabofen bis 2200° C (SSW).

gasdichten Abschluß erforderlichen oberen und unteren Abschlußkappen. Die Wolframstäbe werden in die Kappen eingeklemmt, wobei die Längenausdehnung von der oberen Kappe dadurch ausgeglichen wird, daß sie mit einem Kragen in eine Ölrinne taucht. Durch Federn wird dafür gesorgt, daß die Kappe die Wolframstäbe etwas anspannt und bei Ausdehnung der Wolframstäbe nach oben ausweichen kann. In neuester Zeit geht man dazu über, jeden Wolframstab einzeln zu führen und durch Federn den Stab zu spannen, so daß die Längenausdehnung ausgeglichen wird. Derartige Öfen sind in einem späteren Kapitel bei den Hochvakuumöfen beschrieben (s. S. 337/338, Abb. 26 u. 27). Die Stromzuführung, in diesem Falle 4000 A, erfolgt durch Litzen, die von einem wassergekühlten Ring an die bewegliche Kappe geführt sind.

Für Temperaturen von 2500—3000° C wird bei kleinen Heizrohrdurchmessern heute noch eine seit vielen Jahren bewährte Konstruktion, der Wolframrohrofen, benutzt [*F 1*]. Als Heizwiderstand dient hierbei ein gesintertes Wolframrohr von 12 mm Innendurchmesser und 1 mm Wandstärke (Abb. 21). Die Betriebsspannung beträgt etwa 7 V bei 1100 A. Besonderer Wert muß bei dieser Konstruktion auf die Kontakte gelegt werden; man befestigt das Rohr zu diesem Zweck in wassergekühlten Kupferblöcken. Es muß ferner dafür gesorgt werden — wie aus der Abb. 21 ersichtlich —, daß die Ausdehnung des Wolframrohres frei erfolgen kann. Aus diesem Grunde muß das eine Kontaktstück auf

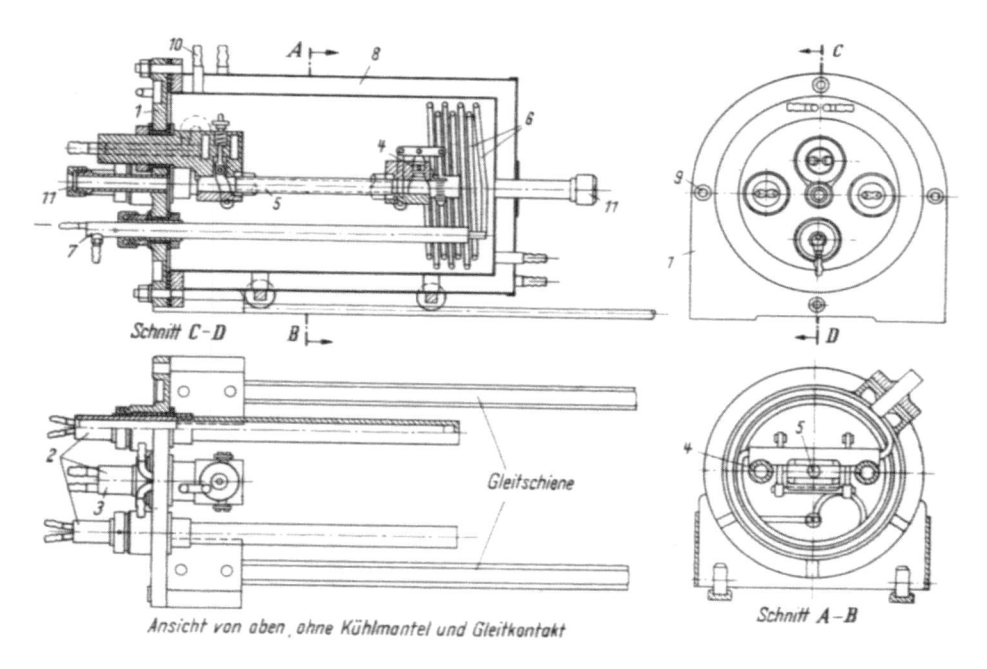

Abb. 21. Wolframrohrofen (Osram)

einer Gleitschiene laufen und die Wasserzufuhr mit Hilfe einer Kupferrohrspirale ebenfalls elastisch ausgebildet werden. Da bei Temperaturen von 2500—3000° C die Wärmeverluste in der Hauptsache auf Wärmeabstrahlung beruhen, wird das Wolframrohr sehr gut poliert. Zur weiteren Verringerung der Strahlungsverluste kann man entweder Molybdänschirme anordnen oder den Ofenkörper mit Wolframwolle füllen. Diese Öfen werden insbesondere in der Glühlampen- und Radioindustrie zum Glühen von Wendeln und anderen Bauteilen benutzt.

2. Hochvakuumöfen

a) Molybdänöfen. Wie bereits ausgeführt, läßt sich im Hochvakuum Molybdän nur bis zu Temperaturen bis 1500° C benutzen [H 1], da darüber eine merkliche Molybdänverdampfung auftritt. Hierbei ist der Heizträger auf ein keramisches Rillenrohr aufgebracht. Der Ofenkörper besteht aus einem wassergekühlten Mantel, der mit einem Flansch für den Anschluß der Hochvakuumpumpe versehen ist. Das keramische Rohr ist auf der unteren wassergekühlten Kappe gelagert. Der Ofenkörper selbst wird durch eine obere und eine untere Kappe mit Hilfe eines zwischengelegten Gummiringes hochvakuumdicht abgedichtet. Ein ausgeführter Ofen ist in Abb. 22 zu sehen. Die thermische Isolation kann

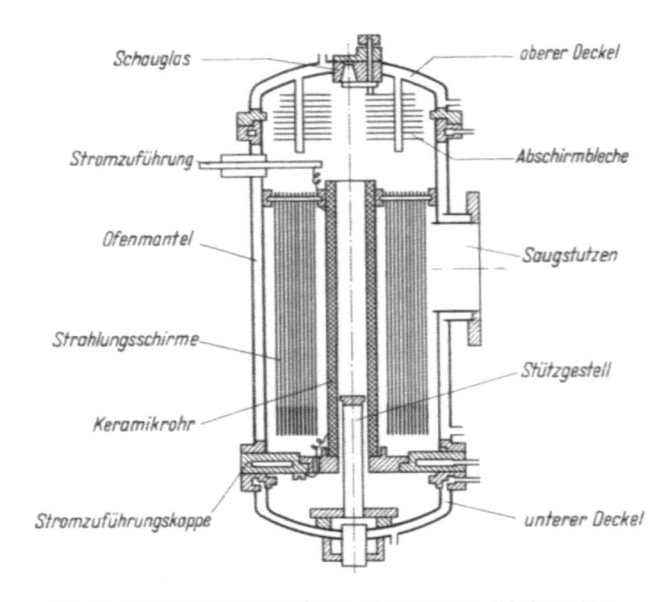

Abb. 22. Hochvakuumofen und Molybdänwicklung; Schnitt (SSW)

im Hochvakuum nicht mehr mit Hilfe von pulverförmigen Isolierstoffen wie Magnesiumoxyd oder Zirkonoxyd vorgenommen werden. Diese Stoffe würden im Hochvakuum zu stark gasen, so daß man sehr große Pumpenanlagen und lange Pumpzeiten benötigen würde. Man wendet daher, wie aus Abb. 22 ersichtlich, sogenannte Strahlungsschirme an, die aus hochglanzpolierten Molybdän-, Eisen- und Nickelzylindern bestehen. Die Schirme werden mit einer Haltekonstruktion aufgehängt, so daß sie sich frei ausdehnen können. Um das Glühgut zu beobachten, ist in der oberen Kappe ein Schauloch angebracht, das von einer Blende verdeckt wird. Die Blende ist an einer Drehdurchführung befestigt, um ein unnötiges Bedampfen des Schauglases zu verhindern. Um bei Bedampfung der Scheibe diese wieder durchsichtig zu machen, ist an einer Drehdurchführung eine kleine Bürste angeordnet, mit deren Hilfe die Scheibe wieder blankgeputzt werden kann. Der Ofen ist auf einem begehbaren Gestell aufgebaut. Die Öldiffusionspumpe ist an einem Krümmer unter Zwischenschaltung eines Hochvakuumplattenventils befestigt. Als Vorpumpe dient eine rotierende Ölpumpe. Sämtliche Ventile sind mit einem Hochvakuumventil zu einem Block vereint und so ausgebildet, daß die einzelnen Arbeitsphasen, wie z. B. das Auspumpen des Behälters, mit Hilfe der Vorpumpe bei ausgeschalteter Hochvakuumpumpe sowie das Um-

Abb. 23. Hochvakuumofen, 1500° C, mit Molybdänheizung, 100 mm Heizraumdurchmesser
(Werkfoto: SSW)

schalten von der Vorpumpe auf die Öldiffusionspumpe durch Betätigen eines Schalthebels erfolgen, wobei die einzelnen Ventile gegeneinander verriegelt sind, damit z. B. die Öldiffusionspumpe beim Lüften nicht geöffnet werden kann. Ein Bild der gesamten Anordnung gibt Abb. 23. Man kann den Molybdänheizkörper auch frei tragend in Mäanderform anordnen, wie Abb. 24 zeigt. Der Heizkörper bildet hier einen Heizzylinder, bei dem der Molybdändraht in Mäanderform auf- und niedergeführt ist und an einem oberen wassergekühlten Flansch befestigt wird. Die Bauweise des Ofens ist hierbei dieselbe wie sie bereits besprochen wurde. Für kleinere Laboratoriumsöfen sind auch Ausführungen bekannt geworden, bei denen der zylindrische Heizkörper aus Molybdänstreifen durch Zusammenschweißen aufgebaut ist [K 2]. Für sehr große Ofenabmessungen, z. B. Glühen von Dynamoblechen bis zu mehreren Tonnen, muß die beschriebene Bauweise mit zylinderförmigem

Gehäuse verlassen werden. Um den Preis des Ofens auf ein wirtschaftlich tragbares Maß zu senken, wird der Ofen in Form einer wassergekühlten doppelwandigen Schachtel ausgeführt, so daß nur eine einzige Hochvakuumdichtung erforderlich ist (Abb. 25). Decke und Boden des Ofens werden durch Heizleiter, die in keramische Halterungen eingebettet sind, beheizt, und die thermische Isolation wird mit Strahlungs-

Abb. 24. Hochvakuumofen mit frei tragendem Molybdänheizkörper (Werkfoto: Gerätebauanstalt Balzers/Liechtenstein)

schirmen vorgenommen. Das gesamte Oberteil des Ofens kann mit Hilfe eines Kranes abgehoben werden, so daß die Bleche auf dem Boden des Ofens geschichtet werden können. Die Öldiffusionspumpe ist an den Ofen unten angeflanscht. Zur Herabsetzung des Preises der Hochvakuumanlage wird eine Quecksilberdampfstrahlpumpe zwischen die rotierende Pumpe und die Öldiffusionspumpe geschaltet. Hierdurch ist es möglich, die rotierende Ölpumpe in der Größe auf den zehnten Teil zu verringern.

b) **Wolframstaböfen.** Sofern man im Hochvakuum Temperaturen über 1500° C erreichen will, ist man gezwungen, zu Wolframstäben als Heizwiderstand zu greifen. Besonders wichtig ist im Hochvakuum die

Beschreibung der einzelnen Ofentypen   337

Kontaktierung der Stäbe und der Ausgleich der Längenänderung infolge Erhitzung. Die Wolframstäbe werden daher in eine Halterung eingesintert (Abb. 26), so daß sie in einer Führung gleiten und durch eine Feder gespannt werden können. Die Stromzuführungen in Form von

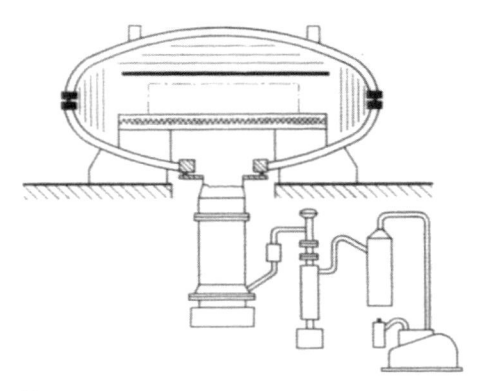

Abb. 25. Hochvakuumglühofen für Dynamoblech (SSW)

starken Litzen (Abb. 27) werden in die Halterung hart eingelötet und in die Ofenkappen eingeklemmt. Die Stäbe werden so angeordnet, daß sie den Mantel eines Zylinders bilden, wobei sie mit Hilfe eines angesinterten kleinen Konusses oben in einem wassergekühlten Flansch

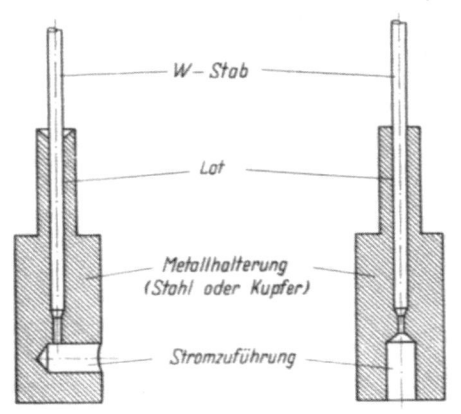

Abb. 26. Halterung von Wolframheizstäben (SSW)

gehaltert sind und am unteren Teil des Ofenmantels in einer Buchse unter Federspannung sich bewegen können. Die Stromzuführungslitzen werden am unteren Ofenflansch angeklemmt, so daß es möglich ist, die erforderliche Stromstärke von 4000 A mit Hilfe des oberen und unteren

338   W. Hänlein: Elektrische Öfen für Temperaturen über 1500° C

Flansches den Wolframstäben zuzuführen. Die thermische Isolation erfolgt wieder durch hochglanzpolierte Blechzylinder von geringer Stärke. Ein Modell eines Hochvakuumofens mit Wolframstabbeheizung zeigt in

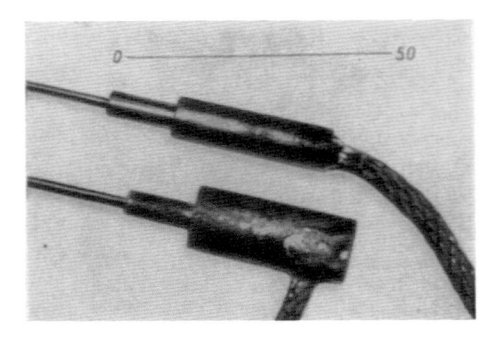

Abb. 27. Wolframstabhalterungen mit Stromzuführungen (Werkfoto: SSW)

Abb. 28. Hochvakuumofen 125 mm Durchmesser. 500 mm Heizlänge, beheizt mit Wolframstäben (Werkfoto: SSW)

der Ansicht Abb. 28, in der der Ofenmantel und die Stromzuführungsarmaturen zu erkennen sind.

Abb. 29 zeigt den Ofen in geöffnetem Zustand. Die untere Kappe kann hydraulisch abgefahren werden, so daß das auf einem Stützgestell stehende Glühgut frei zugängig wird. In dieser Abbildung sind die Stromzuführungslitzen ebenfalls deutlich zu erkennen. Der beschriebene Ofen hat eine lichte Weite von 125 mm bei einer Länge der Wolframstäbe von 700 mm. Eine größere Anlage mit einer lichten Weite von 320 mm und einer Betriebsstromstärke von 10000 A bei 25 V zeigt Abb. 30. Die Ausführung des Ofens ist dieselbe wie bereits beschrieben. Die Wolframstäbe sind oben und unten in wassergekühlten Flanschen gehaltert. Der Ofenmantel wird durch gewölbte Kappen hochvakuumdicht verschlossen. Der Ofen selbst ruht auf einer begehbaren Platt-

Abb. 29. Hochvakuumofen 125 mm Durchmesser, 500 mm Heizlänge, geöffnet (Werkfoto: SSW)

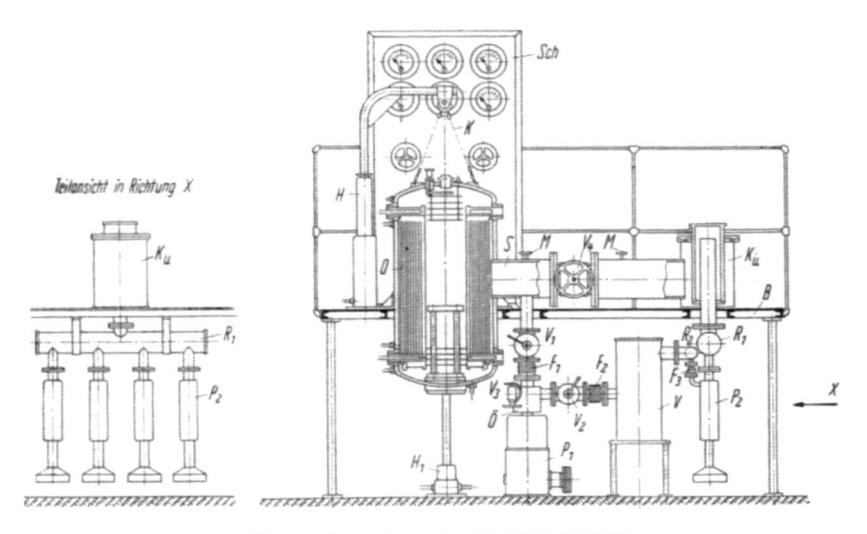

Abb. 30. Hochvakuumofen bis 2000° C (SSW)

form, wobei das Unterteil hydraulisch abgefahren werden kann. Das Schema zeigt eine Anordnung mit vier parallel geschalteten Quecksilberdampfstrahlpumpen, die bis zur Erreichung eines Vakuums von $5 \cdot 10^{-3}$ Torr ausreichend sind. Denselben Ofen, ausgerüstet mit einer Öldiffusionspumpe, um ein Vakuum von 10^{-4} bis 10^{-5} Torr zu erreichen, zeigt Abb. 31, aus der die Anordnung des Hochvakuumventils und der Öldiffusionspumpe sowie das hydraulisch ausgefahrene Glühgut erkennbar sind. Die Hydraulik ist bei diesem Ofen so ausgebildet, daß der Kolben

Abb. 31. Hochvakuumofen für 2000° C, 320 mm Heizraumdurchmesser (Werkfoto: SSW)

eine durchgeführte Kolbenstange besitzt, so daß man auf das obere Ende einen kleinen Galgen aufstecken kann, um mit Hilfe von drei Ketten auch den oberen Deckel abzuheben. Bei noch größeren Leistungen ist man gezwungen, für die Stromversorgung Drehstrom zu verwenden. Man muß also die von den Wolframstäben gebildete Mantelfläche des Heizzylinders in drei je 120° betragende Teile aufteilen und getrennt elektrisch versorgen. Konstruktiv wird das so gelöst, daß man die drei wassergekühlten Sektoren, in die die Wolframstäbe eingeklemmt werden, mit drei Ringen, die in der Höhe versetzt sind, zusammenschweißt, so daß man die Ringe mit Hilfe von Gummiringdichtungen

Beschreibung der einzelnen Ofentypen 341

gegeneinander abdichten und elektrisch isolieren kann. Man hat dann die drei Phasen außen am Ofen übereinander und im Ofen um 120° versetzt liegen (Abb. 32). Mit Graphitrohr beheizte Hochvakuumöfen sind im Prinzip genau so aufgebaut wie Wolframstaböfen. Das an den

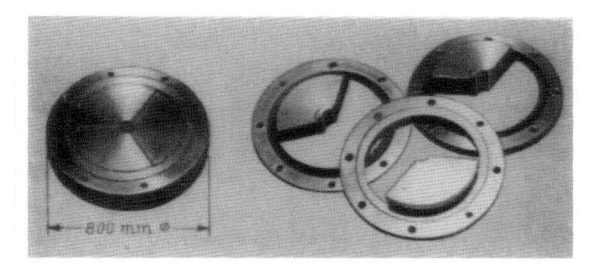

Abb. 32. Drehstromhochvakuumofen, Stromzuführungen (Werkfoto: SSW)

Enden verdickte Graphitrohr wird konisch abgedreht und in zwei wassergekühlten Flanschen gelagert, wobei im oberen Flansch eine Gleitbuchse zwischengeschaltet wird, um die Ausdehnung des Graphitrohres auszugleichen [D 1].

c) **Hochvakuum-Induktionsöfen.** Bei Hochvakuum-Schmelzöfen mit induktiver Beheizung [W 2] [W 3] [W 4] [W 5] wird bis zu Ein-

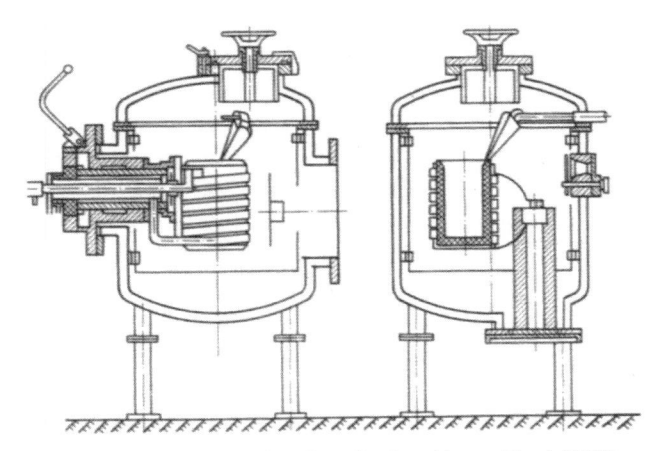

Abb. 33. Hochvakuuminduktionsofen mit schwenkbarem Tiegel (SSW)

heiten mit 200 kg Tiegelinhalt die Forderung gestellt, den Tiegel im Hochvakuum kippen und in eine Kokille ausgießen zu können. Desgleichen muß dafür gesorgt werden, daß, ohne den Ofen zu lüften, die Schmelze nachchargiert werden kann. Das Schema eines derartigen Ofens zeigt Abb. 33. Die den Tiegel enthaltende Induktionsspule ist hierbei an einer mit Simmerringen hochvakuumdicht abgedichteten Drehdurchführung befestigt. In der Drehdurchführung befindet sich die wassergekühlte konzentrische und elektrisch isolierte Stromzuführung. Mit Hilfe eines Hebels, der eine Arretiervorrichtung besitzt, um den Tiegel in jeder gewünschten Stellung festzuhalten, kann der Tiegel um die horizontale Achse der Drehdurchführung gekippt werden. Der Tiegelinhalt fließt hierbei in die auf der rechten Bildfläche erkennbare Kokille, die aus dem Ofengehäuse nach unten hydraulisch ausgefahren werden kann. Der Ofen besitzt ein seitliches und ein an dem Deckel angeordnetes

Abb. 34. Elektromagnetisch gesteuertes Ventil (Werkfoto: SSW)

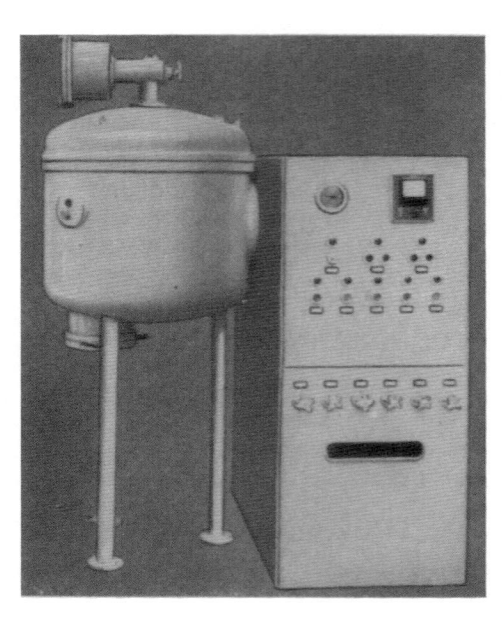

Abb. 35. Hochvakuum-Induktionsofen, 25 kg Tiegelinhalt mit angebautem Pumpstand und elektrisch gesteuerten und verriegelten Ventilen (Werkfoto: SSW)

Schauloch, um das Schmelzen und Gießen verfolgen zu können. Um induktive Erhitzungen des Stahlgehäuses zu vermeiden, ist im Innern des Gehäuses ein Kupferzylinder angeordnet, der das Hochfrequenzfeld gegen den Ofenmantel abschirmt. Die Nachchargierung erfolgt durch die im Ofendeckel befindliche Einrichtung. Sie besteht aus einer zylindrischen Kammer, die am Boden eine Öffnung besitzt. An der durch den Deckel mit Hilfe einer Drehdurchführung hochvakuumdicht durchgeführten Achse, die durch ein Handrad gedreht werden kann, befinden sich sechs um 60° versetzte Platten. Beim Drehen des Handrades fällt das in den Kammern befindliche Nachchargiergut aus der Öffnung in eine Schaufel, die durch eine Drehdurchführung heruntergeklappt wird,

Beschreibung der einzelnen Ofentypen 343

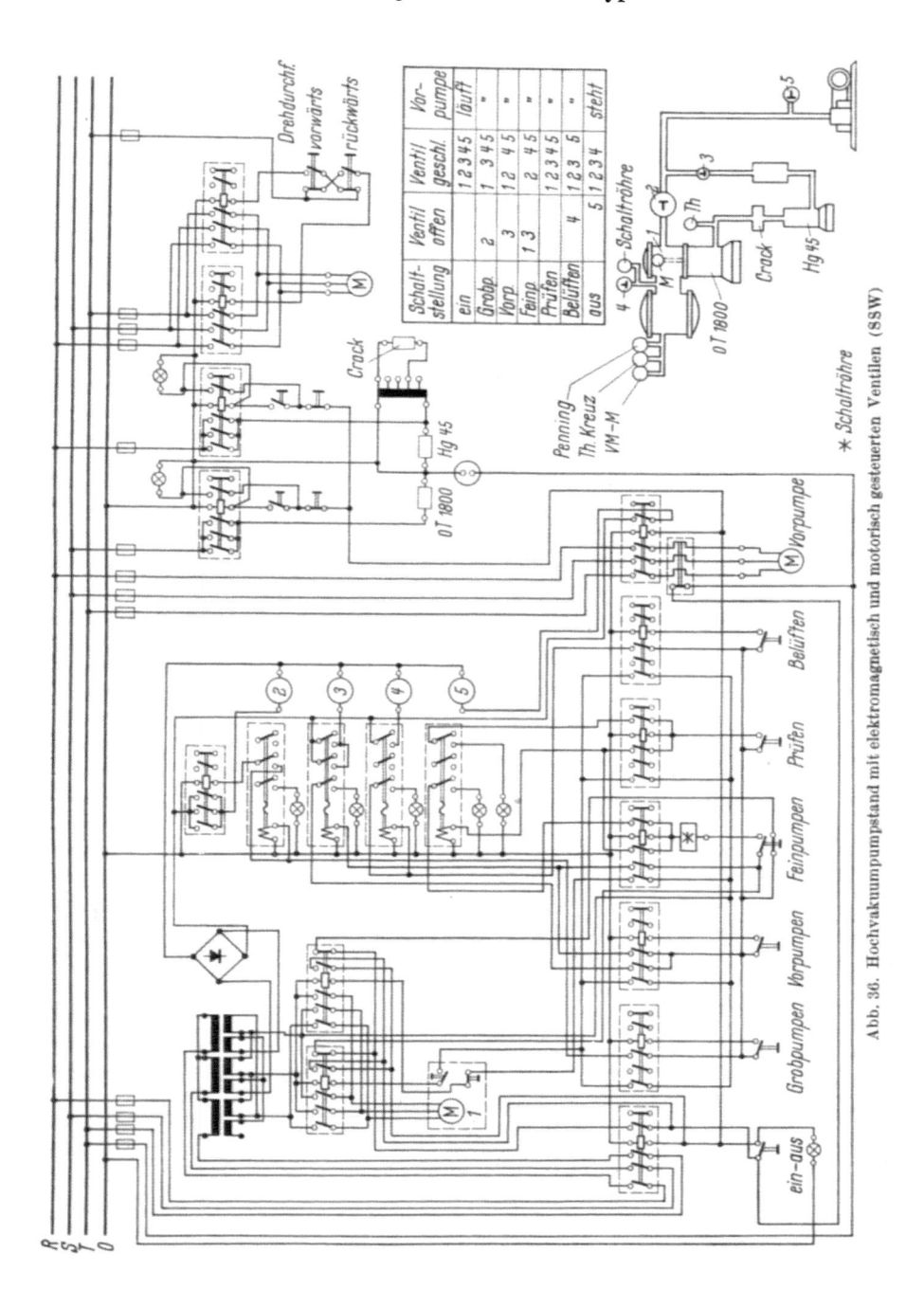

Abb. 36. Hochvakuumpumpstand mit elektromagnetisch und motorisch gesteuerten Ventilen (SSW)

so daß das Gut in den Tiegel hineinrutscht. Öfen in dieser Anordnung werden von den verschiedensten Firmen gebaut, sowohl mit stehendem als auch mit liegendem Kessel. Um die Bedienung noch mehr zu erleichtern und Verwechslungen beim Bedienen der Ventile auszuschließen, ist man neuerdings auch dazu übergegangen, elektromagnetisch gesteuerte Ventile (Abb. 34) zu verwenden, die elektrisch so verriegelt sind, daß die einzelnen Schaltstufen nur in einer bestimmten Reihenfolge vorgenommen werden können (Abb. 35 und 36). Derartige Öfen

Abb. 37. Hochvakuum-Induktionsofen, 250 kg Tiegelinhalt (Werkfoto: Balzers)

werden bis zu einem Tiegelinhalt von 250 kg mit kippbarem Tiegel gebaut, wie Abb. 37 zeigt.

Mit feststehendem Tiegel und Bodenausschmelzung lassen sich derartige Öfen bis zu 500 kg Tiegelinhalt ausführen. Welche Dimensionen man beherrscht, ist aus Abb. 38 zu ersehen. Der Ofen hat eine Gesamthöhe von 3,6 m und besitzt ein wassergekühltes Gehäuse und Nachfüllvorrichtung. Der Tiegel und die Induktionsspule ruhen auf keramischen Stützen. Am Tiegelboden befindet sich eine zweite kleine Induktionsspule, die einen keramischen Konus kühlt, der mit dem Tiegel dicht verbunden ist. In dem Konus wird vor dem Chargieren des Tiegels ein vorgedrehter passender Metalldorn eingesetzt. Durch die wassergekühlte kleine Spule wird ein Auslaufen des Tiegelinhalts verhindert. Will man den Tiegelinhalt in die an den Ofen angeflanschte Kokille entleeren, so erhitzt man den eingesetzten Dorn mit Hilfe eines durch die kleine Spule fließenden Stromes von 10 000 Hz, so daß der Dorn schmilzt und

Beschreibung der einzelnen Ofentypen 345

der Tiegelinhalt in die Kokille ausläuft. Die Gesamtanlage ist in Abb. 39 dargestellt. Der Ofenkörper, an den das Hochvakuumeckventil angeflanscht wird, ist in einem begehbaren Gestell aufgehängt. Die Öldiffusionspumpe mit einer Sauggeschwindigkeit von 30000 l/sek ist am Hochvakuumeckventil befestigt.

Die bisherigen Bauweisen von Hochvakuum-Induktionsöfen legten den Gedanken nahe, den Gesamtaufbau etwas organischer zu gestalten. Die Öldiffusionspumpe und das Hochvakuumventil wurden meist seitlich oder bei liegendem Kessel an dem einen Ende des Kessels angeflanscht. Man ist neuerdings nun dazu übergegangen, Sonderausführungen von Öldiffusionspumpen auszubilden, die in den Ofenkessel eingebaut werden (Abb. 40, rechts). Die Düsen der Öldiffusionspumpe haben hierbei denselben Durchmesser wie das Gehäuse. Man erreicht hierdurch sehr große

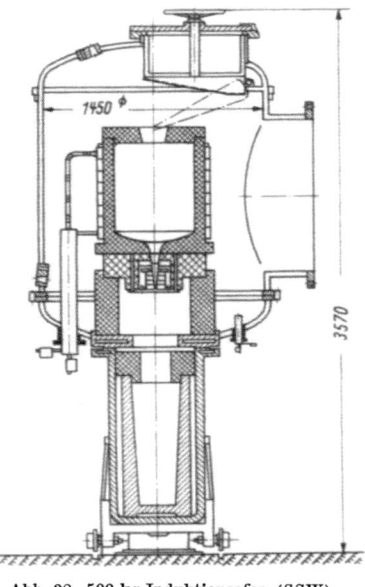

Abb. 38. 500-kg-Induktionsofen (SSW)

Saugleistungen, die nicht mehr durch ein Hochvakuumventil und die Zuleitung gedrosselt werden. Die aus der Schmelze entstehenden Dämpfe werden unmittelbar nahezu am Entstehungsort abgesaugt. Das Hoch-

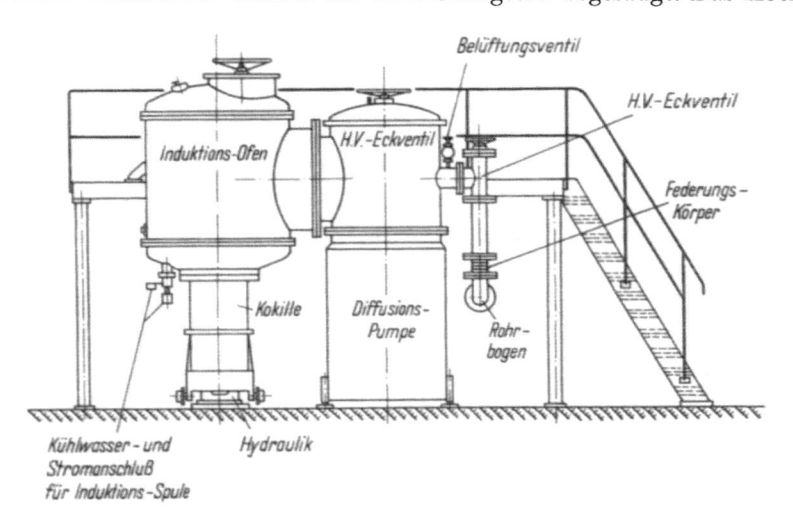

Abb. 39. Hochvakuumanlage für 500-kg-Induktionsschmelzofen (SSW)

vakuumventil kann eingespart werden, wenn man in den Ölbehälter der Öldiffusionspumpe eine Kühlschlange einbaut, die es gestattet, den Ölinhalt mit Hilfe hindurchgeleiteten Wassers schnell abzukühlen, so daß das Ofengehäuse geöffnet werden kann.

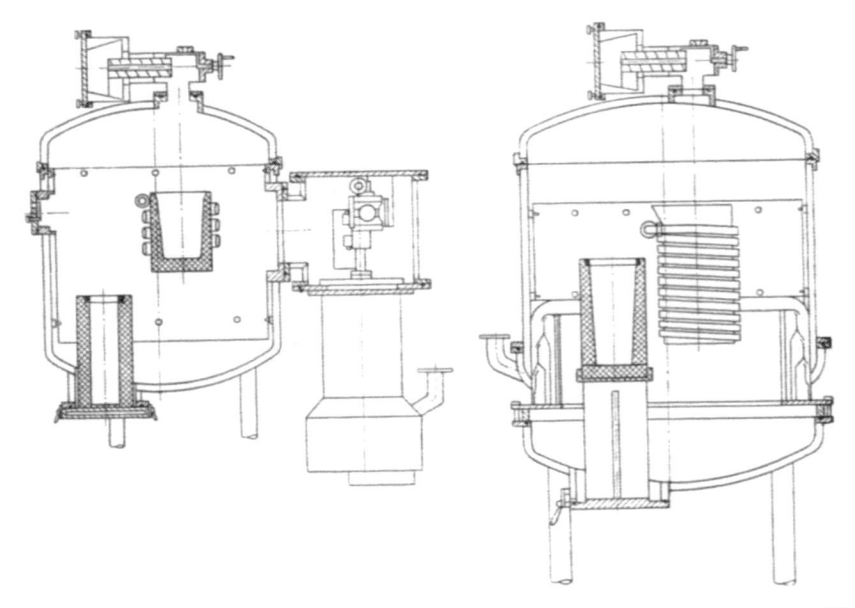

Abb. 40. Hochvakuum-Induktionsofen mit angeflanschter und eingebauter Diffusionspumpe (SSW)

d) Hochvakuum-Lichtbogenöfen. Bei den Hochvakuum-Lichtbogenöfen [G 2] [H 6] [H 4] [D 2], die insbesondere für das Schmelzen von Titan, Zirkon und ähnlichen hochwertigen Werkstoffen erforderlich sind, wird als eine Elektrode ein bereits vorhandener zylindrischer gesinterter Stab aus dem zu schmelzenden Material benutzt. Als Gegenelektrode wird eine wassergekühlte Kokille verwendet. Der Lichtbogen brennt zwischen dem in der Kokille befindlichen bereits geschmolzenen und wieder erstarrten Material und dem durch eine Nachschubeinrichtung bewegten gesinterten Stab aus dem zu schmelzenden Material. Abb. 41 zeigt einen amerikanischen Lichtbogenofen zum Schmelzen von Molybdän. Die zu einem festen Stab gesinterte Elektrode wandert in die wassergekühlte Kokille so weit hinein, daß ein ausreichender Lichtbogenabstand zwischen dem geschmolzenen Material und der Elektrode gewährleistet ist. Die ganze Anordnung ist in einem vakuumdichten Gehäuse eingeschlossen, so daß sie mit Hilfe einer aus Öldampfstrahlpumpe und rotierender Pumpe bestehenden Vakuumanordnung evakuiert werden kann. Es sind auch einige Ausführungen von Hochvakuum-

Lichtbogenöfen bekannt, bei denen die Elektrode im Hochvakuum aus Pulver gepreßt und gesintert wird. Hierbei muß die Geschwindigkeit des Sintervorganges und des Schmelzvorganges sorgfältig aufeinander abgestimmt werden.

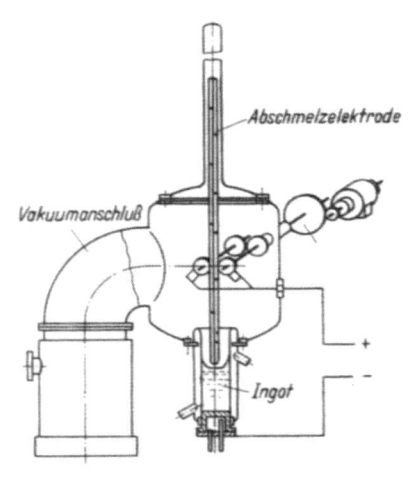

Abb. 41. Vakuum-Lichtbogenschmelzeinrichtung

Den Firmen Degussa, Hanau, Gerätebauanstalt Balzers, Gebr. Herrmann, Köln und Leybold Köln, danke ich für Überlassung von Bildmaterial.

Elektrische Glasschmelzöfen

1. Geschichtlicher Überblick

In den meisten Ländern überwiegen bisher für das Erschmelzen von Gläsern flammbeheizte Öfen. Nur dort, wo durch Wasserkraft erzeugte elektrische Energie billig angeboten wird oder besondere Verhältnisse vorliegen, haben elektrische Glasschmelzöfen Eingang gefunden. Der einfachere Ofenaufbau, die sauberen Schmelzmethoden, niedrige Investierungskosten für die Gebäude und Personalersparnisse machen diese Methode an manchen Anwendungsstellen reizvoll. Beim Schmelzen von Emails ist noch ein besonderer Vorteil in der Verringerung des Verdampfens bestimmter Komponenten sowie im Wegfall des Mitreißens von Gemengeteilchen zu erblicken. Die beim elektrischen Erschmelzen von Gläsern zur Verfügung stehenden Methoden sind:

1. die indirekte Beheizung des Schmelzflusses durch Strahlung,
2. die direkte Beheizung durch einen elektrischen Strom im Glasfluß.

Zur ersten Gruppe sind zu rechnen: die Lichtbogenöfen und Öfen, bei denen Widerstandselemente das Glasbad durch Strahlung aufheizen.

Bei der zweiten Gruppe kann der Strom im Glasbad sowohl induktiv als auch dielektrisch erzeugt werden; vorherrschend sind jedoch Öfen, bei denen mit Hilfe von Elektroden bei hoher Temperatur ein Strom durch das elektrisch leitende Glasbad hindurchgeschickt wird. Mit sämtlichen Methoden wurde bereits versucht, Glas zu schmelzen. Ein bleibender wirtschaftlicher Erfolg ist jedoch nur durch die zuletzt angeführte Schmelzweise der direkten Zuführung eines Stromes durch Elektroden ins Glasbad erzielt worden.

2. Lichtbogenöfen

Bereits vor der Jahrhundertwende unternahmen BECKER, VÖLKER und BRONN [B 1] den Versuch, in der hohen Temperatur des Lichtbogens Glas zu schmelzen. Alle diese Versuche sind von keinem Erfolg gekrönt gewesen. Die vom Lichtbogen erzeugte örtlich sehr hohe Temperatur führt dazu, daß flüchtige Gemengebestandteile verdampft werden. Die schlechte Wärmeleitfähigkeit der Gemengebestandteile ist der Ausbreitung der erzeugten hohen Temperatur hinderlich. Die verwendeten Kohleelektroden führen zu sehr starken Glasverfärbungen und zu einer starken Zerstörung des Mauerwerks. Der Wirkungsgrad derartiger Öfen ist daher klein.

3. Widerstandsbeheizte Öfen

Die für Versuchszwecke benutzten sog. Kohlegrießöfen verwenden gekörnte Kohle als Heizwiderstand. Es lag nahe, diese Methode auch für die Beheizung von Schmelzöfen anzuwenden. SAUVAGEON, GIROD und BRONN [S 1] haben versucht, mit verschiedenen Anordnungen Gläser zu schmelzen. Die erzeugte Wärme muß hier aber durch die Tiegelwand oder das Ofengewölbe der Glasschmelze zugeführt werden. Derartige Öfen haben daher einen niedrigen thermischen Wirkungsgrad. Erst die Fortschritte in der Herstellung metallischer sowie keramischer Widerstände haben es ermöglicht, strahlungsbeheizte Hafenschmelzöfen zu bauen. Infolge ihres hohen Stromverbrauchs haben sich derartige Öfen nicht einbürgern können.

4. Induktive und dielektrische Beheizung

Beim Schmelzen von Metall ist eine der elegantesten Methoden, die Erzeugung der Wärme in dem zu schmelzenden Stoff auf induktivem Wege vorzunehmen. Man bringt den Schmelztiegel in eine Spule, durch die man einen Strom geeigneter Frequenz schickt, so daß im Schmelzgut Induktionsströme entstehen, die zum Schmelzen des Metalls führen. Auch im Kondensatorfeld kann man bei Anwendung sehr hoher Frequenzen eine Erhitzung des eingebrachten Gutes bewirken. Beide Methoden bedingen infolge der erheblich schlechteren Leitfähigkeit von

Gläsern und Emails gegenüber Metallen die Anwendung sehr hoher Frequenzen. Die dadurch nötigen Röhrensender sind im Betrieb infolge der begrenzten Lebensdauer der Senderöhren teuer. Bisher durchgeführte Versuche konnten zu keinem bleibenden wirtschaftlichen Erfolg führen.

5. Direkte Beheizung durch einen elektrischen Strom

Nachdem man kurz nach der Jahrhundertwende die elektrische Leitfähigkeit des Glases bei hohen Temperaturen erkannt hatte, setzten Versuche ein, dieses Prinzip praktisch zu verwirklichen. Bereits im Jahre 1905 hat SAUVAGEON [S 2] einen Versuch unternommen, mit Hilfe von Graphitelektroden elektrisch Glas zu schmelzen (Abb. 1).

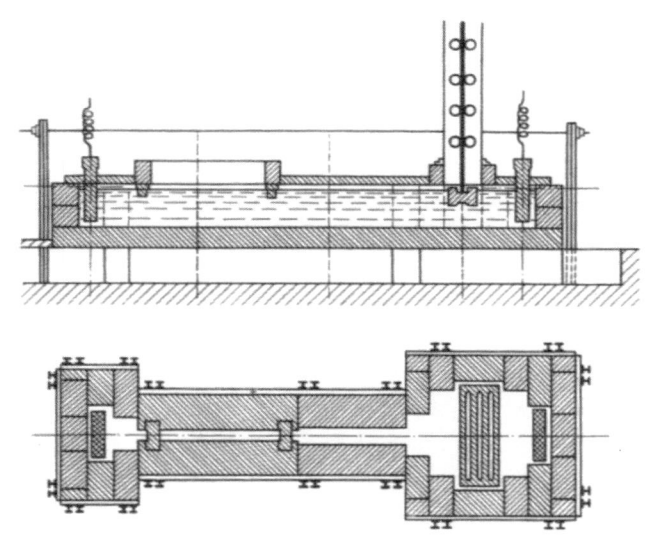

Abb. 1. Elektrische Glasschmelzwanne (nach SAUVAGEON)

Die Schmelzwanne hatte 10 t Glasinhalt. Bei einer Tagesproduktion von 1,5 t betrug die aufgenommene Leistung 300 kW. Es gelang SAUVAGEON damals aber nicht, ein für praktische Zwecke geeignetes Glas zu erschmelzen, da die Gläser in ihrer Qualität nicht befriedigten.

Einen weiteren Versuch unternahm im Jahre 1925 CORNELIUS [C 1] in Kungelv. Abb. 2 zeigt einen Schmelzofen nach CORNELIUS. Er verwendete als Elektroden Blöcke aus kohlenstoffarmem Eisen (C <0,03%). Die Eisenelektroden sind zur Schonung der Wannenwände frei angeordnet und bilden eine Schmelzrinne. In Kungelv in den Jahren 1928 bis 1929 in Betrieb genommene Öfen arbeiteten zufriedenstellend, desgleichen wurde ein großer Ofen von der Firma Pilkington in St. Helens betrieben.

Fast zur gleichen Zeit hat RAEDER [R 1] in Oslo eine Glasschmelzwanne entwickelt, bei der bereits die wichtigsten Punkte für die Verwendung von Graphitelektroden berücksichtigt sind (Abb. 3). Die Stromzuführungen bestehen aus Metall und besitzen eine Wasserkühlung, um Verzunderung zu vermeiden. Die Elektroden sind unter der Badoberfläche angeordnet, so daß sie dem Gemengeangriff und der Berührung mit der Luft und damit der Sauerstoffeinwirkung entzogen sind. Die Elektroden sind als Körper großer Oberfläche ausgebildet, so daß die Stromdichte (Ampere/cm²) klein ist. Hierdurch wird die Elektrodentemperatur niedrig gehalten und die Lebensdauer der Elektroden vergrößert.

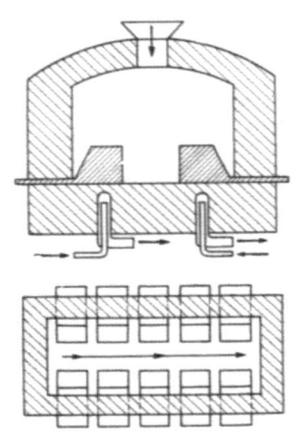

Abb. 2. Elektrische Glasschmelzwanne (nach CORNELIUS)

6. Glasschmelzwannen

Das elektrische Schmelzen von Glas beruht auf der Tatsache, daß ein Glas bei hoher Temperatur, z. B. 1400—1600° C, so gut leitend wird, daß man einen Wechselstrom von 50 Hz direkt durch das Glas

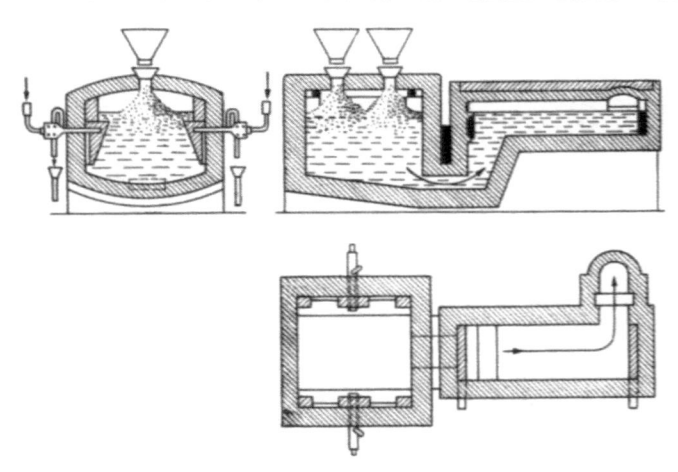

Abb. 3. Elektrische Glasschmelzwanne (nach RAEDER)

hindurchschicken kann [H 1]. Abb. 4 gibt den Zusammenhang zwischen spezifischem Widerstand und Temperatur bei einigen gebräuchlichen Glastypen wieder. Man sieht, daß der Widerstand sehr stark in Abhängigkeit von der Temperatur fällt, so daß er bei hohen Temperaturen die für ein Hindurchleiten des Stromes erforderlichen niedrigen Werte erreicht. Bei Anlegen einer Spannung an ein derartig erhitztes Glas müßte man nun erwarten, daß der Strom unendlich groß wird. Man

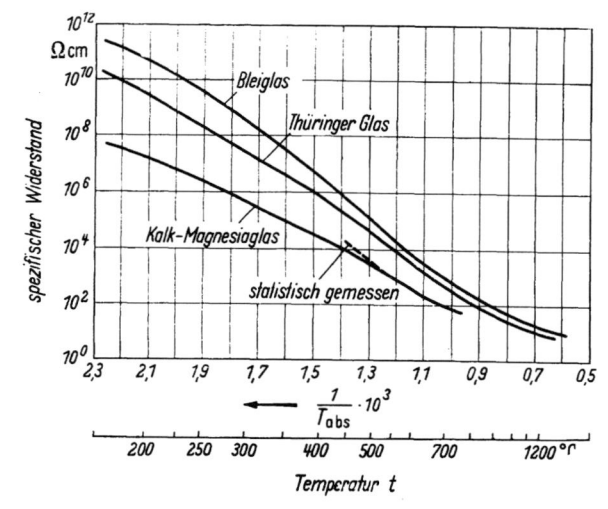

Abb. 4. Spezifischer Widerstand verschiedener Gläser, abhängig von der Temperatur (Osram)

muß daher dafür sorgen, daß entweder durch geeignete Dimensionierung des Regeltransformators oder mit Hilfe einer vorgeschalteten Regeldrossel die elektrisch zugeführte Energie einen Verlauf hat, wie sie in

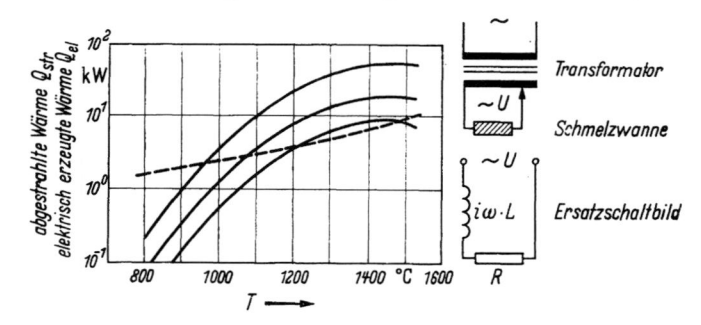

Abb. 5. Selbstregelungsmechanismus elektrischer Glasschmelzwannen (Siemens)

der schematischen Abb. 5 dargestellt ist. Der jeweilige Betriebszustand ist ein Gleichgewicht zwischen der von der Schmelzofenoberfläche abgestrahlten Wärme sowie der Schmelzwärme und der zugeführten elektrischen Energie. Ist nun die elektrisch zugeführte Energie größer als die abgestrahlte Wärmeenergie, so wird der Ofen in der Temperatur weiter ansteigen. Da die für verschiedene Spannungen geltenden Kurven in ihrem weiteren Verlauf sich abflachen, ist der zweite Schnittpunkt dieser Kurven mit der Abstrahlungskurve der stabile Betriebspunkt.

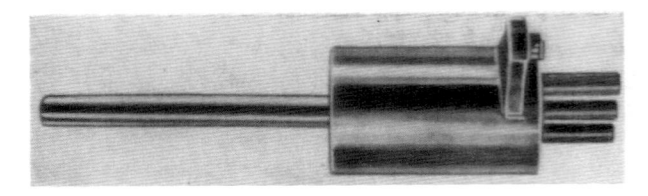

Abb. 6a

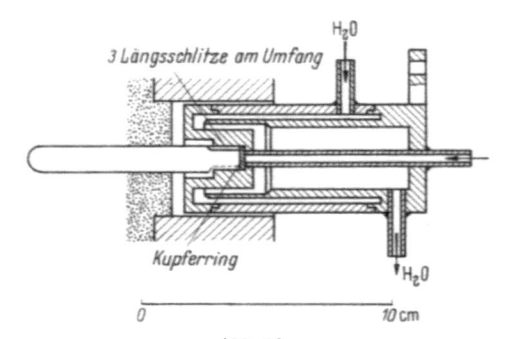

Abb. 6b
Abb. 6a u. b. Elektrode für Glasschmelzwanne (Werkfoto: Siemens)

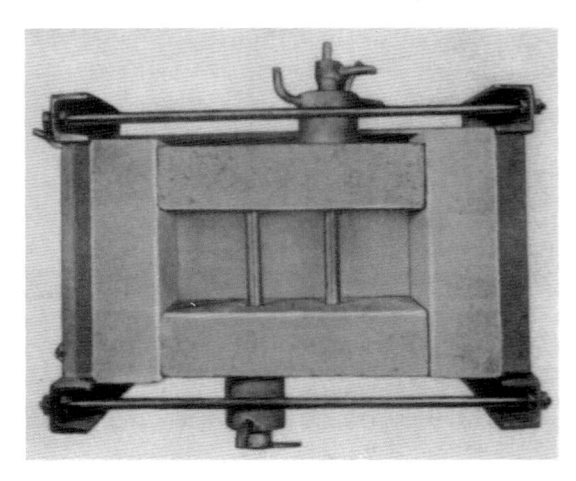

Abb. 7. Elektrische Glasschmelzwanne mit eingebauten Elektroden (Werkfoto: Siemens)

Man sieht, daß es notwendig ist, die Betriebsspannung möglichst niedrig zu wählen, wenn möglich, den Grenzpunkt zu finden, bei dem die Kurve der elektrisch zugeführten Energie die Kurve für die abgestrahlte Energie gerade berührt.

Als Elektrode wird sowohl Graphit als auch Molybdän und Wolfram verwendet [*C 2, B 3, B 4, B 5, U 1, U 2, G 2, P 1*]. Will man besonders gute Glasqualitäten bei kleinen Schmelzofeneinheiten erreichen, so ist man auf die Verwendung von Molybdän angewiesen. Die Dimensionierung und Anordnung der Elektroden hat PEYCHÈS [*P 2*] in einer umfangreichen Arbeit über die Grundlagen des elektrischen Glasschmelzens untersucht und über die Berechnung des Glaswiderstandes eingehende Angaben gemacht. Wichtig ist ferner bei größeren Glasschmelzwannen, in welchem Abstand vom Wannenboden die Elektroden eingebaut werden. Bei Graphitelektroden empfiehlt BOREL [*B 2*] die Anordnung der Elektroden in der Nähe der Glasoberfläche. Die Molybdänelektrode muß in einer wassergekühlten Armatur (Abb. 6 a u. b) gehaltert werden [*H 2*], wobei besonders kritisch die Übergangsstelle zwischen der wassergekühlten Armatur und dem Eintauchen der Elektrode in den Glasfluß ist. Die Armatur wurde daher so durchgebildet, daß mit Hilfe eines axial angeordneten Rohres ein Schutzgas-

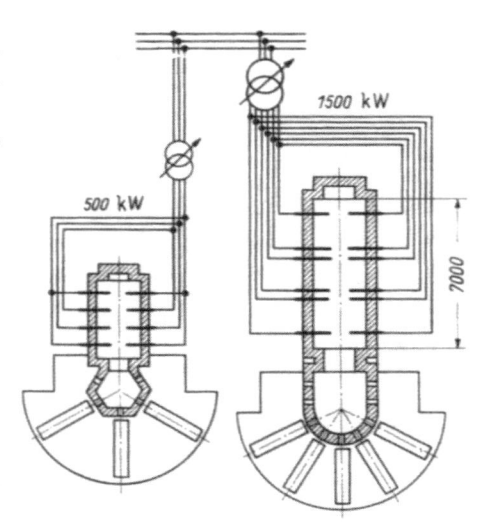

Abb. 8. Ofenanlage einer schweizerischen Flaschenfabrik

schleier um die Elektrode gelegt werden kann, so daß hier durch den Sauerstoff der Luft keine Anfressungen auftreten können. Das Schmelzgefäß selbst wird aus Spezialschamottesteinen ohne jeglichen Mörtel mit Hilfe eines Spannrahmens zusammengespannt (Abb. 7). Die Abbildung zeigt in einer kleinen Glasschmelzwanne die Anordnung der stabförmigen Molybdänelektroden sowie der wassergekühlten Armaturen. Der Vorteil dieser Schmelzmethode ist der, daß sie sich von großen Einheiten bis zu 4000 kW elektrischer Leistung und einem Schmelzofeninhalt von 50—100 t bis zu Einheiten von 10—50 kg Inhalt anwenden läßt. Das Schaltbild zweier größerer Schmelzwannen zeigt Abb. 8, bei denen für den Betrieb an einem dreiphasigen Netz die Elektroden sinngemäß aufgeteilt sind. Eine Schmelzwanne für 50 kg Inhalt [*H 2*] zeigt Abb. 9.

Es ist auch gelungen, bei diesen Schmelzöfen ein Ventil zu entwickeln, welches gestattet, selbst bei Temperaturen über 1500° C den Glasinhalt aus dem Boden des Schmelzgefäßes auslaufen zu lassen (Abb. 10).

Eine kleine Schmelzwanne mit besonders hohem Durchsatz wurde von P. A. M. GELL [G 1] angegeben. Die Wanne besteht aus zwei Kammern, einer durch elektrische Plattenelektroden beheizten Schmelz-

Abb. 9. Elektrische Glasschmelzwanne mit veränderbarem Inhalt (50 kg) (Werkfoto: Siemens)

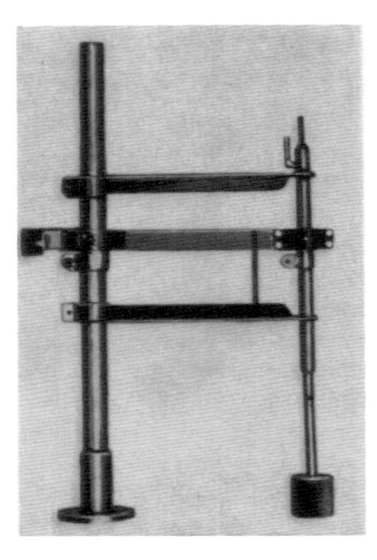

Abb. 10. Gießventil für elektrische Schmelzwanne (Werkfoto: Siemens)

kammer (Abb. 11) und einer Läuterkammer, die mit einer Entnahmestelle für einen Feeder versehen ist. Die beiden Kammern sind durch einen Durchlaß verbunden.

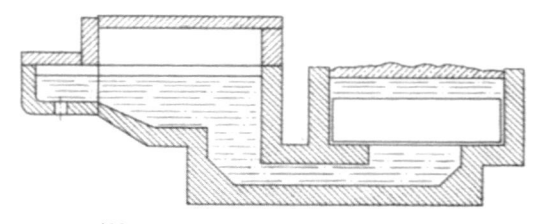

Abb. 11. Schmelzofen nach P. A. M. GELL

Für die Berechnung einer elektrischen Glasschmelzwanne muß man folgende Größen zugrunde legen:

1. Die Leitfähigkeit des zu erschmelzenden Glases. Hieraus errechnet sich bei gegebenem Elektrodenabstand die Betriebsspannung der Schmelzwanne.

2. Die je Stunde zu erschmelzende Glasmenge. Hieraus errechnet sich die für die Schmelzvorgänge erforderliche elektrische Energie. Diese ist etwas von der Glaszusammensetzung abhängig. BOREL [B 2] gibt z. B. für 1 kg Glas mit 15% Na_2O 0,7 kWh/kg geschmolzenes Glas aus Gemenge an. Für Scherben wird in derselben Arbeit 0,372 kWh/kg genannt. Üblicherweise setzt sich das Glasgemenge zu 70% aus Rohstoffen und 30% aus Scherben zusammen, so daß man normalerweise mit einem Betrag von rd. 0,6 kWh/kg Glas rechnen kann.

3. Die Leerlaufverluste des Ofens sind in der Hauptsache bestimmt durch die Wandverluste, d. h. die durch Abstrahlung und Konvektion an der Decke, den Seitenwänden und dem Boden der Schmelzwanne

Tabelle 1. *Wandverluste von Glasschmelzöfen* [B 2]

Baustoff	Dicke mm	Isolation Dicke in mm und Baustoff	°C	Verluste/m² h	
				kWh	kcal
Corhart	200		1450	13,0	11 120
	300		1450	10,0	8 600
	300	freie Konvektion	1400	9,5	8 170
	300		1300	9,0	7 740
	300		1200	8,2	7 050
	300		1100	7,3	6 280
	300	60 A, 60 B	1300	2,3	1 970
	300	120 A, 120 B	1300	1,7	1 460
	300	60 B, 50 C	1200	1,7	1 460
Corhart (Boden)	150	150 Schamotte	1400	6,7	5 750
		300 Schamotte	1400	4,4	3 800
		180 Schamotte 120 A	1300	1,9	1 640
		180 Schamotte 120 B	1200	1,75	1 500
		180 Schamotte 120 Sand	1300	2,0	1 720
Schamotte . .	300	freie Konvektion	1400	5,3	4 600
			1300	4,9	4 200
			1200	4,35	3 850
			1100	4,1	3 500
		60 A, 60 B	1300	1,75	1 500
		120 B	1300	1,6	1 380
		60 B, 60 C	1100	1,0	860
Silika (Gewölbe)	300	freie Konvektion	1450	6,0	5 200
		freie Konvektion	1400	5,8	5 000
		60 A, 60 B	1400	2,0	1 720
		120 A, 120 B	1400	1,5	1 300
		120 A, 60 B, 60 C	1400	0,95	830
		60 A, 120 B, 60 C	1300	0,88	760
		120 B, 120 C	1200	0,7	585

An gekühlten Wänden sind die Verluste um 20—35% größer.
Kennzahlen der Isoliersteine A, B und C.

	Verwendbar bis °C	Wärmeleitzahl bei 600° C (kcal/m² h)
A	1300	0,74
B	1000	0,22
C (Kieselgurstein)	800	0,1

verlorengehende Wärme. Für die üblicherweise benutzten Wannenbaustoffe gibt BOREL [B 2] bei verschiedenen Temperaturen Zahlen für derartige Verluste an und empfiehlt, die Zunahme der Wandverluste im Laufe einer Ofenreise mit etwa 20% einzusetzen.

Mit Hilfe dieser Daten ist es möglich, den Energiebedarf einer Schmelzwanne annähernd vorauszuberechnen, wobei es sich empfiehlt, insbesondere die Regeltransformatoren reichlicher zu dimensionieren, um eine gewisse Reserve in der Regelung zu behalten.

Tabelle 2. *Ausgeführte Glasschmelzwannen*

Nr.	Wanneninhalt	Durchsatz t/24 Std.	kW	kWh/kg
1	nicht bekannt	27/24	2000	1,8
2	,,	25—28/24	nicht bekannt	1,8—2
3	,,	9/24	,,	1,2
4	,,	5—6/24	500	2,1
5	,,	12/24	700	1,6—1,7
6	,,	12/24	700	2,4
7	,,	7/24	700	1[1]
8	,,	1	700	3,5—4
9	82 kg	44%	25	17,6
10	82 kg	100%	26	7,6

[1] Wasserglas   1—8 nach BOREL   9, 10 eigene Messungen

Da es sich bei diesen Öfen um die Herstellung eines im Preis nicht sehr hoch liegenden Erzeugnisses handelt, ist es interessant, hier auch einmal bereits erreichte Verbrauchszahlen zu nennen. In der Tab. 2 sind fremde und eigene Messungen an derartigen Einheiten wiedergegeben. Es werden Stromverbrauchszahlen erreicht, die bei niedrigen Strompreisen den Wettbewerb mit Öl- und Gasfeuerung aufnehmen können. Die elektrische Beheizung ermöglicht gegenüber der Öl- und Gasfeuerung Ersparnisse durch kleinere Gebäude, durch Wegfall der Regenerativkammern und durch Steigerung der Qualität des Erzeugnisses. Der Energieverbrauch elektrischer Schmelzwannen hängt sowohl von dem Durchsatz in 24 Stunden als auch von der Größe des Schmelzofens ab, wie aus dem Diagramm (Abb. 12) zu ersehen ist. Der Verbrauch je kg erzeugtes Glas sinkt mit steigender Ofengröße und mit steigendem Durchsatz. Bei kleinen Einheiten ist der Einfluß des Durchsatzes sehr groß, bei großen Einheiten ist er nicht mehr so ausschlaggebend. Die im Diagramm eingetragenen Kreise mit den angeführten Zahlen geben die in der Tab. 2 angeführten Werte wieder.

Als besonderer Vorteil des elektrischen Glasschmelzens ist die leichte Regelmöglichkeit einer elektrischen Glasschmelzwanne bereits genannt worden. Diese läßt sich heute so weit automatisieren, daß man z. B. eine Tagesschmelzwanne in der Nacht ohne eine Bedienungsperson sich selbst überlassen kann. Das Beispiel einer solchen Regelung ist in

Abb. 13 angegeben. Der von der Schmelzwanne aufgenommene Strom wird hierbei mit Hilfe eines Stromwandlers einem Gleichrichter zugeführt. Die am Gleichrichterausgang über einen Widerstand ab-

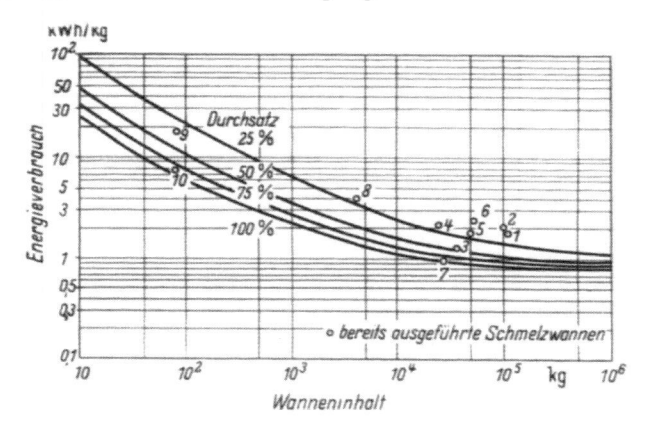

Abb. 12. Energieverbrauch elektrischer Schmelzwannen je kg Glas, abhängig vom Wanneninhalt (Siemens)

fallende Spannung wird mit einer an einem Potentiometer abgegriffenen Sollspannung verglichen und einem polarisierten Relais zugeführt. Bei Gleichheit der beiden Spannungen bleibt das polarisierte Relais in

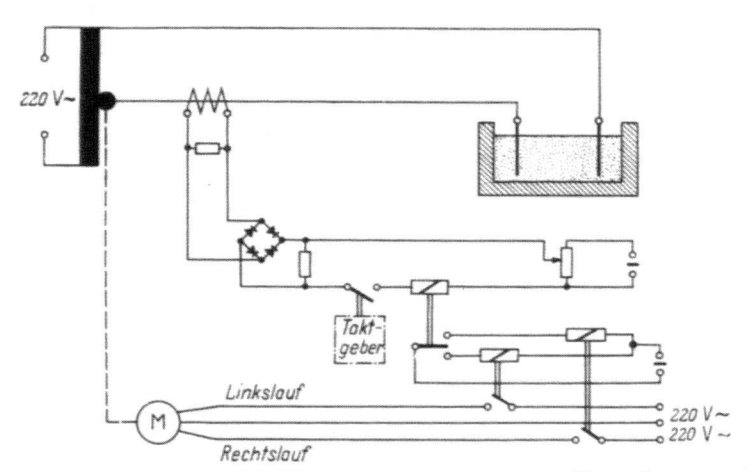

Abb. 13. Regelung einer elektrischen Glasschmelzwanne (Siemens)

Ruhe. Bei Abweichungen nach der Plus- oder Minusseite steuert das Relais den Antriebsmotor des Regeltransformators auf Links- oder Rechtslauf, so daß der Wannenstrom verringert oder gesteigert wird. Da bei dem negativen Temperaturkoeffizienten des Glasbades eine

Rückführung nur schwer zu realisieren ist, wird mit Hilfe eines in Taktabstand und Taktbreite veränderlichen Taktgebers der Vergleich zwischen Sollwert und Meßwert in Abständen durchgeführt. Die Temperatur derartig geregelter Glasschmelzwannen läßt sich auf diese Weise auf einige Grad konstant halten. Eine Regelung mit Hilfe von Thermoelementen hat sich nicht bewährt, da das Thermoelement in das Glasbad eintauchen muß, um eine genaue Regelung zu erreichen. Durch die sehr bald einsetzende Auflösung der Schutzrohre im Glasbad treten hierbei Störungen auf.

Das elektrische Glasschmelzen ist heute bereits zu einer technisch reifen Methode ausgebildet worden und hat sich in vielen Fällen eine wirtschaftlich nutzbringende Anwendung gesichert.

Zum Schluß möchte ich Herrn Dir. Dr. A. SIEMENS danken für die Genehmigung zur Benutzung der Unterlagen der Siemens-Schuckertwerke für die Kapitel XIII und XVI. Frau SOFIE GLASS danke ich für die viele Mühe bei der Zusammentragung der Literatur und der Durchsicht der Manuskripte.

XVII. Elektromeßtechnik in der Elektrothermie

Von

Th. Rummel (München)

Mit 38 Abbildungen

A. Messung elektrischer Größen in der Elektrothermie[1]

Die in der Elektrothermie notwendigen Messungen elektrischer Größen sind im allgemeinen auf Strom-, Spannungs- und Leistungsbestimmungen beschränkt. Zur Instandhaltung ist es weiterhin notwendig, gelegentliche Widerstands- und Isolationsmessungen vorzunehmen.

Man legt die Strommesser in diejenige Leitung, deren Strom gemessen werden soll. Soll eine Spannung zwischen zwei Punkten bestimmt werden, so wird der Spannungsmesser an diese gelegt. Der Strommesser muß einen möglichst kleinen Spannungsabfall aufweisen und der Spannungsmesser einen möglichst kleinen Stromverbrauch haben.

In der Elektrothermie sind die elektrischen Meßwerte sowohl der Natur als auch der Intensität nach sehr unterschiedlich.

Strom-, Spannungs- und Leistungsmessungen für Gleichstrom, niederfrequenten und hochfrequenten Ein- und Mehrphasenwechselstrom in der Größenordnung von Bruchteilen eines Volt und eines Ampere bis zu 100000den Volt und 100000den Ampere müssen gemessen werden können.

Dafür stehen eine Reihe von Meßwerken und Meßeinrichtungen zur Verfügung.

1. Drehspulmeßwerk

Dieses ist für Gleichspannungs- und Gleichstrommessungen und in Verbindung mit Gleichrichtern auch für Wechselstrom- und Wechselspannungsmessungen verwendbar.

Das Drehspulmeßwerk besteht aus einer Spule, der sog. Drehspule (*a* in Abb. 1), die in dem möglichst homogenen Felde eines starken

---

[1] Der Verfasser dankt den Herren F. WEINGÄRTNER und Dr. F. LIENEWEG, Karlsruhe, für eine kritische Durchsicht dieses Abschnittes und mehrere wertvolle Ergänzungen.

Dauermagneten b um einen Weicheisenkern c drehbar gelagert ist. Ist die Spule stromlos, so wird sie samt dem mit ihr über einer Skale spielenden Zeiger durch zwei gleichzeitig als Stromzuführungen dienende Spiralfedern in der Nullage gehalten. Fließt ein Strom durch die Wicklung, so dreht sich die Spule so weit, bis das progressiv mit der Drehung ansteigende Rückstellmoment gleich dem durch Strom- Windungszahl und magnetischer Induktion bedingten Drehmoment ist. Letzteres ist bestimmt durch:

$$M = \frac{BFwI}{9810} \quad \text{cm g}.$$

Hierin ist B die magnetische Luftspaltinduktion in Gauß, I die Stromstärke in Ampere, F die Fläche und w die Windungszahl der Drehspule. Solange B über den Drehwinkel konstant ist, ist die Skale linear.

Außer durch Spiralfedern kann das Gegendrehmoment auch durch kurze oder lange Bändchen (Torsionsbändchen) erzeugt werden. Damit das bewegliche Organ bei plötzlichen Änderungen der Meßgröße nicht pendelt, sieht man Maßnahmen zur Dämpfung vor, die z. B. als Rahmendämpfung (Wickelkörper des Rähmchens aus Metall) oder Eigendämpfung der Spule ausgebildet wird. Letztere ist von der Größe des Außenwiderstandes abhängig.

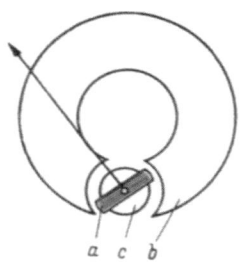

Abb. 1. Drehspulmeßwerke.
a Drehspule, *b* Magnet, *c* Weicheisenkern

Für die Messung kleinster Ströme mit Betriebsinstrumenten haben sich insbesondere Instrumente mit kurzen Bändern (Spannbänder) als Gegendrehmomentbilder *und* „Lagerung" der Rähmchen bewährt. Man konnte damit auf Skalenendwerte bei Schalttafelinstrumenten von 10^{-3} A kommen [*W 1*]. Als Strommesser baut man die Meßwerke mit einem „Spannungsabfall" von etwa 60 mV, als Spannungsmesser mit einem inneren Widerstand zwischen 50 und 50000 Ohm je Volt, in Sonderfällen bis zu 1000000 Ohm je Volt.

Die Strommeßbereiche werden durch Parallelwiderstände und die Spannungsmeßbereiche durch Serienwiderstände eingestellt[1]. Der Eigenverbrauch der Meßwerke muß dann besonders klein sein, wenn Tem-

---

[1] Ist U der gewünschte, U_v der vorhandene Spannungsbereich, so wird der benötigte Vorwiderstand R, wenn R_i der Eigenwiderstand ist: $R = R_i \left(\dfrac{U}{U_v} - 1 \right)$. Ist I der gewünschte, I_v der vorhandene Strombereich und R_i der Meßwerkwiderstand, so wird der benötigte Nebenwiderstand $R = (I_v \cdot R_i)/(I - I_v)$. R_i darf nicht nur aus Cu bestehen, da sich sonst ein untragbarer Temperaturfehler ergibt. Man schaltet üblicherweise wenigstens den dreifachen Wert des Rähmchens als Manganinwiderstand vor.

peraturen elektrisch gemessen werden sollen, da die von den Meßfühlern gelieferte Energie meist sehr klein ist.

In der Abb. 1 war ein Drehspulmeßwerk mit Außenmagnet und innerem Eisenzylinder dargestellt. Man hat die Anordnung auch umgekehrt gebaut. Dann ist innen ein quermagnetisierter Magnetzylinder und außen ein den Rückschluß besorgender Eisenring angeordnet (sog. Kernmagnetsystem).

2. Quotientenmeßwerk für Gleichstrom

Will man Quotienten von Meßgrößen messen, z. B. den Widerstand (gleich Spannung geteilt durch Strom), so verwendet man Kreuzspulmeßwerke. Abb. 2 zeigt den grundsätzlichen Aufbau. Zwei festverbundene Spulen (beide als a bezeichnet) sind in einem inhomogenen Magnetfeld drehbar ohne mechanische Richtkraft möglichst reibungsarm gelagert. Der Strom wird beiden Spulen über möglichst richtkraftfreie Bänder zugeführt. Ohne Strom erfährt das bewegliche Organ kein Drehmoment. Ein fester Nullpunkt ist somit nicht vorhanden. Man muß bei der Ablesung wissen, ob die Spulen Strom führen, sonst wird man durch zufällige Zeigerlagen irregeführt. Es ist deshalb oft üblich, ein Zeigerrückstellrelais einzubauen, welches bei Stromausfall die Zeigerrückstellung auf den Skalenanfangspunkt veranlaßt. Im Betrieb führen beide Spulen entgegengesetzte Ströme, so daß sich das bewegliche Organ so einstellen kann, daß beide Drehmomente sich die

Abb. 2. Kreuzspulmeßwerk. a Kreuzspule, b Kernmagnet, c Weicheisenrückschluß

Waage halten können. Die Einstellung entspricht also dem Verhältnis der beiden Spulenströme. Die Anordnung funktioniert nur in inhomogenen Feldern. Man hat diese früher durch mit dem Drehwinkel variierte Luftspalte erzeugt. Neuerdings wendet man zu diesem Zweck auch Kernmagnete, wie in der Abbildung beispielsweise gezeigt, an.

3. Drehmagnetmeßwerk für Gleichstrom

Die Drehmagnetmeßwerke sind gewissermaßen die Umkehrung der Drehspulmeßwerke. Während dort der Magnet stillstand und die Spule beweglich ist und den Zeiger trägt, ist hier die Spule fest und der Magnet, der sehr klein und leicht ist, trägt den Zeiger. Eine bewegliche Stromzuführung ist also unnötig. Federn werden vermieden, indem die zur definierten Einstellung notwendige Gegenrichtkraft durch einen Richtmagneten erzeugt wird. Das Meßwerk ist daher besonders stoßfest.

Abb. 3 stellt ein Drehmagnetmeßwerk in teilweise demontiertem Zustande dar.

4. Dreheisenmeßwerk für Gleich- und Wechselstrom

Die Wirkungsweise der Dreheisenmeßwerke beruht auf den Bewegungsantrieb eines kleinen Stückchen Weicheisen mit möglichst verschwindender Koerzitivkraft in einem inhomogenen Magnetfeld. Das Eisenstück wird dabei in Richtung größerer Feldstärke angetrieben. Das Drehmoment resultiert aus der Änderung der magnetischen Energie

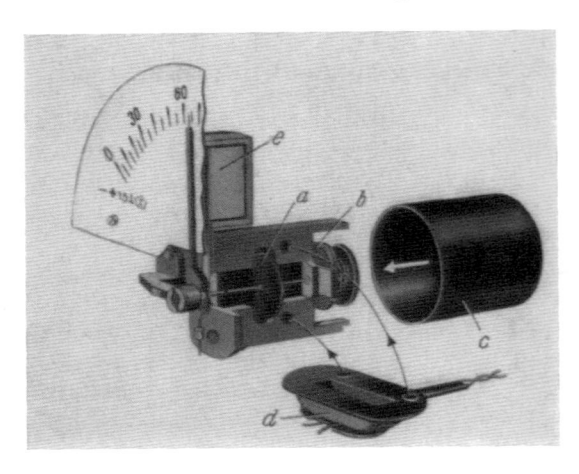

Abb. 3. Drehmagnetmeßwerk (Siemens)
a Drehmagnet, *b* Richtmagnet, *c* Rückschlußzylinder, *d* Feldspule, *e* Dämpferflügel

bei Ortsveränderung des Kernes. Es läßt sich darstellen zu

$$M = dW/d\alpha = 1/2\, I^2\, dL/d\alpha\ [P\,1].$$

Darin ist:
W magnetische Energie des Spulenfeldes,
α Ausschlagwinkel des beweglichen Kernes,
L Induktivität der Feldspule,
I Strom in der Feldspule.

Das Drehmoment ist vom Strom und von der Form sowie der Stellung des Eisenkernes abhängig. Das Gegendrehmoment wird von einer Spiralfeder oder von Spannbändchen ausgeübt. Die Dämpfung erfolgt meist durch Luftflügel.

Da die Abhängigkeit zwischen Spulenstrom und Drehmoment bei gleicher Lage des beweglichen Organs quadratisch ist, muß man einen oft erwünschten Ausgleich durch die Form der Eisenstückchen und der Spule suchen. Es gelingt z. B., durch Verwendung elliptischer Spulen einen praktisch linearen Skalenverlauf zu erzielen (Abb. 4).

Dreheisenmeßwerke werden in Spitzenlagerung und Spannbandlagerung ausgeführt. Mit der letzteren konnten Spannungsmesser für **150 V** und höher mit nur 1 mA Stromverbrauch gebaut werden. Auch niedrige Bereiche von z. B. 4 V brauchen nur etwa 80 mA [W 1]. Schalttafel-Lichtmarkeninstrumente mit Dreheisenmeßwerk können als Strommesser noch mit einem Eigenverbrauch von 3 mW, als Spannungsmesser vom Meßbereich 60 V an mit einem Widerstand von 5000 Ω/V ausgeführt werden[1].

Für die Elektrothermie sind die reibungsfreien spannbandgelagerten Dreheisenmeßwerke besonders wertvoll, da ihre Eigenschwingungsdauer wesentlich größer gemacht werden kann als die raschen Schwankungen der Ströme, etwa eines Lichtbogenofens.

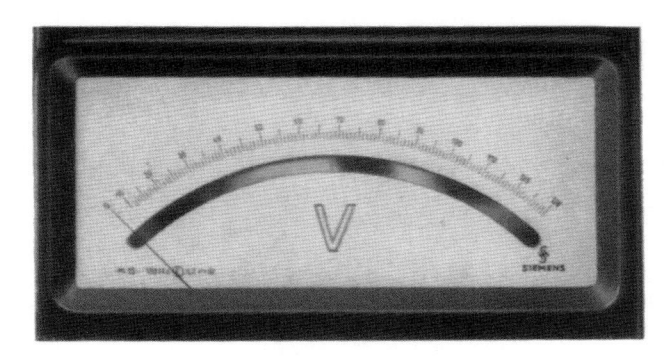

Abb. 4. Skala eines Dreheisen-Präzisionsinstrumentes (nach W. PAULER [P 1])

5. Bimetall-Strommesser

Beim Ofenbetrieb kann es vorkommen, daß man mit schwankenden Stromwerten längere Zeit an der oberen Grenze der Zuleitungs- und Transformator-Höchstlast arbeitet. Hier sind die thermisch sehr trägen Bimetallinstrumente angezeigt. Während kurzzeitige große Stromspitzen, die die Leitungen und Transformatoren nur wenig belasten, den Instrumentenausschlag nur unwesentlich vergrößern — auf Grund seiner großen thermischen Trägheit —, führen länger dauernde Belastungen zu einer der Leitungsbelastung oder Transformatorbelastung entsprechenden Anzeige. Man baut Schleppzeiger ein, um nachträglich in gewünschten Zeitabschnitten die gefährlichsten Dauerbelastungswerte ermitteln zu können[1].

Der Anschluß erfolgt stets über Stromwandler.

6. Elektrodynamisches Meßwerk

Elektrodynamische Meßwerke kommen für Leistungsmessungen, Blindleistungsmessungen und Leistungsfaktormessungen in Betracht.

---

[1] Lieferant: Siemens & Halske A.G.

Diese Meßwerke haben feststehende und elektrodynamisch abgelenkte, bewegliche Spulen. Sowohl den festen als auch den beweglichen Spulen wird Strom durch Leitung zugeführt. Man unterscheidet eisenlose, eisengeschirmte und eisengeschlossene Meßwerke.

Eisenlose sind ohne Eisen im Meßwerk und ohne Eisenschirm gebaut. Eisengeschirmte haben kein Eisen im eigentlichen Meßwerk, besitzen jedoch zur Abschirmung störender Fremdfelder einen Eisenmantel. (Ein Eisenblechgehäuse bedingt noch nicht eine wirksame Abschirmung.) Eisengeschlossene elektrodynamische Meßwerke haben Eisen im Meß-

Abb. 5. Zweisystemiges, eisengeschlossenes Meßwerk für Leistungsmesser (Siemens)

werk selbst in solcher Anordnung, daß dadurch eine wesentliche Steigerung des Drehmomentes erzielt wird. Sie können zusätzlich abgeschirmt werden.

Eisenlose Systeme werden für Gleichstrom- und Wechselstrom-Leistungsmessungen verwendet. Eisengeschlossene Systeme sind hauptsächlich als Wechselstrombetriebsinstrumente gedacht. Das Meßwerk ist dann im Prinzip ein Drehspulmeßwerk. Der Dauermagnet ist durch einen Elektromagneten ersetzt.

Moderne Leistungsmesser sind klein, und das bewegliche Organ ist besonders leicht ausgeführt. Abb. 5 zeigt ein zweisystemiges, eisengeschlossenes Meßwerk für Leistungsmesser.

Durch schaltungstechnische Maßnahmen kann man mit elektrodynamischen Systemen auch die Blindleistung und den Leistungsfaktor messen.

7. Ferraris-Meßwerk

Ferraris-Meßwerke haben im Gegensatz zu den bisher besprochenen Meßwerken einen sehr großen Ausschlagswinkel von etwa 300°. Abb. 6 zeigt die Skale. Die Wirkungsweise ist folgende: Strom- und Spannungsspule wirken gemeinsam auf eine Scheibe aus Aluminium. Infolge des entstehenden Drehfeldes (ähnlich wie bei einer Zählerscheibe) erfährt die Scheibe ein Drehmoment, das durch eine Gegenfeder ausgewogen wird. Ferraris-Meßwerke werden für Wirk- und Blindleistungsmesser verwendet.

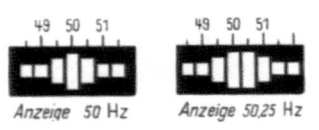

Abb. 6. Skala eines Wattmeters mit Ferraris-Meßwerk (Fabrikat: Neuberger, München)

Abb. 7. Zungenfrequenzmesser, Ablesebeispiele (Fabrikat: Neuberger, München)

8. Zungenfrequenzmeßwerk

Das Meßwerk enthält eine Reihe von Zungen, deren Schwingungsfrequenzen in einer Reihe liegen, z. B. von 45—55 Hz. Je kleiner die gewünschten Intervalle sind, desto mehr Zungen müssen verwendet werden. Im Betrieb werden alle Zungen einem elektromagnetischen Antrieb ausgesetzt. Je näher die Eigenfrequenz der einzelnen Zungen der erregenden liegt, desto stärker schwingen diese. In Abb. 7 ist die Frequenz 50 Hz und $50^1/_4$ Hz als Ablesebeispiele dargestellt. Abb. 8 zeigt einen zum Schalttafeleinbau geeigneten Zungenfrequenzmesser.

9. Meßgeräte für Strom, Spannung und Leistung bei Hochfrequenz

Abb. 8. Zungenfrequenzmesser (Fabrikat: Neuberger, München)

Bei der Messung hochfrequenter elektrischer Größen muß man eine Einteilung nach der Frequenz vornehmen.

Bis etwa 100 Hz kann man noch mit normalen Dreheiseninstrumenten und eisengeschlossenen elektrodynamometrischen Geräten messen. Bei

Sonderreichung geht die Frequenzgrenze noch etwa bis 500 Hz. Die Meßwandler für Netzfrequenz können noch bis etwa 10 kHz für nicht allzu genaue Messungen verwendet werden. Bei Sonderausführung kann die sonst übliche Wandlergenauigkeit ebenfalls bis zu dieser Frequenz gewährleistet werden.

Mit Gleichrichtern versehene Drehspulinstrumente messen im Gegensatz zu Dreheisen- und elektrodynamischen Geräten allgemein bis zu 10000 Hz richtig. Jedoch zeigen sie nicht quadratische Mittelwerte, also die üblichen Effektivwerte an, sondern lineare Mittelwerte. Bei Abweichung der Kurvenform von der Sinusfunktion muß man daher unter Berücksichtigung des Formfaktors auf Effektivwerte umrechnen.

Über 10000 Hz treten Meßverfahren mit unmittelbarer Einwirkung der hochfrequenten elektrischen oder magnetischen Felder in den Hinter-

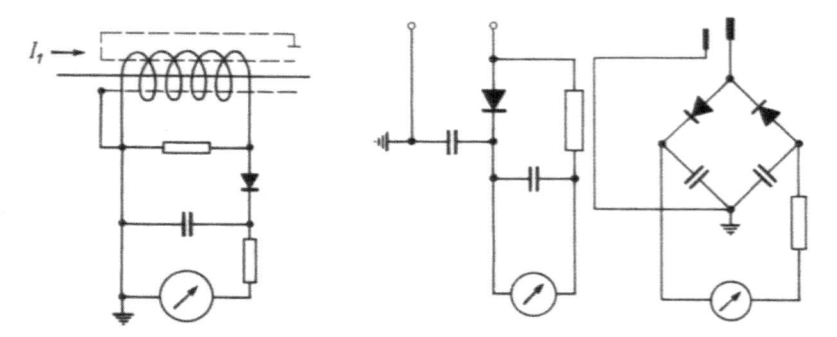

Abb. 9. HF-Stromwandler mit Richtleiter, grundsätzliche Schaltung (nach J. SCHIELE)

Abb. 10. HF-Spannungsmesser mit Richtleitern (nach J. SCHIELE)

grund, vielleicht mit einer Ausnahme, den elektrostatischen Instrumenten, die man noch gelegentlich bei elektrothermischen, hochfrequent gespeisten Anlagen zur Spannungsmessung verwendet.

Hochfrequente Meßgrößen werden meist nach Umformung von Hochfrequenz- auf Gleichstromgrößen in Drehspulmeßwerken angezeigt. Als Umformer dienen hierfür Gleichrichter und Thermoelemente. Man verwendet als Gleichrichter für Hochfrequenz sogenannte Richtleiter (Germaniumdioden). Die nach Gleichrichtung zur Verfügung stehende Energie ist relativ hoch, etwa $1/_2$ mW. Man schließt das Drehspulinstrument über Wandler an, wenn es sich um Strommessungen handelt. In Abb. 9 ist eine gebräuchliche Meßschaltung nach SCHIELE [S 1] dargestellt. Der Wandlerstrom erzeugt an dem frequenzunabhängigen Ohmschen Widerstand eine dem zu messenden Strom proportionale Spannung, die nach Gleichrichtung mittels des Richtleiters von einem in Stromeinheiten geeichten Drehspulinstrument angezeigt wird.

Der Stromwandler ist durch einen Kohleschichtwiderstand als Bürde belastet. Der Germaniumrichtleiter hat nur eine sehr geringe Kapazität von etwa 1 pF. Damit wurde es möglich, bis zu 100 MHz zu messen. Die zu messenden Ströme reichen bis 500 A. Will man auch Spannungsmessungen mittels Richtleiter-Gleichrichtung vornehmen, so müssen die Richtleiter hohe Sperrspannung und kleinen Sperrstrom aufweisen. Übliche Schaltungen nach SCHIELE sind in Abb. 10 dargestellt.

Thermoumformer werden für Spannungsmessungen seit dem Erscheinen guter Richtleiter kaum mehr verwendet. Dagegen hat sich der Thermoumformer für Strommessungen noch behaupten können, da er

Abb. 11. HF-Stromwandler in koaxialer Bauweise (nach J. SCHIELE)

bei großer Genauigkeit Effektivwerte anzeigt. Allerdings stehen dem auch Nachteile gegenüber, wie große Empfindlichkeit des Heizdrahtes, der gedrängte Skalenverlauf am Anfang, eine lange Einstellzeit und die sehr geringe Ausgangsleistung von nur etwa 10^{-5} W. Der Heizdraht des Thermoumformers muß recht dünn sein, damit die Eindringtiefe bei verschiedenen Frequenzen nicht ins Gewicht fällt. (Eine Forderung, die derjenigen bei Hochfrequenzinduktionsöfen entgegengerichtet ist.) Ist z. B. der Heizdraht bei einem Vakuum-Thermoumformer nur etwa 0,03 mm stark und aus Nickelchrom, so wird die Stromverdrängung erst oberhalb 500 MHz merklich. Auf kapazitätsarme Ausführung des Umformers muß geachtet werden. Auch die Stromwandler müssen den besonderen Erfordernissen, die mit dem Betrieb bei hohen Frequenzen verbunden sind, angepaßt sein. Abb. 11 zeigt eine Spezialkonstruktion zum Messen des in koaxialen Leitungen fließenden HF-Stromes.

Wenn man nur Spannungen messen will oder Ströme, die sich durch Spannungsmessungen ermitteln lassen, so kann man mit Vorteil Universalgeräte verwenden, wie etwa das HF-Multizet von Siemens & Halske. Bei diesem Gerät ist die Kombination Drehspulmeßwerk–Richtleiter angewendet. Es können Spannungen zwischen 50 mV und 1000 V bei

Frequenzen im Bereich von 30 Hz bis 450 MHz gemessen werden. Seine Genauigkeit ist für die meisten Messungen ausreichend. Die innere Schaltung ist in Abb. 12 dargestellt.

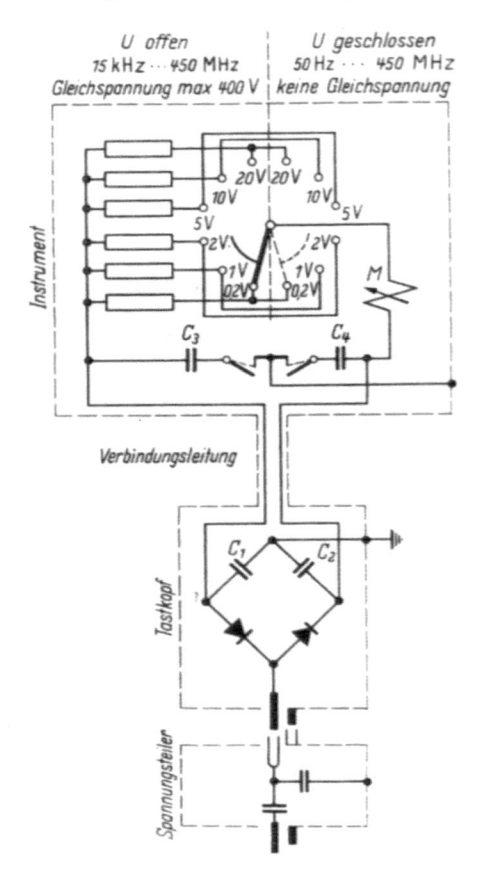

Abb. 12. Schaltung des HF-Multizet-Instrumentes der Siemens & Halske A.G. (nach J. SCHIELE)

10. Meßwandler

Man unterscheidet Stromwandler und Spannungswandler. Beide sollen mit kleinen Meßfehlern die meist unhandlichen, in der Praxis vorkommenden Meßwerte auf mittlere in normalen Instrumenten meßbare Werte transformieren.

In der Elektrothermie kommen Ströme bis zu einigen 100000 A vor. Meist mißt man diese Ströme, indem man die entsprechenden Primärströme der Transformatoren mißt, die jedoch auch noch in der Größenordnung einiger Tausend Ampere liegen können. Es ist klar, daß man für solche Ströme unmöglich direkt zeigende Dreiheiseninstrumente an-

Abb. 13. Stützerstromwandler, Reihenspannung 110 kV, Porzellan aufgeschnitten
(Fabrikat: Siemens & Halske)

Abb. 14. Freiluftstützerspannungswandler für Betriebsspannungen bis 220 kV
(Fabrikat: Siemens & Halske)

wendet. Man verwendet Wandler, die auf etwa 5 A Vollausschlag transformieren. Die Primärwicklung solcher Wandler wird aus dem Leiter selbst gebildet, der durch das Loch des ringförmigen Eisenkernes hindurchgeleitet wird. Die Sekundärwicklung für 5 A wird entsprechend dem Übersetzungsverhältnis in vielen Windungen als Ringwicklung auf den Eisenringkern gewickelt[1]. Die Spannungswandler müssen den in Frage kommenden, oft recht hohen Primärspannungen angepaßt sein. Das erfordert recht großen Isolierstoffaufwand. Die Wicklungen selbst

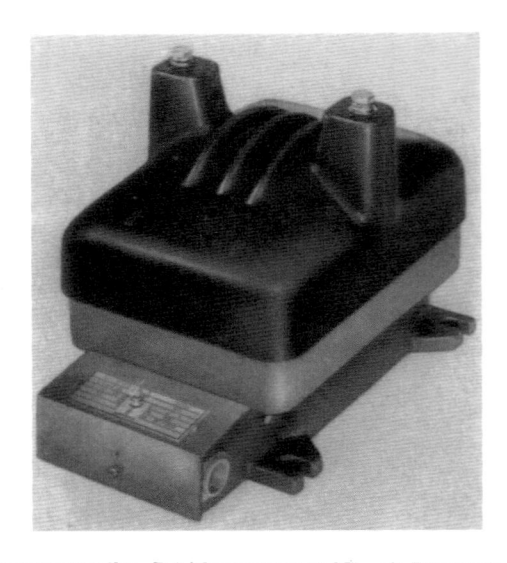

Abb. 15. Trockenspannungswandler, Betriebsspannung 10 kV, mit Kunststoff-Quarz-Polymerisat als Isolierstoff (Fabrikat: Siemens & Halske)

müssen den besonderen Betriebsbedingungen bestens angepaßt sein, z. B. durch Ausführung als Scheibenwicklung.

Da neuerdings Ofentransformatoren für Lichtbogen- und Lichtbogenwiderstandsöfen für Primärspannungen von 110 kV und 220 kV ausgelegt wurden, werden in den Verteilungsanlagen für die elektrische Energie große Hochspannungswandler eingesetzt (Abb. 13, 14).

Eine neuere Entwicklung führte bei mittleren Spannungen zum Ersatz der Ölisolationstränkung durch polymerisierte Kunststoff-Quarzmischungen (Abb. 15).

---

[1] Es gibt viele Typen von Stromwandlern, z. B. Schienenstromwandler, Querlochwandler, Stabwandler, Stützerstromwandler (Abb. 14), um nur einige zu nennen.
Die Stromwandler müssen großen Kräften (als Folge großer Ströme) und hohen elektrischen Spannungen standhalten.

11. Hilfsgeräte

Zum praktischen Betrieb von elektrothermischen Anlagen gehören eine Anzahl von Hilfsgeräten.

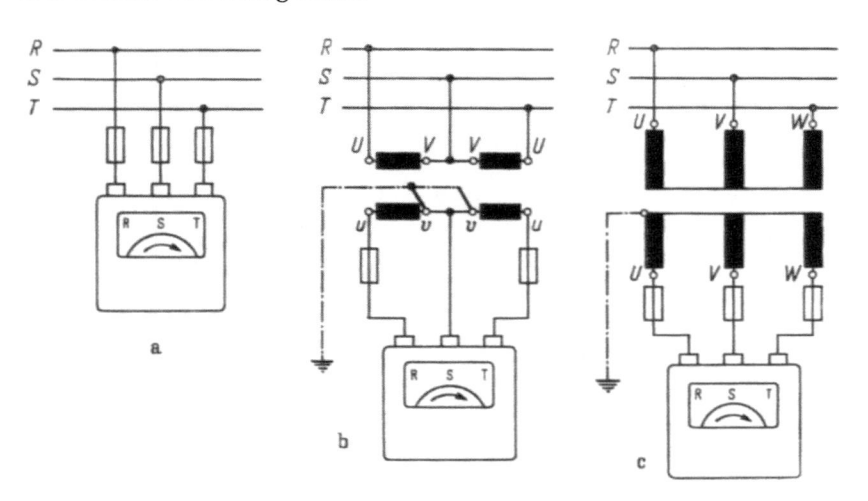

Abb. 16. Anschluß von Drehfeldzeigern.
a) Direkter Anschluß, b) Anschluß an zwei Spannungswandler in V-Schaltung, c) Anschluß an einen Drehstromspannungswandler

a) Drehfeldanzeiger. Die Feststellung der Phasenfolge bei Drehstromnetzen ist als fehlerverhütende und zeitsparende Maßnahme unbestritten notwendig, wenn Maschinen oder Geräte angewendet werden, deren Wirkungsweise durch den Drehsinn beeinflußt wird.

Die Wirkungsweise solcher Anzeiger besteht darin, daß ein kleiner Induktionsmotor, der auf seinem Scheibenanker in geeigneter Weise markiert ist, durch eine Glasscheibe hindurch beobachtet werden kann. Die Abb. 16a, b, c zeigen mögliche Anschlußschaltungen.

b) Taschenohmmeter, Meßbrücken. Die Taschenohmmeter sind geeignet, Leitungswiderstände und andere Widerstände im Bereich zwischen etwa 1 Ω und 100 kΩ zu messen (Abb. 17).

Abb. 17. Taschenohmmeter (Siemens & Halske)

Für genauere Messungen dienen Meßbrücken. Es gibt heute sehr bequem handzuhabende Meßbrücken für Meßbereiche zwischen einigen tausendstel Ohm und 50000 Ohm[1].

Abb. 18. Teraohmmeter von Siemens & Halske

c) **Isolationsmessungen.** Isolationsmessungen werden mit Isolationsmessern ausgeführt. Als Stromquelle verwenden die meisten Fabrikate

Spannungsteilung: $E = U_x + U_n = \text{const}$

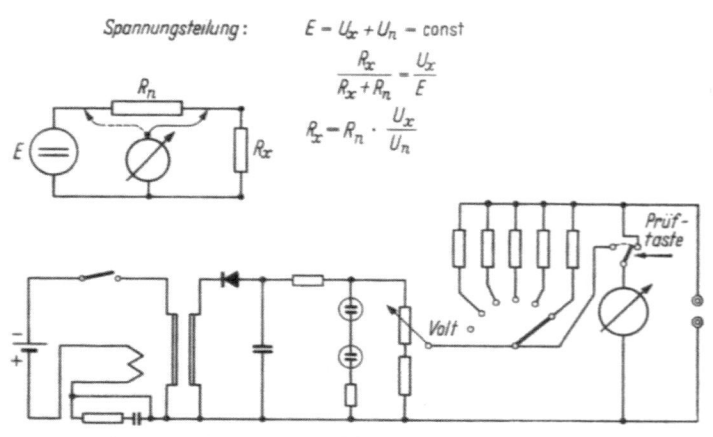

$$\frac{R_x}{R_x + R_n} = \frac{U_x}{E}$$

$$R_x = R_n \cdot \frac{U_x}{U_n}$$

Abb. 19. Schaltung des Teraohmmeters von Siemens & Halske

durch Handkurbel betriebene Induktoren. Moderne Geräte bieten unabhängig von der Drehzahl gleichbleibende Meßwerte[2].

---

[1] Zum Beispiel „Direkt anzeigende Einknopfmeßbrücke", Hersteller: Siemens & Halske A.G., Wernerwerk für Meßtechnik.
[2] Zum Beispiel Geräte der Firmen Gossen/Erlangen, Siemens & Halske A.G., Hartmann & Braun, Metrawatt.

Messung elektrischer Größen in der Elektrothermie

Zur Bestimmung von Isolationswiderständen über 1000 MΩ verwendet man Teraohmmeter. Ein modernes Gerät dieser Art ist in Abb. 18 dargestellt. Seine Schaltung zeigt Abb. 19.

Abb. 20. Skale des Teraohmmeters von Siemens & Halske

Das Gerät ist für fünf Meßbereiche, und zwar für 10^9, 10^{10}, 10^{11}, 10^{12} und 10^{13} Ω eingerichtet. Es besitzt ein elektrostatisches Meßwerk. Abb. 20 gibt die Skaleneinteilung wieder. Man sieht, daß auch Spannungen (nach geeigneter Umschaltung) abgelesen werden können.

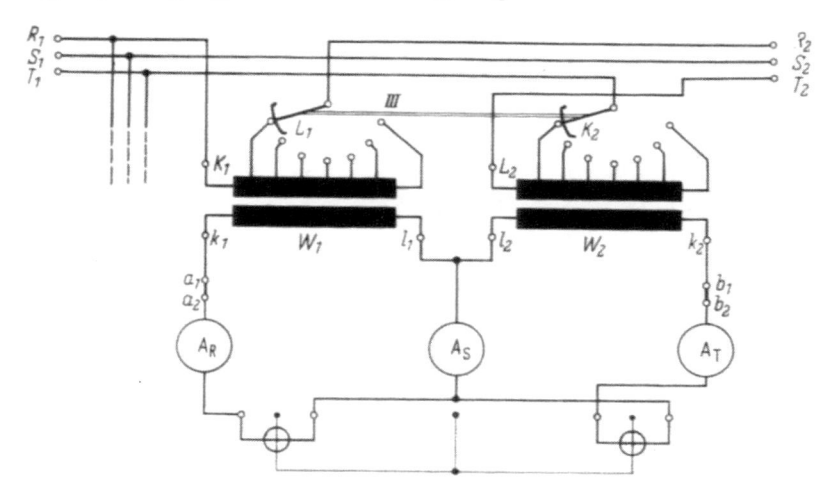

Abb. 21. Stromkreis des Leistungsmeßkoffers

d) Ortsbewegliche Leistungsmessungen. Während der Einrichtung im Betrieb und anläßlich von Störungen an elektrothermischen Anlagen leisten ortsbewegliche Universalmeßeinrichtungen gute Dienste. Als Beispiel sei der Leistungsmeßkoffer von Siemens & Halske kurz aufgeführt. Solche Geräte sind für die meisten einschlägigen Messungen fertig geschaltet. Man kann rasch von Wirk- auf Blindleistungsmessungen übergehen. Auch die Umstellung von Leistungsbezug auf Leistungslieferung macht keine Schwierigkeiten. Man kann Strom, Spannung, Wirk- und Blindleistungen, Drehfeldrichtung, Unsymmetrie im Spannungsdreieck (tote und scharfe Phase bei Lichtbogenöfen), Erdschlüsse in Drehstromanlagen und soweit sinnvoll auch in Wechselstromanlagen bestimmen. Abb. 21 zeigt den Stromkreis und Abb. 22 den Spannungskreis des Leistungsmeßkoffers.

e) Frequenzmesser. Frequenzen über 100000 Hz werden meist mittels Resonanzkreisen gemessen, die man in die Nähe der Schwingspulen oder der Ofenspulen (z. B. bei Induktionsheizungsanlagen)

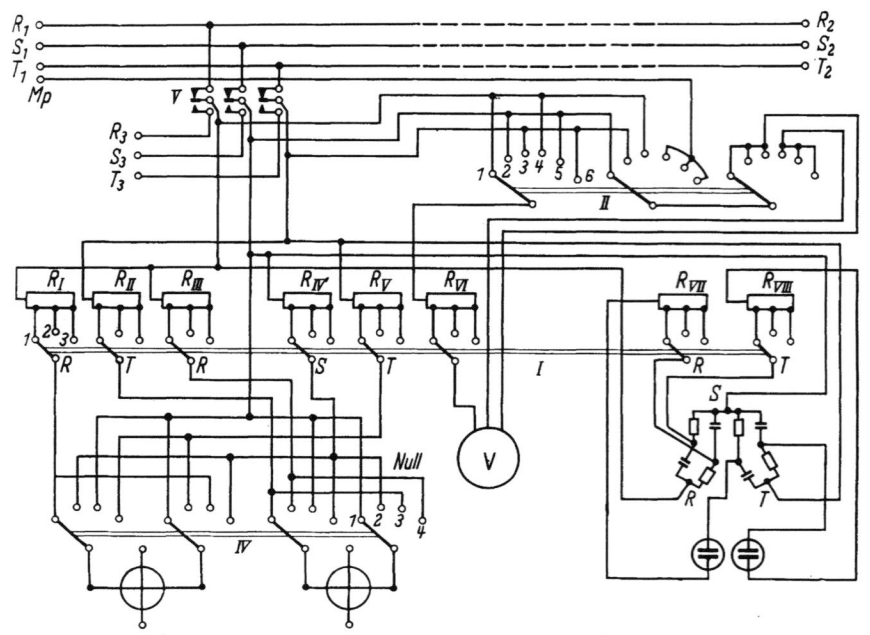

Abb. 22. Spannungskreis des Leistungsmeßkoffers

bringt. Die Resonanzanzeige erfolgt am einfachsten mittels Glimmlampen. Im Bereich zwischen 16 Hz und etwa 100 Hz können die bereits erwähnten Zungenfrequenzmesser angewendet werden. Für den Bereich zwischen 16 und 100000 Hz hat man Zeigerfrequenzmesser entwickelt. Abb. 23 zeigt das Prinzipschaltbild eines solchen Gerätes (Siemens & Halske A.G.). Die Meßfrequenz wird über die Eingangsklemmen fx einer Niederfrequenzverstärkerstufe zugeführt. Die verstärkte Wechselspannung steuert das darauffolgende Schaltrohr so weit aus, daß dieses wie ein Relais arbeitet und den Anodenstrom im Takt der Meßfrequenz ein- und ausschaltet. Die Anode dieses Schaltrohres ist über zwei Richtleiter an die obere Glimmstrecke eines Stabilisators geführt. An die Mitte dieser Richtleiter einerseits und die obere Elektrode des Stabilisators andererseits ist ein umschaltbarer Meßkreis angeschlossen. Dieser enthält ein Drehspulinstrument, das ebenfalls über Richtleiter im Ladekreis eines Kondensators liegt. Der Strom im Drehspulinstrument ist von einer bestimmten kleinsten Meßspannung an

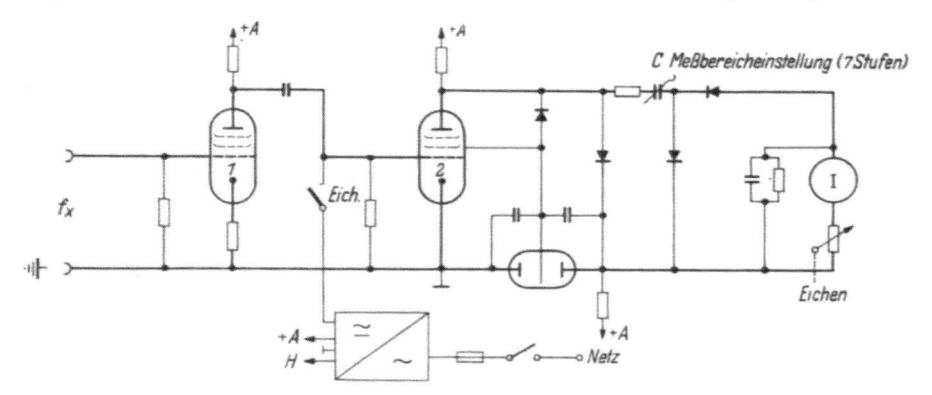

Abb. 23. Prinzipschaltbild eines tragbaren Tonfrequenzmessers

unabhängig von dieser und direkt proportional der Meßfrequenz, da der Meßkondensator stets auf einen ganz bestimmten, gleichbleibenden Spannungswert aufgeladen wird. Die Konstanz dieses Spannungswertes

Abb. 24. Tonfrequenzmesser, Deckel abgenommen

wird durch die Richtleiterstrecke am Stabilisator gewährleistet. Sie wirkt nämlich wie zwei „elektrische Anschläge", deren Potentialabstand vom Stabilisator festgehalten wird [S 2].

Das für die Nachprüfung von Frequenzen in Mittelfrequenz-Induktionsanlagen sehr geeignete Gerät ist in Abb. 24 als Ansicht dargestellt.

B. Messung der Temperaturen[1]

1. Anwendungsbereiche von Temperaturmeßverfahren und Geräten

Die Festpunkte der seit 1948 gültigen internationalen Temperaturskala sind:

Sauerstoffsiedepunkt	—182,97° C
Eispunkt	0,00000° C
Wassersiedepunkt unter Normalbedingungen	100,000° C
Schwefelschmelzpunkt	444,60° C
Silberschmelzpunkt	960,8° C
Goldschmelzpunkt	1063,0° C

Die Zwischenwerte sind wie folgt festgelegt:

Vom Sauerstoff- bis zum Eispunkt durch Platinwiderstandsthermometer.

Vom Eispunkt über den Schwefelpunkt hinaus bis zu 630,50° C durch Platinwiderstandsthermometer.

Von 630,50° C bis zum Goldpunkt durch die Thermospannung eines Platin-Platin-Rhodiumelementes.

Oberhalb des Goldpunktes durch die Strahlung des schwarzen Körpers.

Die praktischen Anwendungsbereiche der verschiedenen Temperaturmeßverfahren und Geräte weichen von diesen der internationalen Temperaturskala zugrunde gelegten ab. Man verwendet:

Pentan-Ausdehnungsthermometer von —200 bis 20° C,
Äthyl-Alkohol-Ausdehnungsthermometer von —110 bis 50° C,
Toluol-Ausdehnungsthermometer von —70 bis 100° C,
Quecksilber-Vakuum-Ausdehnungsthermometer von —30 bis 280° C,
Quecksilber-Druckgas-Quarzglas-Ausdehnungsthermometer von —0 bis 750 °C,
Bimetallthermometer von —30 bis 420° C,
Stabausdehnungsthermometer mit Invarvergleichsstab von etwa 0 bis 1000° C,
Kupferwiderstandsthermometer von —50 bis 150° C (mit Silikonlack geschützt bis 250° C),
Platinwiderstandsthermometer von —220 bis 750° C,
Kupfer-Konstantan-Thermoelemente von —200 bis 400° C,
Manganin-Konstantan-Thermoelemente von —200 bis 400° C,
Eisen-Konatantan-Thermoelemente von —200 bis 700° C (vor Sauerstoff gut geschützt bis 900° C),
Nickel-Nickel-Chrom-Thermoelemente von 0 bis 1000° C (begrenzt bis 1200° C),
Platin-Platin-Rhodium-Thermoelemente von —100 bis 1400° C (begrenzt bis 1600° C),
Gesamtstrahlungspyrometer von —80° C bis zu höchsten Temperaturen
Farbpyrometer von 1000 bis 2000° C.

Daneben gibt es noch Meßverfahren, die für besondere Anwendungsgebiete in Betracht kommen, z. B. für Brennen von keramischen Kör-

---

[1] Einer kritischen Durchsicht dieses Abschnittes durch Herrn Dr. F. Lieneweg, Karlsruhe, verdankt der Verfasser wertvolle Ergänzungen. Für ein eingehendes Studium sei [L 1] empfohlen.

pern: Segerkegel (von 600—2000° C) oder Temperaturkennkörper aus Metall-Legierungen von 100—1600° C.

Zum Feststellen der Temperaturverteilung geeignet sind Temperaturmeßfarben (von 40—650°C), Temperaturfarbstifte (ähnlicher Bereich und Photographieren mit Ultrarotplatten.

2. Nichtelektrische Berührungsthermometer

Bei Flüssigkeitsglasthermometern sind Empfindlichkeiten von $^1/_{1000}$°C erreichbar. Bei genauen Messungen muß eine Korrektur für den herausragenden Flüssigkeitsfaden vorgenommen werden. Bei Flüssigkeits-Glasthermometern dient der Unterschied der temperaturabhängigen Ausdehnung zwischen thermometrischer Flüssigkeit und Glaskapillare als Maß für die Temperatur.

Bei Flüssigkeits-Federthermometern erzeugt der Ausdehnungsunterschied zwischen Füllflüssigkeit und Gefäß einen (linear) ansteigenden Druck, der auf eine Bourdonfeder geleitet wird, die mit einem Zeiger versehen ist, der über einer in Temperatureinheiten geeichten Skale spielt.

Ähnlich wirken die Dampfdruckthermometer mit unvollständiger Flüssigkeitsfüllung des Temperaturfühlergefäßes. Die Anzeige ist nicht linear, sondern verläuft etwa entsprechend der Dampfdruckkurve der Füllflüssigkeit.

Bimetall- und Stabausdehnungsthermometer werden häufig zur unmittelbaren Betätigung elektrischer Kontakte in Reglerschaltungen verwendet.

Das aktive Element von Bimetallthermometern ist eine aus zwei miteinander plattierten Metallen verschiedener Ausdehnungszahl bestehende Spirale oder Schraubenfeder, die sich proportional von Temperaturveränderungen verdreht.

Das aktive Teil eines Stabausdehnungsthermometers ist ein Metallrohr bestimmter Wärmeausdehnungszahl, das innen und mit einem Ende starr verbunden einen Stab aus einem Material kleinerer Ausdehnungszahl enthält. Der Längenunterschied, der sich bei Temperaturänderungen einstellt, dient zur Temperaturbestimmung.

Bimetallthermometer geben relativ große Bewegungen von kleiner Kraft. Stabthermometer geben kleine Wege mit sehr großer Kraft. Man ordnet daher bei diesen mechanische Übersetzungen ins Schnelle an.

3. Elektrische Berührungsthermometer

Widerstandsthermometer arbeiten infolge der Änderung des Widerstandes von Metallen oder Halbleitern mit der Temperatur.

Um den Widerstand bestimmen zu können, ist eine Stromquelle

erforderlich. (Auf die Meßschaltungen wird weiter unten gesondert eingegangen.)

Verwendet man Nickel als Widerstandsmaterial, so hat man nach DIN 43760 zwischen $-60°$ C und $180°$ C eine Widerstandszunahme von etwa 69,5 Ω auf 231,1 Ω. Bei Platin liegt nach demselben DIN-Blatt bei $-220°$ C der Widerstand bei etwa 10,51 Ω und bei $550°$ C bei etwa 297,3 Ω.

In der Elektrothermie wird das Widerstandsthermometer hauptsächlich für solche Messungen verwendet, die man in größerer Entfernung noch ablesen will (z. B. Temperaturmessung verschiedener Punkte an Ofenwannen bei Lichtbogenstahlöfen, um rechtzeitig Durchbrüche erkennen zu können).

Für gewisse Anwendungen (noch nicht in der Elektrothermie) werden auch Halbleiter, wie Germanium, Silizium und Mischoxyde an Stelle von Nickel oder Platin verwendet. Der Temperaturbeiwert des Widerstandes dieser Stoffe ist eine Größenordnung höher als der der Metalle.

Thermoelemente bestehen aus zwei verschiedenen Metallen oder anderen Leitern, die mit dem verbundenen Ende auf die zu messende Temperatur gebracht werden und deren zwei voneinander getrennte, jedoch mit der Meßschaltung verbundene Enden auf einer bekannten Vergleichstemperatur gehalten werden. Bei Auftreten einer Temperaturdifferenz zwischen Temperaturmeßstelle und Vergleichsstelle entsteht eine elektromotorische Kraft, die Thermospannung genannt wird und aus deren Wert auf die Temperatur der Meßstelle geschlossen werden kann.

Nach DIN 43710 sind Grundwerte der gebräuchlichen Thermopaare bei der Bezugstemperatur $0°$ C aufgestellt worden, die in folgender Tabelle wiedergegeben sind. Ist die Vergleichstemperatur nicht $0°$ C, sondern $20°$ C, so liegen die Thermospannungswerte niedriger. Verwendet man einen Thermostaten als Vergleichstemperaturort, so stellt man meist $50°$ C ein. Man erhält dann noch niedrigere Spannungswerte. Bei $20°$ C Vergleichstemperatur betragen die abzuziehenden Spannungswerte: Cu-Konst.: 0,80 mV; Fe-Konst.: 1,05 mV; NiCr–Ni: 0,82 mV; PtRh–Pt: 0,11 mV. Bei $50°$ C Vergleichstemperatur sind abzuziehen: Bei Cu-Konst.: 2,05 mV; bei Fe-Konst.: 2,65 mV; bei NiCr–Ni: 2,02 mV; bei PtRh–Pt: 0,30 mV.

Jede Zeile hat eine waagerechte Linie, die den Temperaturbereich für Dauerbetrieb abgrenzt. Unterhalb dieser Linie ist die Lebensdauer in Luft begrenzt.

Da die Thermopaare meist nur begrenzte Länge aufweisen, kommt es häufig vor, daß man die Vergleichsstelle zu nahe an die heiße Meßstelle heranbringen müßte. Die Thermopaare vertreibenden Firmen (z. B. Hartmann & Braun in Frankfurt a. M. oder Siemens & Halske A.G. in

Tabelle 1. *Grundwerte der gebräuchlichsten Thermopaare, bei der Bezugstemperatur 0° C nach DIN 43 710*

Plus-schenkel Minus-Schenkel	Cu-Konst.	Fe-Konst.	NiCr—Ni	PtRh—Pt
Temp. °C	Thermospannung in mV			
—200	—5,7 ± 0,5	—8,15 ± 0,5		
—100	—3,4 ± 0,3	—4,16 ± 0,4		
0	0	0	0	0
100	4,25 ± 0,3	5,37 ± 0,4	4,04 ± 0,3	0,64 ± 0,05
200	9,20 ± 0,3	10,96 ± 0,4	8,14 ± 0,3	1,44 ± 0,05
300	14,89 ± 0,4	16,55 ± 0,4	12,24 ± 0,3	2,32 ± 0,05
400	20,99 ± 0,4	22,15 ± 0,4	16,38 ± 0,3	3,26 ± 0,05
500	27,40 ± 0,4	27,84 ± 0,4	20,64 ± 0,3	4,22 ± 0,05
600	34,30 ± 0,6	33,66 ± 0,4	24,94 ± 0,4	5,32 ± 0,05
700		39,72 ± 0,6	29,15 ± 0,4	6,27 ± 0,05
800		46,23 ± 0,8	33,27 ± 0,4	7,34 ± 0,05
900		53,15 ± 0,8	37,32 ± 0,4	8,45 ± 0,05
1000			41,32 ± 0,4	9,60 ± 0,05
1100			45,22 ± 0,6	10,77 ± 0,05
1200			49,02 ± 0,6	11,97 ± 0,05
1300				13,17 ± 0,05
1400				14,38 ± 0,05
1500				15,58 ± 0,05
1600				16,76 ± 0,05

Berlin und München, Degussa, Hanau) bieten deshalb Ausgleichsleitungen aus billigeren Stoffen an, die ab 200° C abwärts dieselben thermoelektrischen Eigenschaften aufweisen wie die dazu passenden Thermopaare und außerdem noch bessere elektrische Leitfähigkeit bieten.

Diese Ausgleichsleitungen werden vielfach unter Verwendung von Sonderwerkstoffen zusammengestellt.

Wenn Änderungen der Raumtemperatur nicht durch eine Eis-Wasser-Wasserdampf-Vergleichsstelle oder einen Thermostaten inhibiert werden können oder sollen, so muß man entweder mittels dauernder Messung der Vergleichstemperatur — etwa durch ein Quecksilberglasthermometer — Anhaltswerte für eine Korrektur der elektrischen Anzeiger gewinnen oder man greift, wenn man keinen Thermostaten verwenden will, zu automatisch wirksamen Temperaturkompensationsschaltungen. In Abb. 25 ist eine sogenannte ,,Kompensationsdose" nach Siemens & Halske A.G. dargestellt. Man führt die Ausgleichsleitungen in die Dose ein, die eine temperaturempfindliche, bei 20° C abgeglichene Brückenschaltung enthält. Von den vier Brückenwiderständen ist nur einer, nämlich R_3, temperaturabhängig ausgeführt, so daß bei einer Abweichung der Temperatur von dem Bezugswert 20° C in der Brückendiagonale eine entsprechende positive oder negative Zusatzspannung auftritt. Sie hebt zwischen −10° C und 70° C die durch die Temperaturabweichung bedingte Änderung der Thermospannung fast völlig auf.

Da man die elektrischen Temperaturfühler nicht etwa dort einbauen soll, wo sie am meisten geschont werden, sondern dort, wo man wirklich genaue Temperaturangaben braucht, ist es praktisch immer notwendig, daß man sie, so gut es geht, gegen mechanische und chemische Beanspruchungen schützt.

Es zeigt sich allerdings, daß insbesondere in der Elektrothermie viele Meßstellen lediglich erwünscht bleiben. Man muß sich dann mit Vergleichswerten begnügen und auf einwandfreie Absolutmessungen verzichten oder auf sehr kurzzeitige Messungen mittels Eintauchthermoelementen

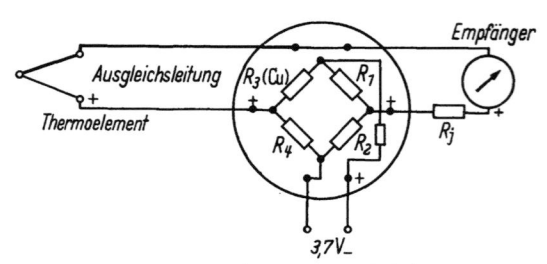

Abb. 25. Kompensationsdose, Grundschaltung

beschränken. Wenn man beispielsweise im Inneren von hochschmelzenden Metallen keine Pyrometer einführen kann, so mißt man die Temperatur eines bestimmten Punktes in der Tiegelwandung, so daß das Pyrometer mit der Schmelze gar nicht in Berührung kommen kann.

Die geometrischen Abmessungen der Schutzrohre sowie ihre Materialzusammensetzung richten sich nach den jeweiligen Verhältnissen. Die Thermoelemente und Widerstandsthermometer liefernden Firmen bieten auch den meisten in Frage kommenden Verwendungszwecken angepaßte Schutzrohre und Armaturen an [*S 3, S 4, D 1, L 2*].

4. Strahlungspyrometer

Jeder Körper strahlt Energie ab. Er kann auch gleichzeitig von der Strahlung anderer Körper getroffen werden, und dadurch ist es möglich, daß er sich abkühlt, seine Temperatur beibehält oder daß er wärmer wird. Dies hängt, sofern er gegen Wärmeleitung isoliert ist, lediglich von dem Verhältnis aufgestrahlter zu abgestrahlter Energie ab. Wenn man mittels der Strahlung die Temperatur eines Körpers bestimmen will, so muß man sich zunächst mit dem Strahlungsnormal vertraut machen. Als solches dient der sogenannte „Schwarze Körper". Ein idealer schwarzer Körper ist z. B. ein Hohlraum gleichmäßiger Temperatur mit einer vergleichsweise sehr kleinen Öffnung. Eine wichtige Bedingung für die

Innenwand ist, daß sie die Strahlung nicht nach außen treten läßt, daß sie strahlungsundurchlässig ist. Ihre Farbe ist verhältnismäßig gleichgültig, sie kann sogar weiß sein, trotzdem es sich um einen schwarzen Körper handelt. Wenn ein Lichtstrahl eintritt, so wird er entsprechend dem Reflexionsvermögen des Innenmaterials zum Teil absorbiert und zum Teil reflektiert. Der geschwächte reflektierte Teil trifft wieder auf die Wand, wo wieder ein Teil absorbiert wird. Dieser Vorgang wiederholt sich bis zur völligen Absorption des Lichtstrahles.

Die Strahlungsintensität des schwarzen Körpers hängt nur von seiner Temperatur ab. Das Maximum der jeweiligen Strahlung ist mit steigenden Temperaturen immer kürzeren Wellenlängen zugeordnet (WIENsches Verschiebungsgesetz, wonach die Wellenlänge der Maximalstrahlung $\lambda_{max} = 2940/T$).

Das STEFAN-BOLTZMANNsche Gesetz lautet:

Für den idealen schwarzen Körper läßt sich aus dem STEFAN-BOLTZMANNschen Gesetz die Temperatur ermitteln, wenn man die Gesamtstrahlung kennt (z. B. durch Messung ermittelt).

Die Intensität der in den Raumwinkel 2π emittierten Strahlung des gesamten Wellenlängenbereiches ist gegeben durch:

$$E_g = C\,T^4\ \text{kcal/m}^2\,\text{h}\,.$$

Darin ist:
C die Strahlungszahl in kcal/m² h grad⁴,
T die absolute Temperatur in °K.

Die Strahlungskonstante des ideal schwarzen Körpers ist $C_0 = 4{,}96 \cdot 10^{-3}$ kcal/m² h grad⁴.

Im allgemeinen hat man es nicht mit ideal schwarzen Körpern zu tun. Man definiert:

Das Gesamtstrahlungsvermögen einer Fläche ε_g ist das Verhältnis der Strahlungsintensität dieser Fläche zu derjenigen des ideal schwarzen Körpers.

In analoger Weise kann man auch für beliebige Wellenlängen λ ein Verhältnis $E_\lambda/E_{0\lambda} = \varepsilon_\lambda$ definieren.

Wenn man verschiedene Flächen in ihrem Strahlungsvermögen sowohl der Intensität als auch dem Wellenlängenverlauf der emittierten Strahlung nach mit dem schwarzen Körper vergleicht, so kommt man zwangsläufig zur Unterscheidung verschiedener Klassen von Strahlern.

Die Graustrahler haben gegenüber dem schwarzen Körper für alle Temperaturen und Wellenlängen einen konstanten Schwächungsfaktor, d. h., ihr C im STEFAN-BOLTZMANNschen Gesetz ist kleiner als das C_0 des schwarzen Körpers und damit ihr $\varepsilon_g < 1$. Die Selektivstrahler strahlen in bestimmten Wellenlängen besonders gut und ihre Spektralverteilung entspricht also nicht, auch nicht qualitativ, der des schwarzen Körpers. Ein bekanntes Beispiel für einen Selektivstrahler ist der NERNST-

Stift[1], der ein Licht kürzerer Wellenlänge emittiert, als seiner Temperatur entspricht.

Die meisten Metalle sind annähernd graue Strahler, die man mit der Gesamtstrahlung messen kann, wenn man ihr ε_g kennt.

Dem Strahlungsvermögen eines Körpers ist sein Absorptionsvermögen zahlenmäßig gleich. Es gibt an, welcher Anteil der auftreffenden Strahlung nicht reflektiert oder durchgelassen, sondern absorbiert wird.

Wenn man $C_0 = 4{,}96 \cdot 10^{-3}$ kcal/m² h grad⁴ mit den Werten ε_g der nachfolgenden Tabelle multipliziert, so erhält man die Strahlungszahlen C der betreffenden Stoffe.

Tabelle 2. *Gesamtstrahlungsvermögen technischer Flächen* [H 1]

Gußeisen rauh, stark oxydiert	$\varepsilon_g = 0{,}94$
Eisen matt oxydiert	0,96
Eisen poliert	0,29
Kupfer blank poliert	0,18—0,25
Silber poliert	0,03—0,1
Schamotte	0,95
Porzellan glasiert	0,92
Lampenruß	0,95
Wasser, Eis, Asbestschiefer	0,96
Ruhiges Wasser, blankes Eis	0,65

Unter den technischen Strahlungspyrometern nimmt das Gesamtstrahlungspyrometer einen bedeutenden Platz ein. Das Gesamtstrahlungspyrometer kann also nur richtig anzeigen, wenn das Gesamtstrahlungsvermögen der betreffenden zu messenden Fläche hinreichend genau bekannt ist. In vielen Fällen ist dies jedoch gerade in der Elektrothermie nicht der Fall, da man z. B. bei Metallschmelzen mit Schlackenschichten rechnen muß. Dazu kommt noch, daß durch sich bildende Dämpfe und dergleichen Trübungen der sich zwischen der Fläche und dem Pyrometer befindlichen Gasstrecke häufig einstellen. Man mißt also dann die Temperaturen häufig zu niedrig.

Gute Dienste leisten jedoch die Gesamtstrahlungspyrometer dann, wenn man eine klare Sicht hat. Bei Verschmutzungsgefahr werden an das Pyrometer u. U. wassergekühlte Anbaurohre angesetzt, durch die Preßluft zwecks Reinhaltung der Linsen geleitet wird.

Moderne Geräte dieser Art werden für die verschiedensten Meßbereiche gebaut. Siemens & Halske stellt beispielsweise Geräte für Temperaturen von — 80 bis 2000° C Meßtemperatur als Gesamtstrahlungspyrometer her.

Diese Geräte sammeln über eine Linsen- oder Spiegeloptik (für tiefe Temperaturen würden Linsen zu viel absorbieren) die auftreffende Gesamtstrahlung auf ein hochempfindliches Thermoelement.

---

[1] Der NERNST-Stift, früher in der Beleuchtungstechnik vorgeschlagen und kurze Zeit angewendet, besteht aus Oxyden der seltenen Erden, z. B. des Lanthans, Zirkons, Yttriums.

Handelt es sich um die Messung an geschlossenen Öfen, so ist die Kenntnis der Strahlungszahlen nicht notwendig, da die in der Wandung angebrachten relativ kleinen Öffnungen annähernd schwarz strahlen [A 1], [H 2]. Die Meßfehler sind dann lediglich durch eventuell vorhandene Rauchschwaden u. dgl. bestimmt.

Teilstrahlungspyrometer werden meist als Glühfadenpyrometer gebaut (z. B. H. & B., Pyrowerk). Es wird dabei die Leuchtdichte einer Strahlungskomponente des vom untersuchten Körper ausgestrahlten sichtbaren Lichtes mit einem geeichten, im Gerät eingebauten Strahler (Glühfaden) verglichen. Beim Glühfadenpyrometer wird dabei entweder die Glühfadentemperatur so lange eingestellt, bis der Faden im Abbild des Strahlers unsichtbar wird, oder man hat eine konstante Glühfadentemperatur und schwächt das einfallende Licht mittels Graukeil.

Die Temperaturen sind aus der Glühfadenheizstärke oder der Graukeilstellung zu entnehmen. Wenn für die visuelle Beobachtung Selektivfilter (z. B. rot) vorgeschaltet sind, so handelt es sich um echte Teilstrahlungspyrometer.

Man läßt das Rotfilter nur bei Messungen von Temperaturen unter etwa 900° C fort. Bei höheren Temperaturen bekommt man ohne Filter keinen hinreichend guten Abgleich.

Farbpyrometer. Die Grundlage bildet das WIENsche Verschiebungsgesetz[1]. Daraus läßt sich bei schwarzen Körpern oder bei gleichmäßig für alle Wellenlängen schwächer strahlenden Körpern (Graustrahlern) die Farbe ermitteln und umgekehrt aus der Farbe die Temperatur (sogenannte Farbtemperatur). In der Praxis wird die Farbtemperatur aus dem Farbeindruck bestimmt, indem das Leuchtdichteverhältnis bei zwei Wellenlängen (z. B. rot und grün) ermittelt wird durch Veränderung des einen Farbanteiles mit einem Farbfilter, bis so seine Farbe gleich der eines Vergleichslichtes aus den gleichen Farben ist.

Man kann auch mittels Photozellen das Verhältnis der Strahlungsintensitäten bei zwei verschiedenen (jeweils ausgefilterten) Wellenlängen bestimmen und aus dem so gewonnenen Leuchtdichteverhältnis die Farbtemperatur ermitteln.

5. Weitere Temperaturbestimmungsverfahren

a) Anlauffarben. Eisen und Stahl oxydieren beim Erwärmen oberflächlich. Die Oxydschicht führt zu Interferenz- oder Anlauffarben. Geübte Beobachter können auf Grund ihrer Erfahrung die Temperatur damit sehr gut bestimmen (auf $\pm 10°$ C). Folgende Tab. 3 gibt einige Anhaltswerte.

---

[1] Die Wellenlänge λ_m maximaler Emission wandert (nach W. WIEN) bei Temperaturerhöhung nach kürzeren Wellenlängen entsprechend $\lambda_m \cdot T = 2880$, worin λ_m in μ und T in ° Kelvin einzusetzen sind.

Tabelle 3. *Temperaturbestimmung durch Anlauffarben*

Anlauffarbe von Eisen und Stahl	Temperatur in °C	Anlauffarbe von Eisen und Stahl	Temperatur in °C
strohgelb	220	violett	280
dotterfarben	240	dunkelblau	290
gelbrot	250	hellblau	310
braunviolett	260	graublau	320
purpurfarben	270	graugrünlich	330

b) Glühfarben. Auch Glühfarben könnten Geübte in die Lage versetzen, Temperaturen auf etwa $\pm 10°$ C genau zu bestimmen.

Tabelle 4. *Temperaturbestimmung durch Glühfarben*

Glühfarbe	Temperatur in °C	Glühfarbe	Temperatur in °C
schwärzlichbraun	520—580	gelbrot	880—1050
braunrot	580—650	dunkelgelb	1050—1150
dunkelrot	650—750	hellgelb, beginnt zu blenden	1150—1250
dunkelkirschrot	750—780		
kirschrot	780—800	weißgelb	1250—1350
hellkirschrot	800—830	weiß	über 1350
hellrot	830—880		

6. Messen und Schreiben von Temperaturwerten

Die Spannungen von Thermoelementen mißt man am einfachsten durch direkt zeigende Drehspulmeßwerke nach dem Ausschlagsverfahren. Der Stromverbrauch des Meßwerkes setzt dabei die Klemmenspannung herab. Nach den DIN-Festlegungen gleicht man den Widerstand des Thermopaares samt Zuleitungen auf 20 Ω ab. Ist der Abgleich nicht genau vorgenommen, so werden daraus Meßfehler resultieren. Weitere Fehler ergeben sich bei dieser Methode durch Temperatureinflüsse auf den Zuleitungs- und Ausgleichswiderstand [L 2].

Die Ausschlagsgeräte sind trotz verschiedener oben angedeuteter Fehlerquellen infolge ihrer einfachen Handhabung viel in Gebrauch.

Neuerdings steigen im Zuge der Verfeinerung der elektrothermischen Fertigungsverfahren die geforderten Genauigkeiten bei der Temperaturmessung an. Außerdem ist es häufig erwünscht, nicht nur zu messen, sondern auch zu schreiben, weil nur durch die objektive Schreibmethode auch nachträglich Meßwerte einwandfrei bestimmbar sind.

Hier haben sich neben Drehspulschreibern die Kompensationsverfahren eingebürgert. Diese gewinnen zusehends an Bedeutung, insbesondere in Form automatisch kompensierender Schreiber. Da bei erfolgtem Abgleich stromlos gemessen wird, sind alle obengenannten Fehler des Ausschlagsverfahrens beseitigt. Der Aufwand ist zwar wesentlich größer als beim Ausschlagsverfahren, jedoch dürfte er sich immer dort lohnen, wo man auf Genauigkeit der Anzeige Wert legen muß. Die

Siemens & Halske A.G. in Berlin und München und die Firma Hartmann & Braun in Frankfurt a. M. haben gemeinsam einen Kompensationsschreiber entwickelt [P 2, L 3, P 3].

Dieses Gerät vereinigt so viele Vorzüge, daß an dieser Stelle etwas näher darauf eingegangen sein soll, auch weil es ein typisches Beispiel bildet für die moderne Meßtechnik, die immer mehr von den Ausschlagsverfahren abkommt.

Schon seit längerer Zeit arbeitete man in der Meßtechnik mit Kompensationsverfahren, die sich automatisch abgleichen, und zwar nach dem Strommesserverfahren. Dabei wurde der Kompensationsstrom mittels eines Nullgalvanometers über Gleichstromverstärker (z. B. lichtelektrische Verstärker) stetig gesteuert. Der Kompensationsstrom wurde auf relativ robuste Punkt- oder Tintenschreiber gegeben. Neben hoher Einstellgeschwindigkeit, hoher Empfindlichkeit und relativer Einfachheit des Aufbaues besitzen diese Systeme jedoch auch unbestreitbare Nachteile. Diese sind hauptsächlich Empfindlichkeit gegen Erschütterungen und Fremdfelder sowie Lageempfindlichkeit (infolge des notwendigen Nullgalvanometers).

Neuerdings führt man daher das Potentiometerverfahren aus, bei dem ein Schleifer am Abgleich-Kompensationspotentiometer so lange bewegt wird, bis die Meßspannung gleich dem Kompensationsspannungsabfall wird. Es wird also hier der Widerstand im Kompensationskreis variiert, während beim obenerwähnten Strommesserverfahren der Kompensationswiderstand konstant gehalten wurde und der Strom durch diesen Widerstand variiert wurde. Dieser Strom, mit einem Schreiber aufgezeichnet, war ein Maß für die Temperatur, während beim Potentiometerverfahren die Potentiometerstellung ein Maß für die Temperatur ist.

Die Genauigkeit ist beim Strommesserverfahren u. a. durch die Klassengenauigkeit des Schreibers bestimmt und beim Potentiometerverfahren von der Verstärkung des Nullverstärkers (insbesondere seinem Nullpunktsfehler) und der Präzision der Geometrie und stofflichen Zusammensetzung sowie der Intervallstufung des Potentiometers abhängig.

Die Meßgenauigkeit kann bis auf $\pm 0{,}25\%$ des Skalenumfanges gebracht werden, und die Einstellsicherheit beträgt sogar $\pm 0{,}1\%$ des Skalenumfanges.

Da weite Bereiche nicht auf die Skale zu kommen brauchen, kann man, z. B. wenn die Skale den Bereich von $500-600°$ C umfaßt, eine relative Genauigkeit von $1/_{10}°$ C erreichen.

Abb. 26 zeigt das grundsätzliche Schaltungsschema des elektronischen Kompensographen. Die vom Thermoelement gelieferte Meßspannung wird mit der Kompensationsspannung aus einer Wheatstoneschen Brücke verglichen. Das in dieser Abgleichbrücke verwendete

Potentiometer muß von höchster Präzision sein. Sind die Thermospannung und die Kompensations-Brückendiagonal-Spannung nicht einander gleich, so entsteht eine Differenzgleichspannung, die je nachdem, welche Spannung über die andere überwiegt, positiv oder negativ sein kann. Diese Differenzspannung wird einem sehr guten Nullverstärker zugeführt. Es ist dies ein elektronischer Wechselstromverstärker, der zur Umwandlung des zugeführten Gleichstromes in Wechselstrom einen mit Netzfrequenz arbeitenden Wechselrichter vorgeschaltet hat. Dadurch ist die eingehende Gleichspannung in eine Wechselspannung von

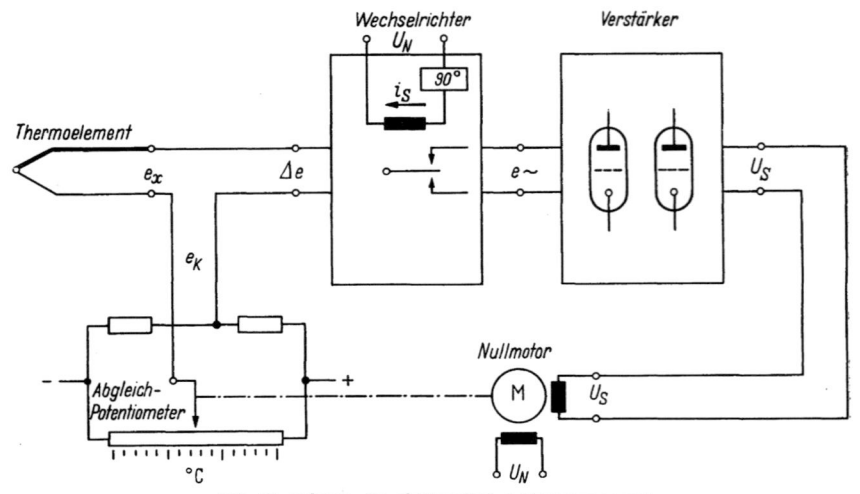

Abb. 26. Schema des elektronischen Kompensographen

50 Hz umgewandelt, die etwa 10^7 fach verstärkt in den Nullmotor gelangt. Die dem Nullmotor zugeführte Wechselspannung ändert beim Nulldurchgang der Eingang-Gleichspannung die Phasenlage und bewirkt so eine Umkehrung der Drehrichtung des Motors. Dieser bewegt also je nach der Polarität der Differenzgleichspannung den Abgriff des Abgleichpotentiometers in der Brücke nach rechts oder links, bis die Meß- und die Kompensationsspannung einander gleich sind. Mit der Stellung des Potentiometerabgriffes ist die Schreibeinrichtung zwangsweise starr gekuppelt.

Es handelt sich hier um einen automatisch arbeitenden Regelvorgang. Um selbsterregte Schwingungen zu vermeiden, sind an geeigneten Stellen der Schaltung Rückführungen vorgesehen. Im nächsten Abschnitt über Regelungstechnik wird noch Grundsätzliches darüber zu finden sein.

Der zum Betrieb der Brücke erforderliche konstante Hilfsstrom (jede Kompensation erfordert einen Vergleichshilfswert, beim Ausschlagsverfahren kommt man übrigens auch nicht ohne einen solchen aus, dort ist es die Federkonstante) kommt aus dem Netz über einen Konstanthalter und Gleichrichter. Eine nicht gezeichnete automatische Abgleichseinrichtung stellt nach einem Vergleich mit einem eingebauten Normalelement in gleichbleibenden Zeitabständen den Brückenstrom auf den Sollwert nach.

C. Regeltechnik[1]

1. Grundlagen (siehe DIN 19226)

Jede Regelung arbeitet in einem „Regelkreis".

Abb. 27 ist die schematische Darstellung eines Regelkreises. Am Meßort befindet sich der Fühler. Dieser gibt als Maß des „Istwertes" eine elektrische Größe oder eine pneumatische Größe an den „Regler", „die Regelgröße". Diese beeinflußt über die Stellgröße das Stellglied in der Weise, daß der Istwert dem jeweilig verlangten Sollwert möglichst gleich ist.

Der Sollwert selbst kann als konstant gefordert sein oder auch nach der Zeit veränderlich.

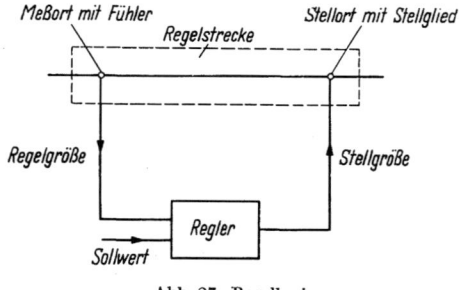

Abb. 27. Regelkreis

Man unterscheidet Zweipunktregler oder unstetige Regler und stetige Regler.

Beim *Zweipunktregler* wird die Stellgröße auf nur *zwei* voneinander verschiedene Werte durch den Regler eingestellt. Wenn die Regelstrecke sehr träge ist, erzielt man mit diesem Verfahren besonders dann gute Ergebnisse, wenn Meßfühler und Stellglied möglichst am gleichen Ort sind. Beispielsweise regelt man mit diesem Verfahren thermisch träge Widerstandselektroöfen, indem man z. B. die elektrische Heizleistung ein- oder ausschaltet bzw. zwischen zwei Werten sprunghaft pendeln läßt.

Die *stetigen Regler* vermögen dagegen jeden Wert der Stellgröße zu bilden.

Es gibt auch Schrittregler, wo das Stellglied zwar jeden beliebigen Wert annehmen kann, jedoch diskontinuierlich in einzelnen Schritten erreicht. Die Schrittregler (wozu z. B. die Fallbügelregler zählen) sind in ihrem Regelergebnis von stetigen Reglern nicht zu unterscheiden,

---

[1] Herrn Dr. R. OETKER, Karlsruhe, dankt der Verfasser für eine kritische Durchsicht dieses Abschnittes.

wenn die Zeitkonstante der Regelstrecke groß ist gegenüber den Schrittzeiten. Dies ist bei Widerstandselektroöfen praktisch immer der Fall. Die stetigen Regler kann man in folgende einteilen:

1. Proportionalregler, 2. Integralregler, 3. Proportional-Integral-Regler und 4. Proportional-Integral-Differential-Regler.

1. Wird durch eine Störung der Istwert sprunghaft geändert, so bewegt sich das Stellglied um einen der Abweichung des Ist- vom Sollwert proportionalen Betrag. Ein solcher Regler muß im Endeffekt eine deutliche Abweichung des Istwertes vom Sollwert zulassen. (Wird in der Elektrothermie kaum angewendet.)

2. Wird der Istwert sprunghaft geändert, so erfolgt beim integralwirkenden Regler eine Bewegung des Stellgliedes, die so lange anhält, als die Istwertabweichung vorhanden ist. Die Stellgliedbewegung erfolgt mit einer der Istwertabweichung proportionalen Geschwindigkeit. (Wird in der Elektrothermie nicht angewendet.)

3. Beim proportional-integralwirkenden Regler bewegt sich das Stellglied um einen der Istwertabweichung proportionalen Betrag und um einen von ihrer Zeitdauer abhängigen Betrag. (Wird verwendet.)

4. Beim Proportional-Integral-Differential-Regler wird noch der Differentialquotient der zeitlichen Istwertabweichung für die Stellgliedbewegung zusätzlich herangezogen. Es bewegt sich also das Stellglied um einen von der Istwertabweichungs-Änderungsgeschwindigkeit abhängigen Betrag und außerdem wie beim Proportional-Integral-Regler. Damit werden die geringsten Regelabweichungen und die kürzesten Regelzeiten erzielt. Hat man z. B. Temperaturregelungen in Regelstrecken mit kleiner oder großer Zeitkonstante für große Genauigkeit auszulegen, so soll man sich nur dieser Regler mit zusätzlichem Differentialverhalten bedienen. Dieses ermöglicht, daß bei einer Abweichung sofort entsprechend der Abweichungsgeschwindigkeit „aufgedreht" wird.

Das Verhalten der Regler wird durch die Art der negativen Rückkopplung (auch Rückführung genannt) so stark bestimmt, daß man damit die verschiedenen Reglerklassen verwirklicht. Die Rückführung stellt eine negative Rückkopplung der Stellgröße mit der Regelgröße dar. Sie kann starr oder elastisch ausgebildet sein. Wenn sie verzögert einsetzt, so wird der Differentialquotient in den Regler eingeführt[1].

2. Beispiele

a) Elektrodenregelung. WILHELM v. SIEMENS hatte bereits 1879 eine einfache, für die damaligen Zwecke völlig ausreichende Methode für die Elektrodenregelung von Lichtbögen angegeben. Ein Elektro-

---

[1] Es soll nicht Aufgabe dieser Übersicht sein, eine weitergehende Darstellung der Theorie der Regler zu geben. Es sei auf die Literatur, z. B. [O 1, R 1], verwiesen.

magnet, der eine Lichtbogenspannungsspule als Erregung besitzt, verstellt unmittelbar die Elektroden (Abb. 28).

Später war in der Beleuchtungstechnik in ähnlicher Weise die Regulierung auf konstanten Strom üblich geworden. v. HEFNER-ALTENECK erfand später die Bogenlampenregulierung auf konstanten Widerstand. Von eigentlichen Regelkreisen, bestehend aus Regelstrecke, Fühler, Verstärker, Stellglied usw., kann man bei den damaligen Konstruktionen nicht sprechen. Die Elektroden großer Elektroöfen, etwa von Licht

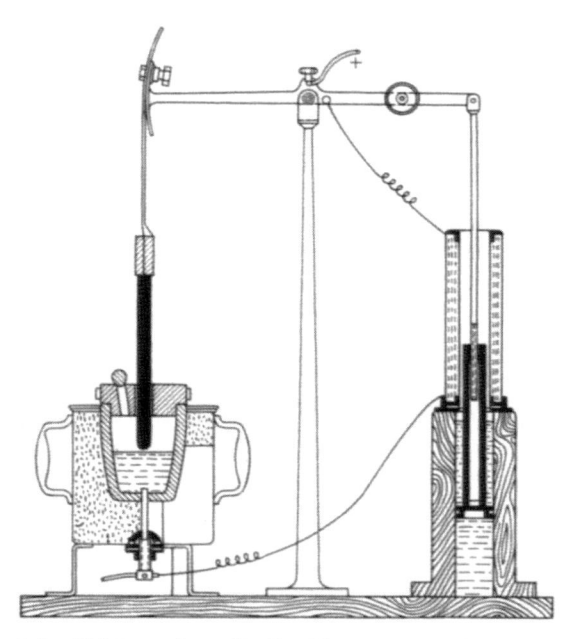

Abb. 28. Entwurf eines Lichtbogenofens mit selbsttätiger spannungsabhängiger Elektrodenregelung von WILHELM V. SIEMENS (nach H. WALDE)

bogenstahlöfen, kann man nicht mehr auf diese einfache Art schnell genug richtig einstellen.

Moderne Elektrodenregeleinrichtungen müssen mit kleiner Ansprechzeit und kleiner Totzeit arbeiten. Unter Totzeit kann man etwa die Zeit ansetzen zwischen dem Auftreten einer Änderung der Regelgröße und dem Bewegungsbeginn der Elektroden. Unter Ansprechzeit versteht man etwa die Zeit zwischen dem Auftreten der Änderung der Regelgröße und dem Erreichen der vollen Elektrodenverstellgeschwindigkeit. Diese soll selbst möglich hoch sein, mindestens aber 50 mm/sek betragen. Sie ist abhängig von der Art des Stellgliedantriebes, während die Ansprechzeit auch stark von der Art der Verstärkung zwischen Regelgröße und Stellgröße beeinflußt wird.

Die ersten Elektrodenregler arbeiteten mit einer Verstärkung über Relais. Meist wurde als erstes Relais ein Waagebalkenrelais verwendet, das über Schützen einen Gleichstrommotor ein- und ausschaltete sowie die Drehrichtung umsteuerte. Die Elektroden wurden bei diesen Systemen meist über Seilzüge von den Motoren angetrieben. Da man es hier mit einer Ein-Aus- bzw. bestenfalls Schrittregelung zu tun hatte, deren Schrittzeiten naturgemäß groß gegenüber der sehr geringen Zeitkonstante der Regelstrecke waren (man denke z. B. an die schnelle Änderung der Lichtbogenverhältnisse beim Aufschmelzen von Schrott), konnte man mit diesen Einrichtungen nur recht unvollkommen regeln, und starke Stöße auf das speisende Netz waren einerseits Aufkohlung und starker Elektrodenverbrauch andererseits die Folge des unruhigen Betriebes.

Diese Waagebalken-Relais-Regelung wurde anfänglich mit Meßfühlern auf gleichbleibenden Strom ausgeführt. Man wendete sie für kleinere, nicht dauernd betriebene Öfen und insbesondere für Reduktionsöfen an. Später führte man auch Anlagen mit Regelung auf gleichbleibenden Widerstand an. Diese Methode hat sich bei Lichtbogenöfen in der Stahlindustrie für längere Zeit einführen können.

Moderne Regeleinrichtungen arbeiten nicht mehr mit Relaisverstärkung, sondern entweder mit elektrohydraulischer oder rein elektrischer Verstärkung. Es wird dabei ausschließlich mit Regelung auf gewünschten Widerstand gearbeitet. Damit läßt sich grundsätzlich die jeweils günstigste Anpassung für den betreffenden Betriebszustand erreichen. (Man vgl. die Ausführungen im Abschnitt „Elektrothermie des Eisens", B 2a Anpassungsfragen S. 12.) Die elektrohydraulische Regelung läßt große Verstellgeschwindigkeiten zu (bis über 100 mm/sek). Sie ist meist sehr einfach im Aufbau, auf Rückführungen kann vielfach verzichtet werden, hat aber den Nachteil, daß das Betriebswasser nach Stillständen, wenn nicht genügend Sorgfalt auf eine Heizung gelegt wird oder keine Frostschutzmittel angewendet werden, einfrieren kann.

Neuerdings ist eine rein elektrische Elektrodenregelung mit Magnetverstärkern entwickelt worden, die ihre Bewährungsprobe gut bestanden hat und die sich bei ausreichender Verstellgeschwindigkeit durch das Fehlen jeglicher beweglicher Teile im Reglerverstärker auszeichnet.

Beide Systeme seien kurz erläutert.

Bei einer *neuen elektrohydraulischen Elektrodenregelung [D 2]* werden Strom und Spannung — in entsprechende Meßströme abgebildet — auf zwei Spulen gegeben, die gegensinnig geschaltet in dem Ringspalt eines Gleichstromtopfmagneten angeordnet sind. Die Wicklungsdaten sind so ausgeführt, daß in Verbindung mit Widerstandsvorschaltung bzw. Shuntierung der Ströme die geforderten Verhältnisse von Spannung zu Strom die Kraftwirkung Null ergeben. Jede Abweichung von dem Verhältnis, also von der Sollimpedanz des Lichtbogens, bewirkt eine Auslenkung des gemeinsamen Spulenkörpers. In Abb. 29 ist *1* der die beiden Meßspulen *6* und *7* tragende Aluminiumkörper, der seinerseits in den Luftspalt *2* des Topfmagneten *4* mit der Erregerwicklung *3* ragt. Die Auslenkung wird begrenzt durch zwei

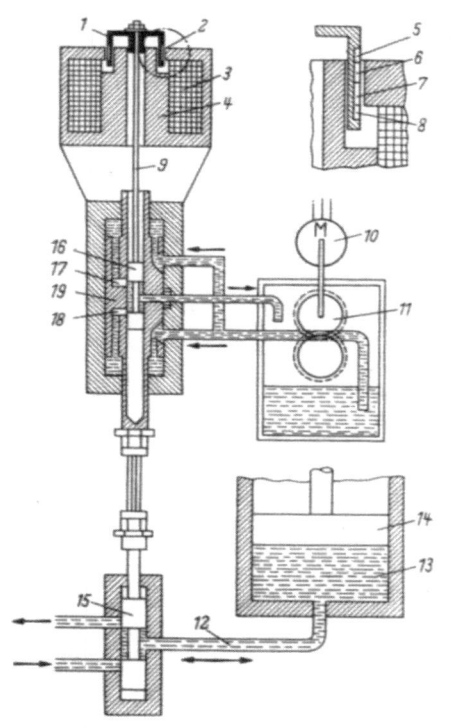

Abb. 29. Elektrodenregelung mit Tauchspulenregler (nach A. DRILLER) (Erklärung im Text)

„Federspulen" *5* und *8*, die infolge Erzeugung gegenläufiger Kraftfelder in Zusammenwirkung mit dem Gleichfeld des Topfmagneten das Meßsystem elastisch in die Mittellage drücken.

Mit dem Meßsystem (Tauchspule) ist über *9* ein Steuerkölbchen *16* verbunden. Dieses steuert über zwei Steuerkanten *17* und *18* einen Druckölstrom, der sinngemäß mit dem Steuerkölbchen einen Folgekolben *19* bewegt. Dieser folgt also unmittelbar den Bewegungen des

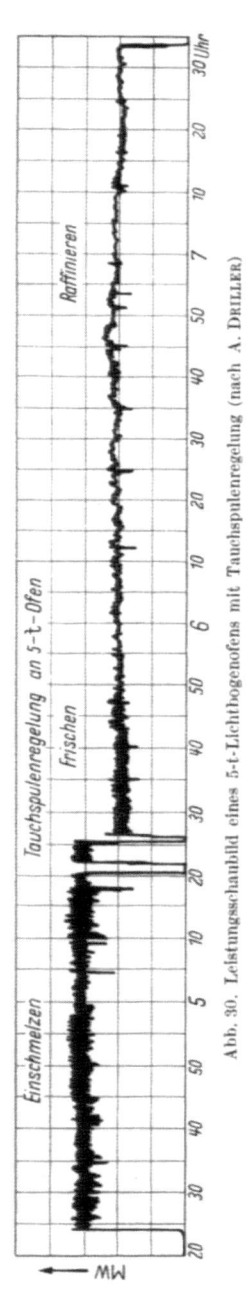

Abb. 30. Leistungsschaubild eines 5-t-Lichtbogenofens mit Tauchspulenregelung (nach A. DRILLER)

die zwei gegensinnig wirkenden Meßspulen tragenden Aluminiumkörpers. Der Folgekolben bewegt formschlüssig den Steuerwasserschieber *15*, der den Druckwasserzufluß oder -abfluß *12* zum oder vom

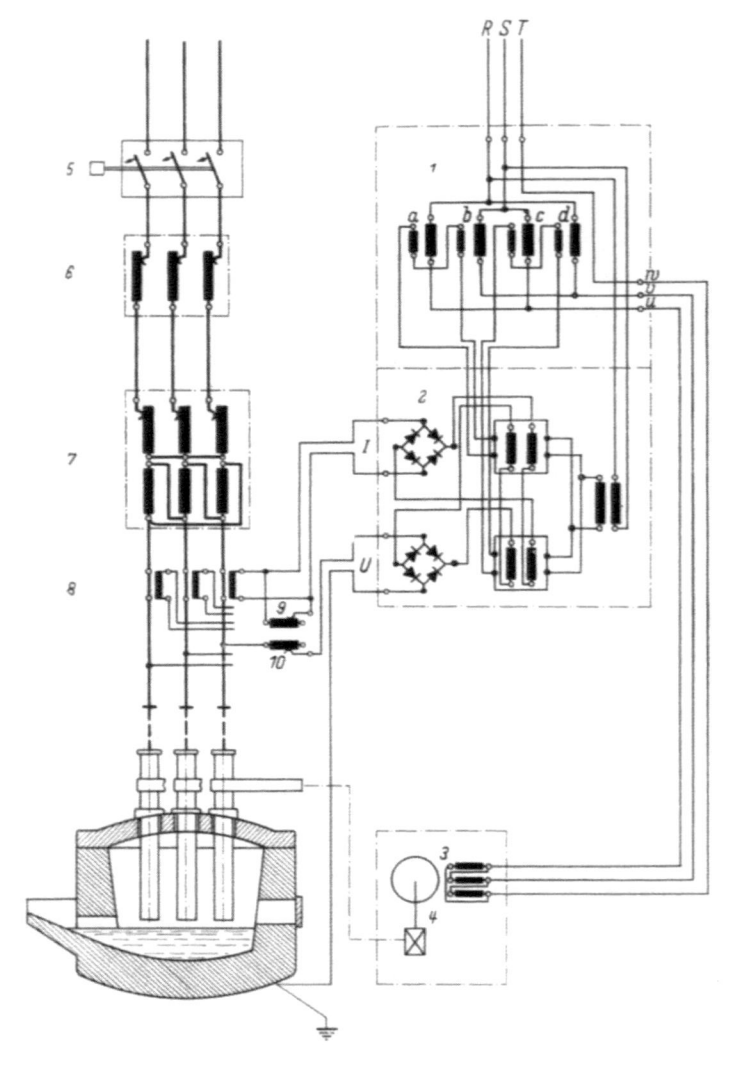

Abb. 31. Prinzipschaltbild der Elektrodenregulierung mit Magnetverstärkern.
1 Hauptverstärker, *2* Vorverstärker, *3* Elektroden-Hubmotor, *4* Getriebe, *5* Leistungsschalter, *6* Drossel, *7* Ofentransformator, *8* Stromwandler, *9* Ofenstromregler, *10* Spannungs-Einstelltrafo

Elektrodenstellzylinder *13*, *14* freigibt. Das in den ersten Stufen erforderliche Drucköl wird von einer Zahnradpumpe *11* mit Motor *10* geliefert.

Die Ansprechzeit des Reglers ist gering (etwa 70 msek), die hydraulischen Kräfte sind sehr groß. Man erreicht dadurch große Beschleunigungen. Deshalb müssen elastische Zwischenglieder zwischen Tauchkörper (Meßwicklungen) und dem Elektrodenstellzylinder vermieden werden, um die Vorteile des Systems ganz ausnutzen zu können. Aus dem gleichen Grunde muß die Elektrodentragkonstruktion sehr starr sein. Die hohen Elektrodengeschwindigkeiten ermöglichen es, daß die Elektroden auch beim Einschmelzen von Schrott noch nachkommen können. Abb. 30 zeigt das Leistungsschaubild eines mit dieser Regelung ausgerüsteten 5-t-Lichtbogenofens.

Abb. 32. Grundschaltung und Verstärkerkennlinie eines Magnetverstärkers.
U_N Netzwechselspannung, U_S Steuerspannung, W_S Steuerwicklung, U_L Lastspannung, J_S Steuerstrom, W_L Lastwicklung

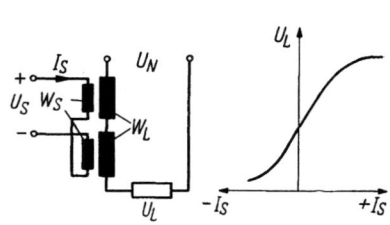

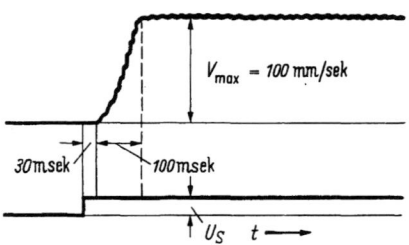

Abb. 33. Ansprechzeit und Anlaufzeit der Elektrodenregelung mit Magnetverstärkern.
V_{max} Elektrodengeschwindigkeit, U_S Steuerspannung

Der grundsätzliche Aufbau der elektrischen Elektrodenregelung mit Magnetverstärker [K 1] [D 3] geht aus dem Prinzipschaltbild Abb. 31 hervor. Es ist die Regeleinrichtung für eine der drei Elektroden dargestellt.

Der Motor 3 betätigt über das Getriebe 4 die Zahnstange der Elektrodenverstellung. Er erhält seinen Strom von dem Hauptmagnetverstärker 1. Dieser wird über zwei Vorverstärker 2 gesteuert. Die Vorverstärker besitzen zwei Steuerwicklungen[1]. Die Steuerwicklungen der beiden Vorverstärker sind im entgegengesetzten Sinne in Reihe geschaltet. Eine wird von der gleichgerichteten Wechselspannung U der Elektrode, die zweite von dem über Wandler entnommenen und gleich-

---

[1] Jeder Magnetverstärker besteht aus Drosselspulen, die durch Gleichstrom vormagnetisiert werden. Bei Änderung dieses Gleichstromes (Steuerstromes) ändert sich der magnetische Zustand des Drosseleisens. Damit ändert sich auch der Drosselwiderstand. Da die Steuerleistung (Gleichstromleistung) wesentlich kleiner ist als die abgegebene Wechselstromleistung, ergibt sich eine Verstärkerwirkung. Um zu verhindern, daß in der Steuerwicklung W_s (Abb. 32 zeigt die Grundschaltung und Verstärkerkennlinie eines primitiven Magnetverstärkers) Wechselspannung induziert wird, verwendet man bei Wechselstrom mindestens zwei Lastwicklungen W_L, die auf getrennten Eisenkernen untergebracht werden. (Bei Drehstrom mindestens drei getrennte Eisenkerne.) Die Veränderung des Magnetisierungszustandes der Eisenkerne erfordert Zeit. Es läßt sich zeigen, daß diese Zeit kleiner wird, wenn man eine gewünschte Verstärkung nicht in einer Stufe, sondern in mehrere aufgeteilt, bewältigt.

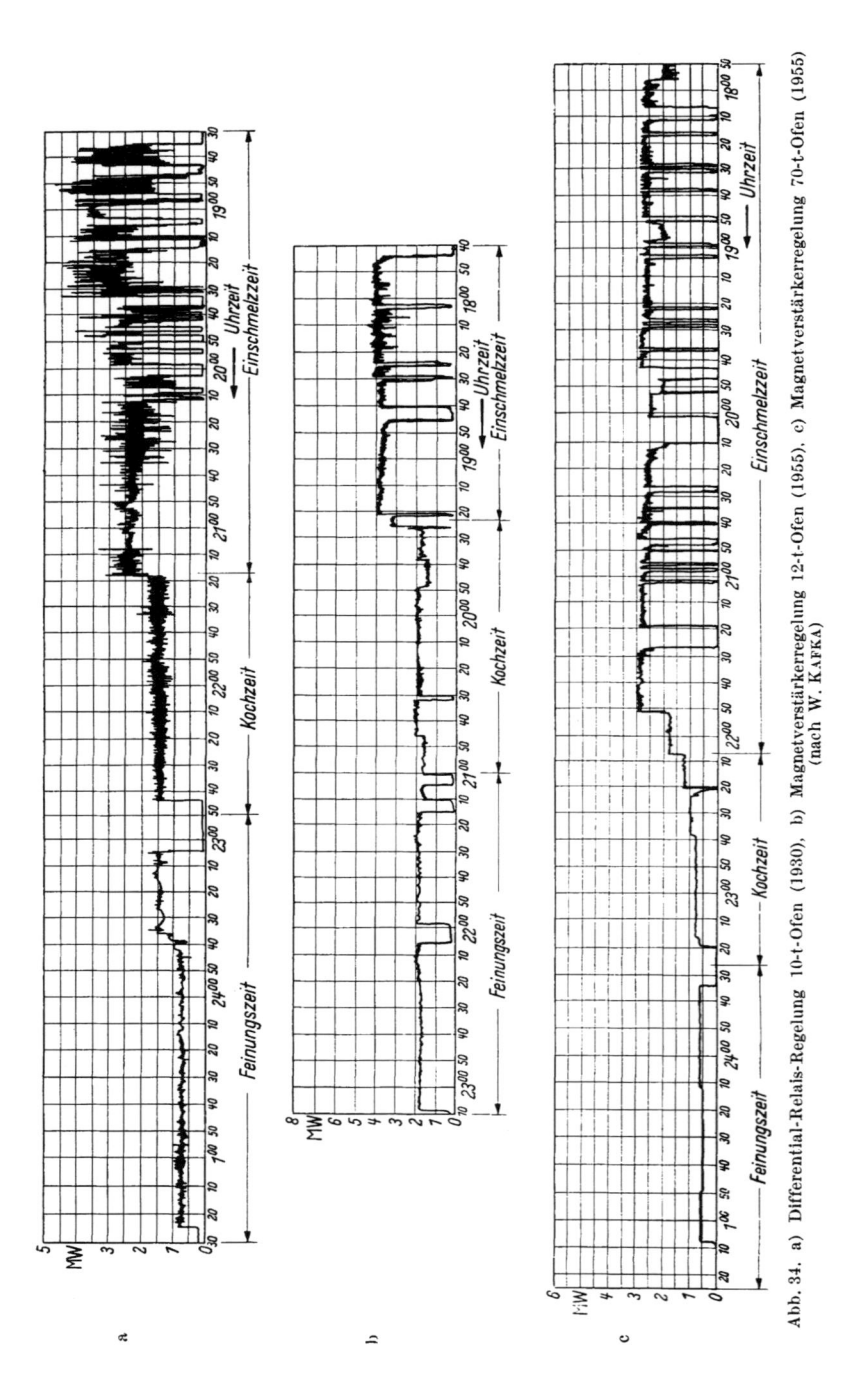

Abb. 34. a) Differential-Relais-Regelung 10-t-Ofen (1930), b) Magnetverstärkerregelung 12-t-Ofen (1955), c) Magnetverstärkerregelung 70-t-Ofen (1955) (nach W. KAFKA)

gerichteten Elektrodenstrom J gesteuert. Bei der eingestellten Sollimpedanz heben sich die Wirkungen von Elektrodenspannung und Elektrodenstrom auf. Vor- und Endverstärker bleiben gesperrt. Der Motor steht. Erst wenn die Wirkung von U oder I überwiegt, wenn sich also die Impedanz des Bogens ändert, läuft der Motor in dem einen oder anderen Sinne. Das Anlaufmoment ist von der Größe der Abweichung des Ist- vom Sollwert abhängig. Je größer die Abweichung, desto größer das Moment.

Die große Elektrodengeschwindigkeit und die infolge der großen Verstärkung erzielte Regelgenauigkeit erfordern zur Abwendung von Selbsterregung des Systems zu Pendelungen die Einführung einer Gegenkopplung. Außerdem müssen Motoren mit extrem kleiner Anlauf- und Bremszeit verwendet werden. Diese an sich gegenüber dem elektrohydraulischen System hervortretenden Schwierigkeiten sind jedoch gemeistert worden [$K 1$, $T 1$, $S 5$]. Abb. 33 zeigt die Ansprechzeit = Totzeit sowie die Anlaufzeit der Regelung. Ein Vergleich der Abb. 34a, 34b und 34c zeigt die große Überlegenheit der Magnetverstärkerregelung gegenüber einer Differential-Relais-Regelung (Waagebalken-Relais-Regelung). Die Stromschwankungen sind bei dem älteren Waagebalken-Relais-System wesentlich größer. Die Vorteile des neueren Systems sind also unverkennbar.

b) Ein-Aus-Regelung und Schrittregelung von Widerstandsöfen.
Widerstandsöfen haben meist eine so große Wärmeträgheit, daß man in vielen Fällen mit Aus-Ein-Regelung und, wo diese nicht mehr ausreicht, mit Schrittregelung vollkommen auskommt. Beim Kleinregler z. B. von Hartmann & Braun wird die jeweilige Zeigerstellung periodisch abgetastet und der Zeiger nur dann kurzzeitig festgehalten, wenn er sich in der Nähe des eingestellten Sollwertes befindet.

Aus Abb. 35 ist die Arbeitsweise ersichtlich.

Der Asynchronmotor a dreht dauernd über ein ölgekapseltes Untersetzungsgetriebe und freiliegende Zahnräder die Steuerwelle b. Die Schaltfrequenz ist durch die Drehgeschwindigkeit der Steuerwelle festgelegt ($^1/_{15} - ^1/_{60}$ Hz). Auf dem linken Ende der Steuerwelle sitzt eine Kurvenscheibe c, die auf die Gleitrolle d des Abtastbügels e wirkt, der zur periodischen Abtastung der augenblicklichen Zeigerlage dient. Die Bewegungstendenz des Absatzbügels ist infolge der Druckfedern f (von beiden ist nur eine gezeichnet) stets nach oben gerichtet. Auf dem Abtastbügel liegt ein treppenförmig abgestuftes Druckblech g federnd auf, dessen Blattfeder an dem Sollwerteinsteller h befestigt ist.

Der Sollwerteinsteller ist senkrecht über der Meßwerkachse (Drehspul- oder Kreuzspulmeßwerk) drehbar gelagert und läßt sich über den ganzen Skalenbereich schwenken. Seine jeweilige Stellung ist auf der Skale durch eine mitgehende rote Marke i ablesbar. Steht der Abtastbügel in seiner tiefsten Stellung, so kann der Zeiger *1* zwischen Druckblech und Gegenlager frei spielen. Steht der Zeiger links außerhalb dieses Raumes, so geht der Abtastbügel so weit nach oben, bis das Druckblech in die Nute des Gegenlagers eingreift, und der Abtastbügel beschreibt somit seinen größten Weg. Sobald jedoch der Zeiger über einer Stufe steht, wird die Bewegung des Abtastbügels nach oben entsprechend begrenzt.

Die jeweilige Hubhöhe wird durch den Steuerhebel *m* auf die sich stetig drehende Schiebehülse *n* übertragen, und diese schiebt sich durch

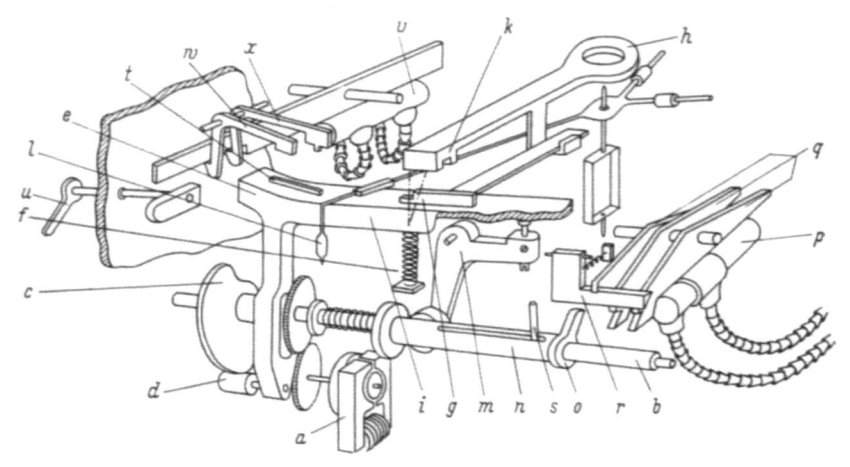

Abb. 35. Arbeitsprinzip eines Kleinreglers (Schrittregler) (Erklärung im Text)

Federdruck auf der Steuerwelle jeweils entsprechend nach rechts, wodurch der Schaltnocken *o* die der Hubhöhe zugeordnete Schaltröhre *p* betätigt. Somit ist die jeweilige Hubhöhe des Abtastbügels maßgebend für die Betätigung der ihr zugeordneten Schaltröhre.

Einen ähnlich arbeitenden Regler von Siemens & Halske zeigt Abb. 36.

c) Regelung eines Hochfrequenzofens mit extrem kleinen Temperaturschwankungen. Für manche Aufgaben aus der Hochfrequenzinduktionsofen-Technik ist es notwendig, nur außerordentlich kleine Temperaturabweichungen zuzulassen. So sollen beispielsweise bei etwa 1000° C im Schmelzgut nur Temperaturabweichungen von höchstens $\pm 1/_{10}$° C zugelassen werden. Das bedeutet eine relative Temperatureinhaltung von 10^{-1}. Es ist klar, daß bei so extremen Bedingungen Schrittregler nicht anwendbar sind. Es handelt sich hier um eine Aufgabe, die gut mit dem elektropneumatischen Prinzip zu lösen ist.

Der elektropneumatische Regler von Siemens & Halske ist in Abb. 37 sehr vereinfacht, schematisch dargestellt.

Den Eingangsklemmen wird die aus einer Kompensationsschaltung kommende Eingangsspannung zugeführt. Als Thermofühler dienen

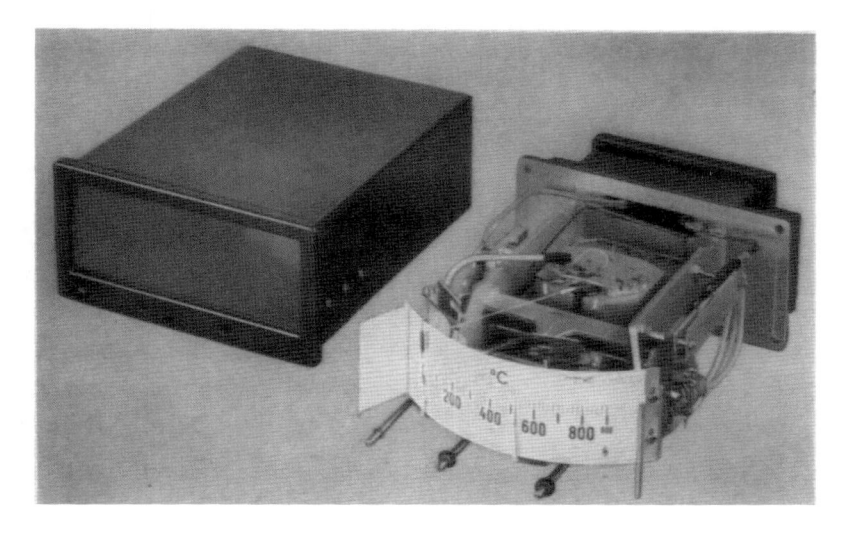

Abb. 36. NZ-Regler ohne Gehäuse (Siemens & Halske)

Thermoelemente, die an geeigneten Stellen die Temperatur der Schmelze annehmen und deren Spannungssumme in der erwähnten Kompen-

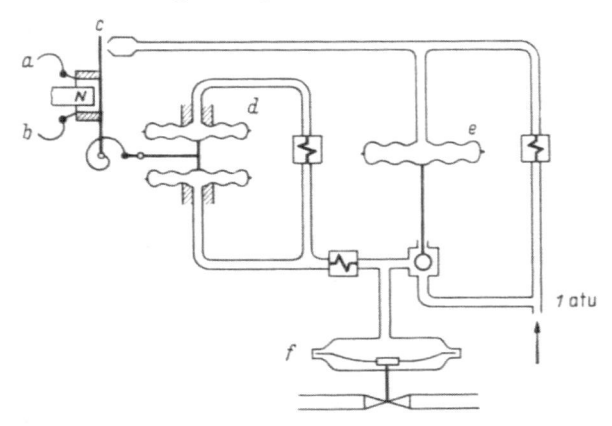

Abb. 37. Grundschema des elektropneumatischen Reglers von Siemens & Halske (vereinfacht). *a, b* Thermoelementanschlüsse, *c* Tauchspulmeßwerk mit Prallplatte, *d* Rückführung, *e* Verstärker, *f* Membranmotor

sationsschaltung mit einer als Sollwertgeber dienenden Gegenspannung kompensiert werden. Die entstehende Differenz, die, wenn Istwert gleich Sollwert ist, den Wert Null annimmt, wird dem Tauchspulmeßwerk mit

Prallplatte zugeführt. Der Luftdruck an der Düsenöffnung beträgt etwa 150 mm Wassersäule und die Fesselung der Tauchspule ist so stark, daß eine Rückwirkung auf das Meßwerk nicht stattfindet. Außerdem ermöglicht die Tauchspule eine außerordentlich gute Ausnutzung der Meßleistung, da der topfförmige Dauermagnet sehr hohe Luftspaltinduktion hat und die ganze Spulenlänge (im Gegensatz zur Drehspule in Drehspulmeßwerken) im Feld ist und damit elektromechanischen Kraftantrieb erfährt. Bei nur 10^{-11} W Eingangsleistung ist die Tauchspule bereits voll ausgesteuert und die Ansprechempfindlichkeit liegt bei 1% von diesem Wert, also bei 10^{-13} W. Das ist bei der sehr guten Nullpunktssicherheit dieses Verfahrens ein sehr niedriger Wert. Damit kann man ohne Vorverstärker auskommen, sofern man die Tauchspule in ihrem Widerstand optimal an die Thermoelemente anpaßt. Der in der Düse je nach Abstand Düse–Prallplatte sich einstellende Vorsteuerdruck wirkt auf die pneumatische Membranverstärkung. Neuerdings hat man die Tauchspule nicht mit einer Prallplatte versehen, sondern mit einer Fahne, die seitlich in einen Luftstrom mehr oder weniger einschneidet. Der durch diese Fahne mehr oder weniger abgeschwächte Luftstrom wird von einem Trichter mit anschließender Leitung zur Erzeugung eines Druckes verwendet, der ebenfalls dem pneumatischen Verstärkersystem zugeführt wird. Dieses Verstärkersystem besteht in einer Membrandose, die ein kleines Kugelventil bestätigt, wodurch der Druck für eine zweite Membrandose mit Ventil (in der Abbildung ist die zweite Stufe der Übersichtlichkeit halber weggelassen) gesteuert wird.

Von dieser zweiten Stufe aus geht der Druck in die Steuerleitung, welche einen Stellmembranantrieb betätigt. Dieser Antrieb kann sehr große Kräfte (0—500 kg) übertragen, so daß man damit die Kopplung des Hochfrequenztransformators durch Heben oder Senken einer Induktionsspule verändern kann, wodurch sinngemäß die Leistung automatisch so eingestellt wird, daß der Sollwert wieder erreicht wird.

Der Vorteil der außerordentlich großen Ansprechempfindlichkeit ist nicht der einzige des elektropneumatischen Verfahrens. Das Stellglied kann trotz der großen Kräfte, die es auszuüben vermag, bei ausreichendem Leitungsquerschnitt sehr rasch arbeiten. Weiterhin kann man die Rückführung sehr gut den besonderen Erfordernissen anpassen. Für den hier besprochenen Zweck kam nur eine proportional-integral-differential wirkende Regelung in Betracht. Diese proportional-integrale Arbeitsweise mit Vorhaltewirkung (wodurch der Differentialquotient der Istwertänderung in die Regelung eingeht) wird durch eine besondere Rückführeinrichtung bewirkt. Der Steuerdruck des Stellmembrangliedes gelangt über eine kontinuierlich einstellbare Luftdrossel in die untere Membranfederdose der Rückführeinrichtung. Durch die Drossel wird dieser Vorgang bewußt verzögert, so daß zunächst der Stellantrieb nicht gehemmt wird. Die Rückführung wirkt also zunächst nicht (Vorhalt). Das heißt, die Verstärkung der pneumatischen Stufen wirkt sich voll aus. Nach und nach baucht sich die untere Membranfederdose jedoch aus und übt über einen Hebel und eine Spiralfeder eine rückführende Kraft auf die Tauchspule samt Prallplatte oder Fahne aus. Auf diese Weise wird erreicht, daß die Stellantriebslage auf einen Wert zurückgeführt wird, der der Istwertabweichung verhältnisgleich ist (proportionale Wirkung).

Abb. 38. Stell-Membranantrieb und Exzenter- sowie Seiltrieb auf Induktionskoppelspule eines HF-Generators für 20 kW

Die obere Membranfederdose, die einerseits mit ihrer beweglichen Hälfte starr mit der unteren gekoppelt ist, anderserseits jedoch über eine weitere Drossel (Nachgebedrossel) mit dem die untere Dose betätigenden Luftdruck in Verbindung steht, hebt die Rückführwirkung nach und nach wieder auf (integrale Wirkung). Dann ist der Druck in beiden Kammern wieder gleich und der Regler wieder im selben Zustand wie vor der Istwertabweichung.

Abb. 38 zeigt den Stell-Membranantrieb und die mit ihm über Exzenter und Seilzug verbundene Induktionsspule des HF-Generators.

XVIII. Beispiele für die Bearbeitung elektrothermischer Aufgaben im Laboratorium

Von

M. Pirani (Berlin)

Mit 7 Abbildungen

A. Die Herstellung von Bariumkarbid im Laboratorium

Es besteht zuweilen ein Interesse an der Herstellung von Azetylengas aus reinen Ausgangsstoffen im Laboratorium.

Dazu eignet sich, wie Versuche gezeigt haben [A 2], am besten Bariumkarbid, da die Ausgangsmaterialien, die bei der elektrothermischen Herstellung im Laboratorium benötigt werden, in reiner Form erhältlich sind und weil bei einer Herstellungstemperatur von 1500° C bereits bei Reaktionszeiten von etwa 30 Minuten Ausbeuten von etwa 80% erzielt werden können, wenn, wie weiter ausgeführt wird, gewisse Bedingungen, die experimentell ermittelt sind, innegehalten werden. (Anmerkung: Die Begründung für die experimentell gefundenen Maßnahmen findet sich in der oben angegebenen Arbeit.)

Die Reaktion erfolgt nach der Gleichung

$$BaCO_3 + 4C \to BaC_2 + 3CO.$$

Sie ist stark endotherm und erfordert etwa 103—109 Kcal je Mol. Es erfolgt zunächst ein irreversibler Zerfall des $BaCO_3$ nach der Gleichung

$$BaCO_3 + C \to BaO + 2CO,$$

für den etwa 95% der zugeführten Wärmeenergie benötigt werden.

Es wird von reinem $BaCO_3$, das man zweckmäßigerweise vor dem Vermischen mit destilliertem Wasser wäscht, und Azetylenruß (Teilchengröße $0,2\,\mu$ bis $1\,\mu$) oder noch besser Graphitpulver gleicher Feinheit ausgegangen. Die Mischung wird etwa 100 Stunden in einer Kugelmühle trocken gemischt, so daß sie beim Ausstreichen mit einem Spatel eine gleichmäßig graue Farbe zeigt und dann mit einer sehr dünnen Stärkelösung angepastet und zu Stäbchen von 15—25 mm Durchmesser und 30 mm Länge mit etwa 1000 kg/cm² Druck gepreßt. Diese Stäbchen werden, bevor sie zur Reaktion gebracht werden, in einer reduzierenden Atmosphäre (z. B. H_2) auf 750° geheizt, um das Bindemittel zu zerstören. Hierauf werden sie in ein von Wasserstoff durchflossenes Aluminiumoxydrohr oder Kohlerohr gelegt und dieses dann in den Reaktionsraum geschoben, welcher — und das ist wesentlich — auf der gewünschten Temperatur gehalten wird, im vorliegenden Falle also 1500° C.

Nachdem die Reaktion, die, wie erwähnt, etwa 30 Minuten dauert, wenn Gemengestäbchen der beschriebenen Art verwandt werden, beendet ist, werden die Stäbchen zur Abkühlung in einen mit Wasserstoff gefüllten Behälter geschüttet. Das Einschieben der Stäbchen in das Reaktionsrohr, die Wärmebehandlung und das Hinausschieben der Stäbchen nach deren Behandlung in den Kühlbehälter kann natürlich, ohne das Aluminiumoxydrohr aus dem Ofen zu nehmen, in bekannter Weise geschehen, falls ein kontinuierliches Arbeiten erwünscht ist.

Es mag auf den ersten Blick befremden, daß so ins einzelne gehende Vorschriften zur Ausführung dieser scheinbar so einfachen Reaktion $BaCO_3 + 4C = BaC_2 + 3CO - 106 \pm 3 Kcal$ gegeben wird. Man muß aber bedenken, daß es sich um eine Reaktion zwischen festen Körpern handelt [H 1], bei denen auch eine Gasphase und vorübergehend eine flüssige Phase entsteht und bei der die sich während der Reaktion bildenden Phasen wieder miteinander reagieren. Die Bildung der Phasen geschieht auf dem Wege der Diffusion und ihre Bildungsgeschwindigkeit ist äußerst stark temperaturabhängig. Wie in der erwähnten Veröffentlichung [A 2] auseinandergesetzt ist, kann aus den Kurven für die Bildungsgeschwindigkeit von BaC_2 bei verschiedenen Temperaturen zwischen 1300 und 1500° C der Schluß gezogen werden, daß es sich bei der Bildung von BaC_2 aus $BaCO_3$ und C um eine aktivierte Diffusion von BaO mit einer Aktivierungsenergie von etwa 23 Kcal/mol handelt. Dabei beeinflußt der Partialdruck des CO sowohl die Bildungsgeschwindigkeit als auch die Endausbeute an BaC_2. Es zeigt sich auch, daß in einer Mischung von BaO, C und Bariumkarbid der Gleichgewichtsdruck des CO nicht unabhängig von den relativen Mengen ist, in denen die drei Komponenten anwesend sind, wie man nach dem Gesetz von GULDBERG und WAAGE annehmen sollte. Dies sagt aus, da, wenn eine feste Substanz an einer reversiblen Reaktion beteiligt ist, ihre aktive Masse als konstant angesehen werden kann [B 1]. Dies gilt jedoch nur für den Fall, daß die Komponenten nicht ineinander löslich sind (weil sich ja durch die Bildung einer festen Lösung die aktive Masse ändert). Wie in der erwähnten Arbeit gezeigt, ist z. B. bei 1500° C eine starke gegenseitige Löslichkeit von BaC_2 und BaO nachweisbar. Diese ist offenbar auch verantwortlich für die Verzögerung der Reaktion bei Gegenwart eines erheblichen Kohlenstoffüberschusses in dem Reaktionsgemisch. Auch ist zu berücksichtigen, daß der Strukturzustand des anwesenden Kohlenstoffes (z. B. auch Ruß oder Graphit) die Reaktionsgeschwindigkeit maßgeblich beeinflußt, wobei eine „geordnete" kristalline Struktur vorteilhaft ist. Aus diesen Beobachtungen und Überlegungen ergibt sich für die Bildung von BaC_2 aus einer Mischung von festen Komponenten, daß zwecks Erzielung einer hohen BaC_2-Ausbeute folgende Bedingungen innegehalten werden müssen (dies ist besonders zu beachten, wenn man von den beschriebenen Materialmengen und Dimensionen auf andere, insbesondere größere, übergehen will):

a) Eine gewisse Teilchengröße (Feinheit) der Reaktionsteilnehmer muß erzielt werden.

b) Die Mischung muß einen hohen Grad von Vollkommenheit aufweisen und bei hohem Druck gepreßt werden.

c) Die Mischung muß frei von SiO_2 oder anderen Verunreinigungen sein, aus denen sich SiO, welches bei der Reaktionstemperatur flüchtig ist, bilden kann.

d) Es ist auf den Kristallisationszustand der Reaktionsteilnehmer zu achten (z. B. „ungeordneter" und „geordneter" Kohlenstoff).

e) Es muß der auf Diffusionsgeschwindigkeiten beruhenden Reaktion genügend Zeit gelassen werden, sich auszubilden.

f) Der Wärmetransport zur Mischung hin in der Reaktionszone bei der gewählten Ofentemperatur muß genügend hoch sein. Daher ist die Reaktionszeit, wie in der Arbeit nach der „Bohrlochmethode" [P1] durch Temperaturmessungen gezeigt wird, abhängig von dem Durchmesser der Stäbe, die aus der Mischung gepreßt werden. Sie wird bestimmt durch die Zeit, die für das Zentrum der Mischung notwendig ist, um die Temperatur der Heizzone zu erreichen.

g) Die Geschwindigkeit des zur Wegführung des gebildeten CO benutzten Wasserstoffstromes ist von Bedeutung.

h) Da sich während der Erhitzung bis etwa 1350° eine flüssige, eutektische Mischung von $B \cdot CO_3$ und BaO bildet, ist es zweckmäßig, diese Temperatur möglichst schnell zu überschreiten, um ein Herausickern der (äußerst korrosiven) Flüssigkeit aus den Preßlingen zu vermeiden. Praktisch kann man diesem Vorgang durch einen kleinen Kohlenstoffüberschuß (21% statt 19,5%) entgegenwirken.

Abschließend sei eine stark vereinfachte Beschreibung des Vorganges der Bildung von BaC_2 gegeben:

a) Das BaO diffundiert von außen zu der weiter innen liegenden Reaktionszone durch eine Lage des bereits gebildeten Reaktionsproduktes.

b) Es reagiert mit Kohlenstoff in der Reaktionszone und bildet BaC_2 und CO unter Wärmeabsorption.

c) Das CO diffundiert aus der Reaktionszone und durch die Zone des bereits gebildeten BaC_2 nach außen.

d) Das CO wird durch den Wasserstoffstrom weggespült.

e) Wärme wird vom Ofen zur Reaktionszone in dem Maße nachgeliefert, wie deren Temperatur sinkt.

Alle diese Vorgänge sind temperaturabhängig und ihre Geschwindigkeit wird durch den am langsamsten verlaufenden Vorgang bestimmt.

Wenn die Spülgeschwindigkeit des H_2-Stromes gering ist, wird die Geschwindigkeit der ganzen Reaktion wegen der Anwesenheit größerer CO-Mengen durch d) bestimmt. Bei sehr hohen Ofentemperaturen (z. B. 1600° C) ist die Reaktion praktisch beendet, wenn die Reaktionsmischung die Ofentemperatur erreicht hat. Bei niedrigen Temperaturen dagegen sind für die Reaktionsgeschwindigkeit die Vorgänge a) und e) oder der chemische Prozeß b) maßgebend.

Kleine Verunreinigungen eines Reaktionsteilnehmers oder des Spülwasserstoffes können jeden der aufgezählten Vorgänge beeinflussen und daher auf die Endausbeute an BaC_2 unter sonst gleichen Verhältnissen einwirken.

B. Graphitierungsofen für das Laboratorium

Die Umwandlung von Kohlenstoff in Graphit wurde in einer Arbeit von M. PIRANI und W. FEHSE im Jahre 1923 untersucht [P 2]. Als Ausgangsmaterial dienten aus verschiedenen Dämpfen von Kohlenstoffverbindungen hergestellte Fäden, die in einem kleinen Graphitierungsofen auf etwa 3500° C erhitzt wurden.

Eine weitere Aufgabe, die mittels eines ähnlichen Ofens gelöst wurde, bestand in der Herstellung von kleinen graphitierten Körpern aus verschiedenem Grundmaterial (z. B. mit Teer gebundenen verschiedenen Rußsorten), welche von flüssigem Aluminiummetall nicht benetzt werden [R 1].

Die nächste Abbildung zeigt die Skizze Abb. 1 eines solchen Ofens, der bei einem Stromaufwand von etwa 500 A und einer Spannung von 20—25 V an der etwa 100 mm langen heißesten Zone etwa 3500° C erreicht.

Über einen ähnlichen Ofen von GARTLAND siehe [G 1], ferner [A 3].

Es sei kurz an Hand der Skizze und der darunter stehenden Bezeichnungen beschrieben.

Das 250 mm lange Rohr aus Elektrodenkohle, welches zur Aufnahme des die Proben enthaltenden Graphitröhrchens 3 dient (18 mm außen, 15 mm innen), ist mittels Graphitkitt (Graphitpulver mit wenig Wasserglas und 10% kolloidalem Aluminiumhydroxyd oder mit Dextrin angepastet) in die Graphitelektroden 1a und 1b eingesetzt. Durch den mechanisch, bei hoher Temperatur lockerem, gleitfähigen Kitt, der durch kleine Kreuze angedeutet ist, ist ein guter Kontakt gewährleistet, der aber kleine Längsbewegungen des Rohres in der Elektrode gestattet. Das Rohr 4 ist auf einer Seite zur mechanischen Stützung mit einem Graphitstab 1c versehen; auf der anderen Seite mit einem einseitig geschlossenen Graphitröhrchen 13, welches durch die Elektrode 1b geführt ist und als Temperaturmeßrohr für die optische Temperaturmessung dient. Vor jeder Messung wird ein kurzer Stickstoffstoß mittels einer in das Meßröhrchen eingeführten Quarzkapillare gegeben, der die Dämpfe in dem Meßrohr für ein paar Sekunden beseitigt. Zum Schutz ist das Glührohr von einer etwa 150 mm dicken Schicht von Elektrodenkohlegrieß (1—1,2 mm Korn) 2 umgeben, die von einem mit Schamottesteinen 11 ausgekleideten zweiteiligen Eisenblechkasten 12 zusammengehalten werden. Die zwei Teile des Kastens sind voneinander durch einen Spalt getrennt, so daß durch den Boden des Kastens kein Strom fließt. In die Kohlegrießschutzschicht sind Gasabzugsröhrchen aus Graphit 5 gesteckt, welche die aus den Aschebestandteilen der Körner stammenden, meist kalziumsilizidhaltigen, entzündlichen Dämpfe herausleiten. Sie brennen am Ausgang der Röhrchen ab.

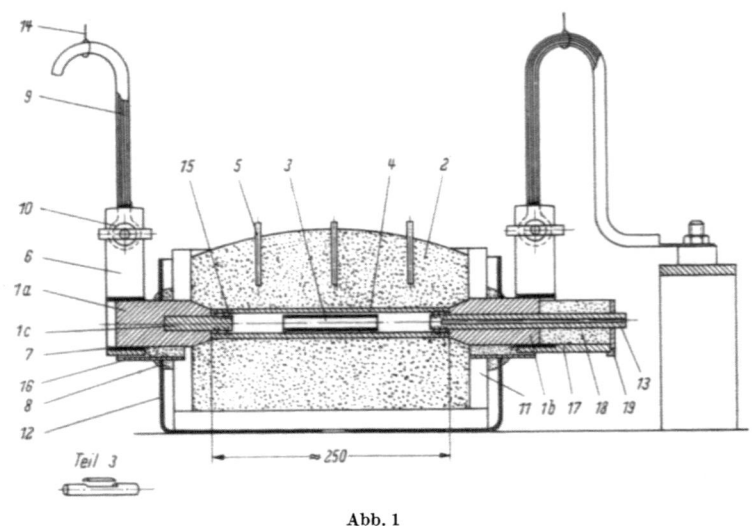

Abb. 1

1a Linke Elektrode
1b Rechte Elektrode
1c Graphitstab
2 Gemahlene Elektrodenkohle
3 Graphitierungsröhrchen zur Aufnahme der Proben (18 Durchmesser außen, 15 Durchmesser innen)
4 Heizrohr (34 Durchmesser außen, 20 Durchmesser innen)
5 Gasabzugsröhrchen
6 Schelle aus Eisen
7 Aluminiumfolie
8 Asbestkitt
9 Kupferblechbündel ($0,2 \times 50$; 50 Stück)
10 Kabelschuh
11 Schamottesteine
12 Eiserner Rahmen
13 Temperaturmeßröhrchen
14 Aufhängehaken
15 Graphitkitt
16 Schamottering
17 Schelle hinter der Elektrode als Spaltring ausgebildet zur Aufnahme von Kohlegrieß
18 Kohlegrieß
19 Deckel

Nach einer Skizze von Ing. HUGO STAUTMEISTER, Berlin-Dahlem, 1959

Die Elektroden 1 sind mittels eines Metaphosphorsäure-Asbestpulver-Kittes 8 an dem Kasten und dem Mauerwerk befestigt. Als Stromzuführungen dienen Eisenschellen 6, die auf die Elektroden geklemmt werden, eine Zwischenlage von dünnem Aluminiumblech 7 verbessert den Kontakt. Die Schellen liegen in gespaltenen Schamotterohren 16, die zur Aufnahme von Kohlekörnern dienen (die durch den Spalt eingeschüttet werden), um die Oberfläche der Elektrodenstäbe vor dem Verbrennen zu schützen. Die Elektrode 1b erhält eine Schelle mit einem geschlitzten, mit Deckel 19 versehenen röhrenförmigen Fortsatz 17, der Kohlekörner 18 zum Schutz des herausragenden Graphitmeßröhrchens 13 enthält. Zur Stromzuführung zu den Schellen dienen federnde Kupferblechbündel *9* (50 Stück, 50 mm breit, 0,2 mm dick), die an Haken *14* aufgehängt sind, um die Elektroden nicht zu belasten. Der Hauptanschluß erfolgt in üblicher Weise.

Der beschriebene Laboratoriumsofen für Graphitierungsversuche in kleinem Maßstab läßt sich sowohl für kleinere (z. B. für 8—10 kW) als auch für größere Modelle auf Grund der obigen Angaben und der Tab. 1 in Kap. XVI ausführen.

In der nächsten Abb. 2 sind die Dampfdrücke des Kohlenstoffes in Abhängigkeit von der Temperatur auf Grund neuerer Arbeiten dargestellt. Während man sich auf die Größenordnungen der Dampfdrücke verlassen kann, dürfen an die Genauigkeit der Zahlen keine hohen Ansprüche gestellt werden. Die Abb. 3 zeigt den Gang der spezifischen Widerstände von Kohlenstoff-Formkörpern ver-

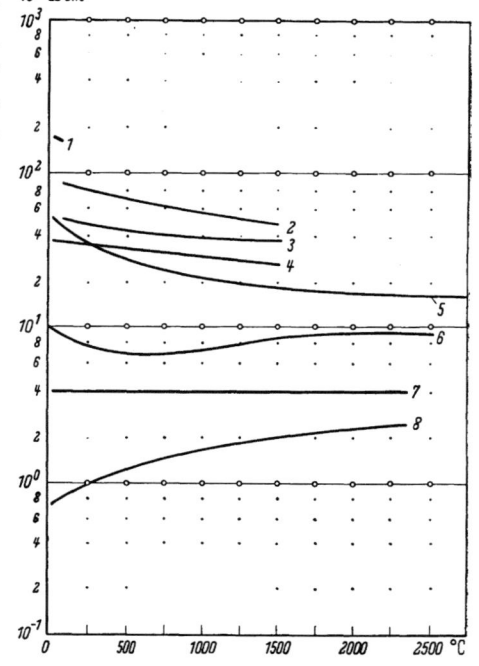

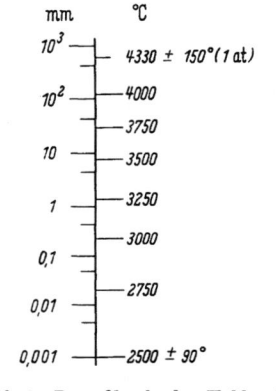

Abb. 2. Dampfdruck des Kohlenstoffes. Schmelzpunkt von C > 4725° C bei > 100 at, NORTON u. MARSHALL: J. Amer. ceram. Soc., Bd. 72 (1950) S. 2166; BREWER GILLES u. JENKINS: J. chem. Phys. Bd. 16 (1948) S. 797. Gezeichnet nach brieflicher Mitteilung von JOHN KELLY jun. Westinghouse El. Corp. Pittsburgh vom 31. 5. 1951

Abb. 3. Spezifische Widerstände von Kohlenstoff-Formkörpern bei verschiedenen Temperaturen. *1* Poröser Kohlenstoffkörper (1950), *2* Bogenlampenkohle (1905), *3* Petroleumkoksgrundmasse (1947), *4* Anthrazitgrundmasse (1947), *5* Rußgrundmasse (graphitiert) (1930), *6* Petroleumkoksgrundmasse (graphitiert) (1947), *7* aus Kohlenwasserstoffen auf glühende Unterlage (1800° C) niedergeschlagener Kohlenstoff, von der Unterlage gelöst (1905), *8* im Laboratoriumsofen graphitierte Fäden (aus Dämpfen niedergeschlagen) (1923) [P_2]

schiedener Herkunft (aus den letzten Jahrzehnten) mit der Temperatur.

Sie soll die außerordentliche Abhängigkeit der elektrothermischen Eigenschaften von der Struktur, von den Ausgangsmaterialien und der Wärmebehandlung zeigen und zugleich auf die Vielfältigkeit der vorhandenen Möglichkeiten hinweisen.

Bei der Herstellung kleinster Modelle verwendet man zweckmäßig, um Energie zu sparen, Ruß als Wärmeschutz, und zwar am besten Azetylenruß, dessen durchschnittliche Teilchengröße zwischen $0{,}2\,\mu$ und $0{,}3\,\mu$ liegt. Die Oberfläche wird durch aufgelegte Glimmerscheiben vor Luftzutritt geschützt (ohne daß etwa ein dichter Abschluß nötig wäre) [G 1].

Bei größeren Modellen, z. B. mit Rohren von 5 cm Durchmesser sind die Enden des Ofens vor Strahlungsaustritt zu schützen, z. B. mittels einer Reihe von z. B. 6—8 dünnen Kohlenstoffplatten (1—2 mm) vom inneren Durchmesser des Rohres, die auf einem dünnen Kohlestab aus Elektrodenkohle in 1—2 mm Abstand aufgereiht sind und in die beiden Enden eingeführt werden.

C. Versuche zur elektrothermischen Schnellverkokung von schwach backenden Kohlensorten

Gelegentlich der Anstellung von Versuchen über die Bildung von Koks aus schwach backenden Kohlesorten (Magerkohle und Flammkohle) stellten W. S. KRAMERS, M. PIRANI und W. D. SMITH fest [K 1], daß bei starker Vergrößerung der Erhitzungsgeschwindigkeit zufriedenstellende Ergebnisse erzielt werden.

Es wurden Nickelchromschiffchen, welche die auf etwa 0,5—1 mm Korngröße zerkleinerten Kohlen enthielten, in einen auf 1100° C vorgeheizten elektrischen Muffelofen eingeführt. Die Schichtdicke betrug etwa 4,5 cm. Die Verkokungszeit wurde dabei von etwa 20 Stunden auf 10—20 Minuten verkürzt. Eine weitere Erhöhung der Erhitzungsgeschwindigkeit wurde durch die ungenügende Wärmeleitfähigkeit der Massen verhindert.

Es wurde daher zur Volumenheizung gegriffen, bei der die gekörnte Kohle in ein mit keramischer Masse ausgekleidetes Chromnickelrohr geschüttet wurde, welches durch zwei Chromnickelstempel verschlossen wurde. Diese dienten zugleich als Elektroden für die Stromzuführung. Da die Kohlemasse zunächst sehr schlecht leitend ist, wurde je nach Bedarf bis zu 20% grobes Kokspulver zugesetzt, so daß mittels der zur Verfügung stehenden Stromquelle durch Anlegung einer Anfangsspannung von 150 V ein Schüttvolumen von etwa 3 cm^2 Querschnitt und 5 cm Länge mit einer Dichte von etwa 1 g/cm^3 in 20 sek auf die gewünschte Temperatur von 800° C gebracht werden konnte. Die erforderliche Energie berechnet sich in erster Annäherung aus der spezifischen Wärme des Materials, der Höchsttemperatur und der Zeit, in welcher die Höchsttemperatur erreicht werden soll. Rechnet man (reichlich) mit 0,5 Cal/g und °C (oder 2,1 Wsek), so ergibt sich, daß eine Leistung von etwa 1,2 kW notwendig war, um die Probe auf 800° C zu bringen. In dieser Zahl ist der Energiebedarf endothermer Prozesse und die Wärmeverluste während der Aufheizung mit enthalten. Die Spannung der Stromquelle mußte natürlich unter Aufrechterhaltung der Leistung in weiten Grenzen verändert werden können.

Bei der kurz skizzierten Volumenheizung[1] laufen eine Reihe von physikalisch-chemischen Vorgängen ab. Die stromdurchflossene Schüttung besteht aus einer Mischung von leitenden und nichtleitenden kantigen Körnern, in welcher sich zunächst wie beim Kohlekörnerofen (s. S. 408) an den Kontaktstellen der leitenden Bestandteile kleine Lichtbögen ausbilden, die ein aus Ionen und Elektronen und dissoziierten Gasen bestehendes Plasma erzeugen, welches bei lokalen Reaktionen wirksam ist. Bei zunehmender Erhitzung erweicht ein Teil der nichtleitenden Körner, zersetzt sich unter Abgabe hochmolekularer Dämpfe, die miteinander reagieren und dann bei weiter steigender Temperatur unter Hinterlassung von gut leitendem, graphitischem Kohlenstoff, der Brücken zwischen den nunmehr leitenden Teilchen bildet, zerfallen. Es ergibt sich schließlich eine fest zusammenhängende Masse, aus der Gase, die im wesentlichen aus Wasserstoff bestehen, entweichen. Es hat sich herausgestellt, daß dabei die Volumenveränderungen der Masse gering sind.

Der beschriebene Versuch zeigt in kleinstem Maßstab, daß auf elektrothermischem Wege eine gleichzeitige Verkokung und Brikettierung ohne Anwendung von Preßdruck möglich sein müßte.

D. Widerstandsheizung mittels Kohlenstoff- oder Graphitkörnern

Eines der einfachsten elektrothermischen Verfahren zur Erzeugung von Temperaturen bis zu etwa 1700° C, welches bereits vor 50 Jahren besonders in den Laboratorien der keramischen Industrie, z. B. bei der Messung von Schmelzpunkten, Erweichungsintervallen und anderen temperaturabhängigen physikalischen Eigenschaften feuerfester Massen, verwandt wurde, heute aber in Vergessenheit zu geraten droht, ist zweifellos die Erhitzung durch den Übergangswiderstand lose aufgeschütteter Kohlenstoff- oder Graphitkörner [B 2, B 3].

Das Prinzip eines solchen Heizwiderstandes zeigt Abb. 4. Zwischen zwei Kohlenstoffplatten werden Körner aus zerkleinertem und gesiebtem Elektrodenkoks, wie er z. B. zu Bogenlampenkohlen verwendet wird, Pechkoks oder Graphitelektrodenabfälle geschüttet und durch Strom unter Verwendung eines Vorschaltwiderstandes geheizt.

---
[1] Anm.: Diese Erhitzungsart ist auch bei der Herstellung künstlicher Diamanten anwendbar [G 5].

Das Material, welches geheizt werden soll, befindet sich in einem Tiegel aus feuerfestem Isolationsmaterial (z. B. Aluminiumoxyd), welcher in die Kohlekörneraufschüttung hineingestellt wird. Infolge der dadurch erfolgenden Verkleinerung des Leitungsquerschnittes wird bewirkt, daß sich eine Zone höchster Temperatur um den Tiegel herum ausbildet.

Die Heizrinne wird durch Schamottesteine gebildet, die auf der Innenseite einen Oberflächenschutzanstrich erhält, der z. B. folgendermaßen zusammengesetzt ist:

70 Gew.-Teile feingemahlenes Sillimanitpulver (alles unter 10^{-2} mm),
20 Gew.-Teile Aluminiumoxydpulver (hergestellt aus geschmolzenem Aluminiumoxyd), etwa 0,1 mm Korn,
10 Gew.-Teile Natriumfluorosilikatpulver mit Zusatz von 20—30 Vol.-% konzentrierter Kaliumwasserglaslösung (etwa 40% SiO_2).

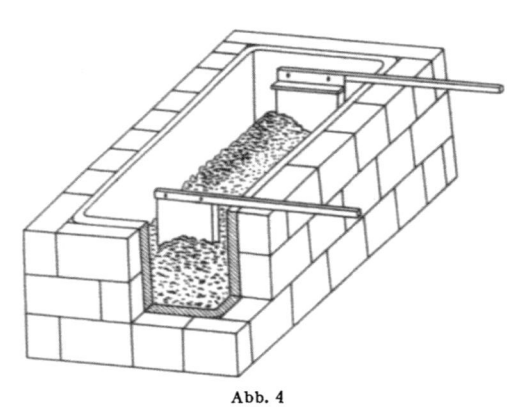

Dieser Anstrich bindet kalt ab und hält etwa 1600° C aus, ohne zu schmelzen. Für die Korngröße der Schüttung wird bei Verwendung von Graphit etwa 0,7—1 mm, bei Elektrodenkohle 2—5 mm und bei Pechkoks 3—8 mm gewählt.

Der „spezifische Widerstand" einer solchen Schüttung bewegt sich bei Zimmertemperatur etwa um $\frac{600 \, \Omega \, mm^2}{m}$ und sinkt bei 1500° C etwa auf $\frac{300 \, \Omega \, mm^2}{m}$.

Abb. 4

Dabei spielt der spezifische Widerstand und der Temperaturkoeffizient der Körner selbst die geringere Rolle.

Zur Charakterisierung des Materials sei erwähnt, daß z. B. Graphit, der aus Petroleumkoks hergestellt ist, bei Zimmertemperatur einen spezifischen Widerstand von $\frac{10 \, \Omega \, mm^2}{m}$ hat, der bei 500° C auf etwa 8 fällt und bei 1750° C 9 beträgt, um weiterhin langsam anzusteigen (Abb. 3, Kurve 6).

Bei Elektrodenkoks kann man entsprechend mit $\frac{80-90 \, \Omega \, mm^2}{m}$ bei Zimmertemperatur, 60—70 bei 500° und 40—50 bei 1500° C rechnen. Bei Pechkoks liegen die Werte etwa 50% höher (Abb. 3, Kurven 2 und 3).

Graphitkörner sind, da sie die wenigsten Aschebestandteile enthalten und daher nicht zum „Kleben" neigen, vorzuziehen.

Die skizzierte einfache Anordnung hat sich bei Temperaturen bis zu etwa 1500° C u. a. bei der Herstellung von kleinen Metallschmelzen bewährt.

Es sei nun ein Laboratoriumsofen für höhere Temperaturen (bis etwa 2000°) beschrieben, bei dem ein stromleitendes Material, nämlich ein Graphitrohr, im Kohlekörnerbett senkrecht zu seiner Achsenrichtung geheizt wird. Dieses schließt zwar in der Einbettungszone die Kohlekörnerschicht kurz, dient aber, wenn die Dimensionen richtig gewählt sind

$$\left(\frac{\text{Außendurchmesser des Rohres}}{\text{Entfernung zwischen den Elektroden}} = \text{etwa } \frac{1}{5}\right),$$

als Zwischenelektrode und wird durch den Kontaktwiderstand beim Ein- und Austritt des Stromes erhitzt.

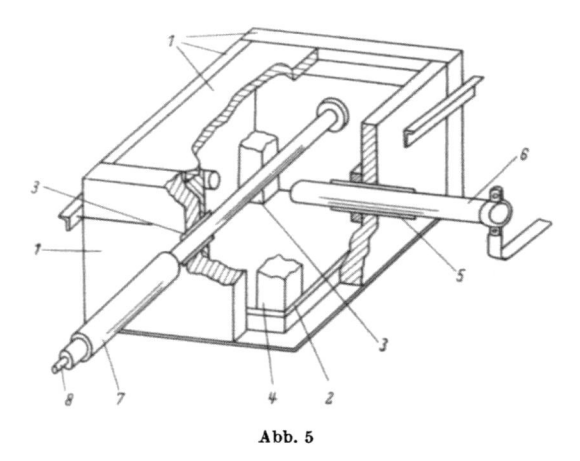

Abb. 5

Der Ofen ist z. B. verwandt worden, um die Bildung von Karbiden durch Reaktionen im festen Zustand zu studieren, wobei kleine Preßkörper, die aus einer Mischung von Pulvern aus Graphit oder Kohlenstoff und dem betreffenden Metall bestanden, mit oder ohne Schutzatmosphäre auf Temperaturen zwischen 1500° C und 1700° C geheizt, verschieden lange Zeiten auf diesen Temperaturen gehalten und dann in einen Kühlansatz geschoben wurden.

Die Abb. 5 zeigt eine Prinzipskizze des Ofens [P 3]. Innerhalb eines aus Isoliersteinen 1 (für Dauertemperaturbelastungen mit höchstens 1000° C) gemauerten Gehäuses von 60×60 cm Breite und 40 cm Höhe, welches innen am Boden mit einer hochtemperaturfesten Schicht 2 aus Sillimanit ($Al_2O_3SiO_2$) und an den Wänden mit porösen Sillimanitisolierplatten bzw. porösen Aluminiumoxydplatten (Dauerbelastung $> 1500°C$) ausgekleidet ist, befinden sich zwei mittels Sillimanitmuffen 5 durch die Wand geführte Stromzuführungen aus Elektrodenkohle *6*, deren Enden in etwa 15 cm voneinander entfernt sind. Zwischen ihnen ist ein Graphitrohr *3* gelagert, welches senkrecht zu den Elektroden durch den Ofen verläuft und an einer Seite durch einen Kühler *7*, durch den zugleich, falls erforderlich, ein Gas (bei *8*) in das Rohr geleitet werden kann, verschlossen ist.

Die andere Seite bleibt offen. Der Raum zwischen den Elektroden ist mit Elektrodenkohlekörnern oder Pechkokskörnern gefüllt.

An den 4 Ecken des Kastens befinden sich hochfeuerfeste und gegen Schlacken unempfindliche Steine *4* aus Zirkonsilikat [*C 1*], welche die Stromlinienführung begrenzen und somit dafür sorgen, daß der Strom praktisch auf das Zentrum des Raumes konzentriert ist.

Das Graphitrohr, welches als Heizraum für die Proben benutzt wurde (Dichtung zwischen Graphitrohr und Kühlmuffe mittels eines Metaphosphorsäure und Asbestpulver bestehenden Kittes), hatte etwa 35 mm Außendurchmesser und 5 mm Wandstärke.

Zwischen der Innenwand und den Kohlestoffkörnern wird eine etwa 2 cm dicke Schicht von groben Magnesitkörnern aufgeschüttet. Dazu wird ein Papierkasten geeigneter Größe eingelegt, der bei der Inbetriebnahme des Ofens zerfällt. Nach dem Einbringen der Kokskörnerfüllung wird der Ofen mit Isolierplatten abgedeckt.

Das Heizbett, welches das Graphitrohr umgibt, hat eine ellipsoidale Form und benötigt etwa 60 V zum Anheizen. Bei der höchsten, in etwa einer halben Stunde erreichbaren Temperatur von etwa 1950° C im Zentrum der Heizzone betrug die Heizenergie 6 kW bei einem Strom von etwa 200 A.

Zum Betrieb diente ein mittels eines Motors angetriebener, mit einer Verbundwicklung versehener Schweißmaschinengenerator für Gleichstrom. Die notwendige Stromveränderung in der Nebenschlußwicklung des Generators beträgt etwa 2,5 A zwischen Anlauf und Maximalleistung von 6 kW, so daß also zum Einregulieren der Temperatur ein kleiner Vorschaltwiderstand genügt.

Die Messung der Temperaturverteilung an der Innenwand des Graphitrohres zeigte z. B. bei 1700° C im Zentrum einen Abfall von etwa 30° in 2,5 cm Abstand von der Mitte und von 60° in 5 cm Abstand.

Abb. 6 zeigt die Prinzipskizze eines Kohlekörnerofens mit röhrenförmigem Heizraum.

Die zum Heizen dienenden Graphitkörner befinden sich in dem Zwischenraum *5* zwischen zwei isolierenden Rohren *4* und *6*, die im Falle, daß der Ofen für 2000° C benutzt werden soll, aus Zirkonoxyd hergestellt werden. Wenn der Durchmesser des Innenrohres bei Längen über 20 cm mehr als etwa 5 cm betragen soll, so stellt man die Rohre *4* und *6* aus Ringen von etwa 10—15 cm Höhe her, um die Ausbildung von

Sprüngen zu vermeiden. Die Isolatormasse besteht aus 5—6 mm großen Zirkonoxydstücken. Die wassergekühlten Stromanschlüsse *2* und *9* bestehen aus Kupferröhren, die in Graphitkörnergrieß *11* eingebettet sind. Die Dicke der zwischen *4* und *6* eingeschütteten Graphitkörnerschicht (etwa 1 mm Korngröße) richtet sich nach den gewünschten Strom- und Spannungsverhältnissen, sollte aber nicht unter 2 cm sein, um störungsfreien Betrieb zu gewährleisten.

Der Ofen kann in beliebigen Größen hergestellt werden und seine elektrischen Daten werden aus dem in diesem Abschnitt Gesagten unter Benutzung der Tab. 1 in Kap. XVI ermittelt.

Zum Beispiel werden für einen Ofen mit 100 mm Heizraumdurchmesser und 700 mm Gesamtlänge, dessen gleichmäßig temperierte Heizzone bei gefülltem Ofen etwa 300 mm lang ist, bei 2000° C bei gefülltem Ofen (sonst Strahlungsverluste) etwa 1500 A und 50 V benötigt. Die Anlaufspannung beträgt 100 V. Die Graphitkörnerschicht hat eine Dicke von 30 mm.

Der Ofen hat sich besonders beim Gebrauch ohne Schutzgas, also oxydierender Atmosphäre, bewährt.

E. Die Erzeugung bisher unerreichter Flammentemperaturen mittels elektrischer Entladungen

Zur Erzeugung von hochtemperierten Flammen, die zur Übertragung großer Wärmeenergien auf einen geheizten Gegenstand dienen, wie es z. B. beim Schweißen der Fall ist, hat man bisher folgende Methoden angewandt:

1. Ausnutzung der Reaktionswärme von Gasen, z. B. $H_2 \leftrightarrow O_2$.
2. Verwendung der Wiedervereinigungsenergie dissoziierter mole-

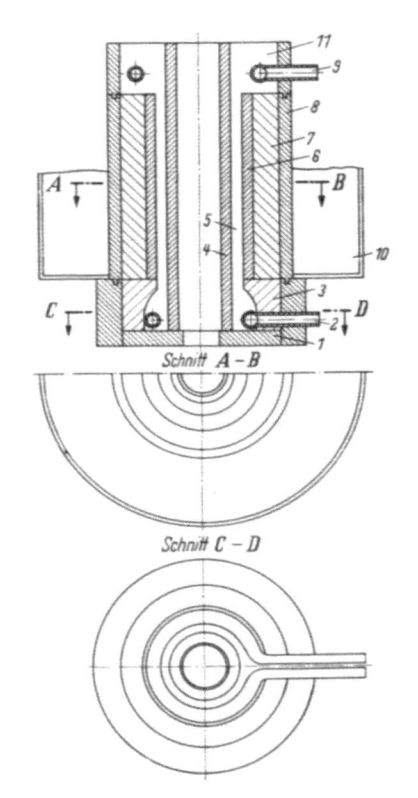

Abb. 6. Graphitkörnerofen

	Gegenstand	Material
11	Graphitgrieß	
10	Gefäß zur Aufnahme von Isolationsmaterial . .	Eisen
9	Stromanschluß (wassergekühlt)	Kupferrohr
8	Ofenmantel	Schamotte
7	Isolationsmasse	Zirkonsand
6	Isolationsmasse	Zirkon
5	Heizwiderstand	Graphitgrieß
4	Heizrohr	Zirkonoxyd
3	Ring	Zirkonoxyd
2	Stromanschluß (wassergekühlt)	Kupferrohr
1	Bodenplatte.	Schamotte

kularer Gase, z. B. Wasserstoff, deren Zerlegung in Atome unmittelbar vor der Verwendung durch Hindurchleiten durch einen Lichtbogen erfolgt [L 1].

Zur Erzielung höchster Energiekonzentrationen an der Stelle, die erhitzt werden soll, z. B. beim Schmelzen hochschmelzender Metalle, insbesondere oxydierbarer, wie Wolfram oder Tantal, hat man zur Lichtbogenheizung gegriffen und das Metall zur Anode gemacht.

Dagegen war es bisher nicht gelungen, die dem Lichtbogenplasma, das aus dissoziierten Gasmolekülen, Ionen und Elektronen besteht, innewohnende Energie so zu konzentrieren, daß die hohen Ionentemperaturen des Plasmas, die 10000—15000° betragen [B 4] [P 4], am Verwendungsorte zur Auswirkung gelangen. Der Grund hierfür ist in dem unzureichenden Energieaustausch zwischen den Plasmabestandteilen zu suchen.

Steigert man nämlich den Strom einer Lichtbogenentladung, so breitet sich das aus Elektronen, Ionen, dissoziierten Gasmolekülen (falls es sich um molekulare Gase handelt) und angeregten Atomen bestehende Plasma, dem auch undissoziierte Gasmoleküle beigemischt sein können, aus. Die Ausbreitung findet in einem geschlossenen Raum erst ein Ende, wenn das Plasma die Wand erreicht hat. Hat aber der Raum einen Ausgang, auf dessen Querschnittsform und -länge es natürlich sehr ankommt, so kann das Plasma von dem Gas mitgenommen und als dünner Strahl ins Freie geblasen werden.

Es ist nun gelungen, diesen Energieaustausch so zu verbessern, daß „Plasmaflammen" bisher unerreichter Temperaturen und Energiekonzentrationen hergestellt werden können.

Die folgende Abb. 7 ist im wesentlichen einer Mitteilung von MERLE THORPE in Design News XIII 1958, Nr. 17, S. 24, entnommen.

Eine Wolframstabkathode *1* steht in dem wassergekühlten *3*, aus einer gut wärmeleitenden Kupferlegierung bestehenden Gehäuse *2*, welches als Gaskammer *8* ausgebildet ist und als Anode für einen Lichtbogen dient. Das Gehäuse endet in einem Düsenkanal *10*, aus welchem das in die Kammer *8* durch das Rohr *9* eingelassene Gas ausfließt.

Zwischen der Kathode und der inneren Kante des Düsenkanals wird durch einen übergelagerten Hochfrequenzentladungsstoß ein Lichtbogen gezündet, der von dem nachströmenden Gas mitgenommen wird und seinen Fußpunkt in der Nähe des Düsenausgangs *10* findet. Von dort wird das gebildete Plasma, welches aus ionisiertem und (bei molekularen Gasen) dissoziiertem Gas besteht, ins Freie geblasen und bildet dort die Plasmaflamme *11*, deren Temperatur je nach dem verwendeten Gas und der aufgewendeten Lichtbogenenergie von 2500° C bis zu etwa 15000° C gesteigert werden kann. Die Flamme ist chemisch unwirksam, und es kann jedes beliebige Gas, z. B. Wasserstoff, Stickstoff, Argon oder Helium (für höchste Flammentemperaturen), verwandt werden.

Die folgende Tabelle gibt einige Leitzahlen für eine Anlage mittlerer Größe für Stickstoff mit einer Flammentemperatur von etwa 6000° C, die auch unter Wasser oder Petroleum verwendet werden kann.

Zugeführte Gleichstromenergie (Schweißmaschine) (100—400 V)
   bei Leerlauf . . . . 30 kW
Dem Gas zugeführte Energie. . . . . 20 kW
Wärmeverlust im Düsenkanal . . . . 10 kW
Länge der Flamme bei Atmosphärendruck (je nach Elektroden-
   einstellung und Gaszufuhr). . . . . 10—60 cm
Durchmesser der Flamme . . . . 1,0 cm
Stickstoffstrom . . . . 470 cm³/sek
Gasgeschwindigkeit . . . . 600 m/sek
Flammentemperatur (aus dem Wärmeinhalt berechnet) . . . 6000° C
Maximale von der Flamme übertragbare Wärme. . . . . . 1,7 kgcal/cm² sek

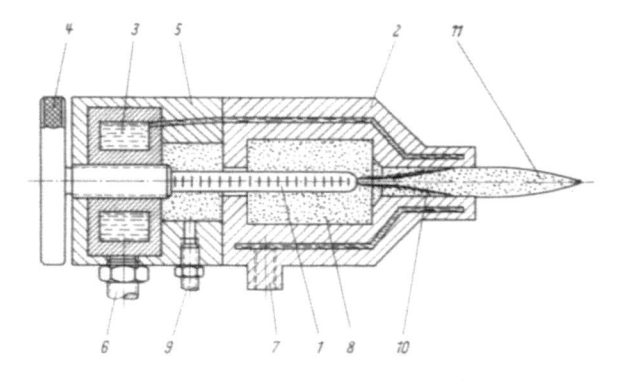

Abb. 7. Plasmagebläseflamme (Abb. nach New Design vom 1. 9. 1958)

1 Wolframkathode
2 Gekühlte Gehäusekammer (Anode)
3 Wasserkühlung
4 Isolierte Stellschraube für die Kathode 1
5 Isolation (Nylon)
6 Wasser- und elektrische Stromzuleitung
7 Wasser- und elektrische Stromableitung
8 Gaskammer
9 Gaseinlaß
10 Düsenkanal mit Plasmabildungszone
11 Plasmaflamme

Die Zahlen stammen aus der Veröffentlichung Bulletin 102-2 der Thermal Dynamics Corporation Hanover, New Hampshire, USA, und sind auf deutsche Einheiten umgerechnet. Eine umfangreiche Beschreibung der Plasmagebläseflamme und der dazugehörigen Apparatur, wie sie zum Schweißen, Schmelzen und Plattieren angewandt wird, findet sich in den amerikanischen Patentschriften 2806124 (1957) und 2847555 (1958) der Union Carbide Corporation [P 5]. Als Erfinder werden genannt: ROBERT M. GAGE für das erstgenannte Patent und DONALD M. YENNI für das zweite [S 1].

Zur Erreichung noch höherer Temperaturen der Plasmaflamme wird besonders zum Schneiden von Metallen ein Dreistufenverfahren angewandt: Zunächst wird in der oben beschriebenen Art eine Plasmaflamme mittlerer Größe, die „Leitflamme", etwa nach der obigen Tabelle, erzeugt und die ihr zugeführte Energie mittels eines Begrenzungswiderstandes bei gleichzeitiger Erhöhung der Maschinenspannung konstant gehalten. Dies ist die erste Stufe.

Dann wird die Flamme auf einen wassergekühlten Ring, durch den sie hindurchtritt, gerichtet; dieser befindet sich in einigen Zentimetern Entfernung von dem Metallstück, welches geschnitten werden soll, und ist mit dem positiven Pol eines Gleichstromkreises verbunden, der in Reihe mit dem der Leitflamme geschaltet ist. Es fließt dann ein Strom durch das Plasma, der durch Regulieren des erwähnten Gleichstromkreises auf ein Vielfaches des zur Aufrechterhaltung der Leitflamme dienenden Stromes gebracht wird. Der Plasmastrahl zieht sich durch sein eigenes Magnetfeld dabei auf einen kleineren Querschnitt zusammen und seine Temperatur steigert sich. Das Werkstück wird nun gegenüber dem gekühlten Ring durch Anschluß an den positiven Pol eines dritten Stromkreises, der mit dem zweiten in Reihe geschaltet ist und ebenfalls unabhängig regulierbar ist, gelegt, wobei sich dann die Plasmatemperatur durch weitere Stromverstärkung noch mehr erhöht.

Das Dreistufenverfahren ist in den U.S. Patenten 2858411 (R. M. GAGE) und 2858412 (J. S. KANE & Cl. W. HILL) von 1958 in allen Einzelheiten beschrieben [U 1].

Bisher wurden auf diese Weise etwa 30000° C im Plasmastrahl erzielt. Die Versuche zur praktischen Anwendung der neuen „Verstärkungstechnik" sind noch nicht abgeschlossen [G 2] [T 1], haben aber das Laboratoriumsstadium beim Erscheinen dieses Buches bereits hinter sich gelassen.

Es sei hier bemerkt, daß die Entwicklung der „komprimierten" Lichtbogenplasmasäule auf der Beobachtung von GERDIEN und LOTZ [G 3] beruht, daß ein Lichtbogen, wenn man ihn durch einen auf der Innenseite tangential von Wasser berieselten Kupferring führt, durch diese „Wasserwand" stabilisiert wird, wobei sich das Plasma in einen dünnen Strahl zusammenzieht.

Mit der Klärung dieses Vorganges beschäftigten sich später u. a. W. FINKELNBURG [F 1]. Eine Zusammenfassung findet sich im Handbuch der Physik von 1956 [H 1].

Die neueste Entwicklung dieser Wasserwandstabilisierungstechnik für Laboratoriumszwecke ist 1959 in einer Arbeit von A. B. OSBORN [O 1] beschrieben worden.

F. Erzeugung von Temperaturen über eine Million Grad Celsius im Plasma

Dieses elektrothermische Verfahren bildet die Voraussetzung für das Gelingen der „Atomkernverschmelzung" und ist wohl heute in allen Ländern der Welt eines der wichtigsten Forschungsgebiete.

Gelingt es z. B. zwei Deuteronen, d. h. Atomkerne schweren Wasserstoffes D, mit der Masse 2 zu verschmelzen, so entstehen ein Heliumisotop He^3 mit der Masse 3 und ein Neutron, die unter Entwicklung einer kinetischen Energie von 3,25 MeV auseinanderfliegen. Was dies bedeutet, zeigt eine Überschlagsrechnung, die ergibt, daß die in einem Kubikkilometer Meerwasser enthaltene und mit einfachen Mitteln gewinnbare Deuteronenmenge eine Energie enthält, deren „Befreiung" es ermöglichen würde, den gegenwärtigen Energiebedarf der Vereinigten Staaten von Amerika für 2000 Jahre zu decken [B 5].

Voraussetzung für das Gelingen der Versuche, die bei der Kernverschmelzung verfügbar werdende Energie wirtschaftlich zu gewinnen, ist, wie man berechnet hat, die Erzielung einer Ionentemperatur von etwa 100 Millionen Grad Celsius in einer Deuteronengasatmosphäre, die etwa $1/_{100}$ sek lang aufrechterhalten werden müßte [A 1].

Es ist bisher noch nicht gelungen, 100 Millionen Grad zu erreichen, jedoch wurden bei Versuchen in mehreren Ländern Temperaturen von etwa 4—5 Millionen Grad erreicht, bei denen unter Aufwendung von Energiemengen, welche die freigemachte Energie um viele Größenordnungen überstiegen, im Laboratorium nachgewiesen wurde, daß eine Kernverschmelzung tatsächlich eintritt.

Einem zusammenfassenden Bericht der Schriftleitung der englischen Zeitschrift „Engineering" [E 1] über Forschungen und Fortschritte auf dem Gebiet der Kernverschmelzung zufolge werden in folgendem einige Angaben über einen Laboratoriumsapparat „Sceptre III" entnommen, der in den Laboratorien der United Kingdom Atomic Energy Authority gebaut wurde:

In einem Hohlring aus Aluminiumblech, der einen Innendurchmesser von 30 cm und einen mittleren Durchmesser von 115 cm hat, befindet sich Deuteronengas mit einem Zusatz von 5% Stickstoff (zur Temperaturmessung — s. w. u.) unter einem Druck von 10^{-3} Torr.

Ein etwa 4 Tonnen schweres Eisenjoch verbindet eine aus 16 Windungen bestehende Wicklung, die auf dem Aluminiumhohlring aufgebracht ist, magnetisch mit einem Impulstransformator.

In der Wicklung werden Energiestöße bis zur Höhe von 40000 J erzeugt. Die Speisung der Primärwicklung des Transformators geschah mittels einer Kondensatorenbatterie von 150 μF, die mit 30000 V aufgeladen und über einen Funkenschalter entladen wurde.

Es entstand eine elektrodenlose Ringentladung, die sich unter dem Einfluß des Magnetfeldes, das etwa 10^{-3} sek aufrechterhalten werden konnte, so stark zusammenzog, daß das Plasma die Wand nicht berührte (siehe aber w. u.). Während dieser Entladung floß ein Höchststrom von 200000 A durch das Plasma und heizte es auf etwa 4 Millionen Grad Celsius. Die Temperaturmessung geschah durch spektroskopische Messung der Linienverbreiterung des Stickstoffs [A 1].

Aus dem Auftreten großer Mengen von Neutronen [F 2], deren Anzahl zur Nachprüfung der gemessenen Temperatur diente, bei den Stromstößen, die alle 10 sek wiederholt werden konnten, erkannte man, daß der Kernverschmelzungsprozeß eingesetzt hatte.

Das Hauptproblem für die weitere Temperatursteigerung, welches auch heute noch nicht ganz gelöst ist, bildet der Umstand, daß das zusammengedrückte Ringentladungsplasma dazu neigt, schlängelnde Bewegungen um seine Achse auszuführen, die zuweilen so groß sind, daß sie in gefährlicher Nähe der Wand des Hohlringes kommen, dessen Oberfläche dann verdampft. Nach jahrelangen Versuchen ist es gelungen, durch Anlegen eines bis zu 1100 Gauß, [H 3] betragenden Gleichstrommagnetfeldes die Bewegungen der Ringentladung so weit zu bremsen, daß sie während der erwähnten 10^{-3} sek bei der angewandten Impulsenergie nicht mehr stören.

Trotzdem muß angenommen werden, daß es noch ein paar Jahrzehnte dauern wird, bis die Erzielung der für die wirtschaftliche Gewinnung der Kernverschmelzungsenergie notwendigen Plasmatemperatur von etwa $10^{8}°$ C gelungen sein wird [G 4].

Dann erst können die Verfahren zur *betriebssicheren* Ausnutzung der innerhalb sehr kurzer Zeit frei werdenden riesigen Energie- und Neutronenmengen für industrielle Zwecke entwickelt werden.

Literaturverzeichnis
Die am rechten Rand befindlichen Zahlen verweisen auf Seiten des Buches

I. Elektrothermie des Eisens (TH. RUMMEL)   Seite

[B 1] BROWN, G. H., C. N. HOYLER u. R. A. BIERWIRTH: Theory and Applications of Radio-Frequency Heating, S. 146—205. New York, Toronto, London 1947 53
[B 2] Wie [B 1] S. 145 53
[B 3] BRUNNER, G.: Der Graphitstab-Schmelzofen und seine vielseitige Verwendung in Gießereien. BBC- (Baden, Schweiz) Druckschrift D-IV. 3 (VII. 46) L 1244. 1955... 66
[B 4] BROGLIO, N.: Erfahrungen mit Hochfrequenzöfen. Internationaler Gießereikongreß, Düsseldorf: Technisch-wissenschaftliche Vorträge, Abdruck Nr. 17. 1936 4
[B 5] BREARLY, H.: Die Einsatzhärtung von Eisen und Stahl. Deutsch von R. SCHÄFER 2495. Berlin 1926 70
[D 1] DAVIS, N. R., u. C. R. BURCH: Phil. Mag. 1 (1926) S. 768 49
[D 2] DARMARA, F. N., J. S. HUNTINGTON u. E. S. MACHLIN: J. Iron Steel Inst. Nr. 191 (1959) S. 266—275 5
[D 3] DEUTZ, F.: Betriebsergebnisse von Widerstandsschmelzöfen für Stahl, Gußeisen, Schwer- und Leichtmetall. Elektrowärme 17 (1959) S. 373 bis 376.. 70
[E 1] ESMARCH, W.: Zur Theorie der kernlosen Induktionsöfen. Wiss. Veröff. Siemens-Werk 10 (1931) H. 2 S. 172—196 .... 4, 46, 50
[E 2] ESMARCH, W.: Ann. Phys. 42 (1913) S. 1257 46
[G 1] GÖDECKE, W.: Elektrowärmetechnik 1 (1950) Nr. 3 S. 62—67 und Junker-Druckschrift G St. 03043/D 1.12 .... 66, 70
[G 2] GÖDECKE, W.: Die Metallurgie im Graphitstabofen. Junker-Druckschrift G St. 03043/D 1.12, dort auch weitere Literaturangaben..... 66
[G 3] GIOLITTI, F.: La Nitrurazione dell'Acciaio. Mailand 1933 70
[H 1] HÖLTJE, H.: Der Einsatz des Elektroofens im Härtereibetrieb. Siemens-Z. H. 1—2 (1944) 70
[J 1] JUNKER, O.: Einige grundsätzliche Betrachtungen zur Verwendung des Graphitstabes als elektrisches Widerstands-Heizelement. Sonderdruck der Fa. Otto Junker G.m.b.H. Lammersdorf 66, 68
[K 1] KLUSS, E., hat in seinem Werk „Einführung in die Probleme des elektrischen Lichtbogen- und Widerstandsofens" eine ausgezeichnete Darstellung fast aller rechenbarer Probleme gebracht. Berlin/Göttingen/ Heidelberg: Springer 1951 .... 18, 85
[K 2] Die Ableitung der Pinchkraft ist zu finden bei KLUSS, E., unter [K 1] zitiert S. 170—171 45
[K 3] KNÜPPEL, H., K. BORTZMANN u. K. RÜTTINGER: Beheizungsfragen bei der großtechnischen Entgasung von Stahlschmelzen. Stahl u. Eisen 79 (1959) Nr. 5 S. 272—276... 4
[K 4] Eine gute Zusammenstellung verschiedener Induktoren ist zu finden bei K. KEGEL: Aus der Praxis der Induktionshärtung. radio mentor H. 6 u. 7 (1949)... 85

		Seite
[L 1]	LANG, G.: Grundlagen der Hochfrequenzheizung. Bull. schweiz. elektrotechn. Ver. 42 (1951) Nr. 9 S. 294	43
[M 1]	MÜLLER, R.: Induktives Härten in der Feinwerktechnik. VDI-Berichte 2 (1955) und Sonderdruck Siemens-Schuckertwerke 500, 453/202; ferner ist wichtig VDI-Arbeitsblatt: Induktives Erwärmen für das Warmformen VDI 5-3132 Juli (1953)	85
[P 1]	PASCHKIS, V.: Elektrische Industrieöfen für Weiterverarbeitung. Berlin 1932	4
[R 1]	Eine gute historische Übersicht sowie der damalige technische Stand der Elektrostahlöfen, einschließlich der Induktionsöfen, ist zu finden bei RUSS: Die Elektrostahlöfen, ihr Aufbau und gegenwärtiger Stand sowie Erfahrungen und Betriebsergebnisse der elektrischen Stahlerzeugung. München u. Berlin: R. Oldenbourg 1924	4, 39
[R 2]	RIBAUD, M. P.: J. Phys. 4 (1923) S. 185; 6 (1925) S. 295	9
[R 3]	REISER, F.: Das Härten des Stahles, 8. Aufl. Leipzig 1932	70
[S 1]	STRUTT, M.: Ann. Phys. 82 (1927) S. 605; Arch. Elektrotechn. 19 (1928) S. 424	49
[S 2]	Siemens-Schuckertwerke, Druckschrift SSW 476/228: Siemens-Hochfrequenz-Induktions-Erwärmungs-Anlagen	55
[S 3]	SIEGEL, H.: Das Elektrostahlverfahren nach F. T. SISCO: The Manufacture of Electric Steel. Berlin: Springer 1951	4
[T 1]	TAUSSIG, R.: Elektrische Schmelzöfen. Wien 1933	4
[W 1]	WALTJEN: Siemens-Z. 1924 S. 338	18
[W 2]	WALTER, F.: Wiss. Veröff. Siemens-Werk 8 (1929) H. 2	49
[W 4]	WEVER, F., u. W. FISCHER: Zur Kenntnis des Hochfrequenzinduktionsofens. Mitt. K.-Wilh.-Inst. Eisenforschg. (1926)	48, 49

II. Elektrothermie der Nichteisenmetalle (TH. RUMMEL)

[B 1]	BUDGEN, N. F.: Aluminium and its Alloys, 2. Aufl., 3695. New York 1947	86
[B 2]	BERGE, A.: Die Fabrikation der Tonerde 665, 2. Aufl. Halle 1926	86
[C 1]	CZOCHRALSKI: Z. phys. Chem. 92 (1918) S. 219	127
[C 2]	CAMPBELL, I. E.: High temperature technology. New York 1956	120
[D 1]	DOSSE, J.: Der Transistor. München 1957	127
[D 2]	DEUTZ, F.: Betriebsergebnisse von Widerstandsschmelzöfen für Stahl, Gußeisen, Schwer- und Leichtmetall. Elektrowärme 17 (1959) S. 373 bis 376	109
[E 1]	ESMARCH, W., TH. RUMMEL u. K. BEUTHER: Wiss. Veröff. Siemens-Werk, Werkstoffsonderheft 1940 S. 48—87 (Über Entgasung von Leichtmetallegierungen durch Schallschwingungen)	102
[F 1]	FULDA, W., u. H. GINSBERG: Tonerde und Aluminium 2 (1951/53), Berlin	86
[G 1]	GOORISSEN, J., F. KARSTENSEN u. B. OKKERSE: Growing kugle Crystals with Constant Resistivity by Floating Crucible Technique. Solid State Physics in Electronics and Telecommunications, Bd. 1. London 1959	127
[H 1]	HOOPES: USA-Pat. Nr. 1534316	92
[H 2]	HULBLING, R.: Z. anorg. Chem. 40 (1927) S. 655	130
[H 3]	HEYWANG, W., u. H. HENKER: Physik und Technologie von Richtleitern und Transistoren. Z. Elektrochem., Ber. Bunsenges. phys. Chem. 58 (1954) H. 5 S. 283—321	127
[H 4]	HENKER, H., u. TH. RUMMEL: DBP 971461	126
[I 1]	Iron Age 1921 S. 985	109

		Seite
[K 1]	KROLL, W. J.: US-Pat. 2205854................................	122
[K 2]	KECK, P. H., u. M. J. E. GOLAY: Phys. Rev. 89 (1953) S. 1297.....	130
[K 3]	KUHN, W. E.: Arcs in inert atmospheres and vacuum. New York 1958	119
[L 1]	LANGHANNS: DRP 3585	130
[L 2]	LI, K. C., u. CH. YU WANG: Tungsten, 3. Aufl., New York 1955, 526 S.	120
[M 1]	Druckschrift Molybdän, Kenn-Nr. 44-4, 54 des Metallwerk Plansee G.m.b.H., Reutte, Tirol	116
[M 2]	MILLER, G. L.: The technology of the rarer metals Tantalum and Niobium. London 1959...	118
[P 1]	PFANN, W. G.: J. Metals 4 (1952) S. 747; Phys. Rev. 88 (1952) S. 322	126, 128
[P 2]	POKORNY, T.: Die erste Kontaktumformer-Großanlage (80000 A, 400 V). SSW-Druckschrift 426.3/225 S. 9	92
[R 1]	RUMMEL, TH., W. ESMARCH u. K. BEUTHER: Metallwirtsch. 19 Nr. 46 S. 1029—1033. (Entgasung von Aluminium durch Schall und Ultraschall)	102
[R 2]	RUMMEL, TH.: DBP 1048638	130
[R 3]	RUMMEL, TH.: DBP 1004818	126
[R 4]	ROHN, J P.: Bau, Betrieb, Einsatzmöglichkeiten und Wirtschaftlichkeit des Niederfrequenzinduktions-Rinnenofens. Elektrowärme 17 (1959) Nr. 10 S. 367—372	113
[S 1]	SEEMANN, H. J., u. H. STAATS: Metall H. 19/20 (1955) S. 868—877: Grundsätzliches zur Anwendung einer Schwingungsbehandlung in der Metallurgie	102
[S 2]	SMITHELLS, C. J.: Tungsten, 3. Aufl. London 1952, 326 S.	102
[St 1]	Stahl und Eisen, 1920 S. 720	109
[T 1]	TOSTMANN, J.: Das Umschmelzen von Zink- und Kupferkathoden in elektrisch beheizten Großraumöfen. Metall 8 (1954) H. 21/22 S. 853 bis 857	111
[T 2]	THEURER, H. C.: Bell Labor. Rec. 33 (1955) S. 327	130
[T 3]	TOSTMANN, J., u. F. WALTER: Die Entwicklung neuzeitlicher Metallschmelzöfen. S. u. H.-Druckschrift SH 6632......................	116
[W 1]	Druckschrift Wolfram, Kenn-Nr. 43-8, 53 des Metallwerk Plansee G.m.b.H.	120
[W 2]	WILSON, J. M.: Research 10 (1957) London H. 4	130
[W 3]	WOLF, J.: Elektroöfen für die Leichtmetallindustrie. ETZ H. 9 (1939)	86
[Z 1]	ZEERLEDER, A. v.: Technologie des Aluminiums und seiner Leichtlegierungen, 3. Aufl. Leipzig 1938	86

III. Elektrometallurgie der Sinterstoffe (P. KOENIG)

[G 1]	GIRSCHIG, R.: La Métallurgie des Poudres. Paris: Ed. de la Revue d'Optique 1951	132
[K 1]	KIEFFER, R., u. W. HOTOP: Pulvermetallurgie und Sinterwerkstoffe, 2. Aufl. Berlin/Göttingen/Heidelberg: Springer 1948..............	132
[K 2]	KIEFFER, R., u. W. HOTOP: Sintereisen und Sinterstahl. Berlin/Göttingen/Heidelberg: Springer 1948	135
[K 3]	KIEFFER, R., u. P. SCHWARZKOPF: Hartstoffe und Hartmetalle. Wien: Springer 1953	134
[P 1]	Powder Metallurgy: Technical Assistance Mission No. 141, Verlag: OEEC (Organisation for European Economic Cooperation) 2 rue André Pascal, Paris 16e 1955..	132

IV. Die technische Herstellung von Siliziumkarbid (M. Schaidhauf)

[A 1] D'Ans, J., u. E. Lax: Taschenbuch für Chemiker und Physiker, 2. Aufl. Berlin/Göttingen/Heidelberg: Springer 1950 142
[C 1] Chambers Encyclopaedia 1, London 1950, S. 15................. 144
[C 2] Chemicals Engineers Handbook, S. 115 142
[H 1] Hase, R.: Z. techn. Phys. Nr. 9 (1932) S. 410 149
[K 1] Kohlrausch: Praktische Physik 2 (1956) S. 655 142
[L 1] Lely, J. H.: Darstellung von Einkristallen von SiC und Beherrschung von Art und Menge der im Gitter eingebauten Verunreinigungen, Sonderdruck IUPAG, Colloquium, Münster/Westf., 2.9.1954. Weinheim/Bergstr.: Verlag Chemie 141
[L 2] Lidell, D. M.: Handbook of Non Ferrous Metallurgy 2, New York: McGraw-Hill 1945, S. 620 145
[L 3] Lely, J. H., u. F. A. Kröger: Optical Properties of Pure and Doped SiC, Sonderdruck aus „Halbleiter und Phosphore", Vorträge des internationalen Kolloquiums 1956 in Garmisch-Partenkirchen. Braunschweig: Friedr. Vieweg & Sohn................................ 142
[L 4] Lely, J. H., u. F. A. Kröger: Electrical Properties of Hexagonal SiC Doped with N, B or Al, Sonderdruck aus „Halbleiter und Phosphore", Vorträge des internationalen Kolloquiums 1956 in Garmisch-Partenkirchen. Braunschweig: Friedr. Vieweg & Sohn..................... 142
[N 1] Norton Company, Worcester, Mass., USA: Synthesis of Silicon Carbide, A. P. 2729542 vom 3.1.1956 148
[P 1] Perry, J. H.: Chem. Eng. Handbook, S. 2813. New York: McGraw-Hill 1941... 145
[R 1] Ruff u. Konschak: Z. Elektrochem., Nov. 1926, S. 515 142
[S 1] Staerker, Arno: Schutzschichten für die Anwendung in der Feuerfest- und Hüttenindustrie. Tonind.-Ztg. 76 (1952) S. 93—96 148
[S 2] Staerker, A.: Neue Erkenntnisse auf dem Gebiet des Oberflächenschutzes feuerfester Baustoffe. Tonind.-Ztg. 75 (1951) H. 3 u. 4 S. 33—36... 148
[S 3] Staerker, A.: Das Kanalverfahren ein Korrosionsschutz für feuerfeste Bausteine. Glas, Email-keramische Technik 8 (1957) S. 214 .. 148
[T 1] Thibault, N. W.: Morphological and Structural Crystallography and Optical Properties of silicon carbide. Amer. Mineral 29 (1944) S. 249, 362 142

V. Die Elektrothermie des Borkarbids (W. Dawihl)

[A 1] Accountius, O. E., H. H. Sisler, Th. H. Shelvin u. G. A. Bole: J. Amer. ceram. Soc. 37 (1954) S. 173 151
[A 2] Agte, C., u. K. Moers: Z. anorg. allg. Chem. 198 (1931) S. 233 ... 151
[B 1] Dawihl, W., u. R. Flüshöh: Z. Metallkde. 29 (1937) S. 135....... 157
[B 2] Dawihl, W., u. K. Schröter: Werkstattstechnik 31 (1937) S. 201 . 157
[B 3] Dawihl, W.: Z. Metallkde. 43 (1952) S. 138 und Arch. Eisenhüttenw. 23 (1952) S. 483 164
[B 4] Dawihl, W., u. E. Dinglinger: Handbuch der Hartmetallwerkzeuge, Bd. I (1953), Bd. II (1956). Berlin/Göttingen/Heidelberg: Springer... 157
[C 1] Kieffer, R., u. P. Schwarzkopf: Hartstoffe und Hartmetalle. Wien: Springer 1953.. 151
[C 2] Kroll, F.: Z. anorg. allg. Chem. 102 (1918) S. 28 151
[D 1] Malmstrom, C., R. Keen u. L. Green: J. appl. Physics 22 (1951) S. 593 151
[D 2] Milligan, L. H., u. R. R. Ridgway: Electrochem. Soc. Preprint 68-32 (1935) S. 453 157

		Seite
[E 1]	RIDGWAY, R. R., A. H. BALLARD u. B. L. BAILAY: Electrochem. Soc. Preprint 63-27 (1933) S. 267	157
[E 2]	RIDGWAY, R. R.: Electrochem. Soc. Preprint 66-27 (1934) S. 293; Werkstattstechnik **29** (1935) S. 197; A.P. 1897214	156
[E 3]	RIEZLER, W., u. W. WALCHER: Kerntechnik, S. 349 u. 689. Stuttgart 1958	151
[F 1]	TOOLE, M. G., u. R. E. GOULD: Trans. electrochem. Soc. **70** (1936) S. 89	151
[G 1]	WEINTRAUB: Trans. electrochem. Soc. **16** (1909) S. 165; A.P. 1019394	151
[H 1]	ZINTL, E., W. MORAWIETZ u. E. GASTINGER: Z. anorg. allg. Chem. **245** (1940) S. 8	151

VI. Die Herstellung von Elektrographit (A. RAGOSS)

[A 1]	ACHESON, E. G.: A.P. 568323 (1896)	169
[B 1]	BASSET, J.: J. Phys. Radium **10** (1939) S. 217	184
[B 2]	BERTHELOT: Ann. chim. phys. Serie 3, **19** (1870) S. 392	169
[B 3]	BOEHM, H. P., u. U. HOFMANN: Z. anorg. allg. Chem. **278** (1955) S. 58	183
[B 4]	BREWER, L., P. W. GOLLES u. F. A. JENKINS: J. chem. Physics **16** (1948) S. 797	184
[C 1]	CASTNER, H. Y.: A.P. 572472 (1896)	170
[C 2]	COULSON, C. A., u. R. TAYLOR: Proc. phys. Soc., Lond. **65A** (1952) S. 815—825	171
[D 1]	DESPRETZ, M.: Compt. rend. **28** (1849) S. 755	169
[D 2]	DESPRETZ, M.: Compt. rend. **29** (1856) S. 48, 545, 709	169
[F 1]	FARIS, F. E., L. GREEN u. C. A. SMITH: J. appl. Physics **23** (1952) S. 89	187
[F 2]	FRANKLIN, R. E.: Acta cryst. **4** (1951) S. 253	171
[G 1]	GARTLAND, J. W.: Trans. electrochem. Soc. **88** (1945) S. 121	182
[G 2]	GLOCKLER, G.: J. chem. Physics **22** (1954) S. 159	184
[H 1]	HOFMANN, U., u. D. WILM: Z. Elektrochem. **42** (1936) S. 504—522	183
[H 2]	HOFMANN, U., u. F. SINKEL: Z. anorg. allg. Chem. **245** (1940) S. 85	171
[H 3]	HOFMANN, U., A. RAGOSS u. R. HOLST: Kolloid-Z. **105** (1943) S. 118	171
[H 4]	HOFMANN, U., u. a.: Z. anorg. allg. Chem. **225** (1947) S. 195	171
[J 1]	JOHNSTON, D.: Proc. roy. Soc., Lond. **227A** (1955) S. 349—358	171
[K 1]	KAFKA, W.: Siemens-Z. **26** (1952) S. 62	180
[K 2]	KRUMHANSL, J. A., u. J. CARTER: J. chem. Physics **21** (1953) S. 2238 bis 2239	171
[L 1]	LOMER, W.: Proc. roy. Soc., Lond. **227A** (1955) S. 330—349	171
[M 1]	MALMSTROM, C., R. KEEN u. L. GREEN: J. appl. Physics **22** (1951) S. 593	186
[M 2]	MARSHALL, A. L., u. F. J. MORTON: J. Amer. chem. Soc. **72** (1950) S. 2166	184
[M 3]	MOISSAN: Le four électrique, 1897	169
[M 4]	MROZOWSKI, S.: Phys. Rev. **85** (1952) S. 609—620	171
[P 1]	POWELL, R. W., u. F. H. SCHOFIELD: Proc. phys. Soc. **51** (1939) S. 153 u. a.	187
[P 2]	PRIMAK, W., u. L. M. FUCHS: Phys. Rev. **95** (1954) S. 22	185, 186
[S 1]	SMITH, A. W.: Phys. Rev. **95** (1954) S. 1095	188
[T 1]	TYLER, W. W., u. W. DE SORBO: Phys. Rev. **83** (1951) S. 878	187
[U 1]	United Carbon Products Co.: A.P. 2734800 (1956)	182
[W 1]	WALLACE, P. R.: Phys. Rev. **71** (1947) S. 622—634	171

VII. Die technische Herstellung von Kalkstickstoff (F. KAESS)

[A 1]	A.G. f. Stickstoffdünger: DRP 282213	199
[A 2]	A.G. f. Stickstoffdünger: DRP 585141, 593990, 629135	200

		Seite
[A 3]	AMBERGER, A., u. E. LATZKO: Z. Pflanzenernähr., Düng., Bodenkunde **67** (1954) S. 211	204
[A 4]	Amer. Cyanamide Co.: A.P. 2035866	202
[A 5]	Amer. Cyanamide Co.: DBP 932616	202
[A 6]	ARENZ, B.: Der Kartoffelbau 1953 H. 4/5	204
[B 1]	Badische Anilin- u. Sodafabrik: DBP 965992	201
[B 2]	Bayerische Stickstoff-Werke A.G.: DRP 572113, 588409	199
[B 3]	Bayerische Stickstoff-Werke A.G.: DRP 572325	199
[B 4]	Bayerische Stickstoff-Werke A.G.: DRP 641818, 647776, 654235, 684942	201
[B 5]	Bayerische Stickstoff-Werke A.G.: DRP 726704	202
[B 6]	Bayerische Stickstoff-Werke A.G.: DRP 751738	201
[B 7]	Bayerische Stickstoff-Werke A.G.: F.P. 793251	202
[B 8]	Bayerische Stickstoff-Werke A.G.: Ital.P. 341677	198
[B 9]	Bayerische Stickstoff-Werke A.G.: DRP 231646	202
[C 1]	CARLSON: E.P. 15445	195
[C 2]	CARLSON: Schwed.P. 30086	200
[C 3]	CARO, N.: DRP 212706	195
[C 4]	CARO, N., u. A. R. FRANK: DRP 467479, 512640, 558942, 567896, 591039, 608621, 620888, 625588, 665906	201
[C 5]	CARO, N.: Z. angew. Chem. **23** (1910) S. 2405	203
[C 6]	Cyanid-Ges. m.b.H.: DRP 152260, 154505	195
[C 7]	Cyanid-Ges. m.b.H.: DRP 203308	195
[C 8]	Cyanid-Ges. m.b.H.: DRP 227854	195
[C 9]	Cyanid-Ges. m.b.H.: DRP 225179	202
[D 1]	DRECHSEL, E.: J. prakt. Chem. [2] **16** (1877) S. 201—210	195
[E 1]	EUCKEN, A., u. M. JAKOB: Der Chemie-Ingenieur, Bd. III/5, Leipzig: Akad. Verlagsges. 1940, S. 498	200
[F 1]	FRANCK, H. H., u. W. KENDLER: Z. Elektrochem. **45** (1939) S. 541—548	196
[F 2]	FRANCK, H. H., u. F. HOCHWALD: Z. Elektrochem. **31** (1925) S. 581	196
[F 3]	FRANCK, H. H., u. C. BODEA: Z. angew. Chem. **44** (1931) S. 379	196
[F 4]	FRANCK, H. H., u. H. HEIMANN: Z. Elektrochem. **33** (1927) S. 469	196
[F 5]	FRANCK, H. H., W. MAKKUS u. F. JANKE: Der Kalkstickstoff in Wissenschaft, Technik und Wirtschaft, Sammlung chemischer und chemisch-technischer Vorträge, H. 6, S. 146 ff. Stuttgart: Enke 1931	196, 201
[F 6]	FRANCK, H. H., u. P. MANGOLD: DRP 490247	198
[F 7]	FRANCK, H. H., u. A. BANK: Z. anorg. allg. Chem. **215** (1933) S. 415	201
[F 8]	FRANCK, H. H., u. C. FREITAG: Z. Elektrochem. **38** (1932) S. 240	201
[F 9]	FRANCK, H. H., u. H. HEIMANN: Z. angew. Chem. **44** (1931) S. 372	201
[F 10]	FRANK, A., u. N. CARO: DRP 88363, 92587	195
[F 11]	FRANK, A., u. N. CARO: DRP 88363, 95660	195
[F 12]	FRANK, A.: DRP 134289	198
[H 1]	HAGEN u. KERN: Z. angew. Chem. **29** (1916) S. 309 u. **30** (1917) S. 53	203
[H 2]	HILGER, G.: DRP 551026, 722730	199
[H 3]	HOFMANN, E., u. E. LATZKO: Z. Pflanzenernähr., Düng., Bodenkunde **66** (1954) S. 22	204
[I 1]	I.G. Farben A.G.: Ital.P. 286711	202
[K 1]	KAESS, F.: Chemie-Ing.-Techn. **31** (1959) S. 80	200
[K 2]	„Kalkstickstoff", Festschrift zum 60. Geburtstag von N. CARO (1931)	196
[K 3]	Knapsack-Griesheim AG.: DBP 967437	201
[K 4]	KRASE u. JEE: J. Amer. chem. Soc. **46** (1924) S. 1358	196
[L 1]	L'Azote Française: F.P. 681117	202
[L 2]	Lonza-Werke: DRP 571161, 572457	200

		Seite
[L 3]	Lonza-Werke: F.P. 892470	202
[L 4]	Lonza-Werke: Schwz.P. 133209	202
[M 1]	MANN, A.: DRP 313129	202
[N 1]	NEUBAUER, H.: Z. angew. Chem. 33 (1920) S. 254—256	203
[O 1]	Odda Smeltverk: F.P. 759709 u. Zus.-P. 44010	202
[P 1]	PETERSEN, G., u. H. H. FRANCK: Z. anorg. allg. Chem. 237 (1938) S. 1—37	198
[P 2]	POLZENIUSZ, F. E.: DRP 163320	195, 199
[S 1]	Stickstoffwerke G.m.b.H.: DRP 481790, 575748	201
[S 2]	Süddeutsche Kalkstickstoff-Werke A.G.: DBP 817454	202
[S 3]	Süddeutsche Kalkstickstoff-Werke A.G.: DBP 817455	202
[S 4]	Süddeutsche Kalkstickstoff-Werke A.G.: DBP 937770, 972551	201
[S 5]	Süddeutsche Kalkstickstoff-Werke A.G.: DBP 1012932	202
[S 6]	SCHMITT, L.: Vom Segen der richtigen Düngung, Frankfurt: DLG-Verlags-GmbH 1958, S. 95	203
[U 1]	ULLMANN: Encyklopädie der technischen Chemie, Bd. 5, München u. Berlin: Urban & Schwarzenberg 1954, S. 43	200
[W 1]	WINNACKER, K., u. E. WEINGAERTNER: Chemische Technologie, Anorganische Technologie, Bd. II, München: Carl Hanser 1950, S. 274	199
[W 2]	WITTEK, H.: DRP 458029, 489452	199
[Z 1]	ZIEKE, K.: Z. anal. Chem. 114 (1938) S. 193—197	203

VIII. Die technische Herstellung des Ferrosiliziums (F. KAESS)

[A 1]	ARNDT, K.: Techn. Elektrochemie, S. 110ff. Stuttgart 1929	212
[A 2]	ASKENASY, P.: Techn. Elektrochemie, 1910	212
[C 1]	COUTAGNE, A.: La fabrication des Ferro-Alliages. Paris 1924	212
[D 1]	DURRER, R., u. G. VOLKERT: Die Metallurgie der Ferrolegierungen. Berlin/Göttingen/Heidelberg: Springer 1953	212
[E 1]	ELJUTIN, W. P., u. Mitarb.: Ferrolegierungen, S. 42. Berlin 1953	206
[G 1]	GMELIN: Handb. d. anorg. Chemie, Eisen, Teil A, Abt. I, S. 1040ff. Berlin 1933	212
[G 2]	GRUBE, G.: Grundzüge der Elektrochemie, 1929	212
[H 1]	HOUDREMONT, E.: Handbuch der Sonderstahlkunde, Bd. 2, Berlin/Göttingen/Heidelberg: Springer 1956 u. Düsseldorf: Verlag Stahleisen mbH. 1956	214
[K 1]	KÖRBER, F.: Z. Elektrochem. 32 (1926) S. 374	206
[N 1]	NOVIKOV, A. N.: Zhur. Priklad. Chim. 20 (1947) S. 431	210
[P 1]	Pittsburgh Metallurgical Co.: A.P. 2797988	212
[R 1]	RODIS, F.: Z. Erzbergbau u. Metallhüttenw. 8 (1955), Beih. B, S. 145/149	214
[S 1]	Süddeutsche Kalkstickstoff-Werke A. G.: DAS 1078334	214
[T 1]	TAUSSIG, R.: Elektrische Schmelzöfen, 1933	
[U 1]	ULLMANN: Encyklopädie der technischen Chemie, Bd. IX, S. 496ff. Berlin 1932	212

IX. Die technische Herstellung des Kalziumsiliziums (F. KAESS)

[C 1]	Cie. Generale d'Electrochemie de Bozel: F.P. 388730	218
[D 1]	DURRER, R., u. G. VOLKERT: Die Metallurgie der Ferrolegierungen. Berlin/Göttingen/Heidelberg: Springer 1953	219, 221
[E 1]	ELJUTIN, W. P., u. Mitarb.: Ferrolegierungen, S. 46. Berlin 1953. 216, 217, 218, 220
[E 2]	ESCARD, I.: Les Fours Electriques, 2. Aufl., Paris 1924	218
[F 1]	FRANCK, H. H., u. V. LOUIS: Naturforsch. u. Medizin in Deutschland II 1948 S. 105	216
[G 1]	GMELIN: Handb. d. anorg. Chemie, Eisen, Teil A, Abt. I, S. 1125	219, 221

Literaturverzeichnis

Seite

[G 2] GOLDSCHMIDT, TH.: DRP 199193, 204567 218
[M 1] MAXIMENKO, M. S.: Grundlage der Elektrothermie, ONTI 1936 218
[S 1] SPERR, F.: Diss. Univ. München 1954 217
[T 1] TAMARU, S.: Z. anorg. allg. Chem. 62 (1909) S. 81 216
[W 1] WÖHLER, L., u. F. MÜLLER: Z. anorg. allg. Chem. 120 (1922) S. 49.... 216

X. Die technische Herstellung des Kalziumkarbids (F. KAESS)

[B 1] BAUMANN, J.: Chemiker-Ztg. 50 (1926) S. 630 u. 51 (1927) S. 282 . 232
[B 2] Bayerische Stickstoff-Werke A.G.: DRP 675431 233
[B 3] BERTOLUS, CH.: DRP 99578 224
[B 4] BORCHERT, W., u. M. RÖDER: Z. anorg. Chem. 302 (1959) S. 253 ... 227
[B 5] BRUNNER, R.: Z. Elektrochem. 38 (1932) S. 55 226
[D 1] DANNEEL, H.: Z. Elektrochem. 36 (1930) S. 481 232
[E 1] EUCKEN, A., u. M. JAKOB: Der Chemie-Ingenieur, Bd. III/5, S. 467—469.
 Leipzig: Akad. Verlagsges. 1940 .... 224, 228
[F 1] FLUSIN, G., u. CH. AALL: C. R. Acad. Sci., Paris 1935 S. 451 u. J. Four
 électr. Ind. électrochim. 44 (1935) S. 317 226
[F 2] FRANCK, H. H., M. A. BREDIG, G. HOFFMANN u. KIN-HSING-KOU: Z.
 anorg. allg. Chem. 232 (1937) S. 61—111 227
[H 1] HORRY, W. S. (Union Carbide Co.): DRP 98974 224
[K 1] KAESS, F., u. E. VOGEL: Chemie-Ing.-Techn. 28 (1956) S. 759 233
[K 2] KIRK, R. E., u. D. R. OTHMER: Encyclopedia of Chemical Technology 2,
 S. 834. New York: The Interscience Encyclopedia 1949 233
[K 3] KUSNETSOV, L. A.: The Manufacture of Calcium Carbide. Moscow/
 Leningrad: Goskhimizdat 1950 233
[M 1] MARON, C.: Zhur. Priklad. Chim. 30 (1957) S. 851 225
[M 2] MENEGHINI, D.: Atti Reale Ist. Veneto Sci., Lettere Arti (II) 94 (1934/
 1935) S. 587 232
[M 3] MOISSAN: C. R. Acad. Sci., Paris 127 (1898) S. 917 227
[N 1] NEUMANN, B.: Chemische Technologie der Anorg. Chemiezweige.
 Braunschweig: Friedr. Vieweg 1926 233
[R 1] REPPE, W.: Neue Entwicklungen auf dem Gebiet des Azetylens und
 Kohlenoxyds. Berlin 1949 233
[R 2] RÖDER, M.: Röntgenographische Untersuchungen zur Polymorphie
 des Calciumcarbids. Diss. München 1957 227
[R 3] RUFF, O., u. E. FOERSTER: Z. anorg. allg. Chem. 131 (1923) S. 342.. 226
[R 4] RUFF, O., u. B. JOSEPHY: Z. anorg. allg. Chem. 153 (1926) S. 27.... 227
[S 1] SCHLÄPFER, P.: Z. Elektrochem. 25 (1919) S. 409 u. Schweiz. Chemiker-
 Ztg. 1919 H. 29 u. 30 232
[S 2] SCHLUMBERGER, E.: Z. angew. Chem. 39 (1926) S. 213 227
[S 3] SCHLUMBERGER, E.: Z. angew. Chem. 40 (1927) S. 141 232
[S 4] SÖDERBERG (Elektrokemisk): DRP 317690, 324741, 331251, 407561,
 414672, 417202, 420935, 425443, 427355, 428387, 440695, 443907,
 447851, 489752, 513226, 525508, 526626, 529244, 732226, 734181 224
[S 5] STACKELBERG, M. v.: Z. phys. Chem. 9 (1930) S. 437 227
[T 1] TAUSSIG, R.: Die Industrie des Calciumcarbids. Halle/Saale: W. Knapp
 1930 233
[U 1] ULLMANN: Encyklopädie der technischen Chemie, Bd. 5, S. 1 ff. München
 u. Berlin: Urban & Schwarzenberg 1954 233
[W 1] WALTER, F.: Entwicklung von Lichtbogenöfen großer Leistungsfähigkeit. Elektrowärme. H. 2. H. 3. H. 4 (1935) 230

		Seite
[W 2]	WILDHAGEN, M.: Calciumcarbid und die Carbidindustrie. Leipzig: Akad. Verlagsges. 1953	233
[W 3]	WINNACKER, K., u. E. WEINGAERTNER: Chemische Technologie, Anorganische Technologie, Bd. II, München: Carl Hanser 1950, S. 247ff.	233
[W 4]	WURSTER, C.: Chemiker-Ztg. 79 (1955) S. 499 u. Chemie-Ing. Techn. 28 (1956) S. 1	225

XI. Die technische Herstellung des Phosphors (G. BREIL)

[B 1]	BIXLER, G. H., J. WORK u. R. M. LATTIG: Elemental Phosphorus Electric Furnace Production. Industr. Engng. Chem. 48 (1956) S. 1.	238
[D 1]	DRP 55700	234
[D 2]	DRP 107736	235
[D 3]	DRP 542781	239
[D 4]	DRP 409344	239
[H 1]	HEMPEL: Studien über die Gewinnung des Phosphors. Z. angew. Chem. 18 (1905) S. 132	234
[R 1]	RITTER, F.: Die Produktion von Phosphor und Phosphorsäure in Piesteritz. Chemie-Ing.-Techn. 22 (1950) S. 253	237
[S 1]	SPRIPLIN, MCKNIGHT, MEGAR u. POTTS: This Phosphorus Furnace Rotates. Chem. Engng. 58 (1951) S. 108	238

XIII. Elektrothermische Herstellung von Quarzglas (W. HÄNLEIN)

[A 1]	ALTY, T.: The Diffusion of monatomic Gases through Fused Silica. Phil. Mag. 15 (1933) S. 1035—1048	268
[A 2]	ALEXANDER-KATZ, B.: Quarzglas, Quarzgut, S. 30. Braunschweig: Vieweg 1919	257
[A 3]	Am. P. 778286 Thomson	254
[A 4]	Am. P. 450927 Corning Glass	259
[A 5]	AUERBACH, F.: Wied. Ann. 43 (1891) S. 61	261
[B 1]	BALY, E. C. C.: Spectroscopy 1927 S. 101	274
[B 2]	BAILY, A. C., u. J. W. WOODROW: The Phosphorescence of Fused Quartz. Phil. Mag. 6 (1928) Nr. 40 S. 1104—1105	279
[B 3]	BARRAT: Phys. Soc. Proc. 27 (1914) S. 81	265
[B 4]	BEAULIEU-MARCONNAY, V. A., u. TH. FRANTZ: Chem. Fabrik 9 (1936) Nr. 27/28 S. 302	260
[B 5]	BERNDT, G.: Verh. dtsch. phys. Ges. 19 (1917) S. 324	261
[B 6]	BERRY, E. R.: Clear Fused Quartz made in the Electric Furnace. J. Amer. electrochem. Soc. 45 S. 511—522	259
[B 7]	BORNEMANN, K., u. O. HENGSTENBERG: Metall u. Erz 17 (1920) S. 313 u. 339	266
[B 8]	BRONN, I.: Der elektrische Ofen, S. 268. Halle: W. Knapp 1910	253
[B 9]	BRÜGEL, W.: Das Reflexionsspektrum des Quarzglases bei 9 μ. Z. Phys. 128 (1950) S. 255—259	273
[D 1]	DAWIHL, W., u. W. RIX: Über die Temperaturabhängigkeit der mechanischen Festigkeit von Quarzglas. Z. techn. Phys. 1938 Nr. 10 S. 294 bis 296	262
[D 2]	DAWIHL, W., u. W. RIX: Über die Festigkeitssteigerung von Quarzglas durch Temperaturerhöhung. Z. Phys. 1939 S. 663	262
[D 3]	DIETZEL, A.: Deutung auffälliger Ausdehnungserscheinungen an Kieselglas und Sondergläsern. Naturwiss. 1943 H. 1/2 S. 22—23	265
[D 4]	Deutsche Patentanmeldung C 50749 Corning Glass Works	249
[D 4a]	DP 854073 (Fest/Hänlein)	258

Literaturverzeichnis

Seite

[D 5] DRP 179570 Heraeus 247
[D 6] DRP 172476 Heraeus (Küch) 247
[D 7] DRP 241260 Silica Syndicate Ltd. 248
[D 8] DRP 153503 254
[D 9] DRP 543957 Heraeus [Ref. Glastechn. Ber. 10 (1932) S. 352]...... 254
[D 10] DRP 170234 Bottomley u. Paget 255
[D 11] DRP 174509 Bottomley u. Paget 255
[D 12] DRP 445763 L. Pfannenschmidt 256
[D 13] DRP 209241 u. 246179 Vogel 256
[D 14] DRP 504432 Deutsch-Englische Quarzschmelze [Ref. Glastechn. Ber. 9 (1931) S. 57].. 257
[D 15] DRP 310134 Hellberger 258
[D 16] DRUMMOND, D. G.: The Infra-Red Absorption Spectra of Quartz and Fused Silica from 1 to 7.5 μ. Proc. roy. Soc. A 153 (1935) S. 318—339 272
[E 1] EITEL, W., M. PIRANI u. K. SCHEEL: Glastechn. Tabellen. Berlin: Springer 1932 261
[E 2] EITEL, W., M. PIRANI u. K. SCHEEL: Glastechn. Tabellen, S. 255. Berlin: Springer 1932 263
[E 3] EMERSON, W. B.: Compressibility of Fused-Quarz Glass at atmospheric Pressure. Nat. Bur. Stand. 18 (1937) S. 683—711 Res. Paper 1003 .. 262
[E 4] E.P. 252747 Brit. Thomson Houston Co. 258
[E 5] EUCKEN, A.: Ann. Phys. 34 (1911) S. 185 265
[F 1] F.P. 585213 S. A. Quartz et Silice 257
[F 2] F.P. 864663 Corning Glass Works 265
[H 1] HÄNLEIN, W.: Schmelzen und Verarbeiten von Quarzglas und ähnlichen hochschmelzenden Gläsern. Glastechn. Ber. 18 (1940) H. 11 S. 308—314.. 251, 265
[H 2] HÄNLEIN, W.: Ein Verfahren zum kontinuierlichen Schmelzen und Ziehen von Röhren und Stäben aus Quarzglas und hochschmelzenden Gläsern. Z. techn. Phys. 21 (1940) Nr. 5 S. 97—101 260
[H 3] HILDEBRAND, J. H., A. D. DUSCHAK, A. H. FORSTER u. C. W. BEEBE: J. Amer. chem. Soc. 39 (1917) S. 2293 266
[H 4] HOFFMANN, J.: Über die Ursachen verschiedener Bestrahlungsfärbungen bei Gläsern sowie der Quarzgut- und Ametystfärbung. Wiener Ber. 140 (1931) S. 11—26 (Glastechn. Ber. 1936 S. 281—286) 271
[I 1] INUZUKA, H.: Viscosity of transparent fused silica. J. Jap. ceram. Assoc. 47 (1939) S. 292—294 268
[J 1] JOHNSON, I. B., u. R. C. BURT: The Passage of Hydrogen through Quartz Glass. J. opt. Soc. Amer. 6 (1922) S. 734 268
[K 1] KAYE, G. W. C., u. W. F. HIGGINS: The Thermal Conductivity of Vitreous Silica with a Note on Crystaline Quartz. Proc. roy. Soc. A 113 (1926) S. 335—351 265
[K 2] KOREF, F.: Ann. Phys. 36 (1911) S. 49 266
[M 1] MADDOCK, A. J.: A Quartz Glass with sharp Cut-off at 2800 A. J. Soc. Glass Technol. 23 (1939) S. 372—377 271
[M 2] MAGNUS, A.: Phys. Z. 14 (1913) S. 5 266
[M 3] MARTINEZ, C.: Der Einfluß geringer Mengen von Verunreinigungen auf das Schmelzen von Quarz. Bull. Institute Verre, Jan. 1947 Nr. 6 S. 14—17.. 259
[M 4] MAYER, E. C.: Phys. Rev. 6 (1915) S. 283 268
[M 5] MOORE, B.: Die Eigenschaften der geschmolzenen Kieselsäure. J. Soc. chem. Ind. 55 (1936) 31T—37T 264

Literaturverzeichnis 427

Seite
[N 1] NERNST, W.: Ann. Phys. **36** (1911) S. 393 266
[P 1, P 2, P 3] PIRANI, M.: Elektrothermie, S. 131, 140, 148. Berlin: Springer 1930 .... 246, 247, 254, 256, 260
[P 4] PIRANI, M., u. W. v. SIEMENS: Z. Elektrochem. H. 15 (1909) S. 969 bis 973 262
[R 1] REINKOBER, O.: Die Zerreißfestigkeit dünner Quarzfäden. Phys. Z. **32** (1931) S. 243—250 262
[R 2] REINKOBER, O.: Die Festigkeit und Elastizität von dünnen Quarzfäden. Phys. Z. **38** (1937) S. 112—122 262
[R 3] REINKOBER, O.: Die Elastizitätseigenschaften von dünnen Quarzfäden. Phys. Z. **40** (1939) S. 385—386 262
[S 1] SCHLÄPFER, P., u. P. DEBRUNNER: Helv. chim. Acta 7 (1924) S. 31 . 266
[S 2] Schwz. P. 167752 S. A. des Man. des Glaces. St. Gobain 249
[S 3] SEEMANN, H. S.: Phys. Rev. **31** (1928) S. 119—129 .... 262, 266
[S 4] SKAUPY, F.: Isolatoren aus Kieselsäureglas (Quarzisolatoren). ETZ **51** (1930) S. 1745—1747 u. 1768 262
[S 5] SIMON, F.: Diss. Berlin 1922; Ann. Phys. **68** (1922) S. 241 266
[S 6] SIMON, F., u. F. LANGE: Z. Phys. **38** (1926) S. 227 266
[S 7] SINGER, F.: Geschmolzener Quarz als Werkstoff. ATM 1931 T 64 z 944-2 260
[S 8] SINGER, F.: in PIRANI: Elektrothermie, Berlin: Springer 1930, S. 152 262
[S 9] SINGER, F.: Die Keramik im Dienste von Industrie und Volkswirtschaft. Braunschweig: Vieweg 1923 263
[S 10] SMEKAL, A: Über die Festigkeitseigenschaften von Quarzglas. Z. Phys. **114** (1939). S. 448—454 262
[S 11] Sonderdruck aus der Festschrift W. C. Heraeus GmbH., Hanau, 1. 4. 51 269
[S 12] SOUDER, W., u. P. HIDNERT: Messungen der Wärmedehnung geschmolzener Kieselsäure. Sci. Pap. Bur. Stand. 1926 Nr. 524 264
[T 1] The Electrochemist and Metallurgist 1902 S. 107 254
[T 2] T'SAI u. T. R. HOGNESS: The Diffusion of Gases through Fused-Quartz. J. phys. Chem. **36** (1932) S. 2595—2600 269
[T 3] TSUKAMOTO, M.: Sur la transparence de la silice fondue pour les radiations ultraviolettes. Compt. rend. **185** (1927) S. 55—57 272
[T 4] TWYMAN, F., u. F. BRECH: X-Irradiation of Fused-Silica. Nature 1934 S. 180 271
[V 1] VOLAROVICH, M. P., u. A. A. LEONTIEVA: Determination of the Viscosity of Quartz Glass within the Softening Range. J. Soc. Glass Technol. **20** (1936) S. 139—143 266
[V 2] VOLGER, I., u. I. M. STEVELS: Further experimental Investigation of the dielectric Losses of various Glasses at low Temperatures. Phil. Res. Rep. **11** (1956) S. 452—470 263
[W 1] WARTENBERG, v.: Analyse von Quarzglas. Naturwiss. **30** (1942) S. 440 259
[W 2] WATSON, H. L.: Some Properties of Fused Quartz and other Forms of Silicon-dioxyde. J. Amer. ceram. Soc. 9 (1926) S. 511—534 261
[W 3] WHITE, W. P.: Amer. J. Sci. **28** (1909) S. 334 u. **47** (1919) S. 159 .. 266
[W 4] WILLIAMS, G. A., u. J. B. FERGUSON: J. Amer. chem. Soc. **44** (1922) S. 2160 268
[Z 1] Z. Elektrochem. **43** (1903) S. 847—850 247
[Z 2] ZSCHIMMER, E.: Das System Kieselerde, Quarzgut und Quarzglas, Silikastein, Stuttgart: Enke 1933, S. 28 .... 246, 256

XIV. Elektrothermie der Dielektria (TH. RUMMEL)

[B 1] BROWN, HOYLER u. BIERWIRTH: Theory and Application of Radio-Frequency-Heating. New York 1948 .... 293, 298, 299, 300
[E 1] Energen Foods Co., Ltd.: The manufacture of Energen Rolls. Sonderdruck, Ashford/Kent, Sept. 1959 302
[M 1] MÜLLER, H.: ETZ 71 H. 22 S. 605 .... 288, 289, 290
[R 1] Redifon Ltd., Wandsworth, Druckschrift RH. 11/2/51 L 9893 302
[W 1] WINTERGERST, S.: ETZ 71 H. 4 S. 79 301

XV. Elektrothermie der Gase (TH. RUMMEL)

[A 1] ARKEL VAN, A. E.: US-Pat. 1601931 (Wolfram und andere Metalle) 313
[B 1] BIRKELAND u. EYDE: DRP 179882 und 170585 306
[B 2] BRINER, E.: Bull. Soc. chim. Fr. 5 (1937) S. 1335 307
[B 3] BAUMANN, P.: Angew. Chem. 20 Nr. 10 (1948) S. 257ff. 307, 308, 309, 310
[C 1] CHRISTENSEN, H.: US-Pat. 2692839 (Germanium) 313
[F 1] FREEDMAN, G.: US-Pat. 2763581 (Germanium).................. 313
[H 1] HABER u. KÖNIG: Z. Elektrochem. 13 (1907) S. 725; 14 (1908) S. 689 305
[L 1] LAVOISIER, A. L.: Mémoires, Bd. 2, Paris 1792, S. 211 305
[M 1] MOSCICKI: DRP 265834 306
[N 1] NODDAK, W., u. I. NODDAK: DRP 527105 (Rhenium) 313
[P 1] PAULING: DRP 198241, DRP 258385, DRP 269239, DRP 193366, DRP 213710 u. PAULING, H.: Elektrische Luftverbrennung. Halle 1928 306
[P 2] PIRANI, M.: Neue Produkte elektrothermischer Prozesse, Metallkristalle, in M. PIRANI: Elektrothermie, Berlin: Springer 1930, S. 217—220. 311, 312, 313
[R 1] RUMMEL, T.: Hochspannungs-Entladungschemie und ihre industrielle Anwendung, München 1951, S. 233ff. 307
[S 1] SCHÖNHERR: DRP 201279 306
[S 2] SSEREBRJAKOW, P. A.: J. phys. Chem. 14 (1940) S. 175 307
[T 1] TEAL, G. K.: US-Pat. 2556711 (Germanium) 313

XVI. Elektrische Öfen für Temperaturen über 1500° C und elektrische Glasschmelzöfen (W. HÄNLEIN)

a) Elektrische Öfen

[B 1] BUCHKREMER, R.: Elektroöfen in der Glasindustrie. Sprechsaal 87 (1954) S. 418—420 315
[B 2] BROKMEIER, K. H.: Induktionsschmelzöfen. Glas- u. Hochvakuumtechn. 2 (1953) S. 234—240 316
[C 1] CAMPBELL, L. E.: High Temperature-Technology. New York u. London: J. Wiley u. Chapman Hall 1956 (GELLER, R. F.: Der Oxydwiderstandsofen) 332
[D 1] DENNIS, W., F. D. RICHARDSON u. J. H. WESTCOTT: A graphite Tube Resistance Furnace and Voltage Regulator for equilibrium Studies in the Temperature Range 1500—1800° C. J. sci. Instrum. 30 (1953) S. 453 bis 455 341
[D 2] DEUBLE, N. L.: Large Molybdenum Ingots by Arc Casting. Metal Progr. 1955 S. 87—90 346
[D 3] Dt. Pat. 928314 (1955): Pumpenanordnung zur Erzeugung eines Hochvakuums. Erf. W. HÄNLEIN, Siemens-Schuckertwerke Nürnberg 326
[D 4] Dt. Pat. 155548 (1903): Verfahren zum Reinigen von Tantal-Metall. Anm. Siemens-Schuckertwerke 316

Seite
[D 5] DUSHMAN, S.: Scientific Foundations of Vacuum-Technique, S. 750. New York: J. Wiley & Sons 1949 318
[E 1] EBERT, H., u. C. TINGWALDT: Ausdehnungsmessungen bis zu Temperaturen von 2000° C. Phys. Z. **37** (1936) S. 471—475 315
[E 2] ESMARCH, W.: Zur Theorie der kernlosen Induktionsöfen. Wiss. Veröff. Siemens-Konz. **10** (1931) S. 172—196 316
[E 3] ESMARCH, W.: Die Theorie und praktische Anwendung des Hochvakuumofens. Z. Elektrochem. **38** (1932) S. 318 316
[E 4] ESMARCH, W.: Theoretische Grundlagen der Induktionsöfen. Siemens-Z. **17** (1937) S. 269—275 316
[F 1] FEHSE, W.: Elektrische Öfen mit Heizkörpern aus Wolfram. Sammlung. Braunschweig: Vieweg & Sohn 1928 .... 316, 327, 333
[G 1] GELLER, R. F., u. P. YAVORSKY: Effects of some Oxydations on the thermal Length-Changes of Zirconia. J. Nat. Bur. Stand **35** (1945) S. 87—110 315
[G 2] GILER, R. R.: Titanium and Vacuum heat-treating Furnaces. Westinghouse Engineer Nov. 1955 S. 194—197 346
[H 1] HÄNLEIN, W.: Hochvakuumöfen mit Widerstandsbeheizung. Glas- u. Hochvakuumtechn. **2** (1953) S. 279—284 .... 318, 333
[H 2] HÄNLEIN, W., u. K.-GG. GÜNTHER: Pumpenkombination für Hochvakuumanlagen Z. angew. Phys. **8** (1956) S. 603—607 326
[H 3] HÄNLEIN, W.: Widerstandsbeheizte Öfen für Temperaturen über 1500° C. 3. Internat. Elektrowärme-Kongr. Paris 1953, Sonderdruck SSW. 328
[H 4] HOPKIN, G. L., J. E. JONES, A. R. MOSS u. D. O. PICKMAN: The Arc Melting of Metals and its Application to the Casting of Molybdenum. J. Inst. Met. **82** (1953/54) S. 361—373 346
[H 5] HOROWITZ, I.: Electrical Glass Melting. Glass Ind. **34** Teil 1 Febr. 1953 S. 65—69, 98—99; Teil 2 März 1953 S. 132—137, 160—161; Teil 3 April 1953 S. 204—208, 226 315
[H 6] The Harwell Atomic Energy Research Establishment. Engineering 30. Juni 1950, S. 734—735 346
[K 1] KRAMERS, W. J.: Scientific Approach to New Ceramics. Research **7** März 1954 S. 101—110 u. April 1954 S. 142—151 314
[K 2] KRAMERS, W. J., u. F. DENNARD: Resistance-heated high Vacuum Furnace. Vacuum **3** April 1953 S. 151—158 335
[K 3] KÖHLER, W.: Technische Anwendungsmöglichkeit der Hochvakuumbedampfung. Metall **8** H. 15/16 (1954) S. 618—624 318
[K 4] KLUMB, H., u. H. SCHWARZ: Über ein absolutes Manometer zur Messung niedrigster Gasdrucke. Z. Phys. **122** (1944) S. 438 327
[L 1] LANG, S. M., u. R. F. GELLER: The Construction and Operation of Thoria Resistor-Type Furnaces. J. Amer. ceram. Soc. **34** (1951) Nr. 7 S. 193—200 315
[L 2] Leybold's Nachfolger, E., Köln-Bayental: Leybold-Feinvakuumgebläse nach dem Rootsprinzip. Mitt. Neuentwickl. Nr. 1 18. Aug. 1954 323
[P 1] PAVLISH, A. E.: Glass and the Future. Glass Ind. **30** (1949) Nr. 2 S. 78—81, 116—117 315
[P 2] PIRANI, M.: Development and Application of High Vacuum Technique. Research **3** (1950) S. 540—547 314
[P 3] PIRANI, M.: Some Recent Improvements in the Design of Laboratory Furnaces for high Temperatures. Coal Research Sept. 1944 S. 61—67 316

		Seite
[P 4]	PIRANI, M.: High Temperature Laboratory Furnaces. J. sci. Instrum. 17 (1940) Nr. 5 S. 112—115	318
[S 1]	SCHEIBE, W.: Hochvakuumöfen. Z. Metallkde. 46 (1955) H. 4 S. 242 bis 253	318
[S 2]	STRAUBEL, H.: Der Sonnenschmelzspiegel. Z. angew. Phys. 1 (1949) H. 12 S. 506—509	331
[W 1]	WARTENBERG, v. H.: Mit Molybdändrahtöfen erreichbare Temperaturen. Chemie-Ing.-Techn. 26 (1954) Nr. 8/9 S. 508—509	317
[W 2]	WINKLER, O.: Eine Anlage zum Schmelzen und Gießen unter Hochvakuum für Forschungszwecke. Gießerei, Techn.-Wissensch. Beihefte H. 9 Sept. 1952 S. 435—437	341
[W 3]	WINKLER O.: Die Technik des Schmelzens und Gießens unter Hochvakuum. Sonderdr. Stahl u. Eisen 73 (1953) H. 20 S. 1261—1268	341
[W 4]	WINKLER, O.: Schmelzen von Metallen ohne Tiegelreaktion. Sonderdr. Z. Metallkde. 44 (1953) S. 333—341	341
[W 5]	WINKLER, O.: Eine Vakuumschmelzanlage für industrielle Anwendungszwecke. Sonderdr. 21. Internat. Gießereikongr. 19.—26. Sept. 1954	341

b) Elektrische Glasschmelzöfen

[B 1]	BECKER, VÖLKER u. BRONN, in BRONN: Der Elektroofen. Halle: Knapp 1910	348
[B 2]	BOREL, E. V.: Die Praxis der elektrischen Glasschmelze. Glastechn. Ber. 23 (1950) S. 213—219	353, 355, 356
[B 3]	Brit. Pat. 689583 v. 1. 4. 53: Improvements in Electrodes for electrically-heated Glass Melting Furnaces. Anm. Brit. Heat Resisting Glass Co., Ltd. and Hann, D. G.	353
[B 4]	Brit. Pat. 689584 v. 1. 4. 53: Improvements in Electrodes for electrically-heated Glass Melting Furnaces. Anm. Brit. Heat Resisting Glass Co., Ltd. and Hann, D. G.	353
[B 5]	Brit. Pat. 686220 v. 21. 1. 53: Improved combined Electrode and Skimmer for electric Glass Meltung Furnaces. Anm. Brit. Thomson-Houston Co., Ltd. Crown House, Aldwych, London W. C. 2	353
[C 1]	CORNELIUS, Y. R.: Electrical Melting of Glass. Glass Ind. 29 Nr. 2, Febr. 1948, S. 71—72, 96 u. 98	349
[C 2]	CORNELIUS, Y. R.: Elektrisches Glasschmelzen. Elektrowärme 8 (1938) S. 277—282	353
[G 1]	GELL, P. A. M.: Some Observations on the Design and Operation of an All-Electric Glass-Melting Furnace. J. Soc. Glass Technol. 40 (1956) S. 482—498	354
[G 2]	GELOK, J.: Machining high Purity Molybdenum. Iron Age 9. Dez. 1948 S. 106—110	353
[H 1]	HÄNLEIN, W.: Untersuchungen über Aggregationspunkt und Transformationspunkt von Gläsern durch Messung des elektrischen Widerstandes. Glastechn. Ber. 12 (1934) H. 4 S. 109—116	350
[H 2]	HÄNLEIN, W.: Elektrisches Schmelzen von Emails. Mitt. Ver. dtsch. Emailfachleute 4 (1956) H. 1 S. 1—5	353
[P 1]	PARTRIDGE, J. H., u. O. ADAMS: Glass Making at 2000° C. J. Soc. Glass Technol., Trans. 28 (1944) S. 105—112	353
[P 2]	PEYCHÈS, I.: Grundlagen des elektrischen Glasschmelzens. J. Soc. Glass Technol. 32 (1948) S. 399—424. [Nach Glastechn. Ber. 26 (1953) S. 122]	353

		Seite
[R 1]	RAEDER, J. K. B.: Elektrisches Glasschmelzen und Zukunftswege für die norwegische Glasindustrie. Tekn. Ukebl. Nr. 39 S. 336—337 u. Nr. 40 S. 343—345	350
[S 1]	SAUVAGEON, GIROD u. BRONN, in BRONN: Der Elektroofen. Halle: Knapp 1910	348
[S 2]	SAUVAGEON, M.: Four électrique à marche continue pour la fabrication du verre. Paris 1905	349
[U 1]	US-Pat. 2523566 v. 26. 9. 50: Glass Electrical Heating Panel. Erf. TH. W. GLYNN, Kingsport Tenn. Anm. Blue Ridge Glass Corp., Kingsport Tenn.	353
[U 2]	US-Pat. 2268589 v. 1942: Method of Producing Vitreous Silica Articles. Erf. J. A. HEANY, New Haven, Conn. Anm. Heany Industrial Ceramic Corp., Rochester N. Y.	353

Weitere Literaturhinweise Elektrische Glasschmelzöfen betreffend

Dt. Pat. 908184, Kl. 32a Gruppe 4 1954: Elektrischer Schmelzofen mit Elektrodenheizung, insbes. zur Erzeugung von Glaswolle. Anm. Società per Azioni Vetreria Italiana Balzaretti Modigliani, Mailand.

Fr. Pat. 355824 v. 3. Juli 1905: Four électrique continu pour la fabrication du Verre et autres produits métallurgiques. Erf. M. SAUVAGEON, Frankreich.

FREEMAN, R. R.: Molybdenum Electrodes for the Glass Industry. Ceram. Ind. Sept. 1955 S. 64, 66, 98—99.

HOROWITZ, J.: Elektro-Glasschmelze. Sprechsaal 1950 Nr. 11 S. 204 bis 209; Nr. 12 S. 236—239; Nr. 13 S. 256—258; Nr. 14 S. 276—279

OLSON, C. R.: Induction Regulators or Saturable Reactors which is best for Electric Melting of Glass. Westinghouse Technical Publicity R-5087, Jan. 1955, S. 1—4.

PEYCHÈS, I.: Procédés industriels de fusion électrique du verre. Glac. Verr. März 1944 S. 5—11 u. Mai 1944 S. 6—11.

PEYCHÈS, I.: Les bases physiques de la fusion électrique du verre. Rev. gén. Électr. **55** (1946) S. 143—151.

PEYCHÈS, I.: The Principles Underlying the Electric Melting of Glass. J. Soc. Glass Technol. **32** (1948) S. 399—424.

RICH, E. A. E.: Equipment for Electric Melting of Glass. Ceram. Ind. Aug. 1955 S. 65—68 u. 112.

US-Pat. 1741977 v. 31. 12. 29: Electric Furnace. Erf. C. E. CORNELIUS, Stockholm (Schweden).

US-Pat. 1820247 v. 25. 8. 31: Method of and Apparatus for making Glass. Erf. J. K. B. RAEDER, Holmenkollen bei Oslo.

US-Pat. 1062362 v. 20 5. 13: Electric Furnace for the continuous Manufacture of Glass. Erf. M. SAUVAGEON, Colombes (Frankreich).

XVII. Elektromeßtechnik in der Elektrothermie (TH. RUMMEL)

[A 1]	ALTERTHUM, H., W. FEHSE u. M. PIRANI: Z. Elektrochem. **31** (1925) S. 313	383
[D 1]	DITTRICH, P.: Berechnung von Schutzrohren für Thermometer zum Einbau in Leitungen und geschlossene Behälter. Allg. Wärmetechn. **5** (1954) H. 12 S. 253—263	380
[D 2]	DRILLER, A.: Stahl u. Eisen **76** (1956) H. 7 S. 388	390
[D 3]	DEMAG-Druckschrift: G. Br. 1055/20 (ohne Jahreszahl)	393

Literaturverzeichnis

Seite

[H 1] HÜTTE, Bd. 1, 25. Aufl., Berlin: Ernst & Sohn. (1925) S. 463 und 27. Aufl., Berlin: Ernst & Sohn (1949) S. 600 382
[H 2] HENNING, F.: Z. Phys. **32** (1925) S. 799......................... 383
[K 1] KAFKA, W.: Eine neue Elektrodenregelung mit Magnetverstärkern. Stahl u. Eisen **76** (1956) H. 7 S. 381—387 .... 393, 395
[L 1] LIENEWEG, F.: Temperaturmessung. Leipzig 1950 376
[L 2] LIENEWEG, F.: Temperaturmessung mit elektrischen Berührungsthermometern. Tonind.-Ztg. **78** (1954) H. 17/18 S. 283—289 ... 380, 384
[L 3] LANGHÄRIG, G.: Der elektronische Kompensograph, ein Registriergerät für die Betriebskontrolle. Chemie-Ing.-Techn. **27** (1955) H. 5 S. 313—316... 385
[O 1] OPPELT, W.: Kleines Handbuch Technischer Regelvorgänge. Weinheim/Bergstr. (1956) 388
[P 1] PAULER, W.: Das neue Dreheisen-Präzisionsinstrument. Siemens-Z. **26** H. 3 363
[P 2] POLECK, H., u. H. WECHSUNG: Kompensationsschreiber mit elektronischem Verstärker. ATM Lief. 207 S. 75—78 385
[P 3] POLECK, H., u. K. MALL: Ein neuer Kompensograph. Siemens-Z. **27** (1953) H. 3 S. 142—145 385
[R 1] Regelungstechnik. München: Oldenbourg 388
[S 1] SCHIELE, J.: Meßgeräte für Strom, Spannung und Leistung bei Hochfrequenz. Siemens-Z. **27** H. 1 S. 25—31 366
[S 2] Siemens & Halske Druckschrift 1920a (ohne Jahresangabe) 375
[S 3] Siemens & Halske A.G. Wernerwerk f. Meßtechnik: Taschenbuch für Messen und Regeln in der Wärme- und Chemietechnik. S. 30—34 findet man eine Zusammenstellung von Schutzarmaturen 380
[S 4] SIEBER, C.: Thermoelementnormen. Meßtechn. **20** (1944) H. 2 S. 28 bis 33 380
[S 5] SCHILLING, B.: ETZ **71** (1950) S. 7—13 u. **72** (1951) S. 465—469 395
[T 1] TSCHERMAK, M., u. W. KAFKA: Siemens-Z. **29** (1955) H. 8 u. 9 395
[W 1] WEINGÄRTNER, F.: Über die Spannbandlagerung bei elektrischen Betriebsinstrumenten. Siemens-Z. **27** S. 129—134 .... 360, 363

XVIII. Beispiele für die Bearbeitung elektrothermischer Aufgaben im Laboratorium (M. PIRANI)

[A 1] ALLEN, J. E.: Thermonuclear power and the pinch effect. Endeavour (London) **17** (1958) S. 117 415
[A 2] ATKINS, B. R., W. J. KRAMERS, M. PIRANI u. H. G. WEIL: An investigation of reactions between solids at high temperatures, with special reference to the reaction between barium carbonate and carbon. Coal Research, London, nr. 6, Dez. 1946 S. 68 400
[A 3] ANACKER, F., u. R. MANNKOPF: Ein reproduzierbarer schwarzer Strahler von 4000° K. Z. Phys. **155** (1959) S. 1......................... 403
[B 1] BICHENALL, C. E.: The mechanism of diffusion in the solid state. Metallurgical Reviews (London) **3** (1958) nr. 11 S. 235 401
[B 2] BORCHERS, W.: Die elektrischen Öfen, 2. Aufl., Halle: W. Knapp 1907, S. 67.. 407
[B 3] BRONN, J.: Die Verwendung des elektrischen Ofens in der keramischen Industrie. Halle: W. Knapp 1910 407
[B 4] BENNETT, J. G., u. M. PIRANI: The temperature of a gas—its meaning and measurement. J. Inst. Fuel (London) nr. 64—special issue S_3—S_4 412

Literaturverzeichnis

Seite

[B 5] BODHANSKY, J.: Kontrollierbare Kernfusion. Umschau **58** (1958) S. 257 u. 691 415

[C 1] CURA, Patents Ltd. BENNETT, S. G., u. M. PIRANI: Brit. Pat. 549142 (1942) 410

[E 1] Engineering **185** (1958) S. 172. (Zusammenfassender Bericht) 415

[F 1] FINKELNBURG, W.: Der Hochstromlichtbogen, 1. Aufl., Berlin: Springer 1948, S. 128 414

[F 2] FÜNFER, E., H. HEROLD, G. LEHNER, H. TUCZEK u. C. ANDELFINGER: Neutronen- und Röntgenstrahlung beim stabilisierten linearen Pincheffekt. Z. Naturforsch. **14 a$_4$** (1959) S. 329 416

[G 1] GARTLAND, J. W.: A high temperature electric tube furnace. J. Electrochemical Soc. **88** (1945) S. 123 403

[G 2] GIANNINI, M.: The plasma jet. Sci. Amer. **197** (1957) H. 2 S. 80 414

[G 3] GERDIEN, H., u. W. LOTZ: Hochstromlichtbögen. Wiss. Veröff. Siemens-Konz. **2** (1922) S. 481 414

[G 4] GOTTLIEB, M. B.: The stellator and other thermonuclear projects in the United States. Endeavour **19** (1960) S. 62 416

[G 5] General Electric, Schenectady, N. Y., Research Laboratory Bulletin, Winter 1959/60 S. 1—3 407

[H 1] HEDVALL, J. A.: Reactivity in the solid state—Some present results and future aspects, mainly relating to the practical applicability. J. Soc. Glass Technol. **40** (1956) S. 405 401

[H 2] Handbuch der Physik Bd. **29** (1956) S. 299 414

[H 3] HEROLD, H., E. FÜNFER, G. LEHNER, H. TUCZEK u. C. ANDELFINGER: Über den Einfluß longitudinaler Magnetfelder auf den linearen Pincheffekt. Z. Naturforsch. **14 a$_4$** (1959) S. 325 416

[K 1] KRAMERS, W. J., M. PIRANI u. W. D. SMITH: Formation of coke from weakly caking coal. Fuel London **29** (1950) S. 184 406

[L 1] LANGMUIR, C.: Gen. Electr. Rev. **29** (1926) S. 153 412

[O 1] OSBORN, A. B.: 7 kW plasmajet for laboratory uses. J. Sci. Instrum. **36** (1959) S. 317 414

[P 1] PIRANI, M., u. H. ALTERTHUM: Eine Methode zur Schmelzpunktsbestimmung an hochschmelzenden Metallen. Z. Elektrochem. **29** (1923) S. 5 402

[P 2] PIRANI, M., u. W. FEHSE: Über die Herstellung und Eigenschaften von reinem Graphit. Z. Elektrochem. **29** (1923) S. 168 403

[P 3] PIRANI, M.: Some recent improvements in the design of electric furnaces for high temperatures. Coal Research, London, 1944 S. 64 409

[P 4] PIRANI, M., u. R. ROMPE: Determination of the temperature of a gas. Trans. Electrochem. Soc. (N. Y.) **69** (1936) S. 417 412

[R 1] ROSSMANN, M. G., and J. YARWOOD: The use of carbon crucibles in measurements on the rate of evaporation of liquid metals in vacuum. Brit. J. Appl. Phys. **5** (1954) S. 1 403

[S 1] STACKHOUSE, R. D., A. E. GUIDOTTI u. D. M. YENNI: Plasma arc plating. Product Engng., 8. Dez. 1958, S. 104 413

[T 1] The Thermal Dynamics Corporation: The transferred arc, Bulletin 111 D-175-1 414

[U 1] Union Carbide Corporation: Verfahren zum Erhitzen, Schmelzen, Schweißen, Schneiden u. dgl. eines Werkstückes mittels des Lichtbogens. Deutsche Bundespatentamts-Auslegeschrift 1066676 (1959) ... 414

Namenverzeichnis

Die römische Zahl bezeichnet das Kapitel. Die Buchstaben und Zahlen in eckigen Klammern weisen auf das Literaturverzeichnis hin

Aall, Ch., X 226, 277. X 424 [F 1]
Accountius, O. E., V 420 [A 1]
Acheson, E. G., IV 140. VI 169, 170, 173.
    VI 421 [A 1]
Adams, O., XVI 430 [P 1]
Agte, C., V 420 [A 2]
Alexander-Katz, B., XIII 425 [A 2]
Allen, J. E., XVIII 432 [A 1]
Alterthum, H., XVII 431 [A 1].
    XVIII 433 [P 1]
Alty, T., XIII 268. XIII 425 [A 1]
Amberger, A., VII 204. VII 421 [A 3]
Anacker, F., XVIII 432 [A 3]
Andelfinger, C., XVIII 433 [F 2], [H 3]
D'Ans, J., IV 142. IV 420 [A 1]
Arenz, B., VII 204. VII 422 [A 6]
Arkel, E. v. van, II 122. XV 313.
    XV 428 [A 1]
Arndt, K., VIII 423 [A 1]
Askenasy, P., XIII 254, 256.
    VIII 423 [A 2]
Atkins, B. R., XVIII 432 [A 2]
Auerbach, F., XIII 425 [A 5]

Bailay, B. L., V 420 [E 1]
Bailey, A. C., XIII 274.
    XIII 425 [B 2]
Baily II 109
Ballard, A. H., V 420 [E 1]
Baly, E. C. C., XIII 274.
    XIII 425 [B 1]
Bank, A., VII 201. VII 422 [F 7]
Bardeen II 123
Barratt XIII 265. XIII 425 [B 3]
Basset, J., VI 184. VI 421 [B 1]
Baumann, J., X 232. X 424 [B 1]
—, P., XV 307ff. XV 428 [B 3]
Beaulieu-Marconnay, A. v.,
    XIII 425 [B 4]
Becker XVI 348. XVI 430 [B 1]
Beebe, C. W., XIII 266.
    XIII 426 [H 3]

Bennett, J. G., XVIII 432 [B 4].
    XVIII 433 [C 1]
Berge, A., II 418 [B 2]
Berndt, G., XIII 425 [B 5]
Berry, E. R., XIII 259.
    XIII 425 [B 6]
Berthelot VI 169. XV 308.
    VI 421 [B 2]
Bertolus, Ch., X 224. X 424 [B 3]
Berzelius, J. J., II 122. VIII 205
Beuther, K., II 418 [E 1], 419 [R 1]
Bichenall, C. E., XVIII 432 [B 1]
Bierwirth, R. A., I 53. XIV 299.
    I 417 [B 1]. XIV 428 [B 1]
Birkeland XV 306. XV 428 [B 1]
Bixler, G. H., XI 238. XI 425 [B 1]
Bodea, C., VII 422 [F 3]
Bodhansky, J., XVIII 433 [B 5]
Boehm, H. P., VI 421 [B 3]
Boer, J. H. de, II. 122
Bole, G. A., V 420 [A 1]
Bonnet-Thiron XIII 265
Borchers, W., XVIII 432 [B 2]
Borchert, W., X 227. X 424 [B 4]
Borel, E. V., XVI 353, 355, 356.
    XVI 430 [B 2]
Bornemann, K., XIII 266.
    XIII 425 [B 7]
Bortzmann, K., I 417 [K 3]
Bosch XV 306
Bottomley XIII 255, 256
Boys XIII 247
Brearly, H., I 417 [B 5]
Brech, F., XIII 271. XIII 427 [T 4]
Bredig, M. A., X 424 [F 2]
Brewer XVIII 405
—, L., VI 421 [B 4]
Brinell VI 187
Briner, E., XV 428 [B 2]
Brittain II 123
Broglio, N., I 417 [B 4]
Brokmeier, K. H., XVI 428 [B 2]

Bronn, J., XVI 348. XIII 425 [B 8].
  XVI 430 [B 1], 431 [S 1].
  XVIII 432 [B 3]
Brown I 53. XIV 298, 299.
  XIV 428 [B 1]
—, G. H., I 417 [B 1]
Brügel, W., XIII 273. XIII 425 [B 9]
Brunner, G., I 417 [B 3]
—, R., X 226. X 424 [B 5]
Buchkremer, R., XVI 428 [B 1]
Budgen, N. F., II 418 [B 1]
Bunsen, R., II 86. VII 195
Burch, C. R., I 49. I 417 [D 1]
Burt, R. C., XIII 268. XIII 426 [J 1]

Campbell, I. E., II 418 [C 2].
  XVI 428 [C 1]
Carlson VII 200. VII 422 [C 1], [C 2]
Caro, N., VII 195.
  VII 422 [C 3ff], [F 10], [F 11]
Carter, J., VI 421 [K 2]
Castner, H. Y., VI 170. VI 421 [C 1]
Chambers IV 144
Chaplet-Schneider I 10
Christensen, H., XV 313.
  XV 428 [C 1]
Clusius II 123
Coolidge II 118
Cornelius, C. E., XVI 431 (Anhang)
—, Y. R., XVI 349, 350.
  XVI 430 [C 1], [C 2]
Coulson, C. A., VI 421 [C 2]
Coutagne, A., VIII 423 [C 1]
Czochralski II 418 [C 1]

Danneel, H., X 232. X 424 [D 1]
Darmara, F. N., I 417 [D 2]
Davids I 49
Davis, N. R., I 417 [D 1]
Dawihl, W., V 152, 153, 157. XIII 262.
  V 420 [B 1ff.]. XIII 425 [D 1], [D 2]
Debrunner, P., XIII 266.
  XIII 427 [S 1]
Demag XVII 431 [D 3]
Dennard, F., XVI 429 [K 2]
Dennis, W., XVI 428 [D 1]
Despretz, M., Einleitung 1. VI. 169.
  XIII 247, 254. VI 421 [D 1], [D 2]
Deuble, N. L., XVI 428 [D 2]
Deutz, F., I 417 [D 3]. II 418 [D 2]
Deville II 86
Dietzel, A., XIII 265. XIII 425 [D 3]
Dinglinger, E., V 420 [B 4]

Dittrich, P., XVII 431 [D 1]
Dosse, J., II 418 [D 1]
Drechsel, E., VII 195. VII 422 [D 1]
Driller, A., XVII 391. XVII 431 [D 2]
Drummond, D. G., XIII 272.
  XIII 426 [D 16]
Dufour XIII 247
Dupont II 129
Durrer, R., VIII 423 [D 1]. IX 423 [D 1]
Duschak, A. D., XIII 266.
  XIII 426 [H 3]
Dushman, S., XVI 429 [D 5]

Ebert, H., XVI 429 [E 1]
Eitel, W., XIII 426 [E 1], [E 2]
Eljutin, W. P., VIII 423 [E 1].
  IX 423 [E 1]
Emerson, W. B., XIII 262.
  XIII 426 [E 3]
Escard, I., IX 218. IX 423 [E 2]
Esmarch, W., I 47, 49, 50, 51.
  I 417 [E 1], [E 2]. II 418 [E 1].
  II 419 [R 1]. XVI 429 [E 2ff.]
Eucken, A., XIII 265. VII 422 [E 1].
  X 424 [E 1]. XIII 426 [E 5]
Eyde XV 306. XV 428 [B 1]

Faraday II 88
Faris, F. E., VI 421 [F 1]
Fehse, W., XVIII 403. XVI 429 [F 1].
  XVII 431 [A 1]. XVIII 433 [P 2]
Ferguson, J. B., XIII 427 [W 4]
Finkelnburg, W., XVIII 414.
  XVIII 433 [F 1]
Fischer, W., I 48, 49. I 418 [W 4]
—-Hinnen I 19
Flüshöh, R., V 420 [B 1]
Flusin, G., X 226. X 424 [F 1]
Foerster, E., X 226. X 424 [R 3]
Forster, A. H., XIII 266.
  XIII 426 [H 3]
Franck, H. H., VII 196, 201. IX 216.
  X 227. VII 422 [F 1ff.].
  VII 423 [P 1]. IX 423 [F 1].
  X 424 [F 2]
Frank, A., VII 195. VII 422 [F 10ff.]
—, A. R., VII 195, 201.
  VII 422 [C 4]
Franklin, R. E., VI 421 [F 2]
Frantz, Th. XIII 425 [B 4]
Freedman, G., XV 313. XV 428 [F 1]
Freeman, R. R., XVI 431 (Anhang)

28*

Freitag, C., VII 201. VII 422 [F 8]
Freudenberg VII 195
Frick I 39
Fuchs, L. M., VI 185. VI 421 [P 2]
Fünfer, E., XVIII 433 [F 2], [H 3]
Fulda, W., II 418 [F 1]

Gage, R. M., XVIII 413, 414
Gartland, J. W., VI 182. XVIII 403.
 VI 421 [G 1]. XVIII 433 [G 1]
Gastinger, E., V 421 [H 1]
Gaudin XIII 246
Gautier XIII 247, 253
Gell, P. A. M., XVI 354. XVI 430 [G 1]
Geller, R. F., XVI 428 [C 1].
 XVI 429 [G 1], [L 1]
Gelok, J., XVI 430 [G 2]
Gerdien, H., XVIII 414.
 XVIII 433 [G 3]
Giannini, M., XVIII 433 [G 2]
Giler, R. R., XVI 429 [G 2]
Gilles XVIII 405
Ginsberg, H., II 418 [F 1]
Giolitti, F., I 417 [G 3]
Girod I 10. XVI 348. XVI 431 [S 1]
Girschig, R., III 419 [G 1]
Glass, S., XVI 358
Glockler, G., VI 421 [G 2]
Glynn, Th. W., XVI 431 [U 1]
Gmelin VIII 423 [G 1]. IX 423 [G 1]
Gödecke, W., I 417 [G 1], [G 2]
Golay, M. J. E., II 419 [K 2]
Goldschmidt, Th., IX 218. IX 424 [G 2]
Golles, P. W., VI 421 [B 4]
Goorissen, J., II 418 [G 1]
Gottlieb, M. B., XVIII 433 [G 4]
Gould, R. E., V 421 [F 1]
Greaves-Etchelles I 10
Green, L., V 420 [D 1].
 VI 421 [F 1], [M 1]
Grönwall I 10
Grube, G., VIII 423 [G 2]
Günther, K.-Gg., XVI 429 [H 2]
Guidotti, A. E., XVIII 433 [S 1]

Haber XV 305, 306. XV 428 [H 1]
Hänlein, W., XIII 251, 253, 258, 265.
 XIII 426 [H 1], [H 2]. XVI 428 [D 3].
 XVI 429 [H 1 ff.]. XVI 430 [H 1], [H 2]
Hagen VII 422 [H 1]
Haglund II 87
Hall II 86
Hase, R., IV 420 [H 1]

Heany, J. A., XVI 431 [U 2]
Hedvall, J. A., XVIII 433 [H 1]
Hefner-Alteneck, von, XVII 389
Heimann, H., VII, 196, 201.
 VII 422 [F 4], [F 9]
Helfenstein, A., X 224
Hellberger XIII 258
Hempel XI 425 [H 1]
Hengstenberg, O., XIII 266.
 XIII 425 [B 7]
Henker H., II 418 [H 3], [H 4]
Henning, F., XVII 432 [H 2]
Heraeus XIII 274
Herold, H., XVIII 433 [F 2], [H 3]
Héroult II 86. X 224
Heywang, W., II 418 [H 3]
Hidnert, P., XIII 264. XIII 427 [S 12]
Higgins, W. F., XIII 265,
 XIII 426 [K 1]
Hildebrand, J. H., XIII 266.
 XIII 426 [H 3]
Hilger, G., VII 422 [H 2]
Hill, Cl. W., XVIII 414
Hochwald, F., VII 422 [F 2]
Höltje, H., I 417 [H 1]
Hoffmann, G., VII 201. X 424 [F 2]
—, J., XIII 271. XIII 426 [H 4]
Hofmann, E., VII 204. VII 422 [H 3]
—, U., VI 421 [B 3], [H 1 ff.]
Hogness, T. R., XIII 269.
 XIII 427 [T 2]
Holst, R., VI 421 [H 3]
Holz II 123
Hoopes II 92. II 418 [H 1]
—-Hall II 87
Hopkin, G. L., XVI 429 [H 4]
Horowitz, I., XVI 429 [H 5].
 XVI 431 (Anhang)
Horry, W. S., X 224. X 424 [H 1]
Hotop, W., III 135. III 419 [K 1], [K 2]
Houdremont, E., VIII 423 [H 1]
Hoyler, C. N., I 53. XIV 299. I 417 [B 1].
 XIV 428 [B 1]
Hütte XVII 432 [H 1]
Hulbling, R., II 418 [H 2]
Huntington, J. S., I 417 [D 2]
Hutton, R. S., XIII 254

Inozuka XIII 268. XIII 426 [I 1]

Jakob M., VII 422 [E 1]. X 424 [E 1]
Jakosky XV 307

Janke, F., VII 422 [F 5]
Jee VII 422 [K 4]
Jenkins XVIII 405
—, F. A., VI 421 [B 4]
Johnson, I. B., XIII 268.
  XIII 426 [J 1]
Johnston, D., VI 421 [J 1]
Jones, J. E., XVI 429 [H 4]
Josephy, B., X 227. X 424 [R 4]
Joule I 68
Junker, O., I 417 [J 1]

Kaess, F., VII 422 [K 1]. X 424 [K 1]
Kafka, W., XVII 394. VI 214 [K 1].
  XVII 432 [K 1], [T 1]
Kane, J. S., XVIII 414
Karstensen, F., II 418 [G 1]
Kaye, G. W. C., XIII 265.
  XIII 426 [K 1]
Keck, P. H., II 419 [K 2]
Keen, R., V 420 [D 1]. VI 421 [M 1]
Kegel, K., I 417 [K 4]
Keller I 10
Kelly jun., J., XVIII 405
Kendler, W., VII 422 [F 1]
Kern VII 422 [H 1]
Kieffer, R., III 134, 135, 137.
  III 419 [K 1 ff.]. V 420 [C 1]
Kin-Hsing-Kou X 424 [F 2]
Kirk, R. E., X 424 [K 2]
Kjellin I 39, 40
Klaproth, M. H., II 122
Klumb, H., XVI 429 [K 4]
Kluss, E., I 18. I 417 [K 1], [K 2]
Knoop IV 142
Knüppel, H., I 417 [K 3]
Köhler, W., XVI 429 [K 3]
König XV 305. XV 428 [H 1]
Körber, F., VIII 423 [K 1]
Kohlrausch IV 142. IV 420 [K 1]
Konschak IV 142. IV 420 [R 1]
Koppers XVI 317
Koref, F., XIII 266. XIII 426 [K 2]
Kramers, W. J., XVIII 406.
  XVI 429 [K 1], [K 2].
  XVIII 432 [A 2]. XVIII 433 [K 1]
Krase VII 422 [K 4]
Krauss, C., VII 195
Kröger, F. A., IV 142.
  IV 420 [L 3], [L 4]
Kroll, F., V 420 [C 2]
—, W. J., II 122. II 419 [K 1]

Krumhansl, J. A., VI 421 [K 2]
Küch XIII 247
Kuhn, W. E., II 419 [K 3]
Kusnetzov, L. A., X 424 [K 3]

Lafarge XVI 317
Lambert XIII 270
Lang, G., I 43. I 418 [L 1]
—, S. M., XVI 429 [L 1]
Lange, F., XIII 266. XIII 427 [S 6]
Langhärig, G., XVII 432 [L 3]
Langhanns II 419 [L 1]
Langmuir, C., XVIII 433 [L 1]
Lattig, R. M., XI 425 [B 1]
Latzko, E., VII 204. VII 421 [A 3].
  VII 422 [H 3]
Lavoisier, A. L., XV 305. XV 428 [L 1]
Lax, E., IV 142. IV 420 [A 1]
Lechatelier XIII 247
Lehner, G., XVIII 433 [F 2], [H 3]
Lely, J. H., IV 142. IV 420 [L 1 ff.]
Leontieva, A. A., XIII 266.
  XIII 427 [V 1]
Leybold XIV 301, 302, 303
Li, K. C., II 419 [L 2]
Lidell, D. M., IV 145. IV 420 [L 2]
Lieneweg, F., XVII 359, 376.
  XVII 432 [L 1], [L 2]
Liljenroth XI 239
Lomer, W., VI 421 [L 1]
Lotz, W., XVIII 414. XVIII 433 [G 3]
Louis, V., IX 216. IX 423 [F 1]

Machlin, E. S., I 417 [D 2]
Maddock, A. J., XIII 426 [M 1]
Magnus, A., XIII 266. XIII 426 [M 2]
Makkus, W., VII 422 [F 5]
Mall, K., XVII 432 [P 3]
Malmstrom, C., V 420 [D 1].
  VI 421 [M 1]
Mangold, P., VII 422 [F 6]
Mann, A., VII 423 [M 1]
Mannkopf, R., XVIII 432 [A 3]
Marcet XIII 246
Marguerite VII 195
Maron, C., X 424 [M 1]
Marshall XVIII 405
—, A. L., VI 421 [M 2]
Martinez, C., XIII 426 [M 3]
Maximenko, M. S., IX 424 [M 1]
Mayer, E. C., XIII 268.
  XIII 426 [M 4]

McKnight XI 425 [S 1]
Megar XI 425 [S 1]
Meneghini, D., X 232. X 424 [M 2]
Miller, G. L., II 419 [M 2]
Milligan, L. H., V 420 [D 2]
Moers, K., V 420 [A 2]
Moissan VI 169. X 224, 226.
 XIII 253. VI 421 [M 3].
 X 424 [M 3]
Moore, B., XIII 426 [M 5]
Morawietz, W., V 421 [H 1]
Morgans XVI 317
Morton, F. J., VI 421 [M 2]
Moscicki XV 306. XV 428 [M 1]
Moss, A. R., XVI 429 [H 4]
Mrozowski, S., VI 421 [M 4]
Mühlhäuser IV 140
Müller, F., IX 216. IX 424 [W 1]
—, H., XIV 288, 289, 290.
 XIV 428 [M 1]
—, R., I 418 [M 1]

Nathusius I 10
Nernst, W., XIII 266. XVII 382.
 XIII 427 [N 1]
Neubauer, H., VII 423 [N 1]
Neumann, B., X 424 [N 1]
Noddak, I., XV 313. XV 428 [N 1]
—, W., XV 313. XV 428 [N 1]
Norton XVIII 405
Novikov, A. N., VIII 423 [N 1]

Oersted, H. C., II 86
Oetker, R., XVII 387
Okkerse, B., II 418 [G 1]
Olson, C. R., XVI 431 (Anhang)
Oppelt, W., XVII 432 [O 1]
Osborn, A. B., XVIII 414.
 XVIII 433 [O 1]
Osram XIII 282
Othmer, D. R., X 424 [K 2]

Paget XIII 255, 256
Partridge, J. H., XVI 430 [P 1]
Paschkis, V., I 418 [P 1]
Pauler, W., XVII 363. XVII 432 [P 1]
Pauling XV 306. XV 428 [P 1]
Pavlish, A. E., XVI 429 [P 1]
Pearsons XIII 247
Pedersen II 87
Perry, J. H., IV 145. IV 420 [P 1]
Petersen, G., VII 423 [P 1]

Peychès, I., XVI 430 [P 2].
 XVI 431 (Anhang)
Pfann, W. G., II 126, 128. II 419 [P 1]
Pfannenschmidt, L., XIII 256
Pickman, D. O., XVI 429 [H 4]
Pirani, M., XV 311, 313.
 XVI 317, 318, 327. XVIII 403, 406.
 XIII 426 [E 1], [E 2].
 XIII 427 [P 1ff.]. XIII 427 [S 8].
 XV 428 [P 2]. XVI 429 [P 2], [P 3].
 XVI 430 [P 4]. XVII 431 [A 1].
 XVIII 432 [A 2], [B 4].
 XVIII 433 [C 1], [K 1], [P1 ff.].
Player, L., VII 195
Pokorny, T., II 419 [P 2]
Poleck, H., XVII 432 [P 2], [P 3]
Polzeniusz, F. E., VII 195. VII 423 [P 2]
— -Krauss VII 199
Potts XI 425 [S 1]
Powell, R. W., VI 421 [P 1]
Primak, W., VI 185. VI 421 [P 2]

Quarzlampengesellschaft m.b.H.,
 XIII 282

Raeder, J. K. B., XVI 350.
 XVI 431 [R 1] (Anhang)
Ragoss, A., VI 421 [H 3]
Reinkober, O., XIII 262.
 XIII 427 [R 1ff.]
Reiser, F., I 418 [R 3]
Reppe, W., X 424 [R 1]
Ribaud I 49. I 418 [R 2]
Rich, E. A. E., XVI 431 (Anhang)
Richardson, F. D., XVI 428 [D 1]
Ridgway, R. R., V 420 [D 2ff.]
Riezler, W., V 421 [E 3]
Ritter F., XI 237. XI 425 [R 1]
Rix, W., XIII 262.
 XIII 425 [D 1], [D 2]
Rodis, F., VIII 423 [R 1]
Röchling-Rodenhauser I 40
Röder, M., X 227.
 X 424 [B 4], [R 2]
Rohn, J. P., II 419 [R 4]
Rompe, R., XVIII 433 [P 4]
Rossmann, M. G., XVIII 433 [R 1]
Rothe, F., VII 195
Rowland XV 307
Rüttinger, K., I 417 [K 3]
Ruff, O., IV 142. X 226, 227.
 IV 420 [R 1]. X 424 [R 3], [R 4]

Rummel, Th., II 130. II 418 [E 1], [H 4].
  II 419 [R 1 ff.]. XV 428 [R 1]
Russ I 40. I 418 [R 1]

Sauvageon, M., XVI 348, 349.
  XVI 431 [S 1], [S 2], (Anhang)
Schäfer, R., I 417 [B 5]
Scheel, K., XIII 426 [E 1], [E 2]
Scheibe, W., XVI 430 [S 1]
Schiele, J., XVII 366, 367, 368.
  XVII 432 [S 1]
Schilling, B., XVII 432 [S 5]
Schläpfer, P., XIII 266.
  XIII 427 [S 1]
Schläpher, P., X 232. X 424 [S 1]
Schlumberger, E., X 227, 232.
  X 424 [S 2], [S 3]
Schmitt, L., VII 423 [S 6]
Schönherr XV 306. XV 428 [S 1]
Schofield, F. H., VI 421 [P 1]
Schröter, K., V 420 [B 2]
Schwarz, H., XVI 429 [K 4]
Schwarzkopf, P., III 134.
  III 419 [K 3]. V 420 [C 1]
Seemann, H. S., XIII 266.
  II 419 [S 1]. XIII 427 [S 3]
Shelvin, Th. H., V 420 [A 1]
Shenstone XIII 247
Shockley II 123
Sieber, C., XVII 432 [S 4]
Siegel, H., I 418 [S 3]
Siemens I 9
—, A., XVI 358
—, Ch. W., 1
—, Werner v., XIII 427 [P 4]
—, Wilhelm v., XVII 388, 389
—-Plania I 26
Simon, F., XIII 266.
  XIII 427 [S 5], [S 6]
Singer, F., XIII 262, 263.
  XIII 427 [S 7ff.]
Sinkel, F., VI 421 [H 2].
Sisco, F. T., I 418 [S 3]
Sisler, H. H., V 420 [A 1]
Skaupy, F., XIII 262. XIII 427 [S 4]
Smekal, A., XIII 262. XIII 427 [S 10]
Smith, A. W., VI 421 [S 1]
—, C. A., VI 421 [F 1]
—, W. D., XVIII 406.
  XVIII 433 [K 1]
Smithells, C. J., II 419 [S 2]
Snyder I 10

Söderberg I 11, 25. X 424 [S 4]
de Sorbo, W., VI 421 [T 1]
Souder, W., XIII, 264. XIII 427 [S 12]
Sourdeval, de, VII 195
Sperr, F., IX 217. IX 424 [S 1]
Spriplin XI 425 [S 1]
Sserebrjakow, P. A., XV 428 [S 2]
Staats, H., II 419 [S 1]
Stackelberg, M. v., X 227. X 424 [S 5]
Stackhouse, R. D., XVIII 433 [S 1]
Staerker, A., IV 420 [S 1]
Stautmeister, H., XVIII 404
Stefan-Boltzmann XVI 317. XVII 381
Stevels, I. M., XIII 263.
  XIII 427 [V 2]
Stobbie I 10
Straubel, H., XVI 331. XVI 430 [S 2]
Strohmayer VIII 205
Strutt, M. I 48, 49. I 418 [S 1]
Swindell I 9

Tagliaferri I 9
Tamaru, S., IX 216. IX 424 [T 1]
Tammann I 66
Taussig, R., I 418 [T 1]. VIII 423 [T 1].
  X 424 [T 1]
Taylor, R., VI 421 [C 2]
Teal, G. K., XV 313. XV 428 [T 1]
Theuerer, H. C., II 130. II 419 [T 2]
Thibault, N. W., IV 142. IV 420 [T 1]
Thomson, E., XIII 254
Thorpe, M., XVIII 412
Tingwaldt, C., XVI 429 [E 1]
Toole, M. G., V 421 [F 1]
Tostmann, J., II 419 [T 1], [T 3]
Tsai XIII 269. XIII 427 [T 2]
Tschermak, M., XVII 432 [T 1]
Tsukamoto, M., XIII 272.
  XIII 427 [T 3].
Tuczek, H., XVIII 433 [F 2], [H 3]
Twyman XIII 271. XIII 427 [T 4]
Tyler, W. W., VI 421 [T 1]

Ullmann VII 423 [U 1].
  VIII 423 [U 1]. X 424 [U 1]

Villard XIII 247
Völker XIII 257. XVI 348.
  XVI 430 [B 1]
Vogel XIII 256
—, E., X 424 [K 1]
Volarovich, M. P., XIII 266.
  XIII 427 [V 1]

Volger, I., XIII 263. XIII 427 [V 2]
Volkert, G., VIII 423 [D 1].
  IX 423 [D 1]

Wagner, K. W., XIV 287
Walcher, W., V 421 [E 3]
Walde, H., I 32. XVII 389
Wallace, P. R. VI 421 [W 1]
Walter F., I 49. I 418 [W 2].
  II 419 [T 3]. X 424 [W 1]
Waltjen I 418 [W 1]
Wang, Ch. Yu, II 419 [L 2]
Wartenberg, v., XIII 259.
  XIII 427 [W 1]. XVI 430 [W 1]
Watson, H. L., XIII 427 [W 2]
Wechsung, H., XVII 432 [P 2]
Weil, H. G., XVIII 432 [A 2]
Weingartner, E., VII 423 [W 1].
  X 425 [W 3]
Weingärtner, F., XVII 359.
  XVII 432 [W 1]
Weintraub V 421 [G 1]
Welker II 123
Wendlandt, R., VII 201
Westcott, J. H., XVI 428 [D 1]
Wever, F., I 48, 49. I. 418 [W 4]
White, W. P., XIII 266. XIII 427 [W 3]
Wien XVII 381
Wildhagen, M., X 425 [W 2]

Wilke, W., I 24, 25, 26, 27
Williams, G. A., XIII 427 [W 4]
Wilm, D., VI 421 [H 1]
Wilson, J. M., II 130. X 224.
  II 419 [W 2]
Winkler, O., XVI 430 [W 2ff.]
Winnacker, K., VII 423 [W 1].
  X 425 [W 3]
Wintergerst, S., XIV 301.
  XIV 428 [W 1]
Wittek, H., VII 423 [W 2]
Wöhler, L., II 86. IX 216,
  X 224. IX 424 [W 1]
Wolf, J., II 419 [W 3]
Woodrow, J. W., XIII 274.
  XIII 425 [B 2]
Work, J., XI 425 [B 1]
Wurster, C., X 425 [W 4]

Yavorsky, P., XVI 429 [G 1]
Yenni, D. M., XVIII 413.
  XVIII 433 [S 1]
Yarwood, J., XVIII 433 [R 1]

Zeerleder, A. v., II 419 [Z 1]
Zieke, K., VII 423 [Z 1]
Zintl, E., V 421 [H 1]
Zschimmer, E., XIII 256.
  XIII 427 [Z 2]

Sachverzeichnis

Abbrand von Heizrohren 154
Abscheidung von Metallen, elektrothermische 313
Abschirmkappe gegen Abstrahlung 291
Absorberstäbe (im Atomreaktor) 151
Absorption (optische) von Quarzglas 270
Absorptionsvermögen technischer Flächen 382
Abstich von FeS und CaS_2 211, 212, 220
Abstichöfen für Roheisen 22, 27
Abstrahlung bei Glasschmelzöfen 355
Äthylen 310
Ajax-Wyatt-Ofen 40, 113
Aluminiumherstellung 86
—, Feinen 92
Aluminium-Elektrolyseofen 89
— -bronze 114
— -legierungen 222
— -oxyd 98, 318, 327
Allzahnhärtung 83
Ammoniak 198, 201, 322, 326
Anlaßbehandlung 71
Anlaß- und Glühbetrieb 105
Anlauffarben 383
Anoden-graphit 191
— -kohle 90
Anorganische Dämpfe, Elektrothermie der 311
Anschlußwerte von Kohlerohröfen 155
Ansprechzeit beim Regeln 389, 393
Anthrazit 172, 225
Arretiervorrichtung für Tiegelguß 342
Atmosphäre, oxydierende 331
—, Schutzgas 139
Aufheizzeit 287
Aufwachsen, einkristallines 312
Ausdehnungsthermometer 376
Ausfahrbare Ofenwanne 35
Ausgleichsspannung, hochfrequente 20
Ausmauerung (von Ofenwannen) 23
Ausschlagsverfahren (Temperaturmessung) 384
Austenit 71
Außenmagnet 361

Azetylen 227, 310, 400
Azetylengewinnung aus Grenzkohlenwasserstoffen 308
Azotierung 196, 198, 200, 227

BaC_2, Bildungsgeschwindigkeit 401
B_4C-Formkörper, heißgepreßte, mechanische, elektrische und thermische Eigenschaften 158
Baddurchmischung 41
Badrinne (Eisen, Induktionsheizung) 40
Baily-Ofen 109
Bariumkarbid 400
Basische Zustellung 32
Bauxit 241
Bauxitaufbereitung im Elektroofen 86
Bergkristall 246
—, brasilianischer 260
—, russischer 260
Beheizung, induktive und dielektrische 348
Berührungsthermometer, elektrische und nichtelektrische 377
Bimetall-Strommesser 363
— -thermometer 376
Blausäure 201
Bleichlaugen 192
Blind-belastung 17
— -leistung 51, 364
— -leistungsmessungen 363
Blitzröhren 246
Blockelektroden 219
Bogen-charakteristik 14
— -strom 12
— -widerstand 12
Bor 311, 313
Boral 151
Borkarbid, Anwendungsmöglichkeiten 156
—, Eigenschaften 156, 157, 158
—. Herstellungsbedingungen 150
—, Reinigung 161
— durch Reaktion im festen Zustand, Herstellung 160

Borkarbide, technische, Zusammensetzung 156
Borkarbid-formkörper 163, 167
— -pulver 167
Bortrioxyd 150, 159
Brasilianischer Bergkristall 260
Breitbandstraßen, Stahl 36
Bündelleiter 19
Buna (Verlustfaktor) 288

Cer 222
Cesiwid 314
Charakteristik, fallende, der Lichtbögen 13
Chemische Oberflächenhärtung 72
— Reduktion von Chloriden (Ti, Zr) 132
— — von Metalloxyden (Fe, Cu, W, Mo) 132
Chlor (elektrolytische Herstellung) 191
Christobalitbildung 259
Chromnickel 135
CO, Mantel aus — 66
Czochralski-Verfahren 127

Dampfdrucke des Kohlenstoffs 184, 405
Dampfdruck-kurve von Mo, W und C 318
— -thermometer 377
Deckel, abschwenkbarer 35
—, gasdicht abgeschlossener 229
Dehnungsbuchsen nach Siemens-Plania 26
Demag 9
Desoxydationsmittel 38, 214, 222
Diamanten 407
Diaspor 241
Dichtungsringe aus Graphit 193
Dielektrische Erwärmung 285, 290
— —, Anwendungen 292 ff.
Dielektrizitätskonstante 263, 286, 300
— (Holzfeuchte) 292
—, relative 285
Differential-Relais-Regelung 395
Diffusionsgeschwindigkeiten 402
Dioxsil 256
Dispersionskurve von Quarz 270
Dissoziationsdruck von Kalziumzyanamid 197
Dizyandiamid 198
Dizyandiamidin 198
Dolomit 10
Doppelherdinduktionsofen 99

Doppelleitung, einphasige, mit rechteckigen bzw. zylindrischen Einzelleitern 18
Dreh-bare Ofenwanne 35
— -durchführungen 319, 335, 342
— -eisenmeßwerk 362
— -feldanzeiger 371
— -herdöfen 76, 106
— -magnetmeßwerk 361, 362
— -rohröfen 120, 200
— -spulmeßwerk 359
— -werk 33
Dreieckstellung, Elektroden in 207
Dreiphasen-drehstromofen 235
— -elektroöfen 218
Dreischichtverfahren 92
Drosselleistung bei Lichtbogenheizung 17
Druck, hydrostatischer, in der Mittelachse der Schmelzrinne 45
Druck-begrenzung 165
— -kräfte, hydrostatische 42
— -messing 114
— -sinterung 138
Düngemittel 195, 203
Durchlauföfen, kontinuierliche 329
Durchschlagsspannung beim Trocknen 286
Dynamobürsten 185, 193

Edelkorund 242
Eigendämpfung des Drehspulmeßwerks 360
Eindringtiefe (Hautwirkung) 17, 42, 47, 100
Eindringtiefenzylinder 47
Einhärtetiefen 53
Einkristallaufwachsung 313
Einkristallherstellung 127, 131
Einphasenofen für Kalziumkarbid 224, 228
Einphasige Doppelleitung mit rechteckigen oder zylindrischen Einzelleitern 18
Einschmelzungen in Quarz 278
Einspeisung, vielfache, bei dielektrischen Trocknen 300
Einzelzahnhärtung 83
Eisen — Bronze 138
— — Kupfer 138
— -elektroden in Glasschmelzwannen 349
— -kern bei Induktionsheizung 39

Eisenkern bei — Konstantan — Thermoelementen 376
— -nitridbildung 80
— -silizide 206
Elektrische Berührungsthermometer 377
— Eigenschaften des Werkstoffes für Kohle- und Graphitrohre 153
— Glasschmelzöfen 347
— Heizung, Vorteile gegenüber Gas- und Ölheizung 356
— Sonne 306
— Widerstandsöfen 148
Elektroden auf einem Teilkreis 23
— nach Söderberg 25
Elektroden-backen 27
— -brüche 31
— -koks 408
— -regelung von Lichtbögen 388
— -regulierung 208
— -salzbadofen 74
— -verbrauch 34
Elektro-dynamisches Meßwerk 363
— -graphit 169
— -korund 242
— -kracken 307
Elektrolyseofen, Aluminium- 89
Elektrolytische Reduktion aus wäßriger Lösung (Fe, Cu, Cr, Ag) 132
Elektrolytothermische Reduktion 88
Elektro-meßtechnik in der Elektrothermie 359
— -metallurgie der Sinterstoffe 132
— -niederschachtofen 22
— -ofen zur Bauxitaufbereitung 86
— -pneumatisches Prinzip beim Regeln 396
— -stahlöfen 190
— -statische Instrumente 366
— -thermie anorganischer Dämpfe 311
— — der Gase 305
— — gasförmiger Kohlenwasserstoffe 307
Energie-bedarf beim elektrischen Glasschmelzen 356
— -konzentratoren 84
— -verbrauch von Öfen 317
Entgasende Wirkungen bei Induktionsheizung 45
Entgasungsprobleme beim Schmelzbetrieb von Aluminium 101
Entkohlung 70
Entphosphorung 38, 70

Erdgas 310
Ersatzschaltbilder 287
Etagenöfen für Kalkstickstoff 200
Explosionssicherheitsklappen 24

Fahne siehe Regeltechnik 399
Fallbügelregler 387
Faltenbalg 332
Faradaysche Konstante (Elektrolyse) 88
Farbindikator 327
Farbpyrometer 376, 383
Federspulen bei der elektro-hydraulischen Regelung 391
Feeder an Glasschmelzwannen 354
Feinen 70
— von Aluminium 92
Ferraris-Meßwerk 365
Ferro-chromöfen 11
— -legierungen 225
— -silizium 205, 218, 227
— -siliziumlegierungen 213
— -siliziumöfen 11
— -wolframöfen 11
Flammbogenofen 308
Flammen, hochtemperierte 411
Flotationsmittel 214
Flüssigkeits-Federthermometer 377
— -Glasthermometer 377
Fluoreszenz von Quarz 274
Flußspat 195, 198
Förderbandöfen 76
Folgekolben (Regeltechnik) 391
Folieneinschmelzungen in Quarz 283
Formfaktor 366
Formzange für Quarz 256
Frank-Caro-Verfahren 195
Freiluftstützerspannungswandler 369
Frequenzmesser 374
Frigen 327
Frischvorgang 70
Fühler (Regeltechnik) 387
Funkenentladungen 305

Gas-abgabe bei hohen Temperaturen 323
— -blasen bei Aluminiumguß 101
— -dicht abgeschlossener Deckel (Karbidofen) 229
— -durchlässigkeit 268
— -entladungen, elektr. Hochdruck 282
— -förmige Kohlenwasserstoffe, Elektrothermie 307
— -gewinnung (CO) 212
— -reinigungsanlage für Karbidöfen 231

Gedeckter Ofen 212, 224
Gegenkopplung beim Regeln 395
Generatoren hoher Frequenz 320
Generatorwiderstand (Hochfrequenz) 57
Geperlter Kalkstickstoff 202
Gerad-Großrinnenofen 98
Germanium 123
Germaniumdiode 366
Gesamt-strahlungspyrometer 382
— -strahlungsvermögen technischer Flächen 382
— -wirkungsgrad (Induktionsheizung) 57
Gestellverluste (Induktionsheizung) 59
Gläser, hochschmelzende 253
Glanzkohlenstoff 172
Glas 315
—, elektrische Leitfähigkeit 349, 353
Glas-gemenge 355
— -schmelzöfen, elektrische 347
— -schmelzwanne 350
— -verfärbungen 348
— -zusammensetzung 355
Gleichrichter für Instrumente 366
Gleichrichteranoden 182
Globar 314
Glühfadenpyrometer 383
Glühfarben 384
Granulierung von Kalkstickstoff 202
Graphit, Diamagnetismus 188
—, Emissionsvermögen 188
—, Festigkeit, Härte, Elastizität 186, 187
— im chemischen Apparatebau 193
—, Sublimationstemperatur 184
— oder Kohlenrohre als Wärmestrahler 135
— -Stab-Strahlungsheizung 66
— -ausscheidung, feinblättrige 37
— -elektroden 185, 349, 350, 403
— -fäden 403
— -formen 166
— -kitt 403
— -körnerofen 407, 411
— -nippel 191
— -pulver 194
— -rohröfen 152
— -rohre, mechanische und dielektrische Eigenschaften 152
— -rohr-Kurzschlußöfen 182
— -rohröfen, Kohle und 151, 156
— -säure (Graphitoxyd) 190
— -stäbe, spezifische Strombelastung 69
Graphitierungsofen 175, 403

Grauguß, Kerninduktionsöfen für 41
Graustrahler 381
Grenzkohlenwasserstoffe, Azetylengewinnung 308
Guanidinsalze 198, 204, 233
Gummi, Vulkanisieren 304

Härten von Zahnradflanken 83
Härtetemperaturen von Stählen 71, 77
Härtung, induktive 80
— von Kurbelwellen 81
Hafenschmelzöfen 348
Hafnium 313
Halbleitende Metalle 123ff.
Harnstoff 198, 202, 203
Hartmetalle 134
Heißpreßanlage 167
Heißpressen 138, 164ff.
Heizelemente für Sinteröfen 135
Heizleiter, Graphit als 67, 193
Helium 326
Herasil 269
Herdraumauskleidung 99
Herdschmelzofen 94
Héroultofen 8
HF-Multizet 367
HF-Spannungsmesser mit Richtleitern 366
HF-Stromwandler mit Richtleiter 366
Hitzdrahtmanometer nach Pirani 327
Hoch-druckgasentladung 282, 283
— -frequente Ausgleichsspannung 20
Hochfrequenz, Meßgeräte 365
— -feld, Trocknen im 292
— -fugenverleimung 294
— -generatoren 290
— -heizkissen 295, 297
— -holzverleimung 294
— -induktionsofen 257
— -Nähmaschinen 301
— -öfen 135, 193
— —, Berechnungsweg 46
— — -Schicht-Skiverleimung 296
— -wärme für Trocknungszwecke 301
— -zündung 119
Hoch-schmelzende Gläser 253
— -sintervorgang 121
— -spannungswandler 370
— -stromzuleitungen 12
— -temperatursalzbadofen 78
— -vakuum-Induktionsöfen 341
— -vakuumlichtbogen 118

Sachverzeichnis

Hoch-vakuumlichtbogenöfen 346
— -vakuumöfen 333
— zum Ausglühen von Dynamoblechen 337
— -vakuumofen, Lichtbogen- 122
— -vakuumplattenventil 335
Hörnerblitzableiter 306
Holz-kohle 172, 219, 228
— -kohlendecke 112
— -trocknung 286, 292
— -verleimung 291
Homogenisierung 99
Homosil 269
Hydrargillit 241
Hydratisierung 202
Hydrierabgase 310
Hydrostatische Druckkräfte 42
Hysterese 16

Impfmittel für Gußeisen 214
Induktanz der Sekundärzuleitungen 12
Induktionsheizung 38, 315
— -öfen, kernlose 42, 95, 342
— -—, Schaltungen 44
— -rinnenofen 113
— -spule für Hochfrequenz 341
— -tiegelofen 113
— - und Stromverteilung 43
Induktive Härtung 80
Induktivitäten der Zuleitungen 17
Initialzündung bei der Kalkstickstoffherstellung 199
Instrumente, elektrostatische 366
Integralregler 388
Ionisationsmanometer mit kalter Kathode oder Glühkathode 327
Isolation, thermische 327, 404, 408, 411
Isolationssteine 317
Isolationsmessungen, elektr. 372
Istwert und Sollwert beim Regeln 387

Kälteaggregate 323
Kalk 226
Kalkstickstoff 195, 233
—, geperlter 202
—, weißer 201
— durch Verpressung 202
Kalzium 210, 225
Kalzium-chlorid 195, 197, 199, 201, 203
— -fluorid 197, 201, 203, 227
— -hydrid 216
— -karbid 195, 210, 218, 224ff.
— -metall aus Karbid 233

Kalzium-nitrid 196
— -oxyd 227
— -silizium 38, 210, 216ff.
— -zyanamid 195, 196, 198
— -zyanat 198
Kammerofen 73, 106
Kanalofen 199
Kanthal 133, 135, 314
Kapazität 19
Karbonylverbindungen (Fe, Ni), Zersetzung 133
Karborundumsteine 32
Katalysator zur Schutzgasreinigung 322
Kathodischer Korrosionsschutz 193
Kerninduktionsofen für Grauguß 41
Kernlose Induktionsöfen 42, 95
Kernmagnetsystem 361
Kieselgel 323
Kieselsäure 221, 246
Kippbare Wanne 31
Kippöfen (Lichtbogenstahlöfen) 29
Kitt (temperaturbeständiger) 404, 408, 410
Klarschmelzen 277
Klebsand 32
Kleinregler 396
Knallgasflammen 281
Knudsen-Manometer 327
Kochsalz (Chlorherstellung) 191, 192
Kohleelektroden 11, 348
— nach Söderberg 11
Kohlegrießöfen 348
Kohlen-monoxyd 201, 231
— -stoff 232, 314, 315, 316
— —, Dampfdrucke 184, 405
— —, schwarzer 171
— -stoffsteine 24
— -wasserstoffe 307
— —, gasförmige, Elektrothermie 307
— —, verschiedene, Bildungsenergien 308
Kohle-rohröfen 152, 155
— -rohr-Vakuumofen 162
— Kurzschlußöfen 135
— -rollenregler 319
Kokillenguß 163, 342, 346
Koks 172, 219, 225, 227, 228, 406
Kompensationsdose 380
Kompensationsverfahren 384
Kompensograph 386
Kondensatoren 320
Konjunktivitis 271

Kontaktgleichrichter 91
Kontaktierung 337
Kontinuierlich arbeitende Öfen 137
Kontinuierliche Durchlauföfen 329
Konvektionsverluste 355
Korngröße im Sinterkörper 167
Korrosionsschutz, kathodischer 193
α-Korund 242
Krackofen 326
Kräfte, ponderomotorische 102
Kraftdichte 44
Kraftstoffe für Vergasermotore 307
Kristall-korn, Vergrößerung 71
— -struktur des Graphits 183
— -wachstum des Graphits 171
Kühlschlange im Hochfrequenzvakuumofen 346
Kugelgraphit 214
Kunstharze 204
Kunststoff-Folien, Schweißen mit Hochfrequenz 301
Kupfer 107
— -belastung 51
— -Konstantan-Thermoelemente 376
— -legierungen 107
— -nickel 114
— -widerstandsthermometer 376
Kurbelwellen, Härtung 81
Kurzschlußöfen, Graphitrohr- 182

Laboratoriumsöfen (Berechnung) 317
Läuterkammer 354
Läuterung 258
Lambertsches Gesetz 270
Lecksucheinrichtung 326
Leichtsteine zur Isolation 317
Leimfugentrocknung 295
Leistung von Kohlerohröfen 155
Leistungsaufnahme, konstante, eines Dielektrikums 286
Leistungsfaktor 56, 364
Leistungsmessungen 363, 364, 373
Lichtbögen, Charakteristik 15
—, Elektrodenregelung 388
Lichtbogen, Löschen 20
Lichtbogen-fläche 306
— -heizung 8, 114, 316ff.
— -Hochvakuumofen 122
— -öfen 190, 242, 348
— -—, direkte 10
— -plasmasäule 414
— -stahlöfen (Kippöfen) 29
— -Widerstandsöfen 11

Lichtechtheitsprüfung 283
Luftspaltinduktion 360
Lufttransformator 43
—, Ofen als 49
Luftumwälzung in elektrischen Öfen 77

Madagaskarquarz 260
Magnesit 10, 410
Magnesium 160, 161, 214, 222
— -chlorid 192
— -oxyd 318
— -verfahren für Borkarbid 161, 162
Magnetverstärker zur Regelung 390
Manganin-Konstantan-Thermoelemente 376
Martensit 71
Maschinenumformer 57
Massenspektrometer 326
Mechanische Kräfte in der Schmelze 44
Megapyr 314
Mehrphasenöfen 228
Mehrstoffdünger 201, 202
Melamin 198, 204, 233
Meß-brücken 371
— -geräte für Hochfrequenz 365
— -kondensator 375
— -wandler 368
— -werk, elektrodynamisches 363
Metallpulver, Herstellung 132
—, Pressen 133
Methan 308
Mikrohärte 244
Mineral- oder Teeröle 174
Mittelfrequenzinduktionsanlage 62
Mittel- oder Hartpech aus Steinkohlenteer 174
Mittelrottombak 114
Molybdän 116, 314, 346, 353
— -blech 251
— -draht 316
— -folien als Stromzuführung 278, 281
— -ofen 327
— -trioxyd, Sublimationslage für 117

Nachgebedrossel 399
National Bureau of Standards-Ofen 331
Natriumzyanid 196
Natürliche Schleifrohstoffe 240
Nernst-Stift 382
Netzfrequenz-Tiegelofen-Anlage 65
Neutronen 151, 416
Nickelchlorür 192

Nickel-Nickelchrom-Thermoelemente 376
Niederfrequenz-Induktionsheizung 109
Niederfrequenzrinnenofen 97
Niederschachtofen 205
Nitrierhärtung 79
Norge-Salpeter 306
Nuklear-reine Werkstoffe 314
Nutzleistung, sekundäre, bei Induktionsheizung 50

Oberflächenhärte (Eisen) 80
Oberflächenhärtung, chemische 72
—, physikalische 73
Öfen, kontinuierlich arbeitende 137
—, runde 207
—, widerstandsbeheizte 348
Öldampfstrahlsauger 323
Öl- oder Quecksilberdiffusionspumpen 323
Ölpumpen, rotierende 323
Ofen als Lufttransformator 49
—, gedeckter 212, 224
— mit oxydierender Atmosphäre 331
—, quantitative Vorausberechnung 46, 317
— mit Schutzgasatmosphäre 139, 322
— -berechnung 46, 317
— -deckel, abschwenkbarer 35
— -füllung und Ofenbetrieb 146
— -gehäuse 319
— -wanne, ausfahrbare 35
— -—, drehbare 35
Ohmsche Widerstände in den Zuleitungen 13
Optisches Quarzglas 269
Oxydation 189

Parabolspiegel 331
Pedersen-Verfahren 87
Pentan-Ausdehnungsthermometer 376
Petrol- und Pechkokse 159, 172, 408, 410
Phase, ,,tote" und ,,scharfe" 19
Phenolformaldehydharze 172
Phosphoreszenz von Quarz 274
Phosphorofen, drehbarer 238
Phosphorsäure, Bindung 38
Photographieren mit Ultrarotplatten 377
Pincheffekt 16, 42
Plasma 415
— -ring, Stabilisierung 416
— -strahl 414

Platin-Platin-Rhodium-Thermoelemente 376
Platinwiderstandsthermometer 376
Polzeniusz-Krauß-Verfahren 199
Polzeniusz-Verfahren 195
Porigkeit von Sinterkörpern 164
Prallplatte 398, 399
Pressen und Sintern 118, 133
Preß-formen 165, 166
— -luftdüse 256
— -stofftabletten, Vorwärmen 291
— -temperatur 167
— -weg, Begrenzung 168
Primärdrossel, induktiver Widerstand 12
Produktionskapazität von Reduktionsöfen 133
Produktionsziffern über Sintererzeugnisse in den USA 139
Proportional-Regler 388
— -Integral-Regler 388
— -Integral-Differential-Regler 388
Pulverisieren, mechanisches (Ni-Fe, Al-Fe, Al) 133
Punktheizung (dielektrische) 294, 297

Quarz, chemische Angreifbarkeit 260
Quarzglas, blasenfreies 258
—, Durchbruchsspannung 263
—, Lichtabsorption 270
—, Molybdänfolieneinschmelzung in 281
—, optisches 269
—, Reinheit 259
—, Viskosität 266
Quarzglas-fäden 262
— -herstellung 251
— -überzüge 249
Quarzgut 247
Quarzit 219
Quarzlampengesellschaft m.b.H. 282
Quecksilber-dampfpumpe 324
— -dampfstrahlpumpen 323
— -hochdrucklampe 281
— - oder Öldiffusionspumpen 323
— -Quarzglas-Ausdehnungs-thermometer 376
— -Vakuum-Ausdehnungsthermometer 376
Quotientenmeßwerk 361

Rahmendämpfung bei Drehspulmeßwerken 360
Reaktionszeit im Flammrohr 309

Reduktion, elektrolytische, aus wäßriger Lösung (Fe, Cu, Cr, Ag) 132
—, elektrolytothermische 88
Reduktionsgase zur Herstellung von Metallpulvern 133
Reduktionsöfen 11, 133
—, Produktionskapazität 133
Reflexionsschirme 318
Reflexionsspektrum von Quarz 273
Regeldrossel beim Glasschmelzen 351
Regeleinrichtung bei Lichtbogenheizung 12
Regeltechnik 387
—, Ansprechzeit beim Regeln 389, 393
—, Differential-Relais-Regelung 395
—, Elektrodenregelung von Lichtbögen 388
—, Elektropneumatisches Prinzip beim Regeln 396
—, Fahne 399
—, Fallbügelregler 387
—, Federspulen bei der elektrohydraulischen Regelung 391
—, Folgekolben 391
—, Fühler 387
—, Gegenkopplung beim Regeln 395
—, Integralregler 388
—, Istwert und Sollwert beim Regeln 387
—, Kleinregler 396
—, Kompensograph 386
—, Lichtbögen, Elektrodenregelung 388
—, Magnetverstärker zur Regelung 390
—, Nachgebedrossel 399
—, Prallplatte 398, 399
—, Prinzip, elektropneumatisches, beim Regeln 396
—, Proportional-Integral-Regler 388
—, Proportional-Integral-Differential-Regler 388
—, Proportionalregler 388
—, Regelgröße 387
—, Regelkreis 387
—, Regelstrecke, Zeitkonstante 388
—, Regler 387
—, —, stetige 387
—, Rückführeinrichtung 398
—, Rückführung 388
—, Schrittregler 387
—, Sollwerteinsteller beim Regeln 395
—, Sollwertgeber 397
—, Stellglied 387

Regeltechnik, Stellgröße 387
—, Stellmembranantrieb 398, 399
—, Steuerkölbchen 391
—, Steuerleitung 398
—, Taktgeber, Taktbreite 358
—, Tauchspule 391, 398
—, Thermofühler 397
—, Totzeit beim Regeln 389
—, Verstärkung, elektrische, bei der Regelung 390
—, —, elektrohydraulische, bei der Regelung 390
—, Vorhaltewirkung 398
—, Waagebalken-Relais-Regelung 390
—, Zeitkonstante der Regelstrecke 388
—, Zweipunktregler 387
Regeltransformatoren für Öfen 319, 351
Regelung von Glasschmelzöfen 356
Reinigen von Silizium durch Zonenschmelzung 130
Retortenkohle 172
Rinne, Stromdichte in der 101
—, Zugänglichkeit 40
Rinnenputzer 99
Röchling-Rodenhauser-Ofen 40
Röhrengeneratoren 57
Röhrensender 321
Roheisen, Abstich 27
Roheisenofen 22, 27
Rohmaterialien zur Herstellung von Metallpulvern 132
— zur Herstellung von SiC 143
Rollöfen 105
Roots-Prinzip 323
Rotierende Ölpumpen 323
Rück-führeinrichtung (Regeltechnik) 398
— -führung (Regeltechnik) 388
— -stellmoment beim Drehspulmeßwerk 360
Rührdruck (Ultraschallentgasung) 104
Rührer aus Quarz 275
Rührwirkung bei elektrischer Beheizung 6
Ruß 172, 233
— als Wärmeisolation 317
Russischer Bergkristall 260

Salzbadofen 74
Salzsäure 193
Sandstrahldüsen 157, 165
Sauerstoffofen 225

Sauerstoffschachtofen 212
Schädlingsbekämpfung durch Kalkstickstoff 203
Schallschwingungen zur Entgasung 45, 103
Schaltuhr beim Heißpressen 168
Schaltungen von Induktionsöfen ohne Eisenkern 44
Schaukelbewegung beim Lichtbogenofen 115
Scheinwerferspiegel beim Sonnenofen 331
Schimmelpilze, Abtötung durch dielektrische Erhitzung 304
Schlackenarbeiten 32, 36
Schleif-körper- und Schleifpapierindustrie 148
— -korn, loses, für Läppzwecke 157
— -rohstoffe, natürliche 240
Schleudergußverfahren 163
Schleusen 329
Schmelz-betrieb, Entgasungsprobleme 101
— -kammer (Glasschmelzen) 354
— -ofen für Borkarbid 159
— -punktsdiagramm für Borkarbid 157
— -rinnenauskleidung 99
— -wärme von Kalziumkarbid 227
— -wanne für Glas 349
Schnellstahlhärten 78
Schutz-anstrich, temperaturbeständiger 408
— -gasanlagen 322
— -gasatmosphären 139
— -gasofen 327
Schwarzer Körper 380
Schweißen von Kunststoff-Folien mit Hochfrequenz 301
Schwenkbare Portale bei Lichtbogenöfen 29
Schwenkdeckel bei Lichtbogenöfen 31
Schwindung beim Sintern 164
Segerkegel 377
Sekundäre Nutzleistung bei Induktionsheizung 50
— Stromdichte bei Induktionsheizung 50
Sekundärzuleitungen, Induktanz 12
Selbstinduktivitäten 49
Selektivstrahler 381
SiC, Darstellung aus Dämpfen 311
—, physikalische Eigenschaften 141

SiC, Rohmaterialien zur Herstellung 143
—, Verwendung 148
—, Weltproduktion 140
— -Ofen 144
Siemens-Plania, Dehnungsbuchsen nach 26
Silane 214, 217
Silikagelanlagen 154
Silikasteine 32
Silitstäbe 135, 314
Silizium 129, 205, 215, 216, 218, 221, 311
—, Reinigung 130
—, Verteilungskoeffizienten 130
— -chlorid 249
— -gleichrichter 91
— -karbid 140 ff., 209, 218, 220, 227
— -monoxyd 210
— -tetrafluorid 249
— -wasserstoffe 223
Sillimanit 409
Simmerringe 342
Sinter-atmosphären, gebräuchliche 139
— -glocke 135
— -hartmetall, Herstellungsgang 134
— -körper 167
— -—, Korngröße 167
— -—, Porigkeit 164
— -formen 166
Sintern 118, 132 ff., 164
Sinteröfen 123
— und deren Eigenschaften 136
Sintertemperatur der Beschickung 23
Söderberg-Kohleelektroden 11, 25, 90, 207, 219, 224, 230
Sollwerteinsteller beim Regeln 395
Sollwertgeber 397
Sonne, elektrische 306
Sonnenofen 331
Sperrholztrocknung 285, 296
Sphäroguß 222
Stabausdehnungsthermometer 376
Stabilisierung der Plasmasäule 414
Stabilität eines Stromkreises 14
Stäubungsgrad des Kalkstickstoffs 203
Stahl für Breitbandstraßen 36
Stahllegierungsmittel 214
Stampfmasse in Lichtbögenöfen 24
Stannosil 271
Stefan-Boltzmannsches Gesetz 381
Steinkohlenteer, Mittel- oder Hartpech aus 174

Stell-glied 387
— -größe 387
— -membranantrieb 398, 399
Sterilisierung durch dielektrische Erhitzung 304
Steuerkölbchen 391
Steuerleitung 398
Stick-oxydbildung im Bogen 305
— -stoff als Schutzgas 322
— -stoffverbrennungssysteme 306
Stoßöfen 105
Strahler (für Infrarot) 277
Strahlung, reflektierte, beim Induktionsofen 46
— -abschirmung 334, 406
— -intensität 381
— -konstante 381
— -öfen 192
— -pyrometer 380
— -verluste von Induktionsöfen 55
— -vermögen 381
— -zahlen 382
Strangpressen 174
Streuspannung beim Induktionsofen 101
Strömungen in einer Schmelzrinne 45
Strom- und Induktionsverteilung 43
Strombelastung (Graphitstabofen) 67
—, zulässige, der Zuleitungen 18
Stromdichte in der Rinne 101
—, sekundäre 50
Strom-kreisstabilisierung 13
— -verteilung in den Anoden 91
— -wandler (Meßwandler) 367, 368, 370
— -zuführungslitzen 337
Stützerstromwandler für Meßzwecke 369, 370
Sublimationsanlage für Molybdäntrioxyd 117

Taktabstand siehe Regeltechnik
Taktbreite siehe Regeltechnik
Tantal aus der Gasphase 313
Taschenohmmeter 371
Tauchspule siehe Regeltechnik
Teer- oder Mineralöle 174
Teilstrahlungspyrometer 383
Temperaturabhängigkeit der Festigkeit von Quarz 261
Temperaturen, höchste 415
Temperatur -farbstifte 377
— -kennkörper 377

Temperatur -koeffizient des elektrischen Widerstandes von Graphit 185
— -kompensationsschaltungen 379
— -meßfarben 377
— -messung 403, 416
—, spektroskopische 416
— -messungen nach der Bohrlochmethode 402
— -meßverfahren 376
— -wechselbeständigkeit von Quarz 264
Tempern von Borkarbid 162
Teraohmmeter 372, 373
Thermische Isolation 317, 318, 327
Thermo-elemente 358, 366, 378
— -fühler 397
— -kreuze 327
— -paare (Tab.) 379
— -umformer 367
Thioharnstoff 198, 204, 233
Thoriumoxyd 315, 317, 318
Thoriumoxydstäbe als Stromzuleitung 332
Tiegelguß, Vakuum 341
Tiegel aus Reingraphit 95
— -inhalt 58
— -öfen 94ff., 341
Titan 122, 223, 311, 313, 346
Toluol-Ausdehnungsthermometer 376
Tonerdeverbrauch 91
Torsionsbändchen 360
Totzeit beim Regeln 389
Tränkverfahren (beim Sintern) 138
Trocken-geschwindigkeit 292
— -spannungswandler 370
— -vergasung 233
Trocknen im Hochfrequenzfeld 292
Trocknung mit Kieselgel 322

Überchargieren 46, 62
Überlagerung eines statischen Magnetfeldes bei Ultraschallentgasung 103
— von Außenheizung und Hochfrequenzheizung 293
Überschlagsgefahr bei dielektrischer Heizung 286
Überspannungsschutz durch SiC 149
Ultraschallschwingung 45
Ultraschallschwingungsentgasung 104
Ultrasil 269, 274
Umlaufentgasung 5
Umluftöfen 106

Unkrautbekämpfung durch Kalkstickstoff 203

Vakuum-Induktions-Schmelzöfen 5
Vakuumpumpen 323
Ventile, elektromagnetisch und motorisch gesteuerte 343
Verbundstoffe, durch Tränken hergestellte 138
Verdichtungsverhältnis beim Heißpressen 166
Verfahren nach Polzeniusz-Krauß 199
Vergasermotore, Kraftstoffe 307
Vergüten 76
Verkokung 174, 406
Verlustwinkel von Quarz 263
— bei Holztrocknung 292
Verstärkung, elektrische und elektrohydraulische, bei der Regelung 390
Verteilungskoeffizient von Verunreinigungen in Halbleitern 125
Vielelektrode bei Al-Herstellung 90
Volumenheizung 406
Vorhaltewirkung (Regeltechnik) 398
Vorschuberwärmung 83
Vulkanisieren von Gummi (dielektrische Heizung) 304

Waagebalken-Relais-Regelung 390
Wärme-austauscher 193
— -isolation von Öfen 317, 318
— -strömung, eindimensionale 53
Wandverluste des Glasschmelzofens 355
Wanne, kippbare 31
Wannenstrom (Glasschmelzen) 357
Warmhaltebetrieb mit Netzfrequenz 61
Wasser-Bi-Destillierapparat 275
Wasserstoffperoxyd 192
Weicheisenelektroden 10
Werkzeuge für spanabhebende und spanlose Formgebung 157
Widerstand, spezifischer, von Glas 350
—, —, von Kohlenstoff und Graphit 405
Widerstands-heizung mittels Kohlenstoffkörnern 407
— -öfen, elektrische 93, 107, 135, 148, 348

Widerstandsthermometer 377
Wiederzünden 20
Wirbelschichtverfahren bei Kalkstickstoff 201
Wolfram 120, 251, 311, 314, 315, 316, 353
— -Silber 138
— -hexachlorid 311
— -öfen 332
— -pulverherstellung 120
— -rohrofen 333
— -stabofen 251, 336

Xenonbrenner 283
Xenonhochdrucklampe 281

Yttriumoxyd 315

Zahnradflanken, Härten 83
Zeigerfrequenzmesser 374
Zeigerrückstellrelais 361
Zeitkonstante der Regelstrecke 388
Zementierung des Eisens 73
Zersetzung von Karbonylverbindungen (Fe, Ni) 133
Zerstäuben flüssiger Metalle und Legierungen (Fe, Fe-Legierungen, Cu, Messinge, Bronzen) 133
Ziehmaschine für Quarzglas 252
Zinkbadofen 108
Zinkinduktionsöfen mit seitlich angebauten Heizkammern 111
Zirkon-metall 313, 346
— -oxyd 315, 316, 317, 318, 411
— -oxydpulver 251
— -oxydringe 251
— -silikat 410
Zonenreinigungsvorgang 130
Zonenschmelzen 126
Zuleitungen, Induktivitäten 17
—, Ohmsche Widerstände 13
Zungenfrequenzmeßwerk 365, 374
Zustellung, basische 32
Zweipunktregler 387
Zwischengläser 278
Zyanamid 196, 197, 198, 203, 204, 233
Zyanide 195

29*

Printed in Germany
by Amazon Distribution
GmbH, Leipzig